渗流数值计算与程序应用

Numerical Computation in Seepage Flow and Programs Application

毛昶熙　　　段祥宝　　　李祖贻　等 编著
Mao Changxi　Duan Xiangbao　Li Zuyi

河海大学出版社
HOHAI UNIVERSITY PRESS
·南京·

内容提要

本书系统地论述了各种类型水利工程的渗流数学模型和数值计算方法，重点叙述了有限元法在二维和三维坝工渗流问题、堤坝岸坡稳定分析、区域地下水及其污染问题、饱和非饱和渗流问题、岩体裂隙渗流问题、井的渗流问题等一系列问题研究中的应用，详细介绍了 UNSST2 和 UNSAT2 两个程序的应用过程和实例。还介绍了电阻网络模型算法及程序 NETW 的应用方法，并编入了 3 个程序，供读者参考使用。

全书共 9 章，是作者多年来从事渗流数值计算的总结。本书可供水工、土工、水文地质、地下水资源开发和保护、农田排灌地下水、石油开采及矿床地下水疏干等相关领域中的科研、设计、管理、施工人员使用，也可供有关大专院校师生参考。

使用本书计算程序，须经作者同意，作者可提供软盘。

图书在版编目（CIP）数据

渗流数值计算与程序应用 / 毛昶熙等编著. --南京：河海大学出版社，1999.9（2022.6重印）
ISBN 978-7-5630-1185-8

Ⅰ.①渗… Ⅱ.①毛… Ⅲ.①渗流-水力计算 Ⅳ.TV139.1

中国版本图书馆 CIP 数据核字（2022）第 104700 号

书　　名	渗流数值计算与程序应用	
书　　号	ISBN 978-7-5630-1185-8	
责任编辑	龚　俊	
封面设计	徐娟娟	
出版发行	河海大学出版社	
地　　址	南京市西康路 1 号（邮编：210098）	
电　　话	（025）83737852（总编室）　（025）83722833（营销部）	
经　　销	江苏省新华发行集团有限公司	
排　　版	南京布克文化发展有限公司	
印　　刷	江苏凤凰数码印务有限公司	
开　　本	787 毫米×1092 毫米　1/16	
印　　张	22.5	
字　　数	545 千字	
版　　次	1999 年 9 月第 1 版	
印　　次	2022 年 6 月第 2 次印刷	
定　　价	100.00 元	

PREFACE

The finite element method was originally developed for the analysis of structures. Over the last few decades, the method has evolved into a powerful, highly versatile and popular computational tool in many areas of engineering. One if its most prominent applications concerns the flow of fluids through natural geologic media, such as aquifers and petroleum reservoirs, and man-made soil and rock structures such as levees and earth dams. Soils and rocks constitute porous or fractured media whose material properties, primarily permeability, tend to vary with location and direction. As such, these media are heterogeneous and anisotropic. The external boundaries and material interfaces of hydrogeologic systems and man — made earth structures tend to exhibit complex geometries. The finite element method is well suited for the analysis of flow through such complex, heterogeneous and anisotropic domains. The method admits flexible computational meshes which are easily adapted to irregular external and internal boundaries in two and three dimensions. This adaptability renders the finite element method especially useful for the analysis of flow with free surfaces such as a water table or a sharp boundary between salt and fresh water in a coastal aquifer. The method allows material properties to vary either continuously or in a discontinuous manner across elements, and incorporates tensorial properties in a way which makes the representation of anisotropy relatively straightforward. It additionally rests on an elegant mathematical foundation which renders its use esthetically appealing and allows analyzing the numerical properties of finite element schemes with considerable rigor.

The finite element method was first applied to problems of fluid flow through porous media in the nineteen sixties in the United States and England. It is remarkable that the approach has been adopted as a computational method of choice by hydrogeologists and geotechnical engineers in China only a few years later, in the early nineteen seventies. The method has been introduced into hydrogeologic practice in China by researchers at Nanjing University. It has been introduced into geotechnical engineering practice in China by researchers of seepage group at the Nanjing Hydraulic Institute. Both groups have been contributing steadily to the development and application of the finite element method to a wide array of topics over the last quarter century.

This book, edited by Professor Mao, presents the mathematical foundations of the finite element method and computer programs with applications to various aspects of geotechnical analysis with focus on seepage. The book is based in large measure on advances and applications made in this area by Professor Mao and his group. The first of its nine chapters introduces the reader to the mathematical theory of steady state and transient seepage under confined and unconfined conditions. Unconfined seepage is modeled either as saturated flow with a free surface or as saturated-unsaturated flow. Mathematical equations are presented for both porous and fractured media with guidance how to select an appropriate model of flow for a given engineering problem.

Chapter 2 shows how problems of seepage are formulated as variational principles, and how these are discretized to yield algebraic finite element equations. Methods of discretization described in the chapter include those based on triangular, quadrilateral and isoparametric elements in a two-dimensional plane. The finite element equations are presented in matrix form and methods of storing and solving them are discussed. This establishes the basis for applications of the finite element method to slope stability analyses of earth dams and levees in Chapter 3, and to seepage through dam embankments in Chapter 4 by means of computer program UNSST-2. In both chapters the authors present the underlying theory, method of analysis, practical examples and guidance concerning both computational and engineering aspects of the issue.

Chapters 5, 6, 7 and 8 are devoted, respectively, to seepage in three-dimensional domains, regional groundwater flow, flow under saturated-unsaturated conditions based on computer program UNSAT-2, and the representation of wells as point sources. Practical examples are given for each case, and a method is presented to enhance the accuracy of point source representations by embedding an analytical solution in the corresponding finite element formulation of the seepage problem. Chapter 9 describes a model analogous to a network of pipes, or resistors, for two- or three-dimensional computations of seepage in porous or fractured media under Darcian or non-Darcian conditions with or without a free surface. The model is based on computer program NETW. The book concludes with an appendix that lists the three computer programs UNSST-2, UNSAT2, and NETW.

Considering the dearth of comprehensive texts in Chinese on computational methods concerning geotechnical seepage problems, the present text should be a welcome contribution to the literature. The text should be of equal value to university students, researchers and practicing engineers who can benefit greatly from the cumulative knowledge and rich professional experience that the book reflects.

Shlomo P. Neuman, Ph. D.

Regents' Professor of Hydrology, The University of Arizona, Tucson, United States.
Concurrent Professor of Hydrogeology, Nanjing University, China.
Honorary Professor of Seepage and Groundwater,
    Nanjing Hydraulic Research Institute, China.
Member of the US National Academy of Engineering

June, 1998.

自　　序

随着电子计算机的普及，数值计算方法在解决实际复杂问题中的地位显得愈来愈重要。对于地下水渗流问题，由于所依据的数学方程描述问题比较确切，计算结果也就更加精确可靠。在此以前，各大型水利水电工程等的渗流问题都是通过电模拟试验解决的。70年代初期，有限元法被引用到我国渗流计算领域。我们多次将其计算结果与电模拟试验结果进行对照。结果表明，有限元法计算结果精确可靠，并有速度快费用省的优点。因此，南京水利科学研究院于1983年在泰安召开的首届全国渗流学术会议上积极推广电算技术，将编印成册的《渗流计算程序汇编》在会上公开交流，此后又于1986年水利电力部工程管理培训中心举办的渗流计算程序应用学习班上进行推广。从此，有限元数值方法逐步取代着半个世纪来习用的电模拟试验。

本书就是学习班讲义的加工和补充。全书有9章及附录3个程序，以有限元法为主结合程序应用编写，并将电模拟试验程序化编入。具体内容包括地下水渗流的基本数学模型及其参数选用、离散数学模型有限元法计算公式、网络数学模型差分解模拟计算公式、坝岸边坡稳定性有限元法分析及计算公式、饱和-非饱和渗流有限元法计算、地下水排灌污染问题有限元法计算、岩土渗流的异同计算方法、渗流自由面和井的奇异点计算方法，以及二三十年来渗流组计算岩土渗流问题中的典型实例。附录中的计算程序功能与各章节的内容基本上是互相对应的，因此像土石坝等的一般水工渗流问题就可以直接应用程序计算，特殊的渗流问题也可在程序框架基础上稍作修改后进行计算。网络模型程序还可应用于城市给水排水的水道管网计算。对于大型重要工程，也可应用附录中的不同程序计算方法互相验证计算比较。

本书第一章、第三章由毛昶熙编写，第二章由毛昶熙、李祖贻、段祥宝编写，第四章由李祖贻、段祥宝、毛昶熙编写，第五章由段祥宝、李祖贻、陈平编写，第六章由李祖贻、李白玲、段祥宝、毛昶熙编写，第七章由李祖贻、段祥宝、毛昶熙编译校，第八章由李祖贻、段祥宝、陈平编写，第九章由毛昶熙、段祥宝编写。附录中3个程序是由段祥宝加工整编的。但饮水思源，程序的开始编写和经过多年来应用于各种情况后的修正改进，在编写这本书时自然不能忘记李定方、陈平、田永乐、李吉庆、朱丹、刘洁等同志的协作努力所作的贡献。

著名地下水渗流学者、美国科学院院士纽曼(S. P. Neuman)教授为本书的编写提供了资料，并馈赠计算程序及写序推荐该书，编者衷心感谢。

编写本书谋求推广交流计算方法和程序，历时已久，现由南京水利科学研究院资助出版，不胜铭感。

由于本书涉及问题较多，不免有顾此失彼之处，尚望读者指正。

毛昶熙
1998年8月于南京

目 录

绪论 ……………………………………………………………………………… (1)

第一章 渗流基本数学模型及其参数 ………………………………………… (3)

 第一节 运动方程 ……………………………………………………………… (3)
 第二节 连续性方程 …………………………………………………………… (4)
 第三节 稳定渗流微分方程式与渗透系数 …………………………………… (6)
 第四节 非稳定渗流微分方程式与单位贮存量 ……………………………… (7)
 第五节 有自由面变动的渗流微分方程式与给水度 ………………………… (10)
 第六节 缓变渗流的水平面渗流微分方程式 ………………………………… (11)
 第七节 定解条件 ……………………………………………………………… (15)
 第八节 数学模型的选用 ……………………………………………………… (17)
 第九节 饱和-非饱和渗流微分方程式 ……………………………………… (22)
 第十节 岩体裂隙渗流的数学模型与实例计算 ……………………………… (24)

第二章 渗流有限元法的理论基础与算法 …………………………………… (44)

 第一节 有限元法概述 ………………………………………………………… (44)
 第二节 三角形单元划分与插值函数 ………………………………………… (46)
 第三节 变分原理 ……………………………………………………………… (47)
 第四节 变分原理在渗流中的应用 …………………………………………… (50)
 第五节 离散数学模型解法及范例 …………………………………………… (51)
 第六节 渗流量的计算 ………………………………………………………… (60)
 第七节 有限元法计算公式 …………………………………………………… (61)
 第八节 四边形单元与等参单元 ……………………………………………… (65)
 第九节 线性代数方程组解法和系数矩阵的存贮 …………………………… (69)

第三章 堤坝岸坡稳定性分析有限元法 ……………………………………… (75)

 第一节 渗流作用下滑坡稳定性概述 ………………………………………… (75)
 第二节 滑坡计算的常规条分法及其存在的问题 …………………………… (76)
 第三节 滑坡计算的有限元法 ………………………………………………… (82)
 第四节 模型土坝分析与几个滑坡土坝的计算验证 ………………………… (87)
 第五节 堤坝破坏的滑动面位置与复合滑动面 ……………………………… (89)
 第六节 滑坡计算中的危险水力条件 ………………………………………… (96)
 第七节 滑坡计算中参数的选用 ……………………………………………… (104)

第八节　提高抗滑稳定性的渗流控制措施 …………………………………… (106)

第四章　土石坝二维渗流计算程序 UNSST2 的编制和应用说明 ………… (112)
　　第一节　解题过程及程序框图 ……………………………………………… (112)
　　第二节　程序编制中几个问题的说明 ……………………………………… (117)
　　第三节　子程序和标识符说明 ……………………………………………… (124)
　　第四节　程序 UNSST2 使用示例 ………………………………………… (127)
　　第五节　单元自动剖分 ……………………………………………………… (129)
　　第六节　各类型土坝渗流计算实例 ………………………………………… (136)
　　第七节　闸坝地基的有压渗流计算实例 …………………………………… (151)
　　第八节　渠道、矿坑、堤防的渗流计算实例 ……………………………… (152)
　　第九节　贮灰坝、尾矿坝的渗流计算实例 ………………………………… (157)

第五章　三维渗流有限元法 …………………………………………………… (162)
　　第一节　基本方程式和有限元法计算公式 ………………………………… (162)
　　第二节　渗流量的计算 ……………………………………………………… (176)
　　第三节　有限单元技术 ……………………………………………………… (178)
　　第四节　三维渗流计算程序介绍 …………………………………………… (190)
　　第五节　计算实例 …………………………………………………………… (192)

第六章　区域地下水及其污染问题的有限元法 …………………………… (200)
　　第一节　地下水流支配方程及有限元法计算公式 ………………………… (200)
　　第二节　施工基坑降水的水平面稳定渗流计算实例 ……………………… (201)
　　第三节　地下水开发利用的非稳定渗流计算实例 ………………………… (202)
　　第四节　海水入侵地下水问题的有限元法 ………………………………… (205)
　　第五节　地下水污染运移问题的有限元法 ………………………………… (215)

第七章　饱和-非饱和渗流计算程序 UNSAT2 应用说明 ………………… (220)
　　第一节　基本方程和定解条件 ……………………………………………… (220)
　　第二节　数值方法 …………………………………………………………… (221)
　　第三节　程序 UNSAT2 的应用 …………………………………………… (225)
　　第四节　数据输入和结果输出 ……………………………………………… (228)
　　第五节　计算实例 …………………………………………………………… (238)
　　第六节　程序信息和列表 …………………………………………………… (254)

第八章　井的渗流有限元法 …………………………………………………… (257)
　　第一节　井点处存在的问题 ………………………………………………… (257)
　　第二节　井的修正补偿计算方法 …………………………………………… (258)
　　第三节　完整井附近渗流对数插值方法 …………………………………… (262)

第四节　以沟代井列的计算方法………………………………………………(263)

第九章　网络模型算法及程序 NETW 应用……………………………………(272)

第一节　水管网计算模型………………………………………………………(272)
第二节　电阻网模型简介………………………………………………………(275)
第三节　网络程序取代电阻网模型试验………………………………………(278)
第四节　闸坝渗流计算…………………………………………………………(279)
第五节　各向异性岩体裂隙渗流计算…………………………………………(285)
第六节　非达西渗流计算………………………………………………………(289)
第七节　大区地下水缓变渗流计算……………………………………………(290)
第八节　非稳定渗流计算………………………………………………………(292)
第九节　渗流自由面变动的求解方法…………………………………………(300)
第十节　网络程序编写及应用说明……………………………………………(302)

附录　计算程序……………………………………………………………………(309)

附录一　程序 UNSST2 …………………………………………………………(309)
附录二　程序 UNSAT2 …………………………………………………………(329)
附录三　程序 NETW ……………………………………………………………(340)

Contents

Introduction .... (1)

Chapter 1. Basic mathematical models in seepage flow and its parameters .... (3)

    1.1 Equation of motion .... (3)

    1.2 Equation of continuity .... (4)

    1.3 Differential equation of steady seepage flow and the coefficient of permeability .... (6)

    1.4 Differential equation of unsteady seepage flow and the specific storage ... (7)

    1.5 Differential equation of seepage flow with varied free surface and the specific yield .... (10)

    1.6 Differential equation of horizontal seepage flow for gradually varied flow .... (11)

    1.7 Condition of definite solution .... (15)

    1.8 Selection of mathematic model .... (17)

    1.9 Differential equation of saturate-unsaturated seepage flow .... (22)

    1.10 Mathematic model of flow in rock fractures and computation of practical examples .... (24)

Chapter 2. Basic principles and algorithm of FEM in seepage flow .... (44)

    2.1 General description of FEM .... (44)

    2.2 Triangular elements subdivision and its interpolation function .... (46)

    2.3 Variational principle .... (47)

    2.4 Application of variational principle in seepage flow .... (50)

    2.5 Solution of discreting mathematic model and its typical example ...... (51)

    2.6 Computation of seepage discharge .... (60)

    2.7 Formulation of FEM .... (61)

    2.8 Quadrilateral elements and isoparametric elements .... (65)

    2.9 Solution of linear algebraic equations and matrix memory of coefficients .... (69)

Chapter 3. FEM for slope stability analysis of earth dams and levees .... (75)

    3.1 General description of slope stability under seepage flow .... (75)

    3.2 Slice method of stability analysis and its defects .... (76)

3.3　FEM of slope stability analysis ··· (82)

3.4　Verification by analysing a model dam and computing several dams failure of sliding ·· (87)

3.5　Position of sliding surface and the composite sliding surfaces in failure of dams or levees ··· (89)

3.6　Dangerous hydraulic conditions in computation of slope sliding ·········· (96)

3.7　Selection of parameters in computation of slope sliding ················ (104)

3.8　Seepage control measures to increase stability of resisting sliding ········ (106)

Chapter 4. Computer program for 2-D seepage flow in embankment dams
　　　　—Application and specification of program UNSST2 ············ (112)

4.1　Procedures of problem solution ··· (112)

4.2　Specification of computation program for 2-D seepage flow in embankment dams ··· (117)

4.3　Subprogram and specification of notation ······························· (124)

4.4　Application example of program ·· (127)

4.5　Discrete elements automatically ··· (129)

4.6　Practical computation examples of seepage flow through different types of embankment dams ··· (136)

4.7　Practical computation examples of seepage flow under sluice-dams ······ (151)

4.8　Practical computation examples of seepage through levee and canal leakage and seepage into mining pit ·· (152)

4.9　Practical computation examples of dams stored coal dusts and tailing dams ·· (157)

Chapter 5. FEM for 3-D steady seepage flow ·································· (162)

5.1　Basic equation and formulation of FEM ································ (162)

5.2　Computation of seepage discharge ······································· (176)

5.3　Technique of finite elements ·· (178)

5.4　Brief introduction of program for 3-D seepage flow in space ············ (190)

5.5　Practical computation examples ··· (192)

Chapter 6. FEM for regional groundwater and pollution ······················· (200)

6.1　Governing equation and formulation of FEM ··························· (200)

6.2　Practical computation example of steady planar seepage flow for construction pit by dewatering ·· (201)

6.3　Practical computation example of unsteady seepage flow for groundwater development and utilization ··· (202)

6.4　FEM of seawater intrusion into groundwater ···························· (205)

5

6.5　FEM of groundwater pollution ……………………………………………… (215)

Chapter 7. FEM for saturated-unsaturated seepage flow
　　　　　　—Application and specification of program UNSAT2 ……………… (220)

7.1　Basic equation and condition of definite solution ……………………… (220)
7.2　Numerical approach …………………………………………………………… (221)
7.3　Application of program UNSAT2 …………………………………………… (225)
7.4　Data input and results output ……………………………………………… (228)
7.5　Computational examples ……………………………………………………… (238)
7.6　Program information and listing …………………………………………… (254)

Chapter 8. FEM for wells seepage flow ……………………………………………… (257)

8.1　Problem at well points ………………………………………………………… (257)
8.2　Modified compensating computation around well ……………………… (258)
8.3　Method of interpolation by logarithmic function for seepage flow around
　　　complete well ……………………………………………………………………… (262)
8.4　Computation method for row of wells instead by ditch ……………… (263)

Chapter 9. Algorithm of network model
　　　　　　—Application and specification of program NETW(2 or 3-D) ………… (272)

9.1　Principle of pipe networks computation …………………………………… (272)
9.2　Simplified introduction of resistance network analog ………………… (275)
9.3　Program of networks instead of resistance network analog ………… (278)
9.4　Seepage computation flow under sluice-dam ……………………………… (279)
9.5　Computation of anisotropic seepage flow in rock fissures …………… (285)
9.6　Computation of non-Darcy seepage frow …………………………………… (289)
9.7　Computation for regional groundwater of gradually varied flow …… (290)
9.8　Computation of unsteady seepage flow ……………………………………… (292)
9.9　Algorithm of varied free surface of seepage flow ……………………… (300)
9.10　Program NETW and application with specification ……………………… (302)

Appendix ……………………………………………………………………………………… (309)

Appendix 1. Program UNSST2(Unsteady Seepage and Stability, 2-D) ……………… (309)
　　　　　2. Program UNSAT2(Unsaturated-saturated, 2-D) ……………………………… (329)
　　　　　3. Program NETW(Networks, 2 or 3-D) …………………………………………… (340)

绪 论

在土石坝设计和运行管理中,渗流计算常占有重要的位置。设计土坝时,需要通过渗流计算来确定渗漏损失和合理的防渗排渗措施,而坝型和坝的断面尺寸也经常需要借助渗流计算来比较选定。土坝运行管理中,由于实际建成的土坝很难和设计阶段所预想的完全一致,同时有许多因素会促使运行中的土坝渗流条件不断改变,因此也经常需要通过渗流计算来分析土坝坝体的稳定性以及拟定必要的补强加固措施方案。

在一般情况下,通过渗流计算求得渗流场水头分布后来确定:
(1) 土坝坝体浸润线(渗流自由面)的位置;
(2) 渗流的动水压力和水力坡降或流速;
(3) 通过坝体和地基的渗流量;
(4) 坝坡整体稳定性和局部渗流安全性。

从理论上来说,土坝渗流计算是在已知定解条件(初始条件、边界条件)下解渗流基本方程,以求出土坝渗流场的水头分布,进而计算渗流量和渗流水力坡降等。迄今为止,已有大量文献介绍了建立在透水或不透水地基上的土坝渗流计算方法。这些方法可以概括为流体力学解法和水力学解法两类。

流体力学解法是一种严格的解析法,它在满足定解条件下求解渗流基本方程,然后得到解的解析表达式。解析解是一种表达式,所以它能给出渗流场中任何一点的值。然而,这种方法只能对少数简单的流动情况有效,而且所得到的解答异常复杂。水力学解法是一种近似的解析法,它基于对土坝渗流作某些假定以及对局部急变渗流区段应用流体力学解析解的某些成果而求得渗流问题的解答,因此它并不适用于渗流基本方程的求解。土坝渗流是存在渗流自由面且其随时间变化的问题;另外,土坝渗流场的形状和边界条件等也比较复杂,而且不同程度地具有非均质的各向异性。因此,用解析法来解实际工程问题常受到一些条件的限制。而水力学解法由于对土坝渗流作了某些假定,在实际工程的应用上同样也受到一定的制约。基于上述原因,对于实际的土坝工程,以往大都是借助于模拟试验来求解土坝渗流问题。

近代计算技术的发展和计算机的应用为土坝渗流计算开辟了新的途径。各种复杂情况下的土坝渗流,都可以在高速数字计算机上模拟出来。根据一定的数学模型在数字计算机上用数值法模拟土坝渗流状态的过程称为渗流数值模拟。实践证明,利用数字计算机依靠数值法求解均质或非均质、各向同性或各向异性以及复杂边界条件的土坝渗流问题,虽然得到的解是近似的,然而却是满意的解答,对于土坝渗流问题,已基本上可以取代模拟试验。实际上利用数字计算机依靠数值法对土坝渗流问题进行一次计算,它也就相当于进行了一次模型试验,而计算程序就相当于试验的模型。因此,数值模拟在土坝渗流计算中愈来愈占有重要的位置,也愈来愈得到人们的重视。

数值模拟首先要建立数学模型,一个描述土坝渗流运动的数学方程式连同表示该土坝的特定条件(初始条件、边界条件)的数学表达式,就构成了一个研究具体土坝的渗流数学模型。在数值模拟中,解仅仅是研究对象(土坝渗流场)在离散点上给出的一定精度的未知量近似值。在研究区域内选择一定数量的离散点的过程称离散化。离散化的一种办法是将研究区域在空间上分割成较小区域(或单元)的等价系统,这些较小区域的集合就代表了原来的研究区域。在时间上则划分成时段,这些时段的集合就是原来要研究的时间段。接着建立某时段每个较小区域的计算公式,然后集合起来,便得到原来渗流场的解,而不是一下子解出渗流场整个流动问题。这个时段解决了,按划分的时间段,一个时段一个时段地算下去,直到把划分的时段算完为止。这样,未知量随空间和时间的变化过程就给模拟出来了。这种分析方法的特点是把全体分割成很多部分,然后从部分到全体。这样就会使分析的过程大为简化。至于处理的数据量,则要视渗流场所分割的单元多少而定。如果分割很细,人工处理这么多数据却是一项细致而艰巨的工作;如果为了便于人工处理这些数据而分割较粗,往往又不能满足实际需要。所以,数值模拟所处理的数据是很多的,有时甚至是惊人的,因而不得不求助于电子计算机。

和其他方法相比较,数值模拟具有下述优越性:(1)模拟在通用数字计算机上进行,不像物理模拟那样需要复杂而专门的设备;(2)修改算法和修改模型都比较方便;(3)可以程序化,在对某种问题编出通用程序后,只要按程序要求整理好数据,对不同问题均可直接上机计算。当然,这种方法也有其不足之处,如不像物理模拟那样来得"逼真"和"直观"。

目前常使用的数值法是有限差分法和有限元法。从1972年以来,南京水利科学研究院结合生产任务应用有限元法研究了土坝稳定和非稳定渗流问题,并编制了土坝渗流计算程序。为了尽快推广有限元法渗流计算方法,曾在1983年泰安召开的首届全国渗流会议上将汇编的《渗流有限单元法程序汇编》(包括 ALGOL 语言15个程序)公开交流。随后逐步加工翻译成 FORTRAN 语言。同时根据水利电力部规划设计总院的要求,编制了土坝设计专用程序中的土坝二维渗流计算程序。该院组织鉴定后建议在水电系统推广应用。为了充分利用数字计算机这一先进工具,并进一步推广土坝渗流有限元计算方法,于1986年编写了讲义,与水利电力部工程管理培训中心共同举办了渗流有限元法程序应用研讨班。时隔7年,该中心于1993年举办第二届程序应用研讨班。编者将充实后的讲义在研讨班上进行交流推广。充实后的讲义内容,除一般规范化的渗流计算方法程序外,还有近年来的研究新动向,如渗流作用下坝坡稳定分析、岩体裂隙渗流、饱和-非饱和渗流及其在美国广泛应用的 Neuman 程序。作为另一种模拟计算方法,该书还把电阻网模型试验程序化补充进来,以便与有限元法进行比较。

所编写的以土石坝为主要内容的渗流计算程序,同样也适用于贮灰库、尾矿坝、堤防、渠道、矿坑以及闸坝地基渗流问题。

第一章 渗流基本数学模型及其参数

这里将叙述几个常见的渗流微分方程式。方程的建立离不开能量守恒原理、质量守恒原理和牛顿运动定律。从它们的推导过程可知道一些假设的适用范围以及它们之间的相互关系。只有弄清上述原理和定律的物理意义，才能正确建立解决问题的数学模型。

第一节 运动方程

地下水运动方程可根据作用在液体上各力的平衡关系求得。这些力是：(1)液体表面的水压力；(2)重力；(3)渗流受到的阻力；(4)加速力。这些力可概括为表面力与体积力两类。因为地下水运动方程的推导过程与一般流体力学中的运动方程推导过程相同，所以可直接对比引用一般流体运动方程。实际上，只要把水质点运动速度当作多孔介质中孔隙水流运动速度，再按照孔隙水流真实速度 v' 与全断面上平均渗流速度 v 的关系 ($v' = v/n$) 将 v' 转换为 v 即可。

现对比引用流体力学中最一般的运动方程——纳维-司托克斯 (Navier-Stokes) 方程。该方程是在考虑流体粘滞性产生的剪切应力，并按剪应力和正应力表示为流速梯度的情况下引证出来的。对于不可压缩流体，纳维-司托克斯方程为

$$\left.\begin{aligned}\frac{dv'_x}{dt} &= f_x - \frac{1}{\rho}\frac{\partial p}{\partial x} + \nu \nabla^2 v'_x \\ \frac{dv'_y}{dt} &= f_y - \frac{1}{\rho}\frac{\partial p}{\partial y} + \nu \nabla^2 v'_y \\ \frac{dv'_z}{dt} &= f_z - \frac{1}{\rho}\frac{\partial p}{\partial z} + \nu \nabla^2 v'_z\end{aligned}\right\} \tag{1-1}$$

写成向量式（黑体字母代表向量），即

$$\frac{d\boldsymbol{v}'}{dt} = \boldsymbol{f} - \frac{1}{\rho}\nabla p + \nu \nabla^2 \boldsymbol{v}' \tag{1-2}$$

式(1-2)是描述质量力、流体压力、流体阻力与加速力之间平衡关系的方程，也是描述能量守恒的运动方程。式(1-2)中，运动粘滞系数 $\nu = 0$ 时最末一项消失，式(1-2)即变为理想流体的欧拉 (Euler) 方程。

对于多孔介质中的渗流，可把式(1-2)中的水质点真实流速 v' 改变为全断面平均流速 v 除以孔隙率 n 即得到相应的运动方程

$$\frac{1}{n}\frac{d\boldsymbol{v}}{dt} = \boldsymbol{f} - \frac{1}{\rho}\nabla p + \frac{\nu}{n}\nabla^2 \boldsymbol{v} \tag{1-3}$$

因为 $\boldsymbol{v}=\boldsymbol{v}(x,y,z,t)$，对其求导展开，得

$$\frac{d\boldsymbol{v}}{dt} = \frac{\partial v_x}{\partial x}v_x + \frac{\partial v_y}{\partial y}v_y + \frac{\partial v_z}{\partial z}v_z + \frac{\partial \boldsymbol{v}}{\partial t}$$

渗流速度及其在各坐标方向的导数很小，可以略去，则式(1-3)可写为

$$\frac{1}{n}\frac{\partial \boldsymbol{v}}{\partial t} = \boldsymbol{f} - \frac{1}{\rho}\nabla p + \frac{\nu}{n}\nabla^2 \boldsymbol{v} \tag{1-4}$$

以上式中算子 $\nabla = \mathrm{grad}$，$\nabla^2 = \dfrac{\partial^2}{\partial x^2} + \dfrac{\partial^2}{\partial y^2} + \dfrac{\partial^2}{\partial z^2}$。

因为式(1-4)中的单位质量的体积力 f 只有一个沿 z 方向向下的重力，$f = \rho g$，且因 $h = \dfrac{p}{\rho g} + z$，$\nabla p - \rho g = \rho g \nabla h$，单位质量 $\rho = 1$ 时，上式变为

$$\frac{1}{ng}\frac{\partial \boldsymbol{v}}{\partial t} = -\nabla h + \frac{\nu}{ng}\nabla^2 \boldsymbol{v} \tag{1-5}$$

式(1-4)中的最后一项 $\dfrac{\nu}{n}\nabla^2 \boldsymbol{v}$，在流体力学中相当于牛顿粘滞性液体的内部摩擦力；而在渗流中则应为液体对土颗粒表面的摩擦力与液体质点之间的内摩擦力之和，后者相对很小，可以忽略。因此，可以应用达西定律表示该项仅有的阻力。对于单位质量液体来说，渗流阻力应为沿流线 S 单位长度的能量损失，即

$$\frac{\nu}{n}\nabla^2 \boldsymbol{v} = g\frac{\mathrm{d}h}{\mathrm{d}s} = -g\frac{\boldsymbol{v}}{k} \tag{1-6}$$

代入式(1-5)则得不可压缩流体在不变形多孔介质中的纳维-司托克斯方程

$$\frac{1}{ng}\frac{\partial \boldsymbol{v}}{\partial t} = -\nabla h - \frac{\boldsymbol{v}}{k} \tag{1-7}$$

式(1-7)一般被称为地下水运动方程。根据试验，式(1-7)中右边的两项均为 10^3 cm/s^2，左边项约为 10^{-3} cm/s^2，是完全可以忽略不计 $\dfrac{\partial \boldsymbol{v}}{\partial t}$ 的，因而与稳定渗流趋于一致。其不稳定性则可列入自由面边界条件之内。这样，从理论上讲，就允许用连续变化的稳定流来代替不稳定流。如果是不随时间改变的稳定渗流，上式就简化为重力和阻力控制的达西流动，即

$$\boldsymbol{v} = -k\nabla h \tag{1-8}$$

运动方程式(1-7)中有两个未知数 $\boldsymbol{v}$ 和 h，故仍需一个方程才能求解。该方程就是下面要介绍的连续性方程式。用这两个基本方程，结合边界和初始条件，就可以计算流速和水头。

第二节　连续性方程

地下水运动的连续性方程，可从质量守恒原理出发来考虑可压缩土体的渗流加以引证，即渗流场中水在某一单元体内的增减速率等于进出该单元体流量速率之差。例如图 1-1 的微分单元体积 $\mathrm{d}x\mathrm{d}y\mathrm{d}z$，通过左面流进水体质量的速率为 $\rho_x v_x \mathrm{d}y\mathrm{d}z$，通过右面流出水体质量的速率为 $(\rho v_x + \dfrac{\partial}{\partial x}\rho\, v_x \mathrm{d}x)\mathrm{d}y\mathrm{d}z$，则左右面进出流量之差，即净有的流入量或积累量为

$$-\frac{\partial}{\partial x}\rho v_x \mathrm{d}x\mathrm{d}y\mathrm{d}z$$

同样，对于前后面和上下面也可作流进流出的流入量计算。最后，累加各净有流入量，则得单元体总的进水流量为

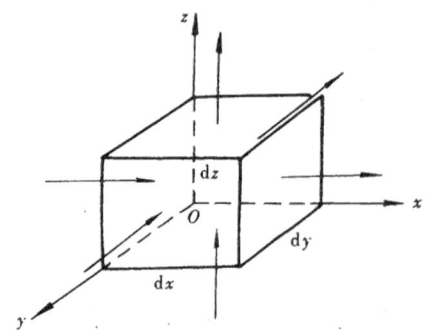

$$-\left(\frac{\partial}{\partial x}\rho v_x + \frac{\partial}{\partial y}\rho v_y + \frac{\partial}{\partial z}\rho v_z\right)\mathrm{d}x\mathrm{d}y\mathrm{d}z \tag{1-9}$$

图 1-1　微分单元体各面上进出流量示意图

将式(1-9)括号内展开,得

$$-\rho\left(\frac{\partial v_x}{\partial x}+\frac{\partial v_y}{\partial y}+\frac{\partial v_z}{\partial z}\right)-\left(v_x\frac{\partial \rho}{\partial x}+v_y\frac{\partial \rho}{\partial y}+v_z\frac{\partial \rho}{\partial z}\right)$$

式中后一括号项,与前一括号项相比甚小,可以略去(C. E. Jacob, 1950)。故式(1-9)可写为

$$-\rho\left(\frac{\partial v_x}{\partial x}+\frac{\partial v_y}{\partial y}+\frac{\partial v_z}{\partial z}\right)\mathrm{d}x\mathrm{d}y\mathrm{d}z \tag{1-10}$$

式(1-10)即为水体质量在单元体内积累的速率。由质量守恒原理可知,它应等于单元体内水体质量 M 随时间的变化速率,即

$$\frac{\partial M}{\partial t}=\frac{\partial(n\rho\mathrm{d}x\mathrm{d}y\mathrm{d}z)}{\partial t}=\frac{\partial(n\rho V)}{\partial t} \tag{1-11}$$

或

$$\frac{\partial M}{\partial t}=n\rho\frac{\partial V}{\partial t}+nV\frac{\partial n}{\partial t}+\rho V\frac{\partial \rho}{\partial t} \tag{1-12}$$

式中:n 为土体的孔隙率;ρ 为水的密度;V 为单元土体的体积($=\mathrm{d}x\mathrm{d}y\mathrm{d}z$)。

式(1-12)右边三项表示单元土体骨架颗粒、孔隙体积及流体密度的改变速率。前两项表示颗粒之间的有效应力,第三项表示流体压力。就是说,有效应力 σ' 作用于土体,孔隙水压力 p 压缩水体。现在把土和水都当作弹性体而考虑压缩性如下:

式(1-12)中右边第一项表示骨架颗粒本身的压缩变形,应用固相颗粒的压缩模量 α 与其体积弹性模量 E_s 之间的倒数关系

$$E_s=\frac{1}{\alpha}=\frac{应力}{应变}=\frac{-\mathrm{d}\sigma'}{\mathrm{d}V/V} \tag{1-13}$$

或

$$\frac{\mathrm{d}V}{V}=-\alpha\mathrm{d}\sigma' \tag{1-14}$$

再考虑垂直向土体变形,而认为侧向受限制,在 x、y 方向都没有改变时,此时垂直向的总应力为

$$\sigma=\sigma'+p \tag{1-15}$$

因为任何充水饱和的土,p 和 σ' 是互相消涨的两个分量,组成应力 σ 为一常数,则有

$$\mathrm{d}\sigma'=-\mathrm{d}p \tag{1-16}$$

故土体的相对变形式(1-14)可写为

$$\frac{\mathrm{d}V}{V}=\alpha\mathrm{d}p \quad 或 \quad \mathrm{d}V=\alpha V\mathrm{d}p \tag{1-17}$$

式(1-12)中右边第二项表示单元土体的孔隙变化。因为土体变形主要是孔隙大小的改变,相对于孔隙,此时可认为骨架颗粒本身不可压缩。若设 V_s 为骨架颗粒的体积,$V_s=(1-n)V$,则 $\mathrm{d}V_s=\mathrm{d}[(1-n)V]=0$。微分后得

$$V\mathrm{d}(1-n)+(1-n)\mathrm{d}V=-V\mathrm{d}n+(1-n)\mathrm{d}V=0$$

$$\mathrm{d}n=\frac{1-n}{V}\mathrm{d}V$$

结合式(1-17)得

$$\mathrm{d}n=(1-n)\alpha\mathrm{d}p \tag{1-18}$$

式(1-12)中右边第三项表示孔隙水的密度变化,同样,应用水的压缩性 β 与其弹性模量 E_w 之间的倒数关系

$$E_w = \frac{1}{\beta} = \frac{应力}{应变} = -\frac{-\mathrm{d}p}{\mathrm{d}(nV)/(nV)} \tag{1-19}$$

或
$$\frac{\mathrm{d}(nV)}{nV} = -\beta \mathrm{d}p \tag{1-20}$$

由质量守衡原理,对于体积和压力的不同状态,则要求密度 ρ 与体积 (nV) 的乘积不变,即
$$\mathrm{d}\rho(nV) = \rho\mathrm{d}(nV) + nV\mathrm{d}\rho = 0$$

或
$$\frac{\mathrm{d}(nV)}{nV} = -\frac{\mathrm{d}\rho}{\rho}$$

上式说明,水体的相对压缩变形可用其孔隙水的密度相对变化来表示。代入式(1-20),可得
$$\frac{\mathrm{d}\rho}{\rho} = \beta\mathrm{d}p \quad 或 \quad \mathrm{d}\rho = \beta\rho\mathrm{d}p \tag{1-21}$$

将式(1-17)、(1-18)、(1-21)的 $\mathrm{d}V$、$\mathrm{d}n$、$\mathrm{d}\rho$ 各表示为时间的导数,代入式(1-12),整理后得
$$\frac{\partial M}{\partial t} = \rho(\alpha + n\beta)V \frac{\partial p}{\partial t} \tag{1-22}$$

因为水头 $h = \frac{p}{\rho g} + z$,则有
$$\frac{\partial h}{\partial t} = \frac{1}{\rho g}\frac{\partial p}{\partial t} + \frac{\partial z}{\partial t}$$

如认为 z 不随时间改变时,即 $\frac{\partial z}{\partial t}=0$,则有
$$\frac{\partial p}{\partial t} = \rho g \frac{\partial h}{\partial t}$$

代入式(1-22),得
$$\frac{\partial M}{\partial t} = \rho^2 g(\alpha + n\beta)V \frac{\partial h}{\partial t} \tag{1-23}$$

由质量守恒原理知,式(1-23)应与式(1-10)相等,且 $V = \mathrm{d}x\mathrm{d}y\mathrm{d}z$,则得
$$-\left(\frac{\partial v_x}{\partial x} + \frac{\partial v_y}{\partial y} + \frac{\partial v_z}{\partial z}\right) = \rho g(\alpha + n\beta)\frac{\partial h}{\partial t} \tag{1-24}$$

式(1-24)为可压缩饱和土体中渗流的连续性方程(C. E. Jacob, 1950)。

考虑水和土全为不可压缩时,式(1-24)变为
$$\frac{\partial v_x}{\partial x} + \frac{\partial v_y}{\partial y} + \frac{\partial v_z}{\partial z} = 0 \tag{1-25}$$

式(1-25)为不可压缩流体在刚体介质中流动的连续性方程,说明在任意点的单位流量或流速的净有改变率等于零。也就是说,单元体中水体质量的净有改变率是零。单元体在某一个方向的改变必须与其他方向相反符号的改变相平衡。

第三节 稳定渗流微分方程式与渗透系数

将达西定律
$$v_x = -k_x\frac{\partial h}{\partial x}, \qquad v_y = -k_y\frac{\partial h}{\partial y}, \qquad v_z = -k_z\frac{\partial h}{\partial z} \tag{1-26}$$

代入式(1-25),则得稳定渗流的微分方程式

$$\frac{\partial}{\partial x}(k_x \frac{\partial h}{\partial x}) + \frac{\partial}{\partial y}(k_y \frac{\partial h}{\partial y}) + \frac{\partial}{\partial z}(k_z \frac{\partial h}{\partial z}) = 0 \qquad (1-27)$$

若为各向同性，即 $k_x = k_y = k_z$ 时，则式(1-27)变为拉普拉斯方程式

$$\frac{\partial^2 h}{\partial x^2} + \frac{\partial^2 h}{\partial y^2} + \frac{\partial^2 h}{\partial z^2} = 0 \qquad (1-28)$$

式(1-28)只含有一个未知数，结合边界条件就有定解。虽然式(1-28)是稳定渗流的微分方程，但对于不可压缩介质和流体的非稳定流，也可进行瞬时稳定场计算。

有时研究渗流问题常采用柱面坐标系。此时的流速分量为

$$v_r = -k\frac{\partial h}{\partial r}, \qquad v_\theta = -k\frac{\partial h}{r\partial \theta}, \qquad v_z = -k\frac{\partial h}{\partial z} \qquad (1-29)$$

拉普拉斯方程为

$$\nabla^2 h = \frac{1}{r}\frac{\partial}{\partial r}(r\frac{\partial h}{\partial r}) + \frac{\partial^2 h}{r^2\partial \theta^2} + \frac{\partial^2 h}{\partial z^2} = 0 \qquad (1-30)$$

通过求解拉氏方程可得出一系列等势线或等水头线及其流网。对于均质土的单一流场来说，计算时不管渗透系数为何值而能求得相同的流网；但对于不同土层分布的流场来说，应用式(1-27)求解时就得考虑各土层的渗透系数，其值当没有确切试验资料时可参考表1-1。

表 1-1 土及岩体的渗透系数

岩土类	k(cm/s)	岩土类	k(cm/s)
砂砾石	$5\times 10^{-1} \sim 10^{-2}$	黄土(砂质)	$10^{-3} \sim 10^{-4}$
粗砾	$5\times 10^{-1} \sim 10^{-1}$	黄土(泥质)	$10^{-5} \sim 10^{-6}$
砂质砾	$10^{-1} \sim 10^{-2}$	粘壤土	$5\times 10^{-4} \sim 10^{-6}$
中粗砂	$5\times 10^{-2} \sim 10^{-2}$	粉质粘土	$10^{-5} \sim 10^{-6}$
粉细砂	$5\times 10^{-2} \sim 10^{-3}$	淤泥粘土	$10^{-5} \sim 10^{-6}$
砂壤土	$5\times 10^{-3} \sim 10^{-4}$	粘土	$10^{-6} \sim 10^{-8}$
脉状混合岩	3.3×10^{-3}	砂岩	10^{-2}
脉状页岩	0.7×10^{-2}	泥岩	10^{-4}
片麻岩	$1.2\times 10^{-3} \sim 1.9\times 10^{-3}$	鳞状片岩	$10^{-2} \sim 10^{-4}$
花岗岩	0.6×10^{-3}	一个吕荣单位	$1\times 10^{-5} \sim 2\times 10^{-5}$
褐煤岩	$1.7\times 10^{-2} \sim 2.39\times 10^{-3}$	裂隙 1 mm，间距 1 m 岩体	0.8×10^{-4}

第四节 非稳定渗流微分方程式与单位贮存量

这里将考虑介质和水体的压缩性进行推导。将达西定律代入式(1-24)，可得

$$\frac{\partial}{\partial x}(k_x \frac{\partial h}{\partial x}) + \frac{\partial}{\partial y}(k_y \frac{\partial h}{\partial y}) + \frac{\partial}{\partial z}(k_z \frac{\partial h}{\partial z}) = \rho g(\alpha + n\beta)\frac{\partial h}{\partial t} = S_s \frac{\partial h}{\partial t} \qquad (1-31)$$

式(1-31)就是考虑了压缩性的非稳定渗流微分方程。它既适用于承压含水层，也适用于无压渗流，只是应用时需结合各自特有的初始和边界条件。当均质各向同性时，式(1-31)变为

$$\frac{\partial^2 h}{\partial x^2}+\frac{\partial^2 h}{\partial y^2}+\frac{\partial^2 h}{\partial z^2}=\frac{S_s}{k}\frac{\partial h}{\partial t} \qquad (1-32)$$

显然,当水和土不可压缩时,式(1-31)和(1-32)就变为式(1-27)和式(1-28)。这说明,稳定渗流是非稳定渗流的特例。

式(1-31)中 $S_s=\rho g(\alpha+n\beta)$,称为单位贮存量(specific storage)(尺度为 1/L)。即单位体积的饱和土体,当下降1个单位水头时,由于土体压缩($\rho g\alpha$)和水的膨胀($\rho g n\beta$)所释放出来的贮存水量。各种土质的单位贮存量 S_s 的数值可参考表 1-2。由表 1-2 可知,粘土的压缩性要比砂土大 1~2 个数量级。

表 1-2　各种岩土的单位贮存量 S_s 的值
(根据 Domenico,1955)

岩土类别	单位贮存量 S_s(m^{-1})
塑性软粘土	$2.0\times10^{-2}\sim 2.6\times10^{-3}$
坚韧粘土	$2.6\times10^{-3}\sim 1.3\times10^{-3}$
中等硬粘土	$1.3\times10^{-3}\sim 6.9\times10^{-4}$
松砂	$1.0\times10^{-3}\sim 4.9\times10^{-4}$
密实砂	$2.0\times10^{-4}\sim 1.3\times10^{-4}$
密实砂质砾	$1.0\times10^{-4}\sim 4.9\times10^{-5}$
裂隙节理的岩体	$6.9\times10^{-5}\sim 3.3\times10^{-6}$
较完整的岩体	$<3.3\times10^{-6}$

一般情况下,水的压缩性 $\beta=5\times10^{-6}$ cm^2/N(空气约为 0.1 cm^2/N)。骨架颗粒的压缩性 $\alpha=1\times10^{-6}\sim 6\times10^{-6}$ cm^2/N,远小于孔隙的压缩性。若只考虑骨架孔隙的压缩性时,可仿效前述,定义孔隙压缩性 α' 为弹性模量 E_c 的倒数,则

$$E_c=\frac{1}{\alpha'}=\frac{\Delta\sigma'}{\Delta Z/Z_0} \qquad (1-33)$$

式中 Z_0 为原有土层厚度,则垂直压缩的相对变形为

$$\frac{\Delta Z}{Z_0}=\alpha'\Delta\sigma'=\frac{1}{E_c}\Delta\sigma' \qquad (1-34)$$

当此相对压缩完全体现在孔隙比的改变 Δe 时,则有

$$\frac{\Delta Z}{Z_0}=\frac{\Delta e}{1+e} \qquad (1-35)$$

式(1-35)表示了一个单元土体的相对压缩,或单位高度土体排出水的相对量。设孔隙比的改变正比于有效应力的改变 $\Delta\sigma'$,即

$$\Delta e=a_v\Delta\sigma' \qquad (1-36)$$

这里 a_v 为垂直压缩系数。在土力学中,可以根据压缩性试验结果绘制孔隙比与有效压力关系曲线,然后由曲线的斜率确定 a_v。将式(1-36)、(1-34)代入式(1-35)并与式(1-34)右端相等,则得

$$\frac{1}{E_c}=\frac{a_v}{1+e} \qquad (1-37)$$

因此单位贮存量可表示为

$$S_s=\rho g\alpha'=\frac{\rho g}{E_c}=\frac{a_v\rho g}{1+e} \qquad (1-38)$$

并可根据土体压缩试验的结果进行计算。式中 $\rho g=\gamma$,γ 为水的容重。

此外,还可通过野外抽水试验确定,即记录不稳定抽水试验过程,并按照台斯(Theis,1935)公式计算含水层的贮存系数和渗透系数。

土力学中常把式(1-37)右端的值与渗透系数 k 一并考虑,用一个固结系数 c_v 来表示,即

$$c_v=\frac{k(1+e)}{a_v\rho g}=\frac{k}{S_s} \qquad (1-39)$$

则式(1-32)就可写成固结方程

$$\frac{\partial^2 h}{\partial x^2}+\frac{\partial^2 h}{\partial y^2}+\frac{\partial^2 h}{\partial z^2}=\frac{1}{c_v}\frac{\partial h}{\partial t} \tag{1-40}$$

对于等厚度 T 的承压含水层非稳定渗流，则可将式(1-31)中的单位贮存量 S_s 改换成另一个无尺度系数，即

$$\frac{\partial}{\partial x}(k_x\frac{\partial h}{\partial x})+\frac{\partial}{\partial y}(k_y\frac{\partial h}{\partial y})+\frac{\partial}{\partial z}(k_z\frac{\partial h}{\partial z})=\frac{S}{T}\frac{\partial h}{\partial t} \tag{1-41}$$

式中 S 称为贮存系数(coefficient of storage)。它与 S_s 间的关系为

$$S=S_s T=\rho g(\alpha+n\beta)T \tag{1-42}$$

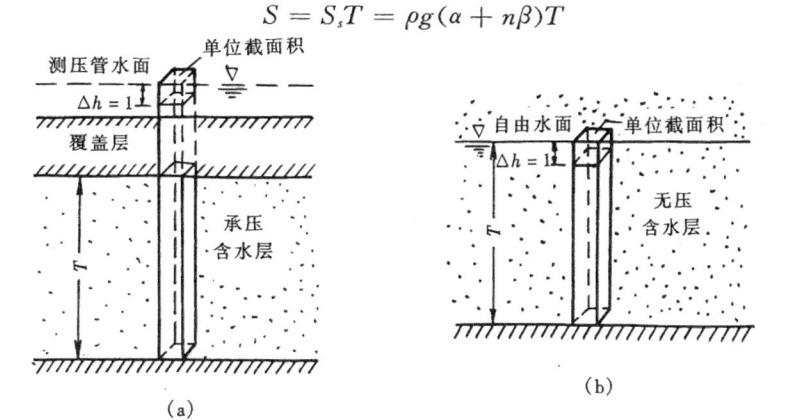

图 1-2 贮存系数的图示

贮存系数 S，即含水层在单位水头(例如 1 m)改变下从单位截面积的含水层垂直柱体(高度为含水层厚)中释放出来或取进去的水量，也就是此水量体积与整个厚度含水层体积的一个比值(小于 1 的无尺度系数)。而单位贮存量 S_s 则可理解为在单位水头的变化下，在单位截面积的含水层柱体整个高度上，平均每单位高度(例如每米)所释放出来或取进去的水量；或者说是每单位高度的贮存系数。

图 1-2 为承压和无压含水层的贮存系数 S 的概念性示意图。对于有自由面的无压含水层(图 1-2(b))，S 就是单位截面积的饱和土柱从 Δh 部分($\Delta h=1$)所排出的水体积，它近似等于

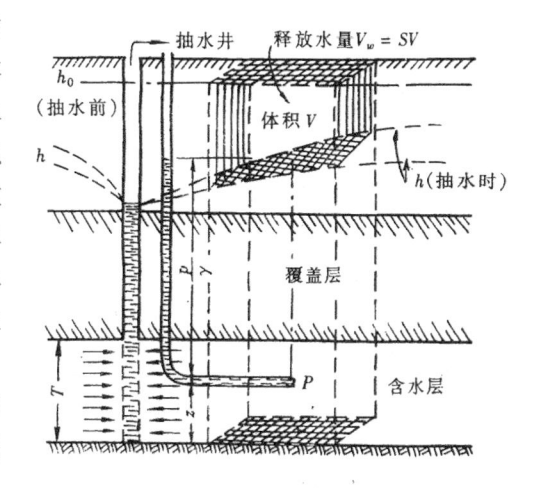

图 1-3 含水层抽水时所释放出来的水量示意图

排水有效孔隙率或给水度 μ，其值见式(1-45)。对于承压含水层(图 1-2(a))，其中没有自由水面的降落，则是用假想测压管水面从 Δh 部分($\Delta h=1$)排出的水体积来代表含水层的贮存系数。这是因为含水层抽水降压，导致骨架压缩和水的膨胀所放出来的水。

根据贮存系数 S 的定义，可认为含水层是无限的。如果含水层抽水，其底部某一个面积 A 上的水头下降为 Δh 时，则该面积上含水层释放出来的总水量体积应为(图 1-3)

$$V_w=SA\Delta h \tag{1-43}$$

第五节 有自由面变动的渗流微分方程式与给水度

对于有自由面的非稳定渗流，如果考虑压缩性，自然仍受方程式(1-31)的支配，只是需要结合变动的自由边界条件来求解方程。但在一般情况下，自由面下降所引起的土体压缩或弹性释放水量，与自由面降距所排水量相比甚小，因此可以略去土体的压缩性。于是式(1-31)中的 $S_s=0$，则式(1-31)变为

$$\frac{\partial}{\partial x}(k_x \frac{\partial h}{\partial x}) + \frac{\partial}{\partial y}(k_y \frac{\partial h}{\partial y}) + \frac{\partial}{\partial z}(k_z \frac{\partial h}{\partial z}) = 0 \tag{1-44}$$

式(1-44)虽然与稳定渗流方程式完全相同，但结合自由面变动的边界条件所解得的水头 h 分布却是空间坐标与时间的函数，而不像稳定渗流方程式的解答那样，只是空间坐标的函数。

关于非稳定渗流变化中的自由面边界条件和初始条件，参见第七节，需要加上流量补给的自由面边界，即下降时补给水量于流场，上升时取水量于流场，因此必须知道土体的给水度 μ 或饱和不足度的参数值。若近似认为这两个参数值相同时，则根据国内外砂砾土和粘性土的试验资料，作者分析求得给水度为下面的指数的指数方程的经验公式为[1]

$$\mu = 1.137 n (0.000\,117\,5)^{0.607^{(6+\lg k)}} \tag{1-45}$$

式中：n 为孔隙率；k 为渗透系数，cm/s。

别申斯基(Бецинский，1960)根据砂砾石土料的试验资料分析得出简单的经验公式为

$$\mu = 0.117 \sqrt[7]{k} \tag{1-46}$$

式(1-46)中渗透系数 k 的单位为 m/d。

上两式用于砂砾土时计算结果很接近，但后一式用于粘性土时比前式大很多(1 个数量级)。目前对于粘性土的给水度研究尚不完善。有些野外数据，由于土体裂隙的不均匀性，常大于室内试验值。

另一个求解自由面变动的非稳定渗流方程，与承压含水层的方程式(1-41)相类似，采用一个平均渗流水深 $\overline{H}$ 来代换承压含水层厚度 T，并以给水度 μ 代换贮存系数 S。因此，式(1-41)变为

$$\frac{\partial}{\partial x}(k_x \frac{\partial h}{\partial x}) + \frac{\partial}{\partial y}(k_y \frac{\partial h}{\partial y}) + \frac{\partial}{\partial z}(k_z \frac{\partial h}{\partial z}) = \frac{\mu}{\overline{H}} \frac{\partial h}{\partial t} \tag{1-47}$$

当均质各向同性时，式(1-47)变为

$$\frac{\partial^2 h}{\partial x^2} + \frac{\partial^2 h}{\partial y^2} + \frac{\partial^2 h}{\partial z^2} = \frac{\mu}{k\overline{H}} \frac{\partial h}{\partial t} \tag{1-48}$$

式(1-48)的形式类似于热传导方程(或称为扩散方程)。此式仍可从质量守恒原理加以引证。如图 1-4 所示，以垂直剖面为例，取自由面下至不透水层面一垂直土体单元，宽为 dx，高为 h，并在其中取微分厚度 dz，则在时间 dt 内进出该微分厚度的流量，左右两侧之差为 $v_x dz dt - \left(v_x + \frac{\partial v_x}{\partial x} dx\right) dz dt = -\frac{\partial v_x}{\partial x} dx dz dt$，上下两边之差为 $-\frac{\partial v_z}{\partial z} dx dz dt$，进出流量的累积差额为

$$-(\frac{\partial v_x}{\partial x} + \frac{\partial v_z}{\partial z}) dx dz dt$$

在高 H 的整个土体单元内由于流量差额使自由面升降的水量体积为 $\mu \frac{\partial h}{\partial t} dx dt$。若设此水量平均分配于高度 H 上,对于微分厚度 dz 来说,增减量应为

$$\frac{1}{H} \mu \frac{\partial h}{\partial t} dx dz dt$$

上两式应相等。根据达西定律,并取平均渗流深度为 $\overline{H}$,则得

$$\frac{\partial}{\partial x}(k_x \frac{\partial h}{\partial x}) + \frac{\partial}{\partial z}(k_z \frac{\partial h}{\partial z}) = \frac{\mu}{\overline{H}} \frac{\partial h}{\partial t} \quad (1-49)$$

当均质各向同性时,式(1-49)变为

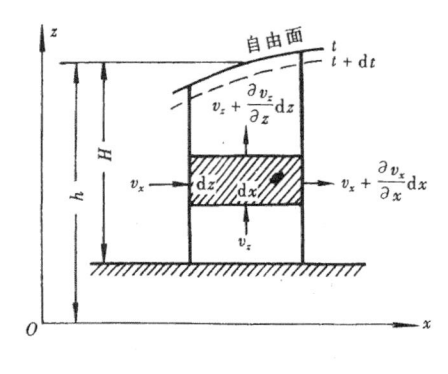

图 1-4 扩散方程推导示意图

$$\frac{\partial^2 h}{\partial x^2} + \frac{\partial^2 h}{\partial z^2} = \frac{\mu}{k\overline{H}} \frac{\partial h}{\partial t} \quad (1-50)$$

式(1-49)即为垂直剖面的二维非稳定扩散方程。有不少人用该方程求自由面升降过程。

以上各式的推导过程和来源是类似的。因为其间的系数 μ、S、S_s 是互相依赖的,只要选取的系数能够互相合理转化,在相同的初始和边界条件下,求解的结果应当一致。不过在具体的非均质场,如实际的土坝,上下包括不同土层时,如果用给水度 μ 的支配方程式(1-50),认为 μ 是平均分配到垂直的土柱上,自然会引起很大的误差或出现流场的不合理现象。此时就没有使用单位贮存量 S_s 的支配方程式(1-31)那样合理。因为从单位土体概念出发沿高度上不同土层就具有不同的 S_s,所以采用式(1-31)能够得到合理的解答。因此,严格地说,式(1-50)只适用于均质场问题。将式(1-50)应用于非均质土坝,还需对 μ 值作适当的处理。

第六节 缓变渗流的水平面渗流微分方程式

二维渗流的平面问题可分为垂直平面(x,z)问题和水平面(x,y)问题。如对于垂直剖面上的土坝和闸基渗流问题,以上叙述的微分方程式去掉包含 y 的项,即变为垂直平面(x,z)二维渗流方程式。而水平面渗流问题,则只有在等厚的承压含水层中的流动情况下,才能直接略去以上所述各方程式中的 z 项而使其成为水平面(x,y)二维渗流方程式。至于有自由面的无压缓变渗流问题,如大区域地下水运动(绕坝端侧岸的渗流等)以及不等厚度承压层中的渗流(如石油开采问题等)则可根据杜布依(Dupuit)的假定,认为沿铅直线上流速相等,$\frac{\partial h}{\partial z}=0$,再按照前面所述质量守恒原理写平衡方程式,就可把三维空间问题简化为水平面渗流问题。下面从非水平面不透水层上的水平面渗流的最一般情况来推导缓变渗流基本方程式,并进而简化为水平不透水层上渗流问题的方程式。

一、任意不透水层上的缓变渗流

如图 1-5 所示,H 为地下水深,h 为某一基面算起的水头,地下水面上入渗强度为 w,蒸发强度为 ε。图 1-5(b)为取出的一个微分体。根据达西定律 $v_x = -k\frac{\partial h}{\partial x}$ 算得 dt 时间内通过微分体左边的流量为

$$(\int_{h-H}^{h} v_x \mathrm{d}z)\mathrm{d}y\mathrm{d}t = -(\frac{\partial h}{\partial x}\int_{h-H}^{h} k\mathrm{d}z)\mathrm{d}y\mathrm{d}t$$

通过微分体右边的流量为

$$-(\frac{\partial h}{\partial x}\int_{h-H}^{h} k\mathrm{d}z)\mathrm{d}y\mathrm{d}t +$$
$$\frac{\partial}{\partial x}(\frac{\partial h}{\partial x}\int_{h-H}^{h} k\mathrm{d}z)\mathrm{d}x\mathrm{d}y\mathrm{d}t$$

沿 x 方向积聚在微分体中的水量为

$$\frac{\partial}{\partial x}\left(\frac{\partial h}{\partial x}\int_{h-H}^{h} k\mathrm{d}z\right)\mathrm{d}x\mathrm{d}y\mathrm{d}t$$

同理，沿 y 轴方向积聚在微分体中的水量为

$$\frac{\partial}{\partial y}\left(\frac{\partial h}{\partial y}\int_{h-H}^{h} k\mathrm{d}z\right)\mathrm{d}x\mathrm{d}y\mathrm{d}t$$

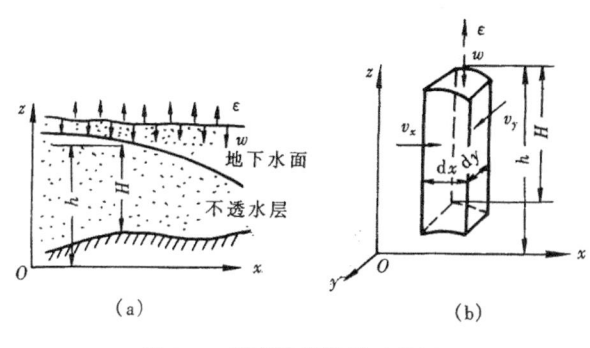

图 1-5 缓变渗流推导示意图

在 $\mathrm{d}t$ 时间内从水平投影面积（$\mathrm{d}x\mathrm{d}y$）上入渗减去蒸发所积聚在微分体中的水量为

$$(w - \varepsilon)\mathrm{d}x\mathrm{d}y\mathrm{d}t$$

全部积聚水量为

$$\left[\frac{\partial}{\partial x}\left(\frac{\partial h}{\partial x}\int_{h-H}^{h} k\mathrm{d}z\right) + \frac{\partial}{\partial y}\left(\frac{\partial h}{\partial y}\int_{h-H}^{h} k\mathrm{d}z\right) + (w - \varepsilon)\right]\mathrm{d}x\mathrm{d}y\mathrm{d}t$$

设土壤的给水度或饱和不足度为 μ 时，则在 $\mathrm{d}t$ 时间内由于微分体中积聚水量而引起地下水深或水头增量为

$$\mu\frac{\partial h}{\partial t}\mathrm{d}x\mathrm{d}y\mathrm{d}t$$

上二式相等，就得

$$\frac{\partial}{\partial x}\left(\frac{\partial h}{\partial x}\int_{h-H}^{h} k\mathrm{d}z\right) + \frac{\partial}{\partial y}\left(\frac{\partial h}{\partial y}\int_{h-H}^{h} k\mathrm{d}z\right) + (w - \varepsilon) = \mu\frac{\partial h}{\partial t} \tag{1-51}$$

式（1-51）就是渗透系数变化的无压非稳定缓变渗流基本微分方程式。

式（1-51）中的积分函数 $\int_{h-H}^{h} k\mathrm{d}z$ 是得不出解析解的，但可以根据天然实测的水文地质资料找出不透水层面上各点沿含水层深度 z 的函数积分曲线。现以 K 表之，称它为导水度或传导性，即

$$K = \int_{h-H}^{h} k\mathrm{d}z \tag{1-52}$$

若为均质含水层，由式（1-52）可知，此导水度就等于渗透系数与渗流水深的乘积，即

$$K = kH \tag{1-53}$$

对于厚度为 T 的承压含水层，则

$$K = kT \tag{1-54}$$

若为不同土层组成的含水层，其分层厚度为 $T_1, T_2, T_3, \cdots$ 时，则导水度应为

$$K = k_1 T_1 + k_2 T_2 + k_3 T_3 + \cdots \tag{1-55}$$

因此，式（1-51）就可写为

$$\frac{\partial}{\partial x}\left(K\frac{\partial h}{\partial x}\right) + \frac{\partial}{\partial y}\left(K\frac{\partial h}{\partial y}\right) + (w - \varepsilon) = \mu\frac{\partial h}{\partial t} \tag{1-56}$$

由于 K 只是坐标 x,y 的函数,所以就可把非均质含水层转化成均质含水层($K=kH$)。这样,便于进行模拟试验或计算。具体做法为:按照式(1-52)给出不透水层面上各处 $z\sim K$ 的关系曲线,即沿含水层深度 z 积分得出的导水度 K,或以式(1-54)计算分层土的含水层各处导水度 K;然后选定转化均质层的渗透系数 k,就由式(1-53)确定了转化均质层中相应的地下水深 $H=K/k$。

当均质各向同性,即 k 为一常数时,式(1-56)就变为一般的布辛内斯克(Boussinesq)方程式

$$\frac{\partial}{\partial x}\left(H\frac{\partial h}{\partial x}\right)+\frac{\partial}{\partial y}\left(H\frac{\partial h}{\partial y}\right)+\frac{w-\varepsilon}{k}=\frac{\mu}{k}\frac{\partial h}{\partial t} \quad (1-57)$$

研究流向河流或沟渠的地下水运动,对于其垂直剖面上的自由面升降变化,还经常用一维的布辛内斯克方程式

$$\frac{\partial h}{\partial t}=\frac{1}{\mu}\frac{\partial}{\partial x}\left(kH\frac{\partial h}{\partial x}\right)+\frac{w-\varepsilon}{\mu} \quad (1-58)$$

或取适当的平均水深 $\overline{H}$ 使式(1-58)线性化,则为

$$\frac{\partial h}{\partial t}=\frac{k\overline{H}}{\mu}\frac{\partial^2 h}{\partial x^2}+\frac{w-\varepsilon}{\mu} \quad (1-59)$$

当稳定渗流时,式(1-56)变为

$$\frac{\partial}{\partial x}\left(K\frac{\partial h}{\partial x}\right)+\frac{\partial}{\partial y}\left(K\frac{\partial h}{\partial y}\right)+(w-\varepsilon)=0 \quad (1-60)$$

二、水平不透水层上的缓变渗流

若含水层底面不透水层水平时,水头可从底面算起,与其渗流水深相等,即 $h=H$。此种情况下,以上各式更可简化为线性微分方程式。现以稳定渗流为例,不考虑入渗蒸发,并设 $k=k_x=k_y$,式(1-60)就变为

$$\frac{\partial^2\left(\frac{kh^2}{2}\right)}{\partial x^2}+\frac{\partial^2\left(\frac{kh^2}{2}\right)}{\partial y^2}=0 \quad (1-61)$$

或

$$\frac{\partial^2 h^2}{\partial x^2}+\frac{\partial^2 h^2}{\partial y^2}=0 \quad (1-62)$$

式(1-62)为函数 $h^2=f(x,y)$ 的拉普拉斯方程,只要给出边界条件,就可求得地下水面 $h=h(x,y)$。

单宽流量

$$q_x=v_x h=-kh\frac{\partial h}{\partial x}=-\frac{\partial}{\partial x}\left(\frac{kh^2}{2}\right)$$

$$q_y=v_y h=-kh\frac{\partial h}{\partial y}=-\frac{\partial}{\partial y}\left(\frac{kh^2}{2}\right)$$

则由式(1-60)可得

$$\frac{\partial q_x}{\partial x}+\frac{\partial q_y}{\partial y}=0 \quad (1-63)$$

这就说明,在水平面渗流中所研究的是流量势函数,而非流速势函数。即拉普拉斯方程式中的势函数 Φ 为:

垂直平面渗流(或承压水平面渗流)

$$\varphi = -kh \quad (h\text{ 为水头}) \tag{1-64}$$

水平面无压渗流

$$\varphi = -\frac{kh^2}{2} \quad (h\text{ 为水深}) \tag{1-65}$$

研究不同土层的水平面渗流,还可利用吉林斯基(Гиринский)位势函数的概念结合图解进行计算或模拟试验。在均质含水层时,吉林斯基位势就等于 $-\dfrac{kh^2}{2}$。

三、有越流补给的含水层中渗流

如图1-6所示,在上下含水层之间夹有弱透水层时,隔开的上下含水层中水头压力不等(由于下面主含水层抽水或其他原因造成的)而发生穿经弱透水夹层的垂直渗漏。此时的渗流微分方程式,只要对比分析前面已得出的方程式就可求得。

如果图1-6所示的下层承压含水层是可压缩的,则由式(1-41),在杜布依假定下 $\dfrac{\partial h}{\partial z}=0$,同时穿过弱透水层的渗漏补给也就相当于图1-5中的入渗蒸发 $(w-\varepsilon)$。因此,可直接写出微分方程式

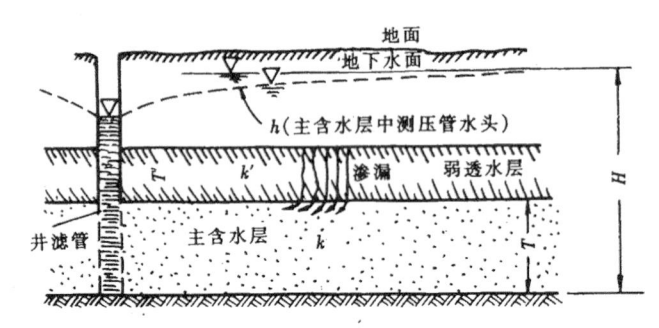

图1-6 有越流补给的含水层示意图

$$\frac{\partial}{\partial x}\left(kT\frac{\partial h}{\partial x}\right) + \frac{\partial}{\partial y}\left(kT\frac{\partial h}{\partial y}\right) + k'\frac{\partial h'}{\partial z} = S\frac{\partial h}{\partial t} \tag{1-66}$$

式中 k'、h' 为弱透水夹层的渗透系数和水头,其他为含水层的。含水层与弱透水夹层的交界面 $h=h'$。如设夹层上面的原有水头为 H、夹层厚度为 T',则式(1-66)可写为

$$\frac{\partial}{\partial x}\left(kT\frac{\partial h}{\partial x}\right) + \frac{\partial}{\partial y}\left(kT\frac{\partial h}{\partial y}\right) + \frac{k'(H-h)}{T'} = S\frac{\partial h}{\partial t} \tag{1-67}$$

用平均含水层厚度 T 表示时,则可写为

$$\frac{\partial^2 h}{\partial x^2} + \frac{\partial^2 h}{\partial y^2} + a^2(H-h) = \frac{S}{kT}\frac{\partial h}{\partial t} \tag{1-68}$$

式中 $a=\sqrt{\dfrac{k'}{kTT'}}$,称为越流渗漏因数,它可确定面积上漏水的多少。

考虑弱透水夹层的压缩性时,对比关系可写为

$$k'\left(\frac{\partial^2 h}{\partial z^2}\right) = S'\frac{\partial h'}{\partial t} \tag{1-69}$$

式中 S' 为夹层的贮存系数。

以上介绍的水平面渗流微分方程式,对于区域性地下水运动,为了简化问题,一般允许采用杜布依假定。水利工程和水文地质中的水库蓄水后对附近地区的地下水位抬高、绕坝端的渗流、大面积含水层的地下水开发利用、农田灌溉排水的布局、河流的侧渗、施工基坑的降水以及井点和群井的抽水等问题,均可近似地看成水平面渗流问题。另外,石油开采等

实际问题也被看作是水平面承压渗流问题。至于大区内部靠近板桩、沟、井等的渗流虽然会发生急变区而不满足杜布依假定，但此局部失真的范围与大区相比很小，因此对大区渗流地下水面影响不大，一般误差不超过 0.5 m。

第七节 定解条件

每一流动过程都是在限定的空间流场内发生的。沿这些流场边界起支配作用的条件称之为边界条件。研究（试验或计算）开始时流场内的整个流动状态或流动支配条件（如场的位势或水头分布）称之为初始条件。边界条件和初始条件统称为定解条件。定解条件通常是由野外观测资料或试验确定的，它们对流动过程起决定性作用。寻求一个函数（如水头）使它在满足微分方程的同时又满足定解条件的问题称为定解问题。定解条件和微分方程能用来描述流场而组成地下水流动图案（流网）的数学模型。求解稳定渗流方程时，只需列入边界条件。此时的定解问题常称为边值问题。求解非稳定渗流方程时，需要同时列入初始条件和全过程的边界条件。

边界条件，原则上可区分为流场的几何边界形状位置与边界上起支配作用的条件。从描述流动的数学模型来看，边界条件有下面三类：

第一类边界条件为边界上给定位势函数或水头分布，或称水头边界条件，是最常见的情况。考虑到与时间 t 有关系的非稳定渗流边界，必须在整个过程中标明边界条件的变化过程。此已知边界条件可写为

$$h\big|_{\Gamma_1} = f_1(x,y,z,t) \tag{1-70}$$

例如，下列情况均属第一类边界条件：稳定渗流场中，淹没水中的渗流边界为等势面或等水头面，即 $h=$ 常数；土坝下游坡面的自由渗出段和自由面边界，其水头应与位置高度相等，即 $h^* = z$；排水沟管井孔为已知水头值等。

第二类边界条件为在边界上给出位势函数或水头的法向导数，或称流量边界条件。考虑到与时间 t 有关的边界时，此已知边界条件可写为

$$\frac{\partial h}{\partial n}\bigg|_{\Gamma_2} = -v_n/k = f_2(x,y,z,t) \tag{1-71}$$

考虑到各向异性时，还可写为

$$k_x \frac{\partial h}{\partial x} l_x + k_y \frac{\partial h}{\partial y} l_y + k_z \frac{\partial h}{\partial z} l_z + q = 0 \tag{1-72}$$

上式中的 q 为单位面积边界上穿过的流量，相当于 v_n；l_x、l_y、l_z 为外法线 n 与坐标间的方向余弦。在稳定渗流时，这些流量补给或出流边界上的流量 $q=$ 常数，或相应 $\frac{\partial h}{\partial n}=$ 常数。不透水层面和对称流面以及稳定渗流的自由面，均属此类边界条件，即 $\frac{\partial h}{\partial n}=0$。

非稳定渗流过程中，变动的自由面边界除应符合第一类边界条件

$$h^* = z \tag{1-73}$$

外，还应满足第二类边界条件的流量补给关系。图 1-7 所示为经过时间 Δt 自由面降落位置，其间的一块水体为 $q \cdot d\Gamma \cdot dt$。如果都采用外法向为正，则在自由面下降时可认为由边

界流进的单宽流量为

$$q = \mu \frac{\partial h^*}{\partial t} \cos\theta \qquad (1\text{-}74)$$

考虑渗流自由面上有降雨入渗时,则式(1-74)变为

$$q = \mu \frac{\partial h^*}{\partial t} \cos\theta - w \qquad (1\text{-}75)$$

式中 h^* 为自由面边界上的水头;w 为入渗量;μ 为自由面变动范围的给水度或排水有效孔隙率;θ 为自由面的法线与铅直线所成的角度。

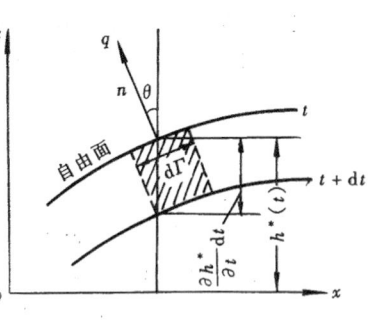

因为 $q = v_n = -k\frac{\partial h^*}{\partial n} = -k\frac{\partial h^*}{\partial z}\cos\theta$,故式(1-74)也可写为

图 1-7 自由水面降落时的流量补给边界示意图

$$\frac{\mu}{k}\frac{\partial h^*}{\partial t} = -\frac{\partial h^*}{\partial z} \qquad (1\text{-}76)$$

各向异性时,式中 k 取用 k_z。

根据自由面边界下降时引起的流量补给式(1-74),在 $h^* = z$ 的条件下还可由自由面形状的一般方程 $F(x,y,z,t) = 0$ 对时间 t 微分,结合达西定律推导出另一种自由面变动的表达式(文献[1]215页)

$$\frac{\partial h^*}{\partial t} = -\frac{k}{\mu}\left(\frac{\partial h^*}{\partial z} - \frac{\partial h^*}{\partial x}\frac{\partial h^*}{\partial x}\right) \qquad (1\text{-}77)$$

式(1-77)若将微分二次项略去,即与式(1-76)相同。由此可知,自由面变动的表达式(1-74)与(1-77)基本相同。

第三类边界条件为混合边界条件,是指含水层边界的内外水头差和交换的流量之间保持一定的线性关系,即

$$h + \alpha \frac{\partial h}{\partial n} = \beta \qquad (1\text{-}77')$$

式中 α 为正常数,它和 β 都是此类边界各点的已知数。在解题时需以迭代法去满足水头 h 和 $\frac{\partial h}{\partial n}$ 间的已知关系。有时研究大区地下水流运动,含水层边界溢出水量受水位变化影响时,会碰到此类边界条件。河床面淤堵、井壁淤堵以及含水层中存在弱透水薄层的越流等也会存在此类边界条件。

以上三类边界条件在数学上依次称为狄里希列(Dirichlet)条件、诺依曼(Neumann)条件、福里哀(Fourier)条件。现以土坝渗流为例,如图1-8所示,其边界条件为:1—2、4—5是等水头面,$h = \frac{p}{\gamma} + z =$ 常数;3—4是自由渗出段,$h = z$;6—7是不透水层,是流面,$\frac{\partial h}{\partial n} = 0$;2—3是自由面,在稳定渗流时是流面,$\frac{\partial h}{\partial n} = 0$,并因 $\frac{p}{\gamma} = 0$,故还得符合条件 $h^* = z$,而

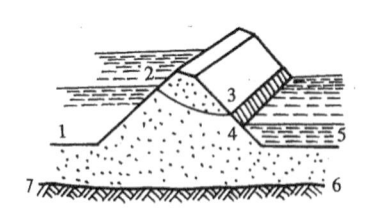

图 1-8 土坝边界条件示意图

在非稳定渗流时,自由面不是流面,而是符合式(1-74)的流量补给边界。

初始条件,通常是第一类边界条件。即流场的水头分布。它在开始时刻 $t=0$ 时,对整个

流场起支配作用。所以在进行非稳定渗流计算或试验时,可先求得开始时刻稳定流场的水头分布,以作为已知初始条件(此开始时刻的流场通常是稳定渗流场);也可取任一时刻的渗流状态作为初始条件。只有在特殊情况下,初始条件才会是第二、三类边界条件。

第八节 数学模型的选用

我们把定解条件与渗流的基本方程式结合起来讨论如何选用适宜的原始数学模型问题。应用的方程和边界条件不同,得出的解答也不同,甚至差别很大。到目前为止,作为数学模型被采用的支配方程类型,对于饱和渗流,具有自由面变动的非稳定流问题,则有布辛内斯克方程式(1-57)、拉普拉斯方程式(1-44)、扩散方程式(1-50)、固结方程式(1-31)等。这些方程式对自由面边界条件的处理各不相同,有作为流量补给的,有作为下降流速的,也有不作为任何补给条件的,所以计算结果相互差别很大。现将我们通过对水库水位下降时土坝渗流的大量数值计算检验这些数学模型的结果综述如下。

一、几种数学模型的比较总结

布辛内斯克方程是将缓变渗流简化为水平面渗流的支配方程,适宜于研究大区地下水运动;用于计算土坝渗流只能计算渗流自由面变化位置,而且还得考虑坝坡边界的简化处理问题,结果可靠性差。

拉普拉斯方程是逐时段求解瞬时稳定流场。结合自由面下降速度的计算,是求解非稳定渗流的一个最早的方法。计算结果表明:自由面下降速度与其他方程相比最慢;内部流场分布,靠近坝坡的孔隙水压力水头值最低。如果将自由面改为流量补给边界,则自由面下降速度略快,同时内部孔隙水压力消散也略转快。这种原因可能是把自由面作为下降流速边界处理时,计算所根据的是各时段的瞬时稳定流场所致;其次所取时段的降距常小于划分单元的高度,而用单元平均速度计算时也有导致自由面下降偏慢的趋势。因此不如把自由面作为流量边界处理为好,此时在有限元计算中能直接反映于计算公式作连续计算。

扩散方程是直接依赖于时间项计算的。自由面边界不作任何补给条件处理时,计算结果与其他方程相比,自由面下降最快;而内部流场分布,靠近边坡的孔隙水压力水头值最高,渗流坡降最大,但其消散速度也最快;在上游水位下降后的开始阶段显出急速地向边坡排水的趋势,对边坡稳定极为不利;经历长时间后,计算结果渐趋近于拉氏方程的流场分布。如果将自由面边界加上流量补给条件进行计算,自由面下降速度转慢,其值介于拉氏方程结合自由面下降速度和结合流量补给条件的两种处理方法的计算结果之间。由此可见,自由面边界条件是否合理,影响很大。由于扩散方程的推导基于杜布依假定,严格地说,该方程只适用于自由面变化不大、沿深度方向渗流坡降变化也不大的均质土坝情况。

固结方程的推导考虑了土体压缩性,能够适应粘土筑坝的各种固结情况。在自由面下降过程计算中,流场内部水头可能出现高于自由面以及流场内孔隙水压力水头的消散迟后于自由面边界的变化等现象都能合理地加以解释。至于完全固结的土坝,认为没有压缩性问题,则是方程的特例,即拉氏方程。经过几个土坝实例计算与观测资料的互相验证,认为固结方程结合流量补给条件的自由面边界较为合理。兴建土坝,由于存在残留孔隙压力,水和气不易排出,以及气泡的增减和胀缩等,尤其是渗透性很小、含水量大的粘土坝,会使孔隙水的贮量在库水位升降过程中或其他外力改变时也随之有所改变，而形成迟后现象的非稳定渗流过程，这对坝坡稳定性有较大的危害。这种随库水位升降改变孔隙水贮量致使坝体或发生地基沉降或回弹的现象会持续若干年代。因此即使已建成多年的土坝，在核算坝坡稳定性时也应适当考虑这种因素的破坏作用。

因此，由以上四种基本方程的有限元法数值计算结果的比较可知：一般土石坝和地基的非稳定渗流问题，可采用固结方程，也就是考虑土体压缩性的非稳定渗流微分方程式(1-31)，加上流量补给条件的自由面边界式(1-74)及其相应定解条件计算流场分布，较为合理；固结完好不再压缩的土石坝($S_s=0$)非稳定渗流问题，则可采用拉氏方程(1-28)加上流量补给自由面边界条件式(1-74)计算渗流场。至于其他非稳定渗流数学模型，则可在一些与其相应的特殊情况下采用。我们自70年代提出的这一种较为合理的非稳定渗流数学模型就一直沿用至今，并解决了很多实际问题。现总结基本数学模型如下：

非稳定渗流基本方程：

$$\mathrm{div}(k\,\mathrm{grad}h) = S_s \frac{\partial h}{\partial t} \tag{1-78}$$

边界条件 $\begin{cases} \text{水头边界} & h|_{\Gamma_1} = h(x,y,z,t) \\ \text{流量边界} & k_n \dfrac{\partial h}{\partial n}\bigg|_{\Gamma_2} = -q(x,y,z,t) \end{cases}$

自由面边界条件 $\begin{cases} h^* = z \\ q = \mu \dfrac{\partial h^*}{\partial t}\cos\theta \end{cases}$

初始条件 $\quad h|_{t=0} = h(x,y,z,0)$

稳定渗流是上式的特例，与时间无关，$\dfrac{\partial h}{\partial t}=0$，没有初始条件。

关于在有限元法数值计算中将渗流场划分成有限单元，由式(1-78)推导的解代数方程组的离散化数学模型见第二章。

二、实例说明

为了具体说明数学模型的可靠性，现以岳城水库土坝的计算结果为例。

岳城水库于1968年、1969年和1974年水位大幅度下降，曾引起中段和南段两次上游滑坡。我们采用设计资料中各土层的渗透系数、土力学指标等参数及水位运行情况，对土坝断面进行有限元计算(参见图4-42)，所得流场分布和发生的滑坡都与实例资料相吻合。坝坡稳定分析计算见第三章及图3-9，这里只讨论计算过程中瞬时流场分布的合理性。

图1-9所示为库水位下降过程计算中对坝体填土是否已固结完好的两组瞬时流场的等势线比较。由比较知：单位贮水量S_s是决定流场分布和孔隙水压力消散的主要因素；已固结($S_s=0$)流场，其渗流基本向下或平行坝坡；未固结的流场，在靠近坝坡有环形的等势线或等水头线分布，其渗流方向冲向坡面，而且有较高的渗透坡降，因而对坝坡的稳定性极为不利。由多组计算分析(图1-10)知：(1)S_s愈大，靠近边坡的等势线愈向上游倾斜，孔隙水压力消散的速度愈慢，以致向边坡的渗流坡降加大；(2)随着S_s的减小，等势线逐渐远离边坡向坝体内部扭转；(3)至$S_s=0$时形成等势线向坝体内部倾斜的拉氏方程流场，而且自由面下降速度也稍快；(4)坝体内部存在高含水量的软弱带时，由于库水位下降使有效荷载增

加的过程中还会使软弱带的孔隙水压力高出库水位。此种现象也反映了有些填湿土坝的高孔隙水压力实际情况。

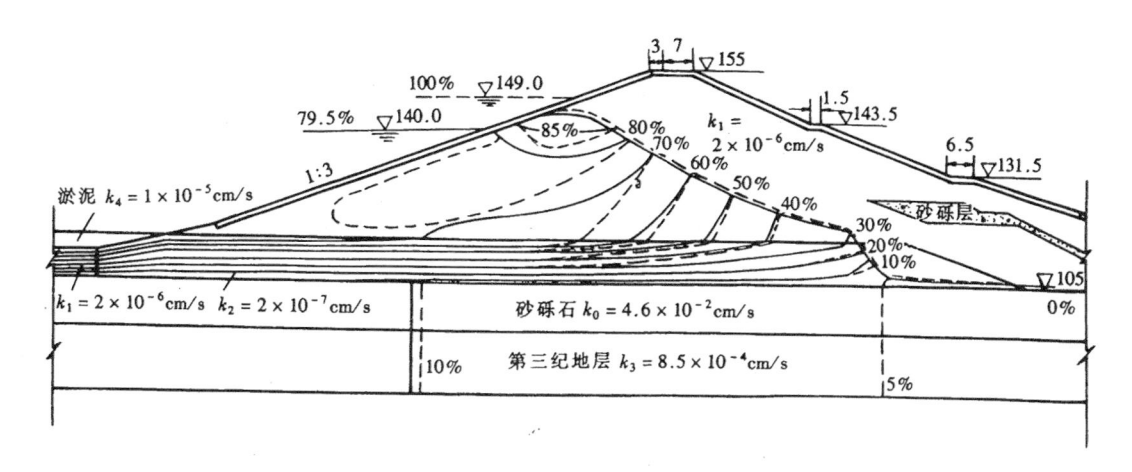

图 1-9　库水位缓降 68 d 时的瞬间流场等势线分布
——拉氏方程 $S_s=0, \mu=0.047$；…固结方程 $S_s=6\times10^{-4}, \mu=0.047$

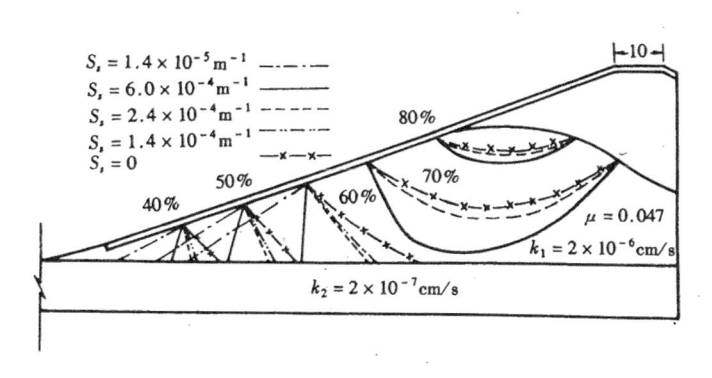

图 1-10　各种固结情况下的等势线分布（岳城土坝）

计算过程中还比较了各级库水位下降时刻的瞬间流场。由于土层分布的不同，一般来说，并不是库水位降到最低时危害最大。岳城水库土坝的最危险下降水位是 125.0 m（有软弱夹层）和 120.0 m（无软弱夹层），而不是最低水位 116.0 m。其瞬时流场分布可参见比较图 3-9 和图 4-44，可知坝体内的渗流水头前者大于后者，从而形成向坝坡的较大渗流坡降造成滑坡。同时在库水位下降过程中的各级水面高程上的土体中，其渗流的瞬时坡降都属最大，因此滑坡交于边坡的底沿也多穿过即时刻下降水面的高程。此种现象在实际滑坡中得到了验证（图 3-9），流场分布也得到了可贵仅有的实测资料的验证，参见表 4-3 或图 1-11。这说明固结方程加上自由面流量边界计算可压缩非稳定渗流问题是可靠的，扩散方程差距较大。

计算中还比较了坝体在 125.0 到 135.0 高程之间是否存在一层渗透性小一个数量级的软弱夹泥层的影响。由比较得知：有软弱夹层时，夹层以上包括自由面在内，水头下降速度比无夹层时慢，以致形成稍大的孔隙压力；在夹层以下，水头下降速度则稍快，又形成较低的孔隙水压力。对于岳城土坝来说，从测压管实测资料可知，滑坡段观测水头与有软弱夹层（$S_s=$

19

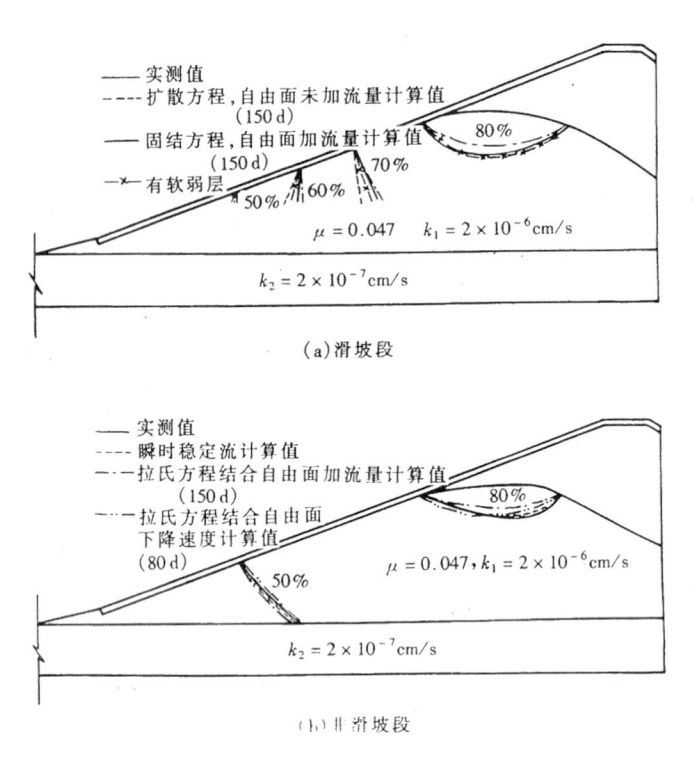

图 1-11 计算与实测等水头线趋势的比较

$1.4\times10^{-3}\text{m}^{-1}$)的计算结果极为相近，非滑坡段则介于无夹层固结方程($S_s=6\times10^{-4}\text{m}^{-1}$)与拉氏方程($S_s=0$)计算结果之间，而接近于拉氏方程的计算结果。

三、渗流参数的影响

有了正确的数学模型，还得有可信的渗流参数。渗透系数 k 已有较完善的方法取得。方程中的给水度 μ 是仅次于 k 的决定渗流自由面下降速度的主要因素。μ 愈大，自由面下降速度愈慢（图 1-12），同时对流场内部水头的消散也略有影响，会更不利于坝坡的稳定性。参数 S_s 是决定流场内部孔隙水压力消散速度的主要因素，对自由面下降速度也略有影响（图 1-9，1-10）。对 μ 与 S_s 取值的研究尚不完善，可参考表 1-1 和表 1-2 或其经验公式(1-45)。在坝坡稳定计算中，所用 μ 值相差一个数量级，其安全系数会相差 0.1 左右。

作为渗流参数的组合，经常采用 $\dfrac{k}{\mu V}$ 表示库水位相对于渗流自由面下降的速度，以区别库水位是缓降、快降还是骤降，因为该组合参数象征着坝体土中孔隙水的真实速度(k/μ)与库水位下降速度 V 的比值。根据计算分析，$k/(\mu V)>100$ 时，自由面与库水位同步下降，如砂砾石强透水坝壳中的自由面呈水平与库水面同步下降；$k/(\mu V)=60$ 时，库水位下降缓慢，此时坝体内渗流自由面只保持总水头的 10% 左右，属基本同步下降，已不致影响坝坡的稳定性，可不必考虑；$k/(\mu V)<1/10$ 时，属骤降，此时的渗流自由面仍保持总水头的 90% 左右，可作为基本不降考虑计算条件。因此，只有在 $\dfrac{1}{10}<\dfrac{k}{\mu V}<60$ 范围内应按照实际库水位下降过程计算自由面的下降位置。在此范围还可再区别库水位下降的快慢。根据一些发生滑

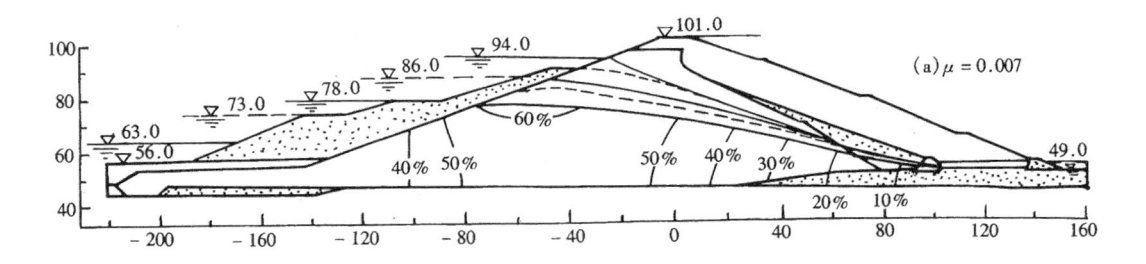

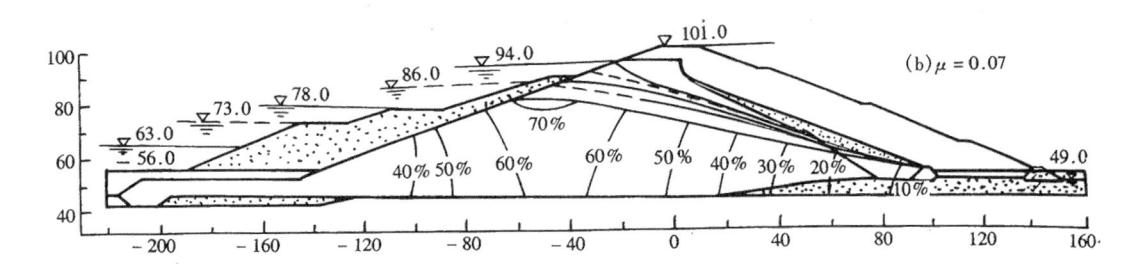

图 1-12 给水度 μ 对自由面下降的影响（七一水库土坝）及等水头线分布

坡的均质土坝，$k/(\mu V)<1$ 可称为快降，$k/(\mu V)>5$ 可称为慢降，大致分别相当于库水位降速 1 m/d 及 0.2 m/d。降速 V 每天超过 1 m 时，上游就有滑坡可能，放空水库时必须加以注意。

四、渗流场的耦合数学模型

由于计算机和数值计算技术的发展，在有限元法的基础上，研究渗流场结合应力场、温度场等的互相耦合计算的数学模型已渐被采用，这是因为渗透性和渗透力受温度和应力变化的影响显著，岩土应力随水力的、热力的荷载外力的变化而改变。因此开展此项研究的渐多，不仅是饱和渗流，也发展到非饱和渗流。这种数学模型就是把渗流场的支配方程与应力场或温度场的支配方程耦合在一起求解。例如，把 Biot 固结理论与渗流微分方程耦合起来计算，求解土体应力、应变和位移及其孔隙压力消散的问题。

作为简单的应力-渗流耦合计算，则可把渗流场算得的各点水头或压力转换为渗透力作为一种外力荷载叠加在应力场的各结点上。例如，渗流方程应用式(1-78)，在有限元法中应用变分原理可求得解渗流场各结点水头 h 的代数方程组为（推导及符号见第二章）

$$[K]\{h\} + [S]\left\{\frac{\partial h}{\partial t}\right\} + [P]\left\{\frac{\partial h}{\partial t}\right\} = \{F\} \tag{1-79}$$

同样，对于土体变形，可根据土体固结理论求得各结点荷载与结点位移之间的关系，从而建立求各结点位移 δ 的代数方程组

$$[K]\{\delta\} = \{R\} \tag{1-80}$$

式中：$[K]$ 为劲度矩阵；$\{\delta\}$ 为结点位移列阵；$\{R\}$ 为包括土体自重和渗透力的结点荷载列阵。求出结点位移即可利用力学公式求得应变和应力，进而可确定各单元的主应力和主应力方

向,便于分析结构物的稳定性。

上面两方程各取其边界条件和初始条件进行计算的步骤为:先解方程组(1-80)在土体自重荷载条件下的初值$\{\delta\}^0$,由土力学公式求出应力初值$\{\sigma\}^0$;然后解方程组(1-79)的结点水头并求其渗透力,叠加到再解方程组(1-80)的各结点荷载中。如此,互相迭代求解各时段的应力场及渗流场分布。应注意的是,在各时段的计算中要正确考虑自由面变动所引起的自重力和渗透力的改变以及各参数的改变。顺便指出,对于垂直压缩变形的地面沉降问题,直接应用方程(1-79)计算也可分析地面沉降的过程,可参考文献[2]第458页。

第九节　饱和-非饱和渗流微分方程式

以上介绍的渗流方程仅适用于饱和渗流。实际上,很多工程问题受非饱和渗流的影响。如降雨和淋洗水的下渗,河流、沟渠的清水或污水的渗漏以及农田灌溉排水和库水位变化中的土坝渗流等,都应考虑非饱和区的作用,因为孔隙水及负(吸)压力能加速渗流前锋的运动,增大土坝的稳定性。如图1-13所示,毛管水的吸力作用能使土粒间互相压紧,有利于土坝的稳定。孔隙水压力是递变连续的,可认为与地下水渗流性质相同,服从达西定律。至于更上边的非饱和土的吸压力,则随含水量或饱和度的增加而减小。如图1-14所示,U形管的一端插入干土,管中水面就下降到p/γ的负压高度,它随土的逐渐浸湿和含水量的增加而改变。此处土体单元某一瞬间的含水量就相应有一个负压高度。因此,更全面地把饱和与非饱和作为一个整体来研究渗流问题,是有必要的。

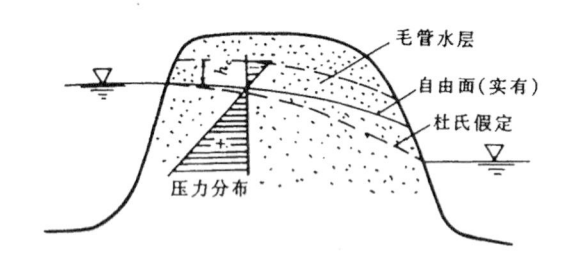

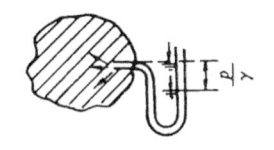

图1-13　渗流自由面上下的压力分布　　图1-14　非饱和土中的吸压力示意图

纽曼(Neuman,1973)结合有限元法的数值计算首先提出该问题的有限元解法及计算程序UNSAT2。饱和-非饱和渗流基本方程介绍如下:

类似第二节引导多孔介质中饱和渗流连续性方程的过程,根据质量守恒原理考虑渗流场中某一微分单元体(图1-1)的进出水量速率之差等于该单元体内的水量增减速率,或含水量的变化速率,可引导出连续性方程

$$\frac{\partial}{\partial x}(\rho v_x) + \frac{\partial}{\partial y}(\rho v_y) + \frac{\partial}{\partial z}(\rho v_z) = -\frac{\partial}{\partial t}(\rho n S_w)$$

或写成张量形式的连续性方程

$$-\frac{\partial}{\partial x_i}(\rho v_i) = \frac{\partial}{\partial t}(\rho n S_w) \tag{1-81}$$

式中:ρ为水的密度;v_i为达西流速;n为孔隙率;S_w为饱和度,$0 \leq S_w \leq 1$,$nS_w = \theta$为含水量。

将表示各向异性的达西定律张量形式

$$v_i = k_{ij}k_r \frac{\partial h}{\partial x_j} \tag{1-81'}$$

代入连续性方程,可得

$$\frac{\partial}{\partial x_i}\left(\rho k_{ij}k_r \frac{\partial h}{\partial x_j}\right) = -\frac{\partial}{\partial t}(\rho n S_w) \tag{1-82}$$

式中:k_r为相对于饱和渗透系数k的比值,是饱和度的函数$k_r(S_w)$,$0 \leqslant k_r \leqslant 1$;$k_{ij}$为饱和时的渗透系数张量;测压管水头$h = \frac{p}{\gamma} + z = h_p + z$。

因为水的压缩性很小,可认为ρ是常数,则展开上式可得

$$\frac{\partial}{\partial x_i}\left(k_{ij}k_r \frac{\partial h}{\partial x_j}\right) = n\frac{\partial S_w}{\partial t} + S_w \frac{\partial n}{\partial h}\frac{\partial h}{\partial t} = n\frac{\partial S_w}{\partial t} + S_w S_s \frac{\partial h}{\partial t} \tag{1-83}$$

式中单位贮存量或贮水率S_s在第四节已定义为$S_s = \rho g(\alpha + n\beta)$,当水的压缩性$\beta = 0$,土的压缩性$\alpha$只表现在孔隙的变化时,则从有效应力与孔隙水压力之间的关系就可以水头表示为$\alpha = \frac{1}{\rho g}\frac{\partial n}{\partial h}$,即上式中的$S_s = \frac{\partial n}{\partial h}$,其物理意义同前,为下降单位水头时从单位土体释放出来的水量。饱和土体S_s是一个常数;非饱和土体$S_s = 0$,其贮水量主要受含水量或饱和度控制,而非压缩性对其影响。甚至很多情况的饱和土体也常可设$S_s = 0$。上式为水头h表示的饱和-非饱和渗流支配方程,初始和边界条件与饱和渗流支配方程的一样。

在实际问题中,有时采用压力水头$h_p = p/\gamma$与体积含水量$\theta(= nS_w)$代换测压管水头h和饱和度S_w应用时较为方便。再定义容水度$C = \frac{\partial \theta}{\partial h_p}$,式(1-83)可写为

$$\frac{\partial}{\partial x_i}\left(k_r k_{ij} \frac{\partial h_p}{\partial x_j} + k_r k_{i3}\right) = \left(C + \frac{\theta}{n}S_s\right)\frac{\partial h_p}{\partial t} \tag{1-84}$$

在各向同性均质情况下,上式可写为

$$\frac{\partial}{\partial x}\left(k_w \frac{\partial h_p}{\partial x}\right) + \frac{\partial}{\partial y}\left(k_w \frac{\partial h_p}{\partial y}\right) + \frac{\partial}{\partial z}\left(k_w \frac{\partial h_p}{\partial z}\right) + \frac{\partial k_w}{\partial z} = \left(C + \frac{\theta}{n}S_s\right)\frac{\partial h_p}{\partial t} \tag{1-85}$$

上式中的渗透系数k_w是含水量θ的函数,$k_w = kk_r$,k是饱和时的渗透系数,k_r是一个比数。

式(1-84)为研究饱和-非饱和渗流的支配方程,其初始条件只是坐标的函数,可写为

$$h_p(x_i, 0) = h_p^0(x_i) \tag{1-86}$$

边界条件有标定压力水头和流量两类,可写为

$$\left.\begin{array}{ll} h_p = h_p(x_i, t) & \text{边界 } \Gamma_1 \text{ 上} \\ k_r(k_{ij}\frac{\partial h_p}{\partial x_j} + k_{i3})n_i = -v(x_i, t) & \text{边界 } \Gamma_2 \text{ 上} \end{array}\right\} \tag{1-87}$$

式中:h_p及v为标定的x_i及t的函数;n_i为边界Γ_2上的单位外法向分量。

式中的参数k、θ和h_p之间的关系可参用图1-15的曲线插比;正压区容水度$C = 0$,只有在负压区存在$C = \frac{\partial \theta}{\partial h_p}$。在求解过程中,可先假定场内的含水量分布及其相应的渗透系数,然后根据算出的h_p修正有关参数。计算的压力水头分布$h_p = 0$的连线就是自由面。

应用以上饱和-非饱和的渗流计算程序与只考虑饱和渗流的计算程序的区别,我们曾选用一个有砂槽试验资料的实例(均匀砂$d = 1.5$ mm)对上游水位上升和下降的渗流自由面进展过程进行比较。图1-16所示为其中骤降骤升时的两组计算成果。计算时采用图1-15的参数关系及$n = 0.44$、$k_{ij} = 0.33$ cm/s、$S_s = 0$。在饱和渗流计算中,按式(1-45)计算给水度,

选用 $\mu=0.305$。对比分析各组计算结果可知：考虑了非饱和区的负压作用，自由面就上升快些，下降也就慢些；砂槽模型试验的自由面升降过程与考虑非饱和区的计算结果颇为一致。

从两种数学模型的计算过程可知：考虑了非饱和区能更好地反映土中水分的运动规律，不仅反映出饱和区的重力水运动情况，也揭示了非饱和区的毛管水运移情况；在计算方法上把饱和-非饱和区作为一整个流场研究，也就不需要进行自由面调整，自由面仅是负压区正压区的分界面，不再是像饱和渗流场计算时流场的一个边界，避免了饱和渗流

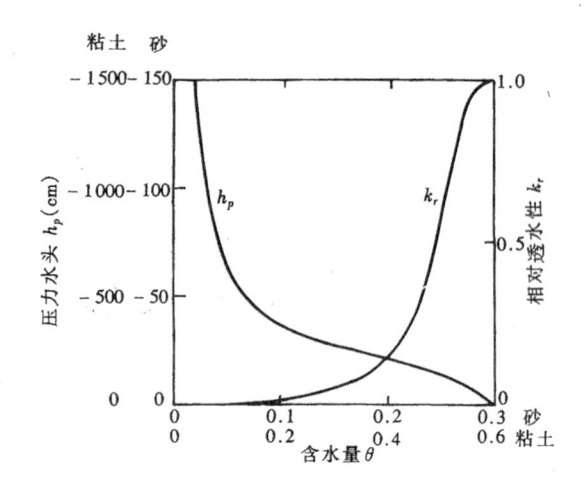

图 1-15 吸压力水头和相对透水性与含水量的关系

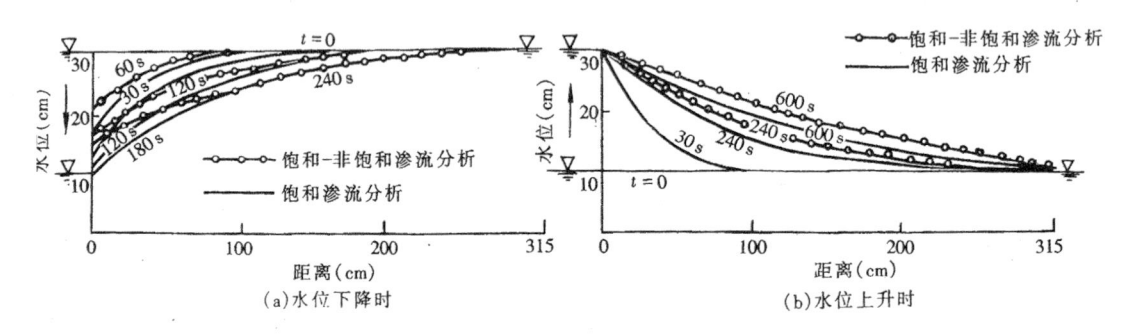

图 1-16 饱和渗流分析与饱和-非饱和渗流分析计算结果比较

计算中试找自由面和选取给水度 μ 补给自由面边界的麻烦，同时全场内剖分有限单元网格也无须丢点或增加结点，避免了单元剖分不当出现的"缺口"现象。因此饱和-非饱和渗流场的计算方法及程序有不少优点，值得推广。其缺点是：渗流参数较饱和参数程序为多，而且参数的精度较差；计算过程中由于容水度在正压区取零，负压区取非零值，所以正压区方程为椭圆型，而负压区转化为抛物型方程，出现了求解过程中数值弥散和参数拟合不收敛的情况[4]。

第十节 岩体裂隙渗流的数学模型与实例计算*

由于裂隙介质渗流理论发展较迟，所以在过去的计算中经常把岩基渗流当作各向同性的多孔介质渗流考虑问题。但必须指出，只有当裂隙系统不存在，或裂隙分布混乱而没有固定的方向，或已风化成松散体，或当所有裂隙被充分细颗粒填满固结而具有与岩体本身相似的透水性时，才能被看作是各向同性的。可是这种情况在实际的岩基中并不是经常存在，而

---

* 本节主要取自"七五"攻关课题 17-1-2-2-6 的研究成果及文献[2][13]。

较多的情况,根据天然观测资料分析得知,由于岩体构造上的节理性,会形成一定走向的裂隙系统,其渗流的主要特点为强烈的各向异性,甚至裂隙水流不完全服从达西定律。这样如果采用通常的多孔介质渗流的研究方法,就会造成对工程偏于不安全的结果。因此随着高坝建设的发展,坝肩和坝基的岩体渗流已引起人们的重视。在核废料污染严重时,需要将其埋藏在挖过的矿坑等地层深处加以处理,这促进了对岩体裂隙渗流的研究。下面将以单个裂隙中的水流特性作为基础介绍网络模型的计算以及各向异性渗透张量的等效介质模型计算。

一、单个缝隙中的水流阻力

岩体裂隙中的水流阻力计算属于水力学问题,可直接应用二平行板间的水流基本公式。当层流时,单位宽度上的缝隙流量为

$$q = bv_b = \frac{gb^3}{12\nu}J \tag{1-88}$$

此式即缝隙流动的立方定律。式中:v_b 为缝中的水流速度;b 为裂缝张开度;J 为缝中水流的水力坡降;g 为重力加速度;$\nu(=\mu/\rho)$ 为运动粘滞系数。

若裂隙不是均匀的张开度,则上式的开口立方定律可取其平均值代替单个值的立方计算透水性或通过的流量,即

$$\overline{b^3} = \int_{b_{\min}}^{b_{\max}} b^3 f(b) \mathrm{d}b \tag{1-89}$$

式中的 $f(b)$ 为裂缝张开度的分布函数,可以沿不平整的缝壁面进行跟踪扫描测定[9]。

为了与水力学中管流公式的各种流态对比讨论方便起见,式(1-88)写成下面形式:

$$J = \lambda_b \frac{1}{b} \frac{v_b^2}{2g} \tag{1-90}$$

或写成

$$v_b = \sqrt{\frac{2gb}{\lambda_b}} \sqrt{J} = k_b \sqrt{J} \tag{1-91}$$

这里 k_b 为缝中的渗透系数,即

$$k_b = \sqrt{\frac{2gb}{\lambda_b}} \tag{1-92}$$

式中摩阻系数 λ_b 只包括缝中水流沿程的摩擦损失。如果考虑各处的局部水头损失,λ_b 的表达式可参阅一般的水力学书籍。

若为水力光滑缝隙中的层流,比较式(1-88)和(1-90)两式,可知摩擦系数为

$$\lambda_b = \frac{24}{bv_b/\nu} = \frac{24}{Re_b} \tag{1-93}$$

式中以缝宽 b 定义的雷诺数为

$$Re_b = \frac{bv_b}{\nu} \tag{1-94}$$

将式(1-93)代入式(1-91)即得到达西公式

$$v_b = \frac{gb^2}{12\nu}J = k_b J \tag{1-95}$$

上式水力学光滑缝中层流的渗透系数

$$k_b = \frac{gb^2}{12\nu} \tag{1-96}$$

为了对比应用各种流态的管流公式 $J=\lambda_D=\frac{1}{D}\frac{v^2}{2g}$,必须注意到管流与缝流之间的量关系。因为水力半径 $R=D/4=b/2$,故管直径 D 与缝宽 b 和它们所定义的雷诺数以及摩阻系数之间的对应关系为

$$D = 2b, \quad Re_D = 2Re_b, \quad \lambda_D = 2\lambda_b \tag{1-97}$$

按照此种关系可把光滑管和粗糙管中水流的实验公式转换为缝中水流公式。

应当指出,粗糙管的实验资料,如尼古拉兹(Nikuradse,1933)研究管流问题时人工加糙的凸起高度 Δ,只限于与管径 D 相比很小的相对粗糙 $\Delta/D<1/30$,而且考虑水流是直线平行流。而缝中水流实际上相对糙率很大,势必要考虑水流穿经凸起物排列间隙中的转弯抹角的曲折迂回流动(或称为非平行流)。路易斯(Louis,1967)根据实验认为,当糙率 $\Delta/(2b)>0.033$ 时即属非平行流(图 1-17),并给出非平行流的粗糙缝实验公式:

层流
$$\lambda_b = \frac{24}{Re_b}\left[1 + 8.8\left(\frac{\Delta}{2b}\right)^{1.5}\right] \tag{1-98}$$

$$q = \frac{g}{12\nu\left[1 + 8.8\left(\frac{\Delta}{2b}\right)^{1.5}\right]} b^3 J \tag{1-99}$$

紊流
$$\frac{1}{\sqrt{\lambda_b}} = -2\sqrt{2}\ \lg\frac{\Delta/(2b)}{1.9} \tag{1-100}$$

$$q = \left[4\sqrt{g}\ \lg\frac{1.9}{\Delta/(2b)}\right]b^{1.5}\sqrt{J} \tag{1-101}$$

罗米日(Ломизе,1951)给出的粗糙缝实验公式为:

层流
$$\lambda_b = \frac{24}{Re_b}\left[1 + 17\left(\frac{\Delta}{2b}\right)^{1.5}\right] \tag{1-102}$$

紊流
$$\frac{1}{\sqrt{\lambda_b}} = -2.55\sqrt{2}\ \lg\frac{\Delta/(2b)}{1.24} \tag{1-103}$$

其摩阻系数与路易斯公式相比较,层流时较大,紊流时稍小。

至于平行流情况,如图 1-17 中的流态分区 Ⅰ、Ⅱ、Ⅲ,则可直接应用水力学中的管流公式,只要按照式(1-97)的关系转换为缝中水流的形式即可。

为了查用方便,把图 1-17 中的水流分区所适用的计算公式列于表 1-3。为了计算编制程序的方便,各水流分区之间的雷诺数 Re 分界线还可近似用如下公式表示[6]:

Ⅰ—Ⅱ区分界线 $Re_{PB}=2\ 300$

Ⅱ—Ⅲ区分界线 $Re_{NB}=2.552\left(\lg\frac{3.7}{\varepsilon}\right)^8$

Ⅰ—Ⅲ区分界线 $Re_{PN}=845\left(\lg\frac{3.7}{\varepsilon}\right)^{1.14}$
$0.0168\leqslant\varepsilon\leqslant 0.033$

Ⅳ—Ⅴ区分界线 $Re_L=845\left(\lg\frac{1.9}{\varepsilon}\right)^{1.14}$
$\varepsilon>0.033$

下标字母 P、B、N、L 是指表 1-3 中公式的作者。

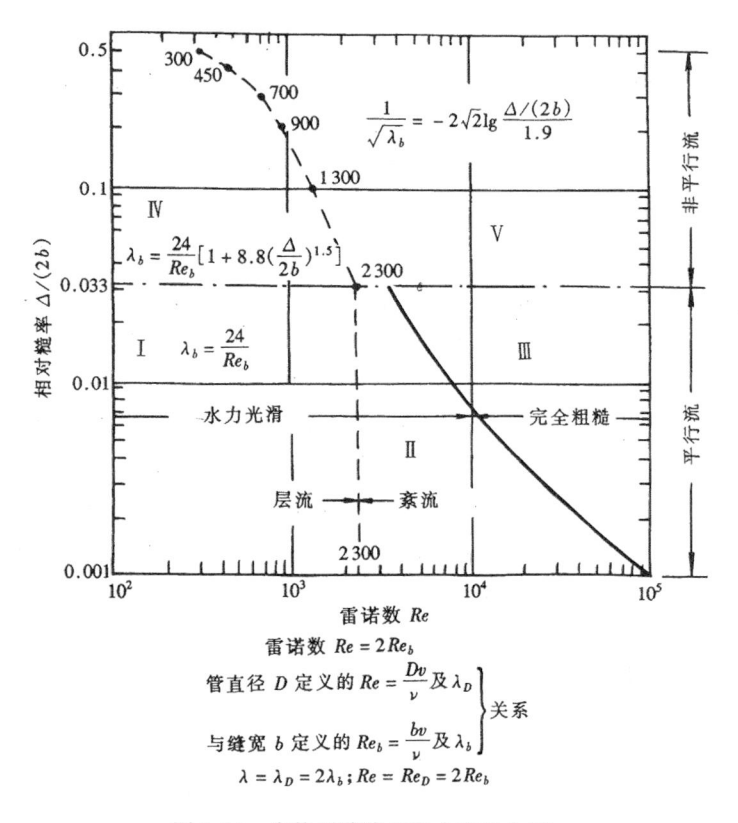

图 1-17 岩体裂隙渗流阻力定律分区

表 1-3 缝隙水流分区适用的阻力公式(图 1-17)

水流情况			摩阻系数 $\lambda=$	流速 $v=$	图中分区
平行流 $\dfrac{\Delta}{2b}\leq 0.033$	光滑,层流	Poiseuille	$\dfrac{96}{Re}$	$\dfrac{g}{12\nu}b^2 J$	I
	光滑,紊流	Blasius	$0.316Re^{-1/4}$	$\dfrac{g}{12\nu}\left(12254\dfrac{v^2}{g}\right)^{3/7}b^{5/7}J^{4/7}$	II
	粗糙,紊流	Nikuradse	$\dfrac{1}{4}\left(\lg\dfrac{\varepsilon}{3.7}\right)^{-2}$	$\dfrac{g}{12\nu}\left(\dfrac{48\nu}{g^{1/2}}\lg\dfrac{3.7}{\varepsilon}\right)b^{1/2}J^{1/2}$	III
非平行流 $\dfrac{\Delta}{2b}>0.033$	层流	Louis	$\dfrac{96}{Re}(1+8.8\varepsilon^{3/2})$	$\dfrac{g}{12\nu}(1+8.8\varepsilon^{3/2})^{-1}b^2 J$	IV
	紊流	Louis	$\dfrac{1}{4}\left(\lg\dfrac{\varepsilon}{1.9}\right)^{-2}$	$\dfrac{g}{12\nu}\left(\dfrac{48\nu}{g^{1/2}}\lg\dfrac{1.9}{\varepsilon}\right)b^{1/2}J^{1/2}$	V

注: $\lambda=JD/\left(\dfrac{v^2}{2g}\right)=J(2b)/\left(\dfrac{v^2}{2g}\right)=2\lambda_b$;$Re=\dfrac{Dv}{\nu}=\dfrac{2bv}{\nu}=2Re_b$;相对糙率 $\varepsilon=\Delta/(2b)$。

除上述实验公式外,对于非平行流粗糙缝,尚可从理论上加以分析,就是应用一个描述水流迂回曲折影响程度的曲折系数来修正平行流公式。当缝壁互相接触面积达 30% 以上时,此种曲折性对流量的影响,与平行流相比将有数量级的减少,可参见文献[2]。

岩体裂隙渗流比较接近粗糙缝中的水流,而且曲折迂回延长了路径,其流动能在很大范围内符合线性阻力定律。据罗米日在平行玻璃板面粘沙的试验,缝宽b限制在0.5 cm以下,绝对糙率$\Delta=0.2$ cm,仍属于达西定律的层流,只有在局部大缝或渗流坡降较大的情况下才不符合达西定律。以上单个缝中水流的实验公式(1-98)、(1-100)或表1-3,可供计算场问题选用,也可代入式(1-99)、(1-101)计算流量(或流速)以及缝中的渗透系数。

二、裂隙岩体的渗流计算模型

裂隙渗流的数值计算,法国路易斯(Louis,1967)较早地从岩石水力学方面提出了计算方法。随后,美国威尔逊和威色斯庞(Wilson & Witherspoon,1974)、日本川本(1977)和大西(1985)等应用有限元法研究了裂隙渗流问题。近几年来,结合水库工程、矿坑排水、核废料埋藏等课题,裂隙渗流研究进展很快。美国加州大学、德国斯图加特大学等都积极开展研究。目前计算模型可概括为以下几种:(1)把岩体裂隙当缝隙网,或称不连续体模型;(2)把裂隙渗流平均到整个岩体上当作各向异性均质场,或称连续体模型;(3)岩块当作多孔介质与裂隙渗流耦合作为双重介质模型(Diguid,1977);(4)结合应力应变研究裂隙渗流场的模型(Noorishad,1982);(5)结合温度场研究裂隙渗流的模型(O'Nell,1978,Wang et al,1983)。我们针对前两种计算模型,研究了岩体不变形情况下的裂隙渗流,编制了程序,并应用于实际工程。

(一)作为不连续体的裂隙网络计算模型

1. 计算模型原理

此模型可用于岩体裂隙构造有一定规律的情况。如图1-18所示,岩体本身不透水,水流只沿着1、2、3三组缝隙方向流动,此时裂隙渗流可按照水力学中水管网问题进行计算[7]。

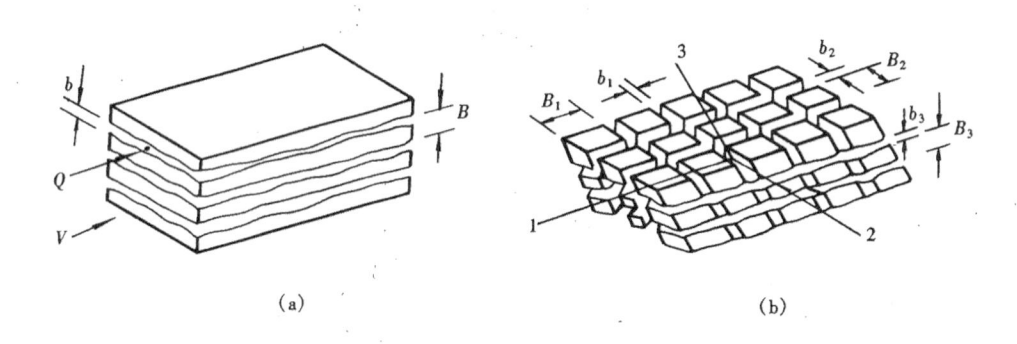

图1-18 岩体裂隙网计算模型示意图

水管网中各段管路的水头损失Δh与流量Q的关系可写为

$$\Delta h = rQ^n \tag{1-104}$$

式中:阻力因数r,对于岩体缝隙中的水流,可按二平行板间水流考虑;指数n,层流时$n=1$,其单宽流量为

$$q = \frac{g}{12\nu}b^3 J \tag{1-105}$$

式中J为裂缝中水流的水力坡降,即水头损失与缝长的比值,$J=\Delta h/B$。在单宽流量条件下,比较上两式可知,阻力因数为

$$r = \frac{\Delta h}{q} = \frac{12\nu}{g}\frac{B}{b^3} = \frac{1}{k_b}\frac{B}{b} \tag{1-106}$$

式中 k_b 为裂隙中的渗透系数,

$$k_b = \frac{gb^2}{12\nu} \tag{1-107}$$

对于图 1-18 所示的三组裂隙网络,缝隙间距 B 代替渗流长度时,可求得沿主渗透方向 1 的缝隙中流量为

$$Q = \frac{g}{12\nu} b_1^3 B_2 J_1 \tag{1-108}$$

比较上式与式(1-104),可知水流阻力因数为

$$r_1 = \frac{\Delta h}{Q_1} = \frac{12\nu}{gb_1^3} \frac{B_1}{B_2} \tag{1-109}$$

同理,可求得其他两个主方向的 r_2 和 r_3。

如果缝中水流并非层流,且受充填物糙率影响时,同样可根据水力学公式计算阻力因数。例如缝中水流为完全紊流,即式(1-104)中的指数 $n=2$,则可将式(1-101)的

$$Q_1 = q_1 B_2 = \left[\left(4\sqrt{g} \lg \frac{1.9}{\Delta/(2b)} \right) b^{3/2} (\Delta h/B_1)^{1/2} B_2 \right]^2$$

与式(1-104)对比求得紊流的阻力因数,即

$$r_1 = \left[16gb^3 \lg^2 \left(\frac{1.9}{\Delta/(2b)} \right) \right]^{-1} \frac{B_1}{B_2^2}$$

将各缝隙段的阻力因数算出后,就可以按照水管网问题求解各结点的水头值。写各结点进出流量相等的方程组,由式(1-104)得

$$\sum Q_i = \sum_1^p \left(\frac{\Delta h}{r} \right)_i^{1/n} = 0 \tag{1-110}$$

式中 $i=1,2,\cdots,N$,有 N 个方程,任一结点 i 的周围有 p 个管路(或缝隙)。解上述方程组即可求得 N 个未知结点的水头值。与路易斯提出的解法相比,方程数减少一半。

求解方程式(1-110)时,第一次可按照线性代数方程组求解,即设 $n=1$。算出初次各结点水头值 h_{i0} 后,再以下式代换,使其仍为线性代数方程组,以便逐次求解。

$$\left(\frac{\Delta h_i}{r_i} \right)^{1/n} = \left(\frac{\Delta h_{i0}}{r_i} \right)^{\frac{1}{n}-1} \left(\frac{\Delta h_{i0}}{r_i} \right)^{1-\frac{1}{n}} \left(\frac{\Delta h_i}{r_i} \right)^{1/n} \approx \left(\frac{\Delta h_{i0}}{r_i} \right)^{\frac{1}{n}-1} \left(\frac{\Delta h_i}{r_i} \right) \tag{1-111}$$

将式(1-111)右边代换的各结点值代入式(1-111)使其变为线性方程($n=1$)以求解下一次改善的结点水头 h_{i1}。如此采用迭代逼近法求解非线性问题。根据计算经验,此法收敛较快,一般迭代数次即可使误差小于允许值。同时,求解过程中根据得出的水头损失或渗流坡降以及已知的裂隙宽度就可由水力学知识判断流态是层流还是紊流,并能随时改变和利用正确的阻力定律关系。

实际上,所研究的渗流场范围较大,裂隙分布密集,不可能计算那么多数目的裂隙,因此需要根据调查统计的已知裂隙构造,将天然裂隙归并简化为少量的等价虚构裂隙系统。今设 m 个天然裂隙归并为一个虚构裂隙,即相当于 m 个天然裂隙块体归并为一个虚构裂隙块体。归并前后关系为,当层流时,按照式(1-105)的缝宽立次方定律,该虚构缝宽应为

$$b_f^3 = \sum_1^m b_i^3 \tag{1-112}$$

当 b 都相同时,$b_f^3 = mb_i^3$。如果天然裂隙大小间距不等,则其等价虚构裂隙位置可按求重心位

置的力矩关系确定。

如果我们选取的虚构裂隙网计算模型在三个任意倾斜的三个主渗透方向 1、2、3 各包括的裂隙或块体的数目依次为 m_1、m_2、m_3，其虚构裂隙间距为 $B_{1f} = \sum_1^{m_1} B_{1i}, B_{2f} = \sum_1^{m_2} B_{2i}, B_{3f} = \sum_1^{m_3} B_{3i}$，相应的三个方向阻力因数则为

$$\left.\begin{aligned} r_1 &= \frac{12\nu}{gb_{1f}^3} \frac{B_{1f}}{B_{2f}B_{3f}} \\ r_2 &= \frac{12\nu}{gb_{2f}^3} \frac{B_{2f}}{B_{1f}B_{3f}} \\ r_3 &= \frac{12\nu}{gb_{3f}^3} \frac{B_{3f}}{B_{1f}B_{2f}} \end{aligned}\right\} \tag{1-113}$$

最后顺便指出，上述的水管网解法，实际上与有限元法中的"线单元"解法完全相同[7][8]。因为线单元就是只考虑裂隙渗流阻力，按照变分原理能简化导出线单元的渗透矩阵

$$[K]^e = k \begin{bmatrix} \dfrac{b}{l} & -\dfrac{b}{l} \\ -\dfrac{b}{l} & \dfrac{b}{l} \end{bmatrix} \tag{1-114}$$

叠加各线单元矩阵，就可得到与式(1-110)相同的方程组，并知上式系数矩阵中的元素与式(1-106)中阻力因数对应相同，即 $k\dfrac{b}{l} = \dfrac{1}{r}$。

2. 实例计算结果与试验结果的比较

应用上述裂隙网计算模型，我们曾对台湾达见水库的坝头山脊岩体裂隙进行了二维渗流计算[9]，并考虑了缝中充填物和缝的分离度情况。第一组天然裂隙 $b_1 = 1$ mm，$B_1 = 0.4$ m；第二组天然裂隙 $b_2 = 0.2$ mm，$B_2 = 1$ m。该例经过模型化后，选取的虚构裂隙 $B_{1f} = 26$ m，B_{2f}

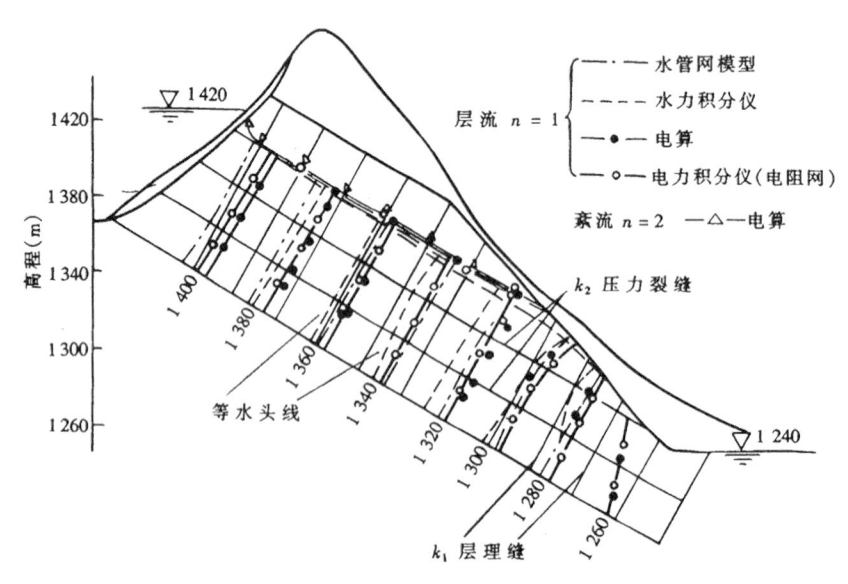

图 1-19 岩体裂隙不同模拟方法的浸润线和水头分布

=25 m,即为 26 m×25 m 的虚构块体,则两个主渗透方向包括 65 个和 25 个天然裂隙,虚构缝宽 $b_{1f}=0.747$ mm,$b_{2f}=0.585$ mm。计算结果如图 1-19 所示。同时用其他模拟方法的试验结果[8]作了比较。计算结果表明,紊流时的浸润线高于层流的。

至于混凝土坝岩基裂隙渗流计算,如图 1-20 所示(Giesecke,1991),正交裂隙间距 $B=10$ m,195 个结点,光滑大裂隙宽 $b=5$ mm,属于紊流情况,见图 1-20(a)。在上游水位 70 m、下游 0 m 时,比较计算了灌浆帷幕方向及深度对流场的影响,单宽渗水量及扬压力的减小效果如图 1-20(b)、(c)所示。此外还计算比较了二维网络水流 $J=1.36$、$b=1$ mm,在不同粗糙缝 $\varepsilon=\Delta/(2b)=0$、0.02 及 0.2,和不同间距情况下的渗水量相差 1 倍左右[6]。由此可知,灌浆帷幕的效果与裂隙方向等因素有密切关系,设计帷幕时应注意其方向及适宜的深度。

3. 程序功能与三维网络模型

计算程序是按照上述方法,并参照电阻网模型试验方法把沿裂隙方向概化了的模型网络图编制成的。很显然,它不仅适用于岩体各向异性的裂隙渗流计算,同样也适用于各种复杂水管网路的水力计算。只要赋予各结点间阻力因素的边界条件,

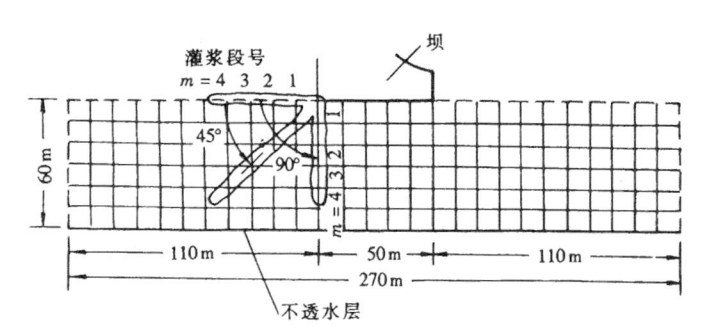

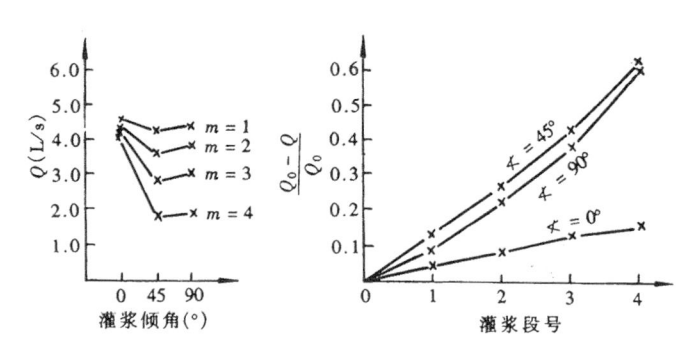

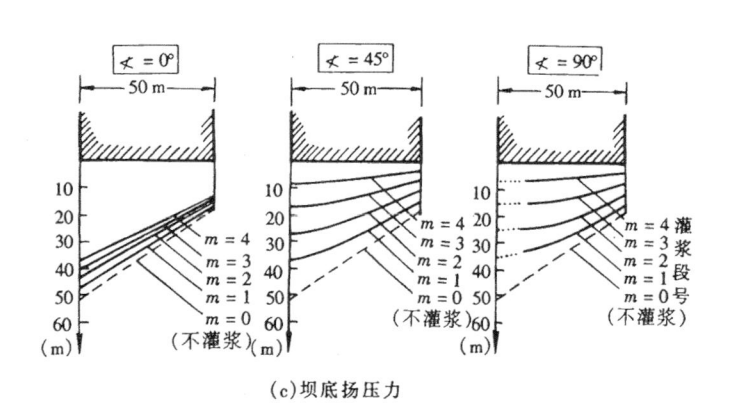

图 1-20 坝基岩体裂隙灌浆防渗效果算例

就可进行计算,而且阻力因素的计算又完全与电阻网模型的电阻计算相同。因此,程序本身就相当于一架电阻网装置,是既能自动调电阻又能解非线性渗流问题的电阻网。无论是裂隙流还是多孔介质渗流,层流还是紊流,都可应用此程序来计算。尤其对裂隙渗流研究,该计算程序确有推广的必要。

我们利用该程序,按照渗透系数与阻力的倒数关系,对已做过的三维电阻网试验或有限

元法计算的土坝渗流以及非达西流问题进行了计算比较,结果甚为一致。该程序用于多层自来水管网的水头和流量分配计算,也很方便,详见第九章。

(二)正交裂隙组作为连续体的计算模型

1. 计算模型原理

此种连续体模型把所研究的裂隙岩体假想为均质的各向异性介质,此时通过整个假想连续体的虚构流速 v 与缝中流速 v_b 的关系为

$$v = \frac{b}{B} v_b \tag{1-115}$$

对于层流,$v = k_b \frac{b}{B} J = kJ$。根据平行板间的层流运动可知,$v_b = \frac{gb^2}{12\nu} J$,故沿裂隙组方向的虚拟等价渗透系数为

$$k = \frac{gb^3}{12\nu B} \tag{1-116}$$

有了沿裂隙系统中主方向的 k 值,则可结合场的边界条件求解均质各向异性场。以二维垂直剖面的稳定渗流为例,即求解式

$$\frac{\partial}{\partial x}\left(k_x \frac{\partial h}{\partial x} \right) + \frac{\partial}{\partial z}\left(k_z \frac{\partial h}{\partial z} \right) = 0 \tag{1-117}$$

因为岩体裂隙渗流,水只能沿着层理裂隙流动,渗流方向并不与水力坡降的方向一致,所以式中的 k 值应以张量表示。但若将坐标系统旋转,使其与正交裂隙组重合,即取渗透椭圆的主轴方向为新坐标轴,此时就可直接应用裂隙方向的主渗透系数而按一般渗流方程式(1-117)计算流场。如图 1-21 所示,x'、z' 坐标代表两组正交的裂隙方向,而且与正常的直角坐标系 xOz 成一个角度 θ,此时则可利用转轴关系,按式

$$\begin{Bmatrix} x' \\ z' \end{Bmatrix} = \begin{Bmatrix} \cos\theta & \sin\theta \\ -\sin\theta & \cos\theta \end{Bmatrix} \begin{Bmatrix} x \\ z \end{Bmatrix} \tag{1-118}$$

转换成新坐标系 x'、z'。同时式(1-117)中的渗透系数也就相应变为沿裂隙方向的 k_x、k_z,而它们都是已知值。这样就能利用已有的有限元法程序计算各结点水头。

需要注意的是,渗流自由面以及下游自由渗出段由于受重力控制,因此计算过程中仍然必须满足原来直角坐标系的条件 $h^* = z$,即

$$h^* = z = x'\sin\theta + z'\cos\theta \tag{1-119}$$

自由面反复迭代确定后,即求得各结点的水头 h 值。

2. 计算实例

作为算例,仍用图 1-19 的实例,概化模型 $b_1 = 0.747$ mm,$b_2 = 0.585$ mm,$B_1 = 26$ m,$B_2 = 25$ m。按照式(1-116)计算等价的两个主渗透系数比值为 $k_z = 2k_{x'}$。因为坐标轴旋转方向为顺时针,故上式 $\theta = -30°$。计算结果如图 1-22 所示。由图可知,连续性模型计算结果与缝隙网模型计算的结果基本一致,自由面稍高,约为上下游水头差的 3%。

比较两组裂隙的不同透水性及其方向的影响,大致规律是:接近水平方向的裂隙透水性相对愈大时,自由面愈高;此强透水性裂隙组的方向向下游仰角时比俯角时的自由面抬高更大。其下游渗出点高差的变化幅度可达上下游水头差的 40%,这对下游山坡稳定不利。若接近垂直方向的裂隙透水性相对更大时,山体自由面上的上游段愈高,在下游出渗段附近则愈低;而且此强透水性裂隙组的方向倾向上游时比倾向下游时的更为显著。此时对上游水位骤

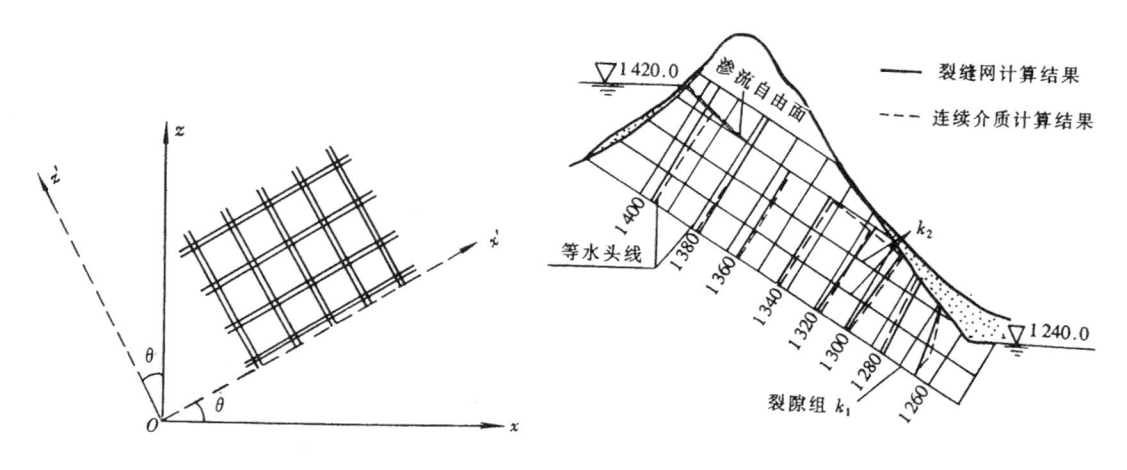

图 1-21 正交裂隙组图示　　图 1-22 裂隙网与连续介质计算结果比较

降时岩坡稳定不利。图 1-23 是接近水平裂隙组透水性愈大时的自由面上升情况的比较。

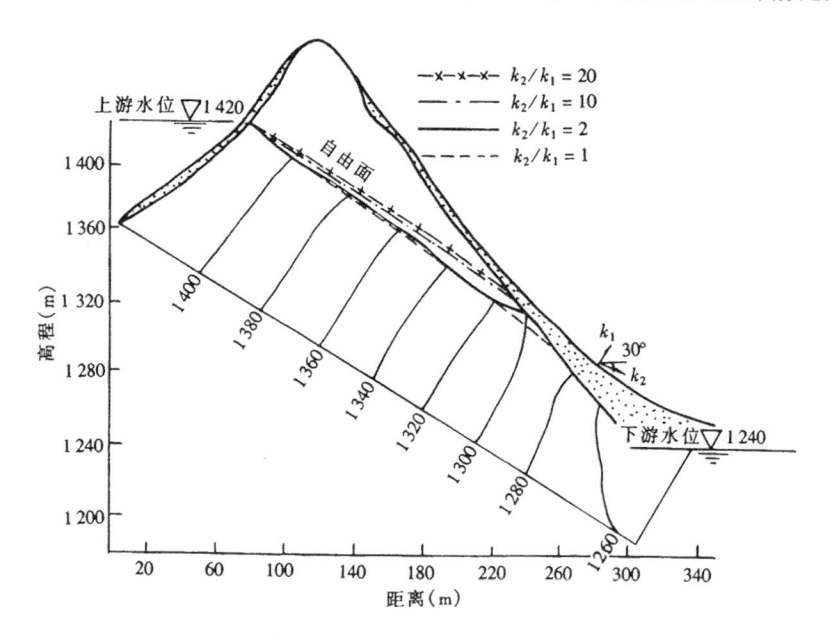

图 1-23 不同渗透系数比值的浸润线位置比较和水头分布

利用此连续介质模型,我们研究了山体排水廊道的位置布局。计算表明:钻孔排水廊道的适宜位置方向与裂隙组的方向和渗透系数比值关系密切;排水前的渗流自由面仍符合上述规律,排水后的自由面能降到排水最低面以下,岩坡渗出点基本上控制在尾水面上,不必再布置第二级排水;排水方向以基本竖直并稍向下游倾斜效果较好(即大致沿着原有的等势线方向)。图 1-24 所示为竖直排水计算的一组结果。若排水倾向下游,则排水的渗出点降低,这样可节省钻孔排水的石方量。

(三)非正交裂隙组作为连续体的计算模型

1. 计算模型原理与渗透张量的应用

裂隙组的方向不与坐标一致时,达西定律与渗流基本方程中的渗透系数不是一个标量,

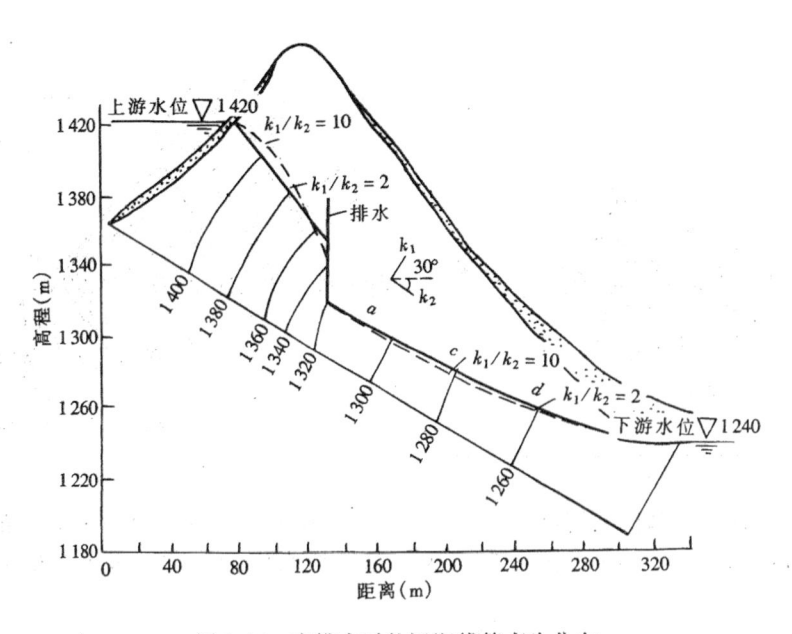

图 1-24 有排水时的浸润线等水头分布

而应以渗透张量 $[K]$ 表示。对于垂直剖面二维问题,如图 1-25 所示的一组裂隙情况,水只能沿着裂隙流动,于是 z 方向的水力坡降将引起沿裂隙的流动而有 x 方向的流动分量,即 v_x

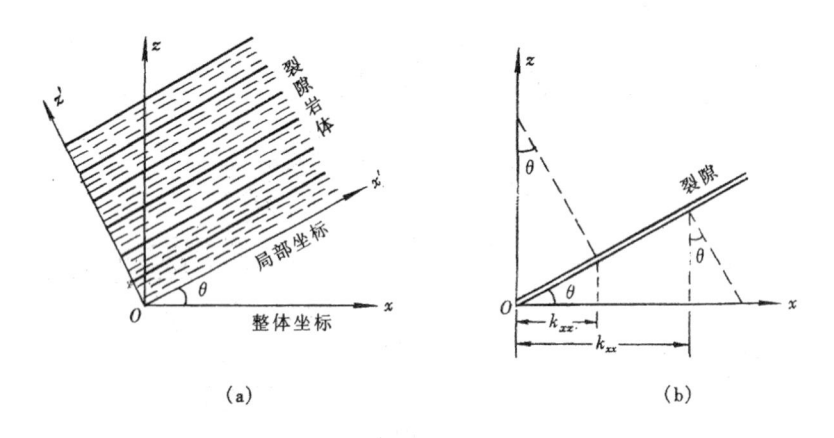

图 1-25 裂隙方向与渗透张量的关系

与 $\dfrac{\partial h}{\partial z}$ 也发生关系,因此把达西定律推广到各向异性场时应为

$$\begin{Bmatrix} v_x \\ v_z \end{Bmatrix} = - \begin{bmatrix} k_{xx} & k_{xz} \\ k_{zx} & k_{zz} \end{bmatrix} \begin{Bmatrix} \dfrac{\partial h}{\partial x} \\ \dfrac{\partial h}{\partial z} \end{Bmatrix} \tag{1-120}$$

或以张量符号表示流速分量为

$$v_i = -k_{ij}\dfrac{\partial h}{\partial x_j} = k_{ij}J_j \tag{1-121}$$

三维空间问题时,$i=1,2,3, j=1,2,3$。

将上式的达西定律代入质量守恒连续方程式,就可得到均质各向异性场的渗流基本方

程式

$$\frac{\partial}{\partial x}\left(k_{xx}\frac{\partial h}{\partial x}+k_{xz}\frac{\partial h}{\partial z}\right)+\frac{\partial}{\partial z}\left(k_{zx}\frac{\partial h}{\partial x}+k_{zz}\frac{\partial h}{\partial z}\right)=S_s\frac{\partial h}{\partial t} \quad (1\text{-}122)$$

或写成更一般的三维空间渗流方程

$$\sum_{i=1}^{3}\sum_{j=1}^{3}\frac{\partial}{\partial x_i}\left(k_{ij}\frac{\partial h}{\partial x_j}\right)=S_s\frac{\partial h}{\partial t} \quad (1\text{-}123)$$

当稳定渗流或 $S_s=0$ 时，上式右端为0。二维问题时，$i=1,2,j=1,2$。

以上式中渗透系数的双脚标的物理意义为两次投影量。例如：分流速 v_x 的表达式，从图1-25(b)所示的一条裂隙可以看出，k_{xx} 为沿 x 方向的水力坡降投影到裂隙面引起流速再投影到 x 轴的 k 分量，即 $k_{xx}=k\cos\theta\cos\theta$；$k_{zx}$ 为沿 x 轴方向的水力坡降投影到裂隙面引起流速再投影到 x 轴上的 k 分量，即 $k_{xz}=k\sin\theta\cos\theta$。同样类推，$z$ 轴方向的分流速为 v_z，并可知 $k_{xz}=k_{zx}$。从而论证了式(1-120)各分量投影的代数和表达式。如果从坐标转换关系进行局部坐标与整体坐标(见图1-25(b))之间的变换，同样可求得此种关系[2]。因此，上式中的渗透张量矩阵各分量的值应为

$$[K]=\begin{bmatrix}k_{xx} & k_{xz}\\ k_{zx} & k_{zz}\end{bmatrix}=\begin{bmatrix}k\cos^2\theta & k\sin\theta\cos\theta\\ k\cos\theta\sin\theta & k\sin^2\theta\end{bmatrix} \quad (1\text{-}124)$$

若有两组裂隙(图1-26)，走向为 x_1、x_2 分别与总坐标 x 轴的交角为 θ_1、θ_2，则可利用上述关系分别导出两组裂隙的结果再进行叠加，即可得渗透张量为

$$[K]=\begin{bmatrix}k_1\cos^2\theta_1+k_2\cos^2\theta_2 & k_1\sin\theta_1\cos\theta_1+k_2\sin\theta_2\cos\theta_2\\ k_1\cos\theta_1\sin\theta_1+k_2\sin\theta_2\cos\theta_2 & k_1\sin^2\theta_1+k_2\sin^2\theta_2\end{bmatrix} \quad (1\text{-}125)$$

当两组裂隙互相正交时，$\theta_2=90°+\theta_1$，上式渗透张量就变为

$$[K]=\begin{bmatrix}k_1\cos^2\theta_1+k_2\sin^2\theta_1 & (k_1-k_2)\sin\theta_1\cos\theta_1\\ (k_1-k_2)\cos\theta_1\sin\theta_1 & k_1\sin^2\theta_1+k_2\cos^2\theta_1\end{bmatrix} \quad (1\text{-}126)$$

同理可导出有几种裂隙的渗透张量[2]。一般裂隙方位及其渗透系数等参数均可在野外测定，因而渗流方程式(1-122)或(1-123)即可求解。

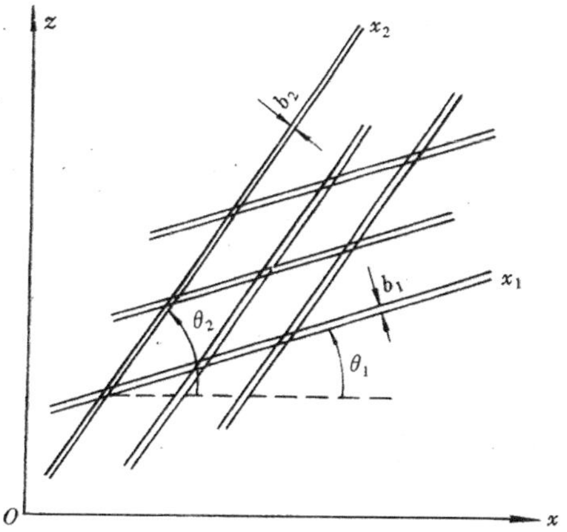

需要指出的是，上式中渗透系数 k_1、k_2 都是裂缝宽 b 中的，对于整个岩体来说，平均到缝距上，即用其剖面的假想平均等价渗透系数，即式(1-116)，$k=\dfrac{gb^3}{12\nu B}$。

用有限元法求解裂隙岩体渗流基本方程式(1-123)时，通常采用迦辽金法。对式(1-123)应用迦辽金法，得

$$\int_\Omega\left[\frac{\partial}{\partial x}\left(k_{xx}\frac{\partial h}{\partial x}+k_{xz}\frac{\partial h}{\partial z}\right)+\frac{\partial}{\partial z}\left(k_{zx}\frac{\partial h}{\partial x}+k_{zz}\frac{\partial h}{\partial z}\right)-S_s\frac{\partial h}{\partial t}\right]\Psi_i\mathrm{d}\Omega=0 \quad i=1,2,\cdots,n \quad (1\text{-}127)$$

图1-26 斜交裂隙系统

式中:n 为未知水头结点总数。

于是,水头 h 可近似地表示为

$$h(x,z,t) \approx h(x,z,t) = \sum_{i=1}^{N} h_j(t)\Psi_j(x,z) \tag{1-128}$$

式中:Ψ_j 为基函数;N 为有限元结点总数。

将式(1-128)代入式(1-127)中,得

$$\sum_{i=1}^{N}\int\left\{\left[\left(k_{xx}\frac{\partial \Psi_j}{\partial x}+k_{xz}\frac{\partial \Psi_j}{\partial z}\right)\frac{\partial \Psi_i}{\partial x}+\left(k_{zx}\frac{\partial \Psi_j}{\partial x}+k_{zz}\frac{\partial \Psi_j}{\partial z}\right)\frac{\partial \Psi_i}{\partial z}\right]h_j+S_s\frac{\mathrm{d}h_j}{\mathrm{d}t}\Psi_i\Psi_j\right\}\mathrm{d}\Omega$$
$$=\int_{\Gamma_2}q\Psi_i\mathrm{d}\Gamma \tag{1-129}$$

记

$$A_{ij}=\int_{\Omega}\left[\left(k_{xx}\frac{\partial \Psi_j}{\partial x}+k_{xz}\frac{\partial \Psi_j}{\partial z}\right)\frac{\partial \Psi_i}{\partial x}+\left(k_{zx}\frac{\partial \Psi_j}{\partial x}+k_{zz}\frac{\partial \Psi_j}{\partial z}\right)\frac{\partial \Psi_i}{\partial z}\right]\mathrm{d}\Omega$$

$$B_{ij}=\int_{\Omega}S_s\Psi_i\Psi_j\mathrm{d}\Omega$$

则式(1-129)可写为

$$\sum_{i=1}^{N}\left(A_{ij}+B_{ij}\frac{\mathrm{d}h_j}{\mathrm{d}t}\right)=\int_{\Gamma_2}q\Psi_i\mathrm{d}\Gamma \qquad i=1,2,\cdots,N \tag{1-130}$$

用矩阵表示,则为

$$[A]\{h\}+[B]\left\{\frac{\mathrm{d}h}{\mathrm{d}t}\right\}=\{F\} \tag{1-131}$$

其中:$[A]=(A_{ij})$;$[B]=(B_{ij})$;$\{h\}=\begin{Bmatrix}h_1\\h_2\\\vdots\\h_n\end{Bmatrix}$;$\{F\}=\begin{Bmatrix}f_1\\f_2\\\vdots\\f_n\end{Bmatrix}$;$f_i=\int_{\Gamma_2}q\Psi_i\mathrm{d}\Gamma$。

对式(1-131)取隐式差分,则得

$$[A]\Delta t+[B][h(t+\Delta t)]=[B][h(t)]+[F]\Delta t \tag{1-132}$$

当已知 t 时刻的水头时,则可求解 $h(t+\Delta t)$,从而得 $t+\Delta t$ 时刻的水头。

2. 计算实例及裂隙组交角对渗流的影响

求解各向异性场的渗流方程式(1-123)时,我们按照迦辽金数值方法编制了有限元法计算程序。首先对作为特例的正交裂隙组进行计算,与前面已有的计算及试验结果对比完全相同后,计算了非正交裂隙组的岩体渗流。大致结论是:裂隙组相交角度偏离90°,并在±10°范围以内时,自由面位置只相差上下游水头差的1%~2%,非正交裂隙组可考虑作为正交裂隙组来计算;接近水平向的裂隙组(θ_1,k_1)相对于垂直向裂隙组(θ_2,k_2)的透水系数大时,其自由面位置也较高,而且该接近水平向裂隙组向下顺着渗流方向(俯角,$-\theta_1$)时,自由面位置较低,当接近水平裂隙组 θ_1 固定时,与之相交的裂隙组愈趋向竖直方向,自由面愈稍低,以上各单一情况的自由面的差别约为上下游水位差的3%。图 1-27 为两组裂隙在 $k_1/k_2=2$ 及 $\theta_1=-30°$ 情况下各种裂隙交角时计算的自由面位置比较,高差达 5~6 m。$k_1/k_2=1/2$ 时,自由面位置相应又要降低 5~6 m,等势线也将竖直些。

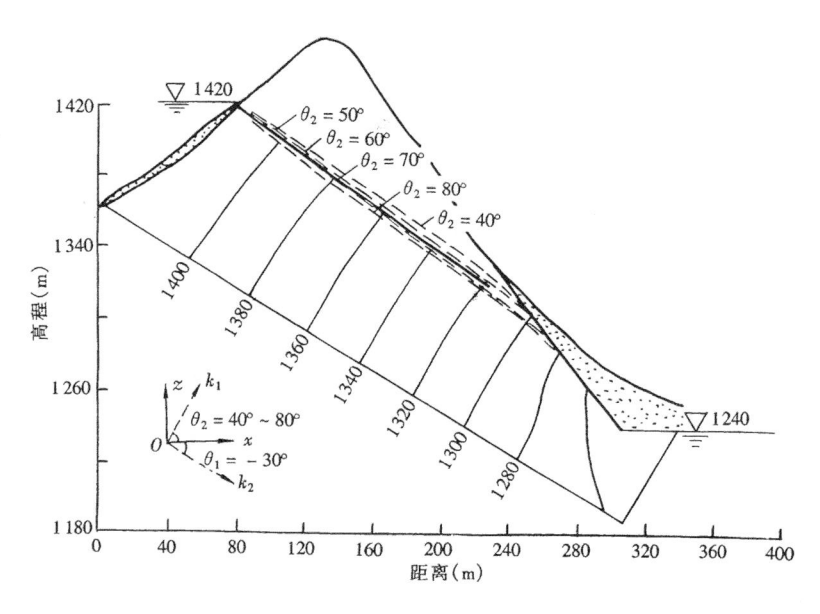

图 1-27　各种裂隙交角时计算的自由面位置比较

三、不同方法计算结果的比较和讨论

上述裂隙岩体渗流的计算方法,即为裂隙网与连续介质两种计算模型。虽然它们的计算结果基本一致,但仍有差异,故有不少学者研究何种情况应采用何种计算模型的问题。例如:认为断面上有几千条以上的裂隙数量时按连续体考虑(Louis,1974);认为裂隙间距与渗流边界尺寸(坝基宽度或岩坡高度)相比大于裂隙间距 10 倍以上就可作为连续介质考虑(Franciss,1985)等。然而从两种计算模型的渗透系数转换关系来看,由均匀连续体的 k 值过渡到不连续体模型的间距 B 和张开宽度 b 应是等价的,所以其间的计算差异与模型化了的网格密度或划分流场的单元数目和合理性有关。据川本对坝基渗流所作的比较计算可知:把裂隙网格加密 1 倍的各结点扬压力水头约增加 5% 左右;改为均质的有限元法计算,水头值又介于它们两者之间。大西(Ohnishi,1985)等对缝隙网模型计算与室内物理模型试验结果比较得出,扬压力水头的计算值约低 3 cm,这也说明网格不够密的误差。据威尔逊等按线单元(即缝隙网)的计算结果与奥罗斯(G.Ollos,1963)的细管网模型计算结果的比较,水头约低 7%。同样,对于无压渗流的自由面,从我们的计算和试验得知,网格愈密,自由面稍升高,特别是在坡降很陡的一些奇异点(如井)附近特别显著。从同一个工程实例(达见水库山脊)两种模型比较结果来看,有限元法的单元数量较多,其自由面也稍高约 3%。因此可以概括地说,无论哪一种计算模型,网格或单元划分愈密,计算结果则愈接近实际。对非层流问题,缝隙网模型将显示其容易实现的优越性。在裂隙渗流动态及岩体稳定方面,对裂隙明显的岩体如果采用均质异性的连续介质模型,其结果显然也不及裂隙网模型来得逼真。当然,如果考虑岩体在渗压改变下的应力应变关系,问题解答将更为全面。

裂隙渗流程序较之多孔介质程序计算的自由面高。但渗流场主要受岩层透水性的控制,大体上水头分布仍属一致,因此,对于岩体较风化或裂隙杂乱的岩基,也可用多孔介质程序研究问题。

四、黄河小浪底水库左坝肩岩体渗流计算实例

(一)岩层情况及其渗透张量

黄河小浪底水库左岸坝肩有粘土岩、砂岩及页岩等岩层,岩层倾向北东,倾角10°左右。岩体破碎,裂隙成陡倾角,约80°,岩层切割成块。全区南北有13个分区,上下5个大层次,并有冲沟及3条大断层,地质情况极为复杂。

各岩层的渗透张量数据都是黄河水利委员会设计院与中国地质大学合作经过勘探试验分析后提供的。在渗透张量计算中采用与裂隙面垂直的法向量,就可以引用裂隙组的产状(倾向、倾角)等地质资料。此时推求渗透张量,可设 n 为裂隙面的单位向量,用坐标系 x_i($i=1,2,3$)时 $n=(n_1,n_2,n_3)$。虽然沿 n 方向没有流动,但总的水力坡降 J 沿 n 方向有一分量 J_n,可写为

$$J_n = (J \cdot n)n \tag{1-133}$$

因而应用沿裂隙面流动的达西定律,应取用平行于裂隙面的坡降分量 $J_f = J - J_n$。则裂隙缝宽 b 中的流速为

$$v_b = \frac{gb^2}{12\nu}[J - (J \cdot n)n] \tag{1-134}$$

因为 $(J \cdot n)n = J(nn) = (nn)J$,所以有

$$v_b = \frac{gb^2}{12\nu}([I] - (nn))J \tag{1-135}$$

对于一组裂隙来说,当裂隙间矩为 B 时,从岩体整个剖面上的假想平均流速 v 与缝中流速 v_b 的关系 $v = \frac{b}{B}v_b$ 可知该裂隙组的渗透张量为

$$[K] = \frac{gb^3}{12\nu B}([I] - (nn)) \tag{1-136}$$

式中:$[I]$ 为单位张量;(nn) 为并向量。

展开上式得

$$[K] = \frac{gb^3}{12\nu B}\begin{bmatrix} (1-n_1n_1) & -n_1n_2 & -n_1n_3 \\ -n_2n_1 & (1-n_2n_2) & -n_2n_3 \\ -n_3n_1 & -n_3n_2 & (1-n_3n_3) \end{bmatrix} \tag{1-137}$$

式中单位法向量 n 的分量 n_1、n_2、n_3 就是一组裂隙面的法线与坐标轴 Ox_1、Ox_2、Ox_3 依次夹角的方向余弦 $\cos\alpha_1$、$\cos\alpha_2$、$\cos\alpha_3$。比较上式与式(1-125),可知 α 与 θ 互为余角,两者实属相同。

因为裂隙面的单位法向量 n 与裂隙产状(倾向方位角 β、倾角 γ)有一定的空间几何关系,取用大地坐标 NEZ 时,单位法向量为 $n=(\cos\beta\sin\gamma, \sin\beta\sin\gamma, \cos\gamma)$。对于任一组裂隙来说,将 n 代入式(1-137)中,即得以产状要素表示的对称张量中的各分量为[10]

$$\left.\begin{aligned} k_{11}^i &= k_{NN}^i = k_i(1-\cos^2\beta\sin^2\gamma) \\ k_{22}^i &= k_{EE}^i = k_i(1-\sin^2\beta\sin^2\gamma) \\ k_{33}^i &= k_{ZZ}^i = k_i\sin^2\gamma \\ k_{12}^i &= k_{NE}^i = -k_i\sin\beta\cos\beta\sin^2\gamma \\ k_{23}^i &= k_{EZ}^i = -k_i\sin\beta\sin\gamma\cos\gamma \\ k_{13}^i &= k_{NZ}^i = -k_i\cos\beta\sin\gamma\cos\gamma \end{aligned}\right\} \tag{1-138}$$

式中 $k_i = \frac{g b_i^3}{12 \nu B}$，为裂隙组作为连续体考虑的平均岩体渗透系数。若有 $i = 1, 2, 3, \cdots, n$ 组裂隙，将其渗透张量叠加，即得总渗透张量为

$$[K] = \begin{bmatrix} (k_{11}^1 + k_{11}^2 + k_{11}^3 + \cdots + k_{11}^n) & (k_{12}^1 + \cdots) & (k_{13}^1 + \cdots) \\ (k_{12}^1 + \cdots) & (k_{22}^1 + \cdots) & (k_{23}^1 + \cdots) \\ (k_{13}^1 + \cdots) & (k_{23}^1 + \cdots) & (k_{33}^1 + \cdots) \end{bmatrix} \quad (1-139)$$

上式可应用于任意方向的裂隙组。对于二维问题，上面矩阵中只有对应的 4 项。

（二）各种情况的比较计算结果及渗控措施的效果

因为小浪底水库左岸岩体明显属于裂隙介质渗流情况，我们就相应采用了上述非正交裂隙组的各向异性岩体渗流计算方法，引用黄河水利委员会设计院与中国地质大学分析整理计算出的各岩层渗透张量数据，进行了 5 个典型剖面的裂隙渗流计算，研究了灌浆帷幕和排水廊道及排水井孔的效果，比较了水库蓄水后山坡前泥沙淤泥对渗流的影响及 F_{28} 断层透水或不透水对渗流的影响。为了核算山体前面陡边坡的稳定性，还进行了库水位 275.0 m 经过 5 d 下降至水位 230.0 m 的自由面变化过程。为了与裂隙介质渗流计算结果进行比较，又进行了多孔介质渗流计算。

渗流场计算结果（图 1-28、1-29、1-30），裂隙介质方法的与多孔介质方法的不同，等势线分布不与流线及自由面正交，而且渗流自由面比多孔介质方法计算的高 10～18 m，约为总水头的 10%。但这种各向异性的裂隙影响与各岩层的不同透水性相比，仍属次要的，所以总的渗流场保持有基本一致的相对趋势。例如，等势线在透水性较大的岩层 T_1^4 中基本垂直，在透水性很小的岩层 T_1^{3-2} 中有一定的隔水作用，等势线也基本趋于水平。排水廊道降低山体渗流自由面的作用，由于排水井孔截断隔水层上面强透水岩层 T_1^4，所以效果十分显著，故在考虑防渗措施上与多孔介质也颇类似。

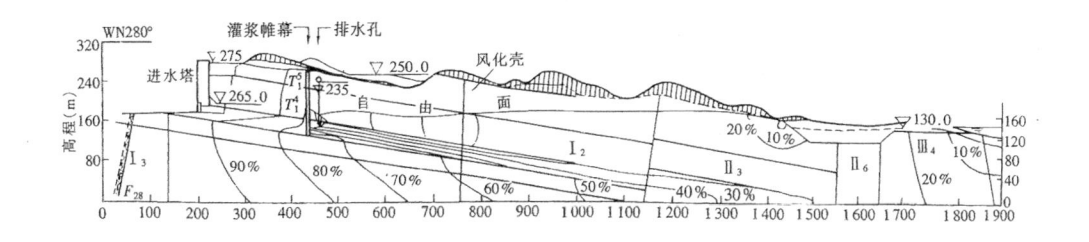

图 1-28 $C-C$ 剖面稳定渗流自由面及等势线

计算条件：F_{28} 断层全透水；山坡全透水；排水井全有效；山体为裂隙介质

对于工程本身来说，$C-C$ 剖面为例，计算结果表明：当灌浆帷幕与排水井孔共同作用时，库水位 275.0 m，下游水位 141.35 m，帷幕前后水头差达 76 m（非稳定渗流计算时为 54.2 m），下游山坡在尾水位以上的出渗消失；若排水失效，帷幕前后水头只有 2～3 m（非稳定渗流计算为 3.5 m），说明了排水的主导作用；泥沙淤积前坡面作用，对稳定渗流影响不大，自由面仅相差 0.6 m，对非稳定渗流影响大些，自由面相差 5～6 m；断层 F_{28} 透水或不透水对自由面位置影响不大；至于库水位由 275.0 m 下降到 230.0 m 时，由于强透水岩层 T_1^4 夹于弱透水的上层 T_1^5 与隔水层作用的下层 T_1^{3-2} 之间，故渗流自由面下降不大，约为 1.5 m，而靠近帷幕附近的自由面位置受帷幕透水性及排水影响，自由面下降较多。

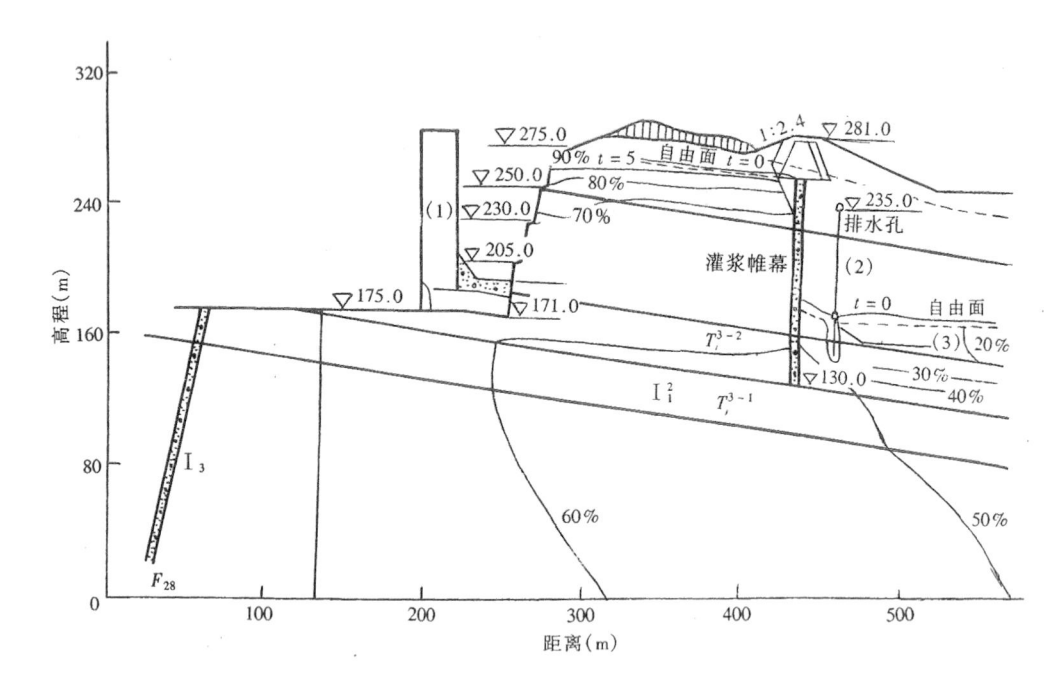

图 1-29　C—C 剖面非稳定渗流自由面及等势线

计算条件：F_{28} 断层全透水；山坡全透水；排水井全有效；$T=5$ d

(1)进水塔；(2)排水孔 $D=130$ mm，孔距 4 m；(3)排水隧洞 2.5 m×3 m

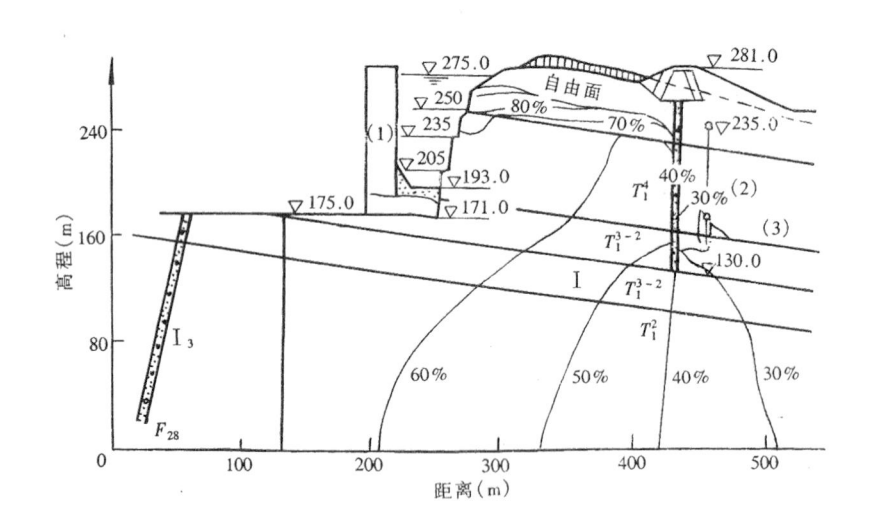

图 1-30　C—C 剖面作为多孔介质计算的非稳定渗流自由面及等势线

计算条件：F_{28} 断层全透水；山坡全透水；排水井全有效；山体为多孔介质；$T=5$ d

(1)进水塔；(2)排水孔 $D=130$ mm，孔距 4 m；(3)排水隧洞 2.5 m×3 m

关于渗控措施的效果，这里着重介绍帷幕与廊道排水的作用。由计算结果可知，排水井的作用非常明显，井深可钻孔到 T_1^{3-2} 层面，不必再深入该层中。至于剖面 F—F（图略），在灌浆帷幕与排水井的联合作用之下，仍在下游山坡有部分出渗，其原因主要是水平透水性远大于垂直透水性之故。例如：位于 Ⅱ₂ 区的 T_1^4 岩层，其水平透水性较垂直透水性大 67 倍；在 Ⅰ₂

区的 T_1^5 岩层,其水平透水性较垂直透水性大 93 倍,而且在排水井之后又有较长的渗径。这些结果与多孔介质的概念是类似的。

五、裂隙岩体有关渗透性参数的确定

渗流计算的可靠性决定于所依据的渗透性参数。裂隙岩体,取得其各向异性参数非常困难。因此需对确定参数的方法进行讨论,以便了解建立计算模型及其计算结果的可靠程度。

(一)野外测定渗透性参数的方法

野外测定渗透性参数的方法有裂隙采样测量法和水力试验法两大类。最常用而又经济的方法是裂隙采样测量法。其最大特点是,在野外只需测得裂隙的产状、隙宽的间距,就可求得渗透系数和作为连续介质考虑的渗透张量。采样时,可根据精度要求布置一定间距的网格测点进行裂隙数据采样,也可利用岩体的自然露头、施工阶段的勘探钻孔和岩芯以及开挖坑洞等表面进行数据采样。对样本进行统计分析即可求得裂隙平均宽度、间距和方位。裂隙张开度对结果影响较大,它一般并非均匀的,应按立方关系取平均值,参见式(1-89)。

裂隙采样法,由于简便易行,所以应用较普遍。该法不仅在仪器设备上,而且在测量钻孔壁面上的裂隙上,都有较大进展(Long,1987)。此法存在的问题是,不易取得代表性的裂隙参数,因为实际上的裂隙并非无限伸展,也非均匀光滑无填充的裂口。在岩层露头,表面裂口宽度一般大于内部裂口宽度,在应力卸除后的洞壁面裂隙宽度也非原有的情况;而且渗透性正比于裂隙宽度的三次方,裂口宽度误差将会造成较大的计算误差。因此,必须借助于原地水力试验法才能取得可靠参数。

水力试验法有压注水试验和抽水试验两种。最常用的是压水试验,最简便的是单孔压水试验。用止水塞分段压水可测得渗透柱状图,但只能反映岩体的平均渗透性。若结合已知的个别裂隙进行压水试验,则可由稳定压水量 Q 算出该裂隙的张开宽度

$$b = \left(\frac{12\nu}{g} \frac{Q}{2\pi(h_0 - H)} \ln \frac{R}{r_0} \right)^{1/3} \tag{1-140}$$

式中:$(h_0 - H)$ 为超压水头;r_0 为钻孔半径;R 为影响半径,可在试段长度 l 与 $l/2$ 之间取值。若试段内包括 n 个裂隙,上式中的 Q 就应改为 Q/n。这里还可利用单孔压水试验取得的单位吸水量 ω 值找出与 b 的关系,即 $b \propto \omega^{1/3}$,或找出 ω 与渗透系数 k 之间的关系,即 $k \propto \omega$。

为了取得岩体各向异性的渗透性参数,斯诺和路易斯都提出过定向钻孔进行压水试验的方法,即在渗透张量的三个正交主方向钻 3 个孔,各在每一个孔进行压水试验测量主渗透性参数,然后根据每组裂隙的产状进行叠加,从而得到岩体总的渗透张量。路易斯的三段压水试验法,即以隔开的中段为试验段,上下两保护段起屏蔽作用,促使中段水流形成二维辐射流,便于应用计算公式。该法得渗透系数为

$$k = \frac{Q}{2\pi l} \frac{\ln(r/r_0)}{h_0 - (h_r \pm z)} \tag{1-141}$$

式中:r_0、h_0 和 Q 为压水孔的半径、稳定水头和压注水流量;l 为试验段长度;h_r 为距压水孔 r 处监测孔的测记水头;当监测孔位置沿倾斜裂隙面低于压水孔时,z 取正号,反之取负号。分别求出三组裂隙的渗透系数 $k_i(i=1,2,3)$ 后,结合裂隙组产状就可求得总的渗透张量。同时还可求得每组裂隙的平均裂隙宽为

$$b_i = \left(\frac{12\nu B_i k_i}{g} \right)^{1/3} \tag{1-142}$$

法国路易斯(Louis.1974)的三段压水试验法取得的各向异性渗透性参数较为直观可靠。但该法技术设备较为复杂，而且必须预知渗透主方向，有时比较困难，因此实用中受到限制。其后，美国谢宗庆和纽曼等人(Hsieh，Neuman，1983)提出了三孔交叉压水试验法[2]，即钻3个孔，在一个孔的被止水塞隔开的段内压注水，而在邻近的隔开段中测量水头变化，交叉孔轮换试验和监测。利用该法，有6组试验资料就可确定现场岩体的渗透张量和单位贮水量，同时还可查验裂隙岩体当作各向异性连续介质的有效可行性。此法最大优点是，具有普遍性，不需预先知道裂隙组的方位，钻孔可在任意方向进行。根据我们的推荐，小浪底工程首次采用此法，并获得成功。

(二)小浪底水库左岸裂隙岩体参数测试

在渗流计算前，我们曾到现场了解过岩体裂隙参数取得的情况。据介绍，上述几种常用方法，如裂隙采样分析法、压水和抽水试验法(包括三段压水试验法和三孔交叉试验法等)均在该山脊岩层中应用过。黄河地质总队与中国地质大学合作，在现场两处，即20号平硐内的砂岩层和11号平硐内的泥岩层，进行过三段压水试验；另在冲沟用大口深井做抽水试验，并进行了一次三孔交叉压水试验。

左岸山脊岩层复杂，根据过去大量单栓塞压水试验取得的单位吸水量 ω 资料进行的分析可知，岩层分区达13个之多。如果各区岩层都进行各向异性裂隙的压水试验，将花费巨资。如果能从几十年来取得的大量 ω 数据中找出一个能与裂隙参数发生关系的数据，则取得 ω 数据将具有很大的实用价值。在小浪底工程中曾考虑到岩体渗透系数 k 与单位吸水量 ω 的一次方成比例，与裂隙宽度 b 的三次方成比例，因此可建立下式关系

$$b = \alpha \omega^{1/3} \tag{1-143}$$

根据20号平硐 T_1^1 砂岩层中的三段压水试验测定的裂隙宽度(可称为水力宽度) $b=0.17$ mm 以及在此部位 T_1^1 钻孔的单位吸水量 $\omega=0.341 l/dm^2$，求得比例常数 $\alpha=0.243$。故得类比公式

$$b = 0.243 \omega^{1/3} \tag{1-144}$$

因为压水试验段长度、水头及钻孔大小基本不变，因而上式中的常数也可用于其他钻孔 ω 值来类比计算相应的 b 值。

裂隙分布规律的产状是根据裂隙采样统计分析，并结合相似区域类比得到的。有了各区的裂隙发育和地层数据，就可算出各岩层的渗透张量。

从黄河水利委员会地质总队与中国地质大学所做的大量勘探试验工作，得出的结果而整理分析出的风化壳以下13个区与5套地层共62组渗透张量和风化壳地层30组渗透张量，摸清了小浪底岩层结构及其透水性。几种测试方法对比分析表明，结果基本上都属一个数量级，相当可靠，用于裂隙岩体的计算中，也增加了成果的可信度。

参 考 文 献

1　毛昶熙.电模拟试验与渗流研究.北京:水利出版社,1981
2　毛昶熙主编.渗流计算分析与控制.北京:水利电力出版社,1990
3　毛昶熙等.土坝非稳定渗流和坝坡稳定分析的有限单元法计算.南京水利科学研究院研究报告汇编——水工渗流分册,1966~1978

4 刘洁,毛昶熙. 堤坝饱和与非饱和渗流计算的有限单元法. 水利水运科学研究,1997(3)

5 Neuman, S. P. Saturated-unsaturated seepage by finite elements. J. of Hydraulic Division, 1973(HY12)

6 Giesecke, J. und Soyeaux, R. Unterstromung von Talsperren auf kluftigem Untergrund-hydraulische, Berechnungen mit Berucksichtigung laminar und turbulenter Stromung. Wasserwirtschaft, 1990(Nr. 1)

7 Mao Chang-xi et al. Numerical computation of ground water flow in fissured rocks. Proc. of 6th Congress of APD-IAHR, 1988, 1:453

8 毛昶熙等. 裂隙岩体渗流计算方法研究. 岩土工程学报,1991(6)

9 Louis, C. et Wittke, W. Etude experimentale des ecoulements d'eau dans un massif rockeux fissure Tachien project, Formose. Geotechnique, 1971(1)

10 Franciss, F. O. Soil and rock hydraulics. Rotterdan, 1985

11 田开铭,万力. 各向异性裂隙介质渗透性的研究与评价,学苑出版社,1989

12 周汾等,裂隙岩体各向异性渗透性及其野外测定方法,水科院论文集,第8集,1982

13 毛昶熙等,复杂岩基及两岸渗流计算程序及其合理渗控措施研究总报告,"七五"攻关17－1－2－2－6,南京水利科学研究院,1990

14 吴良骥,G. L. Bloomsburg. 饱和-非饱和区中渗流问题的数值模型. 水利水运科学研究,1985(4)

第二章 渗流有限元法的理论基础与算法

第一节 有限元法概述

一、有限元法的发展

有限元法是数值方法中应用最广的一种,它是在电子计算机的广泛应用和数值分析方法发展的基础上发展起来的。这个方法的思想在40年代就已形成,其完整提出是在1956年航空工程飞机结构的应力分析中。有限(单)元法(finite element method)这一名称是1960年Clough在其计算结构分析论文中首先提出的。该法很快就普及应用到整个固体力学领域。我国有限(单)元法的研究始于60年代初。当时,冯康教授等在分析刘家峡水坝的应力场时把传统的差分法和能量原理结合起来提出了一种以变分原理为基础的三角形剖分近似法,为偏微分方程求得了数值解,且在严密的数学基础上进行了其收敛性和稳定性证明及误差估计。这个方法也就是现在人们所熟知的有限元法,或称有限单元法(F.E.M.)。

随后有限元法逐渐被引用到流体力学领域,其中最早的就是1965年Zienkiewicz和Cheung那篇求解拟调和微分方程的论文[1,2]。该法在稳定渗流领域内得到广泛应用(Finn,1967;Taylor and Brown,1967;Neuman and Witherspoon,1970;川本、驹田等,1970)。到70年代,有限元法已扩展到求解随时间变化的非稳定渗流问题(Neuman and Witherspoon,1971;Taylor et al.,1972;Hurr,1972;Gray and Pinder,1974;Ehlers,1973;饭田隆一,1971;河野伊一郎,1973;Ъереславский,1997)以及非达西流(Volker,1969;McCorquodale,1970)。随后又扩展到求解非饱和渗流问题(Neuman,1973;Desai,1974;Akai et al.,1979;赤井浩一等,1977)、岩体裂隙渗流问题(Duguid and Abel,1974;Wang and Tsang,1983;Narasimhan,1980;Ohnishi et al.,1985;川本眺万,1977;)、渗流场与热流场、应力场相耦合的问题(Noorishad,1982;大西有三等,1980;Noorishad, et al.,1983;Zienkiewicz,1982)和地下水污染问题(Pinder,1976;Neuman,1977;Kaluarachi et al.,1988)。有限元法应用广泛,发展之快,引人注目。据统计,在短短的20年内(截至1976年),各研究领域(包括应力场和流体力学等)应用有限元法的文献数量已超过7 000篇[3]。而且该法随着微机的普及和完善仍在日益发展着。例如,边界元法(Brabbia,1984)就是在有限元法的基础上发展起来的。该法具有准备数据简单、内存少、节约人力和精度高的优点,特别适宜于无限域的问题。再一种发展是各取所长的混合计算方法,如有限元与边界元混合法、有限元与有限差分混合计算方法等。总之,有限元法电算技术发展迅速,问世以来就逐渐取代着以前广泛采用的电模拟试验方法。因此,科研设计人员必须尽快掌握这一先进的计算技术。工程人员也应了解这方面的基本情况,以便选择方案时采取可靠的分析途径。

在我国,有限元法被引用到渗流计算领域是在"文化大革命"期间。1972年,南京水利科学研究所渗流组首先作了尝试,与黄河水利科学研究所、上海计算技术研究所合作研究了黄河小浪底水库心墙坝的稳定渗流问题,计算结果与电阻网模拟试验结果极为一致[4]。1976

年,我们又结合岳城水库、碧口水库等土坝开展了非稳定渗流有限元法计算,优选了非稳定渗流支配方程、计算方法以及坝坡稳定性分析方法,并与实际土坝观测资料进行了比较,两者甚为一致[5]。同期还进行了土坝三维稳定渗流计算[6]、区域性井点降水[7]和结合北部引嫩灌溉渠系的地下水非稳定渗流计算[8]。由于当时都有电模拟试验结果对比,所以很快认识到有限元法的很多优点。如单元划分可任意大小、计算精度高、对边界适应性好以及能把计算方法编制成统一的标准化程序等,在当时有限元法确是解复杂实际问题的最有效方法之一。因此随后也就很少再用物理上失真的那些迫不得已的数学简化式来解析地处理复杂问题,并逐步以其取代着广泛采用的电模拟试验方法。现在,我们对各类坝型二维、三维稳定渗流和非稳定渗流、饱和与非饱和渗流、非达西流及各向异性岩体裂隙渗流等都先后编制了一系列计算程序,并对单元数据的自动剖分、自由面的自动适应调整、各向异性张量的模拟、断层帷幕沟井的模拟和渗流量、降雨入渗的计算等均作了详细探讨,并已应用于许多大型水利水电工程中。

二、有限元法实施步骤

有限元法的实施虽然也类似于有限差分法,但其实施方法不同。有限差分法是直接从微分方程入手,以离散格式逐步近似逼近求方程中的导数;有限元法则相反,按照变分原理求泛函积分找其函数值,即把微分方程及其边界条件转变为一个泛函求极值的问题。有限元法是一种分块近似里兹(Ritz)法的应用,即首先把连续体或研究区域离散划分成有限个单元体,称为基本单元,单元的角度称为结点,再以连续的分片插值函数建立一个个的单元方程后,依靠各结点把单元与单元连结起来,集合为整体,形成代数方程组在计算机上求解,经常求解渗流场中水头函数 h 的方程,其形式一般为

$$[K]\{h\} = \{f\}$$

式中:$[K]$ 为渗透矩阵;$\{h\}$ 为列向量;$\{f\}$ 为自由项列向量。这样,就以代数方程组的求解代替了原来偏微分方程的求解。这种划分单元求得的代数方程或计算公式可称为解题的离散数学模型,而原始的偏微分方程可称为基本数学模型。因此,有限元法可发概括为一种划分单元来模拟实物或场域去进行物理量分析上的近似,以计算机为工具在矩阵分析和近似计算的基础上去进行所欲精度的数值计算方法。

有限元法的实施步骤如下:

1. 将概化的偏微分方程的定解问题化为相应的变分问题。

2. 离散化:将求解域划分为具有一定几何形状的单元 $e_1, e_2, \cdots, e_n$,进行单元编号并确定插值函数,对结点进行总体编号和单元上的局部编号并给出结点局部编号与总体编号的对应关系。

3. 单元分析:单元划分后,分别按单元分片插值,以单元结点水头函数值的插值函数来逼近变分泛函方程中的水头函数,得出单元上以结点水头值为未知量的代数方程组(单元有限元方程),从而导出单元渗透矩阵。

4. 总体渗透矩阵合成:由单元渗透矩阵合成总体渗透矩阵,并以定解条件代入,从而得出整个求解区域上的总体有限元方程。该合成过程由结点局部编号与总体编号的关系来确定。

5. 求解线性代数方程组,求解各结点的未知水头值。

6. 结果分析及其他相应所需物理量的计算。

下面就有限元法的原理分节介绍和讨论。

第二节 三角形单元划分与插值函数

划分的单元一维问题是线单元；二维问题是多边形的面单元，常用的是三角形、矩形或四边形；三维问题是多面体的体积单元，常用的是四面体、五面体或六面体。相邻单元的共同连接点称为结点。在建立各单元的方程时，首先要假定一种插值函数式来近似地表达单元内任意点的未知变量分布。例如：渗流和热流场问题的未知量分别为水头和温度；弹塑性问题未知量为位移或应力；粘性问题未知量为位移和速度，等等。插值函数是有限元法的关键部分，它的几个待定参数分别代表其在结点上的值。有几个待定参数也就有几个自由度。此函数一般采用多项式。例如二维渗流问题，水头插值函数的多项式为

$$h(x,y) = \alpha_1 + \alpha_2 x + \alpha_3 y + \alpha_4 x^2 + \alpha_5 xy + \alpha_6 y^2 + \cdots \quad (2-1)$$

显然，项数取得越多，越接近真值。式中的待定系数 $\alpha_1, \alpha_2 \cdots$，可以通过单元结点上的待定参数所表达的多项式联立求解得到。

为了运算方便，较少采用高次多项式，而多采用线性插值函数。例如二维平面问题的三角形单元(图 2-1)，则常取下面最简单的线性插值函数。

$$h(x,y) = \alpha_1 + \alpha_2 x + \alpha_3 y \quad (2-2)$$

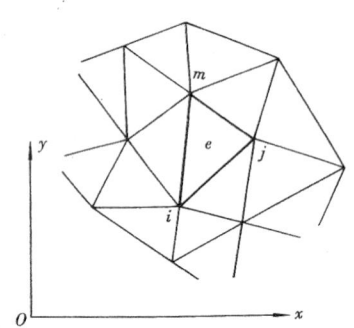

图 2-1 三角形单元划分

式中 3 个常数 $\alpha_1、\alpha_2、\alpha_3$ 可由 3 个结点 $i、j、m$ 的坐标及其相应的结点水头 $h_i、h_j、h_m$(待定参数)来表示。即依次将结点水头 $h_i、h_j、h_m$ 代入上式，写出 3 个方程式，以求出这 3 个常数；再代回上式，简化就可得出此典型单元内任意点的水头 $h(x,y)$ 为

$$h = \frac{1}{2\Delta}[(a_i + b_i x + c_i y)h_i + (a_j + b_j x + c_j y)h_j + (a_m + b_m x + c_m y)h_m] \quad (2-3)$$

式中

$$\left.\begin{array}{l} a_i = x_j y_m - x_m y_j, \quad b_i = y_j - y_m, \quad c_i = x_m - x_j \\ a_j = x_m y_i - x_i y_m, \quad b_j = y_m - y_i, \quad c_j = x_i - x_m \\ a_m = x_i y_j - x_j y_i, \quad b_m = y_i - y_j, \quad c_m = x_j - x_i \end{array}\right\} \quad (2-4)$$

三角形面积

$$\Delta = \frac{1}{2}\begin{vmatrix} 1 & x_i & y_i \\ 1 & x_j & y_j \\ 1 & x_m & y_m \end{vmatrix} = \frac{1}{2}(b_i c_j - c_i b_j) \quad (2-5)$$

为了不使面积出现负值，三个角点 $i、j、m$ 的次序应按逆时针方向循环。

若令

$$\left.\begin{array}{l} N_i = (a_i + b_i x + c_i y)/(2\Delta) \\ N_j = (a_j + b_j x + c_j y)/(2\Delta) \\ N_m = (a_m + b_m x + c_m y)/(2\Delta) \end{array}\right\} \quad (2-6)$$

则式(2-3)可写为矩阵形式

$$h = [N_i, N_j, N_m]\begin{Bmatrix} h_i \\ h_j \\ h_m \end{Bmatrix} = [N]\{h\}^e \tag{2-7}$$

上式中的 N 是插值函数的基函数，也称为形函数，只与单元的几何形状有关，是坐标的线性函数。如将它把单元内任意点的水头值与结点水头值联系起来，则其在有限元法中会起很重要的作用。很明显，如果以结点 i 的坐标值代入，可知 $N_i(x_i, y_i)=1, N_i(x_j, y_j)=N_i(x_m, y_m)=0$ 或 $N_j(x_i, y_i)=N_m(x_i, y_i)=0$。写成通式，则为

$$N_i(x_j, y_j) = \delta_{ij} = \begin{cases} 1 & i = j \\ 0 & i \neq j \end{cases}$$

于是，代入式(2-3)就得到 $h(x_i, y_i)=h_i$。同样可得 $h(x_j, y_j)=h_j, h(x_m, y_m)=h_m$。由此说明了式(2-3)的内在联系。

应着重指出的是，由式(2-3)所确定的值是连续的，即在相邻单元之间的接触线上有共同的 h 值。这是因为：在建立式(2-3)时，先假定结点值为已知，相邻单元相交结点上的值必须相同；在推导时假定 h 值是线性分布的，则相邻两单元接触线上的 h 值分布将是同一条直线。因而说明了 h 值的连续性，满足了相容性条件。这样离散化了的各单元就会仍然保持着贴合，既不互相脱离也不互相侵入，仍是一个连续的整体。

再求式(2-3)对 x、y 的偏导数，可得

$$\begin{Bmatrix} \dfrac{\partial h}{\partial x} \\ \dfrac{\partial h}{\partial y} \end{Bmatrix} = \frac{1}{2\Delta}\begin{bmatrix} b_i & b_j & b_m \\ c_i & c_j & c_m \end{bmatrix}\begin{Bmatrix} h_i \\ h_j \\ h_m \end{Bmatrix} \tag{2-8}$$

可见水力坡降值是一个与坐标无关的常数。一个单元只有一个常数的坡降，不同单元往往有不同的坡降，即它们在接触线上往往是不相等的，因而有关结点的线性插值函数的一阶导数是不连续的。

因此应特别指出，单元划分时应使研究的水头值在单元内部接近一个常数，在急变区域应划分小单元，变化缓慢区域可划分大的单元；而且单元边长不宜过于悬殊，邻边上也不能出现间断的结点。

第三节　变分原理

变分学是微积分学求函数极值问题的发展，它不是求函数的极小值，而是求泛函的极小值。泛函和函数不同，函数的自变量是简单变量，而泛函的自变量是函数，所以说泛函是函数的函数。例如

$$I[\varphi(x,y)] = \iint F(x,y,\varphi,\varphi_x,\varphi_y)\mathrm{d}x\mathrm{d}y \tag{2-9}$$

式中 φ 是 x、y 的函数，而 I 是 φ 的函数，故 I 为泛函。在物理力学领域中，泛函具有明确的物理意义。例如：固体在外力的作用下变形的总势能和在水头差下产生的流速所作的功都是泛函；功能和势能之差的时间积分也是泛函。

图 2-2 中连接 A、B 两点的弧线有很多，弧长是由原函数 $\varphi(x)$ 和变函数 $\tilde{\varphi}(x)$ 的选择来确定的，弧长就是泛函。$\varphi(x)$ 的变化有两种不同的途径，一是改变 x 值，以微分增量 $\mathrm{d}x$ 来表

示,于是
$$d\varphi = \varphi(x+dx) - \varphi(x) \quad (2\text{-}10)$$
另一种是不改变 x 值,只改变连接 A、B 两点的路线,例如实线 $\varphi(x)$ 变到虚线 $\widetilde{\varphi}(x)$,由于形状的改变所引起的差值,以变分表示为
$$\delta\varphi = \widetilde{\varphi}(x) - \varphi(x) \quad (2\text{-}11)$$
式中 $\widetilde{\varphi}$ 是 φ 的领域函数。

这里顺便指出,在变分运算中,变分运算符号可与微分、积分的运算符号互换,即
$$d(\delta\varphi) = \delta(d\varphi) \quad (2\text{-}12)$$
$$\delta\left(\int\varphi dx\right) = \int\delta\varphi dx \quad (2\text{-}13)$$

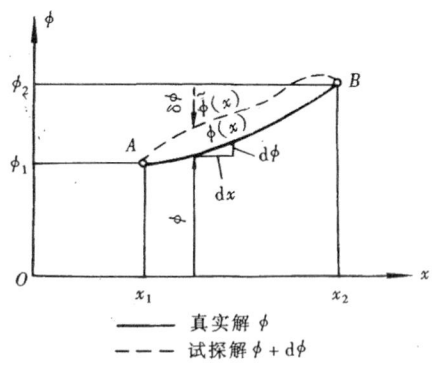

图 2-2 变分示例

下面求泛函的变分。若对式(2-9)的 $\varphi、\varphi_x、\varphi_y$ 分别给予一个变分增量,则 F 的变函数
$$\widetilde{F} = \widetilde{F}(x,y,\varphi+\delta\varphi,\varphi_x+\delta\varphi_x,\varphi_y+\delta\varphi_y)$$
按太勒级数展开,得
$$\widetilde{F} = F(x,y,\varphi,\varphi_x,\varphi_y) + \frac{\partial F}{\partial\varphi}\delta\varphi + \frac{\partial F}{\partial\varphi_x}\delta\varphi_x + \frac{\partial F}{\partial\varphi_y}\delta\varphi_y + \cdots \quad (2\text{-}14)$$
略去上式的高次项,并由式(2-11)可得 F 的变分为
$$\delta F = \widetilde{F} - F = \frac{\partial F}{\partial\varphi}\delta\varphi + \frac{\partial F}{\partial\varphi_x}\delta\varphi_x + \frac{\partial F}{\partial\varphi_y}\delta\varphi_y \quad (2\text{-}15)$$
由式(2-12),上式可写为
$$\delta F = \frac{\partial F}{\partial\varphi}\delta\varphi + \frac{\partial F}{\partial\varphi_x}\frac{\partial}{\partial x}(\delta\varphi) + \frac{\partial F}{\partial\varphi_y}\frac{\partial}{\partial y}(\delta\varphi) \quad (2\text{-}16)$$
利用式(2-13)和(2-16),则式(2-9)泛函 I 的变分为
$$\delta I(\varphi) = \int\delta F dxdy = \int\left[\frac{\partial F}{\partial\varphi}\delta\varphi + \frac{\partial F}{\partial\varphi_x}\frac{\partial}{\partial x}(\delta\varphi) + \frac{\partial F}{\partial\varphi_y}\frac{\partial}{\partial y}(\delta\varphi)\right]dxdy \quad (2\text{-}17)$$

若令 $\varphi=\varphi_0$,且 $\delta[I(\varphi_0)]=0$,则 $I(\varphi_0)$ 达到极值。此极值称为驻值,φ_0 称为驻函数。微积分学讨论函数极值时是令函数的导数为零。而驻值的条件是泛函的变分为零。从而可知,驻值包括极值,是个更广泛的概念。所以,泛函求极值问题也包括在变分学中。

利用分部积分公式和格林公式对式(2-17)进行代换,并令 $\delta I(\varphi)=0$,可得
$$\int_\Gamma \delta\varphi\left[\frac{\partial F}{\partial\varphi_x}dy - \frac{\partial F}{\partial\varphi_y}dx\right] + \int_\Omega \delta\varphi\left[\frac{\partial F}{\partial\varphi} - \frac{\partial}{\partial x}\left(\frac{\partial F}{\partial\varphi_x}\right) - \frac{\partial}{\partial y}\left(\frac{\partial F}{\partial\varphi_y}\right)\right]dxdy = 0 \quad (2\text{-}18)$$
在内域 R 和边界 Γ 上,$\delta\varphi$ 取任意值的条件下,要使上面两个积分之和恒为零,只能是
$$\frac{\partial F}{\partial\varphi} - \frac{\partial}{\partial x}\left(\frac{\partial F}{\partial\varphi_x}\right) - \frac{\partial}{\partial y}\left(\frac{\partial F}{\partial\varphi_y}\right) = 0 \quad (2\text{-}19)$$
$$\left[\frac{\partial F}{\partial\varphi_x}dy - \frac{\partial F}{\partial\varphi_y}dx\right]_\Gamma = 0 \quad (2\text{-}20)$$

式(2-19)为与泛函式(2-9)相应的使 φ 是极值函数的必要条件的微分方程,一般称为欧拉方程。如果 φ 能使泛函式(2-9)是一个极大或极小,此 φ 值就能满足式(2-19)。因此,任意一个泛函极值问题就相当于解一个微分方程问题。这种泛函求极值的方法就是变分法。如果泛函式(2-9)还依赖于 φ 的高阶导数,同样能得到相应的欧拉方程。又如:泛函包括几个独

立函数 φ, ψ 等及其导数时,则以同样的变分步骤将得到相应的几个微分方程的欧拉方程。

式(2-20)是变分过程自然形成的边界条件,称为自然边界条件。再分析式(2-18),如果在边界 Γ 上, $\delta\varphi$ 不取任意值,而取零值,则式(2-20)不成立,而给予另一种边界条件

$$\delta\varphi\Big|_{\Gamma} = 0 \tag{2-21}$$

这是约束边界条件,即在边界 Γ 上给出已知的函数值(水头或位移),即

$$\varphi = \varphi_B \tag{2-22}$$

由此得出结论:若问题的泛函为已知,且给定允许函数(满足内域和边界条件),则可通过变分得到物理方程和边界条件的表达式。

为了弄清泛函的概念和它与欧拉方程的联系,我们举一个简单的例子:考虑连接 (a, y_0) 和 (b, y_1) 两点的所有可连续微分的平面曲线群,把曲线的长度定义为函数,即

$$I(y) = \int_a^b \sqrt{1 + (y')^2}\,\mathrm{d}x \tag{2-23}$$

这个泛函对所考虑的每一个函数 y 可给出相应的一个值。例如所考虑的特殊函数假定为抛物线方程 $y = Cx^2 + Dx$,其中 C 和 D 选为常数,使函数通过 (a, y_0) 和 (b, y_1) 两点,则泛函式(2-23)的特定值将是

$$I(y) = \int_a^b \sqrt{1 + (2Cx + 1)^2}\,\mathrm{d}x$$

对于点 $(1, 2)$ 和 $(2, 6)$, $I(y) \approx 4.1$。对于规定的其他曲线方程,泛函将有别的值。包括式(2-23)那样特殊情形在内的更一般化的泛函可写为

$$I(y) = \int_a^b F(x, y, y')\,\mathrm{d}x \tag{2-24}$$

作为一个简单的变分问题的例子就是找一个使泛函式(2-23)成为极小值的函数 $y(x)$,也就是求连接已知两点的最短曲线。显然,这个解答是一条直线。下面就应用求极值函数的必要条件的欧拉方程式(2-19)来找此解答。

注意一维问题相应式(2-24)的欧拉方程,套用式(2-19)可知

$$\frac{\partial F}{\partial y} - \frac{\partial}{\partial x}\left(\frac{\partial F}{\partial y'}\right) = 0 \tag{2-25}$$

对这种情况 $\quad F(x, y, y') = \sqrt{1 + (y')^2}$

$$\frac{\partial F}{\partial y} = 0$$

$$\frac{\partial F}{\partial y'} = \frac{y'}{\sqrt{1 + (y')^2}}$$

代入欧拉方程式(2-25),则得

$$-\frac{\partial}{\partial x}\left(\frac{y'}{\sqrt{1 + (y')^2}}\right) = 0$$

积分一次,

$$\frac{y'}{\sqrt{1 + (y')^2}} = A \qquad \text{或} \qquad (y')^2 = A^2(1 + y')^2$$

式中 A 为积分常数。解 $(y')^2$,得

$$(y')^2 = \frac{A^2}{1-A^2} = B^2 \quad \text{或} \quad y' = B$$

再积分,得

$$y = Bx + C \tag{2-26}$$

式中常数 B、C 是由边界条件 $y(a)=y_0$、$y(b)=y_1$ 来确定的。因而,所得到的问题的解是直线方程。

第四节 变分原理在渗流中的应用

渗流中的函数 φ 就是水头 h。下面考虑稳定渗流二维问题的泛函

$$I(h) = \int_\Omega \left[\frac{1}{2}k_x(\frac{\partial h}{\partial x})^2 + \frac{1}{2}k_y(\frac{\partial h}{\partial y})^2\right] dx dy \tag{2-27}$$

即相当于被积函数 F 为

$$F = \frac{1}{2}[k_x(\frac{\partial h}{\partial x})^2 + k_y(\frac{\partial h}{\partial y})^2]$$

则

$$\frac{\partial F}{\partial(\partial h/\partial x)} = k_x \frac{\partial h}{\partial x}, \qquad \frac{\partial F}{\partial(\partial h/\partial y)} = k_y \frac{\partial h}{\partial y}, \qquad \frac{\partial F}{\partial h} = 0$$

式中:k_x、k_y 分别为沿 x、y 方向的渗透系数;$k_x\frac{\partial h}{\partial x}$、$k_y\frac{\partial h}{\partial y}$ 分别为 x、y 方向的渗流速度;$\frac{\partial h}{\partial x}$、$\frac{\partial h}{\partial y}$ 分别为 x、y 方向的水力坡降,相当于作用力。于是,速度乘坡降就相当于单位时间的功(即功率),表示单位体积中能量的消失率。而式(2-27)的积分则正比于整个区域内能量的消失率。可见,渗流问题的泛函与总能率相当。而 $\delta I=0$,即意味着能量损失为最小。根据最小功原理,此时的水头分布将为真实的解答。

将上式代入欧拉方程式(2-19)及其边界条件式(2-20),得

$$\frac{\partial}{\partial x}(k_x\frac{\partial h}{\partial x}) + \frac{\partial}{\partial y}(k_y\frac{\partial h}{\partial y}) = 0 \tag{2-28}$$

$$(k_x\frac{\partial h}{\partial x}dy - k_y\frac{\partial h}{\partial y}dx)_\Gamma = 0 \tag{2-29}$$

式(2-28)就是二维稳定渗流的微分方程式,$k_x=k_y$ 时就是拉普拉斯方程 $\nabla^2 h=0$。式(2-29)即其自然边界条件。因此式(2-27)就是边界上规定水头和稳定渗流问题的变分公式化。因为 $\frac{dx}{d\Gamma}=\cos(n,y)=l_y$,$\frac{dy}{d\Gamma}=-\cos(n,x)=-l_x$,故式(2-29)以 $d\Gamma$ 除后,可写为一般形式的边界条件

$$k_x\frac{\partial h}{\partial x}l_x + k_y\frac{\partial h}{\partial y}l_y = k_n\frac{\partial h}{\partial n} = 0 \tag{2-30}$$

式中 l_x、l_y 分别为边界 Γ 上外法线 n 与 x、y 轴的方向余弦。式中两项分别为 x、y 方向的渗流速度对外法方向所提供的单位流量,故此边界条件式说明穿经边界的流量为零。此边界相当于不透水层面。

更广泛的一种流量边界,即穿经边界 Γ 的单位流量为一常数 q;此时的相应泛函只需在原来的泛函式(2-9)中加上不为零的边界项 $\int_\Gamma qh d\Gamma$,即

$$I(h) = \int_\Omega F(x,y,h,\mathrm{d}h/\mathrm{d}x,\mathrm{d}h/\mathrm{d}y)\mathrm{d}x\mathrm{d}y - \int_\Gamma qh\mathrm{d}\Gamma \tag{2-31}$$

参照式(2-18),$\delta I(\varphi)=0$,经过同样的推导,就得到与式(2-30)相似的流量边界条件

$$k_x \frac{\partial h}{\partial x}l_x + k_y \frac{\partial h}{\partial y}l_y + q = 0 \tag{2-32}$$

注意边界流量 q 是以外法线方向(蒸发)为正,如为内法向(入渗)则取负号。

一般由微分方程求它的相应泛函比较难,而由泛函找相应微分方程,由于泛函中的被积式降阶,就比较容易。

再考察一个有恒定流量出进或蒸发入渗项 $Q(x,y)$ 的大区地下水稳定渗流方程的例子。

$$\frac{\partial}{\partial x}(k_x \frac{\partial h}{\partial x}) + \frac{\partial}{\partial y}(k_y \frac{\partial h}{\partial y}) = Q(x,y) \tag{2-33}$$

它的泛函只需在上例泛函的被积式中增加一项 Qh,即泛函为

$$I(\varphi) = \int_\Omega [\frac{1}{2}k_x(\frac{\partial h}{\partial x})^2 + \frac{1}{2}k_y(\frac{\partial h}{\partial y})^2 + Qh]\mathrm{d}x\mathrm{d}y \tag{2-34}$$

此时 $\frac{\partial F}{\partial h}=Q, \frac{\partial F}{\partial(\partial h/\partial x)}=\frac{\partial h}{\partial x}, \frac{\partial F}{\partial(\partial h/\partial y)}=\frac{\partial h}{\partial y}$,代入欧拉方程(2-19)就得微分方程式(2-33)。若式(2-33)中的 $k_x=k_y$,则式(2-33)就变为波松(Poisson)方程 $\nabla^2 h=Q/k$。此式中的 Q 应该不是边界上的流量,而是渗流场域内的蒸发量或抽水量,降雨或注水则取负号。

最后得到非稳定渗流方程的一般形式及其对应的泛函如下:

渗流微分方程
$$\frac{\partial}{\partial x}(k_x \frac{\partial h}{\partial x}) + \frac{\partial}{\partial y}(k_y \frac{\partial h}{\partial y}) - Q = S_s \frac{\partial h}{\partial t} \tag{2-35}$$

泛函
$$I(h) = \int_\Omega [\frac{1}{2}k_x(\frac{\partial h}{\partial x})^2 + \frac{1}{2}k_y(\frac{\partial h}{\partial y})^2 + (Q+S_s\frac{\partial h}{\partial t})h]\mathrm{d}x\mathrm{d}y - \int_\Gamma qh\mathrm{d}\Gamma \tag{2-36}$$

如果是稳定渗流,就令上式中的时间项为零;没有蒸发入渗 Q 时,就取消 Q 这一项;没有流量边界时,就取消泛函中的末项边界积分。式中的 S_s 为单位贮水量,自由面下降的速度为 $-S_s\frac{\partial h}{\partial t}$。

第五节 离散数学模型解法及范例

据上述变分原理和划分单元离散场的方法,可建立单元方程并汇总为总的方程组,形成一系列计算公式而编制程序求解。下面介绍最常用的两种方法[9][10],并举例说明有限元法的解题过程。

一、里兹法

瑞士数学家里兹(W. Ritz)提出直接求解变分问题的方法,是有名的古典方法,可在有限元法中直接应用。该方法是基于变分原理的一种试函数法,就是把试探解的近似函数代入泛函求极值的方法。现在再考虑式(2-9)那个泛函。渗流问题以水头 h 代换函数 φ 时

$$I[h(x,y)] = \int F(x,y,h,\frac{\partial h}{\partial x},\frac{\partial h}{\partial y})\mathrm{d}x\mathrm{d}y \tag{2-37}$$

并取一个含有待定参数序列 $w_1, w_2, \cdots, w_n$ 的试探解

$$\tilde{h} = \tilde{h}(x, y, w_i) \qquad i = 1, 2, 3, \cdots, n \tag{2-38}$$

代入式(2-37),使泛函变为 w_1 的函数。为了确定 w_i,必须求泛函的极值,即要求 $\delta I(w_i) = 0$。参照式(2-15),得

$$\delta I(w_i) = \frac{\partial I}{\partial w_1}\delta w_1 + \frac{\partial I}{\partial w_2}\delta w_2 + \cdots = 0 \tag{2-39}$$

由于 δw_i 为任意值,故各项的偏导数都为 0,即

$$\frac{\partial I}{\partial w_i} = 0 \qquad i = 1, 2, 3, \cdots, n \tag{2-40}$$

上式代表 n 个代数方程,联立求解可得 w_i,代入式(2-38)就得到 h 的近似值。

试探解 $\tilde{h}$ 的类型是预先给定的,选定得是否恰当,实践经验很重要。一般说来,多项式和三角级数较为常用。现举一维例子如下:

泛函
$$I[y(x)] = \int_0^1 \left[\frac{1}{2}\left(\frac{\mathrm{d}y}{\mathrm{d}x}\right)^2 + \lambda y\right]\mathrm{d}x \tag{2-41}$$

边界条件
$$y(0) = y(1) = 0$$

选用的试探解为

$$\tilde{y}_n = x(1-x)\sum_{i=1}^{n} w_i x^{i-1} \tag{2-42}$$

上式能满足边界条件,因 $\tilde{y}_n(0) = \tilde{y}_n(1) = 0$。当 $n=1$ 时,上式的第一个近似值为

$$\tilde{y}_n = x(1-x)w_1 \tag{2-43}$$

代入式(2-41)求极值,得

$$\frac{\partial I(\tilde{y}_1)}{\partial w_1} = \int_0^1 [w_1(1 - 4x + 4x^2) + \lambda x(1-x)]\mathrm{d}x = 0$$

积分后得 $w_1 = -\lambda/2$。代入式(2-43),得

$$\tilde{y}_n = -\frac{\lambda}{2}(1-x)x \tag{2-44}$$

上式与问题的严格解相同,还只用了一个参变数 w_1。

虽然上例说明了试探解的准确性,但如果选择不当,会与严格解相差很远,甚至得不到近似解,而且参变数越多,计算越困难。尤其对于复杂的边界情况,选择这种函数就更困难。

有限元法使试函数法得到进一步的发展,因为每个单元具有一定形式的内

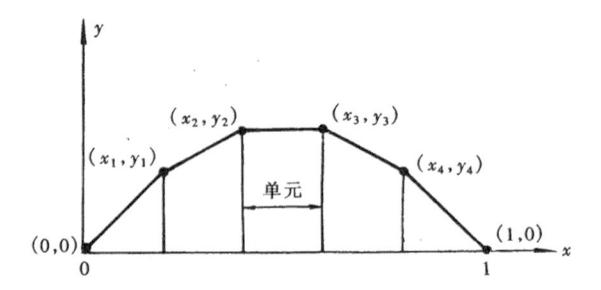

图 2-3 泛函求极值的线单元示例

插值函数,弥补了选择试函数任意性的缺点。仍以式(2-41)为例,把图 2-3 的那条曲线分成 5 段直线,每段的 x 距离相等,每个间隔 (x_i, x_{i+1}) 是一个单元,(x_i, y_i) 是结点,并设每一段的试探解为线性关系:

$$y = y_i + \frac{x - x_i}{x_{i+1} - x_i}(y_{i+1} - y_i) \qquad i = 1, 2, 3, 4 \tag{2-45}$$

因为 $x_1=\frac{1}{5}, x_2=\frac{2}{5}, \cdots$，所以 $x_{i+1}-x_i=\frac{1}{5}$。上式可写为

$$y = y_i + 5(x - x_i)(y_{i+1} - y_i) \tag{2-46}$$

在任一间隔上，

$$\frac{\partial y}{\partial x} = 5(y_{i+1} - y_i) \tag{2-47}$$

把式(2-46)、(2-47)代入式(2-41)，得

$$I(y) = \sum_{i=0}^{4} \int_{x_i}^{x_{i+1}} \left[\frac{25}{2}(y_{i+1} - y_i)^2 + \lambda y_i + 5\lambda(x - x_i)(y_{i+1} - y_i)\right] dx$$

$$= \sum_{i=0}^{4} \left[\frac{5}{2}(y_{i+1} - y_i)^2 + \frac{\lambda}{5} y_i + \frac{5\lambda}{2}(x_{i+1}^2 - x_i^2)(y_{i+1} - y_i)\right.$$

$$\left. - \lambda x_i(y_{i+1} - y_i)\right] \tag{2-48}$$

上式表明，泛函被降为多项式，$y_1、y_2、y_3、y_4$ 成为待定的参数，相当于前面所说的 w_i。为了求 y_i 值，必须对 y_i 求泛函的极小值，即

$$\frac{\partial I}{\partial y_1} = 10y_1 - 5y_2 + \frac{\lambda}{5} = 0$$

$$\frac{\partial I}{\partial y_2} = -5y_1 + 10y_2 - 5y_3 + \frac{\lambda}{5} = 0$$

$$\frac{\partial I}{\partial y_3} = -5y_2 + 10y_3 - 5y_4 + \frac{\lambda}{5} = 0$$

$$\frac{\partial I}{\partial y_4} = -5y_3 + 10y_4 + \frac{\lambda}{5} = 0$$

写成矩阵形式，为

$$\begin{bmatrix} 2 & -1 & 0 & 0 \\ -1 & 2 & -1 & 0 \\ 0 & -1 & 2 & -1 \\ 0 & 0 & -1 & 2 \end{bmatrix} \begin{Bmatrix} y_1 \\ y_2 \\ y_3 \\ y_4 \end{Bmatrix} = \begin{Bmatrix} -\lambda/25 \\ -\lambda/25 \\ -\lambda/25 \\ -\lambda/25 \end{Bmatrix} \tag{2-49}$$

或简写为

$$[\psi]\{y_n\} = \{f\} \qquad n = 1, 2, 3, 4 \tag{2-50}$$

于是原来的微分方程变成了代数方程组，便于计算。式中：$[\psi]$ 称为系数矩阵；$\{y_n\}$ 为待定参数的列矩阵，它为单元的结点值；$\{f\}$ 为已知的常数项列矩阵。把算得的 $\{y_n\}$ 值代入式(2-46)就得到任一单元内的 y 值。

值得注意的是，以边界条件 $y(0) = y(1) = 0$，且网格距 $\Delta x = \frac{1}{5}$，对泛函式(2-41)的欧拉方程 $\frac{d^2 y}{dx^2} = \lambda$ 进行有限差分解所得到的那些方程与上式是等同的。因此，有限元法也只不过是提供了推导差分方程的另一种途径，即用变分公式化(使泛函成为极小值)产生一个差分方程组来寻求近似解。但有限元法的一些优点可以从上例推知，如果遵循相同的步骤将其应用到多维问题和不同单元尺寸等情况，都是没有问题的。

以上分析方法，同样可应用于二维或三维问题。以二维稳定渗流为例，其支配方程为

$$\frac{\partial}{\partial x}(k_x \frac{\partial h}{\partial x}) + \frac{\partial}{\partial y}(k_y \frac{\partial h}{\partial y}) = 0 \tag{2-51}$$

当考虑有流量为常数 q 的边界时,并规定流出为正,则泛函应增加边界积分项 $\int_{\Gamma} q h \mathrm{d}\Gamma$,即为(参看式(2-34))

$$I(h) = \int_{\Omega} \frac{1}{2}[k_x(\frac{\partial h}{\partial x})^2 + k_y(\frac{\partial h}{\partial y})^2]\mathrm{d}x\mathrm{d}y + \int_{\Gamma} q h \mathrm{d}\Gamma \tag{2-52}$$

根据前述欧拉方程的推导方法,当泛函取极值时,此边界积分项就自然成为流量的边界条件。至于已知水头的约束边界条件,则很容易在边界赋值给定。

当区域划分为三角形单元时,则单元内部通过三结点 i、j、m 表达的近似插值函数式(2-7)

$$h = [N]\{h\}^e = N_i h_i + N_j h_j + N_m h_m \tag{2-53}$$

就作为试探解代入式(2-52),并对任意结点水头 h_i 进行微分,得

$$\frac{\partial I^e}{\partial h_i} = \int_{\Omega}(k_x \frac{\partial[N]\{h\}^e}{\partial x} \frac{\partial N_i}{\partial x} + k_y \frac{\partial[N]\{h\}^e}{\partial y} \frac{\partial N_i}{\partial y})\mathrm{d}x\mathrm{d}y + \int q N_i \mathrm{d}\Gamma \tag{2-54}$$

对于三结点的整个单元来说,就可写成典型单元矩阵式

$$\frac{\partial I^e}{\partial \{h\}^e} = [K]^e \{h\}^e + \{f\}^e \tag{2-55}$$

式中典型单元的系数矩阵 $[K]^e$ 在这里可称为渗透矩阵,其中的元素,以 i 行 j 列表示,应为

$$K_{ij}^e = \int_{\Omega}(k_x \frac{\partial N_i}{\partial x} \frac{\partial N_j}{\partial x} + k_y \frac{\partial N_i}{\partial y} \frac{\partial N_j}{\partial y})\mathrm{d}x\mathrm{d}y \tag{2-56}$$

$$f_i^e = \int_{\Gamma} q N_i \mathrm{d}\Gamma \tag{2-57}$$

如果将基函数 N 的表达式(2-6)代入上式,并考虑到 $\int \mathrm{d}x\mathrm{d}y = \Delta$ 时,则得

$$K_{ij}^e = \frac{k_x}{4\Delta} b_i b_j + \frac{k_y}{4\Delta} c_i c_j \tag{2-58}$$

或单元的系数矩阵为

$$[K]^e = \frac{k_x}{4\Delta}\begin{bmatrix} b_i b_i & b_i b_j & b_i b_m \\ 对 & b_j b_j & b_j b_m \\ 称 & & b_m b_m \end{bmatrix} + \frac{k_y}{4\Delta}\begin{bmatrix} c_i c_i & c_i c_j & c_i c_m \\ 对 & c_j c_j & c_j c_m \\ 称 & & c_m c_m \end{bmatrix} \tag{2-59}$$

当均质场 $k_x = k_y = k$ 时,则为

$$[K]^e = \frac{k}{4\Delta}\begin{bmatrix} b_i b_i + c_i c_i & b_i b_j + c_i c_j & b_i b_m + c_i c_m \\ 对 & b_j b_j + c_j c_j & b_j b_m + c_j c_m \\ 称 & & b_m b_m + c_m c_m \end{bmatrix} \tag{2-60}$$

将所有单元的泛函微分式(2-55)汇总起来,取极值 $\frac{\partial I}{\partial \{h\}} = 0$,就得到整个流场的泛函对各结点值求导数的方程组

$$\frac{\partial I}{\partial h_i} = \sum_e \frac{\partial I^e}{\partial h_i} = 0 \qquad i = 1, 2, 3, \cdots, n \tag{2-61}$$

式中:n 为结点总数;$\sum_e$ 表示对所有的单元求和。必须指出,对特定的某一结点 i,只有其相连接的结点值出现,而且系数中也只有相邻的单元时才有贡献。因此,上式对所有单元求和,实际上就相当于对环绕结点 i 的各单元求和。同时,因为在划分单元流场中,对于未知结点

都存在上式的方程,但是对于任何一个已知结点是不能进行变分的,因而就不存在上式的条件。所以上式线性方程式的数目就等于未知结点的数目 n。至于已知结点值(例如边界上标定的水头值),将作为自由项常数 f 而存在于各方程中。这样,可将上式的代数方程组写成总的矩阵形式

$$[K]\{h\} = \{f\} \tag{2-62}$$

式中总的系数矩阵中的元素均为对各单元的求和,即总矩阵中第 i 行第 j 列的元素为

$$K_{ij} = \sum_e K_{ij}^e \tag{2-63}$$

常数项为

$$f_i = \sum_e f_i^e \tag{2-64}$$

式中求和项为对总的单元数求和,累加的各单元都是与总坐标编号相应的第 i 行第 j 列的元素。同样,常数项 f_i^e 也是相应于总坐标编号的。

以上计算方法的具体应用可参考本节后面的以数据说明的矩形土坝渗流范例。更复杂的渗流问题则另列专节叙述。

二、伽辽金法

俄国数学家伽辽金(B. G. Galerkin)提出了一种加权剩余法。该法和变分法的里兹法都是建立有限元方程的数学基础,都是采用试函数的一种近似法。有些复杂的问题不易或不能列出泛函式时利用加权剩余法最为有利。加权剩余法直接从微分方程出发求近似解,即要求近似解代入支配方程能使全域的加权平均剩余消失,而不必求泛函和变分。精确解与近似解之间的差值称为方程剩余或误差。若使这种误差在分析域内任意点处为极小,就得到用来求试探解的参变数(例如结点水头)的代数方程组。根据选取函数的不同,加权剩余法又可分为伽辽金法、配置法、最小二乘法及子域法等。最常用的为伽辽金法,即结合有限元法选取形函数为权函数。这样,不但解决了选择权函数的困难,而且还能得到较高的精度。于是,近期愈来愈多地采用此法,因为它可以解边界复杂的非线性和非均质问题。

现仍以上述的二维稳定流为例。其相应的微分方程为

$$\frac{\partial}{\partial x}(k_x \frac{\partial h}{\partial x}) + \frac{\partial}{\partial y}(k_y \frac{\partial h}{\partial y}) = 0 \tag{2-65}$$

如果 k_x、k_y 不是常数,而是水力坡降的函数,上式就是非线性的。此时用泛函和变分来建立有限元方程是困难的,而用加权剩余法就非常容易。

一般,若取试探解近似为

$$\widetilde{h} = \sum_{i=1}^n N_i h_i$$

则对于离散场中的某一典型单元来说,就是式(2-7)

$$\widetilde{h} = [N]\{h\}^e = N_i N_j + N_j N_j + N_m N_m$$

代入式(2-65),得

$$\frac{\partial}{\partial x}(k_x \frac{\partial [N]\{h\}^e}{\partial x}) + \frac{\partial}{\partial y}(k_y \frac{\partial [N]\{h\}^e}{\partial y}) = R \neq 0 \tag{2-66}$$

按照伽辽金法,选取有限元基函数 N_i 为权函数时,则使剩余 R 的加权平均值在单元内为 0,即

$$\overline{R} = \frac{\int N_i R \mathrm{d}\Omega}{\int N_i \mathrm{d}\Omega} = 0$$

或必须
$$\int N_i R \mathrm{d}\Omega = 0 \tag{2-67}$$

把式(2-66)代入上式,得

$$\int N_i \left[\frac{\partial}{\partial x}\left(k_x \frac{\partial [N]\{h\}^e}{\partial x}\right) + \frac{\partial}{\partial y}\left(k_y \frac{\partial [N]\{h\}^e}{\partial y}\right) \right] \mathrm{d}\Omega = 0 \tag{2-68}$$

利用分部积分和格林定理,可将上式化为

$$\int_\Omega \left(k_x \frac{\partial [N]\{h\}^e}{\partial x}\frac{\partial N_i}{\partial x} + k_y \frac{\partial [N]\{h\}^e}{\partial y}\frac{\partial N_i}{\partial y}\right) \mathrm{d}x\mathrm{d}y + \int_\Gamma q N_i \mathrm{d}\Gamma = 0 \tag{2-69}$$

上式与式(2-54)完全相同。由此说明,加权剩余法以近似解代入原微分方程,并乘上单元的基函数,使它等于零,就得到由变分法所导得的同一结果,而过程却简化得多。至于继续推求汇总的代数方程组的过程,则完全与里兹法的过程相同。

三、范　例

为了帮助理解上述有关计算公式,举不透水地基上的矩形均质土坝稳定渗流为例,划分少数单元用手算说明运算过程。首先假定一渗流自由面来确定计算区域,然后对确定的计算区域进行单元划分,如图2-4所示。结点和单元编号也表示在图上,后者用圆圈内数字表示,以资区别。结点1~8为未知水头结点,其中5~7为渗流自由面结点;结点9~10是下游水

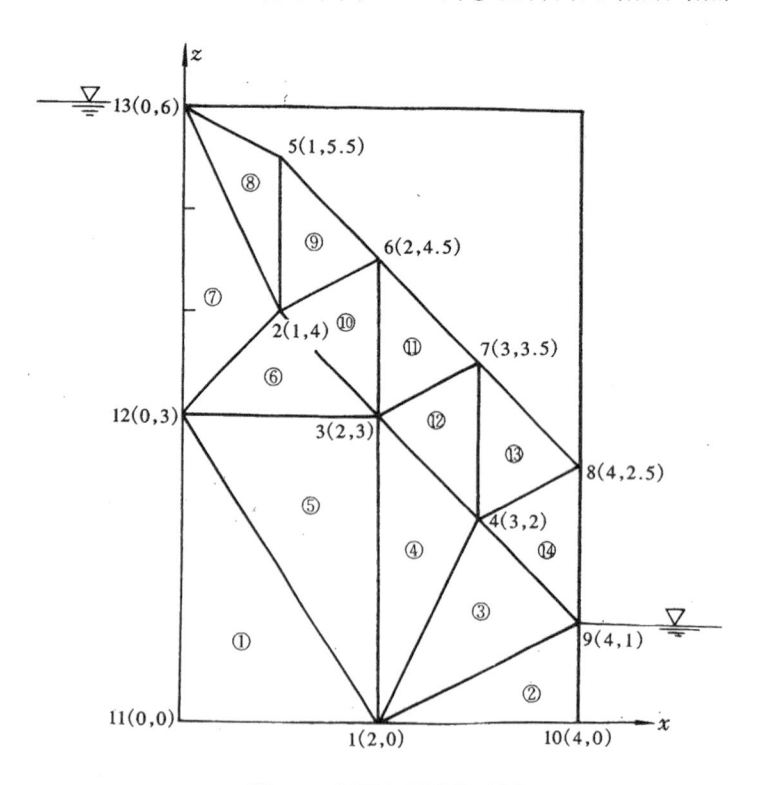

图 2-4　矩形土坝计算示例

位结点,结点 11～13 是上游水位结点。结点编号可以先编未知结点,再编已知结点,自由面上的结点可连续编号,这样能使形成总矩阵的带宽最小,节省算时。三角形单元和结点坐标数据列于表 2-1 中。

表 2-1 单元和结点的数据

单元号	三个结点			结点号	坐标	
	i	j	m		x	z
1	1	12	11	1	2.0	0.0
2	1	10	9	2	1.0	4.0
3	1	9	4	3	2.0	3.0
4	1	4	3	4	3.0	2.0
5	1	3	12	5	1.0	5.5
6	2	12	3	6	2.0	4.5
7	2	13	12	7	3.0	3.5
8	2	5	13	8	4.0	2.5
9	2	6	5	9	4.0	1.0
10	2	3	6	10	4.0	0.0
11	3	7	6	11	0.0	0.0
12	3	4	7	12	0.0	3.0
13	4	8	7	13	0.0	6.0
14	4	9	8			

对表 2-1 所列数据,按式(2-4)计算各单元的系数 b_i、b_j、b_m、c_i、c_j、c_m。如对单元①,有

$$b_1 = z_{12} - z_{11} = 3 - 0 = 3$$
$$b_{12} = z_{11} - z_1 = 0 - 0 = 0$$
$$b_{11} = z_1 - z_{12} = 0 - 3 = -3$$
$$c_1 = x_{11} - x_{12} = 0 - 0 = 0$$
$$c_{12} = x_1 - x_{11} = 2 - 0 = 2$$
$$c_{11} = x_{12} - x_1 = 0 - 2 = -2$$

将上述系数值代入式(2-5),计算三角形单元面积,即

$$\Delta = \frac{1}{2}(b_i c_j - b_j c_i) = \frac{1}{2}(3 \times 2 - 0 \times 0) = 3$$

再将上述系数值和三角形单元面积代入式(2-60),计算单元渗透矩阵,即

$$[K]^{①}_{1,12,11} = \frac{k}{4\Delta} \begin{bmatrix} b_i b_i + c_i c_i & b_i b_j + c_i c_j & b_i b_m + c_i c_m \\ 对 & b_j b_j + c_j c_j & b_j b_m + c_j c_m \\ & 称 & b_m b_m + c_m c_m \end{bmatrix}$$

$$= \frac{k}{4 \times 3} \begin{bmatrix} 9+0 & 0+0 & -9+0 \\ 0+0 & 0+4 & 0-4 \\ -9+0 & 0-4 & 9+4 \end{bmatrix} = \frac{k}{12} \begin{bmatrix} 9 & 0 & -9 \\ 0 & 4 & -4 \\ -9 & -4 & 13 \end{bmatrix}$$

单元渗透矩阵$[K]^e$的右上角号码表示单元编号,右下角号码表示该单元三结点点号。对其余单元作同样计算。因为矩阵是沿对角线对称的,故只写出其右上半部分,即

$$[K]^{②}_{1,10,9} = \frac{k}{12} \begin{bmatrix} 3 & -3 & 0 \\ & 15 & -12 \\ & & 12 \end{bmatrix} \qquad [K]^{③}_{1,9,4} = \frac{k}{12} \begin{bmatrix} 4 & -2 & -2 \\ & 10 & -8 \\ & & 10 \end{bmatrix}$$

$$[K]^{④}_{1,4,3} = \frac{k}{12} \begin{bmatrix} 4 & -6 & 2 \\ & 18 & -12 \\ & & 10 \end{bmatrix} \qquad [K]^{⑤}_{1,3,12} = \frac{k}{12} \begin{bmatrix} 4 & -4 & 0 \\ & 13 & -9 \\ & & 9 \end{bmatrix}$$

$$[K]^{⑥}_{2,12,3} = \frac{k}{12} \begin{bmatrix} 12 & -6 & -6 \\ & 6 & 0 \\ & & 6 \end{bmatrix} \qquad [K]^{⑦}_{2,13,12} = \frac{k}{12} \begin{bmatrix} 18 & -6 & -12 \\ & 4 & 2 \\ & & 10 \end{bmatrix}$$

$$[K]^{⑧}_{2,5,13} = \frac{k}{12} \begin{bmatrix} 5 & -8 & 3 \\ & 20 & -12 \\ & & 9 \end{bmatrix} \qquad [K]^{⑨}_{2,6,5} = \frac{k}{12} \begin{bmatrix} 8 & -6 & -2 \\ & 9 & -3 \\ & & 5 \end{bmatrix}$$

$$[K]^{⑩}_{2,3,6} = \frac{k}{12} \begin{bmatrix} 9 & -3 & 6 \\ & 5 & -2 \\ & & 8 \end{bmatrix} \qquad [K]^{⑪}_{3,7,6} = \frac{k}{12} \begin{bmatrix} 8 & -6 & 2 \\ & 9 & -3 \\ & & 5 \end{bmatrix}$$

$$[K]^{⑫}_{3,4,7} = \frac{k}{12} \begin{bmatrix} 9 & -3 & -6 \\ & 5 & -2 \\ & & 8 \end{bmatrix} \qquad [K]^{⑬}_{4,8,7} = \frac{k}{12} \begin{bmatrix} 8 & -6 & -2 \\ & 9 & -3 \\ & & 5 \end{bmatrix}$$

$$[K]^{⑭}_{4,9,8} = \frac{k}{12} \begin{bmatrix} 9 & -3 & -6 \\ & 5 & -2 \\ & & 8 \end{bmatrix}$$

将单元矩阵中相应编号的系数相加,即可形成式(2-62)中的总渗透矩阵$[K]$。例如:矩阵中第一行第一列的元素、第一行第三列和第二行第五列的元素相应为

$$[K]_{1,1} = [K]^{①}_{1,1} + [K]^{②}_{1,1} + [K]^{③}_{1,1} + [K]^{④}_{1,1} + [K]^{⑤}_{1,1}$$
$$= 9 + 3 + 4 + 4 + 4 = 24$$
$$[K]_{1,3} = [K]^{④}_{1,3} + [K]^{⑤}_{1,3} = 2 - 4 = -2$$
$$[K]_{2,5} = [K]^{⑧}_{2,5} + [K]^{⑨}_{2,5} = -8 - 2 = -10$$

其次,计算方程组中的常数项。对本例来说,就是计算各单元方程中已知水头结点与水头列向量中已知水头值的乘积所得的常数。例如,已知水头结点 9~13 的水头值为

$$h_9 = h_{10} = 1 \qquad h_{11} = h_{12} = h_{13} = 6$$

包含已知水头结点的单元方程的矩阵形式,例如单元①,为

$$[K]^{①}_{1,12,11}\{h\} = \frac{k}{12} \begin{bmatrix} 9 & 0 & -9 \\ & 4 & -4 \\ & & 13 \end{bmatrix} \begin{Bmatrix} h_1 \\ 6 \\ 6 \end{Bmatrix}$$

其中第一行系数与水头值相乘后,常数项有 0×6,-9×6。如此,将所有相应的常数项相加,就得方程组中的常数项$\{f\}$。例如方程组中第一式,常数项有

$$0 \times 6 - 9 \times 6 - 3 \times 1 + 0 \times 1 - 2 \times 1 + 0 \times 6 = -59$$

如此,得式(2-62)稳定渗流的矩阵形式为

$$\begin{bmatrix} 24 & 0 & -2 & -8 & 0 & 0 & 0 & 0 \\ & 52 & -9 & 0 & -10 & -12 & 0 & 0 \\ & & 51 & -15 & 0 & -4 & -12 & 0 \\ & & & 50 & 0 & 0 & -4 & -12 \\ & & & & 25 & -3 & 0 & 0 \\ & & & & & 22 & -3 & 0 \\ & & & & & & 22 & -3 \\ & & & & & & & 17 \end{bmatrix} \begin{Bmatrix} h_1 \\ h_2 \\ h_3 \\ h_4 \\ h_5 \\ h_6 \\ h_7 \\ h_8 \end{Bmatrix} = \begin{Bmatrix} 59 \\ 126 \\ 54 \\ 11 \\ 72 \\ 0 \\ 0 \\ 2 \end{Bmatrix}$$

解上述线性方程组就得到未知水头结点的水头值。对渗流自由面结点，校核其是否满足式 $h=z$ 的条件。若不满足，将计算水头值作为渗流自由面结点的 z 坐标，形成新的计算区域，重复上述计算，直至渗流自由面结点满足式 $h=z$ 条件为止。于是得到稳定渗流场的水头分布。在电子计算机上用常用解法求得的结果如表 2-2 所示。为了比较，将甘油模型试验的渗流自由面位置也列于表 2-2 中，可知甚为一致。从而推知，虽然划分单元数不多，但只要安排合理，也能得到高精度的计算结果。根据计算结果绘得的等势线如图 2-5 所示。

表 2-2 各结点的水头计算值与试验值

	h_1	h_2	h_3	h_4	h_5	h_6	h_7	h_8
直接消去法	3.96	5.47	4.58	3.37	5.67	5.24	4.47	3.40
迭 代 法	3.94	5.46	4.54	3.31	5.65	5.22	4.44	3.33
甘油模型试验					5.63	5.10	4.38	3.25

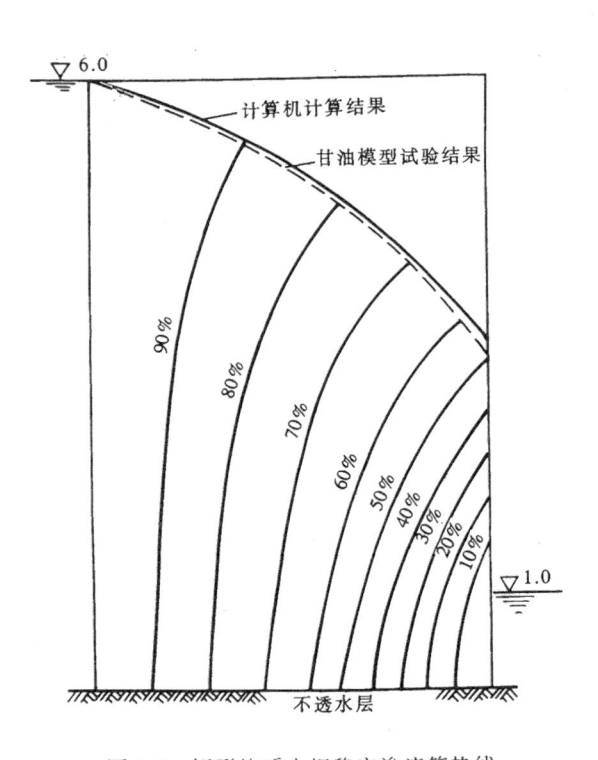

图 2-5 矩形均质土坝稳定渗流等势线

第六节 渗流量的计算

用有限元法求得渗流场结点水头后,可以绘得流网图。利用流网图即可计算渗流量。然而,也可用有限元法求得的结点水头值直接计算渗流量。目前常用的方法有:一是计算通过单元某一条边的流量;二是计算通过单元两边长中点连线的流量,称中线法[11]。

取任意直边界之间的一排单元的边为过流断面,如图 2-6 的 b—b 断面,那么通过单元 jm 边的单宽流量为

$$q = -k_n l \frac{\partial h}{\partial n} = -l[k_x \frac{\partial h}{\partial x}\cos(n,x) + k_z \frac{\partial h}{\partial z}\cos(n,z)] \tag{2-70}$$

式中:l 为 jm 边的边长;n 为 jm 边的外法向。对过流断面上单元逐个按上式计算,累加后得渗流量。实际计算表明,对过流断面 b—b 两侧单元分别按上式计算所得的结果是不相等的。因此,通常采用两侧计算的渗流量平均值作为过流断面 b—b 的渗流量。

中线法是取单元两边长中点的连线 aa 作为过流断面,此断面正通过单元形心,实际计算与理论计算和电模拟试验结果甚为一致。设通过 aa 的渗流量为 q,通过计算断面某一单元中线 $\overline{a_1 a_2}$ 的流量为 Δq,则

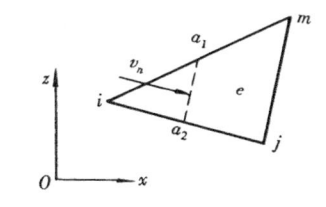

$$q = \sum \Delta q \tag{2-71}$$

分析图 2-6 的典型单元 e,令中线平行于 jm 边,通过中线 $\overline{a_1 a_2}$ 的流量为

图 2-6 渗流量计算单元示意图

$$\Delta q = v_n \overline{a_1 a_2} = \frac{1}{2}[(z_i - z_m)v_x + (x_m - x_j)v_z] = \frac{1}{2}(b_i v_x + c_i v_z)$$

式中 v_n 是垂直于中线 $\overline{a_1 a_2}$ 的渗流速度。

根据达西定律,在引用式(2-8)后,得

$$\begin{Bmatrix} v_x \\ v_z \end{Bmatrix} = -\begin{bmatrix} k_x & 0 \\ 0 & k_z \end{bmatrix} \begin{Bmatrix} \frac{\partial h}{\partial x} \\ \frac{\partial h}{\partial z} \end{Bmatrix} = -\frac{1}{2\Delta}\begin{bmatrix} k_x & 0 \\ 0 & k_z \end{bmatrix}\begin{bmatrix} b_i & b_j & b_m \\ c_i & c_j & c_m \end{bmatrix}\begin{Bmatrix} h_i \\ h_j \\ h_m \end{Bmatrix}$$

将上式代入式(2-71),得通过单元中线 $\overline{a_1 a_2}$ 的流量为

$$\Delta q = -\frac{1}{4\Delta}[b_i \quad c_i]\begin{bmatrix} k_x & 0 \\ 0 & kz \end{bmatrix}\begin{bmatrix} b_i & b_j & b_m \\ c_i & c_j & c_m \end{bmatrix}\begin{Bmatrix} h_i \\ h_j \\ h_m \end{Bmatrix} \tag{2-72}$$

上式是具有方向性的,即所取计算断面是划分单元时所取的初始坐标方向。因此计算时必须考虑 v_n 的方向,否则将得不到正确的结果。故须对计算断面规定其正向,再按式(2-72)计算,按正向叠加才能得出过流断面的渗流量。

第七节 有限元法计算公式

如第一章所述,考虑土和水的压缩性,符合达西定律的二维非均质各向异性土体渗流,其基本方程为

$$\frac{\partial}{\partial x}(k_x \frac{\partial h}{\partial x}) + \frac{\partial}{\partial z}(k_z \frac{\partial h}{\partial z}) = S_s \frac{\partial h}{\partial t} \tag{2-73}$$

上式为非稳定渗流基本方程式。当水和土不可压缩时,上式变为

$$\frac{\partial}{\partial x}(k_x \frac{\partial h}{\partial x}) + \frac{\partial}{\partial z}(k_z \frac{\partial h}{\partial z}) = 0 \tag{2-74}$$

上式是稳定渗流基本方程式。上两式中:h是水头函数;x、z是空间坐标;t是时间坐标;k_x、k_z是以x、z轴为主轴方向的渗透系数;S_s是单位贮存量。显然,式(2-74)是式(2-73)的特例。结合变动的渗流自由面边界条件,上两式可用来求解有渗流自由面的土坝无压非稳定渗流。如图2-7所示,其定解条件为:

初始条件
$$h|_{t=0} = h_0(x,z,0) \tag{2-75}$$

边界条件:

水头边界
$$\left. \begin{array}{l} h|_{\Gamma_1} = f_1(x,z,t) \\ k_n \frac{\partial h}{\partial n}|_{\Gamma_2} = f_2(x,z,t) \end{array} \right\} \tag{2-76}$$

流量边界

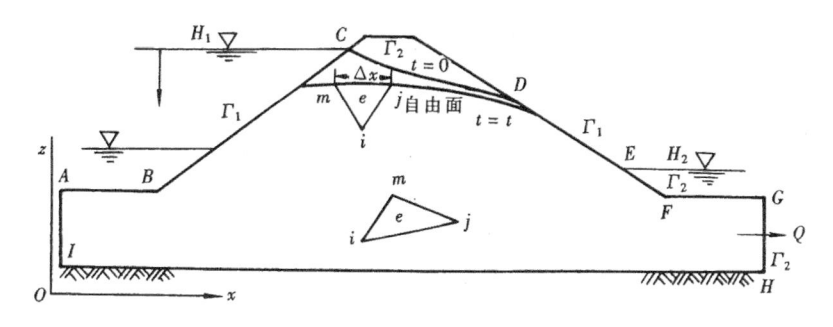

图 2-7 土坝渗流边界示意图

土坝稳定渗流的定解条件,只有边界条件式(2-76)。式中n是边界Γ_2的外法向。

土坝渗流场的边界如图2-7所示。上下游的入渗面AB、BC和出渗面EF、FG及自由渗出段DE,其上水头是已知的,等于上下游水位以及自由渗出段的位置高程,称第一类边界条件(已知水头边界条件)。第二类边界条件(已知流量边界条件),如土坝稳定渗流自由面CD和不透水层面IH,它们是一条流线,没有流量从该面流进或流出,故

$$k_n \frac{\partial h}{\partial n}|_{\Gamma_2} = 0 \tag{2-77}$$

土坝渗流自由面事先是未知的,确定其位置是渗流计算的主要内容。渗流自由面上的水头压力等于大气压力,该面上任一点水头h等于该点的位置高程。为保证式(2-73)、(2-74)存在唯一解,渗流自由面上应满足条件

$$h^* = z \tag{2-78}$$

对于非稳定渗流，自由面除应满足式(2-78)条件外，还应满足第二类边界条件的流量补给关系(参见式(1-74))，即按下式计算渗流自由面下降时渗流自由面流入坝体的单宽流量 q。

$$q = \mu \frac{\partial h^*}{\partial t} \cos\theta \tag{2-79}$$

式中：h 是渗流自由面上的水头；μ 是渗流自由面变动范围内的土体有效孔隙率或给水度；θ 是渗流自由面外法向与铅垂线的夹角。

由于式(2-74)是式(2-73)的特例，这里仅就式(2-73)加以讨论。根据变分原理，由式(2-36)可知，非稳定渗流方程式(2-73)的解应等于如下泛函所求的极值。

$$I(h) = \iint_\Omega \left\{ \frac{1}{2}[k_x(\frac{\partial h}{\partial x})^2 + k_z(\frac{\partial h}{\partial z})^2] + S_s h \frac{\partial h}{\partial t} \right\} dxdz + \int_{\Gamma_2} qh d\Gamma \tag{2-80}$$

有限元法是用有限个单元的集合体代替连续的渗流场，渗流场剖分成若干单元后，渗流场就分解为各个单元之和，Γ_2 边界则分解为一些特定的直线(线元)之和。于是，泛函式(2-80)相应地分解为有关单元泛函之和，即

$$I(h) = \sum_{e=1}^m \iint_e \left\{ \frac{1}{2}[k_x(\frac{\partial h}{\partial x})^2 + k_z(\frac{\partial h}{\partial z})^2] + S_s h \frac{\partial h}{\partial t} \right\} dxdz + \sum_{j=1}^k \int_{\Gamma_2} qh d\Gamma \tag{2-81}$$

为方便起见，以 I^e 表示单元 e 上的泛函，即

$$I^e = \iint_e \left\{ \frac{1}{2}[k_x(\frac{\partial h}{\partial x})^2 + k_z(\frac{\partial h}{\partial z})^2] + S_s h \frac{\partial h}{\partial t} \right\} dxdz + \int_{\Gamma_2} qh d\Gamma = I_1^e + I_2^e + I_3^e \tag{2-82}$$

下面依次求泛函式(2-82)中各项的导数及其极小值[5]。

首先研究其中第一项 I_1^e 的求导。对于三角形单元，对单元三结点水头 h_i、h_j、h_m 求导数，即

$$\frac{\partial I_1^e}{\partial h_i} = \frac{\partial}{\partial h_i} \iint_e \frac{1}{2}[k_x(\frac{\partial h}{\partial x})^2 + k_z(\frac{\partial h}{\partial z})^2] dxdz$$

将式(2-8)代入上式，并注意到 $\iint dxdz = \Delta$ 时，则有

$$\frac{\partial I_1^e}{\partial h_i} = \frac{\partial}{\partial h_i} \iint_e [k_x \frac{\partial}{\partial h_i}(\frac{b_i h_i + b_j h_j + b_m h_m}{2\Delta})^2 + k_z \frac{\partial}{\partial h_i}(\frac{c_i h_i + c_j h_j + c_m h_m}{2\Delta})^2] dxdz$$

$$= \frac{1}{4\Delta}[(k_x b_i b_i + k_z c_i c_i)h_i + (k_x b_i b_j + k_z c_i c_j)h_j + (k_x b_i b_m + k_z c_i c_m)h_m]$$

同理有

$$\frac{\partial I_1^e}{\partial h_j} = \frac{1}{4\Delta}[(k_x b_j b_i + k_z c_j c_i)h_i + (k_x b_j b_j + k_z c_j c_j)h_j + (k_x b_j b_m + k_z c_j c_m)h_m]$$

$$\frac{\partial I^e}{\partial h_m} = \frac{1}{4\Delta}[(k_x b_m b_i + k_z c_m c_i)h_i + (k_x b_m b_j + k_z c_m c_j)h_j + (k_x b_m b_m + k_z c_m c_m)h_m]$$

以矩阵表示，则为

$$\begin{Bmatrix} \frac{\partial I_1^e}{\partial h_i} \\ \frac{\partial I_1^e}{\partial h_j} \\ \frac{\partial I_1^e}{\partial h_m} \end{Bmatrix} = \left(\frac{k_x}{4\Delta}\begin{bmatrix} b_i b_i & b_i b_j & b_i b_m \\ b_j b_i & b_j b_j & b_j b_m \\ b_m b_i & b_m b_j & b_m b_m \end{bmatrix} + \frac{k_z}{4\Delta}\begin{bmatrix} c_i c_i & c_i c_j & c_i c_m \\ c_j c_i & c_j c_j & c_j c_m \\ c_m c_i & c_m c_j & c_m c_m \end{bmatrix} \right) \begin{Bmatrix} h_i \\ h_j \\ h_m \end{Bmatrix} = [K]^e \{h\}^e \tag{2-83}$$

其次研究(2-82)中第二项 I_2^e 的求导。即对三角形单元的三结点求导数,有

$$\frac{\partial I_2^e}{\partial h_i} = \frac{\partial}{\partial h_i}\iint_e S_s h \frac{\partial h}{\partial t} \mathrm{d}x\mathrm{d}z$$

引入式(2-7)

$$h(x,z) = [N]\{h\}^e$$

并将其对时间取导数,

$$\frac{\partial h}{\partial t} = [N]\{\frac{\partial h}{\partial t}\}^e \tag{2-84}$$

则有

$$\frac{\partial I_2^e}{\partial h_i} = S_s \iint_e \frac{\partial}{\partial h_i}(N_i h_i + N_j h_j + N_m h_m)(N_i \frac{\partial h_i}{\partial t} + N_j \frac{\partial h_j}{\partial t} + N_m \frac{\partial h_m}{\partial t}) \mathrm{d}x\mathrm{d}z$$

$$= S_s \iint_e (N_i \frac{\partial h_i}{\partial t} + N_j \frac{\partial h_j}{\partial t} + N_m \frac{\partial h_m}{\partial t}) N_i \mathrm{d}x\mathrm{d}z$$

$$= S_s \iint_e (N_i^2 \frac{\partial h_i}{\partial t} + N_i N_j \frac{\partial h_j}{\partial t} + N_i N_m \frac{\partial h_m}{\partial t}) \mathrm{d}x\mathrm{d}z$$

应用数学公式

$$\iint_e N_i N_j \mathrm{d}x\mathrm{d}z = \begin{cases} \dfrac{\Delta}{6} & i = j \text{ 时} \\ \dfrac{\Delta}{12} & i \neq j \text{ 时} \end{cases}$$

得

$$\frac{\partial I_2^e}{\partial h_i} = S_s(\frac{\Delta}{6}\frac{\partial h_i}{\partial t} + \frac{\Delta}{12}\frac{\partial h_j}{\partial t} + \frac{\Delta}{12}\frac{\partial h_m}{\partial t})$$

同理可得

$$\frac{\partial I_2^e}{\partial h_j} = S_s(\frac{\Delta}{12}\frac{\partial h_i}{\partial t} + \frac{\Delta}{6}\frac{\partial h_j}{\partial t} + \frac{\Delta}{12}\frac{\partial h_m}{\partial t})$$

$$\frac{\partial I_2^e}{\partial h_m} = S_s(\frac{\Delta}{12}\frac{\partial h_i}{\partial t} + \frac{\Delta}{12}\frac{\partial h_j}{\partial t} + \frac{\Delta}{6}\frac{\partial h_m}{\partial t})$$

用矩阵表示,则为

$$\begin{Bmatrix} \dfrac{\partial I_2^e}{\partial h_i} \\ \dfrac{\partial I_2^e}{\partial h_j} \\ \dfrac{\partial I_2^e}{\partial h_m} \end{Bmatrix} = \frac{\Delta}{12}\begin{bmatrix} 2 & 1 & 1 \\ 1 & 2 & 1 \\ 1 & 1 & 2 \end{bmatrix}\begin{Bmatrix} \dfrac{\partial h_i}{\partial t} \\ \dfrac{\partial h_j}{\partial t} \\ \dfrac{\partial h_m}{\partial t} \end{Bmatrix} = [S]^e\{\frac{\partial h}{\partial t}\} \tag{2-85}$$

最后研究式(2-82)中的第三项线积分。此积分表示 Γ_2 边界的流量边界条件,即

$$I_3^e = \int_{\Gamma_2} qh\mathrm{d}\Gamma$$

对图2-7所示的边界 Γ_2 上的单元 e,规定 j、m 为边界上二相邻结点,其间的 h 和 $\dfrac{\partial h}{\partial t}$ 均呈线性变化时,则有[12]

$$I_3^e = \int_{\Gamma_2} \mu h \frac{\partial h}{\partial t} \cos\theta \mathrm{d}\Gamma = \int_{x_m}^{x_j} \mu h \frac{\partial h}{\partial t} \mathrm{d}x$$

$$= \frac{\mu}{6}(x_j - x_m)\left[(2\frac{\partial h_m}{\partial t} + \frac{\partial h_j}{\partial t})h_m + (2\frac{\partial h_j}{\partial t} + \frac{\partial h_m}{\partial t})h_j\right]$$

如此，

$$\frac{\partial I_3^e}{\partial h_j} = \frac{\mu(x_j - x_m)}{6}(2\frac{\partial h_j}{\partial t} + \frac{\partial h_m}{\partial t})$$

$$\frac{\partial I_3^e}{\partial h_m} = \frac{\mu(x_j - x_m)}{6}(2\frac{\partial h_m}{\partial t} + \frac{\partial h_j}{\partial t})$$

用矩阵表示，则为

$$\begin{Bmatrix} \frac{\partial I_3^e}{\partial h_i} \\ \frac{\partial I_3^e}{\partial h_j} \\ \frac{\partial I_3^e}{\partial h_m} \end{Bmatrix} = \frac{\mu(x_j - x_m)}{6}\begin{bmatrix} 0 & 0 & 0 \\ 0 & 2 & 1 \\ 0 & 1 & 2 \end{bmatrix}\begin{Bmatrix} \frac{\partial h_i}{\partial t} \\ \frac{\partial h_j}{\partial t} \\ \frac{\partial h_m}{\partial t} \end{Bmatrix} = [P]^e\left\{\frac{\partial h}{\partial t}\right\}^e \tag{2-86}$$

这样，对任意单元 e，有

$$\{\frac{\partial I}{\partial h}\}^e [K]^e\{h\}^e + [S]^e\{\frac{\partial h}{\partial t}\}^e + [P]^e\{\frac{\partial h}{\partial t}\}^e \tag{2-87}$$

这里须注意的是：如果是内部单元，只有前两项之和；对于非稳定渗流，自由面边界单元才有第三项。

对所有单元的泛函求得微分后进行叠加，并使其等于0（求极小值），就得到泛函对结点水头进行微分的方程组

$$\frac{\partial I}{\partial h_i} = \sum_e \frac{\partial I^e}{\partial h_i} = 0 \qquad i = 1, 2, \cdots, n \tag{2-88}$$

式中：n 为结点总数；$\sum_e$ 表示对所有单元求和。这里须指出的是：(1)因为特定的某结点只有其相连的结点值出现，而且系数中也只有相邻单元有贡献，因此上式对所有单元求和，实际就相当于对环绕结点 i 的单元求和；(2)对剖分的渗流场的未知水头结点都存在上述方程，但已知水头结点是不能进行变分的，因此，也就不存在上式的条件。这样，上述线性代数方程组的数目 n 也就等于未知水头结点的数目。至于已知水头结点值，是作为自由项而存在于各方程中的。

将上述汇总方程写成矩阵形式，为

$$[K]\{h\} + [S]\{\frac{\partial h}{\partial t}\} + [P]\{\frac{\partial h}{\partial t}\} = \{f\} \tag{2-89}$$

式中 $\{f\}$ 是已知常数项，由已知水头结点得出。

对时间项取得隐式有限差分后，则上式变为

$$([K] + \frac{1}{\Delta t}[S])\{h\}_{t+\Delta t} + \frac{1}{\Delta t}[P]\{h\}_{t+\Delta t} - \frac{1}{\Delta t}[S]\{h\}_t - \frac{1}{\Delta t}[P]\{h\}_t = \{f\} \tag{2-90}$$

这就是最后要求的线性代数方程组。式中总系数矩阵和常数列向量中的典型元素都是对各单元求和，即

$$K_{ij} = \sum_{e=1}^{m} K_{ij}^{e} \qquad S_{ij} = \sum_{e=1}^{m} S_{ij}^{e} \qquad P_{ij} = \sum_{e=1}^{k} P_{ij}^{e} \qquad f_{ij} = \sum_{e=1}^{m} f_{i}^{e}$$

这里：K_{ij}、S_{ij}、P_{ij}为总系数矩阵中第 i 行第 j 列元素；K_{ij}^{e}、S_{ij}^{e}、P_{ij}^{e}为各单元相应于总坐标编号的第 i 行第 j 列元素。常数项 f_{i}^{e} 也是相应于总坐标的。其中求和项的 m 为单元数，k 为渗流自由面上的单元数。也就是说，除渗流自由面边界单元求和外，其余均为所有单元求和。

由式(2-90)可知，已知前一时刻 t 的结点水头分布，即可求出下一时刻 $t+\Delta t$ 的水头分布。因此，只要知道初始条件下的渗流场水头分布，即可计算库水位降落后边界条件改变时的渗流场水头分布。

当式(2-90)中的矩阵[S]等于 0 时，得式(2-74)$S_s=0$ 的不可压缩土体的非稳定渗流有限元法计算公式

$$[K]\{h\}_{t+\Delta t} + \frac{1}{\Delta t}[P]\{h\}_{t+\Delta t} - \frac{1}{\Delta t}[P]\{h\}_{t} = \{f\} \tag{2-91}$$

不计时间项且[S]、[P]矩阵均为零时，得稳定渗流有限元法计算公式

$$[K]\{h\} = \{f\} \tag{2-92}$$

闸坝地基的有压渗流仍可用上述各式计算；但因其不存在渗流自由面，故不须计算渗流自由面边界的流量补给条件，也不必满足式(2-78)条件。

第八节 四边形单元与等参单元

前面几节我们以较简单的、灵活多变的三角形单元进行有限元公式的推导。实际工程应用中，离散后的小单元亦可以是矩形单元和任意四边形的等参单元。

矩形单元和任意四边形的等参单元的求解方法和步骤与三角形单元的几乎完全相同，相异之处是单元剖分的几何形态和所构造的插值函数。注意到这一点，矩形单元和任意四边形等参单元法就容易理解。下面以矩形单元作为任意四边形等参单元的特例具体叙述之。

一、几种典型的任意四边形单元

三角形单元在拟合边界和非均质层分区线等方面十分灵活。类似于差分网格的矩形单元则较不方便，但其系数矩阵等的导出过程和形式却比较简单。因此，单元剖分时也可先剖分为任意四边形，然后通过局部坐标变换的方法将任意四边形变换为某一平面上的典型正四边形再进行系数矩阵的计算。几种典型的任意四边形单元如图 2-8 所示。

一次边单元(线性单元)，4 个角点为结点；二次边单元，4 个角点和对应于

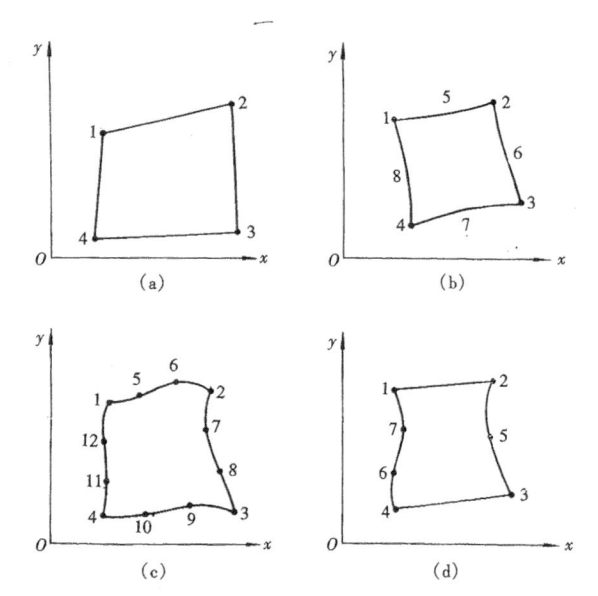

图 2-8 任意四边形单元
(a)—线性单元；(b)—二次边单元；
(c)—三次边单元；(d)—混合边单元

局部坐标系正方形每边中点均取为结点;对于三次边单元,在每条边上增加两个结点,其位置则对应于局部坐标系中每边的三等份处。

对于任意四边形单元的离散方法,关键步骤是确定由现坐标系中单元到局部坐标系中正方形单元之间的坐标变换关系,而后构造正四边形的插值基函数。下面介绍局部坐标变换方法。在第四章单元自动剖分方法中,我们也将用到该变换法。

二、局部坐标变换

对于任意渗流域 Ω 中一单元(四边形)e,其 4 个角点 i、j、k、m 将 xOy 平面坐标上的 e 变换为 $\xi O'\eta$ 平面坐标系中 4 个角点,其坐标为 $(-1,1)$、$(1,-1)$、$(1,1)$、$(-1,1)$ 的正四边形单元 e'。设此变换(图 2-9)为

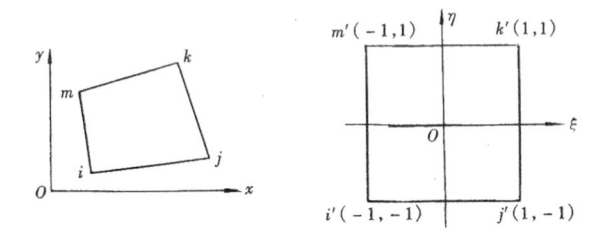

图 2-9 局部坐标变换

$$f:\begin{cases} x = x_i N_i^e(\xi,\eta) + x_j N_j^e(\xi,\eta) + x_k N_k^e(\xi,\eta) + x_m N_m^e(\xi,\eta) \\ y = y_i N_i^e(\xi,\eta) + y_j N_j^e(\xi,\eta) + y_k N_k^e(\xi,\eta) + y_m N_m^e(\xi,\eta) \end{cases} \tag{2-93}$$

这里与三角元基函数类似,有

$$\begin{cases} N_{p_i}^e(\xi,\eta) = 1 & p_i = i \\ N_{p_i}^e(\xi,\eta) = 0 & p_i \neq i \end{cases} \qquad \sum_{p=i,j}^{k,m} N_p^e(\xi,\eta) = 1 \tag{2-94}$$

从而将 $\xi O'\eta$ 平面坐标中正方形单元 4 个角点的坐标代入上式,并构造正方形单元上基函数

$$\begin{cases} N_i(\xi,\eta) = \frac{1}{4}(1-\xi)(1-\eta) & N_j(\xi,\eta) = \frac{1}{4}(1+\xi)(1-\eta) \\ N_k(\xi,\eta) = \frac{1}{4}(1+\xi)(1+\eta) & N_m(\xi,\eta) = \frac{1}{4}(1-\xi)(1+\eta) \end{cases} \tag{2-95}$$

我们可以推得,f 变换是一一对应的变换。因此,有了此变换 f 后,$\xi O'\eta$ 平面坐标系中任一点可以变换到 xOy 平面坐标系中某点,从而原单元 e 内某点 (x,y) 的水头函数 $h^e(x,y)$ 亦等于 $\xi O'\eta$ 中对应点 (ξ,η) 的水头值 $h^e(\xi,\eta)$。再按双线性插值法由正方形单元 e' 的 4 个角点的坐标及水头插得

$$h^e(\xi,\eta) = \sum_{p=i,j}^{k,m} N_p^e(\xi,\eta) h_p = h^e(x,y) \tag{2-96}$$

h_i、h_j、h_k、h_m 为 4 个角点的水头值。

上述任意四边形单元和典型正方形单元之间的变换式所用参数与单元内插水头所用参数(基函数)是相同的,亦即用同一种参数来表示单元的几何形态和场变量分布。人们习称该法为等参单元法。从这种意义上来看,前述的三角形线性单元本身就是一种最简单的等参单元,可称之为三结点等参元。因此,四边形单元称为四结点等参元。

推广之,图 2-8 中(b)类和(c)类单元则称之为八结点和十二结点等参元。推得其基函数为:

八结点:二次单元

$$N_i(\xi,\eta) = \begin{cases} \dfrac{1}{4}(1+\xi_i\xi)(1+\eta_i\eta)(\xi_i\xi+\eta_i\eta-1) & i=1,2,3,4 \\ \dfrac{1}{2}(1-\xi^2)(1+\eta_i\eta) & i=5,7 \\ \dfrac{1}{2}(1-\eta^2)(1+\xi_i\xi) & i=6,8 \end{cases} \tag{2-97}$$

十二结点：三次单元

$$N_i(\xi,\eta) = \begin{cases} \dfrac{1}{32}(1+\xi\xi_i)(1+\eta\eta_i)(9\xi^2+9\eta^2-10) & i=1,2,3,4 \\ \dfrac{9}{32}(1-\xi^2)(1+9\xi\xi_i)(1+\eta\eta_i) & i=5,6,9,10 \\ \dfrac{9}{32}(1+\xi\xi_i)(1-\eta^2)(1+9\eta\eta_i) & i=7,8,11,12 \end{cases} \tag{2-98}$$

至于图2-8(d)类型的等参单元,则是在单元的四边上布置不同数目结点的等参元,亦可理解为退化的等参元。实际应用中,使用这种类型的等参元,可方便地实现不同方向上结点的疏密过渡,满足不同精度要求的需要。例如在渗流集中区域(弱透水层、渗流出口、帷幕、板墙及排水井等)内采用八结点单元而在相对平缓区采用四结点单元,其中过渡区域就可采用此种退化单元来过渡。这样做,可以在不重新进行单元剖分前提下根据计算需要在某些特殊部位适当加密结点,灵活方便。此为采用等参元的一个突出优点。

三、等参单元法的有限元方程

(一)等参单元法有限元公式的导出

基函数和坐标变换均已确定后可计算相应单元矩阵元素。

由三角形单元的推导过程容易看出,在平面坐标xOy中,对等参单元推导的有限元方程形式将与之基本一样[13],即上节推导结果,式(2-80)或式(2-90)。这里只重点介绍式(2-89)中系数矩阵$[K]$、$[S]$、$[P]$的计算,而不详细推导此式。

首先求变换(2-93)式的Jacob阵,有

$$J(\xi,\eta) = \begin{Bmatrix} \dfrac{\partial x}{\partial \xi} & \dfrac{\partial x}{\partial \eta} \\ \dfrac{\partial y}{\partial \xi} & \dfrac{\partial y}{\partial \eta} \end{Bmatrix} = \begin{bmatrix} \dfrac{\partial N_1}{\partial \xi} & \dfrac{\partial N_2}{\partial \xi} & \cdots & \dfrac{\partial N_m}{\partial \xi} \\ \dfrac{\partial N_1}{\partial \eta} & \dfrac{\partial N_2}{\partial \eta} & \cdots & \dfrac{\partial N_m}{\partial \eta} \end{bmatrix} \begin{Bmatrix} x_1 y_1 \\ \vdots \\ x_m y_m \end{Bmatrix}$$

则
$$\begin{Bmatrix} \dfrac{\partial N_i}{\partial x} \\ \dfrac{\partial N_i}{\partial y} \end{Bmatrix} = [J]^{-1} \begin{Bmatrix} \dfrac{\partial N_i}{\partial \xi} \\ \dfrac{\partial N_i}{\partial \eta} \end{Bmatrix} \tag{2-99}$$

与三角元类似,求得等参元渗透矩阵元素为

$$K_{ij} = \iint_e \left\{ \dfrac{\partial N_i}{\partial x} \quad \dfrac{\partial N_i}{\partial y} \right\} \begin{bmatrix} k_x & 0 \\ 0 & k_y \end{bmatrix} \begin{Bmatrix} \dfrac{\partial N_j}{\partial x} \\ \dfrac{\partial N_j}{\partial y} \end{Bmatrix} \mathrm{d}x\mathrm{d}y$$

化为高斯积分式

$$\int_{-1}^{1}\int_{-1}^{1}\left\{\frac{\partial N_i}{\partial \xi}\ \frac{\partial N_i}{\partial \eta}\right\}[J^{-1}]^{\mathrm{T}}\begin{bmatrix}k_x & 0 \\ 0 & k_y\end{bmatrix}[J^{-1}]\left\{\begin{matrix}\frac{\partial N_j}{\partial \xi} \\ \frac{\partial N_j}{\partial \eta}\end{matrix}\right\}|J|\mathrm{d}\xi\mathrm{d}\eta \tag{2-100}$$

其中

$$[J]^{-1} = \frac{1}{|J|}\left\{\begin{matrix}\frac{\partial y}{\partial \eta} & -\frac{\partial y}{\partial \xi} \\ -\frac{\partial x}{\partial \eta} & \frac{\partial x}{\partial \xi}\end{matrix}\right\} \tag{2-101}$$

$[K]=[K_{ij}]$即为与(2-9)中类似的渗透阵。其他矩阵亦可如此推出。

(二) 高斯积分公式

上述在应用等参数单元推导有限元法方程过程中需要求诸如 $\int_{-1}^{1}\int_{-1}^{1}f(\xi,\eta)\mathrm{d}\xi\mathrm{d}\eta$ 的积分。由于被积函数复杂,只能用数值积分手段求此积分。一般均采用精度较高的高斯积分法。二维情形可化成二次积分公式及一维高斯积分式。

表 2-3 求积系数表

n	H_k $(k=\overline{1,n})$
1	$H_1=2$
2	$H_1=1, H_2=1$
3	$H_1=H_3=5/9, H_2=8/9$

一维积分 $\int_{-1}^{1}f(\xi)\mathrm{d}\xi$ 的高斯求积法是对求积节点 ξ_k 及求积系数 H_k 适当地选择,使 $\int_{-1}^{1}f(\xi)\mathrm{d}\xi \doteq \sum_{k=1}^{n}H_k f(\xi_k)$ 对任何次数不超过 $2n-1$ 次的多项式函数 $f(\xi)$ 均能精确地成立。此时,求积公式具有最高的代数精确度。

$n=1,2,3,$ 时的 H_k 如表 2-3 所示。

常用的高斯求积法的节点和求积系数如表 2-4 所示。

表 2-4 常用高斯积分的节点和求积系数

n	节点 ξ_k	系数 H_k
2	±0.577 350 269 2	1
3	±0.774 596 669 2	0.555 555 555 6
	0	0.888 888 888 9
4	±0.861 136 311 6	0.347 854 845 1
	±0.339 981 043 6	0.652 145 154 9
5	±0.906 179 845 9	0.236 926 885 1
	±0.538 469 310 1	0.478 628 670 5
	0	0.568 888 888 9

二维积分

$$\int_{-1}^{1}\int_{-1}^{1}f(\xi,\eta)\mathrm{d}\xi\mathrm{d}\eta \approx \sum_{i=1}^{n}\sum_{j=1}^{n}f(\xi_i,\eta_j)H_iH_j \tag{2-102}$$

此式称之为二维高斯求积公式。其中 ξ_i、η_j 均为表 2-4 中的高斯求积节点,H_i、$H_j(i,j=1,2,3,\cdots,n)$ 为相应的求积系数。此时二维平面上的求积点数为 n^2。

应当注意的是,实际工程计算中,为了保证必要的精度,且不过分增加工作量,通常可根据具体等参数单元的结点个数来选取合适的积分高斯点数,积分点数目 n 不需取得过大。渗流数值计算中常用高斯点数目如表 2-5 所示。

(三)等参单元与三角形单元的比较

实际上,三角形单元能十分灵活地适应不规则的几何形状;但由于采用线性插值,可能在某些情况下精度不够理想。常规的想法是,在渗流集中区、重点考察区加密单元,以达到一定精度要求。在具体渗流计算中,可依几何形态、土层渗透系数

表 2-5 渗流计算常用高斯点数

计算维数	二 维	三 维
n 2	四节点	八节点
3	八节点	二十节点

大小来自适应加密网格。比如依每单元内各边水头差大小在同一数量级条件下加密。若超出一个数量级,则将其自动剖分为多个三角形。依次循环下去,就能得到一系列理想的三角形单元。

等参单元的优点是:有较大的选取自由;能满足实际计算中为提高精度及更好地迫近弯曲边界的要求;计算中需要输入的信息较少。实质上与加密单元类似,均在于提高计算精度,适应不规则形状。

就由计算机程序内部处理而言,两者均增加计算结点量,改变单元渗透阵及整体渗透阵,即均需要重新形成矩阵信息。

就三角形单元和等参单元的异点或比较而言,同等大小网格剖分下,以等参单元精度为高,复杂轮廓适应性好;但等参元的计算结点数目、矩阵维数及非零元均大得多,计算工作量亦相应增大。

就编写程序结构而言,等参单元基本与三角形单元类似。主要区别在于,等参元的渗透矩阵阶数在四阶以上,形成时需用高斯积分。因此,需补充如下几个子过程供调用:

(1) Jacob 阵 $[J]$ 及 $[J]^{-1}$ 的计算过程;

(2) 计算 $N_i(\xi, \eta)$;

(3) 计算 $\dfrac{\partial N_i}{\partial x}$、$\dfrac{\partial N_i}{\partial y}$;

(4) 计算被积函数 $f(\xi, \eta)$;

(5) 高斯求积过程体。

第九节 线性代数方程组解法和系数矩阵的存贮

一、线性代数方程组的解法

从前述土坝渗流有限元法计算公式可以看出,用有限元法求解土坝渗流一般可归结为求具有对称正定系数矩阵的线性代数方程组。设求解的线性代数方程组为

$$[A]\{h\} = \{F\} \quad (2\text{-}103)$$

式中:系数矩阵 $[A] = (a_{ij})$,设为对称正定矩阵;$\{h\}$ 为 n 个未知量组成的列向量;$\{F\}$ 为 n 个已知的右端的列向量。

解式(2-103)的方法通常有两类。一类是迭代法,如高斯-赛德尔迭代法、超松弛迭代法等。由于这类方法费时费力,因此一般采用另一类方法——直接法。直接法中常用的是改进平方根法(LDL^T)。该法充分利用了矩阵对称的特点,压缩存贮量,运算量和存贮量较普通消去法节省一半左右,求解手续简便易行,求解速度比较快,结果也比较理想,是目前求解这类

问题的最有效方法之一。

这种方法是把对角线元素大于零的对称矩阵$[A]$分解成3个矩阵的乘积。3个矩阵是下三角形矩阵、上三角形矩阵(下三角形矩阵的转置矩阵)和对角线矩阵。这样就将线性代数方程组(2-103)的求解化为上三角形和下三角形代数方程组的两步求解。即若

$$[A] = [L][D][L]^T \tag{2-104}$$

其中

$$[L] = \begin{bmatrix} l_{11} & & & \\ l_{21} & l_{22} & & \\ \vdots & \vdots & \ddots & \\ l_{n1} & l_{n2} & \cdots & l_{nn} \end{bmatrix} \quad [D] = \begin{bmatrix} 1/l_{11} & & & \\ & 1/l_{22} & & \\ & & \ddots & \\ & & & 1/l_{nn} \end{bmatrix} \quad [L]^T = \begin{bmatrix} l_{11} & l_{21} & \cdots & l_{n1} \\ & l_{22} & \cdots & l_{n2} \\ & & \ddots & \vdots \\ & & & l_{nn} \end{bmatrix}$$

则式(2-103)变为

$$[L][[D]][L]^T\{h\} = \{F\} \tag{2-105}$$

若令

$$[D][L]^T\{h\} = \{y\} \tag{2-106}$$

则有

$$[L]\{y\} = \{F\} \tag{2-107}$$

这样,求解式(2-103)的问题就变为先求式(2-107)中间变量$\{y\}$,然后由式(2-106)求解式(2-105)的问题了。对于式(2-105),展开有

$$l_{11}y_1 = F_1$$
$$l_{21}y_1 + l_{22}y_2 = F_2$$
$$\cdots\cdots\cdots\cdots$$
$$l_{n1}y_1 + l_{n2}y_2 + \cdots + l_{nn}y_n = F_n$$

据此由上而下地逐个确定中间变量$y_1, y_2, \cdots, y_n$。即将第一式

$$y_1 = F_1/l_{11} \tag{2-108}$$

代入第二式,解得

$$y_2 = (F_2 + l_{21}y_1)/l_{22}$$

依次类推,最后可得y_n。这一由上而下的求解过程称为顺代。上述计算公式可以合并为一个递推公式

$$y_i = (F_i - l_{i1}y_1 - l_{i2}y_2 - \cdots - l_{ii-1}y_{ii-1})/l_{ii}$$
$$= (F_i - \sum_{P=1}^{i-1} l_{iP}y_{iP})/l_{ii} \quad i = 2, 3, \cdots, n \tag{2-109}$$

解得$\{y\}$后可求出方程组的解$\{h\}$。由于

$$[D][L]^T = \begin{bmatrix} 1/l_{11} & & & \\ & 1/l_{22} & & \\ & & \ddots & \\ & & & 1/l_{nn} \end{bmatrix} \begin{bmatrix} l_{11} & l_{21} & \cdots & l_{n1} \\ & l_{22} & \cdots & l_{n2} \\ & & \ddots & \vdots \\ & & & l_{nn} \end{bmatrix} = \begin{bmatrix} 1 & \dfrac{l_{21}}{l_{11}} & \cdots & \dfrac{l_{n1}}{l_{11}} \\ & 1 & \cdots & \dfrac{l_{n2}}{l_{22}} \\ & & \ddots & \vdots \\ & & & 1 \end{bmatrix}$$

所以式(2-106)可以展开化成下列形式:

$$\begin{cases} h_1 + l_{21}h_2/l_{11} + l_{31}h_3/l_{11} + \cdots + l_{n1}h_n/l_{11} = y_1 \\ \vdots \\ h_i + l_{i+1i}h_{i+1}/l_{ii} + \cdots + l_{ni}h_n/l_{ii} = y_i \\ \vdots \\ h_n = y_n \end{cases}$$

由此可以由下而上地求解 $h_n, h_{n-1}, \cdots, h_1$。具体递推式为

$$h_n = y_n$$
$$h_i = y_i - (l_{i+1i}h_{i+1}/l_{ii} + \cdots + l_{ni}h_n/l_{ii})$$
$$= y_i - \sum_{j=i+1}^{n} l_{ji}h_j/l_{ii} \qquad i = n-1, n-2, \cdots, 1 \qquad (2-110)$$

这就是线性方程组(2-103)的解。这一过程称为回代。

现在从矩阵$[A]$推求出组成矩阵$[L]$的元素 $l_{ij}(i \geqslant j)$。由于

$$[D][L]^{\mathrm{T}} = \begin{bmatrix} 1 & \dfrac{l_{21}}{l_{11}} & \cdots & \dfrac{l_{n1}}{l_{11}} \\ & 1 & \cdots & \dfrac{l_{n2}}{l_{22}} \\ & & \ddots & \vdots \\ & & & 1 \end{bmatrix}$$

故

$$[L][D][L]^{\mathrm{T}} = \begin{bmatrix} l_{11} & & & & & \\ l_{21} & l_{22} & & & & \\ \vdots & \vdots & \ddots & & & \\ l_{i1} & l_{i2} & \cdots & l_{i2} & & \\ \vdots & \vdots & \vdots & & \ddots & \\ l_{n1} & l_{n2} & \cdots & \cdots & & l_{nn} \end{bmatrix} \begin{bmatrix} 1 & \dfrac{l_{21}}{l_{11}} & \cdots & \dfrac{l_{n1}}{l_{11}} \\ & 1 & \cdots & \dfrac{l_{n2}}{l_{2}} \\ & & \ddots & \vdots \\ & & & 1 \end{bmatrix}$$

$$= \begin{bmatrix} l_{11} & & & & \\ l_{21} & \dfrac{l_{21}}{l_{11}} + l_{22} & & & \\ \vdots & \vdots & \ddots & & \\ l_{i1} & \dfrac{l_{i1}}{l_{11}}l_{21} + l_{i2} & \cdots & \dfrac{l_{i1}^2}{l_{11}} + \dfrac{l_{i2}^2}{l_{22}} + \cdots + \dfrac{l_{i+i-1}^2}{l_{i+i-1}} + l_{ij} & \\ \vdots & \vdots & & & \ddots \\ l_{n1} & \dfrac{l_{n1}l_{21}}{l_{11}} + l_{n2} & \cdots & & \dfrac{l_{n1}^2}{l_{11}} + \dfrac{l_{n2}^2}{l_{22}} + \cdots + \dfrac{l_{nn-1}^2}{l_{n-1n-1}} + l_{nn} \end{bmatrix}$$

显然,上式右端等于$[A]$。由此得

$$a_{11} = l_{11}$$
$$a_{21} = a_{12} = l_{21}$$
$$\vdots$$
$$a_{ij} = a_{ji} = \dfrac{l_{i1}l_{j1}}{l_{11}} + \dfrac{l_{i2}l_{j2}}{l_{22}} + \cdots + \dfrac{l_{ij-1}l_{jj-1}}{l_{j-1j-1}} + l_{ij}$$

利用上式可依次求出

$$l_{ij} = a_{ij} - \sum_{P=1}^{j-1} \frac{l_{iP} l_{jP}}{l_{PP}} \qquad j \leqslant i \leqslant n; i,j = 1,2,\cdots,n \tag{2-111}$$

这一从 a_{ij} 推求出 l_{ij} 的过程称为分解。

综上所述，用改进平方根法求解线性代数方程组(2-103)的过程是：首先通过分解，用式(2-111)求出 l_{ij}，把矩阵$[A]$分解为$[L][D][L]^T$；然后通过顺代利用式(2-107)、(2-108)确定中间变量$\{y\}$；最后通过回代利用式(2-109)、(2-110)确定$\{h\}$。

二、系数矩阵的存贮方式

用有限元法计算土坝渗流所得的线性方程组的阶数很高，通常在几百阶以上，这样系数矩阵就有 n^2 个元素(n 为方程组的阶数)。再加上其他的数据信息，那么占用的内存是很大的。因此，必须研究存贮方式以加快计算速度。在研究该问题之前，首先要了解总系数矩阵的特点：

(1) 高度稀疏性　有限元法解土坝渗流时结点多，所以总系数矩阵阶数很高；但$[A]$中的非零元素很少，大量是零元素。因为一个结点只与其周围几个结点有关，所以系数矩阵中每一行非零元素很少。因此在存贮时应尽可能把零元素排除掉，以节省内存，加快计算速度。这个问题通常和结点的编号方式有关。

(2) 对称性　由前述可知，有限元法形成的总系数矩阵$[A]$是对称的，因此存贮一半元素即可，另一半可利用对称性求得。

(3) 非零元素分布的规律性　只要结点编号方式选择得好，矩阵$[A]$的非零元素一般可以使它集中于主对角线两侧，呈带状分布。

矩阵$[A]$的存贮方法要和所选择的解法相配合。这里介绍一种能有效地节省内存的变带宽一维存贮方式。所谓带宽，是指每一行中从第一个非零元素起到主对角线元素为止的元素个数，实际上是指带宽(图2-10)。设第 i 行的带宽为 $nn[i]$，则

$$nn[i] \leqslant n$$

$[A]$各行带宽的总和(即总带宽)为

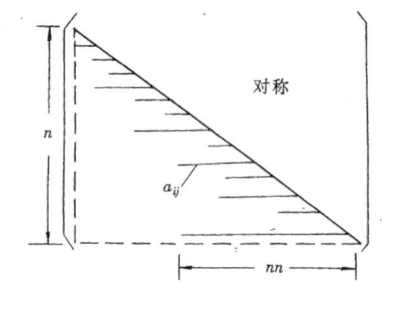

图 2-10　$[A]$中元素位置示意图

$$mR = \sum_{i=1}^{n} nn[i]$$

此时，如果元素 $a_{ij}(j \leqslant i)$ 作为一维数组 $G[1:mR]$ 的元素而言，则是第 $\sum_{P=1}^{i} nn[P] - (i-j)$ 个元素。既然元素呈带状分布，如果能只对带状区域内元素进行编号，抛弃带外的零元素，则可大大节省存贮量。

采用一维数组 $G[1:mR]$ 存贮，此时只存贮矩阵$[A]$的下三角部分(包括对角线元素)，按行的次序一行接一行地存入，对每一行来说，实际上只存贮它最左边第一个非零元素起到主对角线元素为止的所有元素(包括带内的零元素)，同时用一辅助数组 $M[i]$ 来存贮第 i 对角线元素 a_{ii} 的编号。为便于理解，举一六阶对称正定矩阵为例具体说明。一维数组存贮时具

体编号的规则如下：

$$[A] = \begin{bmatrix} a_{11}^{①} & & & & & \\ a_{21}^{②} & a_{22}^{③} & & & & \\ a_{31}^{④} & a_{32}^{⑤} & a_{33}^{⑥} & & & \\ 0 & 0 & 0 & a_{44}^{⑦} & & \\ 0 & 0 & 0 & a_{54}^{⑧} & a_{55}^{⑨} & \\ 0 & 0 & 0 & a_{64}^{⑩} & a_{65}^{⑪} & a_{66}^{⑫} \end{bmatrix}$$

每个元素右上角圆圈内数字就是按一维数组存贮的编号。这里共有12个元素，用$G[1:12]$来存放这些编号的元素，即$G[1],G[2],\cdots,G[12]$分别存放$a_{11},a_{21},\cdots,a_{66}$，此外用辅助数组$M[1:6]$存放对角线元素的编号，即$M[1]=1,M[2]=3,M[3]=6,M[4]=7,M[5]=9$，$M[6]=12$，每行的带宽为

$$nn[I] = M[I] - M[i-1] \qquad i = 1,2,\cdots,6$$

即$nn[1]=1,nn[2]=2,nn[3]=3,nn[4]=1,nn[5]=2,nn[6]=3$。这样，带状区域内的每元素对应一个编号，每个编号也对应一个元素，带状区以外零元素不予存贮。

仅解决编号问题还不够，还要知道在一维数组中编号为m的元素位于矩阵$[A]$中哪一行哪一列，即如何求$[A]$中i行j列的元素编号，这就要讨论一维数组元素编号m和i、j的关系。设a_{ij}是带状区域内需存入一维数组中的一个元素，其编号为m。由于a_{ij}位于第i行，故有

$$M[i-1] < m \leqslant M[i] \tag{2-112}$$

如$i \neq j$，则a_{ij}必位于a_{ii}的左边。a_{ij}至a_{ii}之间还有$i-j$个元素，即

$$m + i - j = M[i] \tag{2-113}$$

或

$$m = M[i] - i + j$$

此式表明，编号为m的元素a_{ij}位于哪一列（图2-11），即

$$j = i - M[i] + m \tag{2-114}$$

由式(2-112)和(2-114)可知G中编号为m的元素位于哪一行哪一列。反之，由式(2-114)可知$[A]$中第i行第j列元素在G中的编号。因为由i就可知道$M[i]$的数值，知道了$M[i]$、i、j后，式(2-113)会提供编号m的值。由于第i行第一个非零元素的编号为$M[i-1]+1$，所以由式(2-114)还可知道该非零元素必须位于第$i-M[i]+M[i-1]+1$列。

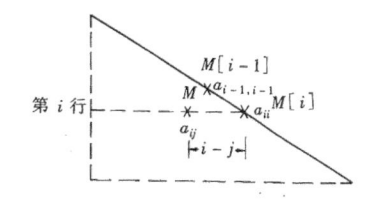

图2-11 m与i、j的关系

由式(2-112)和式(2-113)得

$$i - j < M[i] - M[i-1] \tag{2-115}$$

此式可用来判别任意一个元素是否编了号。若i、j满足式(2-115)则表示a_{ij}已编了号。

以上述六阶矩阵为例，m、i、j之间的这些转换公式的应用过程为：

已知a_{ij}的一维数组编号$m=4$，推求i、j：由m满足(2-112)式，知$M[2]=3,M[3]=6$，有M在两者之间，知$i=3$。再由(2-114)式，得$j=1$。从而a_{ij}为a_{31}。已知a_{64}，其在一维数组

中的编号为多少？由式(2-113)得 $m=10$。检查元素 a_{53} 是否在一维数组中编号由 $M[4]=7$，$M[5]=9$，得 $M[5]-M[4]=2$，但 $i-j=5-3=2$，式(2-115)不成立，因此对 a_{53} 没有编号。还有，第5行第一个非零元素在哪一列？由 $j-i-M[i]+M[i-1]+1$ 知 $j=4$。

参 考 文 献

1 Zienkiewicz, O. C. and Cheung, Y. K. Finite element in solution of field problems. The Engineer, 1965, 220(5710)

2 Zienkiewicz, O. C. and Cheung, Y. K. The F. E. M. in strucutural and continuum mechanics. McGraw-Hill, 1967

3 Norrie, D. and de Vries, G. Finite element bibliography. New York: Plenum, 1976

4 李定方等. 有限单元法在心墙土坝稳定渗流计算中的应用. 水利水运科技情报, 1974(2)

5 毛昶熙等. 土坝非稳定渗流和坝坡稳定分析的有限单元法计算. 南京水利科学研究所研究报告汇编(1966～1978, 渗流部分), 1979

6 李定方, 李祖贻, 陈平. 土坝三向渗流计算. 水利水运科学研究, 1980(3)

7 叶兴才, 丁家平. 澄西船坞井点降水电模拟试验和有限单元法计算. 南京水利科学研究所研究报告汇编(1966～1978, 渗流部分), 1979

8 谢春红, 陈平. 有限单元法在不稳定渗流中的初步应用. 水利水运科技情报, 1975(2)

9 Remson, I. 著, 罗焕炎, 李鸿吉译. 北京: 地质出版社, 1977

10 Mitchell, A. R. and Wait, R. The finite element method in partial differential equations. John Wiley & Sons, 1977

11 King, G. J. W. and Chowdhury, R. N. 稳定渗流有限单元解. 水利水运科技情报, 1976(3)

12 河野伊一郎著. 用有限单元法解坝体的渗流问题, 1973, 21(8), 南京水利科学研究所渗流译文汇编, 第九辑, 1978

13 杜延龄, 许国安. 渗流分析的有限元法和电网络法. 北京: 水利电力出版社, 1992

14 罗焕炎, 李鸿吉. 有限单元法在地质和地震工作中的应用, 国外地质, 1975(9); 1976(3)

15 薛禹群, 谢春红. 水文地质学的数值法, 煤炭工业出版社, 1980

16 Pinder, G. F. Application of Galerkin's procedure to aquifer analysis, Water Resources Research, 8(1)1972

第三章 堤坝岸坡稳定性分析有限元法

土坝岸堤的渗流破坏形式：一是因集中渗流和大的出渗坡降使地基或坡面发生管涌或流土的局部渗流冲刷或渗透变形；另一则是因渗流场普遍存在的孔隙水压力所造成的整个土体的滑坡。因而渗流破坏土体稳定性问题也可分为局部稳定性问题和整体稳定性问题。只有满足这两种稳定性的要求，才算是渗流稳定的。

根据渗流局部冲刷破坏和滑坡整体破坏情况，Charles(1985)调查了英国的71座失事土坝并引用美国 Middlebrooks(1953)调查的200座失事土坝资料，统计结果如表3-1所示[5]。

表 3-1　Charles 对土坝失事的统计

失事原因	美国调查(%)	英国调查(%)
漫顶外部冲刷	30	24
渗流内部冲刷	38	55
滑坡	15	14
其他	17	7

其他国家调查资料以及包括我国1981年调查资料表明，由于渗流冲刷破坏失事的土坝高达40%，与渗流密切相关的滑坡破坏也占15%左右。由此可见，渗流作用的重要性。

本章只讨论后一种整体破坏的渗流稳定性问题，并对土坝岸堤滑坡的稳定性提出分析方法和渗流控制措施。

第一节　渗流作用下滑坡稳定性概述

渗流作用下，土坡滑动的一般稳定性或整体稳定性和集中渗流冲刷破坏的局部稳定性是渗流破坏和控制的两大问题，同样都需要利用流网确定所研究部位的渗流水压力。这种土粒孔隙间的渗流水压力在分析坝坡稳定中常被称为孔隙水压力，即某点的测压管升高所代表的静水压力和超静水压力。当外荷载或自重增加使饱和土体压缩固结过程中所产生的非稳定的孔隙水流动则是土体变形中的非稳定渗流情况。

在一般的圆柱面滑动稳定性计算时，沿圆弧滑动面的孔隙水压力虽然都通过滑动圆心而不产生力矩，但能减少有效应力或滑动面的摩擦力并沿渗流方向产生渗透力促使滑动，因而对稳定有很大的影响。根据舍德葛伦对无粘性土的无限坡计算分析比较各力的影响程度得出的抗滑安全系数见表3-2。我们对岳城水库粘性土筑坝的上游坡进行了库水位下降时的各种情况稳定性分析，结果如表3-3所示。由表列数据可以看出，渗流作用对坝坡稳定性的影响相当严重，因此设计时必须足够重视。

表 3-2　无粘性土坡的稳定性分析(Cedergren,1977)

情况	干坡	干坡加地震	渗流饱和	饱和加地震
安全系数	1	0.7	0.5	0.25

---

* 本章计算工作由李吉庆、段祥宝两位高工担任，并经吴世余教授审阅提出宝贵意见。作者深表谢意。

表 3-3　粘性土均质坝上游坡稳定性分析

情　　况	无 渗 流	有 地 震	有 渗 流	渗流加地震
安全系数	1.571	0.932	0.928	0.665

土坡的稳定性分析,实际应用中基于塑性极限平衡概念,首先假设一个破坏面,在破坏面上的极限平衡状态是其抗剪强度 s 与导致的剪应力 τ 相等,并定义 s 与实际产生的 τ 的比值(即抗滑力与滑动力的比值)为安全系数,即

$$\eta = s/\tau \tag{3-1}$$

上式既适用于整个滑动面,也适用于任何一个单元体。因此,应用此安全系数可分析各种破坏面(包括圆弧滑动和非圆弧滑动)的安全度,为常用条分法分析和有限元分析法提供了有利条件。

在考虑孔隙压力的情况下,沿滑动破坏面的抗剪强度为

$$s = (\sigma - u)\mathrm{tg}\varphi + c' \tag{3-2}$$

式中:σ 为总的法向应力;u 为孔隙压力,饱和渗流时是孔隙水压力 p;$\sigma-u$ 为滑动面上的有效法向应力(土粒间压力);φ、c' 值都是在一定状态下以有效应力表示的真实强度指标。φ 为土的内摩擦角,可由一系列的剪力试验确定;c' 为土的粘聚力,可由圆柱压力试验确定。

滑坡稳定性分析方法大致可分为两类:(1)滑动面法;(2)单位应力法。滑动面法较为常用,它又可分为以毕肖普为代表的将滑动体分为垂直条块的方法与以伏罗里希为代表的将滑动体作为一个整体看待的方法。因前者由于可近似地应用于非均质土的计算,故在实际中经常采用。单位应力法应用弹塑性理论估算各点的应力分布,然后以面积内的单位剪应力与其剪应力强度相比较确定某处是否安全。现在此法也渐被应用。另外,结合目前盛行的有限元法,还可采用划分三角形单元来代换条分,更好地适应各种复杂土层分区的土石坝断面。下面我们就在圆弧滑动的基础上介绍这两种划分和计算方法。

第二节　滑坡计算的常规条分法及其存在的问题

一、常用的条分法

划分滑动体为垂直土条的计算方法源于瑞典圆弧法。现以分析上游迎水坡的稳定性为例来介绍常用的条分方法。

迎水坡稳定性的最不利情况是在长期保持高水位的下降过程。这时,由于从坝面出流的非稳定流的渗透力作用与倾向迎水坡的浸润线以上滑动体部分的浮力消失,因而会使斜坡稳定性下降。另外,如果迎水坡面有弱透水可压缩粘土防渗层时,在上游水位骤降时,自重突然增加所造成的孔隙水压力对坡面的稳定性也很不利。

在计算孔隙水压力情况下的坡面稳定性时,为方便起见,最好将渗流的流网换算成等压线图。即按照式 $p/\gamma = h - z$,由已知的水头 h 和位置高程 z 算出各点的压力水头。例如,我们用图 3-1(a)的流网换算成图 3-1(b)的渗流等压线或孔隙水压力等值线(不透水岩基上的土坝)来研究上游坡在水位骤降后的稳定性。如图 3-2(a)所示,应用一般圆弧滑动法,试取滑动面 AB 分析其安全性。

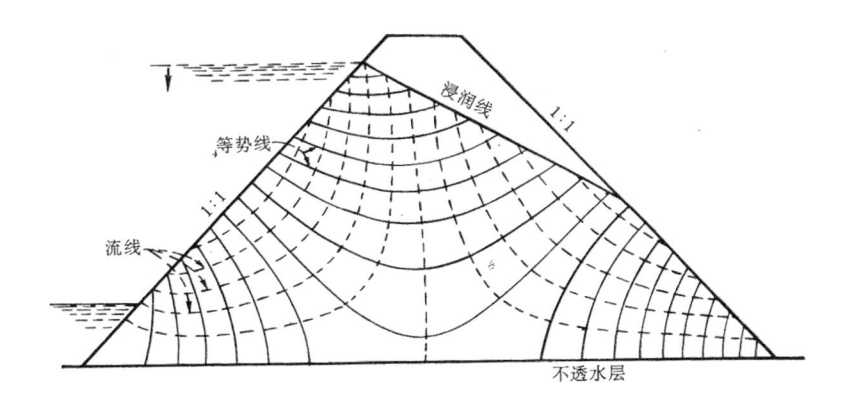

(a)瞬时稳定流网

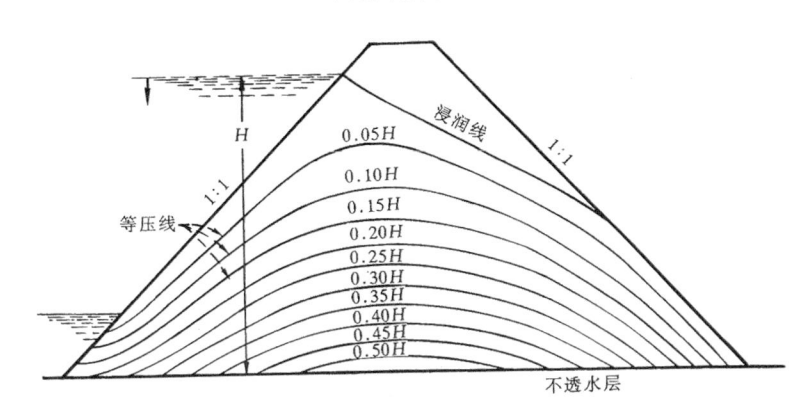

(b)瞬时稳定场的等压线分布

图 3-1 上游水位骤降时的土坝内瞬时流场

(a)

(b)

(c)

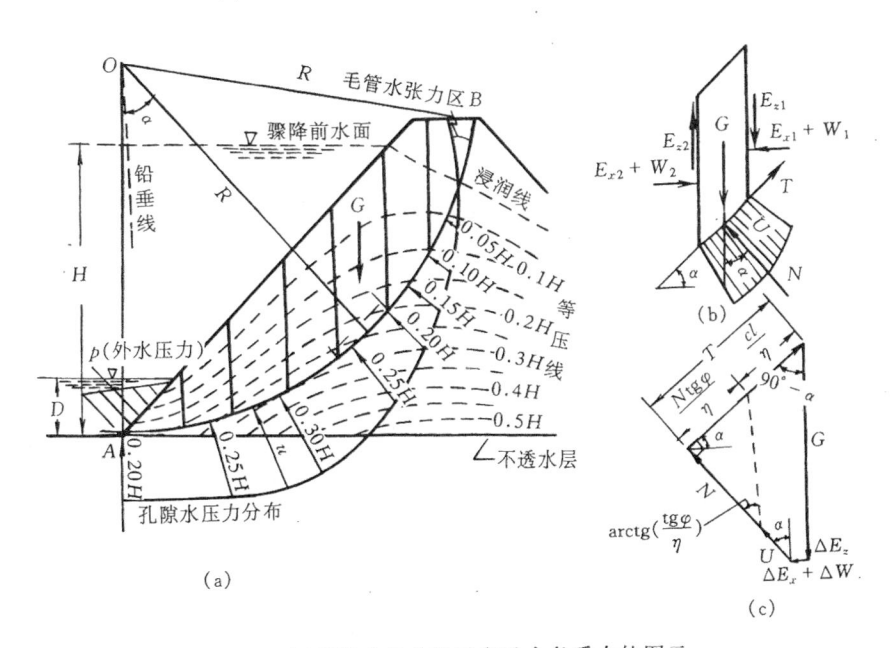

图 3-2 圆弧滑动条分法示意及土条受力的图示

从渗流等压线分布确定出沿滑动圆弧 AB 上孔隙水压力分布。对于细粒粘性土来说，浸润线以上的毛管水可以加速土的固结，增加安全性，计算可不考虑。按常规方法将圆弧 AB 以上的可能滑动体分成许多垂直条带（5～12条，可取等宽），则每一垂直土条所受的作用力有（图3-2(b)）：

(1) 土条的重量 G（土粒和水）；

(2) 底部滑动面上作用的法向力，即土粒间有效应力 $N=(\sigma-u)l$ 与孔隙水压力 $U=ul$，l 为土条底部的弧长；

(3) 沿滑动面作用的切向力，即摩擦力与粘聚力，如果考虑式(3-1)定义的安全系数 η 为抗滑力与滑动力的比值时，则在极限平衡状态所取用或发挥的切向力应为

$$T = \frac{N\operatorname{tg}\varphi' + c'l}{\eta} \tag{3-3}$$

式中内摩擦角 φ' 与粘聚力 c' 都是对有效应力或土粒间的应力来说的；

(4) 土条侧边土压力与水压力，可分解为水平和垂直两个分力，并用 $\Delta E_x(=E_{x_1}-E_{x_2})$ 和 $\Delta E_z(=E_{z_1}-E_{z_2})$ 表示左右两侧土压力的合力，用 $\Delta W(=W_1-W_2)$ 表示水平方向压力的合力。

上述各力在平衡状态时构成一个闭合的力的多边形，如图3-2(c)所示。这里所考虑的土包含水一齐滑动的土条自重 G 应为土条内固相土粒重 $G_s=\gamma_s(1-n)V$ 与孔隙水重 nG_w 之和，或浮重 $G'=(\gamma_s-\gamma)(1-n)V$ 与土条体积 V 的水重 $G_w=\gamma V$ 之和，即

$$G = G_s + nG_w = G' + G_w$$

我们考虑了土条周边的孔隙水压力与水重 G_w 的结果就相等于考虑了渗透力作用。

对于圆弧滑动面，其安全系数也就是抗滑力矩与滑动力矩之比。现在绕滑动圆弧中心 O 写力矩平衡式，即

$$\sum M_0 = 0$$

对于整个滑动体来说，除径向力 N 及 U 没有力矩外，内力 ΔE_x、ΔE_z 及 ΔW 的力矩，在取各个相邻土条时互相抵消，故得（图3-2）

$$\sum G R\sin\alpha - \sum \frac{N\operatorname{tg}\varphi' + c'l}{\eta} R = 0 \tag{3-4}$$

式中 α 为土条底部力的作用点到滑动圆心 O 的半径与铅垂线所成的角度。处在铅垂线左边的土条，其角度 α 为负角，说明是阻滑力；而处在铅垂线右边的土重是下滑力。则安全系数为

$$\eta = \frac{\sum(N\operatorname{tg}\varphi' + c'l)}{\sum G\sin\alpha} \tag{3-5}$$

上式，分母就是促使滑动的破坏力，分子是抵制滑动的阻抗力。一般情况下，斜坡滑动体的上半部破坏力大于阻抗力；下半部土条则相反，起了阻滑作用，按照费伦纽斯方法的假定，设土条两侧的力与土条底部滑动破坏面平行，则对破坏面上的法向力没有影响。此时，$N=G\cos\alpha-ul$，代入上式可得安全系数

$$\eta = \frac{\sum[(G\cos\alpha - ul)\operatorname{tg}\varphi' + c'l]}{\sum G\sin\alpha} \tag{3-6}$$

此式在美国常被称为太沙基公式，与瑞典圆弧的费伦纽斯（Fellenius,1936）法相同，是从总

的力矩平衡式导出的常规方法,当无粘性土又无孔隙水压力时,土坡的危险滑动面与坡面重合,β 为坡角时,则得 $\eta=\text{tg}\varphi/\text{tg}\beta$。它与坡面的出渗的局部稳定性所要求的坡角相比,可知渗流出渗时的局部稳定性控制坡面的坡角。

毕肖普(Bishop,1955)简化的方法假定土条两侧的力是水平方向而略去了垂直分量,将作用在土条上力的多边形投影到垂直方向,$\sum F_z = 0$,则得法向力

$$N = \frac{G - ul\cos\alpha - \dfrac{c'l}{\eta}\sin\alpha}{\cos\alpha + \dfrac{\text{tg}\varphi}{\eta}\sin\alpha} \tag{3-7}$$

将它代入式(3-5),并因土条宽度 $b=l\cos\alpha$,则得常用的简化毕肖普公式

$$\eta = \frac{\sum \dfrac{c'b + (G - ub)\text{tg}\varphi}{\cos\alpha + (\sin\alpha \text{tg}\varphi)/\eta}}{\sum G\sin\alpha} \tag{3-8}$$

用上式计算时不能直接求解安全系数 η,必须对每一个滑动弧试算求解 η 值。开始试算可设 $\eta=1$。

克雷-布瑞特(Krey-Breth)方法假定土的抗剪强度 c'、φ 都充分发挥,$\eta=1$,得出上式右端没有 η 项的相同公式。它的计算结果,当 $\eta>1$ 时,是介于常规法式(3-6)与毕肖普法式(3-8)之间,一般是毕肖普的安全系数稍大于常规系数法或费伦纽斯法。常规法虽然对作用土条上各力的多边形不闭合,没有符合静力学原理,但由于略去的侧边力是以不同的符号出现,误差不大,而且在土坝设计中偏于安全的一面。

条分法的公式很多。当划分 n 个土条而取每个土条的脱离体写其静力平衡方程时,其中有 5 个未知数,即土条边的剪切力,垂直侧边的力及其作用点位置,土条底部的法向力以及安全系数(参看式(3-3)及图 3-2(b))。因此 n 个土条就有 $4n-2$ 个未知数。但静力平衡式只有 $\sum F_x = 0$、$\sum F_z = 0$、$\sum M = 0$ 三式,总共有 $3n$ 个方程式,少了 $n-2$ 个方程,因而问题是超定的(Huang,1984)。要想使问题是正定的求解,只有对土条间交界面上的力作某些假定使未知数减少或方程式增多。这就是一些学者给出不同滑坡计算公式的背景。例如:最古老或最简单的瑞典圆弧法或费伦纽斯法假定土条侧边力与破坏面平行且相等而略去,静力平衡只用了围绕滑动圆心的一个总的力矩式;毕肖普假定土条侧边力是水平方向而略去垂直分量,用总的力矩式并满足了垂直力平衡式。随后又有学者力图满足力矩和力的平衡式再作土条间作用力假定。例如:简布(Janbu,1954,1973)假定对条侧边力作用位置或推力线的方法、莫根斯坦-普来斯(Morgenstern-Price,1965)假定侧边力是随着位置变化的数学函数关系的方法、司喷色(Spencer,1967)假定侧边是剪力与法向力相比是一个固定常数关系的方法等。

无论假定土条间作用力是水平向的还是互相平行的,或是平行于滑动面的,以及其他常数或函数关系等,根据计算经验,用简化毕肖普法与其他更复杂的方法比较,安全系数的差别很小,最大差 7%,一般小于 2%(Whitman and Bailey,1967)。当考虑地震力时,式(3-6)及(3-8)中的分母应改为 $G\sin\alpha + \xi G a/R$。即认为地震是一个作用在条块重心的水平力,地震系数 $\xi=0.03\sim0.27$ 决定于所在地理位置。一般 7 度地震,$\xi=0.1$。a 为水平抛力绕圆心力矩的力臂;R 为圆弧半径。

上面讨论的圆弧滑动计算公式为有效应力法,是基于排水剪强度的有效应力指标 c' 及

φ 的。如果不计孔隙水压力，上式中的 $U=ul=0$，而采用基于不排水剪强度的总应力法计算公式。这两种分析方法的主要区别是，要或不要知道孔隙水压力。安全系数 η 的选取，视分析方法与土力学指标的可靠性和工程性质而定，一般为 1.1～1.4。坝上游坡滑动的危害性较小，可用较小的安全系数；下游坡滑动危害性较大，可用稍大的安全系数。有时还可对摩擦角取较小的 η_φ，而对粘聚力取较大的 η_c。

二、条分法计算中的问题

条分法为手算提供了某些方便，但在结合渗流场计算方面却有其难以克服的困难，以致必须作影响计算精度的一些假定。为了说明存在的问题，还应从渗流的作用力谈起。如图 3-3 所示的平行于斜坡的渗流情况，对于一个垂直土条所受各力处于平衡状态来说，土条饱和重必须与其周边各外力组成闭合的力的多边形；其中 ΔE_x、ΔE_z 是土条两侧边所受土压力差额的水平和垂直分量，由于其值很小，累加各土条后有抵消趋势，影响很小，习惯上以求计算简单，都不考虑。此时可用下式的各力向量（黑体）的和来表示土条所受各作用力的平衡关系，即

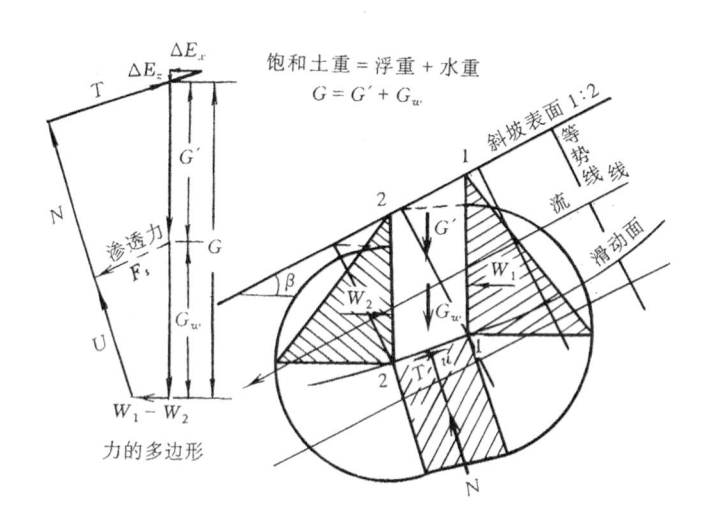

$$(\boldsymbol{G'} + \boldsymbol{G_w}) + (\boldsymbol{W_1} - \boldsymbol{W_2}) + \boldsymbol{U} + \boldsymbol{N} + \boldsymbol{T} = 0 \tag{3-9}$$

图 3-3 土条周边水压力与渗透力的关系

但从渗流作用力的两种表示方法来看，如图 3-4 所示的任意三角形土体单元，用体积力（渗透力 F_s 与静水浮力 $-G_w$）和用周边的水压力 P 来表示渗流作用力是相同的。因为水对土的作用力 $F=-\mathrm{grad}p$，且 $h=\dfrac{p}{\gamma}+z$，故有

$$\boldsymbol{F} = -\gamma \mathrm{grad}h + \gamma \mathrm{grad}z$$

$$\iint_\Delta f \mathrm{d}a = \boldsymbol{F} = -\boldsymbol{G_w} + \boldsymbol{F_s}$$

式右边为两个分力：渗透力 $\boldsymbol{F_s}=-\gamma\mathrm{grad}h=\gamma\boldsymbol{J}$；浮力（与同体积的水重反向）$\boldsymbol{G_w}=\gamma\mathrm{grad}z=-\rho\boldsymbol{g}$。所以，表面水压力的合力 $\boldsymbol{F}$ 可用两个体积力 $\boldsymbol{F_s}$ 与 $-\boldsymbol{G_w}$ 表示。因此，对于土条上的渗流作用力，就有关系式（图 3-3 的力的多边形）

$$\boldsymbol{F_s} = \boldsymbol{G_w} + (\boldsymbol{W_1} - \boldsymbol{W_2}) + \boldsymbol{U} \tag{3-10}$$

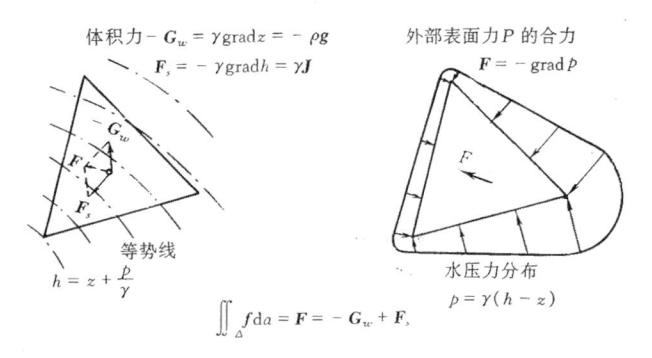

图 3-4 多孔介质或裂隙介质中渗流作用力的两种表示方法

则式(3-9)的平衡关系就可用其等价的渗透力与土体浮重的平衡关系来表示,即

$$G' + F_s + N + T = 0 \tag{3-11}$$

因为渗透力 F_s 等价于所受浮力(即与土条同体积的水重 G_w)与作用在土条周边各水压力的总和,所以,把土体单元各边上的几个水压力转换为一个渗透力会使问题简单得多(Gedergren,1977)。尤其是利用计算机在求得渗流场水头分布的同时计算渗透力,则对滑坡稳定分析更为方便。

然而,目前应用的条分法仍然是采用土条周边的孔隙水压力考虑问题,由于难于正确估算,于是就只能考虑土条侧边水压力大小而忽略作用点所发生的力矩影响,甚至略去侧边的水压力而只计算土条底部滑动面上水压力,并作一些规定,例如:在上游坡计算中,规定浸润线以下,下降库水位以上的土采用饱和容量,库水位以下用土的浮容重计算;在下游坡计算中又规定滑动力用饱和容重,抗滑力用浮容重等。

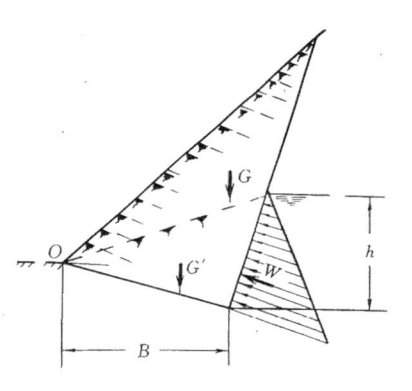

图 3-5 在坝坡稳定分析中考虑渗流作用力常犯错误示意图
W—水压力;G'—浮重

还有的考虑到由浸润线确定孔隙水压力而直接在计算公式中引用一个孔压比的参数(孔压与其上总荷重的比值)来近似修正浸润线以下土体所受浮力的作用。所有这些规定,不仅是很粗略的近似,而且概念混乱不清,容易造成错误。例如图3-5所示的滑动体,经常在滑动面上考虑孔隙水压力 W 的同时,又把浸润线以下的土体按浮重计算,所以渗流作用力用了两次(Louis,1977)。

条分法计算既然是采用土条周边水压力,那么在流场内就应一律取饱和土体重量。如图3-6所示,若规定在库水位以下土取浮重,就少算了体积为 $ABCD$ 的一块水体重量。司喷色(Spencer,1979)认为,这种情况下应把土条底部孔隙水压力($u=\gamma h$)改为超孔隙水压力 $\gamma(h-h')$ 来计算,以补偿少算这一段水柱造成的差错。这说明,这样的规定是自找麻烦且徒劳无益的。至于在计算中区别对待土的容重,规定抗滑力采用浮容重,也是对不计孔隙水压力的一个近似补偿,但偏角 α 大时误差也大。此外还

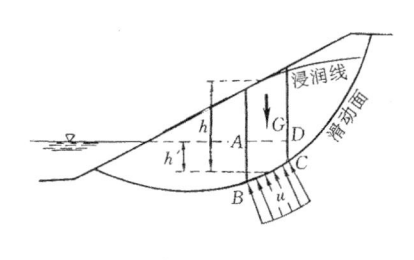

图 3-6 库水位以下取土浮容重时的孔隙水压力修正

经常假定土条底部的孔隙水压力在浸润线下符合静水压力分布规律。这也是不正确的,因为渗流场的土质分布和边界条件稍一复杂,就会使滑坡体内的水头分布发生急剧变化。特别是库水位骤降时的上游坡,作这样的假定将会产生严重的误差。总之,对于这种细而高的土条单元,要想用一些平均水力因素来描述它而又能求得精确的计算结果,是不大可能的。然而,这些条分法的缺陷将在下面要介绍的有限元法计算中得到克服。即以渗透力考虑问题时,就不需要对土容重作任何假定,只需取土的有效重量。

第三节 滑坡计算的有限元法[1,2,3,4,9]

提出此种稳定分析方法的主要目的是:要更好地结合有限元法计算,在电子计算机上连续求解,一次完成在渗流和地震等各种外力作用下的稳定分析计算;避免像上述的条分法那样,必须把流网的水头分布再化成压力水头作用到各垂直条块的底部滑动面;可直接应用有限元法所划分的单元和计算的结点水头值进行滑坡分析计算。这里所要介绍的单元为三角形单元,如图 3-7 所示,当然也可以是包括上述条块划分在内的任意其他四边形。总的目的是,根据渗流作用概念,将作用在滑动面上和划分土块的表面水压力转换为等价的体积力。换句话说,就是把各结点的水头值换算成各单元渗透力。这样,就不需要考虑各单元体接触边界上的孔隙水压力,避免了像一般条分法计算略去土条侧边水压力产生的误差;同时也不需要考虑边坡的外水压力,从而简化了力的计算过程。下面直接叙述计算方法,而不再介绍有限元法本身。

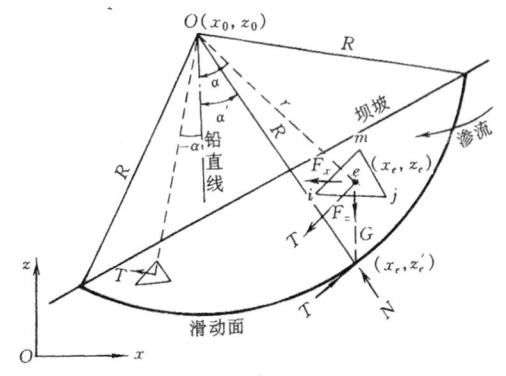

图 3-7 典型单元及其在滑动面上的力的图示

对于某一个典型三角形单元 ijm 来说,作用在其上的渗透力为 $F_s=\gamma J\Delta$。F_s 分解为两个分量(图 3-7)即为

$$\left.\begin{aligned}F_x &= \gamma J_x\Delta \\ F_z &= \gamma J_z\Delta\end{aligned}\right\} \quad (3\text{-}12)$$

单元土体的有效自重为

$$G = \gamma_1\Delta \quad (3\text{-}13)$$

上两式中:γ 为水容量;γ_1 为土体容重(浸润线以下为饱和区,取浮容重;浸润线以上为非饱和区,取自然容重);Δ 为三角形单元面积,可以用其三结点的坐标表示,即

$$\Delta = \frac{1}{2}\begin{vmatrix}1 & x_i & z_i \\ 1 & x_j & z_j \\ 1 & x_m & z_m\end{vmatrix} = \frac{1}{2}(b_ic_j - c_ib_j) \quad (3\text{-}14)$$

同样,单元渗透坡降 J 也可用其结点的坐标和水头值来表示。J 分解为两个分量即为

$$J_x = -\frac{\partial h}{\partial x} = -\frac{1}{2\Delta}(b_i h_i + b_j h_j + b_m h_m)$$
$$J_z = -\frac{\partial h}{\partial z} = -\frac{1}{2\Delta}(c_i h_i + c_j h_j + c_m h_m)$$
(3-15)

式中：$b_i = z_j - z_m$；$c_i = x_m - x_j$；其他系数按照 i、j、m 的次序轮换排列。i、j、m 次序按逆时针循环，以避免计算面积时出现负值的现象。此外，还得注意计算坡降 J 的符号，它和渗透力一致，都决定于所取坐标轴的方向，可以规定沿破坏力方向的取正值。一般情况下，渗透力或渗流坡降 J 都是正值。

如果已经有了流网，还可直接在流网图上近似确定各单元的渗透坡降。同样，单元面积也可直接在单元图上计算。

现在采用圆弧滑动的常规分析方法，从总的力平衡式进行推导。如图 3-7 所示，各单元的渗透力和自重都作用在单元的重心上，并分解为沿圆弧滑动的切向力 T 与半径方向的法向力 N。滑动力作用在重心上，其切向力乘其半径距就是滑动力矩 Tr，抗滑力作用在滑弧上，力矩为法向力乘圆弧半径 R。因此像上述的条分法那样，围绕圆心写力矩的平衡式 $\sum M_0 = 0$，可得

$$\sum Tr - R\left(\sum \frac{N\operatorname{tg}\varphi}{\eta} + \sum \frac{c'l}{\eta}\right) = 0 \tag{3-16}$$

上式括号为动用或所发挥的摩擦力和粘聚力，因此因数 η 应为安全系数。故得

$$\eta = \frac{R(\sum c'l + \sum N\operatorname{tg}\varphi)}{\sum Tr} \tag{3-17}$$

应用式（3-12）和（3-13）的单元体的水平和垂直分力，并将上式分子项的抗滑力的分力都移到单元的正下方的滑动面上再分解为法向力而作为抗滑阻力，切向滑动力仍作用在单元形心上，则得

$$N = [(\gamma_1 + \gamma J_z)\cos\alpha' - \gamma J_x \sin\alpha']\Delta$$
$$T = [(\gamma_1 + \gamma J_z)\sin\alpha - \gamma J_x \cos\alpha]\Delta$$

代入式（3-17）可得

$$\eta = \frac{R\{\sum c'l + \sum [(\gamma_1 + \gamma J_z)\cos\alpha' - \gamma J_x \sin\alpha']\Delta \cdot \operatorname{tg}\varphi\}}{\sum [(\gamma_1 + \gamma J_z)\sin\alpha + \gamma J_x \cos\alpha]\Delta \cdot r} \tag{3-18}$$

这里应注意：分子项的抗滑力矩，其中的垂直分力向下延伸到滑动面上，力矩效果不变；水平分力 $F_x(=\gamma J_x \Delta)$ 由单元重心移植到下面的滑动面上时（图 3-8）就被人为地增大了一个滑动力矩 $F_x(R\cos\alpha' - r\cos\alpha)$，此力矩可从滑动力矩的分母项中减去来修正，则上式变为[4]

$$\eta = \frac{R\{\sum c'l + \sum [(\gamma_1 + \gamma J_z)\cos\alpha' - \gamma J_x \sin\alpha']\Delta \cdot \operatorname{tg}\varphi\}}{\sum [(\gamma_1 + \gamma J_z)r\sin\alpha + \gamma J_x(2r\cos\alpha - R\cos\alpha')]\Delta}$$
(3-19)

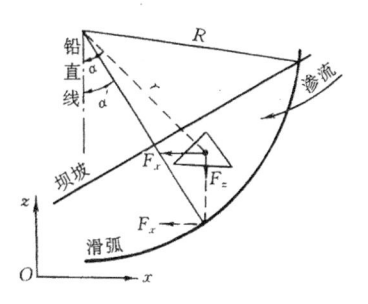

图 3-8 单元力移植的误差

上式为考虑渗流作用力的坝坡稳定性有限元法计算公

式。分子项为滑弧上的抗滑力矩,分母项为滑动土体的滑动力矩。分子中的第一项求和 $\sum c'l$ 为圆弧滑动面所交不同土质粘聚力的相加;第二项求和为滑动土体内所有单元在滑动面上产生的抗滑力的累加,其中摩擦角 φ 应为计算单元重心正下方交在滑动面上那一种土质的摩擦角,而不是单元所在土质的。分母项的求和为滑动体内各单元力矩的累加。式中: R 为滑动圆弧的半径; r 为计算单元重心的半径距; α 为其半径距与铅垂线所成的角度, α' 为单元重心正下方滑动面上交点的半径与其垂线所成的角度,在铅垂线左边的角度应取负值(图 3-7);一般情况下 $\alpha'<\alpha$; γ 为水的容重, γ_1 为土的容重, γ_1 在饱和区取浮容重,在渗流自由面以上的非饱和区取自然容重; $c'、\varphi$ 都是有效强度指标。

应当指出,条分法的常规计算中都没有考虑上述水平力移植所产生的力矩差值,即没有考虑相当条块两侧水压力不等时或不在同一作用线上时所产生的力矩差额。因此,在渗流作用下,特别是在库水位骤降时,条分法计算就会产生较大的误差。如果将各条块侧边水压力进行力矩差额补偿,就可得到与有限元法完全相同的结果(见后面的模型坝分析)。

式(3-19)中的各值计算,除单元的渗透坡降 $J_x、J_z$ 由式(3-15)计算和三角形单元面积 Δ 由式(3-14)计算外,单元重心 (x_e,z_e) 离开滑动圆心 (x_0,z_0) 半径距 r、偏离铅垂线的角度 α 以及单元下方在滑动面上交点的偏离角度 α' 等均可用坐标位置来表示,即

$$\left.\begin{aligned} x_e &= \frac{1}{3}(x_i + x_j + x_m) \\ z_e &= \frac{1}{3}(z_i + z_j + z_m) \\ r &= \sqrt{(x_0 - x_e)^2 + (z_0 - z_e)^2} \\ \alpha &= \operatorname{arctg} \frac{x_e - x_0}{z_0 - z_e} \\ \alpha' &= \operatorname{arctg} \frac{x_e - x_0}{\sqrt{R^2 - (x_e - x_0)^2}} \end{aligned}\right\} \quad (3\text{-}20)$$

因此,只要有了各单元结点的坐标和水头值,就可根据土力学指标计算滑动面的稳定性安全系数。特别对于库水位下降过程中的非稳定渗流,直接结合有限元法算得的结点水头值,去核算各级下降水位各级坡的抗滑稳定性是很方便的。由于较完善地考虑了渗流作用力的大小、方向和作用点,在精度上也就有所提高,而且将表面力转换为单元体积力,也就不需要计算土坝上下游的水压力,只要区别采用相应的浮重与自然重即可,概念清楚,计算方便。

若以 X 和 Z 代表每个三角形单元的体积力分量时,则可将式(3-19)写成下式

$$\eta = \frac{R[\sum c'l + \sum(Z\cos\alpha' - X\sin\alpha')\operatorname{tg}\varphi]}{\sum[Zr\sin\alpha + X(2r\cos\alpha - R\cos\alpha')]} \quad (3\text{-}21)$$

当考虑地震力影响时,可设地震力为

$$E = \begin{Bmatrix} E_x \\ E_z \end{Bmatrix} = \gamma_2 \Delta \begin{Bmatrix} \xi_x \\ \xi_z \end{Bmatrix} \quad (3\text{-}22)$$

式中: ξ 为包括地震系数、地震加速度分布系数在内的一个综合系数,一般 7 度地震可取 0.1; γ_2 为包括孔隙水在内的土容重(注意 γ_1 的取法,在饱和区是浮重)。在最不利的地震情况下可以认为地震力促使土体水平抛向坡外,即只取 E_x。因而在计算单元所受的作用力时,

只需公式(3-21)中渗透力项加入地震力项即可。如果有任意方向的地震波或用促使坝孔隙水压力上升等其他考虑地震力的方法等,同样能够很方便地引进公式计算单元所受的作用力。

同时考虑土有效自重、渗透力和地震力三种体积力时,式(3-21)中的三角形单元体积力的水平及垂直分量 X,Z 应为

$$\left. \begin{array}{l} X = (\gamma J_x + \gamma_2 \xi_x)\Delta \\ Z = (\gamma_1 + \gamma J_z + \gamma_2 \xi_z)\Delta \end{array} \right\} \quad (3-23)$$

若考虑土坝顶兼作公路时,则可按照公路行车荷载作为等价均布荷载土单元计算,或者直接用坝顶行车集中荷载 F_z 计算,即在公式的分子项加上抗滑力矩 $F_z R\cos\alpha' \mathrm{tg}\phi$ 及在分母项加上滑动力矩 $F_z r\sin\alpha$ 即可。根据土坝扩建断面(图 1-12)计算结果,三级公路汽车 20 级挂 100 的荷载情况下,安全系数 η 较无行车荷载时减少 0.1 左右,滑弧位置稍深,在坝顶也稍有扩展。

如果没有渗流和地震的影响,式(3-21)就简化为

$$\eta = \left[R\left(\sum c'l + \sum \gamma_1 \Delta \cos\alpha' \mathrm{tg}\phi \right) \right] / \left[\sum \gamma_1 \Delta \cdot r\sin\alpha \right] \quad (3-24)$$

如果只有渗流的浸润线位置而没有流网或水头分布,对于土坝的下游坡稳定分析,则可近似地假定渗流是水平向的,渗流坡降可近似地采用浸润线的。此时,式(3-19)就简化为

$$\eta = \frac{R\left[\sum c'l + \sum (\gamma_1 \cos\alpha' - \gamma J\sin\alpha')\Delta \cdot \mathrm{tg}\phi \right]}{\sum \left[\gamma_1 r\sin\alpha + \gamma J(2r\cos\alpha - R\cos\alpha') \right] \cdot \Delta} \quad (3-25)$$

将滑坡稳定分析公式(3-19)或式(3-21)的算法编入渗流场的有限元法计算程序 UNSST2 中,就可连续地算出各时段的渗流场水头分布及危险滑动面的安全系数。图 3-9 所示为岳城水库土坝发生滑坡的计算实例。该坝基本上为均质土坝,高 50 m,上游有粘土铺盖和截水槽,1958 年建成蓄水后于 1968 年和 1974 年由于库水位降落(如图 3-9 中的水位下降过程线),曾在坝中段和南段各发生 259 m 和 210 m 长的大滑坡。用 UNSST2 计算,结果表明:

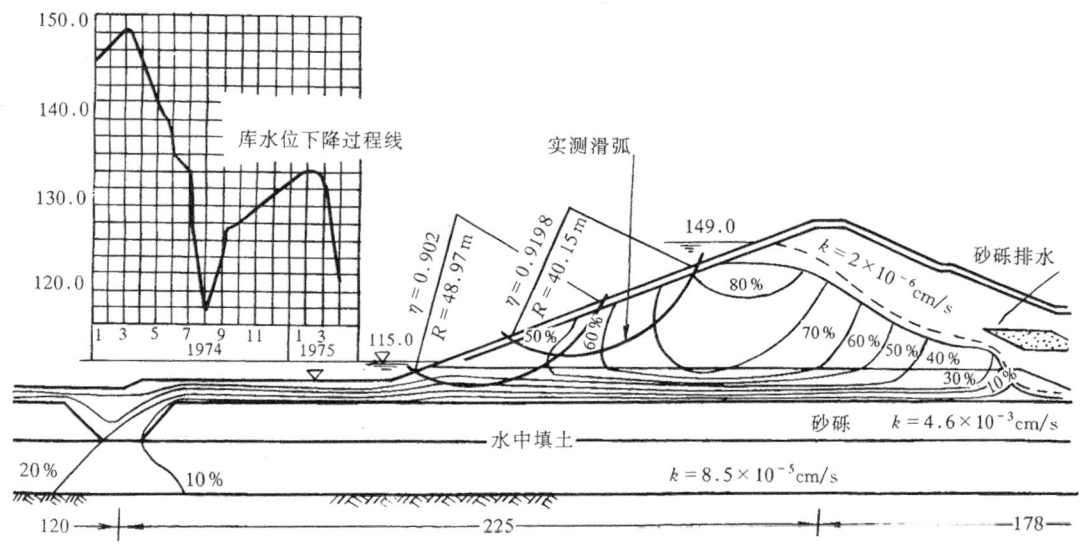

图 3-9 岳城水库土坝库水位下降时滑坡计算实例
(等势线分布和滑坡位置)

抗滑安全系数最小为0.92左右,而且流场分布和滑坡位置及其相应库水位下降位置都与实测值相当吻合。这说明,采用的计算方法是正确的。但用一般条分法来计算就得不出滑坡的结论。原因是,没有考虑库水位下降过程中各相应的坝内流场分布,或者仅使库水位下降至某位置,仍引用了原有向下游渗流的稳定场水头分布(见85年版《碾压式土石坝设计规范》),不符合实际上已是向上游坡渗流的流场情况。

为了具体说明应用上面计算公式的步骤,我们取出上例岳城水库土坝计算中一个滑坡圆弧作为计算例。图3-10和表3-4所示为岳城水库土坝1974年发生的上游局部滑坡有关

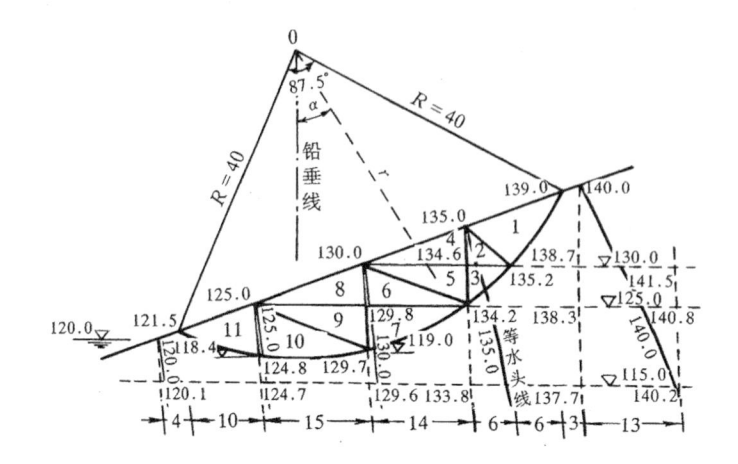

图 3-10 有限元法计算滑坡举例(岳城水库土坝)

情况。图 3-10 中:各单元结点的水头值和流网的等水头线是库水位由 149.0 m 下降过程中降至危险水位 120.0 m 情况下的计算值;所示的滑动圆弧包括有 11 个三角形单元;应用计算公式所采用的各数据指标为:水容重 $\gamma=9.8$ kN/m³;土在浸润线以下,γ_1 取浮容重 10.19 kN/m³,在浸润线以上,γ_1 取湿容重 18.82 kN/m³;$c'=9.8$ kN/m²;$\phi=21°$(固结快剪试验取得的有效强度);$R=40$ m;圆弧总长 $L=2\pi(40)\frac{37.5°}{360}=61$ m。故 $c'L=9.8\times61=597.8$。将表3-4的计算结果代入式(3-19),算得抗滑安全系数为

$$\eta = \frac{(597.8 + 1\,317.3 \times 40)}{77\,993.6} = 0.982$$

此例计算结果,无论是滑坡位置还是降落的库水位与孔隙水压力分布等,均与实际发生的极为一致,安全系数值比条分法的计算结果稍小,如果不考虑渗流作用,$J=0$。取土的湿重 18.82 kN/m³ 时,用式(3-19)计算的 $\eta=1.53$,可见渗流影响的严重性。

表 3-4　滑坡计算举列(图 3-10)

单元编号	单元面积 Δ (m²)	单元重心 半径距 r (m)	单元重心 偏角 α (°)	偏角 α' (°)	单元渗流坡降 J_x	单元渗流坡降 J_z	抗滑摩阻力 (kN)	滑动力矩 (kN·m)
1	42	37.2	51.2	46.5	0.379	0.076	77.93	16 305.4
2	15	36.1	43.2	38.1	0.286	0.086	40.04	4 968.6
3	15	38.6	39.8	38.1	0.214	0.086	42.55	4 958.8

续表 3-4

单元编号	单元面积 Δ (m²)	单元重心 半径距 r (m)	单元重心 偏角 α (°)	偏角 α' (°)	单元渗流坡降 J_x	单元渗流坡降 J_z	抗滑摩阻力 (kN)	滑动力矩 (kN·m)
4	35	32.1	34.8	27.2	0.33	0.08	111.29	8 992.4
5	35	34.8	31.7	27.2	0.33	0.08	111.29	9 713.6
6	35	33.8	23.8	19.6	0.314	0.04	120.09	7 653.8
7	42	37.5	21.0	19.6	0.275	0.018	142.90	9 498.0
8	37.5	31.2	7.4	5.7	0.321	0.04	147.10	4 205.8
9	45	35.2	6.5	5.7	0.32	0.017	172.67	6 099.6
10	52.5	37.5	−1.7	−1.4	0.307	0.029	212.54	4 896.0
11	33	32.4	−16.7	−13.4	0.337	0.03	138.91	701.6
总 和							1 317.3	77 993.6

注：抗滑摩阻力 $=[(\gamma_1+\gamma J_z)\cos\alpha'-\gamma J_x\sin\alpha']\Delta\operatorname{tg}\varphi$；滑动力矩 $=[(\gamma_1+\gamma J_z)r\sin\alpha+\gamma J_x(2r\cos\alpha-R\cos\alpha')]\Delta$

第四节 模型土坝分析与几个滑坡土坝的计算验证

为了进一步分析条分法计算结果与建议的有限元法计算结果间的差别，我们设想一个模型土坝进行计算分析。所取的模型土坝为图 3-1 的已有流网。设坝高为 15 m，上游水位从 12.0 m 骤降到 4 m，均质土坝的渗透系数 $k=0.432$ m/d，给水度 $\mu=0.103\,8$，已固结不可压缩 $S_s=0$；土体湿容重为 17.35 kN/m³，饱和容重为 18.424 kN/m³，浮容重为 8.624 kN/m³，抗剪强度 $c=14.945$ kN/m²，$\varphi=21.2°$。任取一固定圆弧滑动面，如图 3-11 所示，$x_0=3$ m，$z_0=15$ m，$R=11$ m，并划分 5 个土条进行计算比较。其结果如下[3]：

按照毕肖普条分法算得的安全系数 $\eta=1.345$。若结合流网的实有孔隙水压力计算，得 $\eta=1.29$。但按照有限元法式(3-19)计算，得 $\eta=1.049$。现考察产生这种差别的原因。条分法没有正确考虑流场的水压力分布及其作用点位置。如果分析各个土条两侧的孔隙水压力，如图 3-11 所示，可知都不作用在同一水平线上。按照毕肖普条分法分析过程，只考虑了土条两侧水压力大小差值 $\Delta W=W_2-W_1$，而没有考虑水压力形成的力矩对滑动面的破坏作用，同时又把 ΔW 移植到滑动面上写力的平衡式。因此，补偿此项误差时就应把土条两侧水压力分解成一个力偶和一个差值 ΔW 的力来考虑，即取侧边水压力中的小值（W_1 或 W_2）乘两侧水压力间的高差。此修正力偶 $W(h_2-h_1)$ 当右侧水压力作用点高于左侧时将不利于稳定性，力偶为正值；反之负值。累加各土条力偶之和 $\sum M$ 应加到原计算式分母的滑动力矩项中；差值力 ΔW 与其在土条底部中心以上高度（h_1 或 h_2）乘积的力矩，累加后之和为 $\sum \Delta M$，应从分母项中减去。根据图 3-11 中的各土条侧边水压力计算结果表 3-5 中的累加值得 $\sum M=65.6$ kN·m，$\sum \Delta M=10.63$ kN·m，然后把按照毕肖普条分法式(3-8)已算得的抗滑力矩 $M_1=312.03$ kN·m，滑动力矩 $M_2=241.47$ kN·m 进行补偿和修正，则得 $\eta=\dfrac{312.03}{241.47+65.6-10.63}=1.052$。这与有限元结果 $\eta=1.049$ 基本相同。从而说明了条分法没有考虑条间水压力作用所致误差的原因。若不考虑渗流作用，用条分法式(3-8)计算，$\eta=$

1.55,用有限元法式(3-19)计算,$\eta=1.56$。两者相差甚微。这也说明,有限元法略去三角形单元体间的土压力对计算精度影响很小。

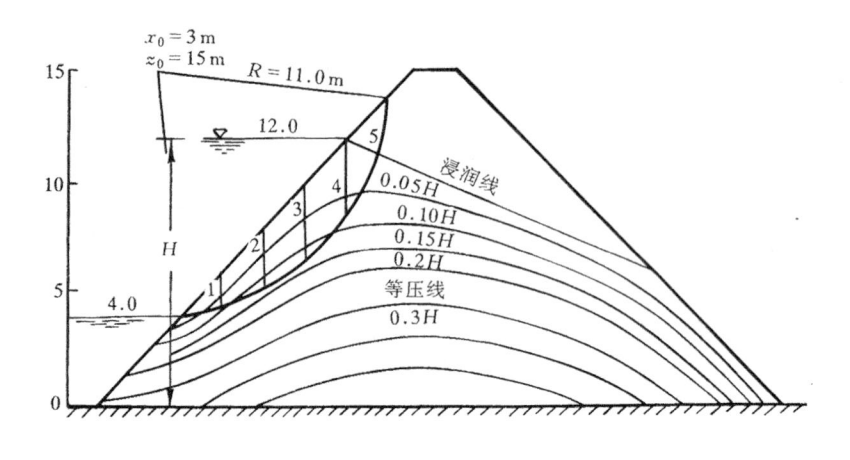

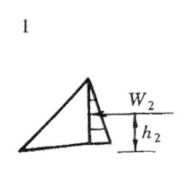

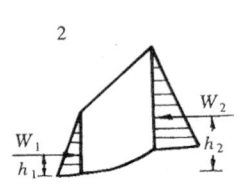

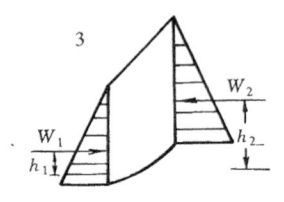

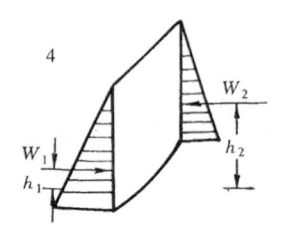

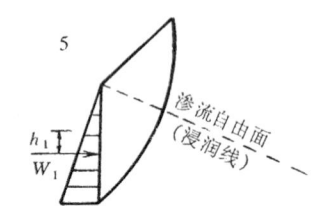

图 3-11 模型土坝上游水位骤降时滑坡分析

表 3-5 土条侧边水压力及其力偶矩的计算

土 条 号	左侧水压力 W_1(kN)	右侧水压力 W_2(kN)	W_1与W_2间的距离 h(m)	力 偶 M(kN·m)	力矩差额 ΔM(kN·m)
1	0	9.41	0	0	6.59
2	9.41	23.03	1.15	10.82	17.71
3	23.03	27.54	1.4	32.24	8.12
4	27.54	11.27	2.0	22.54	−4.88
5	11.27	0	0	0	−16.91

$\sum M = 65.6$ kN·m,$\sum \Delta M = 10.63$ kN·m。

最后将几个实际水库上的土坝滑坡问题用有限元法程序计算的结果列入表 3-6。由此说明，计算方法及其程序是可靠的。其中弓上水库土坝 1997 年加固前到现场检查，发现上游坝坡下部隆起，有滑坡迹象，应用本文有限元法程序计算，安全系数 $\eta=1.01$，而工程设计单位应用其他程序计算，结果是安全的。表 3-6 中这些滑坡土坝在设计时都用过一般条分法的总应力法核验过，安全系数 $\eta=1.2\sim1.6$。用有效应力法按照毕肖普简化法计算，$\eta>1$。只有按照流网来修正毕肖普法才能取得与表 3-6 接近的 η 值。这充分说明了必须正确考虑渗流场分布的重要性。

表 3-6　几个实际土坝滑坡稳定分析有限元法计算结果

土坝名	江西七一水库	河北岳城	山西文峪河	陕西汉阴	福建红五一	福建岭里	江苏三河	河南弓上
安全系数 η	0.99	0.923	1.02	0.93	0.999	0.96	0.91	1.01
运用情况	上游滑坡	上游滑坡	上游滑坡	上游滑坡	上游滑坡	上游滑坡	下游滑坡	上游滑坡

第五节　堤坝破坏的滑动面位置与复合滑动面

一、单一圆弧滑动面

滑坡计算中临界滑动面需要通过试找才能确定。它的位置与斜坡坡角、硬底层的深度、土质及孔隙压力等因素有关。根据一些实际破坏的堤坝分析和计算的经验，均质堤坝的滑动面多为圆弧。因为圆弧是滑动体单位土体的最小边界面。临界滑动圆弧的位置如下：(1)地基土抗剪力弱而坝体土料强时，临界滑动圆弧将不通过坝脚而通过较深的地基，如图 3-12 所示；(2)地基土抗剪力强而又不透水的最坏情况，临界滑动圆弧可能与地基面相切(图 3-2)；(3)地基与坝土强度相同，临界滑动圆弧多半通过陡坡段的底脚(图 3-13)。

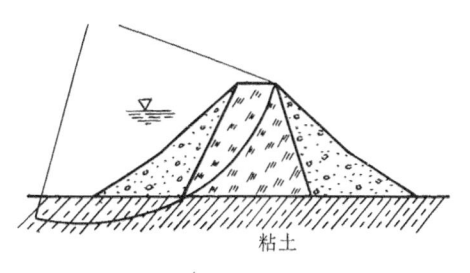

图 3-12　地基弱的坝体滑动

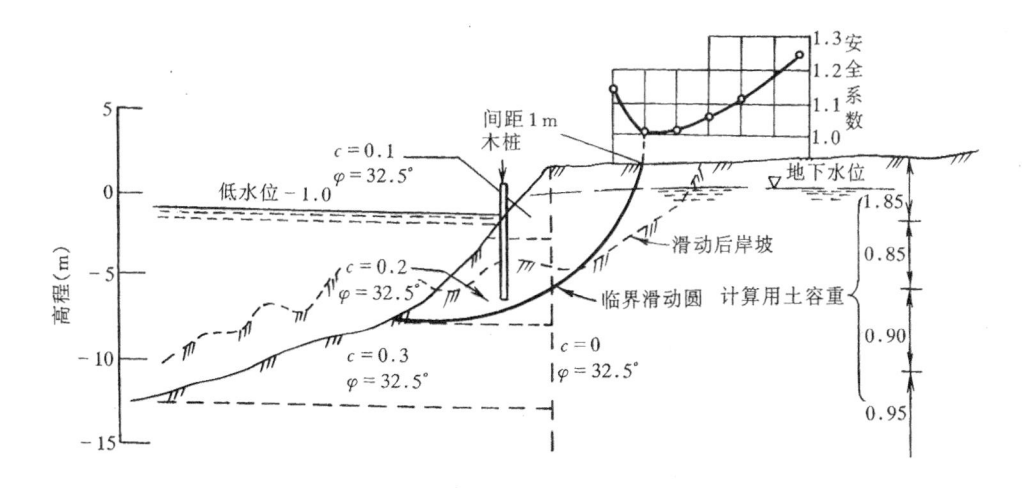

图 3-13　地基和坝体地质相同时的滑动

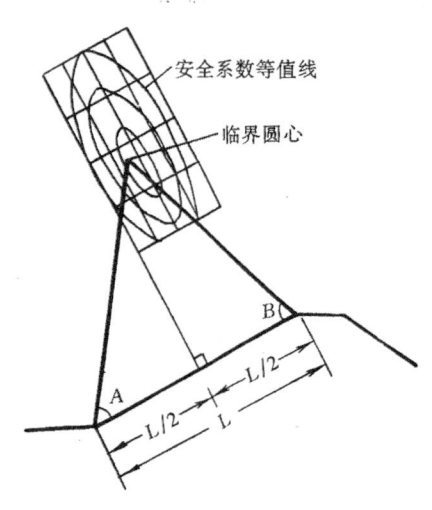

图 3-14 临界滑动圆心的试算位置

滑动圆弧的圆心离开斜坡水平投影的中垂线的大致距离为 $R\sin\varphi$(摩擦圆半径),经常在斜坡垂直平分线的靠上面一侧的附近。在试找过程中,可以根据滑动安全系数的等值线大致是一个椭圆的特性找几个圆心位置计算比较,求得最小安全系数,最小安全系数对应的圆心即为所求。等值线椭圆的长轴垂直于斜坡,而且几倍于短轴,如图 3-14 所示。司喷色、柏特等人为了避免试找麻烦,曾给出确定滑动临界圆弧位置的曲线,取在由坝坡三分点引出与坡面垂直线的带形内,最低点在上三分点的高程处,最高点在高出坝顶约 2 倍坝高的位置。带形范围更缩小一些,就是坝坡中垂线偏上的附近区带(图 3-14)。在上游水位急降时的上游滑坡,由于渗流作用,滑动圆心靠近坝坡,属于局部滑动;而且最危险滑弧位置随着库水位下降过程也逐渐下移,但是在地震力作用下,最危险滑弧就向坝体内部伸展而形成大圆弧的整体滑动。

二、复合圆弧滑动面[1]

复杂地基的或分区土坝剖面的滑动面不一定是单一的圆弧。例如:粘土心墙砂壳坝,当砂壳施工压实较差而滑坍时经常会与心墙脱开一段,如图 3-15 所示,因为土坝接触面 CD 的剪阻强度最小,最危险的滑动面可能是 ADC;同时在水位骤降时,由于 DE 段没有孔隙水压力,故沿着 ADE 面的滑动可能性不大。我国沂河上的跋山水库及汶河上的岸堤水库等土坝,上游的砂壳滑坡就与图 3-15 相类似。在软土淤泥地基上修筑堤坝,由于地基上孔隙水压力随着填土压重而增大,经常在填土高度 8~10 m 左右时就会遭到滑坡,其滑动面也不是单一圆弧。图 3-16 所示是淮河入江水道拦河坝施工时的一次滑动剖面。该坝河床为灰色粉粘土淤泥,厚 4~8 m,$c=6$ kPa,$\varphi=5°$,压缩系数为 0.003 cm²/N,渗透系数为 10^{-4} cm/s;最上面为 0.1~0.3 m 的薄层浮淤,再下为粉质粘土;施工方法,在下面 6.0 m 高程以下为水中倒土。施工期间,每筑高到 13.0 m 高程以上,就开始滑坡。1969 年 12 月 13 日到 1970 年 3 月 27 日就发生滑坡 8 次。其中 6 次为向下游滑坡,坝顶最宽裂缝达 1.45 m,下沉最大达 1.9 m,坡脚处 8 m 高程的平台隆起 0.3 m,平移 0.63 m。因此不得不放慢填筑速度,并增添 9.5 m 高程的

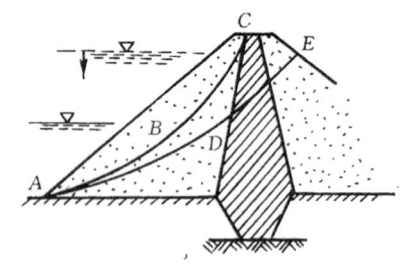

图 3-15 沿心墙面脱开的滑动面

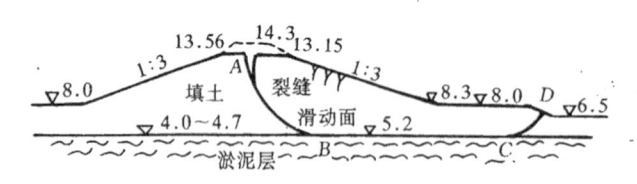

图 3-16 淤泥上筑坝的滑动实例
（三河拦河土坝）

平台放宽断面。滑坡是沿着孔隙水压力较大、抗剪强度最小的浮淤面进行的,所以,这种浅层复式滑动面 ABCD 即呈图 3-16 所示的沿浮淤面一条直线的两端各接一近似圆弧。

复合滑动面的事例,国外很多。例如,美国盆豆屯堤防的破坏如图 3-17 所示,也不是一个单一圆弧。该坝滑陷的主要原因为,在堆筑期间当堆土接近 10 m 高时,厚约 3~4 m 软粘土基中孔隙水压力很大,(超静水压力接近堆土荷重)来不及消散,沿抗剪最弱(接近于零)的饱和粘土地基很快地整体滑动破坏。显然,这个滑动面应是一个如图 3-17 所示的圆弧接着一条直线或另一平缓的圆弧。又如,英国金佛德水库的心墙土坝建造在有一层厚约 1 m 的黄色软粘土地基上,当堆筑到约 8 m 高时,即沿粘土层整体向下游滑动,并沿表面出现很多裂缝,产生与上例相似的复合滑动面,如图 3-18 所示。

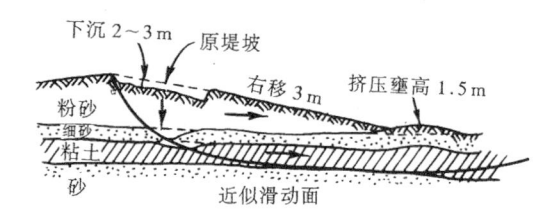

图 3-17 软粘土上筑堤的滑动实例
(Pendleton 土堤)

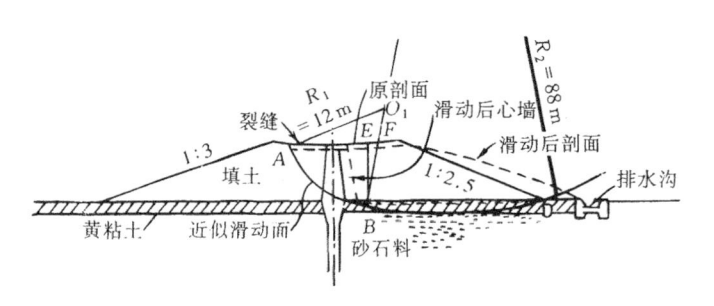

图 3-18 软粘土层上的心墙土坝滑动实例
(Chingford 土坝)

关于两个圆弧衔接的复合滑动面的稳定计算,可将单一滑弧方法加以引申,并同样采用划分土条或三角形单元的步骤。现就以图 3-18 所示滑动为例,介绍复合滑动面的稳定计算方法。临界滑动面由 $R_1=12$ m 与 $R_2=88$ m 两个圆弧相切组成,则首先考虑包含在圆弧 1 内的部分 ABF 的稳定性。我们假设沿 ABD 面抗滑的安全系数为 η 时,则土体部分 ABF 的阻抗力矩为 $R_1 \sum_A^B \frac{sl}{\eta}$。其中 l 为在一种土料中的土条的弧长,s 为其相应的剪力强度。同时该部分土重 G_1 绕圆心 O_1 的破坏力矩为 $G_1 a_1$。它所超过阻抗力矩的数值将沿 BF 或 BE 传给下一部分土体。为确定此侧向传递压力,可合理假定侧压力垂直于 BF 并作用在 1/3 高度处(为更加简便起见,也允许假定 BE 为左右两块土体的分界线,而且侧压力在水平方向作用到 1/3 高度处。不过,此时尚须修正所包围的第 1 部分土体重量)。此时,第 1 部分土体的侧向压力则为

$$P = \frac{G_1 a_1 - R_1 \sum_A^B \frac{sl}{\eta}}{a'_1} \qquad (3-26)$$

式中:a'_1 为侧向压力 P 绕圆心 O_1 的力臂;a_1 为 G_1 的力臂。

其次,考虑第 2 部分土体的稳定性。破坏力为该部分土重 G_2 与侧压力 P,而阻抗力则为沿 BD 的土料剪力强度。如果阻力绕圆心 O_2 的力矩等于破坏力绕 O_2 的力矩时,则

$$Pa'_2 + G_2 a_2 = R_2 \sum_B^D \frac{sl}{\eta}$$

式中:a'_2 为 P 绕 O_2 的力臂;a_2 为 G_2 的力臂。将式(3-26)的 P 值代入上式即得安全系数

$$\eta = \frac{\frac{a'_2}{a'_1} R_1 \sum_A^B sl + R_2 \sum_B^D sl}{\frac{a'_2}{a'_1} G_1 a_1 + G_2 a_2} \tag{3-27}$$

式中,分子为两个圆弧滑动面上的抗滑力矩之和,分母为两弧包围土体的滑动的力矩之和,可按照上节单一圆弧滑动的有限元法计算。

对于图 3-18 所示土坝的复合滑动面,根据两种假定的分界面(BF 或 BE),库灵(Cooling,1942)计算的 η 分别为 1.05 及 1.06。他假定侧压力作用在 1/2 高度处时,η 分别为 0.99 及 1.0,说明了该坝滑动破坏的趋势。

若以 M'_1、M'_2 分别表示两个圆弧滑动面上各绕其圆心的抗滑力矩,M_1、M_2 分别表示两个圆弧包围土体绕其圆心的滑动力矩,则式(3-27)尚可表示为

$$\eta = (\frac{a'_2}{a'_1} M'_1 + M'_2)/(\frac{a'_2}{a'_1} M_1 + M_2) \tag{3-27'}$$

式中 a'_1、a'_2 为分界线 BF 上侧压力 P 分别绕其圆心的力臂。设 P 垂直于分界线作用在 1/3 高度处。

因为抗滑力发生在圆弧滑动面上,所以小圆弧内 BEF 部分土体单元体积力的铅垂分量作用到大圆弧时应采取软基的土力学指标 c'、φ 值。程序安排寻找最危险滑弧位置时,可先设定软基表层内平直微凹的大圆弧,再向坝体内延伸小圆弧。我们对于海淤软基上的海堤计算比较了多组堤坡抗滑稳定性。比较结果表明,用复合圆弧法计算的安全系数比单圆弧法的安全系数小 0.1 左右。

三个圆弧前后衔接的复合滑动面,同样可利用此法引申计算。例如软弱层地基上又有覆盖层或人工压盖土层时,其滑动面就应在第二个平缓大圆弧后面再接第三个圆弧穿出表层土。因为采用圆弧滑动面容易取得静力平衡计算的理论根据,所以把沿浮淤面的近似直线滑动面仍作为半径很大的一条平缓圆弧考虑,如图 3-19 所示。这样,可按照前后两个圆弧包围的土体分别计算 P_1 和 P_2。

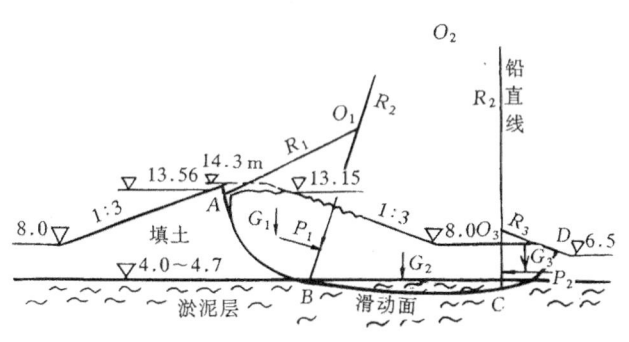

图 3-19 三圆弧复合滑动面计算方法示意图

$$P_1 = \frac{G_1 a_1 - R_1 \sum_A^B \frac{sl}{\eta}}{a'_1} \qquad P_2 = \frac{R_3 \sum_C^D \frac{sl}{\eta} - G_3 a_3}{a'_3}$$

式中:a'_3 为 P_2 绕 O_3 的力臂;a_3 为 G_3 的力臂。

再对中间大圆弧包围的滑动土体写力矩平衡式,并以 P_1、P_2 的值代入之,整理即得安全系数

$$\eta=\frac{\frac{a'_2}{a'_1}R_1\sum_A^B sl+R_2\sum_B^C sl+\frac{a'_2}{a'_3}R_3\sum_C^D sl}{\frac{a'_2}{a'_1}G_1a_1+G_2a_2+\frac{a'_2}{a'_3}G_3a_3} \tag{3-28}$$

或表示为

$$\eta=(\frac{a'_2}{a'_1}M'_1+M'_2+\frac{a'_2}{a'_3}M'_3)/(\frac{a'_2}{a'_1}M_1+M_2+\frac{a'_2}{a'_3}M_3) \tag{3-28'}$$

上式分母中的第三项，一般由于 a_3 是负值，故也常是负值。分母三项为滑动力矩之和，分子三项为抗滑力矩之和，仍可各按照单一圆弧有限元算法进行计算。有时也可不分单元，直接用圆弧包围的三块土体近似计算。图 3-19 的计算结果 $\eta=0.914, R_1=20$ m，$R_3=171$ m，$R_3=6$ m，验证了该坝发生的滑坡破坏。

最后，对于任意复合滑动面，为了计算方便，尚可设一个公共的或虚构的力矩中心，按照力矩平衡式计算安全系数。

三、折线滑动面

对于浅层滑坡的任意折线滑动面，为了简便，可作如下近似计算。

现以非粘性土为例，如图 3-20 所示，援引前面所述，设任一单元(三角形或条形)体积力的水平和垂直分量为 X 及 Z (参见式(3-23))，则沿滑动面 DC 的滑动力为

$$\tau_1=\sum(Z\sin\beta_1+X\cos\beta_1) \tag{3-29}$$

抗滑力为

$$s_1=\sum(Z\cos\beta_1-X\sin\beta_1)\mathrm{tg}\phi'_1/\eta \tag{3-30}$$

土体 $BCDE$ 沿 DC 传给土体 ADE 的力应为

$$P=\tau_1-s_1$$

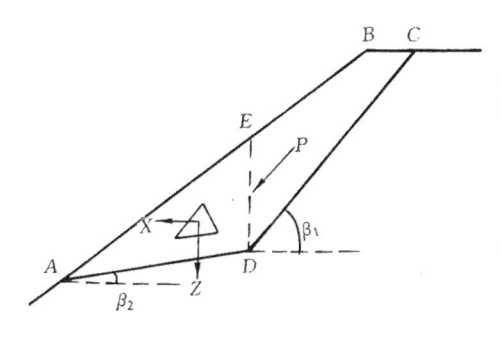

图 3-20 折线滑动面

P 分解为 AD 面上的切向滑动力与法向力所引起的抗滑力分别为 $P\cos(\beta_1-\beta_2)$ 与 $P\sin(\beta_1-\beta_2)\mathrm{tg}\phi_2/\eta$。

同样考虑土体 ADE 沿 AD 面的滑动力

$$\tau_2=\sum(Z\sin\beta_2+X\cos\beta_2) \tag{3-31}$$

与抗滑力

$$s_2=\sum(Z\cos\beta_2-X\sin\beta_2)\mathrm{tg}\phi_2/\eta \tag{3-32}$$

则根据沿滑动面极限平衡理论可知抗滑力与滑动力相等，所以由上两式求得沿折线 CDA 面的抗滑安全系数为

$$\eta=\frac{P\sin(\beta_1-\beta_2)\mathrm{tg}\phi_2+\sum(Z\cos\beta_2-X\sin\beta_2)\mathrm{tg}\phi_2}{P\cos(\beta_1-\beta_2)+\sum(Z\sin\beta_2+X\cos\beta_2)} \tag{3-33}$$

η 计算时可先设 $\eta=1$ 求出 P 值代入上式算出 η 再修正 P 代入上式。式中 X、Z 为三角形单元体积力的水平及垂直分力，见式(3-23)。

四、沿土工膜滑动与加筋抗滑

最简单的浅层滑动发生在堤坝坡面的防渗薄膜结构中,因此必须考虑土与织物滤层或土工膜之间交界面的抗滑稳定性。如图 3-21 所示的合成橡胶膜防渗,当上游水位下降时,根据算出的覆盖在膜上土及护坡滤层中的流场,援引上例可用下式计算沿膜滑劝安全系数。

$$\eta = s/\tau = \frac{\sum (Z\cos\beta - X\sin\beta)\text{tg}\phi}{\sum (Z\sin\beta + X\cos\beta)} \quad (3-34)$$

若护坡覆盖土中的水面同步下降,则可认为水面以上无渗流,$X=0$,$Z=\gamma_1\Delta$(γ_1 为湿土容重,Δ 为单元的面积)。代入上式,则得

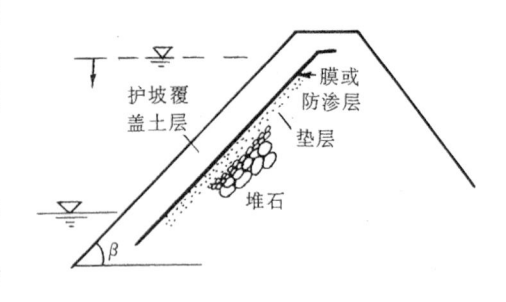

图 3-21 沿土工膜滑动

$$\eta = \frac{\gamma_1 A\cos\beta\text{tg}\phi}{\gamma_1 A\sin\beta} = \frac{\text{tg}\phi}{\text{tg}\beta} \quad (3-35)$$

复合土工膜与砂砾间摩擦系数可取 $f=\text{tg}\phi=0.5$,则当 $\eta=1$ 时的极限平衡状态下 $\text{tg}\beta=0.5$,边坡就必须缓于 1∶2。

若护坡覆盖土排水不良,其水面下降很慢或基本不降时,则必须考虑坡面土中的渗流场,由式(3-34)可知 η 将大减。现设护坡面土层中渗流与坡面平行,即渗透坡降 $J=\sin\beta$,则式中的三角形单元体积力分量 X、Z 为

$$X = \gamma J_x \cdot \Delta = \gamma\sin\beta\cos\beta \cdot \Delta$$
$$Z = (\gamma'_1 + \gamma J_z)\Delta = (\gamma'_1 + \gamma\sin^2\beta)\Delta$$

代入式(3-34),简化可得

$$\eta = \frac{\gamma'_1\cos\beta\text{tg}\phi}{(\gamma'_1 + \gamma)\sin\beta} = \frac{\gamma'_1\text{tg}\phi}{(\gamma'_1 + \gamma)\text{tg}\beta} \quad (3-36)$$

式(3-36)就相当于膜上覆盖土整体滑动力是土水一起滑而取饱和容量($\gamma'_1+\gamma'$),抗滑力分子项取有效重 γ'_1 计算。饱和渗流场的有效重即土体浮容重,设 $\gamma'_1=11\ \text{kN/m}^3$,水容重 $\gamma=9.8\ \text{kN/m}^3$。用此式计算,上例 $\eta=0.529$;欲使沿膜面不滑动,即 $\eta\geqslant 1$ 时,边坡必须缓于 1∶3.8,透水性小的粉砂淤泥上,其与膜的摩擦系数又远小于砂砾石。

由上例情况比较计算可知,保护土工织物薄膜的压盖土层应采用强透水的砂石料,以防止下滑。至于膜的下面接触面,由于孔隙水的压力作用于膜也传给下面的垫层产生摩擦力,故滑动力与抗滑力均可用饱和重计算,结果就与式(3-35)相同了,滑动可能性较小。

土工织物及薄膜有强度高、弹性好、耐磨及滤水保土等优点,用于堤坝防渗排渗渐多,而且逐渐发展为用复合式膜增加抗滑排水的作用。关于其抗滑稳定分析问题,流行文献中还没有交代清楚,故在这里赘述,并举一加筋抗滑计算实例。

五、加筋抗滑计算示例

图 3-22 所示为德国一工程实例设计的边坡防渗层封闭系统。该系统由无纺土工织物、土工膜、排水垫层、加筋土格网及护坡压盖土等层次组成。无纺织物与土工膜也可是复合式的封闭层。为避免土工膜封闭层传递剪应力过大而受损,则在此较陡的坡(如坡比为 1∶2,

tgβ=0.5),可采用较光滑土工膜,以减轻其剪应力,并铺设加筋格网补强来承受剩余的剪应力。陡坡面斜长 $L=34$ m,分三段考虑加筋,即按照每段长 $l=11.5$ m 设计加筋格网所承受的抗滑拉力 T_G。此三段加筋分别锚固在坡顶及沿坡面两级平台上的沟中。

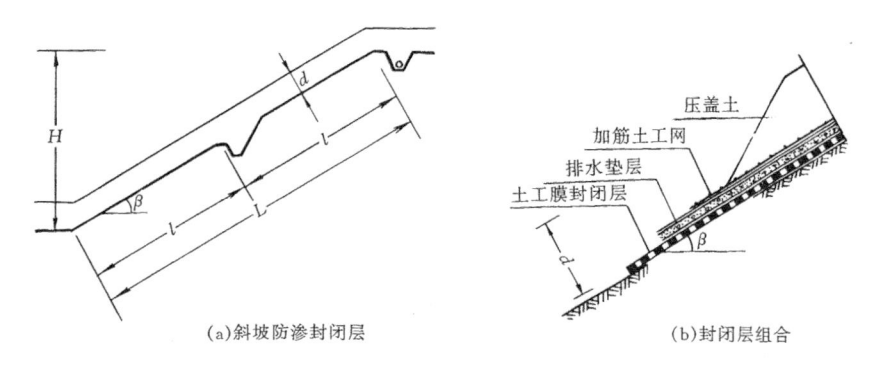

图 3-22 土工膜加筋抗滑设计示意图

此时应用式(3-36)计算,仍应把与加筋拉力 T_G 相应的护坡压盖土截面积 $\sum\Delta=ld$ 补写式中,即式(3-36)应写为

$$\eta = \frac{\gamma'_1 ld\,\text{tg}\varphi + T_G}{(\gamma'_1 + \gamma)ld\,\text{tg}\beta} \tag{3-36'}$$

当压盖土层呈饱和渗流时,其厚度设为 $d=0.5$ m,$l=11.5$ m 土的浮容重 $\gamma'_1=11$ kN/m³,水容重 $\gamma=9.8$ kN/m³,土工膜上面摩擦角设为 $\varphi=20°$,tg$\varphi=0.364$,tg$\beta=0.5$,,并按照德国标准 DIN4084 取安全系数 $\eta=1.3$,代入上式可得加筋承受拉力

$$T_G = 37.3 \text{ kN/m}$$

其次计算此段加筋 $l=11.5$ m 的锚固措施后的安全系数,经过挖沟压埋锚固计算可知,挖沟深需达 0.8 m。因为分段锚固的上部加筋受拉力最大,故用强度大的筋。同时还应考虑施工期间重型机械,或其他荷载的作用(因为其往往比最终使用期间所要求的 T_G 还大),以及加筋伸长是否会影响安全等问题。

若护坡压盖土层不是完全饱和,例如在暴雨条件下,只有部分土层厚度饱和,则应用式(3-36')计算时,就应采取相应的截面积和合理的土容重 γ_1。

加筋抗滑措施在德国堤坝设计中早已采用,早年是用钢筋网,现在是用土工网。土工网更为经济耐用,值得推广。在圆弧滑动计算时应用上述原理,同样容易推导出有限元计算公式。例如在海淤土上堆筑海堤,可在淤泥表面铺一层加筋土工网再堆筑堤身。此时的加筋计算,若设计允许加筋抗拉强度为 T_G,加筋网与滑弧交点 B 的半径 R 偏离铅垂线的夹角为 α'',则应用有限元计算公式(3-19)或式(3-21)时,只需在其分子项再加一项抗滑力矩 $M'=RT_G\cos\alpha''$ 即可(图3-23)。

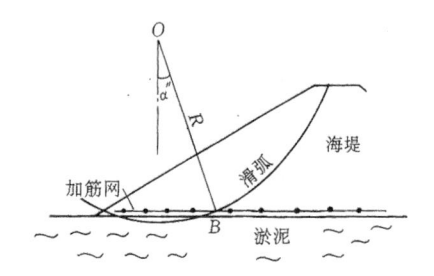

图 3-23 海淤地基加筋网抗滑计算示意图

若设计加筋网抗拉强度 $T_G=20$ kN/m,则算得的浙江省海淤上堤防的抗滑安全系数就提高到 1.15。沿海一带芦竹、芦苇很多,将其铺在堤底用以抗滑,也甚为理想。至于堤坝本身

的加筋抗滑，其要求当与加筋方位有关。

第六节　滑坡计算中的危险水力条件

滑坡稳定分析时，必须选取控制设计的危险水力条件。这些条件可分五种情况叙述[1]。

一、库水位下降时的迎水坡（参看图 3-1、3-2）

迎水坡的最不利情况为长期蓄水后水位骤降所引起的滑坡。这种滑坡主要是由于孔隙水压力来不及消散形成向边坡渗流所致。因此，水位骤降时的均质土坝，在不透水地基上应比透水地基上的安全性差。从理论上说，库水位降到最低时，其安全系数应为最小；但是当水位降到半空时安全系数减小的趋势已很缓，而且一般上游坝坡均覆盖强透水砂石料（或者是砂壳心墙坝），尤其是在坝脚处，经常有堆石体；这些起主要剪阻力的砂石料原来是依赖于材料的浮容重，而库水位放空时就决定于材料的总重。于是计算上游坝坡稳定时会发生库水位半满或部分满时的安全系数比完全空时的更小的情况。故最危险水位就需要根据具体坝型比较试算半空到全空的几种水位骤降情形来确定。有一些文献给出的最危险的水位下降位置约在 1/3 高度处。

上游水位骤降，一般是指水位降落很快，以致在降落过程中没有显著的水量从土体中排出，土体中仍全部充水饱和，坝体内的自由水面或浸润线基本保持不变。此时的土坝自由面可看作是一个地下水补给面，可以按照稳定渗流计算找出骤降水位流网。缓降是指在上游水位的降落过程中，土中充水饱和的自由面也有显著下降。此时，可沿流线找出各时段的自由面位置及其流网，以便核算坝坡的抗滑安全性。

雷纽斯（Reinius，1948）考虑到土体压缩性和含气泡的影响，又把一般骤降区分为急降和瞬降。如果在骤降过程中，压缩性和气泡的影响若有时间来消除，此时的骤降就称为急降；若来不及消除，此时骤降就称为瞬降。雷纽斯分析得出，瞬降到急降形成稳定流态时需要有一个孔隙水流的加速过程。他计算了加速度、水和土的压缩性、气泡等因素的影响，结果表明，气泡对达到稳定流态的迟后现象的影响最为显著，其次为土的压缩性。他计算不透水地基上边坡为 1∶2 的均质土坝，假设紧密砂中含气泡量为孔隙体积的 5% 时，各主要因素影响达到稳定流态的延迟时间随着坝高 10～50 m 和透水性 $k=10^{-2}\sim10^{-4}$ cm/s 而不同，压缩性影响只有不足一分钟到几小时，而气泡影响却有几十分钟到几十天之久。

水位骤降，由于孔隙水压力减小后气泡体积膨胀，并排挤孔隙水，因而有阻止孔隙水压力减少的作用，且将减小土的有效法向应力及剪应力，对边坡稳定很不利。这种影响程度，主要决定于气泡含量及土的压缩性和透水性。这些方面尚待进一步研究。

为了便于设计时分析坝坡稳定性，需要一个鉴别骤降和缓降的具体指标，或者库水位下降后坝体内自由面位置。目前一些文献大致以相对比值 $k/(\mu V)$ 作为判别降落快慢的依据。k 及 μ 为土的渗透系数和给水度，V 为上游水位的降速。此判据可以理解为土体孔隙中水质点降速与库水位降速的比值关系。流网计算渗流自由面在时段 Δt 内沿流线方向的移动距离应与孔隙水流速 $v'=\dfrac{v}{\mu}$ 有关，即 $l=\dfrac{v}{\mu}\Delta t=\dfrac{\Delta t}{\mu}k\dfrac{\Delta h}{\Delta l}$，又因时间与库水位降速和降距有关，即 $t=\dfrac{H}{V}$，故有

$$l = \frac{k}{\mu V} \frac{\Delta t}{t} H \frac{\Delta h}{\Delta l} \tag{3-37}$$

上式说明了采用此组合参数的合理性。H 为水位落差,$t=H/V$。很明显,当 $k/(\mu V) \to 0$ 时,坝体内自由面在库水位下降过程中几乎不变动,自然为骤降;当 $k/(\mu V) \to \infty$ 时,自由面下降速度几乎和库水位降落速度相同,这时库水位降落就没有渗流安全问题。施尼特和策列(Schnitter and Zeller,1957)通过试验后认为,在 $k/(\mu V) < 1/10$ 时,自由面下降极缓,可以按照库水位骤降考虑问题,计算坝坡稳定时应采用完全饱和土体;若 $k/(\mu V) > 10$ 时,孔隙水将与库水位同步下降,随之泄尽,渗流对稳定性没有影响;在它们之间可以按照缓降考虑问题。谢斯塔可夫(Шестаков,1960)认为,$k/(m^2 \mu V) < 1/20$ 时可按骤降考虑问题,m 为上游坝坡坡率。乌里希(Uhlig,1962)研究了这个指标的范围,即 $0.25 < k/(\mu V) < 100$,并给出了包括坡率在内的计算浸润线或自由面下降的甚为复杂的经验公式。勃劳恩斯(Brauns,1977)对有排水底层的坝坡试验研究后认为,$k/(\mu V) < 1/10$ 时为骤降,$k/(\mu V) > 5$ 时为同步下降。上述这些指标,管理运用水库时可以参考。放空水库时,库水位下降速度不能太快,以保证上游坝坡的稳定。

从上述已有研究成果可以断言,取相对比值 $k/(\mu V)$ 作为库水位降落快慢的指标来判别对坝坡稳定性影响的大小,是合理的。因为研究的坝型和条件不同,各研究者给出指标的数据大小也不同。根据我们对上游坝坡排水条件不好的均质土坝和心墙砂壳坝的分析计算结果,也可以规定:$k/(\mu V) < 1/10$ 时为骤降,此时坝体内渗流自由面在库水位降落后仍保持有总水头的 90% 左右,故可近似认为自由面没有下降,而用原有稳定自由面作为坝坡稳定分析的最危险水力条件,以策安全;$k/(\mu V) > 60$ 时,库水位下降很慢,此时,坝体自由面只保持有总水头的 10% 左右,已不致影响坝坡的稳定性,可以不必考虑下降速度的影响;当 $k/(\mu V) > 100$ 时,自由面就与库水位同步下降。因此,只有在 $1/10 < k/(\mu V) < 60$ 时,应当按照实际下降过程计算自由面的下降位置,以便设计一个安全经济的坝坡断面。

为了水库运行管理的方便,上面的建议数据也可按照一般均质土坝的情形大致换算为下降速度。即 $V < 0.1$ m/d 时,不必考虑该速度对坝坡稳定性的影响,可称其为慢降;$V > 50$ m/d 时可作为骤降考虑,这是实际运行中不可能发生的。一般应控制 $V < 0.5$ m/d,以避免迎水面滑坡。

自由面下降的位置对设计坝坡有决定性的意义。我们根据几个典型土坝的计算资料取自由面最高点加以分析,如图 3-24 所示。图 3-24(a)代表透水地基上的大致均质土坝,其自由面最高点在满库时的坡面与水面交点向下引的铅垂线上;图 3-24(b)代表心墙砂壳坝,其自由面最高点沿着心墙上游坡面随库水位下降而下降。设自由面最高点的水头 h_0 是以库水位最大降距 H 终了时的库水位为基面计算的,降落过程的任一时刻 t 只取到库水位降落所需总时间 T 为止(因为坝坡稳定分析时,库水位降落停止前的水位是其最危险的库水位,超过此时刻,自由面继续下降,而与库水位的高差渐小,危险程度也就渐减,在设计中不必要进行坝坡稳定核算)。这样取法就能幸运地近似得到各种参数值 $k/(\mu V)$ 情况下的直线关系为

$$\frac{h_0}{H} = 1 - m \frac{t}{T} \tag{3-38}$$

我们用几座土坝的计算结果对上式进行了验证,并确定了斜率 m,如图 3-25 所示。故得到计算渗流自由面或浸润线最高点水头的经验公式为

$$\frac{h_0}{H} = 1 - 0.31 \frac{t}{T}\left(\frac{k}{\mu V}\right)^{1/4} \tag{3-39}$$

因为已知土坝组合参数 $k/(\mu V)$ 的情况下，h_0/H 与 t/T 是直线关系，所以就能把库水位降落停止在任意所需要的位置。应用上式核算土坝上游各级坝坡段局部稳定性时，只需要将核算的库水位和时间都作为总降距 H 和总时间 T 考虑。

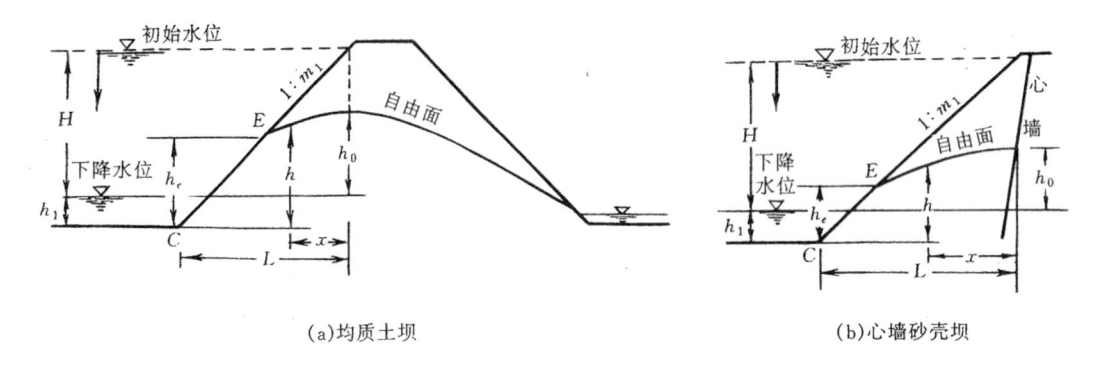

(a)均质土坝　　　　　　　　　(b)心墙砂壳坝

图 3-24　库水位降落时自由面的位置

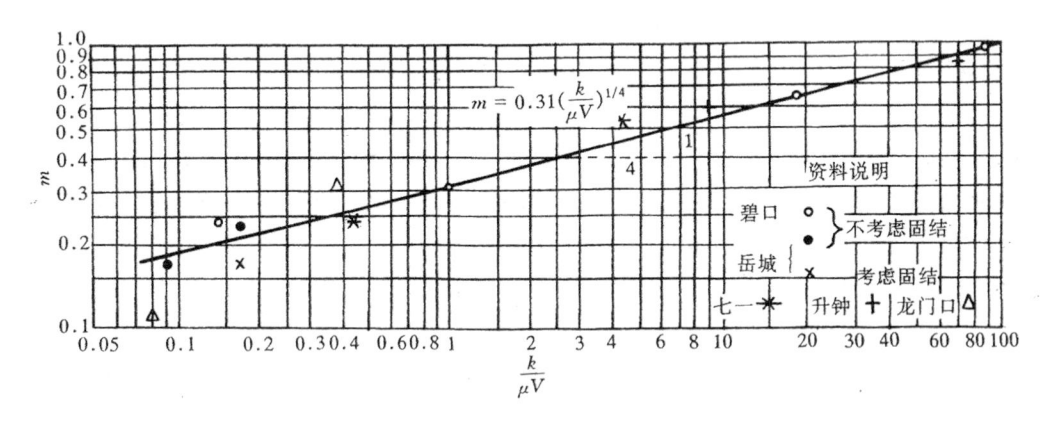

图 3-25　渗流自由面最高点经验公式的斜率验证

渗流自由面下降过程中的最高点位置 h_0 确定以后，就可应用巴甫洛夫斯基的分段法计算渗出点 E 的高度 h_e 和自由面的位置。参看图 3-24，从最高点到渗出点间坝体段的渗流量为

$$\frac{q}{k} = \frac{(h_1+h_0)^2 - h_e^2}{2(L - m_1 h_e)} \tag{3-40}$$

由渗出点 E 到透水坡脚 C 的坡面渗出流量为

$$\frac{q}{k} = \frac{h_e - h_1}{m_1}\left(1 + \ln\frac{h_e}{h_e - h_1}\right) \tag{3-41}$$

式中：h_1 为计算下降水面时的上游水深；m_1 为上游坡率；L 为计算的自由面最高点到上游透水坡脚的水平距离。都是已知值。使上二式相等解得 h_e，然后算出 q/k，再应用式(3-40)导出离开最高点的水平距离 x 处的自由面高度 h 计算式

$$h = \sqrt{(h_1+h_0)^2 - 2x(q/k)} \tag{3-42}$$

现结合四川省某水库心墙土坝上游砂石料坝壳中的自由水面下降过程说明上述计算方

法。如图3-26所示,认为粘土心墙相对不透水,上游坡面的下半部为施工围堰留下来的粘土斜墙,也可认为相对不透水,因此透水坡脚高程390.0 m就作为计算自由面高度的起点。根据库水位在12.86 d内由427.4 m急降至390.0 m的设计要求,降落总水头$H=37.4$ m,平均库水位下降速度$V=37.4/12.86=2.91$ m/d。已知坝壳土料的给水度$\mu=0.141$,渗透系数$k=3.65$ m/d,则得$k/(\mu V)=8.93$。

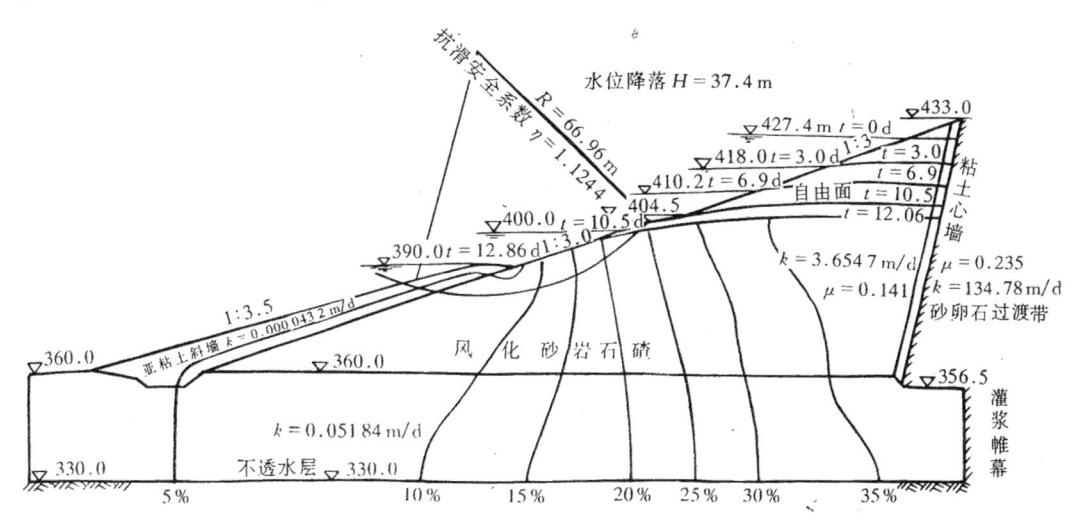

图3-26 上游坝壳中自由面的下降过程实例

例如,计算库水位下降过程中历时$t=6.9$ d、库水位降至410.2 m时的坝壳内自由面位置。首先将有关数据代入式(3-39),即

$$\frac{h_0}{37.4}=1-0.31\left(\frac{6.9}{12.86}\right)(8.93)^{1/4}$$

求靠心墙边的自由面水面最高$h_0=26.5$ m(这里h_0是由库水位下降终了时算起的,即高程为$390+26.5=416.5$ m);然后由坝断面图3-26得知$L=125$ m,$m_1=3$,$h_1=410.2-390.0=20.2$ m,代入式(3-40)及(3-41)消去q/k,则得

$$\frac{26.5^2-h_e^2}{2(125-3h_e)}=\frac{h_e-20.2}{3}\left(1+\ln\frac{h_e}{h_e-20.2}\right)$$

试算得渗出点的高度$h_e=21.8$ m,或高程$390+21.8=411.8$ m,代入式(3-40)求得

$$\frac{q}{k}=\frac{26.5^2-21.8^2}{2(125-3\times21.8)}=1.92$$

再代入式(3-42)算出离开心墙边$x=20$ m,40 m等处的水头依次为25.0 m,23.4 m等,即可绘出自由面曲线。此结果比图3-26所示的有限元法计算结果$h_0=25.0$ m,$h_e=21.0$ m稍偏高。原因是,假定390 m高程以下受斜墙防渗体阻挡不透水,与实际上坝壳深处仍有水体缓慢流动不相符,故实际水面降落稍快。

又如,计算库水位降到终了时刻$T=12.86$ d的自由面位置时,将$H=37.4$,$t/T=1$,$k/(\mu V)=8.93$代入式(3-39)先求出$h_0=17.3$ m,再由坝断面图得知$L=123$,$h_1=0$,$m_1=3$,代入式(3-40)及(3-41)算得渗出点$h_e=3.9$ m。

求出自由面(浸润线)位置,即可分析渗流作用下的坝坡稳定性。如能绘制流网来分析坝坡稳定性,则更为精确。乌里希曾对不透水地基上的心墙砂壳坝按照毕肖普圆弧法进行稳定分析。计算模型中上游砂壳边坡1∶3,心墙边坡(即砂壳内边坡)有1∶1及1∶2两种。他计算的砂壳中各级下降自由面高度的抗滑安全系数的结果是,当库水位由 H 降到底以后,砂壳中保留的自由水面 h_0 愈高,安全系数愈小,与没有渗流存在相比,要小到1/2以下。这说明,渗流对上游坝坡稳定有严重的影响,而且心墙边坡愈缓或砂壳厚度愈薄,砂壳的抗滑稳定性也愈差。

二、蓄水过快的迎水坡

上游迎水坡的危险水力条件,除上述的放空水库时的水位下降过快外,还有水库充水时水位上升很快的情况。这种情况对坝坡稳定也是不利的,尤其是在土坝建成后初次蓄水时应特别注意。因为水位上升太快,浸润饱和土的过程很长,特别是透水性小的粘性土,其浸润线很陡,甚至反坡形成 S 形,如图3-27所示。这在有限元计算过程中单元布局也常造成一些困难。此时的上下土层饱和不一致,且浸湿前锋渗透坡降很大,将导致不均匀沉陷(湿陷或膨胀),从而产生裂缝而滑坡。如图3-28所示,瑞典在湖塘中用湿冻土填筑刚施工完毕的某填土公路,两侧边坡较陡(1∶1.5),有碎石护坡,由

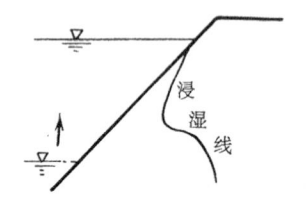

图3-27 水位上升过快时的浸湿线前锋

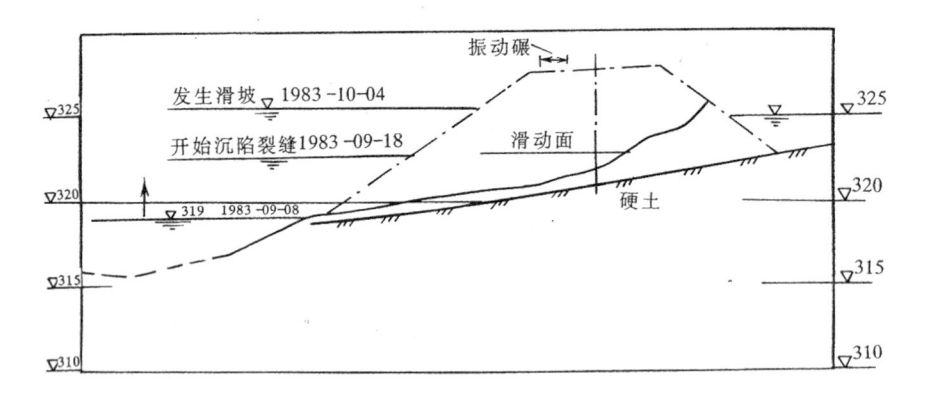

图3-28 蓄水过快的失事实例

于暴雨使两侧积水上升过快,10 d 内上升3 m,开始沉陷裂缝,又继续于8 d 内上升2 m,同时有3.3吨的振动碾在修整路面,因而造成60 m 向深塘一侧的滑坡。原因也可能是饱和土的液化,直剪试验饱和土 $\varphi=24°$,干土 $\varphi=27°$。

至于库水位上升速度的快慢,自然也应当用参数 $k/(\mu V)$ 来加以鉴别和控制。但这方面的研究成果很少,目前设计中仍然是单纯控制库水位的上升速度。如欧美的设计规定,库水上升速度不宜超过0.5 m/d。1976年,美国爱达荷州东部高达93 m 的提堂坝(Teton Dam)失事,其中一个原因就是蓄水太快(上升速度约1.2 m/d),促使粘壤土截水槽发生不均匀沉陷与水力劈裂而垮坝。

三、满库水位的背水坡

背水坡的不利水力条件为,上游长期蓄水后坝体内部已完全浸透形成稳定渗流。一般土坝下游常设有排水设施,浸润线很低,渗透力只是在滑动体的一小部分起作用。如果没有适

当的下游排水,则渗透力的作用部分(图3-29阴影部分)较大。为计算简便起见,此时的渗透力可大致假定与滑动面平行,即 $F_s=\gamma JA$。这里 J 为浸润线的平均坡降,A 为受渗流作用的面积(图中阴影部分)。因此考虑孔隙水压力时可以只用该部分土体的潜水重 G' 和渗透力 F_s 代替前面所述的 $G'+G_w$、W_1、W_2 和 U 来分析稳定性。有时有流网可以利用时,还可采用渗流阴影面积重心处 J 沿流线方向计算。乌里希按照网格分成小块单元计算并累加之,结果与用整个滑动体计算结果相比较,渗透力的数值在两种情形下甚为一致。

如果粘性土地基或沉积的弱透水天然覆盖层下面为砂而存在承压水时,此承压水使浸润线抬高,且部分滑动土体被承压水所浮托,使出渗坡降增大,更容易促使滑动,如图3-30所示。由此可理解下游排水设备穿通砂层能消减地基承压水增加抗滑稳定性的原因。

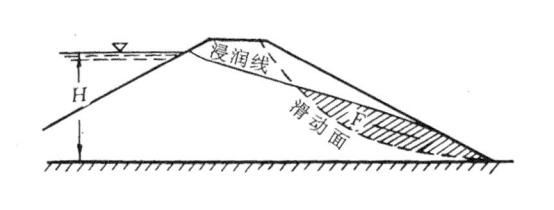

图3-29 滑动体中的渗透力作用

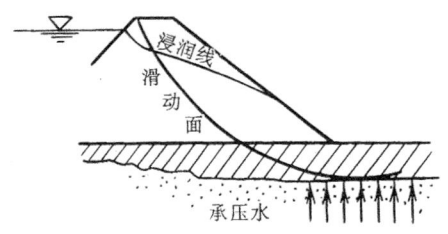

图3-30 滑动体下的承压水作用

四、降雨饱和的堤坝岸坡

土堤坝填土公路与天然岸坡降雨饱和后的渗流场(图3-31)与库水位骤降情况的渗流场颇为相似,因而也是滑坡的危险水力条件。

很多天然的河岸和铁路或运河的大开挖地带所发生的大滑坡,是由于大气降水与河岸地下水补给所造成的较高孔隙水压力的结果。这种不利的条件,尤其在地层土质构造(甚至相对透水的夹层)中有承压水时最为严重。河岸这种滑坡多半出现在河水回落期间,并且有时受低水位河水淘刷坡脚的直接影响。图3-32所示为土层很复杂的天然岸坡的一个破坏实例。这种多层土质的坍坡也多为单一圆弧的滑动面。

即使是岩石岸壁,也会由于缝隙水结冻阻碍渗流造成较高孔隙水压力。由于水库的坝址选择不当,将薄壁高坝造在似乎有利的突出陡岩上,以致在蓄高水位期间坝端的绕渗作用下形成岩石缝隙的较高孔隙水压力,促使岩层的薄弱环节(裂缝发育或断层带)

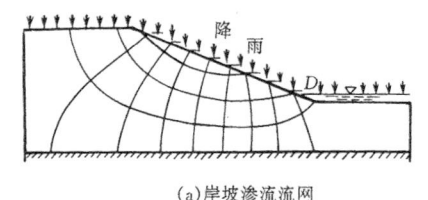

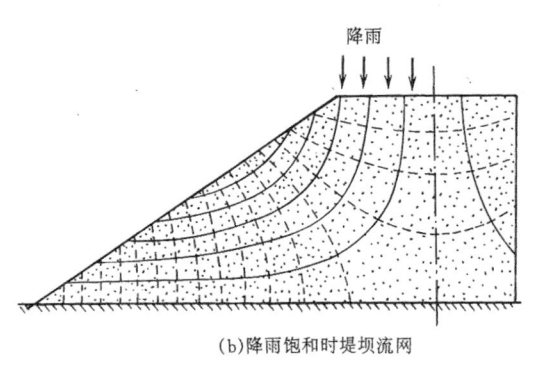

(a)岸坡渗流流网

(b)降雨饱和时堤坝流网

图3-31 降雨时渗流流网

发生张开或走动,在坝端与下游岸壁出现漏水(例如梅山连拱坝右肩1964年发生的事故,罗马尼亚Paltinu双曲拱坝左肩1982年发生的事故等),甚至崩坍破坏(例如意大利瓦依昂拱

101

坝的失事)。

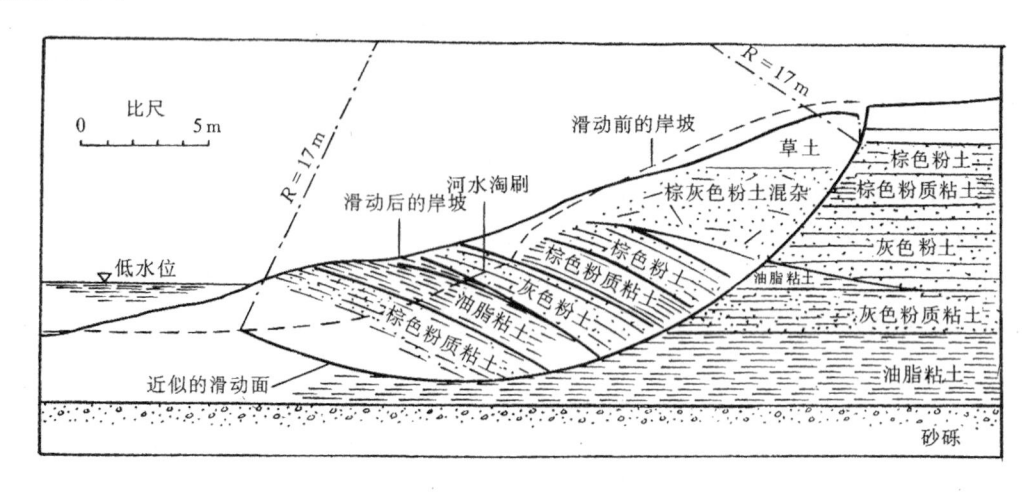

图 3-32 天然岸坡的滑动实例(Eau Brink Cut 的西岸)

五、堆筑期间的孔隙水压力

坝坡稳定的最不利情况也可能不出现正常运用期间而出现在施工期间,即所谓的施工孔压问题。一种情况是在软粘土的饱和地基上筑坝(参见图 3-16、3-17),由于填筑速度较快,上面荷重所引起的孔隙水压力来不及消散,因而在剪应力不断增加下,稳定性就大减。另一种情况是筑坝土料含水量太高,也会在坝体本身引起孔隙水压力。这两种情况也可能同时发生。

在施工情况下分析迎水坡和背水坡的一般稳定性时,需要考虑作用于地基和坝体中的孔隙水压力,即应同样按照孔压分布核算稳定性(此时可采用略大于 1 的较小安全系数)。但是,求这种土在固结过程中的孔隙水流的流网要比一般渗流困难,因此常在一些简单的假定下计算孔隙水压力,并常用超孔隙水压力或超静水压力这个概念(比排水面高出的静水头压力)计算固结和沉降等问题。

施工时的孔隙水压力主要决定于筑坝时土质的透水性和含水量、坝高和填筑速度及排水情况等。一般粘土心墙坝所造成的孔压约为所加心墙重量的 50%~60%。美国垦务局曾测得:施工孔压为所加心墙重量的 80%;在饱和软粘土地基上筑堤坝,其中的孔隙水压力几乎等于所加的土压力。很多观测资料说明:这种软粘土的孔隙水压力消散过程是极缓慢的;即使是粉土层,如果是夹层于上下的粘土层中时,谢派德(Sheppard,1995)等认为筑坝 7 年以后只

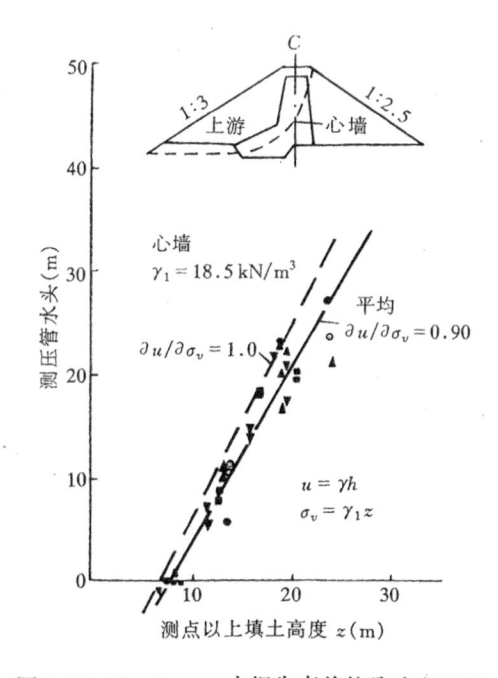

图 3-33 Carsington 土坝失事前的孔隙水压力

能够消散孔隙水压力的50%;对成层地基或粘土中夹有粉土层时,水平透水性大于垂直者,则坝底下的中心点的孔隙水压力消失时,水向侧边运动也是促使堤脚处土体向上隆起的原因之一。

施工孔压导致滑坡,尚可举出近年来英国Carsington土坝失事的例子。该坝黄粘土心墙两侧的坝壳料还设有上下多层水平排水,1984年6月刚填筑到34 m高的坝顶,就发生了穿过心墙底脚靴的上游滑坡。经过详细分析(Skempton,1985)得知心墙粘土含水量高达34%,塑限32%,流限74%,塑性指数42,粘粒含量64%,容重18.3 kN/m³,抗剪强度峰值$c'=15$ kPa,$\varphi'=21°$。测得孔隙水压力水头如图3-33所示。图示不同符号的点子表示几个不同剖面的所测压力水头。经过分析认为,失事原因为:首先,实际的孔压比$r_u=\gamma h/(\gamma_1 z)$很高(已接近于1),但常规计算采用的$r_u<0.5$;其次,采用的$c'、\varphi$参数在低压区和高压区都作了过高估计(参见参数一节);最后,条分法的不可靠问题,在高孔压比时,土条底部有效应力会很小,甚至出现负值。

六、堤防的稳定性设计水力条件

河海堤防的设计水力条件有别于上述水库土坝的设计水力条件,因为洪水猛涨比较短暂,必须考虑非稳定渗流,特别是海堤受潮位、波浪的瞬息变化,更需依照其诱发的非稳定渗流场来分析抗滑稳定性。根据沿海三种结构型式海堤的各种水力条件下的抗滑计算结果[6],认为设计水力条件应取高潮位下落过程和风浪爬高后降到波谷时两种情况比较计算非稳定渗流场作用下的上游堤坡抗滑整体稳定性;选用高潮位计算稳定渗流场作用下的下游坡抗滑稳定性。在设计波浪爬高的波浪压力脉动条件下,计算上游坡的局部稳定性。此局部冲击的中心约在风浪潮位静水面下约1/3波高的范围内。

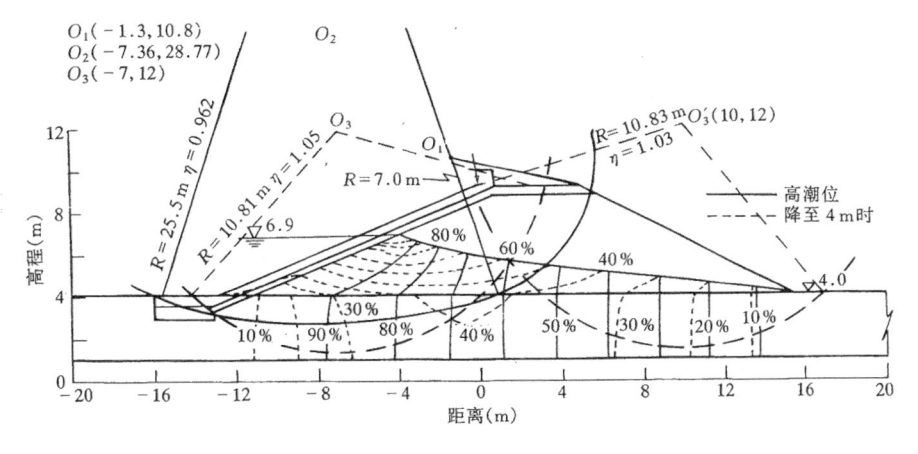

图3-34 斜坡式海堤在高潮位及潮落时渗流场分布及危险滑弧

为了说明海堤的设计水力条件,给出斜坡式海堤的计算图例,如图3-34、图3-35所示。图3-34所示为高潮位稳定渗流场的背水坡危险滑弧与潮落时迎水坡的危险滑弧。由于海淤软基,复合圆弧滑动比单圆弧滑动更趋危险。由此比较可知,稳定渗流场(实线等势线分布)与非稳定渗流场(点线)截然不同。因此,如果采用一般规范建议的稳定渗流场计算迎水坡的抗滑稳定性,自然会失真。图3-35所示为在波浪冲击作用下诱发的非稳定渗流场及其危险滑弧。其抗滑整体稳定性的安全系数基本上与图3-34相同,但渗流场等势线分布又显示出

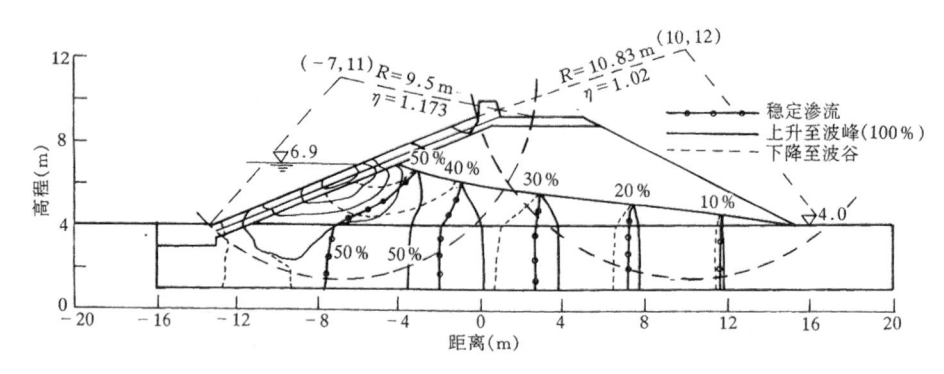

图 3-35 斜坡式海堤在波浪作用下渗流场分布及危险滑弧

坡面局部冲击破坏的危险性。实际上,海堤、湖堤的块石护坡也常被风浪冲击而被局部淘刷。根据计算分析并以风浪水槽试验验证,得出护坡抛石的稳定性公式可作参考,即块石直径应为[7][8]

$$d \geqslant \frac{0.12H(1+\mathrm{tg}\beta\mathrm{tg}\varphi)}{(s-1)(\mathrm{tg}\varphi-\mathrm{tg}\beta)} \tag{3-43}$$

换算为块石重量,则

$$W = 0.75d^3\gamma_s \tag{3-44}$$

式中:H 为波高;β 为海堤坡角;φ 为抛石的摩擦角或休止角;γ_s 为块石本身的单位重或容重;s 为块石的比重,$s=\gamma_s/\gamma \approx 2.5$。

第七节 滑坡计算中参数的选用

数值计算中有关基本参数的正确选用,关系到计算分析结果的可靠性。目前计算机的精度已高达小数点后若干位,而参数选用中的误差却会高达数量级;同时滑坡计算方法上的改进也常不及参数的影响为大,因此必须在选用参数上加以注意。

一、渗流基本参数

在渗流作用下的滑坡计算中所出现的渗流场基本参数有渗透系数 k、给水度 μ 及单位贮存量 S_s 三个。它们的室内外试验确定方法和参考数据可参阅文献[1]第十一章。主要参考数据已在第一章基本方程中引用讨论过,这里不再重述。

二、土体强度参数[5]

结合滑坡计算,主要讨论抗剪强度指标。按照摩尔-库仑定律,

$$s = c + \sigma\mathrm{tg}\varphi$$
$$s' = c' + (\sigma-u)\mathrm{tg}\varphi' = c' + \sigma'\mathrm{tg}\varphi'$$

式中:s 和 s' 分别为应力 σ 和有效应力 σ' 的抗剪强度,相当于破坏时的剪应力 τ_f 及 τ'_f;c、φ 和 c'、φ' 分别为总应力和有效应力的强度指标或参数。可由抗剪强度试验成果绘制强度包线确定粘聚力 c 和摩擦角 φ。若试验采用的是总应力 σ,得出的就是总应力指标。例如,单轴压缩试验和十字板试验所测的。若试验采用的是有效应力 σ',其相应的指标均为有效指标 c'

和 φ。例如，三轴仪上做的饱和固结不排水剪试验，同时测量破坏时刻的孔隙压力 u，经过换算得有效应力 $\sigma'=\sigma-u$，所绘制的强度包线得出的就是 c'、φ'。直剪仪上试验出的慢剪强度指标，接近有效应力指标，但须乘以 0.9 的折减系数。

应用总应力指标计算时，不需要考虑孔隙水压力的影响，因为强度指标的试验条件已被认为模拟了土体的原位情况。应用有效应力指标时，就必须知道破坏面上孔隙水压力。本章推荐的有限元法滑坡计算是紧密结合渗流场的有效应力法的，故应引用有效强度指标。下面讨论选用指标应注意的事项。

(一) 不同性状土的抗剪强度

1. 饱和粘性土的抗剪强度

不排水剪强，其正常固结土与超固结土的强度包线均为水平线，外加荷载全由孔隙水承担，其剪强不随 σ 值而改变，所以不能用不排水剪测定饱和粘性土的有效应力强度指标。固结不排水剪强，其强度包线在正常固结土为通过坐标原点的直线，超固结土的强度包线是向下微弯的曲线，其剪强高于固结土。对于有效指标，正常固结土的 φ' 大于 φ；超固结土的 c' 总是小于 c。固结排水剪强，可能大于相应的有效应力强度，但两者区别不大。这是由于排水剪破坏时 $u=0$，则 $\sigma'=\sigma-u=\sigma$，所以有 $\varphi'=\varphi,c'=c$。

2. 非饱和粘性土的抗剪强度

地下水位以上的地基土和修筑堤坝的压实土都是有一定含水量的非饱和土。由于受较大的压力作用，其特性类似超固结土。不排水剪强度包线呈下弯的曲线，如图 3-36(a) 所示。当荷载增大到一定程度，土样接近饱和时，强度包线就会趋于水平直线。按实际荷载情况的固结不排水剪可求得有效指标 c' 和 φ'。

强度包线是一下弯曲线，而设计指标 c' 及 φ' 取自直线公式 $\tau_f=c'+\sigma'\mathrm{tg}\varphi'$，但低应力区与高应力区的直线不同，如图 3-36(b)(c) 所示。显然，在设计时取用低应力区直线(L)表达的 c'、φ' 值就过高地估计了高应力区的抗剪强度，而取用高应力区直线(H)的 c'、φ' 值就过高估计了低应力区的剪度，如图 3-36(d) 所示。所以有人过于保守，主张取通过原点的直线($c'=0$)作为设计指标。由此可知，应结合强度包线在实际荷载范围内确定设计指标，否则会造成较大误差。这种误差将超过计算方法上改进的误差。

3. 无粘性土的抗剪强度

砂砾石等无粘性土的强度包线是通过坐标原点的直线，三轴仪试验成果表示为 $\tau_f=\sigma'\mathrm{tg}\varphi'=(\sigma-u)\mathrm{tg}\varphi$。直剪试验可采用慢剪试验成果作为有效指标。紧密砂的强度包线，当压力增大时，也会向下弯曲，因此按直线考虑，高应力区偏于不安全。

(二) 不同受力状况下粘性土强度指标的选用

在分析计算土坝稳定性时，有效应力法能够反映抗剪强度的本质，因而可用来计算非稳定渗流时的土坡安全系数。由于有效应力法对剪强试验条件不很敏感，变化很小，其可靠性主要取决于剪切面上孔隙水压力反映的真实程度，所以用该法分析土坝稳定性可得到较好的结果。现按照竣工后的堤坝的各个运用期来讨论应考虑选择的适当抗剪强度指标。

1. 稳定渗流期

长期在高水位下形成的稳定渗流，其流场各点的孔隙水压力及渗透力较易算得，故宜采用有效应力法来分析坝坡稳定性，既可采用三轴饱和固结不排水剪的有效应力强度指标，也可采用直剪慢剪试验的有效强度指标，但要乘以系数 0.9。

2. 水位降落期

库水位下降时，土中渗水沿坡面排出，对上游坡稳定尤为不利，更需要用渗透力来反映渗流破坏的影响。此时用有效应力法分析坝坡稳定，可准确反映荷载变化与土体抗剪强度的关系。由于滑动面大多通过饱和体、水位与荷载的变化较快及孔隙水压力不易消落等，美国工程师兵团认为此时强度指标应取用固结不排水剪和固结排水剪两种试验抗剪强度包线（依次参见图3-36(d)中的L线和H线）的最小强度包线的区段内的值。

总应力分析不能准确反映渗流作用力的条件，不宜用于此种情况。

3. 堆填土施工期

施工期的滑坡核算，因为没有渗流场的孔压分布，故也可应用比较简易的总应力法。应用有效应力法分析时，相应的孔隙压力比γ_u可采用不排水剪的有效指标。一般填土可采用$\gamma_u<0.5$，但湿土填筑时γ_u将高达$0.7\sim0.8$。应用本章推荐的有限元法时可用孔压比定出各结点的孔压水头和土的湿重代入公式计算安全系数。如能根据含水量及S_s计算非饱和渗流场，则更切合实际。这一问题尚待研究。

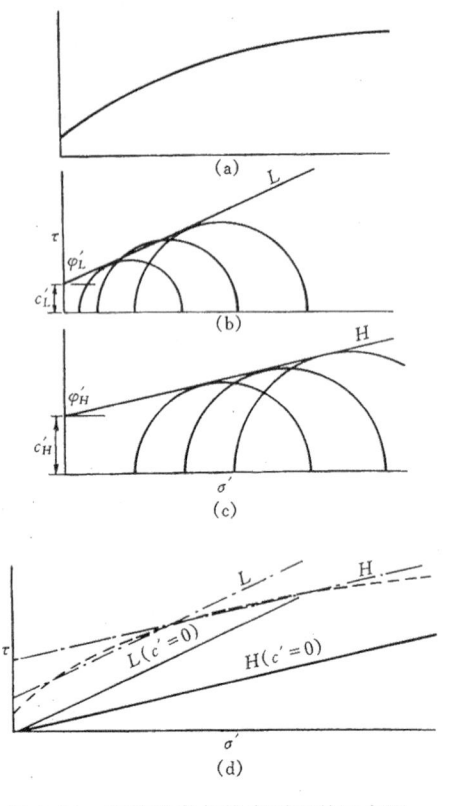

图 3-36 抗剪强度包线应用误差示意图

(三) 不同受力状况下无粘性土强度指标的选用

对于排水性能良好的无粘性土，通常只通过慢剪试验确定强度指标。在稳定分析中，通常在浸润线以上采用湿抗剪强度指标，浸润线以下采用饱和强度指标。在库水位下降期核算坝坡稳定时，对库水位降前高水位浸润线以下与降水后水位以上的无粘性土料，也常偏保守地采用饱和抗剪强度指标。

第八节 提高抗滑稳定性的渗流控制措施

提高堤坝岸坡的稳定性，固可采用碾压坚实增强土料的抗滑力学指标，也可采用放缓坡面、镇压坡脚、加块石护面、临滑抢险时打桩阻滑以及结合运用管理放低库水位（或控制放空水库速度）等方法。但消减渗流或孔隙水压力以改善渗流的水力条件和降低浸润线，仍是一个经济有效的措施。具体措施有排水减压，杜绝渗水来源，合理分区填土料及选择适宜坝型等。

一、上游坡体排水

首先讨论上游坝坡在库水位骤降时所经常采用的三种措施（图3-37），即在底部加设水平滤层，在较陡的边坡外加强透水砂石料及放缓边坡。采取这三种措施后的流网如图3-37

所示。上图为垂直渗流,其坡降 $J=1$;中图为大致沿坡面的平行渗流,其坡降 $J=\sin\beta$;下图为接近水平方向的渗流,其坡降 $J=\mathrm{tg}\beta$。勃劳恩根据这三种渗透力的不同对于一固定坡($\beta=\varphi=30°$)进行了分析比较。如图 3-38 所示,按临界坡降平衡计算方法,以抗滑力与沿坡面下滑力之比作为安全性比较,可知: $J=1$ 时,$\eta=\dfrac{\mathrm{tg}\varphi}{\mathrm{tg}\beta}=1$;$J=\sin\beta$ 时,$\eta=\dfrac{1}{1+\dfrac{\gamma}{\gamma'_1}}\dfrac{\mathrm{tg}\varphi}{\mathrm{tg}\beta}\approx\dfrac{1}{2}$;$J=\mathrm{tg}\beta$ 时,$\eta=(1-\dfrac{\gamma}{\gamma'_1}\mathrm{tg}^2\beta)\dfrac{\mathrm{tg}\varphi}{\mathrm{tg}\beta}(1+\dfrac{\gamma}{\gamma'_1})^{-1}\approx\dfrac{1}{3}$。式中:$\gamma$ 为水容重;γ'_1 为浮容重;φ 为内摩擦角。η 计算结果绘于图 3-38 中。可见,渗流方向对坝坡稳定的影响是非常大的。以同样方法计算图 3-37 的三种坝坡情况。设 $\varphi=33°$ 算得的安全系数 η 注于图 3-37 中。由此可知:底部设水平滤层,比较经济而稳定;加强透水压坡,需要砂石料很多,不甚经济,而放缓坝坡加大断面,不但很不经济,而且坝坡稳定性也差。但应当注意底部排水滤层,必须有足够的厚度和透水性,以保证渗流向下。这样,渗透力对坝坡就不会起任何破坏作用。

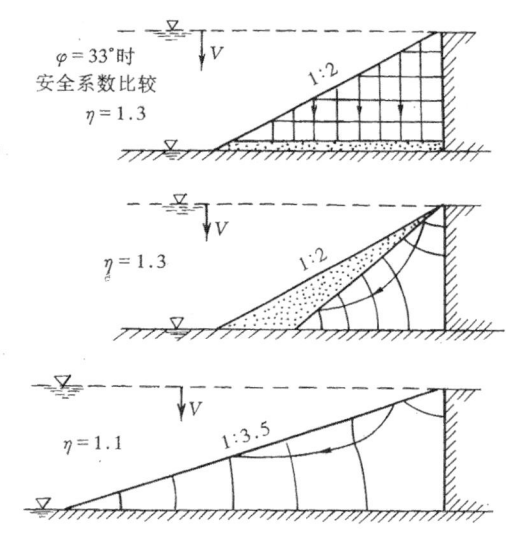

图 3-37 库水位骤降时上游坝坡的三种措施比较

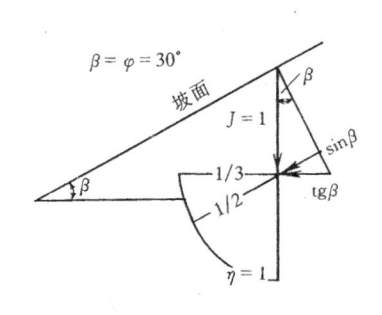

图 3-38 渗流方向对坝坡稳定性的影响

因此对迎水坡水位骤降的孔隙水压力的消除方法主要是排水,除在坡底层设排水层外(图 3-37),还可采用在上游坡坝体内平铺几层水平排水层或倾斜排水层(图 3-39),以加快排水,减轻土体中孔隙水压力和改变原来渗流沿坡面排出的方向。对图 3-39 所示的倾斜排水层,当水位上升时必须注意将空气排除,以防止气泡在水压力下集聚在坡面附近,导致破坏作用,因此应在坝顶引出通气孔。图 3-39 所示的水平排水层,由流网来看,可知库水位以上的孔隙水压力几乎是零,而且大量排水是从恰好在库水位下面那一层潜没排出的。

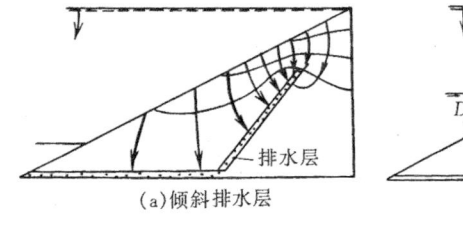

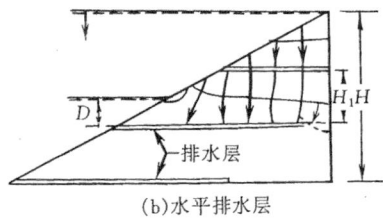

(a)倾斜排水层　　(b)水平排水层

图 3-39 排 水 层

消减土坝上游坝壳中水位骤降时的孔隙水压力,还可利用倾斜排水层;但对于均质土坝来说,最好在临界滑动面的附近设置排水滤层,如图3-40所示,设置排水滤层,主要是消减滑动面上的孔隙水压力,增强阻滑能力。这样,可使滤层既发挥下游排水作用,又发挥上游坡因库水位骤降的阻滑作用。

根据柏特(Patel,1964)的分析,临界滑动面不致由于在其附近设置垂直或倾斜的排水滤层而向上游移动,而且改变上游坡度时,其位置变化也不大。图3-40是地基土和坝体土料相同的一个分析例子。在不同的上游坡度(1:2,1:1等)时,临界滑动圆心大致在一条直线上。这条直线交于坝底以下 $0.5H$ 的坝轴线上。因此,采用图 3-40 所示的排水滤层位置,是适宜的。

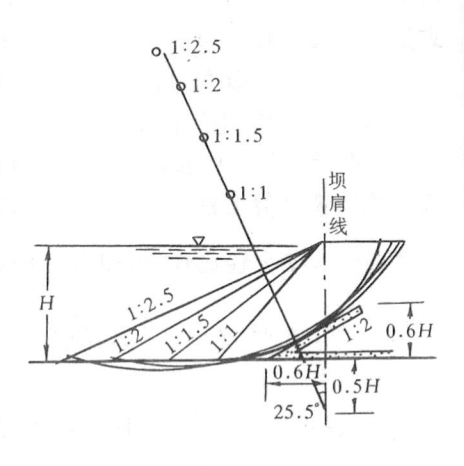

图 3-40 滑动面附近设置排水滤层

二、透水材料护坡

在坝坡压盖块石透水土石料护坡,既可防库水冲击,也可增强抗滑能力。雷纽斯(Reinius,1948)曾结合水平排水层在不同的透水护坡厚度 b 的情况下核算坝坡稳定性所需要的内摩擦角,并在土坝上游坡稳定性的论文中给出图 3-41(a)的结果,图中结果表明护坡重量与各水平排水层间的垂直高度 H_1 成比例,而不与坝高 H 成比例。他计算了加和不加排水层两种情形,如图 3-41(b)(不透水地基)及图 3-41(c)(透水地基)所示,可知有排水层时所需要的筑坝材料的摩擦角降低很多,就是说同一土料筑坝时,有水平排水层比没有时可加陡坝坡很多。对于图 3-37 坝底一层水平排水层情况,查图 3-41(a)护坡厚度时, H_1 就相当于 H。在水平排水层设置下,其流网等势线为水平,说明孔隙水压力几乎完全消失,并说明最好在库水位降到最低位置的稍下面有一层水平排水层。同时也发现,一般无排水层土坝,如图 3-41(b)和(c)所示,下半段坡要求摩擦角大于上半段坡。因而说明了在同样厚度护坡条件下,下半部坡缓于上部坡的原因。但加设水平排水层后,如图 3-37(a)所示,其剪应力在两排水层间,上部大于下部,即要求上部的摩擦角大于下部,因而需要上部坡缓、下部坡陡。为避免这种不甚切合实际的做法,可加厚上部护坡补救之。

三、优选坝型,降低坝体浸润线

改善背水坡一般稳定性的措施就是降低渗流的浸润线。根据一般筑坝土料的安排,不透水或弱透水土料靠近上游;较透水或强透水土料堆在下游,并在下游坝底或坝脚布置滤层排水设施;强透水地基,则既应控制其过大的渗流速度,又必须与其上的坝脚排水设备连通,以消减承压力。例如,对于弱透水覆盖层下的强透水地基,采用排水减压井或减压沟是适宜的。为了说明土坝防渗和排渗措施的相对位置,绘概括示意图 3-42。由此可知,基于前防后排的原则使土石坝筑堆材料分区,是一种很重要而又经济的渗流控制方法。

从土石坝的填筑材料分区,可以想到坝型问题。坝型选择虽然决定于地质条件、当地用料条件、技术条件、施工机械和劳动力等有关的经济安全因素,但也与渗流有密切关系。对于高土石坝的坝型,从沉陷裂缝和渗流问题能减少到最低限度来考虑,宁可选择稍倾斜心墙或垂直心墙。它们与很斜的心墙坝或斜墙坝比较,防渗体底部的压力大,不易产生接触渗漏冲

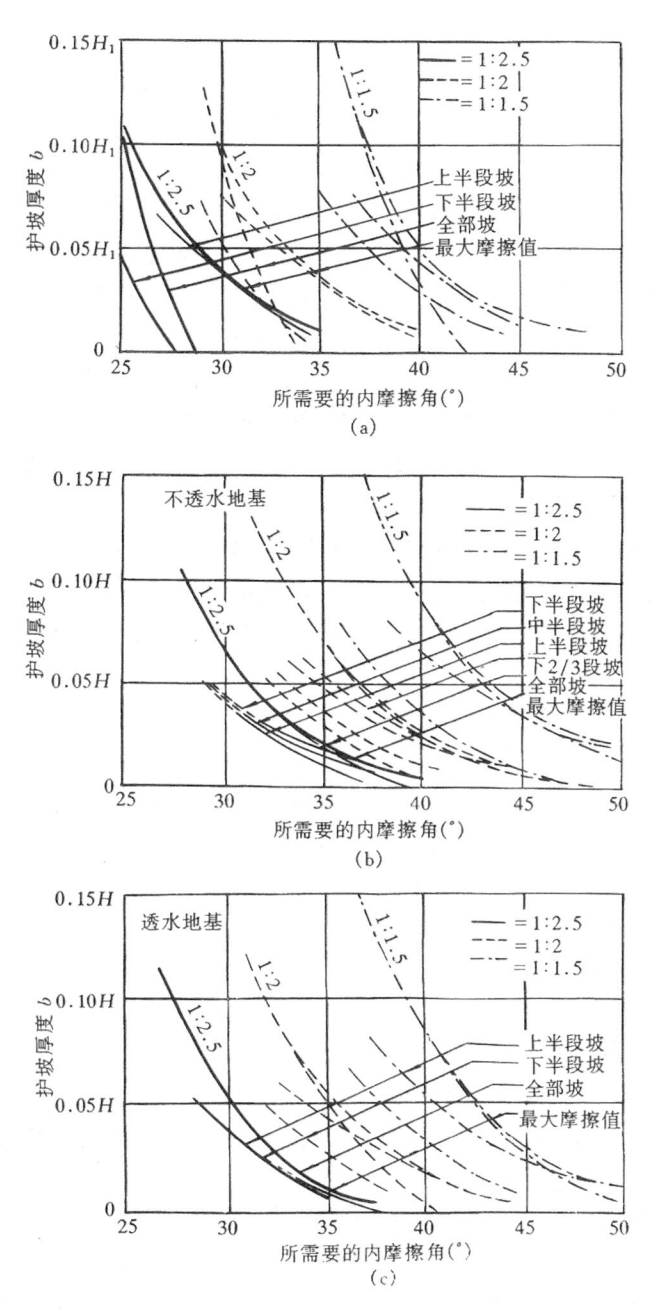

图 3-41 护坡厚度与所需要坝体土内摩擦角的关系

刷;如有必要,也可放空水库从坝顶补充灌浆。而且在垂直坝坡的方向上,由于坝壳所受到的扭曲应力也将减少。至于稍倾斜的心墙与垂直心墙相比,当心墙土料的压缩性大于过渡料和坝壳料的压缩性时,可以减少因弯拱作用发生水平裂缝的可能性,而且更能在蓄水时适应于两边坝壳的不均匀水平位移,因而改善了应力分布,提高了抗裂强度。因此,稍斜心墙的土石坝在目前采用较多。稍倾斜心墙消除了很倾斜心墙的不利点。对于稍倾斜心墙来说,心墙与坝壳交界面的斜度(垂直:水平)以1:0.5~1:0.6为好。一般来说,当心墙倾斜度陡于

109

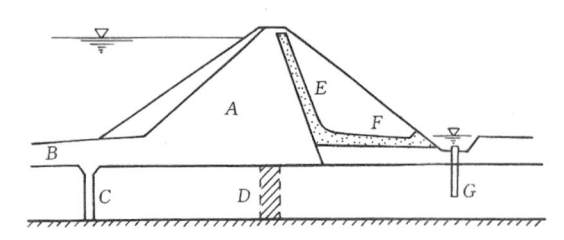

图 3-42 土石坝渗流控制概括示意图
A—防渗体；B—铺盖；C—截水槽；D—灌浆帷幕；
E—垂直排水层；F—水平排水层；G—减压井与排渗沟

1∶1时，滑动面就不会出现在抗剪强度低的心墙内而降低上游坝坡的稳定性。

图 3-42 所示的 L 型垂直或倾斜的排水设施，对于均质土坝，宽心墙坝下游侧以及要加高培厚的原有下游坝坡都必须采用，因为它能显著降低坝体的浸润线，增加下游坝坡抗滑稳定性。特别是对于水平透水性大于垂直透水性的碾压土坝，效果更为突出。当堤坝中存在较透水的薄砂层时，这种排水层也有切断渗流通道的防护作用。但必须注意，此种排水层应有足够的厚度，以保证一定的排水能力。若排水能力不足，将会使下游坝壳出现较高的浸润线，甚至还会从下游坝坡出渗。因此设计这种排水层的排水能力要有很大的安全性，滤层施工也要按规定进行，以免发生淤堵(Cedergren,1978)。

当土石坝防渗体座落在强透水浅层地基上时，图 3-42 中的垂直防渗截水槽C优于水平防渗铺盖B。截水槽的位置，从满库水位时的下游坡和库水位下降时的上游坡两者的稳定性考虑，以在库水位与上游坝坡相交的正下方较好；但要注意与防渗体的结合问题和结构施工上的合理性。

堤坝背水坡大面积的粘性土层还可种植草皮或灌木丛林，以防止雨水渗水冲刷。

堤坝下游的排水减压沟井，对承压透水地基来说，是必须的。但沟井的布局值得讨论。德国 Spremberg 水库土坝下游一排井的出口布置在沟中的水面下，便于维护管理，值得参考(参见图 3-42)。即使不是强透水地基，如一般堤坝和开挖公路的坡脚，都需要布置排水沟。这也可采用暗沟、暗管方式，如图 3-43 所示。

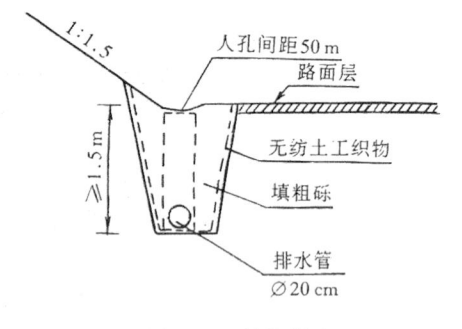

图 3-43 坡脚排水

饱和粘土或淤泥土的地基上筑堤坝或筑路，当清除淤泥不经济时，可用砂井排水消减施工时的孔隙水压力，或者在地面平铺一层粗砂排水，以消减淤泥中孔隙水压力，如当地缺砂而有大量芦苇时，也可利用芦苇作为淹没水下的排水层。此种排除施工孔压的排水层，应在堤坝断面的中间断开，以防形成上下游的渗水通道。

加强天然开挖的岸坡以及坝下游山坡的稳定性，可以采用开挖坑道或隧洞以及减压井孔排水等方法。

四、滑坡后的处理

根据上述提高抗滑措施的原理，可运用排水、坡顶减载、坡脚堆石压载坡面、拉筋阻滑、浅层换土以及用挖掉的土加石灰增大剪强再回填于排水层等方法来处理滑坡。浅层滑坡的处理方法可参考图 3-44[5]。

超固结土填筑，由于取自地面的挖土堆填在堤坝顶部，经过几年后还会发生浅层滑坡。

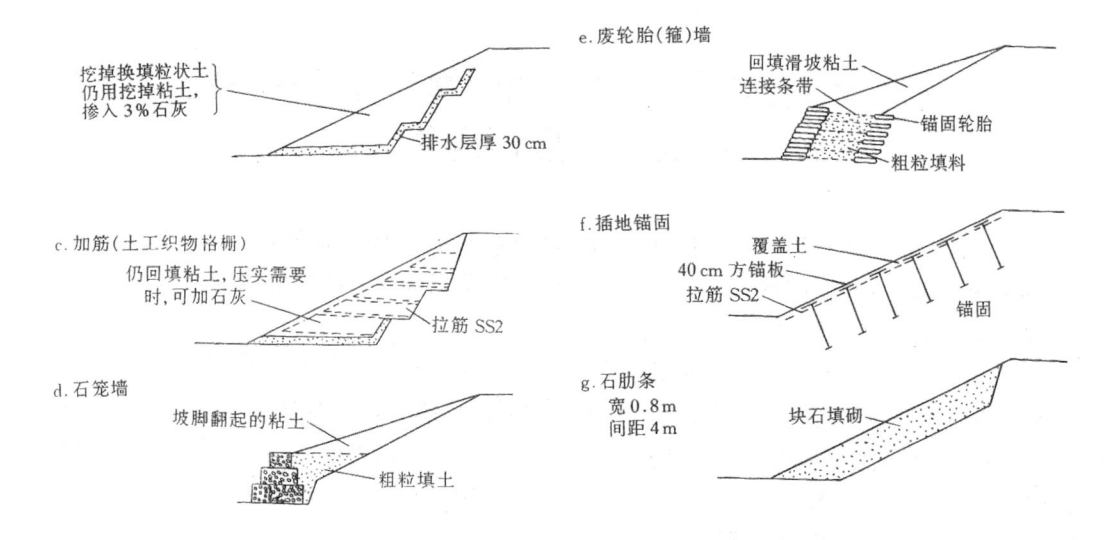

图 3-44 浅层滑坡的处理方法

原因是,地面深处所取超固结土具有吸压力,再加压实又将增大土中的吸压力,它具有吸水能力,在降雨等渗水来源的补给下,就逐渐形成正压力而降低稳定性,致使发生张裂滑坡。

参 考 文 献

1 毛昶熙.电模拟试验与渗流研究.北京:水利出版社,1981
2 毛昶熙,陈平,李祖贻,李定方.渗流作用下的坝坡稳定有限单元法分析.岩土工程学报,1982(3)
3 李吉庆.渗流作用下的土坡稳定分析,南京水利科学研究院研究生论文,1988
4 毛昶熙,陈平,李祖贻,李吉庆. Analysis of slope stability of earth dam under seepage flow by F.E.M.. J. Hydraulic Engineering,1992,2(4/6)
5 Failures in Earthworks. Proc. of the Syposium,London,1985
6 毛昶熙,段祥宝.海堤结构型式与渗流稳定性计算分析,南京水利科学研究院研究报告,1997
7 Mao Changxi, Duan Xiangbao and Mao Peiyu, Structural types of sea-embankment and their stability analysis, China Ocean Engineering, 1998,2(3)
8 毛昶熙等.防波堤护块体的稳定性计算分析,港口工程,1998(6)
9 毛昶熙,李吉庆.土坡渗流整体稳定性分析与控制.人民长江,1990(12):1~9

第四章 土石坝二维渗流计算程序 UNSST2 的编制和应用说明

1972年以来，结合实际工程的生产任务，南京水利科学研究院渗流组对土坝二维渗流有限元法作了深入研究，取得了不少成果。土坝二维渗流有限元法计算程序 UNSST2 即为经多年实践应用和不断修补的一个版本。

UNSST2 (Unsteady Seepage & Stability, 2-D) 程序是针对饱和多孔介质渗流而编制的，适用于不规则边界的各向异性渗流场，既可用来研究各类型土石坝、闸坝地基、渠道渗漏和矿坑排水及灰坝尾矿坝等渗流问题，又可用来研究库水位上升、下降情况下的非稳定渗流，同时还可用于坝坡稳定性计算。求解的方法是基于三角形单元的有限元法，用改进平方根法的直接解法求解线性代数方程组。

以单元自动剖分作为 UNSST2 程序的前处理，尽量减少输入的数据，同时安排了直接进行渗流计算和数据接口传递两种方式，以利于单元剖分图形的显示和错误的迅速发现。后处理为计算成果以图表形式在屏幕上显示和输出打印成果文本，以及流动图形的显示和计算机绘图。

第一节 解题过程及程序框图

一、解题的具体步骤

用有限元法解土坝渗流问题的具体步骤如下：

1. 根据坝型、土层分布等有关工程地质及水文地质条件及计算问题的性质，合理地确定符合实际渗流场的计算模型范围和边界性质。该步骤相当重要，直接影响计算工作量，还关系到数学模型及计算结果的正确与否。

2. 在方格纸上将计算渗流区划分成许多三角形网络。

3. 对单元和结点依次编号，通常采用第二章图 2-4 所示的方法进行标记。

4. 任选一直角坐标系（通常 x 轴向右为正，z 轴向上为正），定出所有结点的坐标值，然后将组成各个单元的结点号 i、j、k 和结点的坐标 x、z 登录在类似表 2-1 的表格中，对于各向异性渗流，其坐标轴最好取在渗透主轴上。

5. 给定各种信息，如第一类边界结点按边界条件给出水头值，计算非稳定渗流要根据库水位降落过程线，给出总降落时间、降落时间步长和相应的库水位。

以上各项原始数据都要根据计算要求的源程序的输入数据的先后顺序整理好。此外还需要给出渗透系数 k_x 和 k_z，并根据需要给出给水度 μ 及单位贮存量 S_s 等。

6. 根据结点坐标值，用式 (2-4) 计算各单元的 b_i、b_j、b_m、c_i、c_m 值，并用式 (2-5) 计算单元面积。再由这些数值以及 k、μ、S_s 等有关参数值形成各单元的渗透矩阵和总渗透矩阵。

7. 据定解条件形成右端自由项，从而形成线性代数方程组。

8. 解线性代数方程组，求各结点的水头值。按式 (2-78) $h=z$ 条件迭代自由面，并修改自由面上结点坐标，然后重复第 6、7、8 步，直至满足式 (2-78) 条件为止。

9. 计算渗流量或按要求计算有关物理量,绘制流网图。

上述第1、2、3、4、5步通常由人工完成。当采用自动剖分单元时,第2步要按自动剖分要求分块,整理相应数据,而第3、4、5步则由计算机完成。

二、单元划分和编号

确定计算范围和边界性质后,即着手计算区域的单元剖分。单元的大小及数量取决于精度要求、计算域的工程地质、水文地质条件和计算机速度内存的大小。就整体来说,单元划分得小些计算精度就会高些,但整理数据的工作量和计算时间也相应增大,故不能一味追求"单元分得越小,计算结果愈精确",而应考虑实际应用上的精度和水动力条件,合理地决定单元的大小,以期能以最少的单元取得足够精度的计算结果。因此,对不同部位的单元不仅可以也应该采取不同大小。一般在渗透坡降变化大或需详尽研究的部位,单元应划分得小些或密些;在较缓处及次要部位,单元可划分得大些。但需强调,相邻单元的大小不要过分悬殊,要采用逐步过渡的原则。至于单元的形状,一般应避免采用狭长或有钝角的单元。单元可任意划分,但不允许出现图4-1(a)(b)的情况,因为在这种情况下,水头函数在1、2点附近不连续,应改为图4-1(c)(d)或图4-1(e)(f)单元形状。

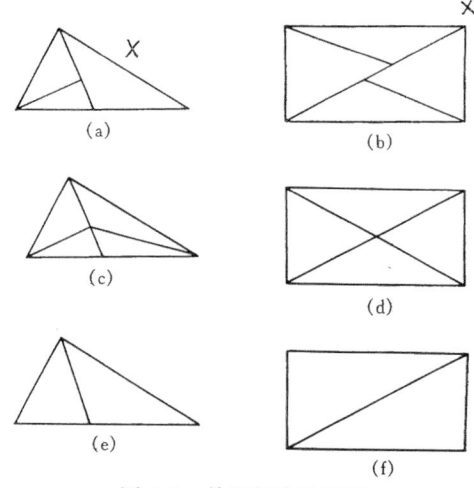

图 4-1 单元划分示意图

单元划分时要顾及地质条件及几何形状。那些几何形状、地质条件有突变(如分界线、交点等)应设法取作单元结点边界面。另外,单元内必须是同种介质,不要出现多种介质的情形。单元编号也可以是任意的,但从减少输入数据及程序处理时间来说,以采用同一种土层单元连续编号为宜。

三、结点编号

结点编号有两种编号方法。

第二章图2-4的举例说明,结点是按照未知水头结点在前、已知水头结点在后的顺序编号的。这种编号方式计算过程中处理结点及迭代调整自由面时有许多不便。为此,采取一种不分未知、已知水头结点,统一按一定顺序混合编号,然后通过一定的程序由计算机去区分未知、已知水头结点,重新自动编号的方法。这种编号方法用起来很方便,不论有无需要改变结点信息,编号没有限制,而且对于处理边界条件及自由面调整更有较大便利之处。

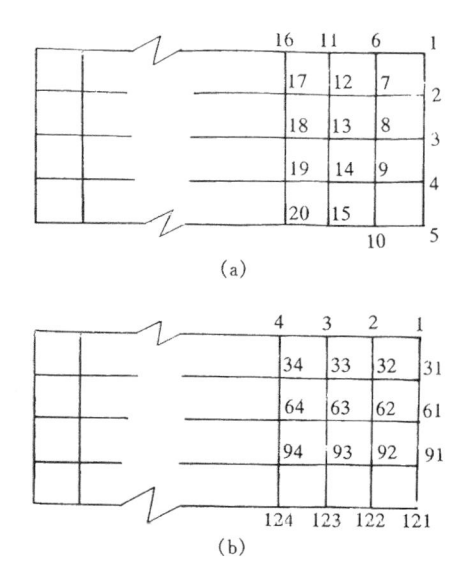

图 4-2 两种结点编号比较

结点编号对带宽的影响很大,所以要十分注

意结点编号的方式,尽可能地使形成的总渗透矩阵中的非零元素更靠近主对角线,从而压缩带宽,有效地减少存贮量,加快计算速度。结点的带宽按下述方法推算,即结点 i 的带宽等于结点 i 的结点号减去相邻结点的最小结点号再加 1。一般来说,如果区域是长条形,则沿短边编号带宽小,沿长边编号带宽大。这仅是相对而言的,而并不是最优编号方式。如图 4-2(a) 的 12 号结点带宽是 6,而图 4-2(b) 的相同位置(结点编号为 33)带宽是 31。结点要根据迭代调整自由面的要求从上向下编号。编号时尽可能按一定顺序编,不要跳着编号,以免影响带宽。

关于结点编号方式,限于篇幅,在此不一一叙述。总的来说,可以用图论中最优编号原则进行优化编号(如 RCM 法等)。

四、程序框图和计算程序

土坝二维渗流有限元法计算程序的编制思路如图 4-3、4-4、4-5 框图所示,程序见附录一。

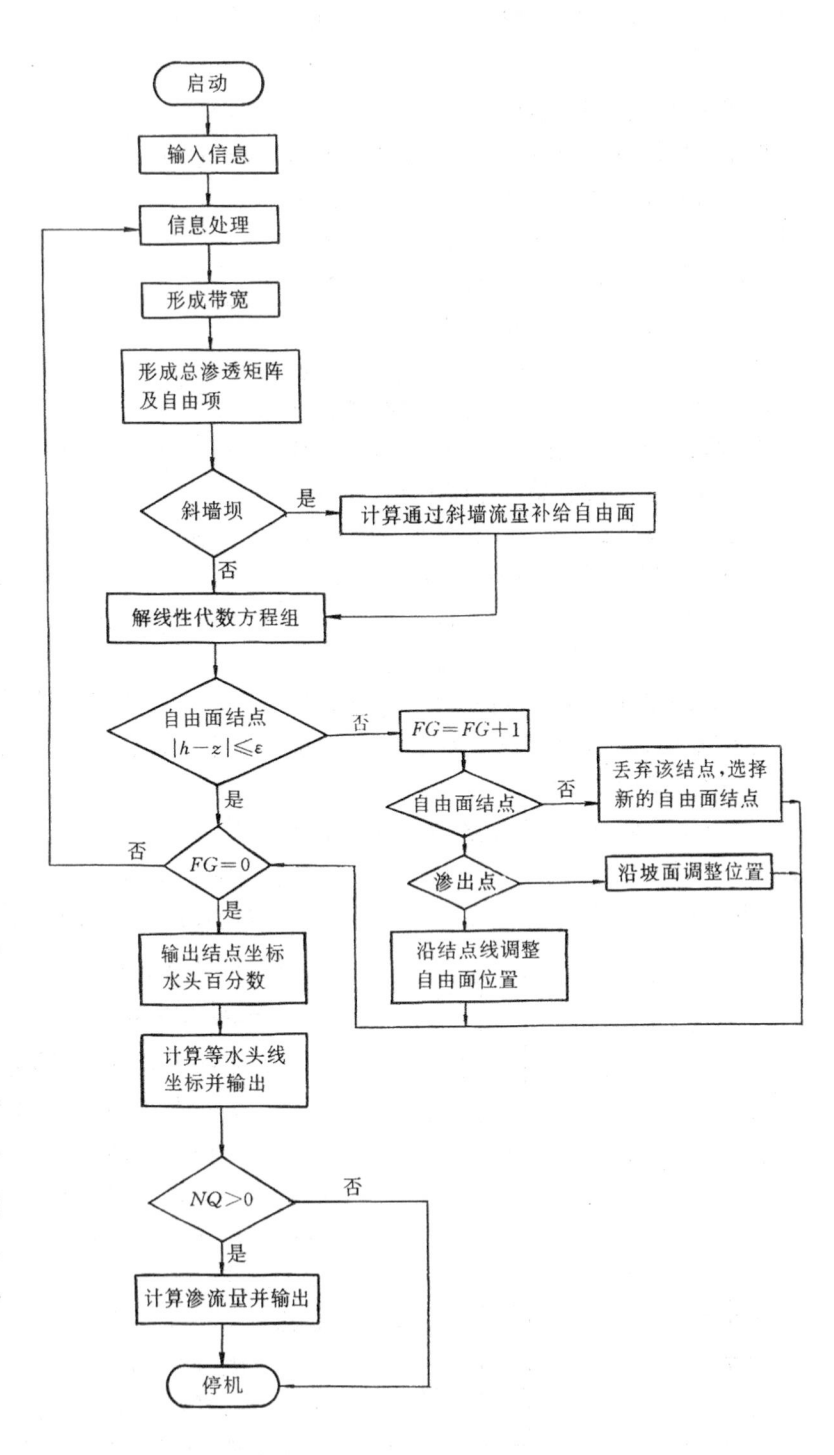

图 4-3 单元非自动剖分土坝稳定渗流计算程序框图

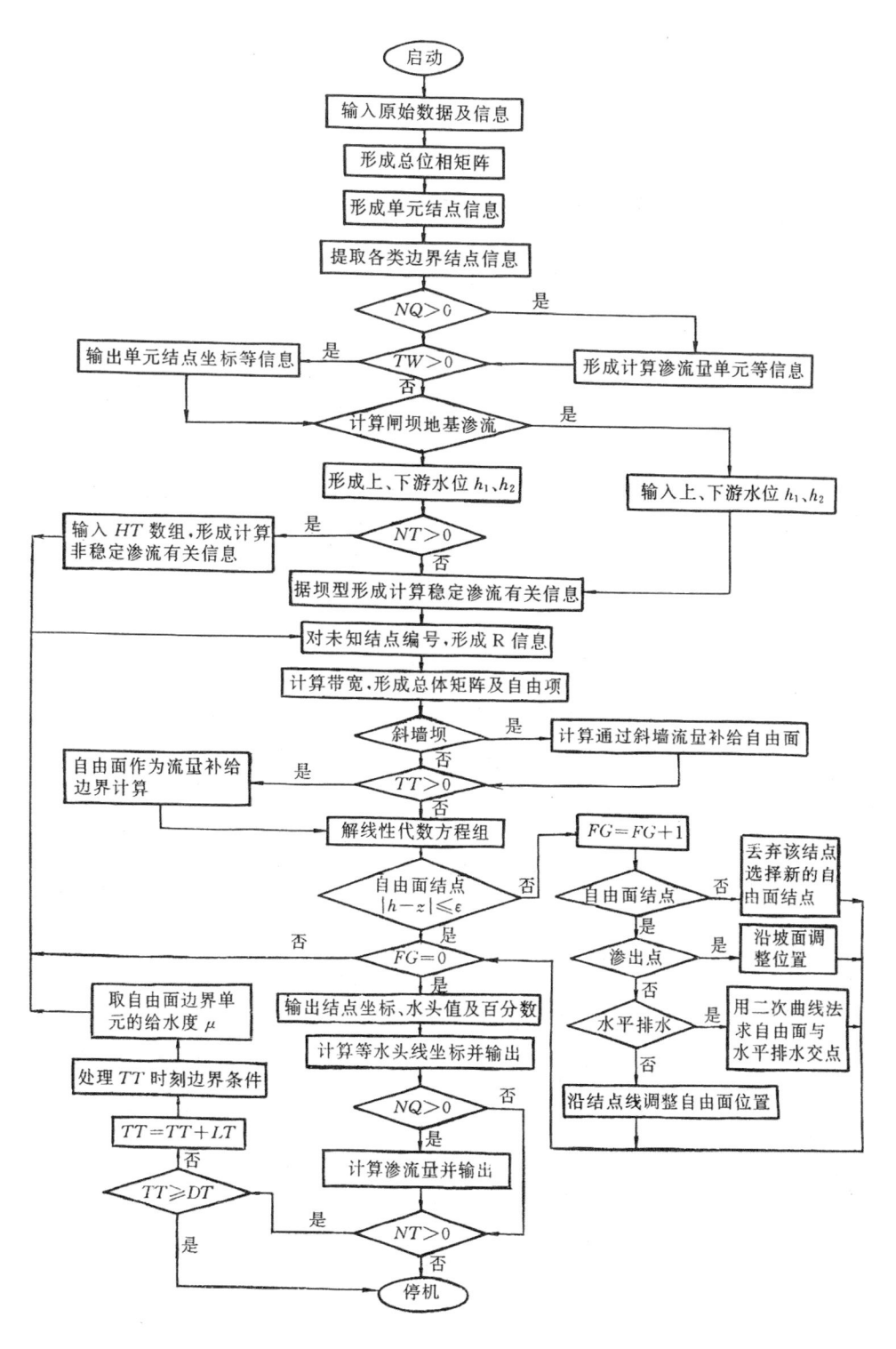

图 4-4 单元自动剖分渗流计算程序框图

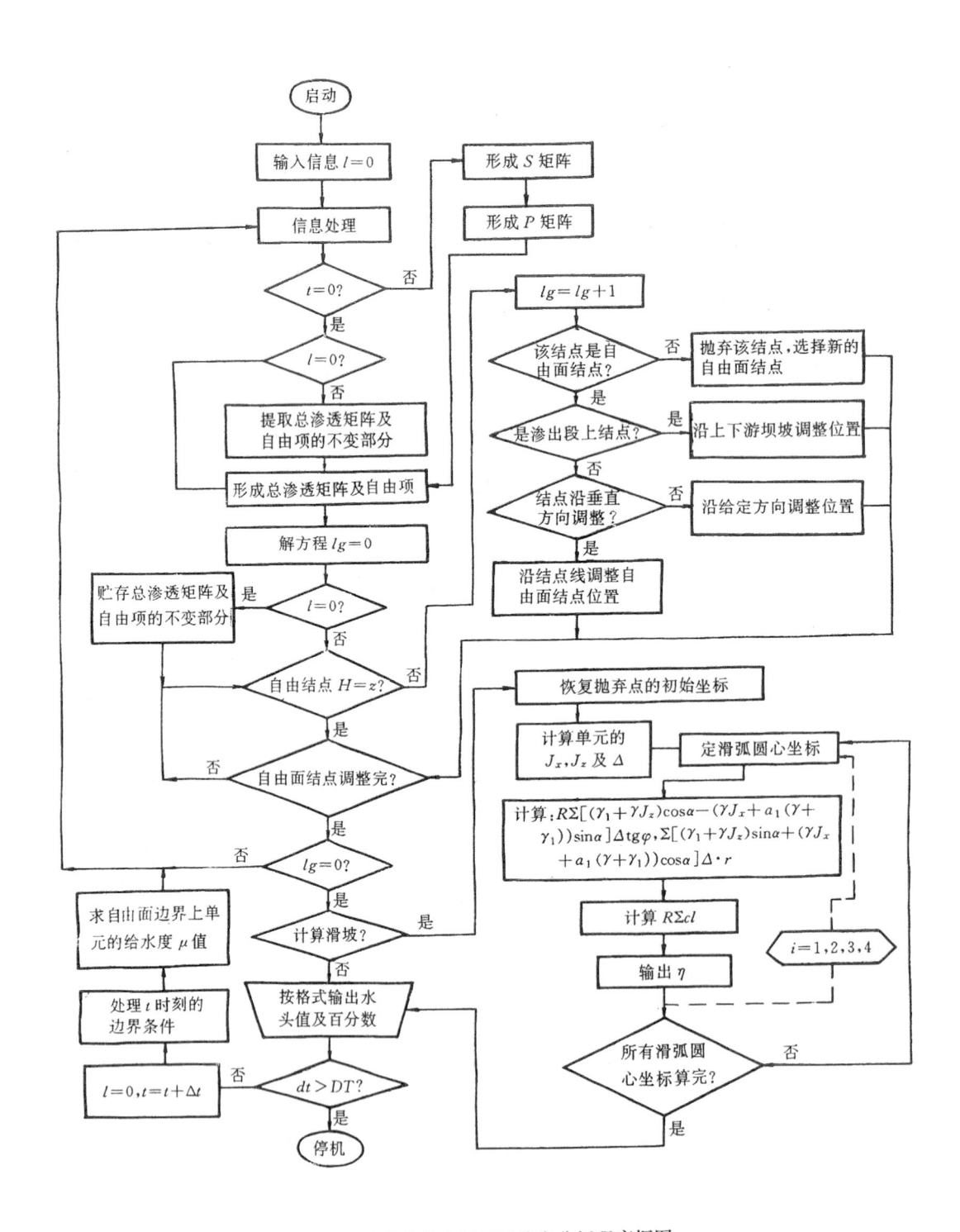

图 4-5 非稳定渗流及坝坡稳定分析程序框图

第二节　程序编制中几个问题的说明

一、渗流自由面和渗出点

(一)渗流自由面

用有限元法计算一个物理问题,它要求计算区域的边界必须是完全确定的。然而,土坝渗流是具有渗流自由面的无压渗流,自由面位置恰恰是未知的,并为工程设计所十分关心和需要,因此需通过渗流计算求出。如第一章第七节和第二章第七节所述,渗流自由面必须满足式(1-73)或式(2-78)的条件 $h^* = z$。这样,渗流自由面位置就需在计算中通过迭代来确定。迭代的常规步骤是:

1. 首先根据渗流概念和经验大概假定一条渗流自由面,以确定有限元法的计算区域。
2. 将假定的渗流自由面作为第二类边界,由式(2-90)、(2-91)、(2-92)计算渗流自由面结点水头值 h^*。
3. 比较假定渗流自由面结点的计算水头值 h^* 和其位置高程 z,看其是否满足 $h^* = z$ 条件。若不满足,则用计算水头值 h^* 去改变结点的 z 坐标,形成新的假定渗流自由面,同时确定新的有限元法计算区域。反复上述计算步骤,直到渗流自由面上结点全部满足 $|h - z| \leqslant \varepsilon$ (ε 是给定的允许精度)为止。

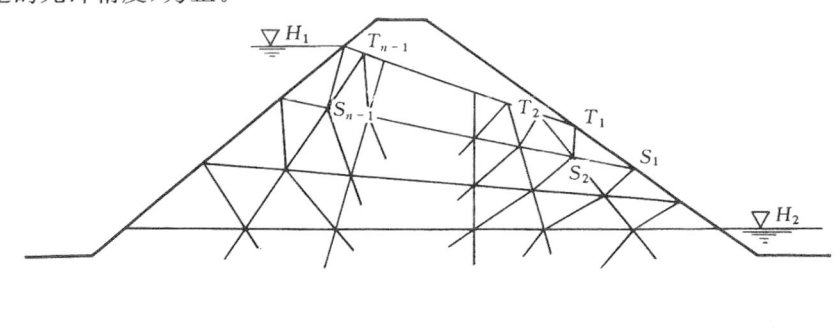

图 4-6　渗流自由面迭代示意图

按上述步骤迭代计算,如图 4-6 所示,渗流自由面结点 $T_1, T_2, \cdots, T_n$ 根据计算水头值沿结点线 $(T_1-B_1), (T_2-B_2), \cdots, (T_n-B_n)$ 上下移动调整其位置坐标,组成新的有限元划分。在计算过程中,为了避免假定的渗流自由面过高或过低及非稳定渗流计算中渗流自由面变化范围很大,致使单元空缺、畸形等,程序中采用了丢点恢复点方法。

(二)渗出点

渗出点的位置与排水的形式有关,图 4-7 是几种常见排水形式和渗出点位置的关系。由此可知,渗出点既是渗流自由面上的点又是渗出段上的

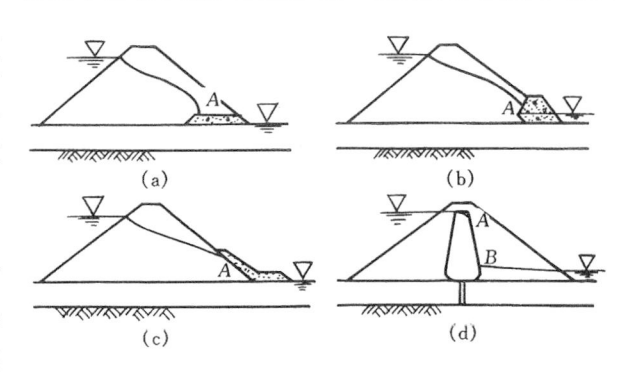

图 4-7　排水型式和渗出点位置示意图

点。此外,非稳定渗流自由面的下降迟后于库水位的降落,在上游坝坡也会出现渗出点。自由渗出段上结点,按第一类边界条件设置,是已知水头边界。确定渗出点的方法有两种。

1. 沿坡面滑动法:既然渗出点是渗流自由面上的点,那么它就可以和渗流自由面上的结点一同迭代计算,沿坝坡滑动调整其位置。

2. 二次曲线相交法:从数学意义上讲,渗出点本身是奇异点,计算中有时不易收敛到正确的位置,土坝渗流自由面的形状一般可以用二次曲线来描述。如图 4-8 所示,可在渗流自由面上取相邻三个结点作二次曲线,再在坡面上取两相邻结点作直线方程,联立求解就

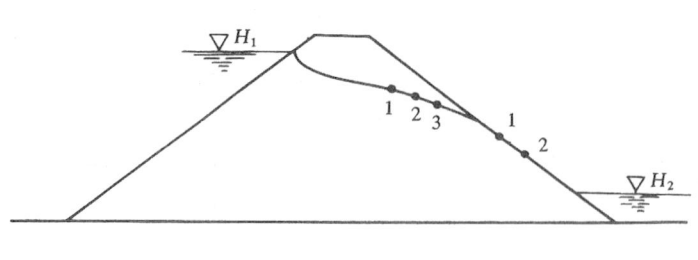

图 4-8 二次曲线相交法示意图

可得二次曲线和直线的交点,即为渗出点位置。再将该点作为已知水头结点与渗流自由面上结点一同迭代计算,直到满足 $h^* = z$ 条件为止。所得渗出点即为正确的渗出点。

一般情况下,渗出点是采用第一种方法来确定的。但也可根据具体实例情况,选用其中的一种方法来确定渗出点。

二、丢弃及恢复单元(结点)方法——**虚结点(单元)法**

在确定渗流自由面时,事先假定的渗流自由面完全是人为的凭经验给定的,因此难免假定得过高或过低;另外,非稳定渗流时渗流自由面随库水位降落而下降,由于降落范围较大,可能会降至所划分网格的数排点之下,同时上升时又可能升至数排点以上。为使计算能持续进行下去,传统的渗流自由面迭代调整过程中一般将渗流自由面以下数排单元同时压缩或伸展。但是,当渗流自由面假定得过高(过低)或非稳定渗流自由面下降(或上升)范围比较大时,这种做法将会造成单元畸形。尤其是在渗流自由面穿过非均质层时,将会产生异常现象。因此,我们在迭代调整渗流自由面时采用丢弃及恢复单元(结点)的方法,很方便地解决了以上困难。

如图 4-6 所示,丢弃及恢复单元(结点)方法是当渗流自由面结点 T 的计算水头值小于或等于其下结点 S 的 z 坐标时,将 T 点丢弃,改 S 点为渗流自由面结点,形成新的有限元法计算区域,而与 T 点有关的单元则不参加计算;当渗流自由面 S 点的计算水头值大于或等于其上结点 T 的 z 坐标时,将 T 点恢复为渗流自由面的点,而与 T 点有关单元则又参加计算。但为了单元形态的合理性,丢弃 T 点时应将 T 点的原始坐标值赋还该点,恢复 T 点时应将 S 点原始坐标赋还 S 点。这里仅需用一信息数组来存贮当前自由面结点的原始坐标值即可用于及时赋还。

这种处理方法对于复杂边界条件(如上下游边坡的复杂化)、自由面穿过非均质区、非稳定流自由面变化大及复杂的各种建筑物形状等情形尤为实用。另外,为避免因单元剖分不适当时自由面调整时出现局部丢点引起自由面上所有点不能用相连的折线连接的现象,我们在编制程序时以自适应状态自动调整单元方向,如图 4-6 所示。若 T_2、S_1 是自由面结点,则出现 T_2 与 S_1 不能直接相连的现象,我们以一子程序过程体将 S_2 与 T_1 相连改变为 T_2 与 S_1

相连。至于心墙、斜墙由于墙体与下游坝壳的渗透性相差较大,因此会出现墙体下部与自由面有交点的情况。如图4-7及图4-9所示。该点在计算中若出现丢弃现象时,仅需改墙后坡该点下一点为自由面上点,该点不需抛弃,只需将其改变为已知水头结点。同样,若出现恢复点现象时,只需将上一点改变为自由面结点,其原先的已知水头结点信息改变为未知水头结点信息。

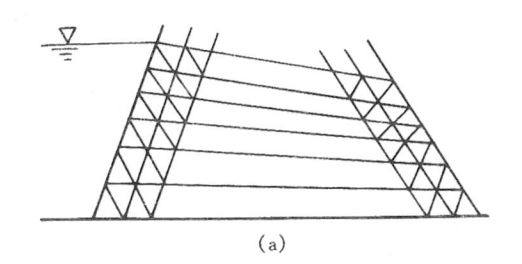

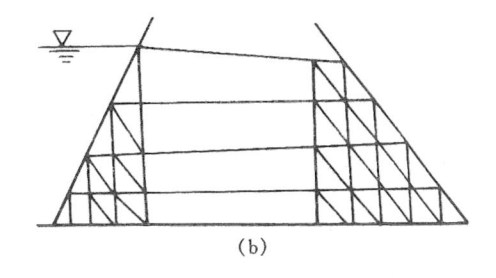

图 4-9 边坡剖分单元方式示意图

从上述有限元法分析步骤中可知,渗流自由面结点坐标的改变,仅对其上下附近结点造成影响。因此,每次调整渗流自由面,若都对所有结点进行总渗透矩阵形成及求解,势必耗费不少机时。本程序可在渗流自由面的反复迭代时只对渗流自由面结点及其上下影响结点进行矩阵元素计算,可节省很多机时。比如,设新弃点的带宽为1,而该矩阵行列上元素除主元外均为0。

当然,丢弃及恢复单元方法的采用,会引起未知水头结点的数目在计算中不断改变,需对结点信息作一些不断更新。大量实际计算表明,在迭代渗流自由面中采用丢弃及恢复单元(结点)方法,是十分成功的,而且也十分方便。但是渗透矩阵总维数相对不变,与新弃点相关的行列中仅有主元一项,在矩阵分解和回代中不参加计算。而对新复点,则相应矩阵元改变,并参加矩阵计算。

为便于处理非稳定渗流库水位变化及下游坝坡渗出段变化幅度大等问题,我们在程序中设计了两种上下游坝坡网络线剖分方式,如图4-9所示。这两种方式,以图4-9(a)方式处理问题较为简便,多见于自动剖分单元情况,适用于库水位及下游渗出段变动幅度仅在一斜线内的情况内,图4-9(b)处理法适用性较广,对上下游边坡几何形状没有特殊要求,多见于人工剖分单元情况,对求解非稳定渗流问题尤为适用。

三、透过斜墙的渗流量补给渗流自由面

斜墙土坝渗流计算,透过斜墙的渗流量是应通过非饱和区补给渗流自由面的,这样斜墙后坝体渗流自由面就有一部分属于第二类流量补给边界条件。为实现这一边界条件,透过斜墙的渗流量按第二章所述的中线法计算。如图4-10所示,将斜墙按中线法规定划分一些流量计算断面,图中的折线a、b、c、d即为这种计算断面之一。此断面的渗流量经过非饱和区,认为毫无损失地全部补给与斜墙上j结点相对应的渗流自由面上的k结点。也就是说,认为通过ajd断面的渗流量均匀地补给mn一段渗流自由面,而由结点k来承受。因此在剖分单元时,要求斜墙内坡点和渗流自由面上相应结点的x坐标相同,且一一对应。

四、坝基潜流问题

在强透水坝基上游水头作用下,坝基产生潜流,当坝基潜流量$q(m^3/d)$为已知时,均质

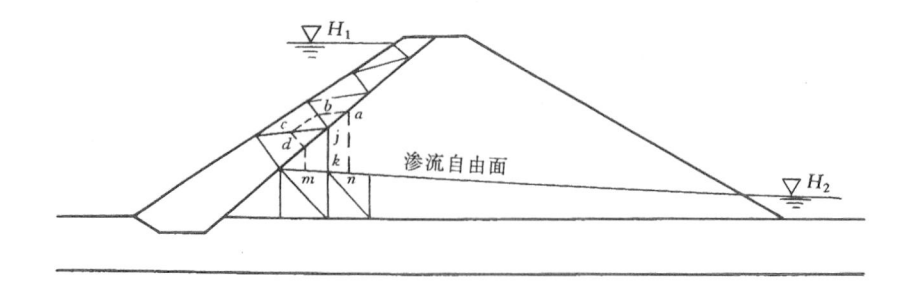

图 4-10 透过斜墙渗流量补给渗流自由面示意图

坝基的单位边界长度的潜流量

$$\Delta q = q/T \tag{4-1}$$

式中 T 是均质坝基厚度。

对于图 4-11 所示的非均质坝基,在计算单位边界长度潜流量 Δq 时,应考虑非均质地层的影响,也就是说,应考虑不同透水性土层的影响,因此需采用加权平均来计算非均质坝基单位边界长度的潜流量 Δq。非均质坝基第 i 层的单位边界长度的流量为

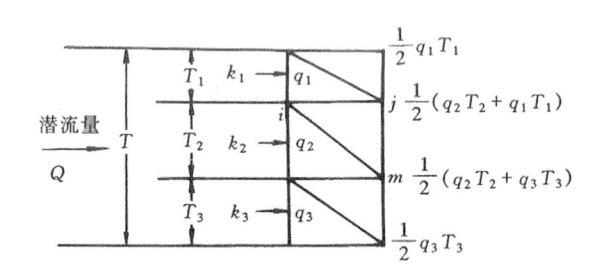

图 4-11 非均质坝基潜流量分配

$$\Delta q_i = \frac{k_i T_i q_i}{k_1 T_1 + k_2 T_2 + \cdots + k_n T_n} \tag{4-2}$$

式中 $k_1, k_2, \cdots, k_n$ 和 $T_1, T_2, \cdots, T_n$ 分别表示第 $1, 2, \cdots, n$ 层土层的渗透系数和土层厚度。

如图 4-11 所示,用有限元法计算土坝渗流,当坝基潜流量已知时,潜流边界属第二类流量条件。对潜流边界的任意单元 e,同样规定 $j、m$ 为边界上两相邻结点,且潜流边界的单位边界长度潜流量呈线性分布,可以和非稳定渗流自由面一样,导出如下计算式:

$$\begin{Bmatrix} \frac{\partial I_3^e}{\partial h_i} \\ \frac{\partial I_3^e}{\partial h_j} \\ \frac{\partial I_3^e}{\partial h_m} \end{Bmatrix} = \frac{z_j - z_m}{6} \begin{bmatrix} 0 & 0 & 0 \\ 0 & 2 & 1 \\ 0 & 1 & 2 \end{bmatrix} \begin{Bmatrix} q_i \\ q_j \\ q_m \end{Bmatrix} = [D]^e \{q\}^e \tag{4-3}$$

因为在单元内渗透系数保持不变,单元内土体是均质的,当 q 呈线性分布时,由上式可知,若令 $z_j - z_m = \Delta L$,实际上是对 $j、m$ 两结点各分配了 $\frac{1}{2} q \Delta L$,如图 4-11 所示。由于单位边界长度潜流量 q 是已知值,故上述计算的结果是一常数。它同样是作为自由项而存于各方程中。

五、非稳定渗流初值和边值

库水位变化条件下的土坝非稳定渗流计算,需给出初始条件下的渗流场水头分布,即式 (2-62) 条件。从稳定渗流转变为非稳定渗流,整个渗流场的流态应是连续变化的,所以 $t=0$ 时的初值一般是取稳定渗流场或上游坝壳的静态渗流场的水头分布。计算非稳定渗流是分时段进行的,对以后各时段的初值是取上一时段末的水头分布。

库水位变化后还需改变上游坝坡的初始边界值,该值取降落时段末的库水位。

六、坝体内水平排水处理

在对下游坝体内有水平排水的坝进行渗流计算时,由于水平排水在整个渗流场计算中具有一定的奇异性,一般认为,自由面与水平排水交点位置较难确定。

我们在大量的计算中采用以下几种方法处理,较为切合实际。

首先,仍沿用下游坝坡渗出点的处理方法,将该点视为自由面上结点,沿水平排水的表面进行左右滑动调整,直到满足 $h^* = z$ 条件为止。与其他渗出点调整的不同之处为,z 坐标相同,只改变该点的 x 坐标值。此时,由于水平排水区是流场中的急变区,单元在该区应布置得很密。如图 4-12 所示计算中,若交点 B 的计算水头值 h^* 小于下游水位,则丢弃 B,而取排水体上前一点作为新 B 点,并丢弃其上一点;若 h^* 大于下游水位,则将 B 上一点恢复为自由面,改排水体上 B 点后一点为新 B 点,进行继续计算。

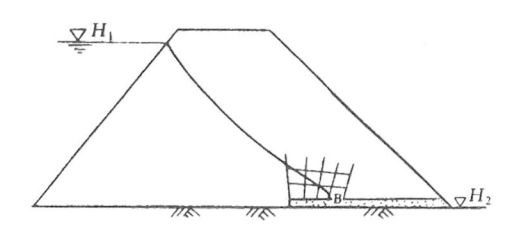

图 4-12 水平排水单元布置

其次,从理论上来说,有水平排水时土坝的渗流自由面为抛物线,可用二次曲线相交法求出该点。

这两种方法均是视排水体为无限透水考虑的。另外还可根据排水体的构成材料将水平排水视作具有一定透水性,而作非均质界面处理即可很方便地求出结点 B 的位置。

七、排水减压井列渗流计算

排水减压井列是保证土坝和堤防下游渗透稳定的常用工程措施。我们已将排水减压井列的渗流计算编入 UNSST2 计算程序。其基本原理可参阅第八章第四节所述。第八章第四节中给出了四种计算方法,由于渗透阻力附加单元法具有不需迭代计算、收敛速度快及计算精度高等优点,故 UNSST2 程序中只给出渗透阻力附加单元法。

在单元剖分图上,按井的贯入深度给出井所处位置,此即表示为无限窄沟,此位置上所有结点属于已知水头结点,以井水位标定(沟水位),并对这些结点用数组 $NM2[1:NNM2]$ 记之。沟的下端点附近取正方形布置,划分为 8 个单元,并按第八章第四节所述方法进行渗透系数修正。

八、坝坡滑动稳定分析的实现

(一)虚、实单元

进行坝坡滑动稳定分析,滑动圆弧内的滑动土体将包含渗流自由面以上部分的土体。此土体在土坝渗流计算中是不参加计算的,但在坝坡滑动稳定分析中是必须予以考虑的。在直接利用计算渗流的有限单元网格来进行坝坡滑动稳定分析时,需将整个土坝用三角形单元进行划分,如图 4-13(a)所示。渗流自由面以上的单元和结点称虚单元和虚结点,以下的称实单元和实结点。土坝渗流计算时,丢弃虚单元,对实单元进行计算;而分析坝坡滑动稳定时,恢复虚单元,虚、实单元一起参加计算。这样一来,在调整确定渗流自由面位置过程中所丢弃的单元(结点)也就变为虚单元(结点)。如此区分虚、实单元,并利用虚点法计算出自由面和土坝渗流场结点的水头值后,立即可以很方便地进行坝坡滑动稳定分析,整体上有限元网格却保持不变。

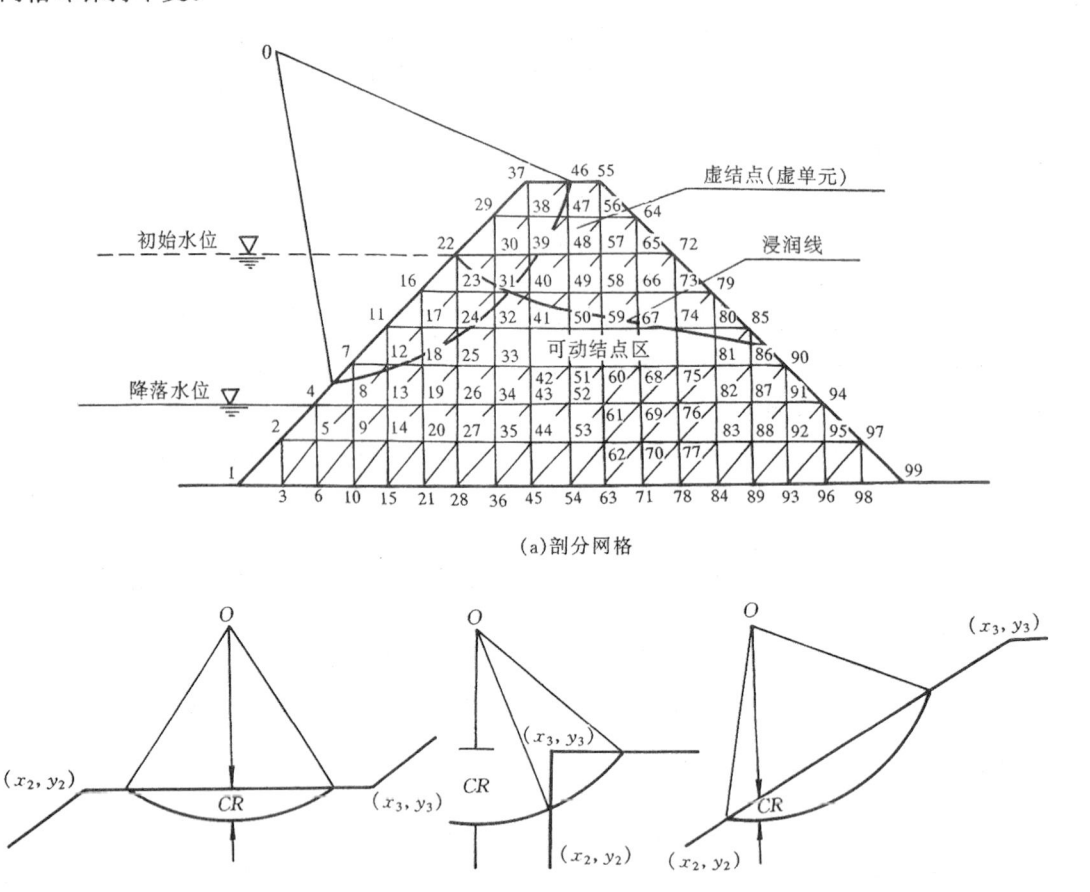

图 4-13 坝坡稳定分析网格及滑动圆弧半径示意图

(二)坝坡滑动稳定分析的实现

直接利用计算土坝渗流的有限单元网格,进行坝坡滑动稳定分析,是由下述步骤来实现的。

1. 进行坝坡滑动稳定分析之前,首先沿 z 方向对不同土层分界线或各级坝坡的交点进行分层。

2. 据经验定出滑弧圆心的变化范围,选定初始滑弧圆心的坐标,再由步长 l_x、l_y 来确定各滑弧圆心的坐标。

3. 如图 4-13(b)那样来确定滑弧半径。即取滑弧圆心到水平、垂直、倾斜坝坡的垂直距离为基数,加入嵌入坝坡的深度 CR 为第一个滑弧半径,以后各滑弧半径则由步长 l_r 逐次累加来确定。

4. 滑弧半径确定后,滑弧位置即被确定了。一般来说,滑弧是不会通过三角形单元的结点的,而会出现如图 4-14 所示的相交情况。这时需确定滑弧与单元边的交点,以便对滑弧内单元土体进行滑动分析。

5. 根据滑弧内土体的单元重心坐标,按有关计算式计算半径 r,然后计算单元体的单元重心与滑弧圆心连线和铅垂线之间的夹角 α。

6. 按单元所属土质的分类,判别滑动土体内单元属于何种土质。根据渗流自由面位置,判别单元是位于饱和区还是位于非饱和区,如图 4-15 所示。位于渗流自由面以上非饱和区单元取湿容重和水上内摩擦角,位于渗流自由面以下饱和区单元则取浮容重和水下内摩擦角。因为内摩擦角不是取单元所

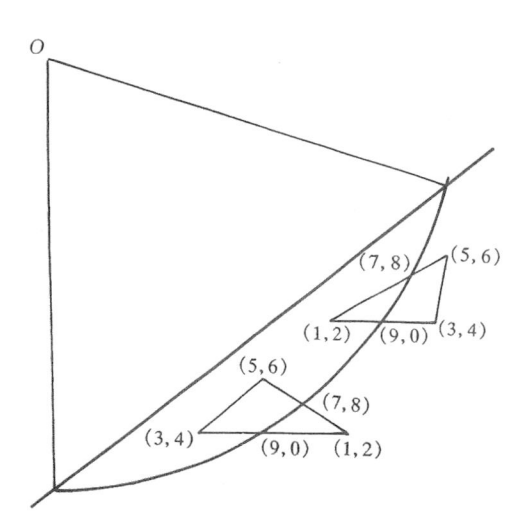

图 4-14 滑弧与单元相交情况示意图

在土层的土质的,而是取单元重心与滑弧圆心连线交于滑弧的那层土质的,故需确定此交点位置判别选取何种土质的内摩擦角,如图 4-16 所示。

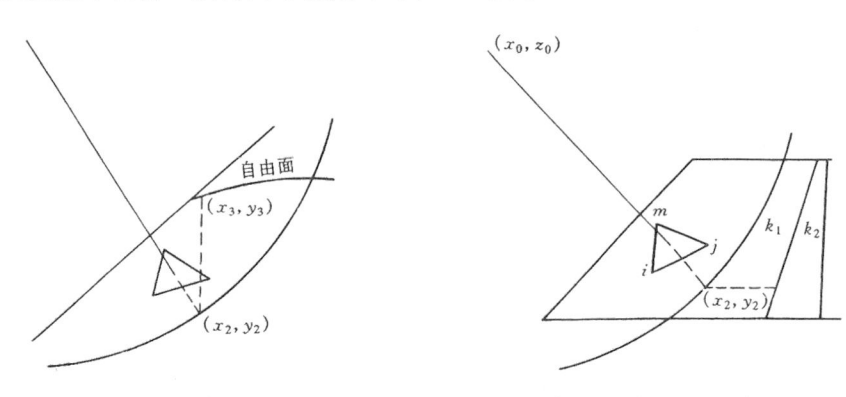

图 4-15 滑动土体内单元位置示意图　　图 4-16 圆心与单元重心的连线交于滑弧的位置示意图

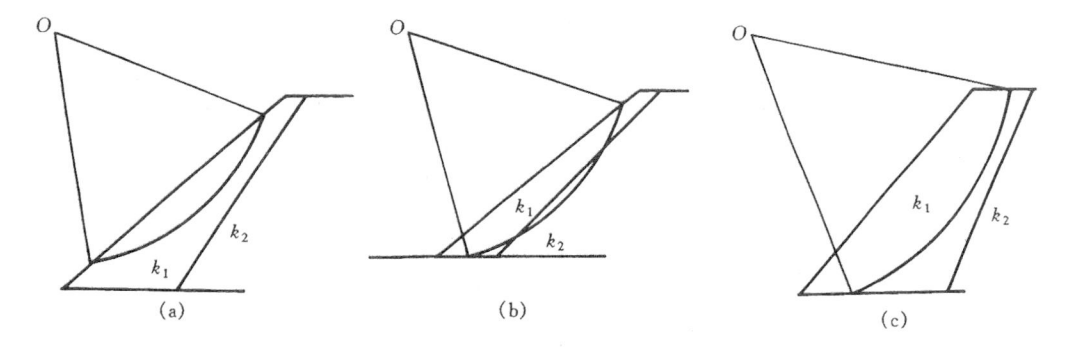

图 4-17 滑弧与坝坡相交情形示意图

7. 计算第三章中抗滑力中的粘聚力时,应考虑滑弧与坝坡、各单元的各种相交情况,分别计算单元不同相交情况的滑弧长度 l,再乘以相应的土的单元粘聚力 c 来求出 $\sum cl$。通过

分析,滑弧与坝坡有图4-17所示的相交情况。图4-17(a)所示滑弧与坝坡有两个交点,图4-17(b)所示滑弧与坝坡有一个交点,图4-17(c)所示滑弧与坝坡无交点。同理,滑弧与单元也有类似的各种相交情况,这里就不一一叙述。综上所述,编制程序时,共考虑了23种相交情况,据此可计算各土层滑弧段长度l。

第三节　子程序和标识符说明

根据以上所述编制的土坝二维渗流计算程序UNSST2,除主程序外还包括如下子程序:

INP　数据输入子程序

BOUND　绘图数据中边界轮廓数据输入子程序

WELL　计算减压井列附加阻力因子值和修正井底8个单元渗透系数子程序

BD1　对各类边界结点和未知水头结点赋内部信息子程序

BD2　对各类边界结点赋水头值和初值、未知水头结点重新编号子程序

MS　形成一维变带宽存贮信息子程序

MAX　形成总渗透矩阵及自由项子程序

MU1　形成式(2-86)矩阵子程序

RTDR　改进平方根法解线性代数方程组子程序

HWV　附加渗流阻力单元矩阵子程序

SUR　调整修改渗流自由面子程序

MU2　对渗流自由面单元取给水度(饱和不足度)子程序

DIQ　计算过断面渗流量子程序

PQ　计算单个单元渗流量子程序

OUT　输出计算成果子程序

XYCO　求等水头线子程序

JXYE　计算每个单元渗透坡降子程序

SLID　坝坡滑动稳定分析子程序

BUT2　非稳定渗流时修改边界条件子程序

程序中使用的标识符大致分为两类,一类是存放基本数据、信息和计算成果的,一类是计算中经常反复使用的工作单元。下面主要说明前者,后者一般不作说明。

1. 简单变量

NE　单元总数

NN　结点总数

NNU　上游已知水头结点数

NND　下游已知水头结点数

NNM1　自由渗出段上已知水头结点数

NNM2　以沟代井列计算中无限窄沟的结点数

NNM3　判别下游压盖是否出渗的结点数

NNF　渗流自由面的结点数

NK 土层渗透系数种类数（计算井列渗流时无限窄沟底部8个单元应单独分类，以便对其渗透系数修正）

AA 上游坝坡渗出点点号

AA1 心墙上游坡上部渗出点点号

AA2 心墙上游坡下部渗出点点号

BB 心墙、斜墙坝下游坡上部渗出点点号

BB1 心墙、斜墙坝下游坝坡渗出点点号，或均质坝下游坝坡渗出点点号

BB0 心墙、斜墙坝下游坝坡和坝壳中渗流自由面交点的结点号

NNP 预先丢弃的结点数

NQ 计算渗流量的过流断面数

NT 计算非稳定渗流输入上升降落过程线特征的分段数

NW 排水减压井列的列数

NA 计算透过斜墙渗流量补给渗流自由面时，斜墙后坡和渗流自由面相对应结点的个数

NG 计算等水头线百分数间距

LU 上游坡剖分方式选择值。LU＝0,结点线平行于坝坡；LU＝1,结点线垂直向上交于坝坡

LD 下游坡剖分方式选择值。LD＝0,结点线平行于坝坡；LD＝1,结点线垂直向上交于坝坡

H1 上游水位

H2 下游水位

H3 某一中间排水出口水位，如减压井出口水位等

HH 库水位过程线中最高水位

EPS 渗流自由面迭代计算的允许误差

EPS1 迭代计算无限窄沟沟水位允许误差

DT 库水位上升降落的总时间

N 未知水头点总数（线性代数方程组阶数）

LO 非稳定渗流计算时段的计数器

LT 时间步长

TT 库水位上升降落的累计时间

2. 数组

KCE[1:NK] 存放同类渗透系数单元的最大元号

CE[1:NE,1:3] 存放单元信息

NF[1:NNF] 存放渗流自由面结点点号

NU[1:NNU] 存放上游已知水头结点点号

ND[1:NND] 存放下游已知水头结点点号

NM1[1:NNM1] 存放自由渗出段已知水头结点点号

NM2[1:NNM2] 存放以沟代井列的无限窄沟结点点号

NM3[1:NNM3] 存放下游压盖可能出渗的结点点号

NP[1:NNP]　存放预先丢弃结点点号

H[1:NN,1:2]　存放结点 x、z 坐标

KS[1:NK,1:4]　存放土层渗透系数和给水度。第1、2分量为 x、z 方向渗透系数,第3分量为给水度 μ,第4分量为单位贮存量 S_s

HHT[1:NT]　存放上升下降各时段库水位值

HTT[1:NT]　存放上升下降时段的时间间距

MQ0[1:NQ]　存放过流断面的单元个数

MQ1[1:JO]　存放过流断面单元元号

CEB[1:MA+1,1:2]　计算透过斜墙渗流量补给渗流自由面时,存放斜墙后与渗流自由面对应结点点号

CEN[1:MA,1:4]　计算透过斜墙渗流量补给渗流自由面时,存放围绕斜墙后坡上结点周围的单元号

R[1:NN]　存放结点性质信息,小于零时为第一类边界已知水头结点,大于零时为未知水头结点,等于零时为丢弃结点,等于-4时为无限窄沟已知水头结点

ZT[1:NN]　存放结点水头值

Z0[1:NN]　存放结点初始水头值(初值)

F[1:N]　开始存放方程组自由项,求解后存放未知结点水头值

G[1:30 000]　存放总渗透矩阵元素

M[1:N]　G 数组的指示数组,存放总渗透矩阵对角线元素在一维数组 G 中的位置

HNP[1:400]　存放渗流自由面附近单元的给水度

3. 有关坝坡稳定分析的变量和数组

XM　坝坡稳定分析程序是针对上游坡稳定情形而编制的,当对下游坝坡作稳定分析时,需将下游坡调换至上游坡,为了不变动数据,故输入一个正实数 XM。同理,采用一负实数 XM 也可将已调转至上游的下游坡再调转回。

NKL　滑坡计算的土层分层数,此时可不按土层实际分层来分类

MX　滑弧圆心沿 x 方向变动数

MY　滑弧圆心沿 z 方向变动数

MR　滑弧半径变动数

LX　滑弧圆心沿 x 方向变动步长

LY　滑弧圆心沿 z 方向变动步长

LR　滑弧半径变动步长

CX　初始滑弧圆心的 x 坐标

CY　初始滑弧圆心的 z 坐标

CR　初始滑弧嵌入坝坡的深度

FR[1:NK,1:5]　存放不同土层的浮、湿容重,水上、水下内摩擦角,饱和容重

HC[1:NK1,1:8]　存放每一分层与坝坡和内层交点的 x、z 坐标,粘聚力和渗透系数分类数

SLOPE[0:NT]　存放该时段是否要进行滑坡计算的信息,0 不计算,1 计算

BATAX、BATAY　x、z 方向地震系数

4. 有关排水减压井列渗流计算的变量和数组

WAQ 井的贯入深度

TAQ 含水层厚度

HW 减压井水位

WA 井间距

RW 井半径

WL 距井一个单元的距离

NS 距井一个单元距离覆盖层(弱透水)底板结点点号

EE 区分是否封闭井底,等于零不封井底,不等于零封井底

NBB,NBB1 井底四周8个单元的渗透系数分类的最大元号

5. 三个文字标识符

DQB1 判别是否记非稳定渗流绘图数据,填"Y"时是,"N"则否

DQB2 判别是否利用自动剖分数据,填"Y"时是,"N"则否

DQBS 判别是否进行坝坡稳定分析,填"Y"时是,"N"则否

第四节 程序 UNSST2 使用示例

用 UNSST2 程序计算土坝渗流可采取如下步骤。现以透水地基上均质土坝为例加以说明。透水地基上的有铺盖的均质土坝高 20 m,地基砂层厚 8~9 m,渗透系数 $k=1\times 10^{-3}$ cm/s,坝体和铺盖的渗透系数 $k=8\times 10^{-6}$ cm/s。

1. 绘制单元剖分图如图 4-18 所示,编制数据文件 G.DAT 如下:

DQB1,DQB2,DQBS

"N" "N" "N"

NE,NN,NNU,NND,NNM1,NNM2,NNF, NK, AA, AA1, AA2

72, 57, 12, 4, 0, 0, 6, 0, 0, 0, 0

BB, BB1, BB0, NNP, NQ, NT, NW, NG,NNM3, LU, LD, MA

52, 0, 0, 0, 1, 0, 0, 10, 0, 0, 0, 0

HH, H1, H2, H3, EPS, EPS1, DT

28.0, 28.0, 8.0, 0.0, 0.1, 0.0, 0.0

KCE[1:NK] 36,72

CE[1:NE,1:3] 从略,见图 4-18

NF[1:NNF] 36,40,43,46,49,52

NU[1:NNU] 1,3,5,9,13,16,19,22,25,28,32

ND[1:NND] 50,53,54,56

H[1:NN,1:2] 从略,见图 4-18

KS[1:NK,1:4] 0.864,0.864,0.0,0.0,0.006912,0.006912,0.0,0.0

MQ0[1:NQ] 4

MQ1[1:J0] 27,28,65,66

2. 利用三角形单元剖分绘图程序绘单元图,在屏幕上显示后检查单元、结点坐标数据

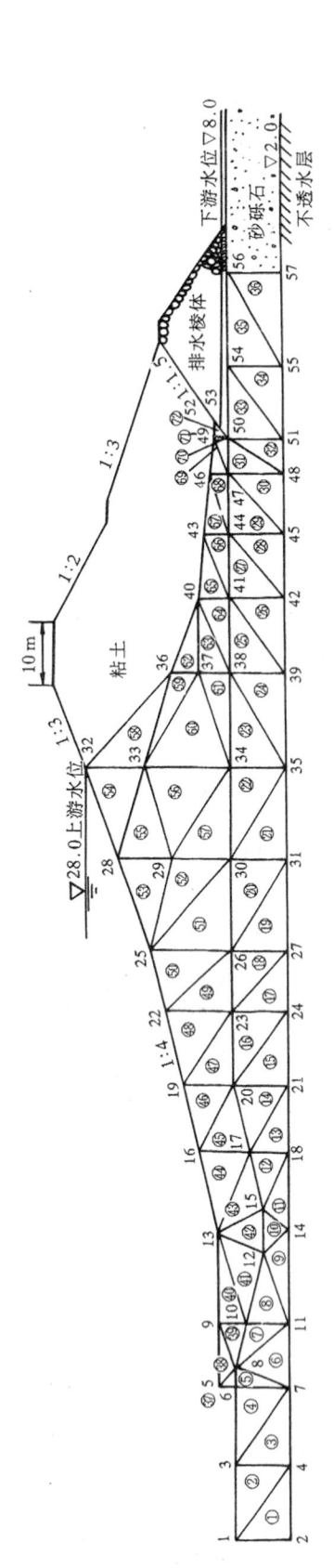

图 4-18 均质土坝单元划分

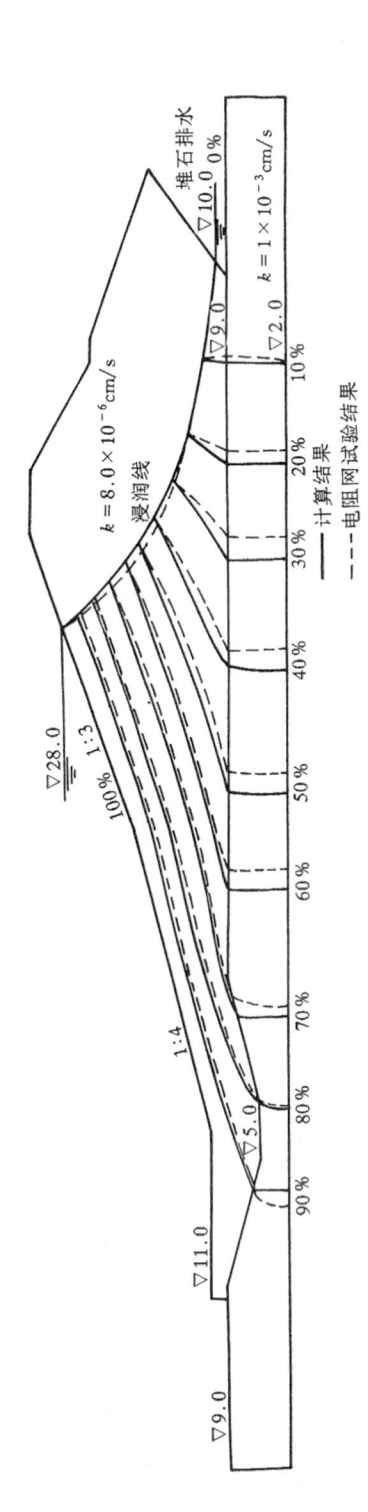

图 4-19 均质土坝稳定渗流自由面及等势线

是否有错。若有错,改正之,再进行绘图检查。

3. 若数据无误,键入 UNSST2 调土坝渗流计算程序进行计算。

4. 打印输出计算结果,如自由面结点坐标和水头值、全部结点坐标和水头值及百分数、等水头线坐标及渗流量。同时将绘图数据录入 GS.DAT 文件中。

5. 输入边界轮廓数据。

6. 调入计算结果流场图绘图程序进行渗流场流动图形绘制。

据计算结果,绘得如图 4-19 所示的等势线。图中还给出了电阻网试验结果。可知两者甚为一致。透水地基上均质土坝的渗流自由面是呈凹状的曲线,在坝轴线附近渗流自由面较为陡峭,该部位渗流坡降最大,计算时单元应布置得密些。如图 4-18 所示的单元剖分网格,该部位单元布置得较稀疏。曾将该部位单元加密后进行了计算。计算所得的渗流自由面与电阻网试验所得自由面相差较大。原因是电阻网上网眼不够密。但过密地加密网眼,有时是很难实现的。由此显示了有限元法的优越性。

在此提请注意,整理数据时,同一种渗透系数中土层单元必须尽量连续编号,在渗流自由面变动范围内,在结点线上结点要从上向下从小到大地连续编号。

第五节 单元自动剖分

从第四节所述可知,用有限元法计算土坝渗流,需将土坝渗流场剖分成单元,并对单元结点进行编号,然后将整理出的单元信息、结点坐标和边界信息输入计算机后才能计算。这一整理、输入数据的工作,不仅量大,而且繁琐,同时也极易发生差错,所以是一件令人十分烦恼的工作。同时,在计算一个实际问题中,数据整理、核对和键入计算机所需的时间往往数倍或数十倍于计算时间,尤其是在计算机速度极快的今天,更是这样。为了减少数据输入量并尽可能地避免差错,或即使发生差错也易于核对,必须对土坝渗流场的离散采用自动剖分单元(三角形单元)的方法。这是很适宜的,也是广大工程人员所欢迎的。

单元自动剖分,其实质是由人工给出少量数据,编制一定的程序由计算机去形成单元信息、结点坐标、各类边界信息以及计算渗流量信息等大量数据。在坝工渗流分析中,由于涉及自由面的处理,所以采用如下单元自动剖分方法。而无自由面时,如闸基渗流及水平面渗流,只需给出边界轮廓和相应信息即可自适应地自动剖出单元,而无需划出块、点等。

一、单元自动剖分的原理和方法

(一)块的划分

根据渗流场的几何形状、土层分布等,将整个土坝渗流场划分成一些四边形的子域(图 4-20)。这些子域称为块。为使结点优化并满足自由面调整迭代的需要,所划分的块又分成若干组,每组由若干块组成。在每组内各块首尾相接,上下贯通整个渗流场。块的编号是从左到右一组一组地进行的,每组内由上到下逐块编号,单元的编号是以块为单元逐块进行的。

(二)块的标准化和块内结点确定的方法

图 4-21 是从渗流场中(图 4-20 的第 10 块)取出的任意一块,称为原块。其坐标是渗流场的整体坐标(x,z)。通过坐标变换,可将它分成 2×2 的正方形,如图 4-22 所示。此正方形称为标准块,其坐标 $\xi\eta$ 为局部坐标。原块和标准之间的对应点按下式变换:

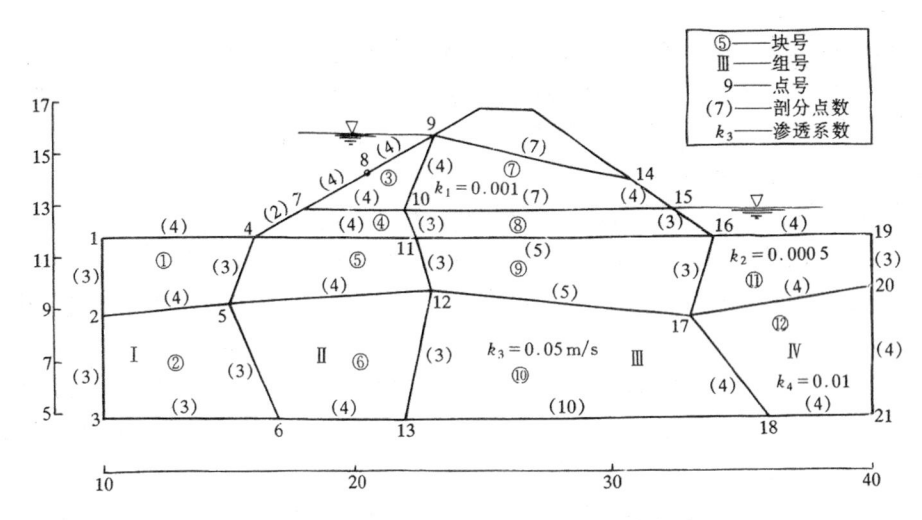

图 4-20 透水地基上均质土坝自动剖分分块图

$$x = \sum_{i=1}^{8} N_i(\xi,\eta) x_i \atop z = \sum_{i=1}^{8} N_i(\xi,\eta) z_i \Bigg\} \quad (4-4)$$

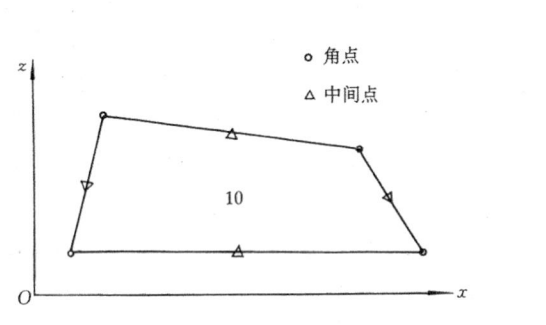

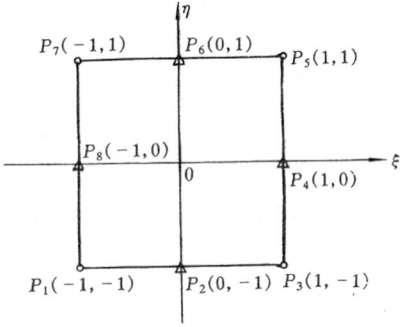

图 4-21 块的原块

图 4-22 标准块

式中：N_i 为用局部坐标表示的形状函数；(x_i, z_i) 为 i 点的整体坐标。8 个形状函数如下：

$$N_1 = \frac{1}{4}\xi\eta(1-\xi)(1-\eta)$$
$$N_2 = \frac{1}{4}(1-\xi^2)(1-\eta)^2$$
$$N_3 = -\frac{1}{4}\xi\eta(1+\xi)(1-\eta)$$
$$N_4 = \frac{1}{4}(1+\xi)^2(1-\eta^2)$$
$$N_5 = \frac{1}{4}\xi\eta(1+\xi)(1+\eta)$$
$$N_6 = \frac{1}{4}(1-\xi^2)(1+\eta)^2$$
$$N_7 = -\frac{1}{4}\xi\eta(1-\xi)(1+\eta)$$
$$N_8 = \frac{1}{4}(1-\xi)^2(1-\eta^2)$$
(4-5)

为了减少输入的数据,计算时只给出块的 4 个角点的整体坐标,而 4 条边上中点的坐标则取其两端点的平均值。

为了对原块进行三角形剖分,首先按下述方法对标准块构造格子图。图 4-23 的 n_1、n_2、n_3、n_4 分别表示相应边上的剖分点数。当两对边上剖分点数不相等时,如图 4-23 中的 n_1、n_3,则需添加若干虚点使其相等。虚点加在靠实点较多的相邻边的一端。图 4-23 中 n_1 边上的虚点是加在靠 n_2 边的一端。然后用直线把两对边的对应点连起来。这些连线称为格子线。这样,两组正交的格子线将正方形(标准块)分割成许多小矩形。这种图称为格子线

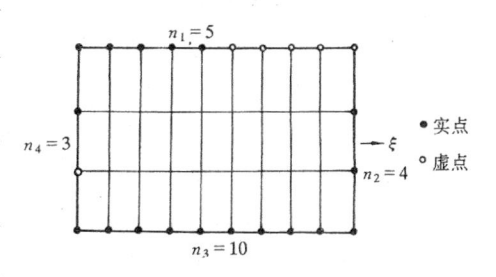

图 4-23 标准格子线图

图。格子线的交点即为结点,它由实点和虚点组成。当 $n_1=n_3$、$n_2=n_4$ 时,两边剖分点数相等,格子线图上格子线的交点全部为实点。当两对边剖分点数不相等时,由下述方法确定内部虚点。从含虚点的一边向内按阶梯状逐行(列)减,每行(列)的两端各减少一个虚点,直至减完为止(图 4-24),剩下的全部为实点。这里指出,虚点的递减不能超越或落于对边上。因此,在确定原块 4 条边的剖分点数时,必须满足下式:

$$\left. \begin{array}{l} N_2(N_4) > |N_1 - N_3| \\ N_1(N_3) > |N_2 - N_4| \end{array} \right\}$$
(4-6)

以上引入虚点的做法只是为剖分三角形提供方便,实际上只有实点才是真正要求的结点。在剖分和计算结点坐标时,虚点被全部排除。

(三)位相矩阵和结点的编号

为了便于剖分并提取有关信息,这里引入位相矩阵的概念。据标准块的格子线图,每块可建立一个位相矩阵,其阶数是纵横格子线数的乘积。矩阵元素为格子线交点的结点信息值,规定实点为 -1,虚点为 0,如图 4-24(a)所示。为使结点编号优化,从左到右每次形成一组位相矩阵,结点按组统一编号。对组内的位相矩阵同列上的实点由上向下逐点编号,如图

(a)

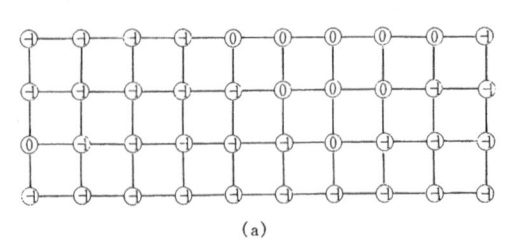

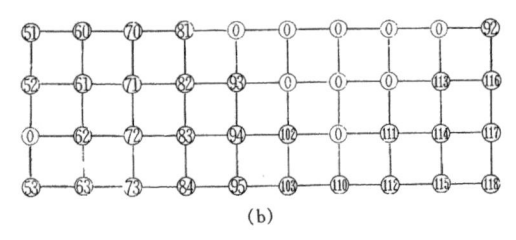

(b)

图 4-24 位相矩阵和结点编号

4-24(b)所示。两块公共边上的结点编号应相同,在编号时,凡属边上的公共结点已编过号的,直接从邻块将点号移入。整个组内各块所含实点全部编完号后位相矩阵的实点元素即变为大于零的结点号码,而不是 -1,如图 4-24(b)。

(四)实点坐标计算和三角形剖分

根据标准块的格子线图计算实点的局部坐标(ξ,η),计算时沿纵横两簇格子线进行。将格子线上的虚点全部排除,使实点沿格子线方向均匀分布,如图 4-25 所示。分别算出实点的局部坐标(ξ,η),然后按式(4-4)进行坐标变换,算出实点的整体坐标,如图 4-26 所示。块内全部实点的整体坐标算出后,即可根据位相矩阵作三角形剖分,形成单元信息。

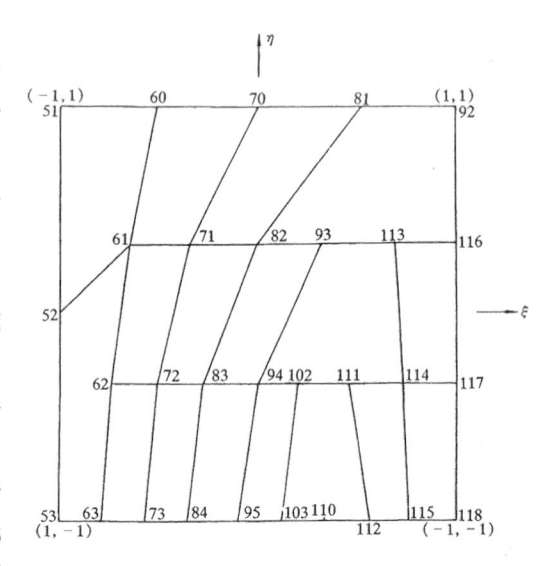

图 4-25 ξ、η 平面内块的实点

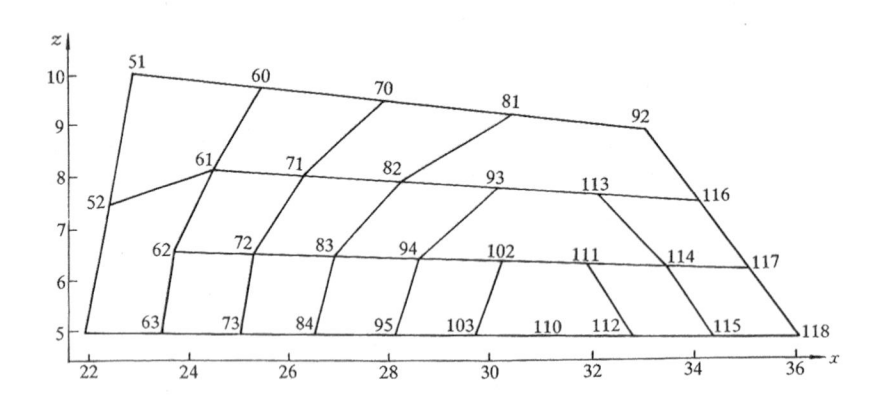

图 4-26 x、z 平面内块的实点

现仍以图 4-23 的位相矩阵为例进行分析。利用标准块上的纵横格子线可将其划分为许多小矩形,如图 4-27 所示。任何标准块只能划分为如图 4-28 所示的三类子块。

进行三角形剖分时,实点之间距离是按原块上实点整体坐标确定的,使用位相矩阵从标准块中逐个取出子块,按下述方法进行剖分:

132

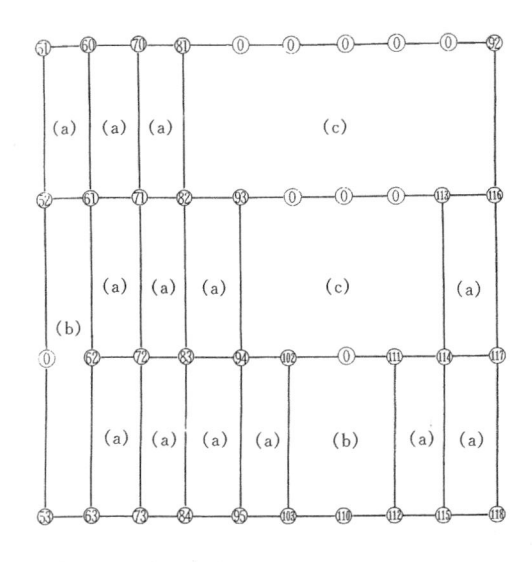

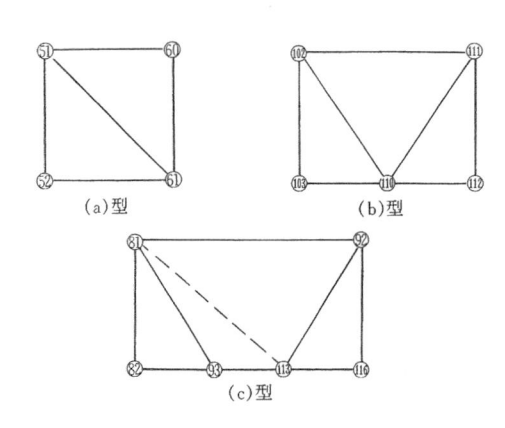

图 4-27 利用标准块进行三角形剖分示意图

图 4-28 子块图

1. 只有 4 个角点的子块。这类子块显然占大多数(图 4-28(a)),剖分时先计算两对角线的长度,将对角线短的连起来,即得两个三角形单元。

2. 由 5 个实点组成的子块(图 4-28(b))。其特点是除了 4 个角点外,在某一条边上还有一个实点。剖分时只需从该点出发向对边两个角点相连,即可剖分成 3 个三角形单元。

3. 子块由 6 个实点组成(图 4-28(c))。其特点为除 4 个角点外,在某一条边上还有两个实点。剖分时,先将该边上两个实点分别与对边最近的角点相连。这样将子块剖分成两个三角形和一个四边形。然后将新形成的四边形按步骤①再剖分成两个三角形。如此,共剖分成 4 个三角形单元。

(五)边界信息的提取和计算渗流量信息的形成

按上述方法分块,各类边界结点必位于块的 4 条边上,但每一条边不一定都是渗流场的边界。因此在单元剖分完后,可根据人为提供的块边界信息,从每块相应的边上按顺时针提取各类边界结点点号。在提取上、下游已知水头边界结点后,即可据此形成上、下游水位,但对于闸坝地基有压渗流,就必须再输入上、下游水位。

计算渗流量的三角形单元仍可按块形成。可分成两种情况:一是过流断面与 n_1、n_3 边相交;二是过流断面是与 n_2、n_4 边相交。形成计算渗流量单元时,先确定过流断面通过该块的位置。对此,应用格子线的位置是适宜的。图 4-29 是过流断面与 n_1、n_2 边相交的情况,如令过流断面通过 $i+1$ 格子线之间(图 4-27 中 $i=3$),则沿第 i 和 $i+1$ 条格子线得两排结点(如遇虚点,则用相邻格子线上的实点来代替)。再对此两排结点按计算渗流量的

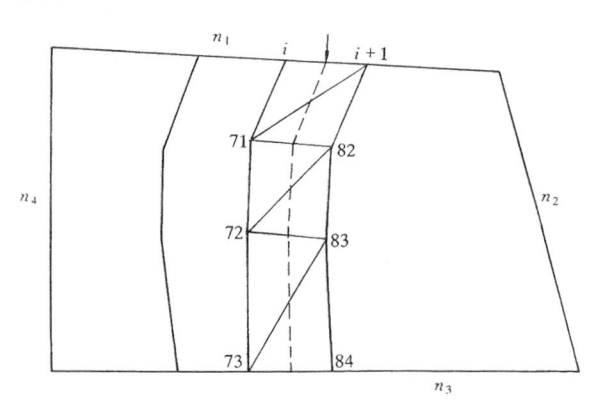

图 4-29 渗流量计算信息形成示意图

要求剖分三角形单元,如图 4-29 所示,对于过流断面 n_2、n_4 边相交情况,形成方法相同,只不过所取格子线的方向不同。

二、单元自动剖分程序与标识符说明

单元自动剖分程序——ADEC 是作为土坝二向渗流计算程序——UNSST2 的前处理部分(见附录)。

有关单元自动剖分程序的标识符说明如下:

MO　自动剖分分块组数

ME　自动剖分分块数

BN　含各类边界结点的块边数

NP　自动剖分的角点数

NK　土层渗透系数种类数

NQ　计算渗流量的过流断面数

QNN　需要形成计算渗流量信息(共 NQ 个断面)的块数

NNT　计算非稳定渗流时输入库水位上升、下降落过程线特征的分段数

NG　计算等水头线百分数间距

P[1:ME,1:9]　存放块信息。第 1～4 分量为块 4 个角点点号,第 5～8 分量为块 4 条边剖分点数,第 9 分量为块的渗透系数在 KS 数组中的序号

RH[1:NP,1:2]　存放角点的 x、z 坐标

RB[1:BN,1:3]　存放块边界信息。第 1 分量为块号,第 2 分量为块的边号,第 3 分量为表 4-1 所列边界类型信息

KS[1:NK,1:4]　存土层渗透系数和给水度。第 1、2 分量为土层在 x、z 方向的渗透系数,第 3 分量为给水度 μ,第 4 分量为贮存量 S_s。

QC[1:QNN]　需要形成计算渗流量信息的块号

MQ[1:NQ,1:3]　存放形成各过流断面渗流量计算单元的块信息。第 1 分

表 4-1　块边界类型信息

信息	边　界　性　质
1	渗流自由面边界(斜、心墙坝仅为上部自由面)
2	井点边界
3	判别是否承压边界
4	暂未使用
5	斜、心墙土坝下游坝壳自由面边界
6	均质土坝后坡和排水棱体渗出段边界
7	上游已知水头边界
8	下游已知水头边界
9	斜、心墙土坝斜墙、心墙后坡渗出段边界
10	暂未使用

量为形成过流断面计算渗流量信息时块号在 QC 数组中的最大序号,第 2 分量为过流断面与块边界相交的信息(规定与 n_1、n_3 边相交为 1,而与 n_2、n_4 边相交为 -1),第 3 分量为过流断面在块中位置的格子数。

三、ADEC 程序使用示例

如图 4-20 所示的均质土坝,利用单元自动剖分——ADEC 程序对土坝渗流场作三角形单元剖分。

1. 绘制分块图,如图 4-20 所示。按编制的程序要求,每一分块内渗透系数要相同,同一类渗透系数区域可分成数块。每一块必须有 4 条边、4 个角点。两条边在同一直线上则需在该直线上任取一点作为角点。角点的整体编号顺序不受限制,但块信息(P 数组的填写)要从

左上角按顺时针排列。块的4条边排列顺序为上边、右边、下边、左边。

2. 建立 DQB.DAT 数据文件。根据单元自动剖分程序数据输入的顺序填写如下：

DQB1,DQB2,DQBS

"Y"　"Y"　"N"

MO,ME,NP,BN,NK,NQ,QNN,NNT,NG

　4,　12, 21, 8, 4, 1, 4,　　0,　10

P[1:ME,1:9]

1,4,5,2,4,3,4,3,2,　　　　2,5,6,3,4,3,3,3,4,　　　　8,9,10,7,4,4,4,4,1,

7,10,11,4,4,3,4,2,1,　　　4,11,12,5,4,3,4,3,2,　　　5,12,13,6,4,3,4,3,3,

9,14,15,10,7,4,7,4,1,　　10,15,16,11,7,3,5,3,1,　　11,16,17,12,5,3,5,3,2,

12,17,18,13,5,4,10,3,3,　16,19,20,17,4,3,4,3,2,　　17,20,21,18,4,4,4,4,3,

RH[1:NP,1:2]　10.0,12.0,10.0,9.0,10.0,5.0,16.0,12.0,15.0,9.5,17.0,5.0,
17.8,13.0,20.1,14.3,23.0,16.0,22.0,13.0,22.5,12.0,23.0,10.0,22.0,5.0,31.0,
14.0,32.6,13.0,34.0,12.0,33.0,9.0,36.0,5.0,40.0,12.0,40.0,10.0,40.0,5.0

KS[1:NK,1:4]　　0.001,0.001,0.0,0.0,0.0005,0.0005,0.0,0.0,0.05,0.05,
0.0,0.0,0.01,0.01,0.0,0.0

RB[1:BN,1:3]　　1,1,7,4,4,7,3,4,7,3,1,7,7,1,1,7,2,6,8,2,8,11,1,8

QC[1:QNN]　7,8,9,10

MQ[1:NQ,1:3]　　4,1,3

填写块边界信息时(BN 数组)，除按照表 4-1 块边界类型信息填写 BN 数组第三分量外，若渗流场某类边界由若干个块边组合而成，填写时应使前后两块类型相同的边界首尾连接，以便提取的边界点号按规定的顺序排列。

3. 调单元自动剖分程序——ADEC 进行计算，将所得单元剖分数据信息记入数据文件 G.DAT 中。

4. 调用三角形单元剖分图绘图程序绘单元图，并显示在屏幕上，以便核对是否有错，亦可输出剖分图至绘图仪上。

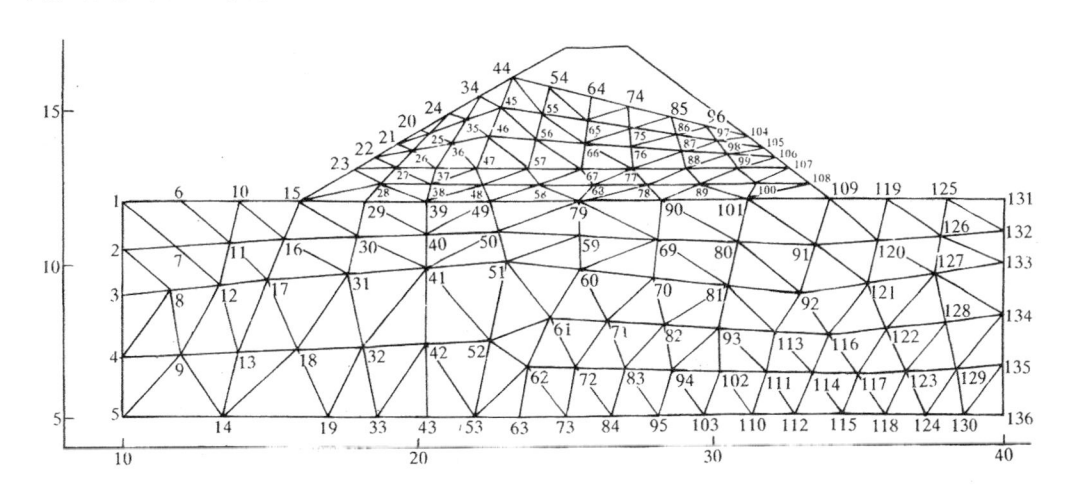

图 4-30　均质土坝单元自动剖分块图

5. 若单元剖分图无错误,此时程序将计算渗流的全部数据录入 G.DAT 文件,键入 UNSST2 调用土坝渗流计算程序即可进行渗流计算。

6. 列表打印计算结果并绘制流网图,其步骤同前。

据上述数据剖分所得的三角形单元图如图 4-30 所示。按图 4-30 所示剖分单元录入数据文件 G.DAT 中的数据进行渗流计算,绘得的渗流自由面和等势线如图 4-31 所示。

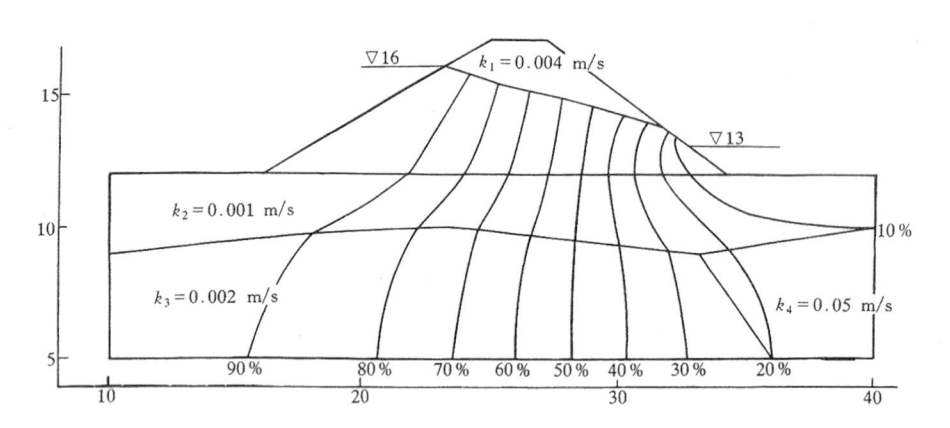

图 4-31 均质土坝稳定渗流自由面及等势线

第六节 各类型土坝渗流计算实例

第四节中结合土坝二维渗流计算程序和三角形单元自动剖分计算程序介绍了有铺盖截水槽的均质土坝、有贴坡排水的均质土坝算例,本节将针对其他坝型的特点结合实例进一步介绍输入信息的填写过程及坝坡稳定性的计算过程。

一、粘土心墙土坝稳定渗流计算

云南毛家村水库土坝为透水地基上高 80 m 的粘土心墙土坝,坝基为厚 23 m 的砂砾石冲积层,心墙下设肥厚的粘土水泥灌浆帷幕,各土区的渗透系数如图 4-32 所示。该坝初设方案已有电阻网模型试验成果,现在以有限元法核算,单元划分如图 4-33 所示,共划分单元 182 个,结点 118 个。

如第四章第二节所述,除粘心墙上部出现渗出点外,下部还将出现渗流自由面与心墙下游坡的交点,整理数据时要对该两点加以区分。

绘制的单元剖分图如图 4-33 所示。G.DAT 数据文件如下:
DQB1,DQB2,DQBS
"Y" "N" "N"
NE,NN,NNU,NND,NNM1,NNM2,NNF,NK,AA,AA1,AA2,BB,BB1,BB0
182,118,11, 2, 3, 0, 14, 3, 0, 0, 0, 75,0, 79
NNP,NQ,NT,NW,NG,NNM3,LU,LD,MA
0, 0, 0, 0, 10, 0, 0, 0, 0
HH, H1, H2, H3, EPS, EPS1, DT
2228.4, 2228.4,2150.0,0.0, 0.1, 0.0, 0.0
KCE[1:NK] 42,112,182

图 4-32 粘土心墙土坝单元划分图

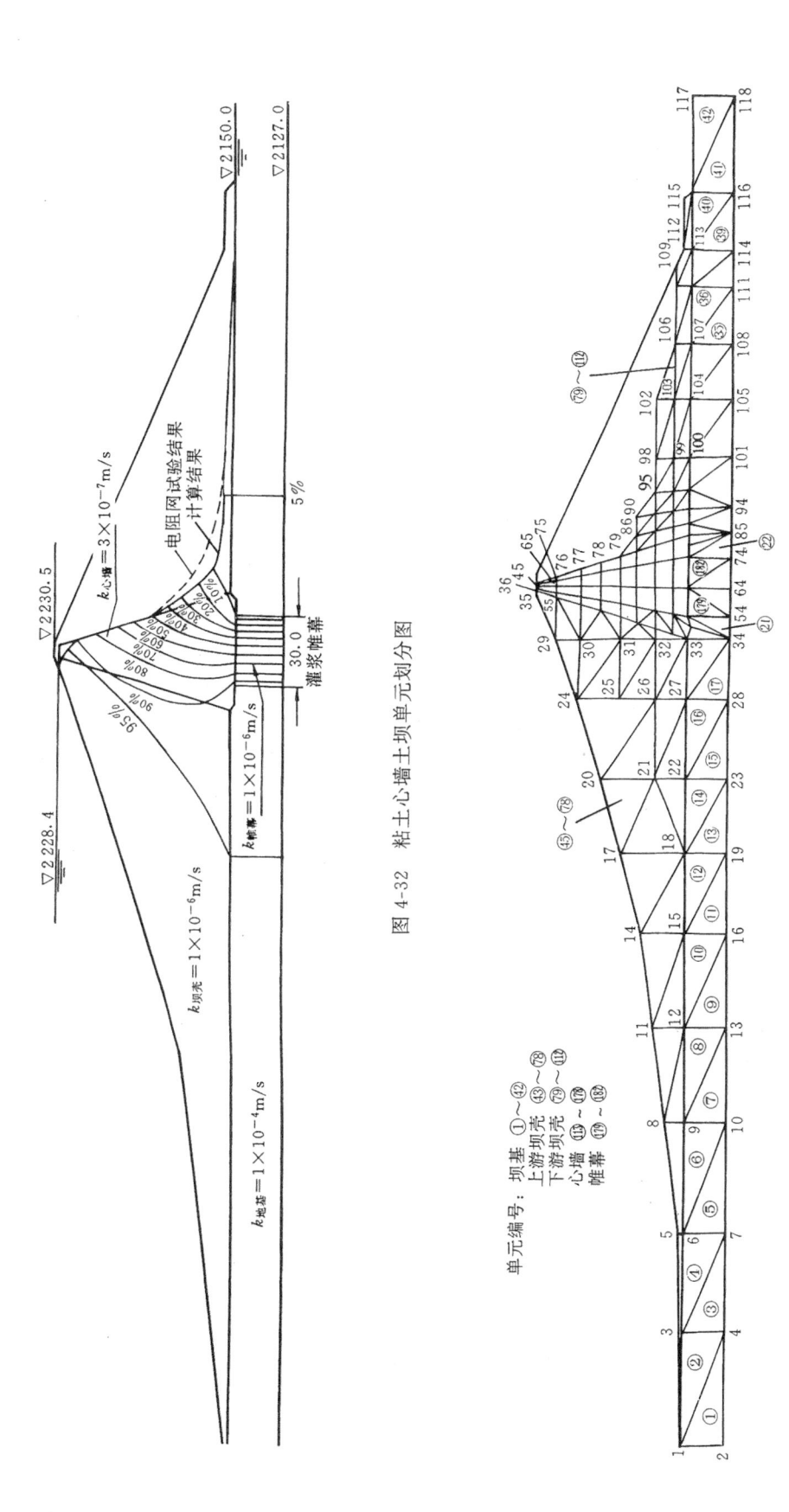

图 4-33 粘土心墙土坝稳定渗流自由面及等势线图

CE[1：NE,1：3]　从略,见图 4-33
NF[1：NNF]　36,45,55,65,75,79,86,90,95,98,102,106,109,112
NU[1：NNU]　1,3,5,8,11,14,17,20,24,29,35
ND[1：NND]　115,117
H[1：NN,1：2]　从略,见图 4-33
KS[1：NK,1：3]　0.0864,0.0864,0.0,0.0864,0.0864,0.0,0.0002592,0.0002592,
0.0

据计算结果,绘得如图 4-32 所示的等势线。为了便于比较,图 4-32 中还给出了电阻网试验的渗流自由面,可知两者甚为一致。但在靠近粘土心墙附近的渗流自由面,计算值比试验值低。其原因正如第三节所述,该部位自由面坡降大,电阻网试验没有在该部位加密网眼。由图 4-33 还可看出,粘土心墙和灌浆帷幕的透水性均较砂壳和坝基小,故等势线密集于心墙和帷幕中。因此在划分单元时,需对心墙和帷幕及其附近的单元剖分得密些。而坝壳、坝基的单元剖分稀疏些,是不会影响计算结果精度的。

以上是人工剖分单元图的情况。当自动剖分单元时,G.DAT 数据文件的形成则如下例所述。

甘肃省碧口水库土坝为透水地基上的粘土心墙坝,坝高约 74 m,心墙下设灌浆帷幕,心墙上游边坡坝体中设有强透水带,下游设有 L 形排水设施,如图 4-34 所示。各土区渗透系数如图 4-35 所示。单元自动剖分的分块图如图 4-34 所示,共分成 10 组 22 块。数据文件DQB.DAT 如下:

DQB1,DQB2,DQBS
"Y"　"N"　"N"
MO,ME,NP,BN,NK,NQ,QNN,NNT,NG
10, 20, 36, 14, 5, 0, 0, 0, 10
P[1：ME,1：9]　从略
RH[1：NP,1：2]　从略
KS[1：NK,1：4]　从略
RB[1：BN,1：3]　1,1,7,2,4,7,2,1,7,4,4,7,4,1,1,7,1,1,10,1,1,13,1,1,13,2,
9,16,1
9,18,1,5,20,1,5,20,2,8,22,1,8

据计算结果,绘得如图 4-35 所示的等势线图。

二、斜墙土坝稳定渗流计算

浙江省石郭坝为坝高 29 m 的透水地基上的铺盖斜墙土坝。铺盖为不等厚铺盖,长 150 m,斜墙、铺盖、坝体和坝基的渗透系数比例为 $k_1/k_0=k_2/k_0=1/2\,000,k_3/k_0=5$。单元划分如图 4-36 所示,剖分单元 143 个、结点 100 个。计算考虑了透过斜墙的流量补给自由面。另外对进口铺盖、斜墙的上下部、下游坝体 5 个断面计算了渗流量。

根据图 4-36 单元划分图,G.DAT 数据如下:
DQB1,DQB1,DQBS
"Y"　"Y"　"N"

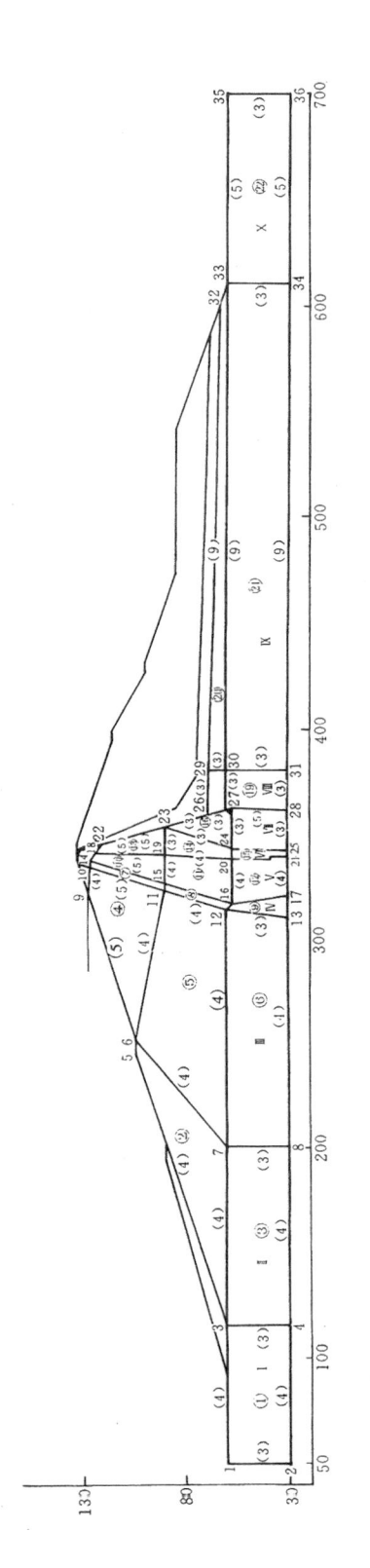

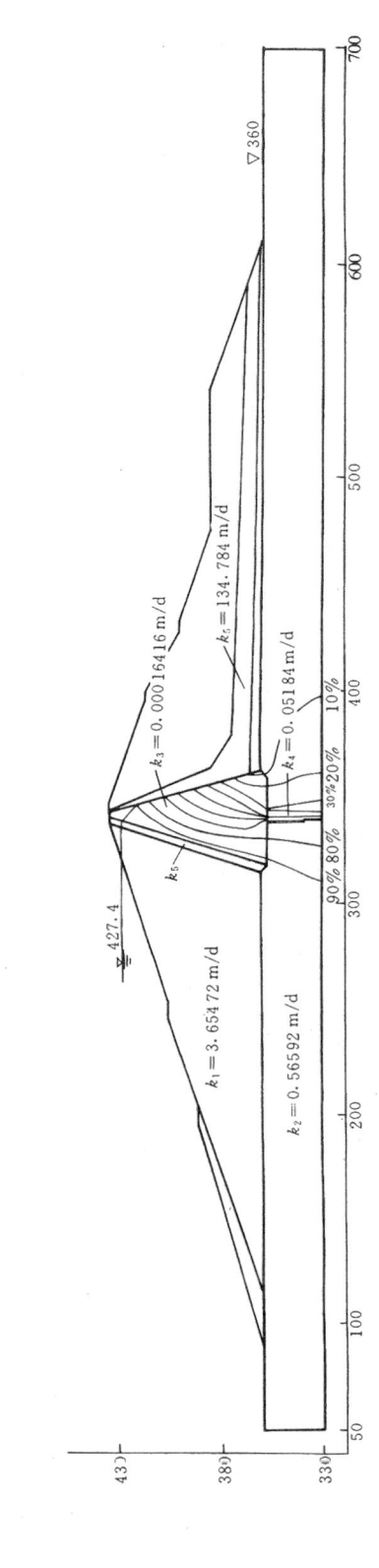

图 4-34 粘土心墙土坝自动剖分分块图

图 4-35 粘土心墙坝稳定渗流等势线

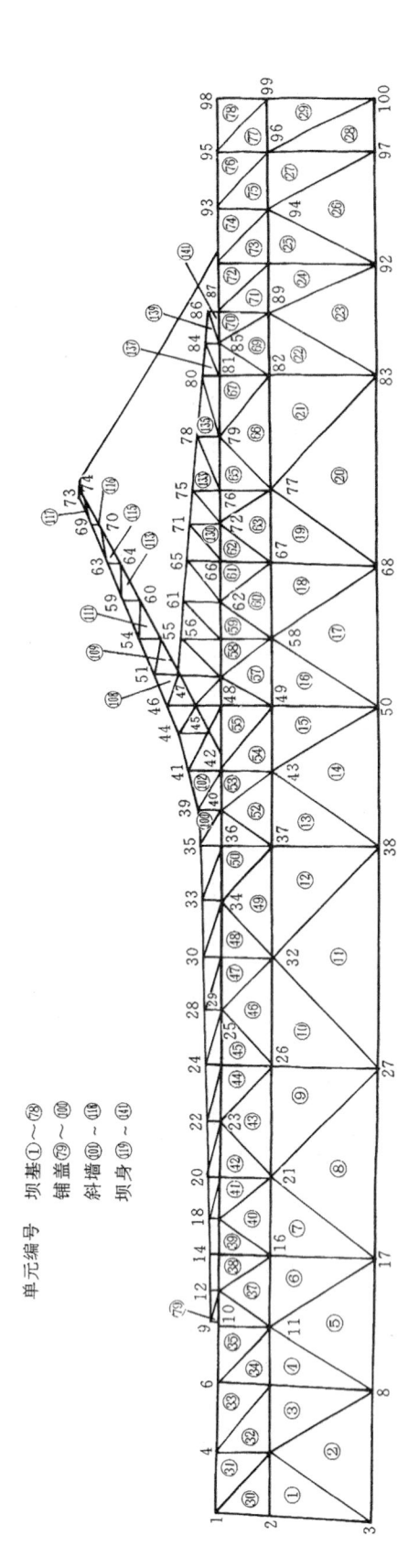

图 4-36 斜墙土坝单元划分图

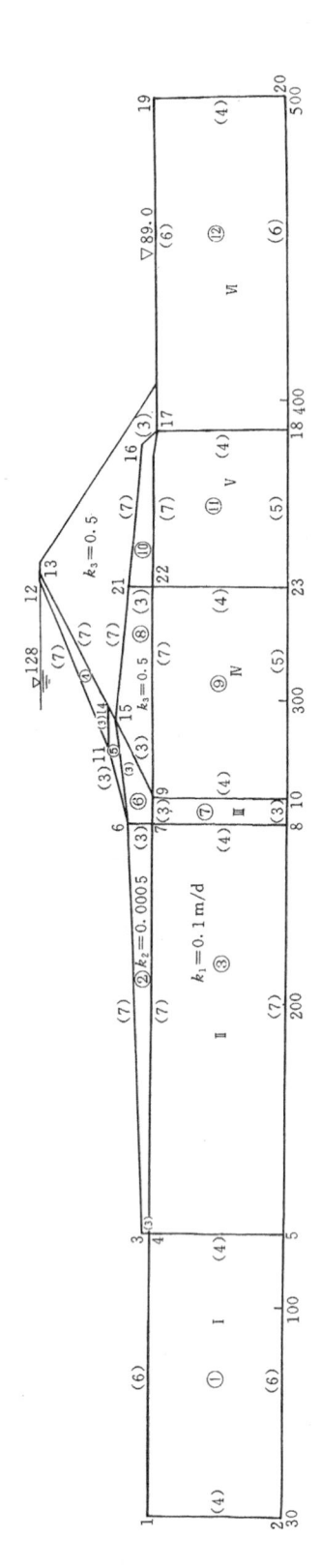

图 4-37 斜墙土坝自动剖分块图

NE, NN, NNU, NND, NNM1, NNM2, NNF, NK, AA, AA1, AA2, BB, BB1, BB0, NNP, NQ
141, 100, 25, 6, 5, 0, 10, 3, 0, 0, 0, 74, 0, 52, 0, 5
NT, NW, NG, NNM3, LU, LD, MA
0, 0, 10, 0, 0, 0, 4
HH, H1, H2, H3, EPS, EPS1, DT
83.1, 83.1, 45.0, 0.0, 0.1, 0.0, 0.0
KCE[1：NK] 78,118,141
CE[1：NE,1：3] 从略,见单元剖分图 4-36
NF[1：NNF] 52,56,61,71,75,78,80,84,86
NU[1：NNU] 1,4,6,9,10,12,14,18,20,22,24,28,30,35,39,41,44,46,51,54,59,63,69,73
ND[1：NND] 87,88,90,93,95,98
H[1：NN,1：2] 从略,见图 4-36
KS[1：NK,1：3] 2000.0,2000.0,0.0,1.0,1.0,0.0,10000.0,10000.0,0.0
CEN[1：MA,1：4] 109,110,111,0,111,112,113,0,113,114,115,0,115,116,117,0
CEB[1：MA+1,1：2] 52,53,55,56,60,61,64,65,70,71
MQO[1：NQ] 4,6,22,11,7
MQ1[1：80] 4,5,34,35,22,23,68,69,137,138,79,80,81,82,83,84,85,86,87,88,89,90,91,92,93,94,95,96,97,98,99,100,108,109,110,111,112,113,114,115,116,117,118,101,102,103,104,105,106,107

当自动剖分单元时,其分块图见图 4-37,共分成 6 组 12 块。DQB.DAT 数据文件为:
DQB1, DQB2, DQBS
"Y", "N", "N"
MO, ME, NP, BN, NK, NQ, QNN, NNT, NG
6, 12, 23, 12, 3, 0, 0, 0, 10
P[1：ME,1：9] 从略
RH[1：NP,1：2] 从略
KS[1：NK,1：4] 从略
RB[1：BN,1：3] 1,1,7,2,4,7,2,1,7,5,4,7,4,4,7,4,1,1,4,2,9,5,2,9,8,1,5,10,1,5,10,2,6,12,1,8

据计算结果,绘得如图 4-38 所示的等势线。图中同时给出电阻网试验结果,并将计算出的各关键点水头值和各断面渗流量与电阻网试验结果及按文献[1]公式计算结果列于表 4-2 进行比较。结果甚为一致,流量仅差 1.4%。

表 4-2 关键点水头和断面流量比较

		h_0	h_1	h_2	h_3	q_0	q_1	q_2	q_3	q
电	算	35.1	12.4	10.4	6.5	$6.686k_0$	$0.1632k_0$	$0.0584k_0$	$0.087k_0$	$7.013k_0$
试	验	35.1	13.0	10.0	6.1	$6.830k_0$	$0.2100k_0$	$0.0250k_0$	$0.105k_0$	$7.270k_0$
公	式	35.1	12.0	10.0	5.41	$6.800k_0$	$0.2080k_0$	$0.0530k_0$	$0.098k_0$	$7.159k_0$

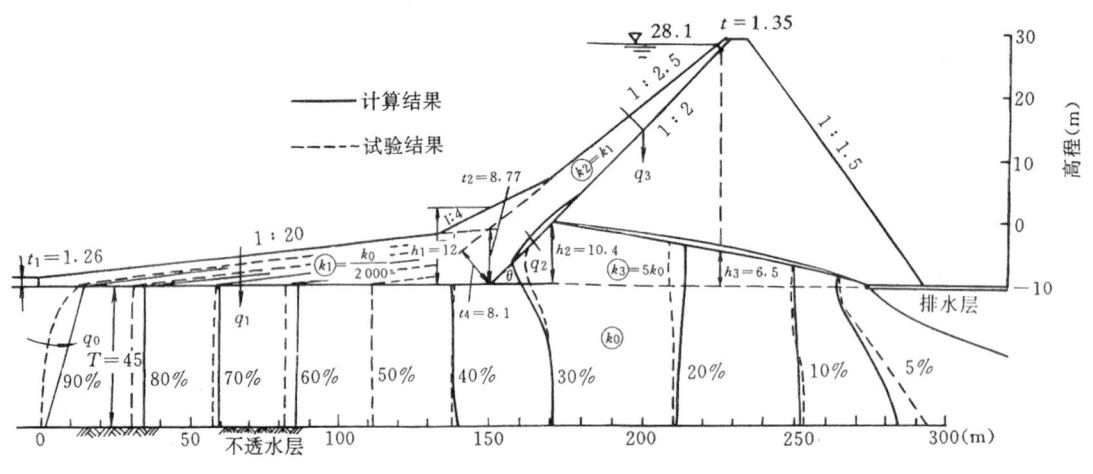

图 4-38 斜墙土坝稳定渗流等势线

三、有棱体排水土坝稳定渗流计算

有棱体排水的土坝以江苏石梁河水库为例,如图 4-39 所示。其分块图如图 4-39 所示,共分成 8 组 16 块。根据图 4-39 分块图,DQB.DAT 数据文件如下:

DQB1,DQB2,DQBS

"Y"　"Y"　"N"

MO,ME,NP,BN,NK,NQ,

　8,　16,　28,　12,　2,　1,

P[1：ME,1:9] 从略

RH[1：NP,1:2] 从略

KS[1：NK,1:4]　0.864,0.864,0.0,0.0,0.006912,0.006912,0.0,0.0

RB[1：BN,1:3]　1,1,7,2,4,7,2,1,7,4,1,7,6,1,7,8,1,7,10,4,7,10,1,1,13,1,1,13,2,6,14,2,8,16,1,8

QC[1：QNN] 从略

MQ[1：NQ,1:3] 从略

块边界信息中排水棱体内坡的信息应填 6。计算所得等势线如图 4-19 所示。

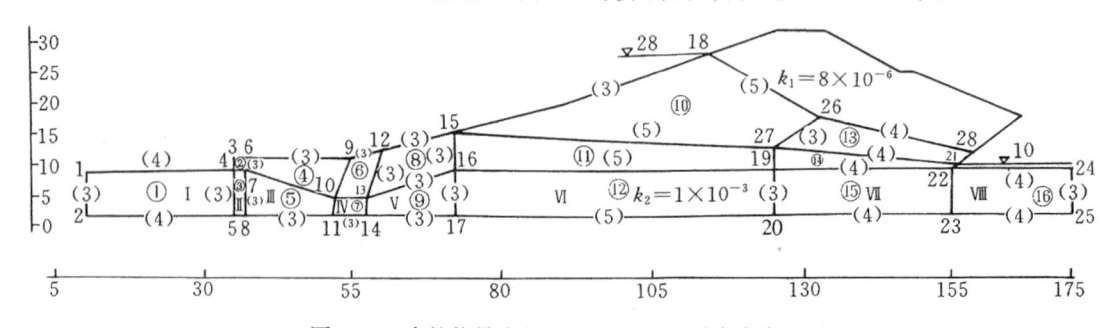

图 4-39 有棱体排水的均质土坝自动剖分分块图

四、有水平排水土坝稳定渗流计算

有水平排水土坝的单元自动剖分分块图如图 4-40 所示,共分成 5 组 5 块。据此,DQB.DAT 数据文件如下:

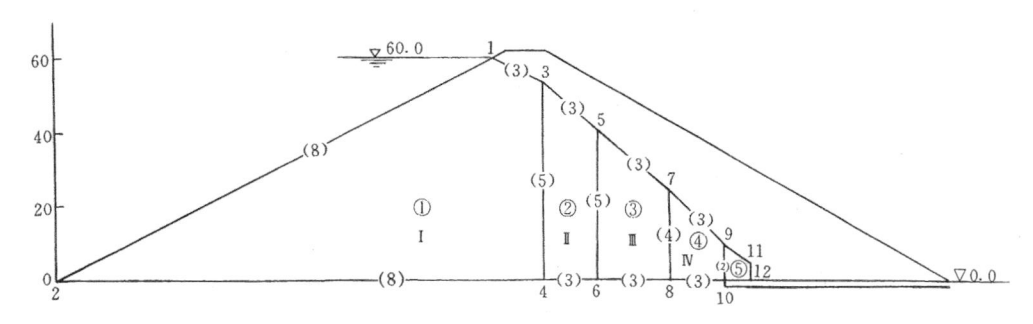

图 4-40 有水平排水土坝的单元自动剖分分块图

DQB1,DQB2,DQBS
"Y" "N" "N"
MO,ME,NP,BN,NK,NQ,QNN,NNT,NG
5, 5, 12, 7, 1, 0, 0, 0, 10
P[1:ME,1:9] 从略
RH[1:NP,1:2] 从略
KS[1:NK,1:4] 1.0,1.0,0.0,0.0
RB[1:BN,1:3] 1,4,7,1,1,1,2,1,1,3,1,1,4,1,1,5,1,1,5,3,8

据计算结果绘得的等势线如图 4-41 所示。

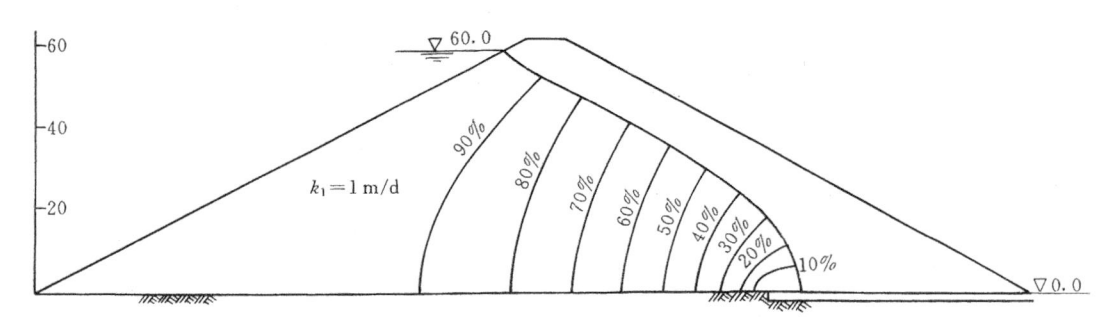

图 4-41 有水平排水的均质土坝等势线

五、均质土坝非稳定渗流(包括坝坡稳定性分析)计算

河北省岳城水库土坝为用粘壤土填筑的大致均质土坝,自由面变化的范围内土质的给水度 $\mu=0.047$。单元剖分如图 4-42 所示,共剖分单元 449 个、结点 217 个,各土区渗透系数如图 4-43 所示。利用非自动剖分土坝非稳定渗流计算程序计算,同时对每一降落时段末的坝坡滑动稳定性进行了分析计算。

1. 单位贮存量 S_s

据取土试验时未固结好的软弱层土,$a_v=2.4\times10^{-6}\text{m}^2/\text{kg}$,$e=0.7$,则按下式计算 S_s。

143

图 4-42 单元剖分图

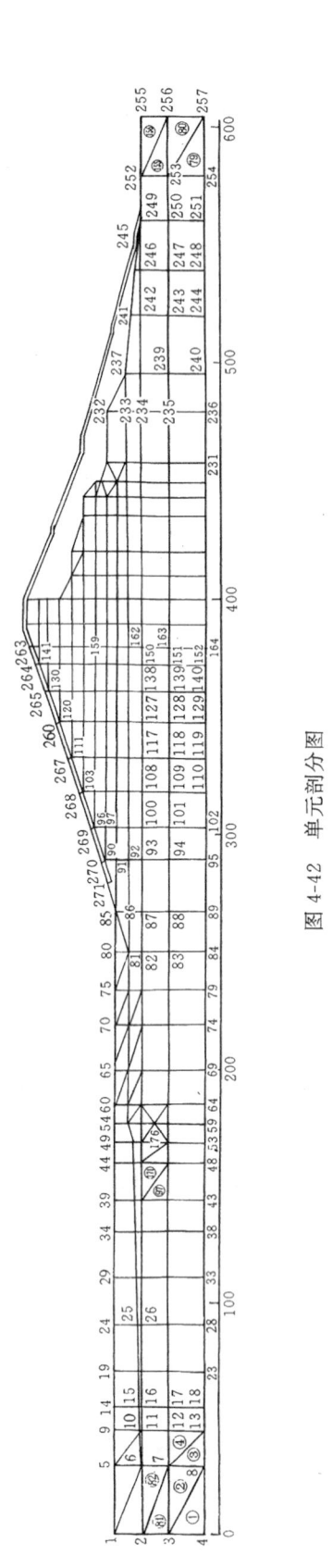

$k_1 = 2 \times 10^{-8}$ cm/s
$k_2 = 2 \times 10^{-7}$ cm/s
$k_3 = 8.5 \times 10^{-4}$ cm/s
$k_0 = 4.6 \times 10^{-2}$ cm/s
$k_4 = 1 \times 10^{-5}$ cm/s

图 4-43 均质坝非稳定渗流等势线

$$S_s = \frac{a_v \rho g}{1+e} = \frac{2.4 \times 10^{-6} \times 1000}{1.7} = 1.4 \times 10^{-3} \text{ m}^{-1}$$

2. 边界条件的给定

按满库水位的稳定渗流场水头分布作为土坝非稳定渗流计算的初值。上游边值由 149.0 m 降至 116.0 m 的实际缓降过程线给定,下游边值取水位 105 m 时的。

数据文件 G.DAT 如下：

DQB1,DQB2,DQBS
"Y" "N" "N"

NE, NN, NNU, NND, NNM1, NNM2, NNF, NK, AA, AA1, AA2, BB, BB1, BB0, NNP, NQ
449, 271, 25, 3, 0, 0, 20, 8, 141, 0, 0, 145, 0, 0, 20, 0

NT, NW, NG, NNM3, LU, LD, MA
 7, 0, 10, 0, 0, 0, 0

HH, H1, H2, H3, EPS, EPS1, DT
116, 149, 105, 0.0, 0.1, 0.0, 149.5

KCE[1：NK] 80,156,196,257,391,425,434,449

CE[1：NE,1：3]　从略,见单元剖分图 4-42

NF[1：NNF] 90,96,103,111,120,130,141,155,167,178,186,195,204,212,220, 227,232,237,241,245

NU[1：NNU] 1,5,9,14,19,24,29,34,44,49,54,60,65,70,75,80,85,90,95,96, 103,111,120,130,141

ND[1：NND] 249,252,255

NP[1：NNP] 153,154,165,166,177,186,187,195,196,204,205,206,212,213,214, 215,220,221,227,232

H[1：NN,1：2]　从略,见单元剖分图 4-42

HHT[1：NT] 145.0,140.0,135.0,130.0,130.0,125.0,120.0,116.0

HTT[1：NT] 31.33,36.67,37.0,17.22,9.6,9.85,7.83

KS[1：NK,1：4]
0.7344,0.7344,0.0,0.0,　　39.74,39.74,0.0,0.0,　0.001728,0.001728,0.0,0.0,
0.001728,0.001728,0.0,0.0,0.001728,0.001728,0.047,0.0014,　0.0864,0.0864,0.0,0.0,
0.001728,0.001728,0.0,0.0,0.0,0.0,0.0,0.0

XM　0

NK1,MX,MY,MO,LX, LY, LR, CX, 　CY, 　CR, BATA,BATAZ
 8, 7, 7, 4, 10.0, 15.0, 15.0, 260.0, 158.0, 4.5, 0.0, 0.0

FR[1：NK,1：5]
0.0,0.0,0.0,0.0,0.0　　　　　　　　1.04,1.92,31.0,31.0,2.04
1.04,1.92,25.0,25.0,2.04　　　　　　1.01,1.92,22.0,22.0,2.01
1.04,1.92,25.0,25.0,2.04　　　　　　0.0,0.0,0.0,0.0,0.0
1.04,1.92,25.0,25.0,2.04　　　　　　1.04,1.6,31.0,31.0,2.04

KC[1：NK,1：8]

186.0,78.5,400.0,78.5,0.0,0.0,1,1
186.0,93.5,251.0,105.0,1.2,1.2,2,2
251.0,111.0,400.0,111.0,1.2,1.2,4,4
317.5,130.0,319.0,130.0,1.5,1.5,8,5

186.0,93.5,400.0,93.5,0.0,0.0,1,1
186.0,111.0,251.0,111.0,1.2,1.2,3,3
268.0,115.0,400.0,115.0,1.5,1.5,4,4
378.5,151.5,380.0,151.5,1.5,1.5,8,5

对库水位降至最低水位时的计算结果绘制如图 4-43 等势线图。坝体孔隙压力分布计算值与实测资料比较列入表 4-3,可看出计算与实测大致相同。此外,从图 4-43 可看出,等势线朝上游弯曲造成朝上游南坡的渗流,对上游坝坡稳定不利,是造成坝坡滑动的主要因素。坝坡稳定分析结果如图 4-44 所示。土坝于 1961 年建成后水库蓄水,1968 年、1969 年和 1974 年库水位大幅度下降,曾引起中段 1+464～1+732、南段 2+170～2+380 两次上游滑坡。曾用旧有的计算土坝非稳定渗流方法对滑坡进行了验算,表明不致引起滑坡。按第三章所述非稳定渗流计算方法进行滑坡稳定计算,结果表明,在渗流作用下最危险滑弧位置靠近坝坡,属局部滑坡,计算出滑坡位置与实测位置基本一致(图 4-44),而且在各种情况下屡次出现于该处,最危险滑弧的安全系数为 0.93～1.0,坝坡稳定处于临界状态而偏于不安全。还对该土坝进行了地震力对坝坡稳定的影响计算。

这里指出,上述坝坡滑动稳定分析是对非稳定流时上游坝坡进行的,但利用编制的程序同样可对下游坝坡滑动进行分析。因为在推导过程中是按照上游坡位于左侧进行的,故在分析下游坡时要利用标识符 XM 将下游坡移至上游坡位置。由于非稳定渗流计算和坝坡滑动稳定分析是同时进行的,故计算程序在实际应用中是很方便的。

表 4-3　坝体孔压计算值与实测值比较

下降库水位 (m)	坝段	孔隙水测压管位置	高程(m)	测压管水位(m)	计算水位(m)
116.0 (1976 年 6 月 10 日)	滑坡段	1+600 上 65 m	119.88	133.7	131.00
		2+300 上 65 m	121.23	132.2	132.21
	非滑坡段	0+700 上 70m	118.20	127.9	131.00
		0+900 上 65m	119.20	127.9	131.04

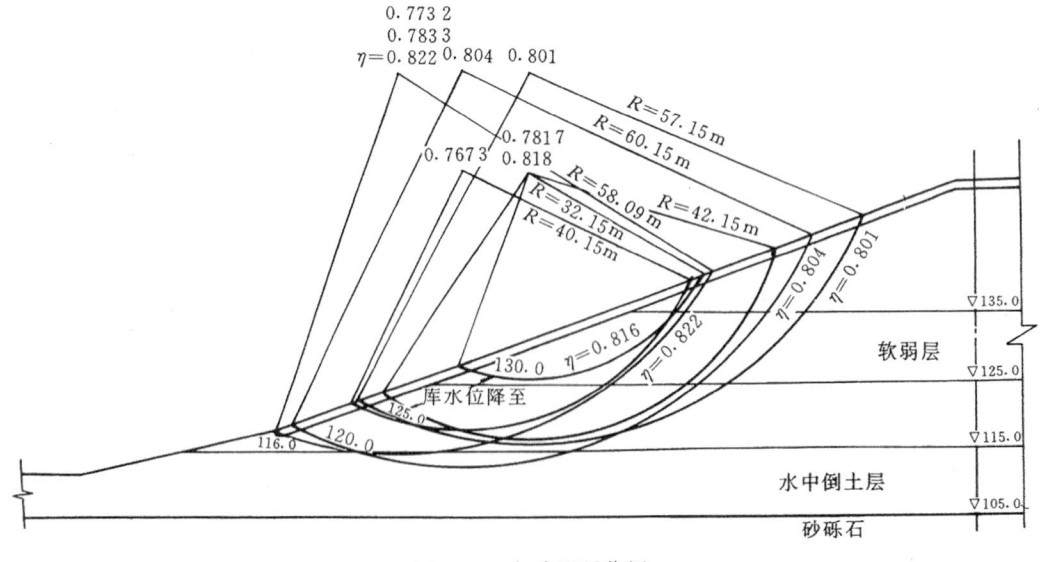

图 4-44　危险滑弧位置

六、坝顶兼公路时坝坡抗滑稳定性的核算

为发展旅游事业，江西七一水库扩建后大坝兼作公路用。为此，需进行设计及校核库水位在不利运行情况下的渗流安全和抗滑稳定性计算。

因为设计坝顶兼作三级公路，因此首先应考虑汽车行驶的转换荷载。按照《公路设计手册》规定，计算荷载汽-20级与验算荷载挂车-100的图形如图4-45所示。按照并排两辆汽车后轴重力分布在1.4 m坝顶长度上和4.9 m坝顶宽度上考虑，得等价荷载 $2(2\times120)/(1.4\times4.9)=70$ kPa。同理，按照单排一辆挂车-100考虑，可得等价荷载 $2\times250/(1.2\times3.2)=130$ kPa。为安全起见，再考虑人群荷载3 kPa及混凝土路面荷载5 kPa。同时，都假定荷载分布在靠计算坝坡的一边。这样，按照设计规范，计算荷载采用85 kPa，验算荷载采用154 kPa。

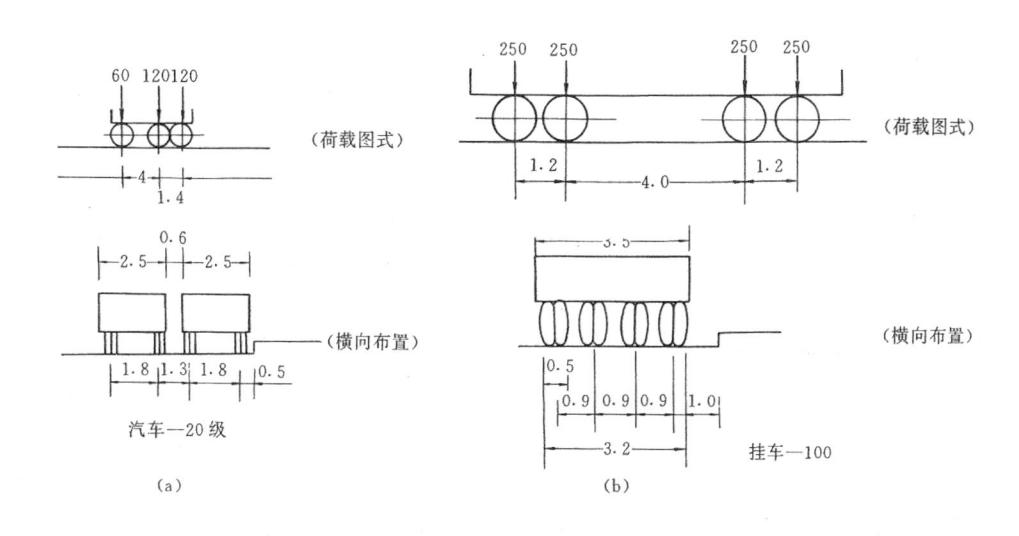

图4-45 坝顶兼公路汽车行驶荷载示意图

需要说明的是，若作为任一集中荷载 F_z 作用在坝顶来考虑，坝坡稳定性计算也是很方便的，只需在计算公式的分子项上加上抗滑力矩 $F_z R\cos\alpha'\mathrm{tg}\phi$ 及在分母项上加上滑动力矩 $F_z r\sin\alpha$ 即可。为了保持程序的完整调用，这次计算在机外作了等价的均匀荷载换算。换算结果应该与集中荷载等同。

然后，调用UNSST2程序计算大坝0+195和0+241两断面的渗流场及滑坡稳定性。本算例采用人工剖分单元网格法形成计算文件G.DAT。两断面各剖分三角形单元300个、结点200个。0+241断面，渗透系数种类简化为6类(坝体土、新老铺盖、风化料、滤层、砂砾石)；0+195断面，由于土坝底层存在弱透水淤泥层，则渗透系数种类考虑为7类。首先依据库水位94.0、下游水位49.0时的实测资料进行了各断面土层渗透系数反演分析计算，反演参数结果见图4-46，拟合误差在1%以下；然后据此反演值计算校核和设计库水位的渗流场及抗滑稳定性。

对于上游坡，计算库水位下降时的危险滑坡情况，认为已固结，$S_s=0$，给水度 μ，按式(1-45)及式(1-46)将坝体土 $k=3.43\times10^{-5}$ cm/s 代入，得 $\mu=0.007$ 及 0.07，对此两值作渗流

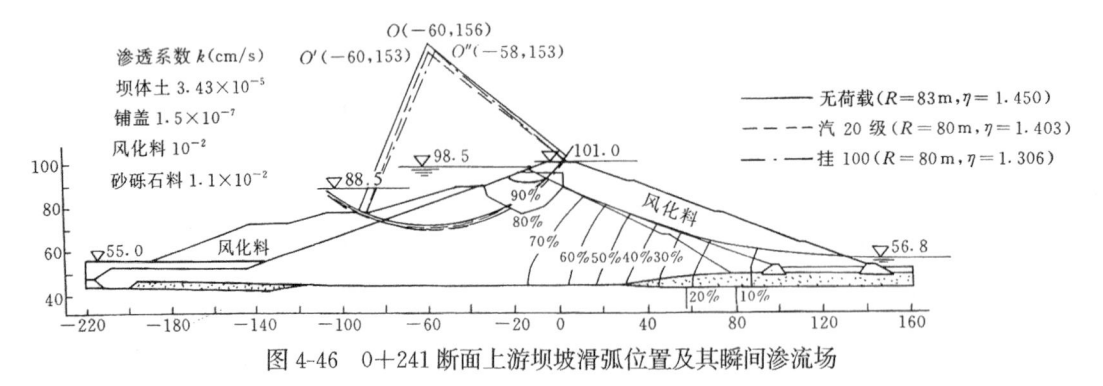

图 4-46　0+241 断面上游坝坡滑弧位置及其瞬间渗流场

影响下坝坡稳定的比较计算。结果表明 $\mu=0.07$ 算得的安全系数 η 稍小。土坝填土强度指标 $c'=9$ kPa，$\varphi=24.5°$，干容重 15.5 kN/m³，湿容重 19.4 kN/m³，浮容重 9.9 kN/m³；风化料 $c'=20$ kPa，$\varphi=21.7°$，干容重 16.3 kN/m³，浮容重 1.0 kN/m³；粘土铺盖 $c'=28$ kPa，$\varphi=20.8°$，干容重 16.2 kN/m³，浮容重 10 kN/m³；压坡块石 $\varphi=40°$，干容重 17.5 kN/m³，浮容重 11.0 kN/m³；各土料渗透系数 k 如图 4-46 所示。

至于库水位下降情况，按管理上的要求分正常运行和非正常运行两种情况，按下降速度分骤降和正常降等几种情况。我们为满足此项要求，则按照骤缓降的指标 $k/(\mu V)$ 并参照水库历年运行记录，选取库水位下降速度 $V=0.25$ m/d（慢降）、$V=1$ m/d（快降，1972 年滑坡）、$V=50$ m/d（骤降，浸润线基本不降，$k/(\mu V)<1/10$ 三种情况进行了坝坡稳定安全系数和危险滑弧位置以及危险下库水位的计算。

作为坝坡稳定分析依据的渗流场，是在坝体和坝基测压管水位和浸润线观测资料的基础上，进行反演拟合修正土层渗透系数后再用有限元法计算的。最后计算结果中的一组为 0+241 断面在校核库水位 98.5 m 骤降到 88.5 m 时发生的危险圆弧滑动及其瞬间流场，如图 4-46 所示。由此流场也可看出其与常规条分法计算坝坡稳定性所假设的稳定渗流场是有区别的。

下游坝坡稳定性分析是在上游校核水位 98.5 m 的稳定渗流场情况下计算的。下游坝坡计算断面 0+195 填土的 $c'=22.5$ kPa，$\varphi=16.3°$，干容重 16.3 kN/m³，湿容重 19.5 kN/m³，浮容重 10.3 kN/m³，其他同前。计算结果如图 4-47 所示。

七一水库土坝扩建断面的抗滑稳定性，根据上述计算危险滑弧的安全系数，已达到设计要求。但是，扩建前的土坝上游坡曾发生大的滑动。当时，经过计算方法的对比研究证明：采用程序 UNSST2 计算恰能说明已滑坡圆弧的安全系数 $\eta=0.99$；旧有条分法计算程序考虑瞬间渗流不周，所以 $\eta>1$。该土坝铺盖在高库水位运行中穿经铺盖的渗流坡降 J 已达 11，超过土坝规范规定坡降的 1 倍，必须采取加固措施。扩建时采取了水中倒粘土，在铺盖前端再筑了一道截水槽的措施。但是其后的计算认为，多一道阻水防止前端渗流，反而更增大了铺盖的渗流负担，穿经铺盖的坡降又稍增大。扩建加固时曾准备在坝脚开挖深排水沟，经南京水利科学研究院研究认为也是不必要的。现在，七一水库已安然运行十几年，这些问题的过程颇值得思考借鉴。

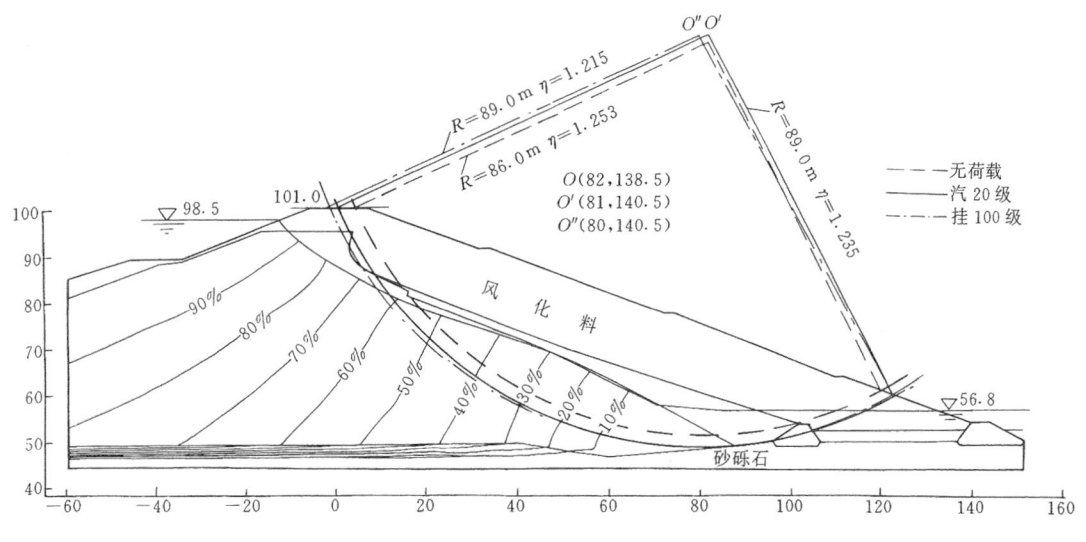

图 4-47 0+195 断面下游坝坡滑弧位置及其稳定渗流场

七、心墙砂壳坝非稳定渗流计算

以碧口水库土坝为例。其粘土心墙和灌浆帷幕的透水性远较坝壳小,故可认为相对不透水,允许在库水位降落期间只研究上游坝壳及其相应的地基部分。库水位由 427.4 m 经 12.8 d 下降到 390 m,平均降落速度为 2.9 m/d。砂壳的单元贮存量 $S_s=0$,给水度 $\mu=0.141$。上游斜墙围堰构成上游坝壳的一部分,库水位降落期间起一定阻水作用,计算时予以保留。其分块图如图 4-48 所示,共分 9 组 25 块。数据文件 DQB.DAT 如下:

DQB1,DQB2,DQBS
"Y" "Y" "N"
MO, ME, NP, BN, NK, NQ, QNN, NNT, NG
 9, 25, 38, 13, 3, 0, 0, 14, 10
RB[1:BN,1:3] 1,1,7,3,4,7,3,1,7,6,1,7,9,1,7,12,1,7,15,4,7,6,1,1,9,1,1,
12,1,1,15,1,1,18,1,1 21,1,1
P[1:ME,1:9] 从略
RH[1:NP,1:2] 从略
KS[1:NK,1:4] 0.05184,0.05184,0.0,0.0,0.000043 2,0.0000432,0.0,0.0,
3.657,3.657,0.141,0.0
HT[1:NNT,1:2] 0.0,427.4,1.0,424.5,2.0,421.5,3.0,418.5,4.0,415.5,5.0,
413.5,6.0,411.5,7.0,410.0,8.0,407.5,9.0,405.0,10.0,402.0,11.0,398.5,12.0,
394.5,12.8,390.0

非稳定渗流计算,自由面边界应考虑库水位的降落,即上游最高水位以下,应有一部分边界设立自由面信息。因此,在库水位降落区内,每块的上边都应作为自由面边界,填写块边界信息。

HT 数组是用来输入库水位降落过程线的,并由此应用插值计算形成 HHT 和 HTT 数

图 4-48 心墙自动剖分图

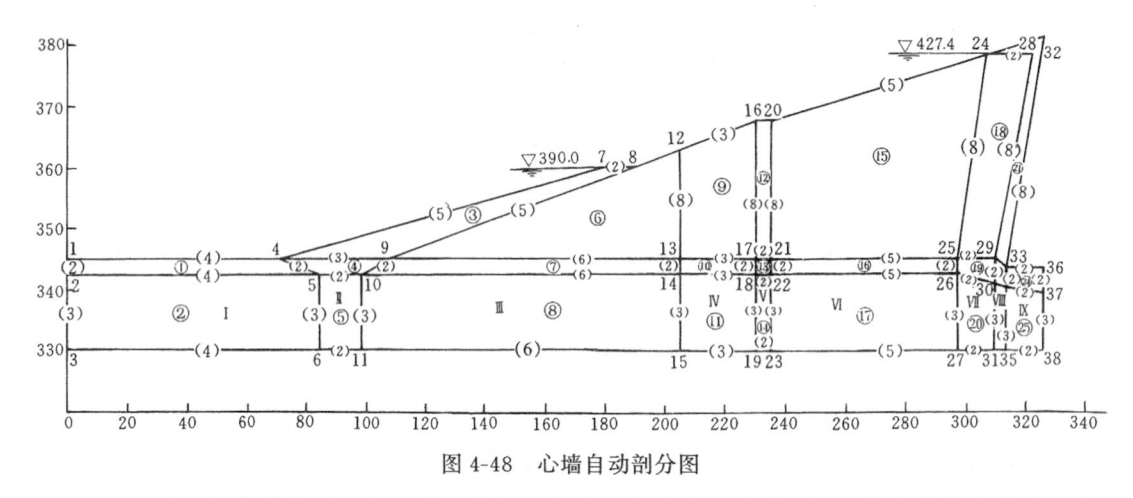

组。为了减少插值计算过程的误差,并能充分表示库水位的降落过程,在库水位变化急剧的区域内应多设一些对应点。

据计算结果,绘得如图 4-49 所示的自由面降落过程及最后下降时刻的等势线。由图 4-49 可知,上游水位急降时施工用遗留下来的亚粘土斜墙的阻碍排水作用是显著的,其结果对上坝坡的滑动稳定带来不利。

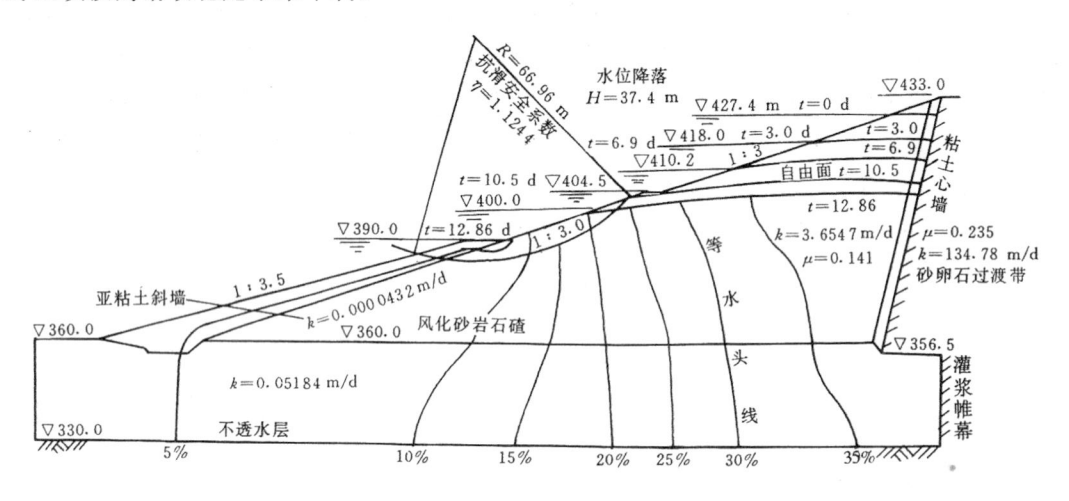

图 4-49 心墙上游坝体非稳定渗流计算结果

八、各向异性土坝稳定渗流计算

由于多种因素的影响,土坝总是有不同程度的各向异性。山西汾河二库的均质土坝各土层渗透系数如图 4-50 所示。对于坝体土各向异性情况,即对 $k_x/k_z=1、2、4、8$ 四种情况进行计算。共剖分单元 476、结点 273 个。

据计算结果绘得的 $k_x/k_z=1、2、4、8$ 四种情况的渗流自由面以及 $k_x/k_z=1$ 时的等势线如图 4-50 所示。不难看出,随着坝体水平方向渗透系数的增大,渗流自由面大幅度地向上抬高,从 $k_x/k_z=1$ 的凹状渗流自由面逐渐抬高为 $k_x/k_z=8$ 的凸状渗流自由面,使饱和区向下游逐步扩大,将对下游坝坡稳定不利。

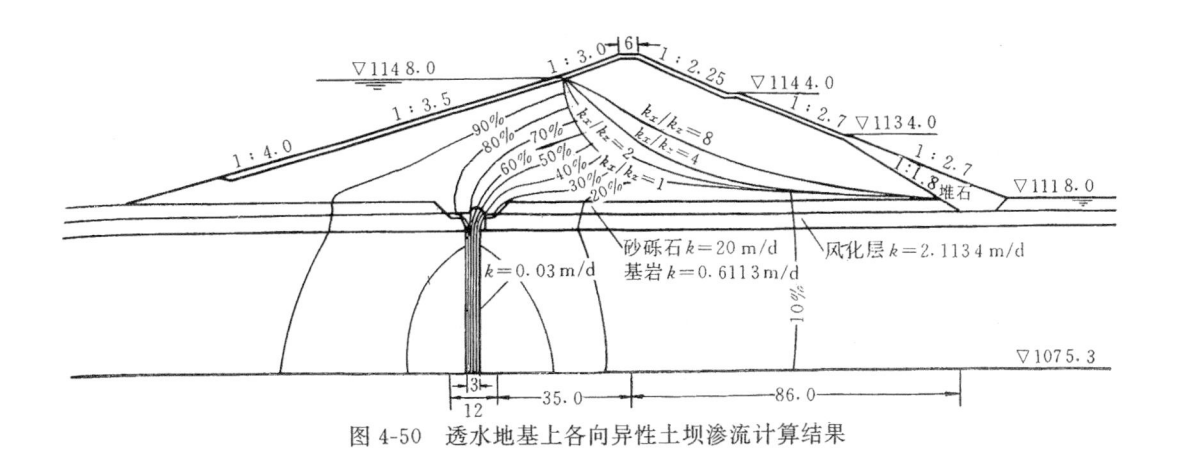

图 4-50 透水地基上各向异性土坝渗流计算结果

第七节 闸坝地基的有压渗流计算实例

闸坝地基的有压渗流同样可以利用 UNSST2 程序进行计算。闸坝地基有压渗流一般不存在渗流自由面，计算比较简单，不需要整理形成渗流自由面数据。这时应该注意的是，在单元自动剖分时，不能直接形成上、下游水位，必须输入上游水位 H_1 和下游水位 H_2。

如图 4-51 所示的砂基上的六孔节制闸，是南京秦淮河闸的初设方案，地基的上层为细砂层，下层为粉质粘土层。闸底板上游端设有长 6 m 并打入细砂层的板桩，但没有将细砂层截断；下游无板桩，但在闸底板后设有长 5 m 的反滤层。据计算结果绘得的等势线如图 4-51 所示。图 4-51 中还给出了电模拟试验结果，如虚线所示。由两者比较可知：板桩附近等势线基本一致；进出口处，由于进出口长度不同，相差较大。关键点水头值相差最大约 0.4 m，说明板桩附近渗流急变区内单元划分得还不够密。另外，由于试验中采用导电隔板，产生了等势线在土层分界面上错开的现象，计算则不产生此现象。

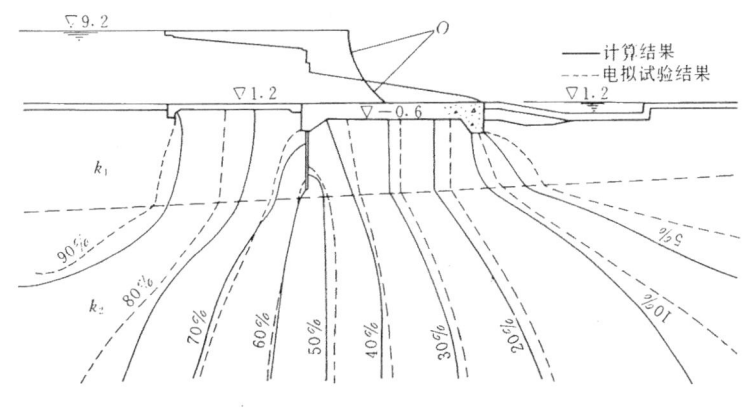

图 4-51 闸底板渗流计算结果

再举板桩缝漏水影响的研究例[4]，板桩缝漏水是在江苏省细砂地基上建闸时经常碰到的问题。当板桩截断砂层，上为闸底板，下为不透水土层时，渗流通过桩缝形成一个水平面流动图形，如图 4-52 所示，此时就可应用程序 UNSST2 中的稳定渗流部分，将 XOZ 剖面改为 XOY 平面。算得的沿程水头分布如图 4-53 所示。图中：D 为板桩厚度；B 为板桩宽度；m 为缝宽；L 为细砂含水层深度。

经过多组计算，验证了下面理论公式的可靠性，即有缝板桩对均匀含水层地基所增加的附加阻力长度为

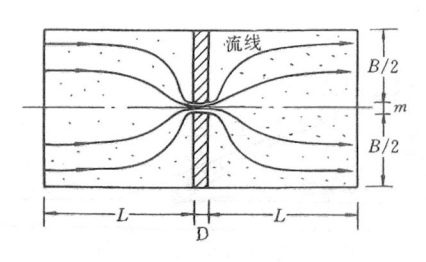

图 4-52 渗流通过板桩缝的流动示意图

$$\Delta L = (B+m)\left[\frac{D}{m} + \frac{1}{\pi}\ln\frac{2}{1-\cos\frac{\pi m}{B+m}}\right] \tag{4-7}$$

通过 N 块板桩缝的渗流量 Q 的计算公式为

$$\frac{Q}{kH} = \frac{T(N-1)}{\frac{2L}{B+m} + \frac{D}{m} + \frac{1}{\pi}\ln\frac{2}{1-\cos\frac{\pi m}{B+m}}} \tag{4-8}$$

在闸基渗流计算阻力系数法中以此段阻力系数 $\zeta = \frac{\Delta L}{T}$ 引入计算时，ΔL 可由式(4-7)求出[5]。

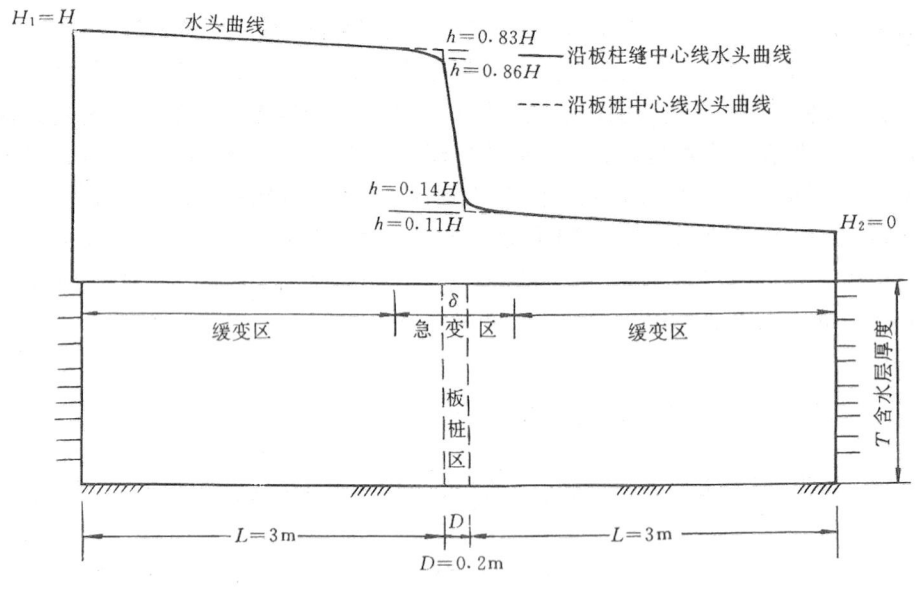

图 4-53 沿程水头分布
$m=0.4\ \text{cm}; B=40\ \text{cm}; D=20\ \text{cm}$

第八节　渠道、矿坑、堤防的渗流计算实例

灌溉渠道、矿坑或开挖基坑及江海堤防的渗流，应用 UNSST2 程序计算，与上述土石坝渗流计算步骤相同。下面举实例介绍之。

一、渠道渗漏的非稳定渗流计算

黑龙江引嫩工程的渠道,在长 18 km 的砂砾石河滩地段的渠道发生渗漏,现分析其渗漏量受地下水位逐渐上升影响的变化过程。

图 4-54 所示为横穿渠道的一个剖面。渠道中心线的左端是阶地,右端是嫩江。据水文地质钻探的抽水试验资料,土质渗透系数 k 和含水层厚度 $\overline{H}$ 从阶地到嫩江可划分为三个区段,有关数据示于图 4-54 中,有效孔隙率或给水度 $\mu=0.25$。渠道底宽 22 m,边坡 1:3。灌溉流量为 30 m³/s 时的渠道水位及江水位也示于图 4-54 中。

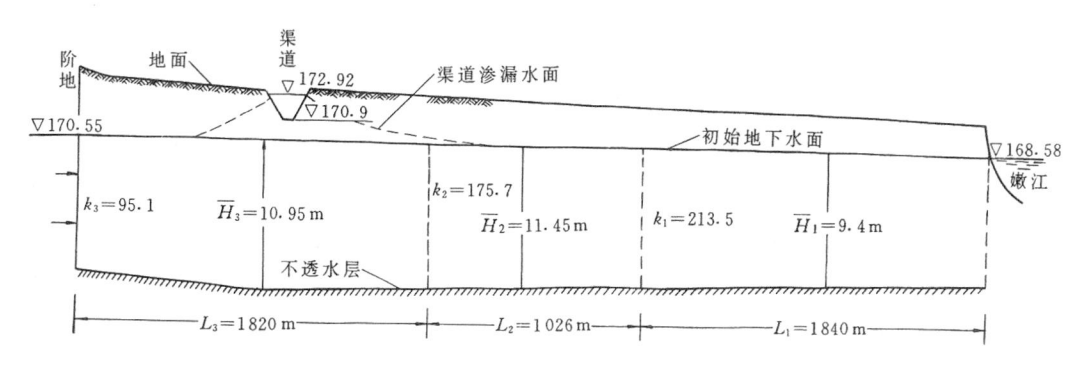

图 4-54 渠道渗漏的含水层剖面示意图

对上述问题采用式(1-49)的支配方程,利用有限元法计算。单元的划分如图 4-55 所示。共划分单元 278 个、结点 178 个,其中未知结点 169 个。单元和结点,在渠道底部附近布置得比较密,而距渠道稍远处布置得较稀。

渠道内无水时,初始地下水位是已知的;渠道内充满水以后,开始流态是不知道的。设渠道充水是由无水状态突然上升至设计水位,渠道底部已完全浸水饱和。在边界上控制一定的边界值,利用拟调和方程边界问题的解近似地作为初始流态。

地下水面的计算结果如图 4-56 所示,由于渠道渗漏使其附近的地下水位上升的过程,与电阻网模型试验结果基本一致。渠道渗漏水量的递减过程如图 4-57 所示,与电阻网模型试验结果相比,开始数日有限元法计算值偏小,以后二者逐渐接近。

二、矿坑排水非稳定渗流计算

结合内蒙元宝山露天煤矿的开采研究矿坑的排水问题。元宝山露天煤矿位于内蒙赤峰市东 35 km 处,是国家"七五"重点建设项目。矿区水文地质特点可概括为:强透水的第四系潜水层,英金河穿越矿区中部,四周为相对隔水的基岩边界。汛期英金河水位暴涨暴落,除筑堤防洪外,煤矿最为关心的是洪水期英金河水位涨落而自含水层流入矿坑的渗漏量的大小,已有的抽水设备容量能否满足矿坑排水的需求。露天矿区的主要含水层首先受英金河上游河水和大气降水的渗入补给,其次受四周基岩裂隙水及黄土丘陵区的孔隙水等的补给。英金河流入宽阔的河谷平原后,河床宽缓且河曲多,洪水期从上游挟带来的大量泥沙淤积在河床的上部,形成厚 0.5~3.0 m 的淤土层或泥沙混合层,从而大大地降低了河水的垂直渗透能力。能够透过河床下渗的水,在透水性及径流排泄均好的潜水层中,其水位均低于河床,致使英金河呈悬河状态。

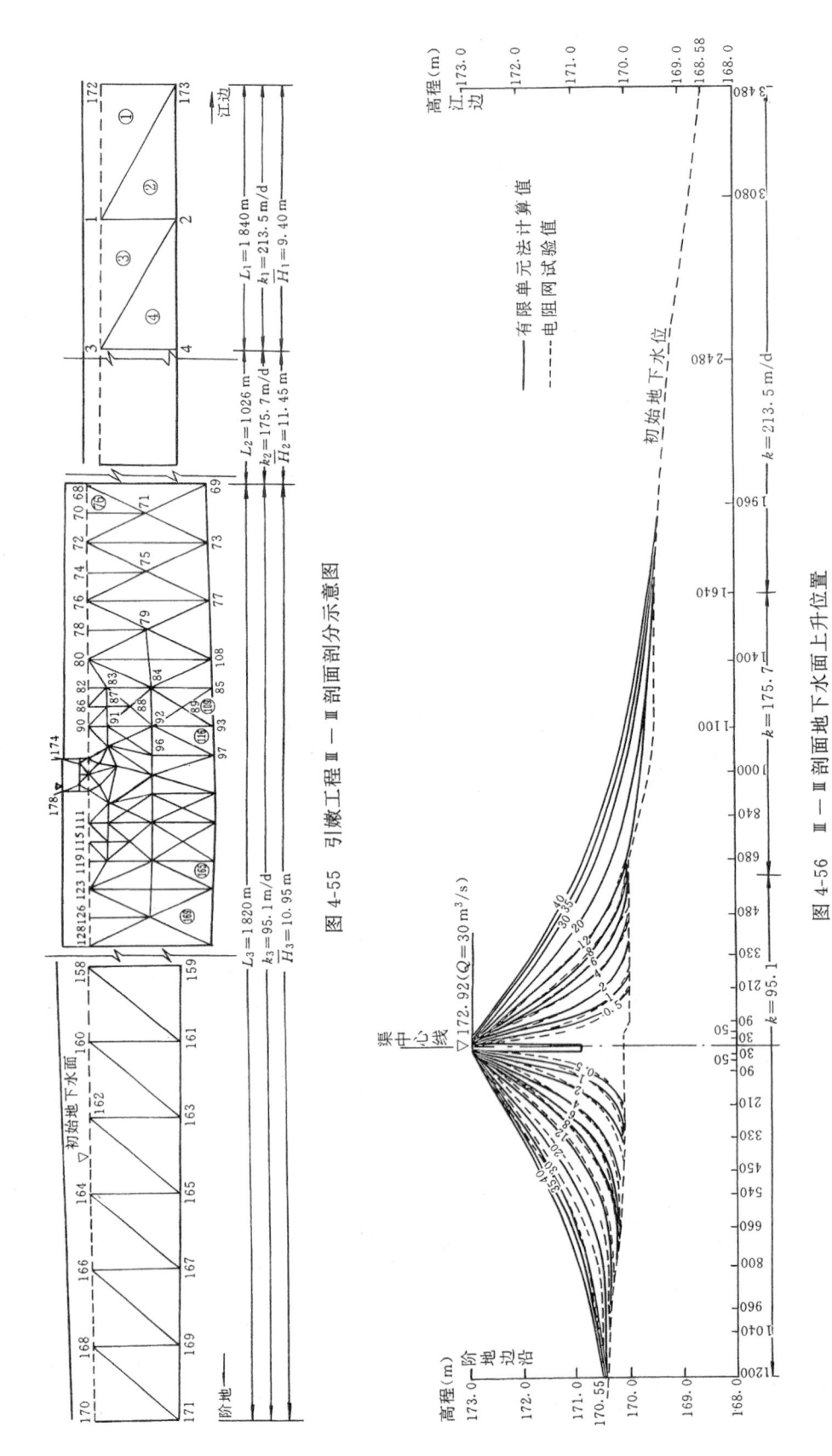

图 4-55 引嫩工程Ⅲ—Ⅲ剖面剖分示意图

图 4-56 Ⅲ—Ⅲ剖面地下水面上升位置

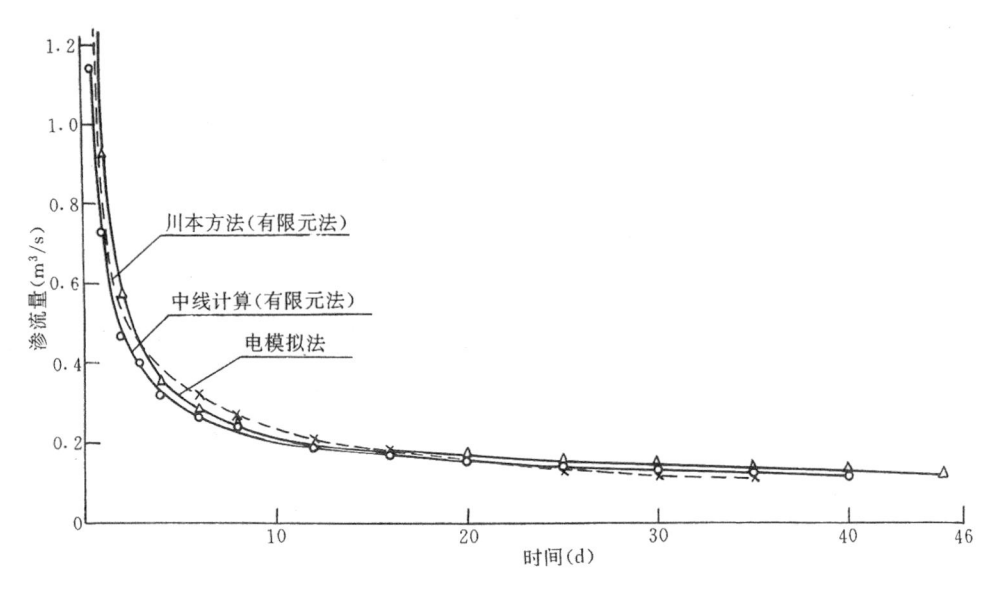

图 4-57 Ⅲ—Ⅲ 剖面渗漏量与时间的关系

这种河流入渗补给地下含水层而流入矿坑的渗流计算的边界条件如图4-58所示[3]。河水位以下河床和矿坑以上自由渗出段为第一类边界；河床淤土层、不透水层面和渗流自由面为第二类边界。河水通过作为流量流出边界的淤土层补给渗流场，其补给渗流自由面的单宽流量可用中线法算得。

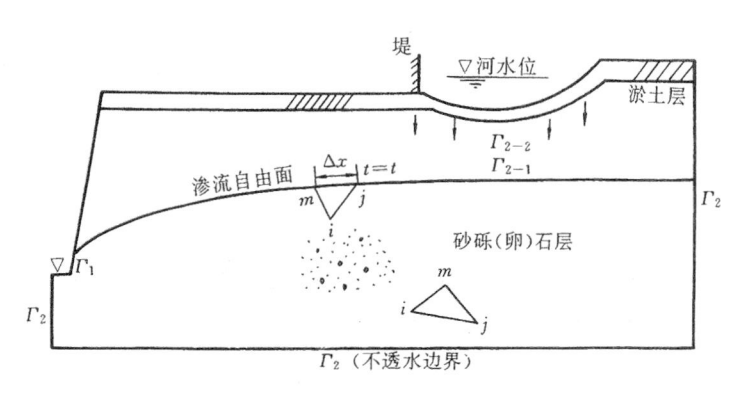

图 4-58 矿坑排水渗流计算边界条件示意图

以 31 号断面为例，洪水频率 $P=2\%$，开采条件为达产期。渗透系数 k 和给水度 μ 分布如图 4-59 所示。渗流场共剖分单元 896 个、结点 554 个。分 18 个时段在 Facom—M340 计算机上计算渗流自由面位置和流入矿坑的渗流量。计算结果如图 4-59 所示。流入矿坑的最大单宽渗流量为 39.33 m³/d。对计算结果分析可知，随着河水位的涨落，河床下含水层中渗流自由面的变化情况与天然地下水位变化趋势相同。

三、江河堤防的渗流计算

人们沿江河两岸修筑堤防，由于无法预选堤址，堤防多筑于地表为弱透水覆盖层而下为透水砂层的地基上，加之群众性施工取土坑多位于堤脚，因此常出现渗透变形并危及堤防安全的情况。江河堤防实质上是较为低矮的土坝，且堤长远较土坝为长，所以其渗流可作为二维渗流来考虑。这样，堤防的渗流也就和土坝的渗流一样，可采用二维非渗流有限元法计算。

155

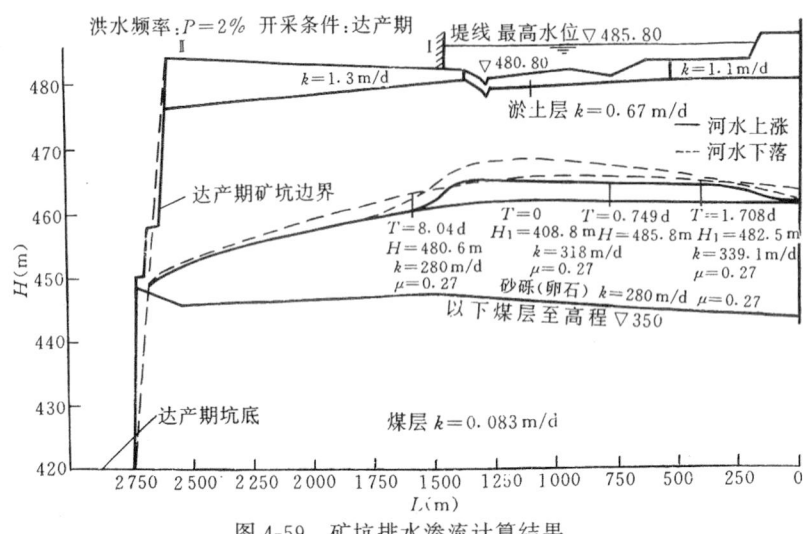

图 4-59 矿坑排水渗流计算结果

为确保堤防渗透稳定安全,措施之一是于堤脚下设置排水沟或排水减压井等。结合堤防的渗流有限元法计算,这里着重介绍排水减压井列的计算方法。

福建省漳州九龙江大堤康山堤段系成层强透水地基,地层分布较为复杂,除分布广、厚度大的含砾泥质粗砂层外,大部分地层都存在着局部缺失情况或呈透镜体状态。强透水层的厚度约为 14~18 m,渗透系数 $k=6.51$~204 m/d。土层渗透系数及洪水过程线如图 4-60 所示。渗流场共剖分单元 557 个、结点 319 个。在堤基砂层未作任何处理的情况下,按 1985 年洪水过程线分成 9 个时段在 IBM—XT 计算机上计算出渗流自由面变化和等势线分布。计算结果如图 4-60 所示。据计算结果分析可知,等势线偏向下游且全部密集于弱透水覆盖层中,致使堤脚平台处渗流坡降接近或大于 1,最大达 1.63。1985 年洪水与 1981 年洪水基本相同,当时堤脚发生了大面积渗水管涌。计算结果验证了这一实际情况。

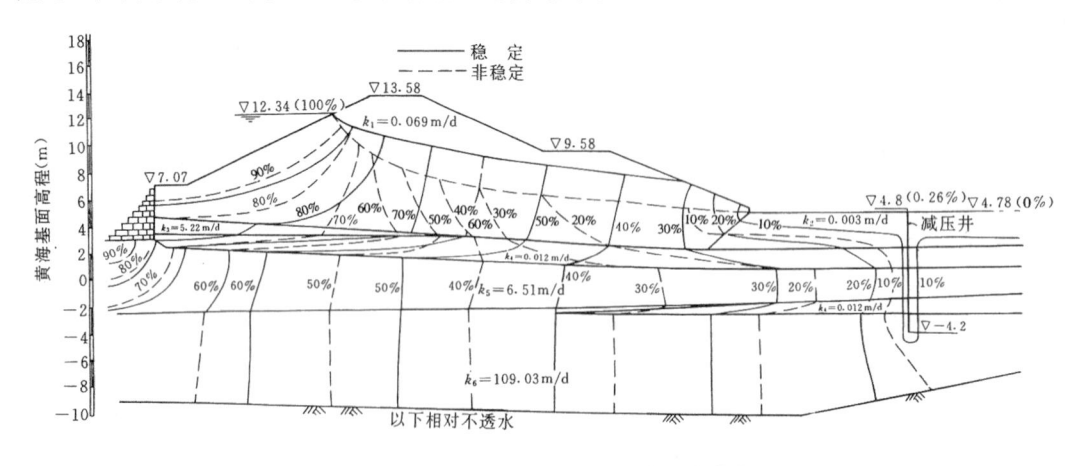

图 4-60 九龙江大堤浸润线及等势线分布

为降低堤脚渗透压力,保证堤防安全,于距下游堤脚 11~13 m 处设置井间距 $a=25$ m、井半径 $r_0=0.15$ m,井贯入强透水层深度 5 m 的排水减压井列。因为堤基是复杂的成层地基,故需按式(8-49)、式(8-50)将成层地基转成等效深度的均质地基,也即将式(8-36)、式(8-37)、式(8-38)中的 T、W 转换成等效深度 T_e、W_e,而有限元法计算模型则保持不变。用修正沟水位法计算的结果如图 4-60 所示。由于排水减压井列的作用,40%以上的等势线偏向于上游,只有 40%以下等势线偏向于下游且密集于弱透水覆盖层中,从而大大地削减了堤脚处的渗流坡降,使其在允许值内,从而可确保该堤段的渗透稳定安全。

四、海堤渗流计算

堤防设计应考虑洪水涨落的非稳定渗流情况,特别是海堤受潮浪瞬息变化的影响,必须计算非稳定渗流场,研究其抗滑稳定性及抛石护坡的稳定性,研究结果见第三章图 3-31,这里不再举例。

第九节 贮灰坝、尾矿坝的渗流计算实例

贮灰坝和尾矿坝在堆筑方法和结构形式及渗流问题与水库大坝有所不同,但在渗流计算和引用程序方面完全相同。

一、堆筑方法和渗流问题

由贮灰坝和尾矿坝筑成的库区是把火电厂燃煤排放的煤灰和采矿场筛选的尾砂妥善地贮集起来,以免污染环境。尾料及废灰多数是以管道水力输送的方式排放于峡谷或附近坑凹不毛之地。在峡谷出口处,以附近的土料或尾砂废料填筑初期土坝以拦截尾砂或煤灰,防止其向下游流失,同时预设排渗系统排走渗水。随着库区排放沉积物的逐年增多,分期填筑子坝,并逐渐加高,同时注意保持边坡的稳定性。如图 4-61 所示,坝的加高施工方法有上游法、下游法和中心线法三种[8]。上游法填筑土方量最少,费用经济,但子坝填筑速度限制在

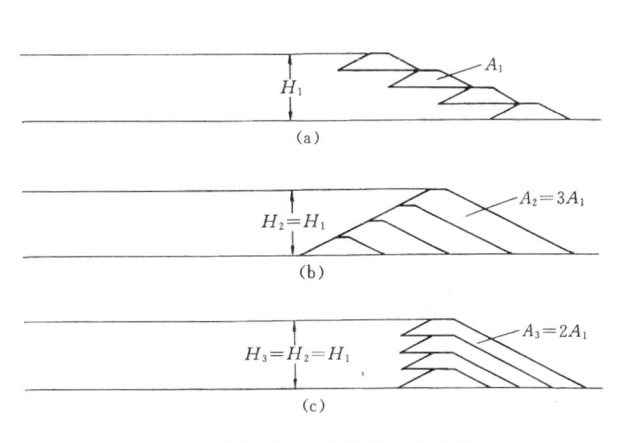

图 4-61 不同堆填方法的填方量比较
(a)上游法;(b)下游法;(c)中心线法

每年加高 5~10 m 的范围内,因每年超过 15 m 大坝就会发生危险,而且抗震性能差,不适宜大量的库区蓄水。上游法还应留有干滩面。下游法填筑类似水库土坝的扩建加高,没有上述限制,可以尽量利用生产的尾砂料填筑,但费用最高。中心线法费用介于上、下游法之间。

我国目前灰坝及尾矿坝的施工多数采用上游法,而且发展趋势是由低坝向高坝发展。现以黄梅山铁矿 1980 年建成的较低尾矿坝(图 4-62)和在建较高的龙沟灰坝(图 4-63)作为示例说明之。库区沉积的尾砂或煤灰的滩面在坝前相当距离范围内应有 0.5%~2%的坡度,以便调蓄水面来保留一定的干滩面长度。此干滩段一般为从下游坝脚起算到干滩面水边线的距离,应大于 5 倍坝高,以保持坝前沉积砂灰库中的较低渗流自由面。

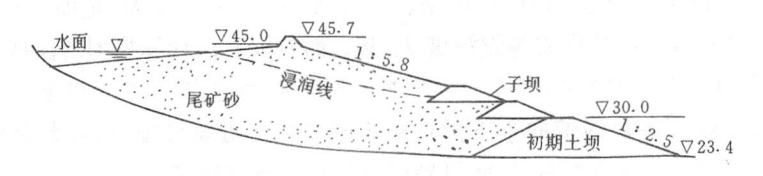

图 4-62 黄梅山铁矿尾矿坝

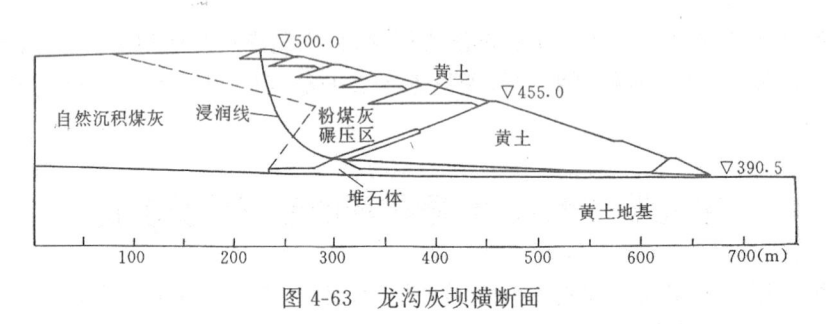

图 4-63 龙沟灰坝横断面

贮灰坝和尾矿坝的地位虽然没有水库大坝那样重要,但一旦溃决,也将会危及下游附近的居民人身和财产的安全。例如:美国费吉尼亚州一尾矿坝 1972 年垮坝,死亡 12 人,4 000 人无家可归;加拿大在 1965、1966 年均有尾矿坝失事的情况[9];我国黄梅山尾矿坝(图 4-62)在 1986 年春,连日阴雨,滩面水位 44.96 m,已无干滩段,且两端受绕渗影响渗流自由面高,坝坡渗水,在东西两头滑塌冲成两缺口,夜间突然垮坝,死亡 19 人。因此尾矿坝、灰坝失事问题逐渐也引起人们的重视。垮坝失事原因,主要是渗流促使滑坡失稳,其次是地震区细砂尾砂和粉煤灰沉积的液化。特别是尾矿坝,其尾砂浆液比重大(2.7～3.0),而且随着水力输送在坝前移动排浆管口出流的位置形成粗粒沉积近处、细粒沉积远处的分区分层的显著不均匀性和各向异性,通常,水平透水系数比垂直渗透系数

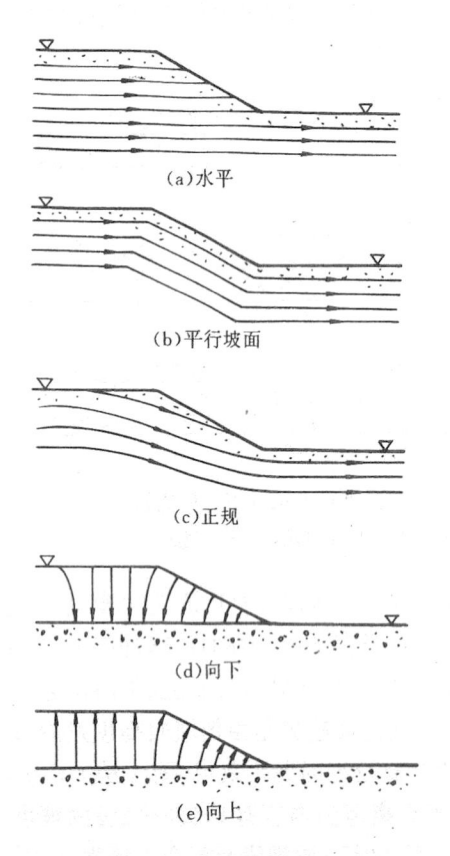

图 4-64 几种不同的渗流
(a)水平 (b)平行坡面 (c)正规 (d)向下 (e)向上

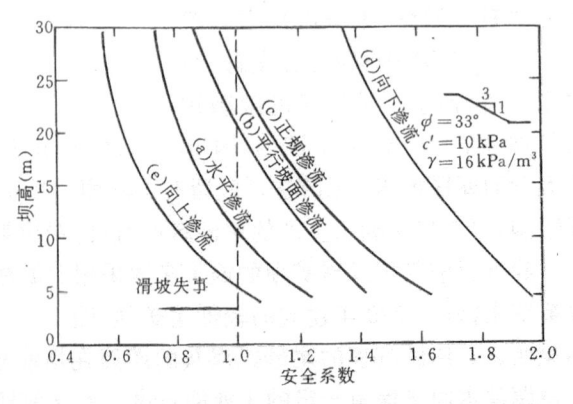

图 4-65 坝坡抗滑安全系数与渗流方向和坝高的关系

158

大 5~10 倍,浸润线抬高,不利于坝坡的稳定性。

据 Bauer 采用毕肖普圆弧滑动法计算的 5 种不同渗流场(图 4-64)的不同坡比和坝高的坝坡稳定性安全系数结果,可知坝坡稳定性与渗流方向和坝高的关系最为密切。图 4-65 是其一组计算结果,可相对比较流向和坝高的影响程度[9]。由此也推知,沉积的灰、砂库,其底部排渗层或水平排渗层的作用至关重要,并应防止库底有涌泉补给。为了说明水平排渗层改善渗流状态及降低浸润线的作用,举一研究实例,如图 4-66 所示。此例是由库底 3 道纵横排渗体、六条开孔排渗钢管和加高过程中增设的短水平排渗体等排渗措施互相连通排泄渗水到下游的,研究中还计算比较了垂直排渗井列等各种排渗体系的影响[7]。

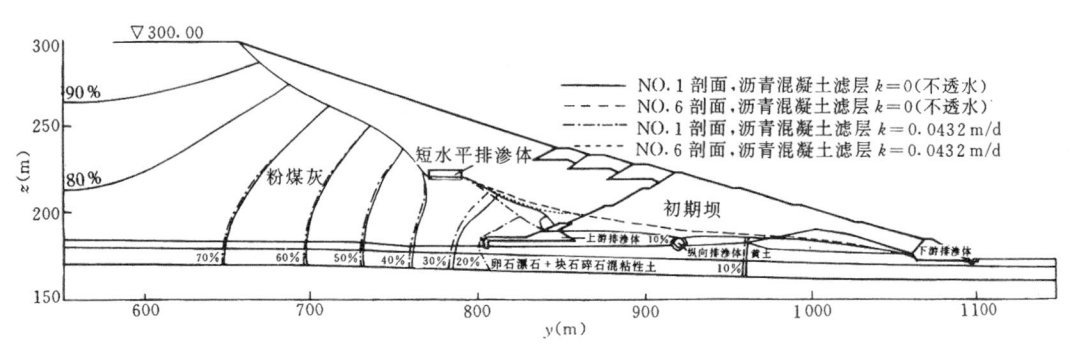

图 4-66　程寨沟灰坝增设短排渗体加导水钢管方案等势线分布

二、应用程序 UNSST2 计算灰坝渗流及坝坡稳定性实例

福建省某电厂灰坝,最终坝高为 57 m,初期坝采用亚粘土筑坝,下游采用堆石棱体排水,设计运行期共筑 6 级子坝,子坝亦用粘土筑成,在一级子坝底设排水盲沟,高程与子坝底高程相同,伸入库内长 20 m,而 2~6 级子坝也均设排水盲沟,高程与各子坝底部高程相同,距子坝 5 m 开始设置,长为 15 m,截面为 60 cm×40 cm 的二层化纤包裹的河滩大卵石组成,盲沟纵向间距 50 m。灰渣顶面终高为 274.2 m,考虑运行中灰面上有 0.3 m 水面,下游水位为 218 m。剖分图见图 4-67。剖分单元 387 个、结点 229 个。渗透系数如图 4-67 所示。计算结果如图 4-68 所示。由于无干滩,第 5、6 级子坝部分呈饱和状态,由于排水盲沟的排水作用,1~4 级子坝均处于非饱和状态,而初期坝本身弱透水,无排水措施,浸润线较高。由渗

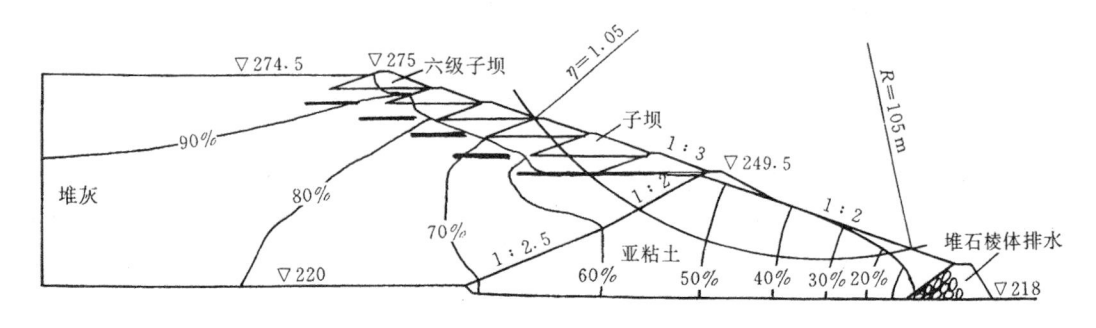

图 4-67　灰坝单元剖分图

159

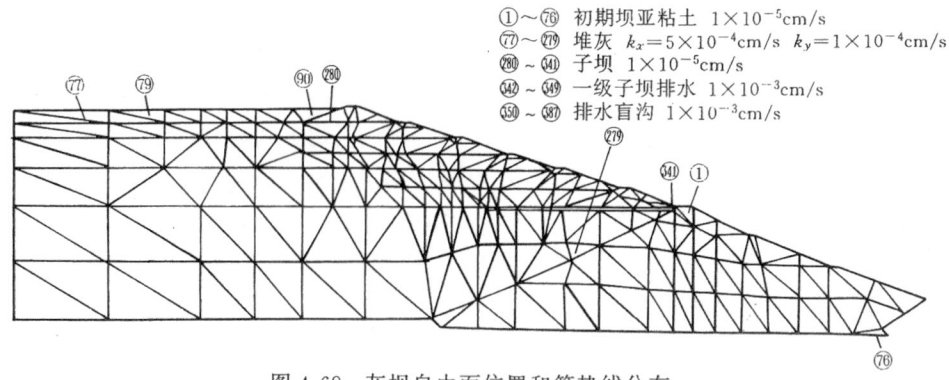

①～⑯ 初期坝亚粘土 1×10^{-5}cm/s
⑰～⑲ 堆灰 $k_x=5\times10^{-4}$cm/s $k_y=1\times10^{-4}$cm/s
⑳～㊶ 子坝 1×10^{-5}cm/s
㊷～㊽ 一级子坝排水 1×10^{-3}cm/s
㊾～㊿ 排水盲沟 1×10^{-3}cm/s

图 4-68 灰坝自由面位置和等势线分布

流作用下的边坡稳定性计算可知,坝坡最小安全系数为1.05,接近临界状态。因此,应控制贮灰运行时干滩面的长度,并在初期坝与一级子坝附近布置垂直排渗措施,以降低初期坝内自由面高程,增加边坡稳定性。

此例数据文件 G.DAT 如下:

DQB1,DQB2,DQBS
"Y"　"N"　"Y"
NE,NN,NNU,NND,NNM1,NNM2,NNF,NK,AA,AA1,AA2,BB,BB1,BB0,NNP
387,229, 9,   2, 11,   0, 29, 9, 0, 0, 0, 142, 0, 0, 6
NQ, NT, NW, NG,NNM3,LU, LD, MA
 0, 0, 0, 10, 27, 1, 1, 0
HH,   H1,   H2,   H3,   EPS,   EPS1,   DT
274.5, 274.5, 218.0, 218.0, 0.05,   0.05,   0.0
KCE[1:NK]　76,279,341,349,383,387
CE[1:NE,1:3]　从略,见单元剖分图4-65
NF[1:NNF]　44,55,63,70,79,86,93,103,111,118,124,134,139,145,153,158,
162,170,177,182,188,196,201,210,214,218,222,226
NU[1:NNU]　1,8,15,19,22,30,38,45,44
ND[1:NND]　227,228
NM1[1:NNM1]　从略,记水平排水和渗出段点
NM2[1:NNM2]　无
NM3[1:NNM3]　从略,见图4-67,记坝坡所有可能承压点
NP[1:NNP]　43,221,225,54,69,78
H[1:NN,1:2]　从略,见图4-65
KS[1:NK,1:3]　864e-5,864e-5,0.0　432e-3,432e-3,0.0　864e-5,864e-5,0.0
　　　　　　　864e-3,864e-3,0.0　864e-3,864e-3,0.0　864e-3,864e-3,0.0
SLOPE[0:NT]　1
XM　250
NK1,MX,MY,MO,LX, LY, LR, CX, CY,   CR, BATA,BATAZ
 9, 20, 20, 20, 5.0, 5.0, 5.0, 230.0,250.0,4.5, 0.0, 0.0

FR[1:NK,1:5]　　1.0,1.6,22.0,22.0,2.0,0.6,1.5,26,26,1.6,1.0,1.6,22.0,
22.0,2.0,1.0,1.6,22.0,22.0,2.0,0.6,1.5,26,26,1.6,0.6,1.5,26,26,1.6

HC[1:NK1,1:8]

250.0,220.0,110.0,220.0,20.0,1.35,1,2　　182.0,248.4,176.0,248.4,20.0,1.35,1,2
182.0,248.5,148,248.5,20,1.35,1,2　　162,253.3,131,253.5,20,1.35,3,2
148,258.5,120,258.5,20,1.35,3,2　　134,262.5,106,262.5,20,1.35,3,2
120,266.5,92,266.5,20,1.35,3,2　　106,270.5,78,270.5,20,1.35,3,2
92,275,90,275,20,10,3,3

参 考 文 献

1　毛昶熙主编.渗流计算分析与控制.北京:水利电力出版社,1990
2　谢春红,陈平.有限单元法在不稳定渗流中的初步应用.水利水运科技情报,1975(2)
3　陈平,李祖贻.堤坝非稳定渗流计算程序的编制及其应用.水利水运科学研究,1990(4)
4　朱丹,毛昶熙.闸基板桩缝对渗流影响的计算.人民黄河,1997(2)
5　毛昶熙等.闸坝工程水力学与设计管理.北京:水利电力出版社,1995
6　丁家平.贮灰库渗流控制及三维等参元数学模型的应用.岩土工程学报,1991(4)
7　杨静熙,汪自力.姚孟电厂寨沟灰场渗流研究报告.郑州:黄河水利科学研究院,1993
8　Steven G. Vick:Planning,design,and analysis of tailings dams. John Wiley & Sons,1993
9　Gunther E. Bauer:The stability of tailings structures. Budapest:Proc. A,1st Intern. Mine Water Congress,1982.323~333
10　段祥宝,毛昶熙.安庆城市防洪堤渗流控制.岩土工程学报,1997(6)

第五章 三维渗流有限元法

前面几章介绍了二维渗流的有限元法求解过程,但实际存在的坝工渗流及水资源渗流等问题均较复杂,往往都属于三维空间渗流,属于二维或能简化为二维问题的并不多。如堤防渗流问题,从纵横比例来说可以简化为二维渗流问题来考虑,但若堤后有沟塘、减压井等,则属三维空间问题;再如,坝工渗流中的绕渗及峡谷地基坝基渗漏等问题均需进行三维分析,方能定量描述。因此研究三维空间渗流问题不仅有其理论价值,而且有其实际意义。

与二维渗流问题的有限元法类似,亦可从泛函变分法和伽辽金法来推导相应的三维有限元法公式,其基本单元为(图 5-1)四面体元,此外还有六面体元和长方体元,长方体元则为六面体元的特例,实际应用中广泛采用等参单元(如八节点六面体等参元、二十节点曲六面体等参元及五面体等参元等)。由于四面体元是三维问题的基本单元,本章仅就四面体元的三维空间非稳定渗流有限元法从变分法出发加以详细推导,至于等参元,我们仅列出具体简单的推导过程和相应的矩阵元素计算公式;伽辽金法推导过程,我们亦将简述之。稳定渗流为非稳定渗流的一种特例。

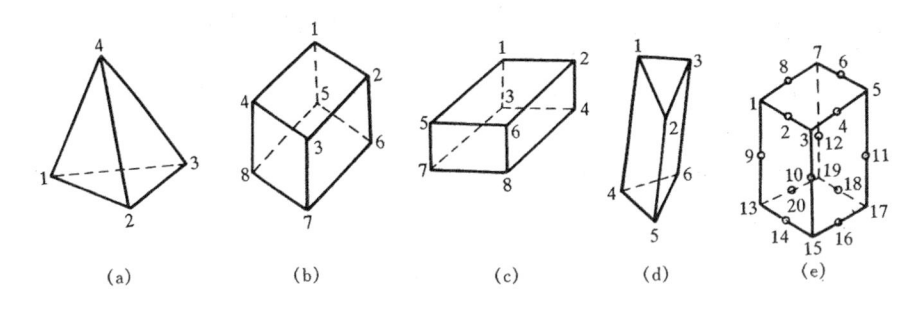

图 5-1 三维空间有限单元
(a)—四面体元;(b)—六面体元;(c)—长方体元,(d)—五面体元;(e)—等参元

第一节 基本方程式和有限元法计算公式

一、基本方程式

符合达西定律的非均质各向异性可压缩土体的三维空间非稳定渗流,其水头函数所满足的基本方程式为

$$\frac{\partial}{\partial x}(k_x \frac{\partial h}{\partial x}) + \frac{\partial}{\partial y}(k_y \frac{\partial h}{\partial y}) + \frac{\partial}{\partial z}(k_z \frac{\partial h}{\partial z}) = S_s \frac{\partial h}{\partial t} \quad \text{在} \Omega \text{内} \tag{5-1}$$

式中:$h=h(x,y,z,t)$ 为待求水头函数;k_x、k_y、k_z 为以 x、y、z 轴为主轴方向的渗透系数;S_s 为单位贮水量或贮存率;Ω 为渗流区域。

在不考虑土体压缩性或单位贮存率($S_s=0$)时,上式变为 Laplace 方程形式的特殊情形:

$$\frac{\partial}{\partial x}(k_x \frac{\partial h}{\partial x}) + \frac{\partial}{\partial y}(k_y \frac{\partial h}{\partial y}) + \frac{\partial}{\partial z}(k_z \frac{\partial h}{\partial z}) = 0 \tag{5-2}$$

(5-1)和(5-2)两式所对应的定解条件为：

（1）初始条件： $h|_{t=0} = h_0(x, y, z, 0)$ 在 Ω 内 (5-3)

比如取库水位稳定时的水头分布。

（2）边界条件：假设边界面 $\Gamma = \Gamma_1 + \Gamma_2 + \Gamma_3$。其中：$\Gamma_1$ 为第一类边界，如上、下游水位边界面和自由渗出面等已知水头边界；Γ_2 为不透水边界面和潜流边界面等第二类边界（已知流量边界）；Γ_3 为自由面边界，亦属第二类边界，但作为流量补给边界，其补给量随时间和位置而变化。

则有边界条件

$$h|_{\Gamma_1} = h_1(x, y, z, t) \tag{5-4}$$

$$-k_n \frac{\partial h}{\partial n}\Big|_{\Gamma_2} = q \tag{5-5}$$

$$-k_n \frac{\partial h}{\partial n}\Big|_{\Gamma_3} = \mu \frac{\partial h}{\partial t} \tag{5-6}$$

式中：n 为边界面外法向；k_n 为法向上的渗透系数；$q=0$ 为不透水边界，$q \neq 0$ 为潜流边界（q 为过潜流面的已知单位面积流量）；μ 为给水度。

自由面边界 Γ_3 上还需满足

$$h^* = z \tag{5-7}$$

二、变分有限元法计算公式

根据变分原理，上述定解问题与下列泛函取极小值等价：

$$I(h) = \iiint_{\Omega} \left\{ \frac{1}{2}[k_x(\frac{\partial h}{\partial x})^2 + k_y(\frac{\partial h}{\partial y})^2 + k_z(\frac{\partial h}{\partial z})^2] + S_s h \frac{\partial h}{\partial t} \right\} \mathrm{d}x\mathrm{d}y\mathrm{d}z + \iint_{\Gamma_2} qh \mathrm{d}\Gamma \tag{5-8}$$

与二维问题同，将三维空间渗流场 Ω 离散化，剖分为 M_e 个互不相交的单元体 Ω_e，即 $\Omega = \bigcup_{e=1}^{M_e} \Omega_e, \Omega_i \cap \Omega_j = \Phi(i \neq j)$，则在单元体之间满足相容条件下可任意选择合适的单元类型和对应基函数。不失一般性，设单元体的基函数 N_i 是由单元体相应的 M 个结点的位置坐标构成，则单元体 e 的水头表达式为

$$h = \sum_{i=1}^{M} N_i h_i \tag{5-9}$$

以(5-9)代入(5-8)中，并以 $I^e(h)$ 表示单元体 Ω_e 的泛函，即

$$I^e(h) = \iiint_{\Omega_e} \left\{ \frac{1}{2}[k_x(\frac{\partial h}{\partial x})^2 + k_y(\frac{\partial h}{\partial y})^2 + k_z(\frac{\partial h}{\partial z})^2] + S_s h \frac{\partial h}{\partial t} \right\} \mathrm{d}x\mathrm{d}y\mathrm{d}z + \iint_{\Gamma_2} qh \mathrm{d}\Gamma$$

$$= I_1^e + I_2^e + I_3^e \tag{5-10}$$

对 I_1^e、I_2^e、I_3^e 分别求导数和极小值。

先研究式(5-10)中第一项，有

$$I_1^e = \iiint_{\Omega_e} \frac{1}{2}[k_x(\frac{\partial h}{\partial x})^2 + k_y(\frac{\partial h}{\partial y})^2 + k_z(\frac{\partial h}{\partial z})^2] \mathrm{d}x\mathrm{d}y\mathrm{d}z \tag{5-11}$$

上式对单元各结点水头 $h_1,h_2,\cdots,h_M$ 求导数,得

$$\frac{\partial I_1^e}{\partial h_i}=\frac{\partial}{\partial h_i}\iiint_{\Omega_e}\frac{1}{2}[k_x(\frac{\partial h}{\partial x})^2+k_y(\frac{\partial h}{\partial y})^2+k_z(\frac{\partial h}{\partial z})^2]\mathrm{d}x\mathrm{d}y\mathrm{d}z$$

$$=\frac{1}{2}\iiint_{\Omega_e}[k_x\frac{\partial}{\partial h_i}(\frac{\partial h}{\partial x})^2+k_y\frac{\partial}{\partial h_i}(\frac{\partial h}{\partial y})^2+k_z\frac{\partial}{\partial h_i}(\frac{\partial h}{\partial z})^2]\mathrm{d}x\mathrm{d}y\mathrm{d}z$$

以式(5-9)代入上式,得

$$\frac{\partial I_1^e}{\partial h_i}=\frac{1}{2}\iiint_{\Omega_e}[2k_x(\sum_{k=1}^M\frac{\partial N_k}{\partial x}h_k)\frac{\partial N_i}{\partial x}+2k_y(\sum_{k=1}^M\frac{\partial N_k}{\partial y})\frac{\partial N_i}{\partial y}+2k_z(\sum_{k=1}^M\frac{\partial N_k}{\partial z})\frac{\partial N_i}{\partial z}]\mathrm{d}x\mathrm{d}y\mathrm{d}z$$

$$=\sum_{k=1}^M h_k\iiint_{\Omega_e}(k_x\frac{\partial N_k}{\partial x}\frac{\partial N_i}{\partial x}+k_y\frac{\partial N_k}{\partial y}\frac{\partial N_i}{\partial y}+k_z\frac{\partial N_k}{\partial z}\frac{\partial N_i}{\partial z})\mathrm{d}x\mathrm{d}y\mathrm{d}z$$

$$i=1,2,\cdots,M$$

令 $K_{ij}=\iiint_{\Omega_e}(k_x\frac{\partial N_i}{\partial x}\frac{\partial N_j}{\partial x}+k_y\frac{\partial N_i}{\partial y}\frac{\partial N_j}{\partial y}+k_z\frac{\partial N_i}{\partial z}\frac{\partial N_j}{\partial z})\mathrm{d}x\mathrm{d}y\mathrm{d}z$,则

$$\begin{Bmatrix}\frac{\partial I_1^e}{\partial h_1}\\\frac{\partial I_1^e}{\partial h_2}\\\vdots\\\frac{\partial I_1^e}{\partial h_M}\end{Bmatrix}=\begin{bmatrix}K_{11}&K_{12}&\cdots&K_{1M}\\K_{21}&K_{22}&\cdots&K_{2M}\\\vdots&\vdots&\vdots&\vdots\\K_{M1}&K_{M2}&\cdots&K_{MM}\end{bmatrix}\begin{Bmatrix}h_1\\h_2\\\vdots\\h_M\end{Bmatrix}=[K]^e\{H\}^e \tag{5-12}$$

再研究式(5-10)中第二项 I_2^e,有

$$I_2^e=\iiint_{\Omega_e}S_s h\frac{\partial h}{\partial t}\mathrm{d}x\mathrm{d}y\mathrm{d}z$$

同样对单元 e 的 M 个结点水头求导数,有

$$\frac{\partial I_2^e}{\partial h_i}=S_s\iiint_{\Omega_e}\frac{\partial}{\partial h_i}(\sum_{k=1}^M N_k h_k)(\sum_{k=1}^M N_k\frac{\partial h_k}{\partial t})\mathrm{d}x\mathrm{d}y\mathrm{d}z$$

$$=S_s\iiint_{\Omega_e}(\sum_{k=1}^M N_k\frac{\partial h_k}{\partial t})N_i\mathrm{d}x\mathrm{d}y\mathrm{d}z$$

$$=\sum_{k=1}^M\frac{\partial h_k}{\partial t}S_s\iiint_{\Omega_e}N_k N_i\mathrm{d}x\mathrm{d}y\mathrm{d}z$$

令 $S_{ij}=S_s\iiint_{\Omega_e}N_i N_j\mathrm{d}x\mathrm{d}y\mathrm{d}z$,则

$$\begin{Bmatrix}\frac{\partial I_2^e}{\partial h_1}\\\frac{\partial I_2^e}{\partial h_2}\\\vdots\\\frac{\partial I_2^e}{\partial h_M}\end{Bmatrix}=\begin{bmatrix}S_{11}&S_{12}&\cdots&S_{1M}\\S_{21}&S_{22}&\cdots&S_{2M}\\\vdots&\vdots&\vdots&\vdots\\S_{M1}&S_{M2}&\cdots&S_{MM}\end{bmatrix}\begin{Bmatrix}\frac{\partial h_1}{\partial t}\\\frac{\partial h_2}{\partial t}\\\vdots\\\frac{\partial h_M}{\partial t}\end{Bmatrix}=[S]^e\{H\}^e \tag{5-13}$$

最后分析 I_3^e,其是一面积分,表示单元 Ω_e 的 Γ_2 边界的流量边界条件。设单元结点 i 的分配流量为 q_i,则 $q = \sum\limits_{i=1}^{M} N_i q_i$。因此

$$\frac{\partial I_3^e}{\partial h_i} = \frac{\partial}{\partial h_i}\iint_{\Omega_e \cap \Gamma_2} qh \mathrm{d}\Gamma = \iint_{\Omega_e \cap \Gamma_2} q\frac{\partial h}{\partial h_i} \mathrm{d}\Gamma = \iint_{\Omega_e \cap \Gamma_2} qN_i \mathrm{d}\Gamma = \sum_{k=1}^{M} q_k \iint_{\Omega_e \cap \Gamma_2} N_k N_i \mathrm{d}\Gamma$$

令 $D_{ij} = \iint\limits_{\Omega_e \cap \Gamma_2} N_i N_j \mathrm{d}\Gamma$,则有

$$\begin{Bmatrix} \frac{\partial I_3^e}{\partial h_1} \\ \vdots \\ \frac{\partial I_3^e}{\partial h_M} \end{Bmatrix} = \begin{bmatrix} D_{11} & D_{12} & \cdots & D_{1M} \\ D_{21} & D_{22} & \cdots & D_{2M} \\ \vdots & \vdots & \vdots & \vdots \\ D_{M1} & M_{M2} & \cdots & M_{MM} \end{bmatrix} \begin{Bmatrix} q_1 \\ q_2 \\ \vdots \\ q_M \end{Bmatrix} = [D]^e \{q\}^e \tag{5-14}$$

将自由面边界条件看作流量补给边界条件,如图 5-2 所示,有

$$I_3^e = \iint_{\Omega_e \cap \Gamma_3} \mu h \frac{\partial h}{\partial t} \mathrm{d}\Gamma$$

$$= \iint_{\Omega_e \cap \Gamma_3} \mu \sum_{k=1}^{M} N_k h_k \cdot \sum_{k=1}^{M} N_k \frac{\partial h_k}{\partial t} \mathrm{d}\Gamma$$

I_3^e 对单元 Ω_e 任一结点水头 h_i 求偏导,有

$$\frac{\partial I_3^e}{\partial h_i} = \iint_{\Omega_e \cap \Gamma_3} \mu N_i \sum_{k=1}^{M} N_k \frac{\partial h_k}{\partial t} \mathrm{d}\Gamma$$

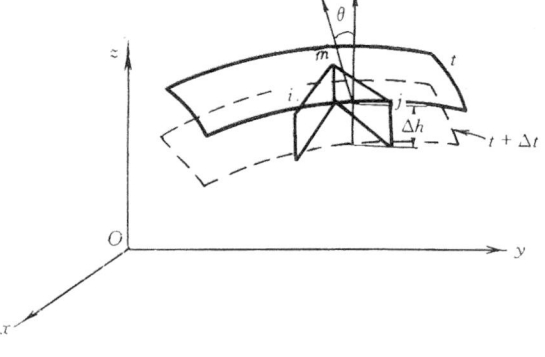

$$= \Big\{ \iint_{\Omega_e \cap \Gamma_3} \mu N_i N_1 \mathrm{d}\Gamma, \cdots, \iint_{\Omega_e \cap \Gamma_3} \mu N_i N_M \mathrm{d}\Gamma \Big\} \begin{Bmatrix} \frac{\partial h_1^*}{\partial t} \\ \vdots \\ \frac{\partial h_M^*}{\partial t} \end{Bmatrix}$$

图 5-2 自由面流量补给边界条件示意图

这里记 $[\frac{\partial h_i}{\partial t}] = [\frac{\partial h_i^*}{\partial t}]$,$h_i^*$ 为自由面水头。从而有

$$\begin{Bmatrix} \frac{\partial I_3^e}{\partial h_1} \\ \vdots \\ \frac{\partial I_3^e}{\partial h_M} \end{Bmatrix} = \Big[\iint_{\Omega_e \cap \Gamma_3} \mu N_i N_j \mathrm{d}\Gamma\Big] \begin{Bmatrix} \frac{\partial h_1^*}{\partial t} \\ \vdots \\ \frac{\partial h_M^*}{\partial t} \end{Bmatrix} = [P]^e \Big\{\frac{\partial h^*}{\partial t}\Big\}^e \tag{5-15}$$

其中: $[P]^e = [P_{ij}]^e$;$P_{ij} = \iint\limits_{\Omega_e \cap \Gamma_3} \mu N_i N_j \mathrm{d}\Gamma$。

这样,对任意单元 e,有

$$\Big\{\frac{\partial I}{\partial h}\Big\}^e = [K]^e \{h\}^e + [S]^e \Big\{\frac{\partial h}{\partial t}\Big\}^e + [P]^e \Big\{\frac{\partial h^*}{\partial t}\Big\}^e + [D]^e \{q\}^e \tag{5-16}$$

对渗流场所有单元的泛函求得微分后叠加之,并利用 $I(h)$ 极小值的条件,有

$$\frac{\partial}{\partial h}(I(h)) = \sum_{j=1}^{N'_i} \frac{\partial I^e(h)}{\partial h_i} = 0 \qquad i = 1, 2, \cdots, N \tag{5-17}$$

N'_i 为以 i 为公共结点的单元数。上式对已知水头边界结点将形成常数项。如此，通过计算式(5-17)后，并将常数项移到等号右端，得 N 个未知结点的线性代数方程组。写为矩阵形式，有

$$[K]\{h\} + [S]\{\frac{\partial h}{\partial t}\} + [P]\{\frac{\partial h^*}{\partial t}\} + [D][q] = \{F\} \tag{5-18}$$

式中 $\{F\}$ 为已知常数项，由已知水头结点的贡献得出。

对时间项取隐式有限差分，则上式变为

$$([K] + \frac{1}{\Delta t}[S] + \frac{1}{\Delta t}[P])\{h\}_{t+\Delta t} - (\frac{1}{\Delta t}[S] + \frac{1}{\Delta t}[P])\{h\}_t = \{F\} \tag{5-19}$$

这就是最后求解的线性代数方程组。由此可知，已知前一时刻 t 的结点水头分布，即可求出下一时刻 $t+\Delta t$ 的空间水头分布。因此只要求得初始条件下的渗流场分布，即可计算库水位上升、下降等边界条件改变时的渗流场水头分布。

当式(5-19)中矩阵 $[S]$ 等于零时，则得 $S_s = 0$ 的不可压缩土体的非稳定渗流有限元法计算公式

$$[K]\{h\}_{t+\Delta t} + \frac{1}{\Delta t}[P]\{h\}_{t+\Delta t} - \frac{1}{\Delta t}[P]\{h\}_t = \{F\} \tag{5-20}$$

而当 $[P]$ 亦为零时，上式则为三维空间稳定渗流有限元法的计算公式，即

$$[K]\{h\} = \{F\} \tag{5-21}$$

三、四面体单元计算公式

下面我们给出任一四面体单元的计算公式。

将渗流空间剖分为四面体单元，剖分后每个单元有 4 个结点，编号时每个四面体单元的 4 个顶点的标号 $i、j、k、m$ 要按一定顺序排列，即在右手坐标系中，要使右手螺旋按一定的方向转动，此时四面体单元编号的顺序为 $i、j、k、m$，见图 5-3。

设水头函数在四面体单元四顶点上的值分别为 h_i, h_j, h_k, h_m，假定在四面体单元内任一点水头服从线性分布，且单元内渗透系数为常数。如此，以 $i、j、k、m$ 为顶点的四面体单元的插值函数为

$$h = \alpha_1 + \alpha_2 x + \alpha_3 y + \alpha_4 z \tag{5-22}$$

式中 α_i 为系数。以四顶点的水头与坐标值代入上式，有

$$\begin{cases} h_i = \alpha_1 + \alpha_2 x_i + \alpha_3 y_i + \alpha_4 z_i \\ h_j = \alpha_1 + \alpha_2 x_j + \alpha_3 y_j + \alpha_4 z_j \\ h_k = \alpha_1 + \alpha_2 x_k + \alpha_3 y_k + \alpha_4 z_k \\ h_m = \alpha_1 + \alpha_2 x_m + \alpha_3 y_m + \alpha_4 z_m \end{cases}$$

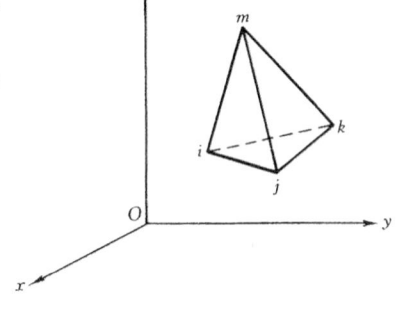

图 5-3 四面体单元

式中 (x_i, y_i, z_i)、(x_j, y_j, z_j)、(x_k, y_k, z_k)、(x_m, y_m, z_m) 分别为顶点 $i、j、k、m$ 的坐标。解上述方程组可得系数 $\alpha_1, \alpha_2, \alpha_3, \alpha_4$，将其代入式(5-22)，得任意单元 e 的水头表达式为

$$h = \frac{1}{6V}[(a_i + b_ix + c_iy + d_iz)h_i + (a_j + b_jx + c_jy + d_jz)h_j$$
$$+ (a_k + b_kx + c_ky + d_kz)h_k + (a_m + b_mx + c_my + d_mz)h_m]$$
$$= N_ih_i + N_jh_j + N_kh_k + N_mh_m \tag{5-23}$$

这里 N_i、N_j、N_k、N_m 即为四面体单元线性插值的基函数,其本身为线性函数。不难验证,$\{N_i\}$ 满足基函数的特性要求。

具体计算上式时,V 为四面体单元体积。因此有

$$V = \frac{1}{6}\begin{vmatrix} 1 & x_i & y_i & z_i \\ 1 & x_j & y_j & z_j \\ 1 & x_k & y_k & z_k \\ 1 & x_m & y_m & z_m \end{vmatrix} \tag{5-24}$$

$$\left.\begin{aligned} a_i &= \begin{vmatrix} x_j & y_j & z_j \\ x_k & y_k & z_k \\ x_m & y_m & z_m \end{vmatrix} & b_i &= -\begin{vmatrix} 1 & y_j & z_j \\ 1 & y_k & z_k \\ 1 & y_m & z_m \end{vmatrix} \\ c_i &= \begin{vmatrix} 1 & x_j & z_j \\ 1 & x_k & z_k \\ 1 & x_m & z_m \end{vmatrix} & d_i &= -\begin{vmatrix} 1 & x_j & y_j \\ 1 & x_k & y_k \\ 1 & x_m & y_m \end{vmatrix} \end{aligned}\right\} \tag{5-25}$$

其他系数 a_j、b_j、c_j、d_j、a_k、b_k、c_k、d_k、a_m、b_m、c_m、d_m 的表达式可由下列方法确定。如 a_j 的确定,应将 j 与行列式行标 k、i、m 按右手螺旋法则排列为 (j,k,i,m)、(j,m,k,i)、(j,i,m,k) 三种之一,即

$$a_j = \begin{vmatrix} x_k & y_k & z_k \\ x_i & y_i & z_i \\ x_m & y_m & z_m \end{vmatrix} = \begin{vmatrix} x_m & y_m & z_m \\ x_k & y_k & z_k \\ x_i & y_i & z_i \end{vmatrix} = \begin{vmatrix} x_i & y_i & z_i \\ x_m & y_m & z_m \\ x_k & y_k & z_k \end{vmatrix}$$

从而有

$$N_i = \frac{1}{6V}(a_i + b_ix + c_iy + d_iz) = \frac{1}{6V}\begin{vmatrix} 1 & x & y & z \\ 1 & x_j & y_j & z_j \\ 1 & x_k & y_k & z_k \\ 1 & x_m & y_m & z_m \end{vmatrix}$$

$$N_j = \frac{1}{6V}(a_j + b_jx + c_jy + d_jz) = \frac{1}{6V}\begin{vmatrix} 1 & x & y & z \\ 1 & x_k & y_k & z_k \\ 1 & x_m & y_m & z_m \\ 1 & x_i & y_i & z_i \end{vmatrix}$$

$$N_k = \frac{1}{6V}(a_k + b_kx + c_ky + d_kz) = \frac{1}{6V}\begin{vmatrix} 1 & x & y & z \\ 1 & x_m & y_m & z_m \\ 1 & x_i & y_i & z_i \\ 1 & x_j & y_j & z_j \end{vmatrix}$$

$$N_m = \frac{1}{6V}(a_m + b_m x + c_m y + d_m z) = \frac{1}{6V}\begin{vmatrix} 1 & x & y & z \\ 1 & x_i & y_i & z_i \\ 1 & x_j & y_j & z_j \\ 1 & x_k & y_k & z_k \end{vmatrix} \tag{5-26}$$

再求 N_i、N_j、N_k、N_m 对 x、y、z 的偏导数，有

$$\left.\begin{aligned} \frac{\partial N_i}{\partial x} &= \frac{b_i}{6V}, & \frac{\partial N_i}{\partial y} &= \frac{c_i}{6V}, & \frac{\partial N_i}{\partial z} &= \frac{d_i}{6V} \\ \frac{\partial N_j}{\partial x} &= \frac{b_j}{6V}, & \frac{\partial N_j}{\partial y} &= \frac{c_j}{6V}, & \frac{\partial N_j}{\partial z} &= \frac{d_j}{6V} \\ \frac{\partial N_k}{\partial x} &= \frac{b_k}{6V}, & \frac{\partial N_k}{\partial y} &= \frac{c_k}{6V}, & \frac{\partial N_k}{\partial z} &= \frac{d_k}{6V} \\ \frac{\partial N_m}{\partial x} &= \frac{b_m}{6V}, & \frac{\partial N_m}{\partial y} &= \frac{c_m}{6V}, & \frac{\partial N_m}{\partial z} &= \frac{d_m}{6V} \end{aligned}\right\} \tag{5-27}$$

将式(5-25)、(5-26)、(5-27)代入(5-12)中，得

$$\frac{\partial I_1^e(h)}{\partial h_i} = \left[\frac{1}{36V^2}\iiint_{\Omega_e}\{b_i \quad c_i \quad d_i\}\begin{bmatrix} k_x & & \\ & k_y & \\ & & k_z \end{bmatrix}\begin{Bmatrix} b_{k'} \\ c_{k'} \\ d_{k'} \end{Bmatrix}\mathrm{d}x\mathrm{d}y\mathrm{d}z\right]\begin{Bmatrix} h_i \\ h_j \\ h_k \\ h_m \end{Bmatrix}$$

$$= \frac{1}{36V^2}\left[\iiint_{\Omega_e}(k_x b_i b_{k'} + k_y c_i c_{k'} + k_z d_i d_{k'})\mathrm{d}x\mathrm{d}y\mathrm{d}z\right]\begin{Bmatrix} h_i \\ h_j \\ h_k \\ h_m \end{Bmatrix}$$

$$= \frac{1}{36V^2}\left[(k_x b_i b_{k'} + k_y c_i c_{k'} + k_z d_i d_{k'})\iiint_{\Omega_e}\mathrm{d}x\mathrm{d}y\mathrm{d}z\right]\begin{Bmatrix} h_i \\ h_j \\ h_k \\ h_m \end{Bmatrix}$$

由 $\iiint_{\Omega_e}\mathrm{d}x\mathrm{d}y\mathrm{d}z = V$，上式变为

$$\frac{\partial I_1^e(h)}{\partial h_i} = \frac{1}{36V}\left[(k_x b_i b_{k'} + k_y c_i c_{k'} + k_z d_i d_{k'})\right]\begin{Bmatrix} h_i \\ h_j \\ h_k \\ h_m \end{Bmatrix}$$

同理可得 $\dfrac{\partial I_1^e(h)}{\partial h_j}$、$\dfrac{\partial I_1^e(h)}{\partial h_k}$、$\dfrac{\partial I_1^e(h)}{\partial h_m}$ 的计算公式。

$$\begin{Bmatrix} \dfrac{\partial I_1^e(h)}{\partial h_i} \\ \dfrac{\partial I_1^e(h)}{\partial h_j} \\ \dfrac{\partial I_1^e(h)}{\partial h_k} \\ \dfrac{\partial I_1^e(h)}{\partial h_m} \end{Bmatrix} = \begin{bmatrix} K_{ii} & K_{ij} & K_{ik} & K_{im} \\ K_{ji} & K_{jj} & K_{jk} & K_{jm} \\ K_{ki} & K_{kj} & K_{kk} & K_{km} \\ K_{mi} & K_{mj} & K_{mk} & K_{mm} \end{bmatrix}\begin{Bmatrix} h_i \\ h_j \\ h_k \\ h_m \end{Bmatrix} \tag{5-28}$$

其中

$$K_{ij} = \frac{1}{36V}(k_x b_i b_j + k_y c_i c_j + k_z d_i d_j) \qquad i,j = i,j,k,m$$

再将式(5-25)、(5-26)、(5-27)代入式(5-13)中,得

$$\left\{\frac{\partial I_2^e}{\partial h_i}\right\} = [S]^e \left\{\frac{\partial h_j}{\partial t}\right\}^e$$

$$S_{ij} = S_s \iiint\limits_{\Omega_e} N_i N_j \mathrm{d}x\mathrm{d}y\mathrm{d}z$$

利用体积积分公式

$$\frac{1}{V}\iiint\limits_{\Omega_e} N_i^\alpha N_j^\beta N_k^\gamma N_m^\theta \mathrm{d}\Omega = \frac{3!\alpha!\beta!\gamma!\theta!}{(3+\alpha+\beta+\gamma+\theta)!}$$

则将S_{ij}表示为

$$S_{ij} = \frac{S_s V \cdot 3!}{5!} S'_{ij} = \frac{S_s V}{20} S'_{ij}, \quad S'_{ij} = \begin{cases} 2 & i=j \\ 1 & i \neq j \end{cases} \qquad i,j = i,j,k,m$$

从而式(5-13)化为

$$\left\{\frac{\partial I_2^e}{\partial h_i}\right\} = \frac{S_s V}{20}\begin{bmatrix} 2 & 1 & 1 & 1 \\ 1 & 2 & 1 & 1 \\ 1 & 1 & 2 & 1 \\ 1 & 1 & 1 & 2 \end{bmatrix} \tag{5-29}$$

假定四面体单元的结点i、j、m属潜流边界面或流量补给边界面Γ_2上的结点,k结点属内部渗流场,则此时$N_k = 0, N_i + N_j + N_m = 1$。显然,结点$i$、$j$、$m$的面积坐标函数满足式

$$\frac{1}{S}\iint\limits_S N_i^\alpha N_j^\beta N_m^\gamma \mathrm{d}S = \frac{2!\alpha!\beta!\gamma!}{(2+\alpha+\beta+\gamma)!}$$

其中S为$\triangle ijm$的面积。将此面积积分式和式(5-25)、(5-26)、(5-27)代入式(5-14),得

$$\left\{\begin{array}{c}\dfrac{\partial I_3^e}{\partial h_i} \\ \dfrac{\partial I_3^e}{\partial h_j} \\ \dfrac{\partial I_3^e}{\partial h_m}\end{array}\right\} = [D]^e \left\{\begin{array}{c}q_i \\ q_j \\ q_m\end{array}\right\}$$

其中

$$D_{ij} = \begin{cases} S/6 & i=j \\ S/12 & i \neq j \end{cases} \qquad i,j = 1,2,3 \tag{5-30}$$

对于自由面流量补给边界面,同样将面积积分式代入(5-15)式,有

$$\left\{\begin{array}{c}\dfrac{\partial I_3^e}{\partial h_i} \\ \dfrac{\partial I_3^e}{\partial h_j} \\ \dfrac{\partial I_3^e}{\partial h_m}\end{array}\right\} = [P]^e \left\{\begin{array}{c}\dfrac{\partial h_i^*}{\partial t} \\ \dfrac{\partial h_j^*}{\partial t} \\ \dfrac{\partial h_m^*}{\partial t}\end{array}\right\}^e$$

其中

$$P_{ij} = \begin{cases} \mu S/6 & i=j \\ \mu S/12 & i \neq j \end{cases} \quad i,j=1,2,3 \tag{5-31}$$

将上述单元系数公式写为矩阵表达形式,有

$$[k]^e = \begin{bmatrix} K_{ii} & K_{ij} & K_{im} & K_{ik} \\ K_{ji} & K_{jj} & K_{jm} & K_{jk} \\ K_{mi} & K_{mj} & K_{mm} & K_{mk} \\ K_{ki} & K_{kj} & K_{km} & K_{kk} \end{bmatrix}$$

其中

$$K_{ij} = \frac{1}{36V}(k_x b_i b_j + k_y c_i c_j + k_z d_i d_j) \quad i,j=i,j,k,m$$

$$[D]^e = \frac{S}{12} \begin{bmatrix} 2 & 1 & 1 & 0 \\ 1 & 2 & 1 & 0 \\ 1 & 1 & 2 & 0 \\ 0 & 0 & 0 & 0 \end{bmatrix} \quad [P]^e = \frac{\mu S}{12} \begin{bmatrix} 2 & 1 & 1 & 0 \\ 1 & 2 & 1 & 0 \\ 1 & 1 & 2 & 0 \\ 0 & 0 & 0 & 0 \end{bmatrix} \quad [S]^e = \frac{S_s V}{20} \begin{bmatrix} 2 & 1 & 1 & 1 \\ 1 & 2 & 1 & 1 \\ 1 & 1 & 2 & 1 \\ 1 & 1 & 1 & 2 \end{bmatrix}$$

对所有单元的泛函求得微分后叠加之,并应用 $I(h)$ 为极小的条件计算,将常数项移到等号右端,得到如同式(5-18)的线性代数方程组。

四、等参单元计算公式

三维空间建筑物及其边界轮廓复杂多样,常采用精度较高和适应性强的等参数单元。渗流三维计算中一般采用低阶和高阶的六面体和五面体等参数单元,视不同情况和部位选用,亦可选择介于两者之间的退化单元。

与第二章介绍的平面等参单元类似,推广之,选取 $2\times 2\times 2$ 的正方体标准单元建立局部坐标系,然后在其上构造基函数。

如图 5-4 所示,六面体八节点等参单元的基函数为

$$N_i(\xi,\eta,\zeta) = \frac{1}{8}(1+\xi\xi_i)(1+\eta\eta_i)(1+\zeta\zeta_i) \quad i=1,2,\cdots,8 \tag{5-32}$$

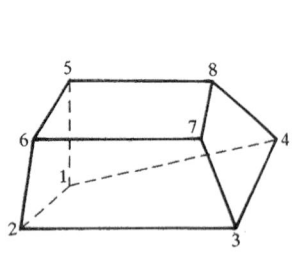

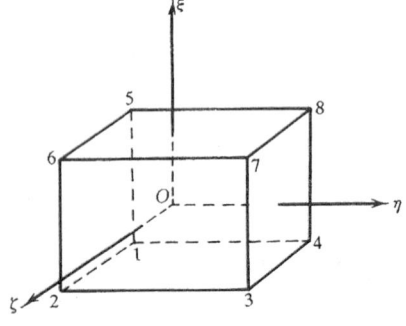

图 5-4 六面体八节点等参单元

如图 5-5 所示,曲面六面体二十节点单元的基函数为

$$\left.\begin{aligned}&N_i(\xi,\eta,\zeta)=\frac{1}{8}(1+\xi\xi_i)(1+\eta\eta_i)(1+\zeta\zeta_i)(\xi_i\xi+\eta_i\eta+\zeta_i\zeta-2)\quad i=1,2,\cdots,8\\ &N_i(\xi,\eta,\zeta)=\frac{1}{4}(1-\xi^2)(1+\eta\eta_i)(1+\zeta\zeta_i)\qquad i=9,10,11,12\\ &N_i(\xi,\eta,\zeta)=\frac{1}{4}(1-\eta^2)(1+\zeta_i\zeta)(1+\xi_i\xi)\qquad i=13,14,15,16\\ &N_i(\xi,\eta,\zeta)=\frac{1}{4}(1-\zeta^2)(1+\xi_i\xi)(1+\eta_i\eta)\qquad i=17,18,19,20\end{aligned}\right\}$$

(5-33)

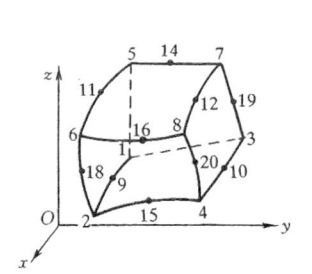

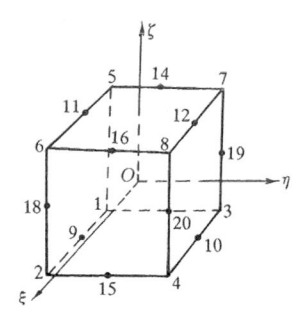

图 5-5 曲面六面体二十节点单元及局部坐标

如图 5-6 所示,五面体六节点单元的基函数为

$$\left.\begin{aligned}&N_i(\xi,\eta,\zeta)=\frac{1}{4}(\xi-\eta)(1+\zeta\zeta_i)\qquad i=1,4\\ &N_i(\xi,\eta,\zeta)=\frac{1}{4}(1+\eta)(1+\zeta\zeta_i)\qquad i=2,5\\ &N_i(\xi,\eta,\zeta)=\frac{1}{4}(1-\xi)(1+\zeta\zeta_i)\qquad i=3,6\end{aligned}\right\}$$

(5-34)

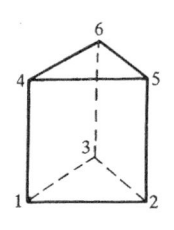

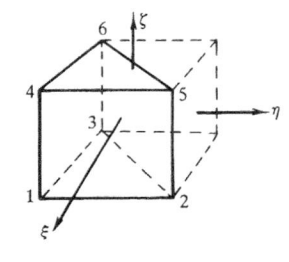

图 5-6 五面体六节点单元

如图 5-7 所示,五面体十五节点单元的基函数为

$$N_i=\frac{1}{4}(\xi-\eta)(\xi-\eta+\zeta_0-2)(1+\zeta_0)\qquad i=1,4$$

$$N_i=\frac{1}{4}(1+\eta)(\eta+\zeta_0-1)(1+\zeta_0)\qquad i=2,5$$

$$N_i=\frac{1}{4}(1-\xi)(-\xi+\zeta_0-1)(1+\zeta_0)\qquad i=3,6$$

$$N_i = \frac{1}{2}(\xi - \eta)(1 + \eta)(1 + \zeta_0) \qquad i = 7,13$$

$$N_i = \frac{1}{2}(1 - \xi)(1 + \eta)(1 + \zeta_0) \qquad i = 8,14$$

$$N_i = \frac{1}{2}(\xi - \eta)(1 - \xi)(1 + \zeta_0) \qquad i = 9,15 \qquad (5\text{-}35)$$

$$N_i = \frac{1}{2}(\xi - \eta)(1 - \zeta^2) \qquad i = 10$$

$$N_i = \frac{1}{2}(1 + \eta)(1 - \zeta^2) \qquad i = 11$$

$$N_i = \frac{1}{2}(1 - \xi)(1 - \zeta^2) \qquad i = 12$$

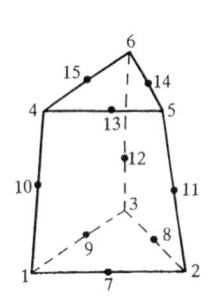

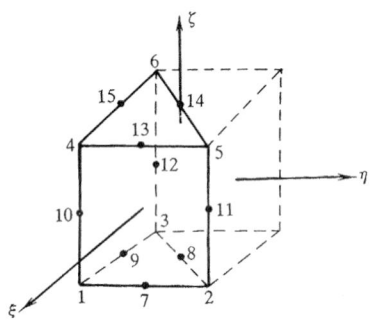

图 5-7 五面体十五节点单元

式(5-32)～(5-35)中 ξ、η、ζ 是局部坐标,与整体坐标之间的变换式为

$$\left.\begin{array}{l} x = \sum_{i=1}^{m} N_i(\xi,\eta,\zeta) x_i \\ y = \sum_{i=1}^{m} N_i(\xi,\eta,\zeta) y_i \\ z = \sum_{i=1}^{m} N_i(\xi,\eta,\zeta) z_i \end{array}\right\} \qquad (5\text{-}36)$$

式中 m 为单元结点数,六面体,$m=8$ 或 20,五面体,$m=6$ 或 15。用复合函数求导方法,可得以上基函数的整体坐标的导数为

$$\left\{\begin{array}{c} \frac{\partial N_i}{\partial x} \\ \frac{\partial N_i}{\partial y} \\ \frac{\partial N_i}{\partial z} \end{array}\right\} = [J]^{-1} \left\{\begin{array}{c} \frac{\partial N_i}{\partial \xi} \\ \frac{\partial N_i}{\partial \eta} \\ \frac{\partial N_i}{\partial \zeta} \end{array}\right\} \qquad (5\text{-}37)$$

其中 J 为雅可比矩阵,即

$$J = \begin{vmatrix} \frac{\partial x}{\partial \xi} & \frac{\partial y}{\partial \xi} & \frac{\partial z}{\partial \xi} \\ \frac{\partial x}{\partial \eta} & \frac{\partial y}{\partial \eta} & \frac{\partial z}{\partial \eta} \\ \frac{\partial x}{\partial \zeta} & \frac{\partial y}{\partial \zeta} & \frac{\partial z}{\partial \zeta} \end{vmatrix} = \begin{bmatrix} \frac{\partial N_1}{\partial \xi} & \frac{\partial N_2}{\partial \xi} & \cdots & \frac{\partial N_m}{\partial \xi} \\ \frac{\partial N_1}{\partial \eta} & \frac{\partial N_2}{\partial \eta} & \cdots & \frac{\partial N_m}{\partial \eta} \\ \frac{\partial N_1}{\partial \zeta} & \frac{\partial N_2}{\partial \zeta} & \cdots & \frac{\partial N_m}{\partial \zeta} \end{bmatrix} \begin{Bmatrix} x_1 & y_1 & z_1 \\ x_2 & y_2 & z_2 \\ \vdots & \vdots & \vdots \\ x_m & y_m & z_m \end{Bmatrix}$$

利用式(5-37)求插值函数对整体坐标的导数,代入式(5-12)中,整理后得

$$\begin{bmatrix} K_{11} & K_{12} & \cdots & K_{1m} \\ K_{21} & K_{22} & \cdots & K_{2m} \\ \vdots & \vdots & \vdots & \vdots \\ K_{m1} & K_{m2} & \cdots & K_{mm} \end{bmatrix} \begin{Bmatrix} h_1 \\ h_2 \\ \vdots \\ h_m \end{Bmatrix} = [K]^e \{H\}^e \tag{5-38}$$

其中

$$K_{ij} = \int_{-1}^{1} \int_{-1}^{1} \int_{-1}^{1} [k_x \frac{\partial N_i}{\partial x} \frac{\partial N_j}{\partial x} + k_y \frac{\partial N_i}{\partial y} \frac{\partial N_j}{\partial y} + k_z \frac{\partial N_i}{\partial z} \frac{\partial N_j}{\partial z}] |J| \mathrm{d}\xi \mathrm{d}\eta \mathrm{d}\zeta \tag{5-39}$$

利用高斯积分公式进行数值积分,则上式变为

$$K_{ij} = \sum_{l=1}^{n} \sum_{m=1}^{n} \sum_{k=1}^{n} A_l A_m A_k (k_x \frac{\partial N_i}{\partial x} \frac{\partial N_j}{\partial x} + k_y \frac{\partial N_i}{\partial y} \frac{\partial N_j}{\partial y} + k_z \frac{\partial N_i}{\partial z} \frac{\partial N_j}{\partial z}) |J| (\xi^l, \eta^m, \zeta^k)$$

$$\tag{5-40}$$

式中:A_l、A_m、A_k 为加权系数;ξ^l、η^m、ζ^k 为积分点局部坐标;n 为积分点数。

同理,将式(5-37)代入式(5-13)、(5-14)及(5-15)中,利用高斯积分公式进行数值积分,可求得相应的 S、P 和 D 矩阵。其中(5-14)和(5-15)两式中会遇到面积分,面积分式中 $\mathrm{d}\Gamma$ 表示 Ω_e 边界面上的面积微元,对等参单元的局部坐标系 $\xi\eta$ 而言,可用下式计算:

$$\mathrm{d}\Gamma = \sqrt{EG - F^2} \mathrm{d}\xi \mathrm{d}\eta \tag{5-41}$$

其中

$$E = (\frac{\partial x}{\partial \xi})^2 + (\frac{\partial y}{\partial \xi})^2 + (\frac{\partial z}{\partial \xi})^2 = (\sum_{i=1}^{M_1} x_i^e \frac{\partial N_i}{\partial \xi})^2 + (\sum_{i=1}^{M_1} y_i^e \frac{\partial N_i}{\partial \xi})^2 + (\sum_{i=1}^{M_1} z_i^e \frac{\partial N_i}{\partial \xi})^2$$

$$G = (\frac{\partial x}{\partial \eta})^2 + (\frac{\partial y}{\partial \eta})^2 + (\frac{\partial z}{\partial \eta})^2 = (\sum_{i=1}^{M_1} x_i^e \frac{\partial N_i}{\partial \eta})^2 + (\sum_{i=1}^{M_1} y_i^e \frac{\partial N_i}{\partial \eta})^2 + (\sum_{i=1}^{M_1} z_i^e \frac{\partial N_i}{\partial \eta})^2$$

$$F = \frac{\partial x}{\partial \xi} \frac{\partial x}{\partial \eta} + \frac{\partial y}{\partial \xi} \frac{\partial y}{\partial \eta} + \frac{\partial z}{\partial \xi} \frac{\partial z}{\partial \eta} = (\sum_{i=1}^{M_1} x_i^e \frac{\partial N_i}{\partial \xi})(\sum_{i=1}^{M_1} x_i^e \frac{\partial N_i}{\partial \eta})$$

$$+ (\sum_{i=1}^{M_1} y_i^e \frac{\partial N_i}{\partial \xi})(\sum_{i=1}^{M_1} y_i^e \frac{\partial N_i}{\partial \eta}) + (\sum_{i=1}^{M_1} z_i^e \frac{\partial N_i}{\partial \xi})(\sum_{i=1}^{M_1} z_i^e \frac{\partial N_i}{\partial \eta})$$

五、伽辽金有限元法计算公式

这里给出由式(5-1)经伽辽金法推导出(5-18)式的过程。

根据伽辽金法原理,对于满足(5-4)式条件的水头函数的任意增量函数 δh,式(5-1)可写为

$$\iiint_{\Omega} [\frac{\partial}{\partial x}(k_x \frac{\partial h}{\partial x}) + \frac{\partial}{\partial y}(k_y \frac{\partial h}{\partial y}) + \frac{\partial}{\partial z}(k_z \frac{\partial h}{\partial z}) - S_s \frac{\partial h}{\partial t}] \delta h \mathrm{d}x \mathrm{d}y \mathrm{d}z = 0 \tag{5-42}$$

应用格林公式,得

$$\iiint_\Omega (k_x \frac{\partial \delta h}{\partial x}\frac{\partial h}{\partial x} + k_y \frac{\partial \delta h}{\partial y}\frac{\partial h}{\partial y} + k_z \frac{\partial \delta h}{\partial z}\frac{\partial h}{\partial z} + S_s \delta h \frac{\partial h}{\partial t}) \mathrm{d}x\mathrm{d}y\mathrm{d}z + \iint_\Gamma \delta h k_n \frac{\partial h}{\partial n} \mathrm{d}S_n = 0 \quad (5\text{-}43)$$

式中 S_n 为 Γ 边界在外法向的投影值。Γ_1 上,$\delta h = 0$,因此 $\iint_{\Gamma_1} \delta h k_n \frac{\partial h}{\partial n} \mathrm{d}S_n = 0$。

与变分有限元法的推导过程类似,剖分渗流域 Ω 为 M_e 个互不相交的单元体。选择的单元体基函数 N_i 由单元体各结点的坐标构成,则单元内任一点水头函数的插值函数为

$$h(x,y,z,t) = \sum_{i=1}^{M} N_i h_i \quad (5\text{-}44)$$

$$\delta h = \sum_{i=1}^{M} N_i \delta h_i \quad (5\text{-}45)$$

$$\frac{\partial h}{\partial t} = \sum_{i=1}^{M} N_i \frac{\partial h_i}{\partial t} \quad (5\text{-}46)$$

将(5-43)式分为 I_1、I_2、I_3 三部分,令

$$I_1 = \iiint_\Omega (\frac{\partial \delta h}{\partial x} k_x \frac{\partial h}{\partial x} + \frac{\partial \delta h}{\partial y} k_y \frac{\partial h}{\partial y} + \frac{\partial \delta h}{\partial z} k_z \frac{\partial h}{\partial z}) \mathrm{d}x\mathrm{d}y\mathrm{d}z$$

$$I_2 = \iiint_\Omega S_s \delta h \frac{\partial h}{\partial t} \mathrm{d}x\mathrm{d}y\mathrm{d}z$$

$$I_3 = \iint_{\Gamma_2+\Gamma_3} \delta h k_n \frac{\partial h}{\partial n} \mathrm{d}S_n$$

则有

$$I_1 = \sum_{e=1}^{M_e} \iiint_{\Omega_e} (\frac{\partial \delta h}{\partial x} k_x \frac{\partial h}{\partial x} + \frac{\partial \delta h}{\partial y} k_y \frac{\partial h}{\partial y} + \frac{\partial \delta h}{\partial z} k_z \frac{\partial h}{\partial z}) \mathrm{d}x\mathrm{d}y\mathrm{d}z$$

$$= \sum_{e=1}^{M_e} [\delta H]^{e\mathrm{T}} [K]^e [H]^e = [\delta h]^\mathrm{T} [K][H] \quad (5\text{-}47)$$

式中

$$[K]^e = [K_{st}]^e = \iiint_{\Omega_e} (k_x \frac{\partial}{\partial x}[N]^\mathrm{T} \frac{\partial}{\partial x}[N] + k_y \frac{\partial}{\partial y}[N]^\mathrm{T} \frac{\partial}{\partial y}[N] + k_z \frac{\partial}{\partial z}[N]^\mathrm{T} \frac{\partial}{\partial z}[N]) \mathrm{d}x\mathrm{d}y\mathrm{d}z$$

$$K_{st} = \iiint_{\Omega_e} (k_x \frac{\partial N_s}{\partial x}\frac{\partial N_t}{\partial x} + k_y \frac{\partial N_s}{\partial y}\frac{\partial N_t}{\partial y} + k_z \frac{\partial N_s}{\partial z}\frac{\partial N_t}{\partial z}) \mathrm{d}x\mathrm{d}y\mathrm{d}z \quad s,t = 1,2,\cdots,M \quad (5\text{-}48)$$

对于 I_2,亦可得

$$I_2 = \sum_{e=1}^{M_e} \iiint_{\Omega_e} S_s \delta h \frac{\partial h}{\partial t} \mathrm{d}x\mathrm{d}y\mathrm{d}z = \sum_{e=1}^{M_e} [\delta H]^{e\mathrm{T}} [S]^e [\frac{\partial h}{\partial t}]^e = [\delta H]^\mathrm{T} [S][\frac{\partial h}{\partial t}] \quad (5\text{-}49)$$

式中 $[S]^e = [S_{st}]^e = \iiint_{\Omega_e} S_s [N]^\mathrm{T} [N] \mathrm{d}x\mathrm{d}y\mathrm{d}z$

$$S_{st} = \iiint_{\Omega_e} S_s N_s N_t \mathrm{d}x\mathrm{d}y\mathrm{d}z \quad s,t = 1,2,\cdots,M \quad (5\text{-}50)$$

而对于 I_3,则仅分为坝基潜流和非稳定渗流自由面流量补给两种情形来考虑,因为对不透水

边界 Γ_1 情形，$I_{31}=0$。

对于坝基潜流，有

$$I_{32} = \iint_{\Gamma_2} \delta h k_n \frac{\partial h}{\partial n} dS_n = \iint_{\Gamma_2} \delta h q dS_n = \sum_{e=1}^{M_e} \iint_{\Omega_{e\Gamma}} \delta h q dS_n$$
$$= \sum [\delta h]^{eT}[D]^e[q]^e = [\delta h]^T[D][q] \tag{5-51}$$

式中
$$[D]^e = [d_{st}]^e = \iint_{\Omega_{e\Gamma}} [N]^T[N] dS_n$$

$$d_{st} = \iint_{\Omega_{e\Gamma}} N_s N_t dS_n \qquad s,t=1,2,\cdots,M \tag{5-52}$$

对于自由面流量补给边界，有

$$I_{33} = \iint_{\Gamma_3} k_n \frac{\partial h}{\partial n} \delta h dS_n = \iint_{\Gamma_3} \delta h \mu \frac{\partial h}{\partial t} dS_n = \sum [\delta h]^{eT}[P]^e[\frac{\partial h^*}{\partial t}]^e = [\delta h]^T[P][\frac{\partial h^*}{\partial t}] \tag{5-53}$$

I_{32} 仅与自由面边界有关，$\frac{\partial h}{\partial t}$ 仅对自由面有意义。式中 $[P]^e = [p_{st}]^e = \iint_{\Gamma_3} \mu[N]^T[N] dS_n$

$$p_{st} = \iint_{\Gamma_3} \mu N_s N_t dS_n \qquad s,t,=1,2,\cdots,m \tag{5-54}$$

将 I_1、I_2、I_3 代入式(5-43)，得

$$[\delta h]^T \left\{ [K][H] + [S][\frac{\partial H}{\partial t}] + [P][\frac{\partial H^*}{\partial t}] + [D][q] \right\} = 0$$

由于 δh 是任意的水头增量，因此上式等价于

$$[K][H] + [S][\frac{\partial H}{\partial t}] + [P][\frac{\partial H^*}{\partial t}] + [D][q] = 0 \tag{5-55}$$

对上式时间项取隐式差分，并将初始条件和边界条件代入即可确定其解，即流场中各点水头随时间的变化值。

六、各向异性渗透张量的三维渗流数学模型及计算公式

符合达西定律的各向异性渗透张量描述的土体的空间非稳定渗流，其水头函数所满足的基本方程式为

$$\sum_{i=1}^{3} \sum_{j=1}^{3} \frac{\partial}{\partial x_i} (k_{ij} \frac{\partial h}{\partial x_j}) = S_s \frac{\partial h}{\partial t} \qquad \Omega \text{ 内} \tag{5-56}$$

式中 k_{ij} 为渗透张量。

相应的初始条件和边界条件类似于式(5-3)、(5-4)、(5-5)和式(5-6)。无压渗流的自由面边界还应满足 $h=x_3$ 条件。

由变分原理，(5-56)式的定解问题等价于下列泛函求极值问题：

$$I(h) = \iiint_{\Omega} (\frac{1}{2} \sum_{j=1}^{3} \sum_{i=1}^{3} k_{ij} \frac{\partial h}{\partial x_i} \frac{\partial h}{\partial x_j} + S_s h \frac{\partial h}{\partial t}) d\Omega + \iint_{\Gamma_2} qh d\Gamma = \min \tag{5-57}$$

应用有限元法求其近似解，首先将整个渗流域离散化为 M_e 个单元，各单元内水头函数近似

为 $h = \sum_{i=1}^{M} N_i h_i$，则设 $I(h)^e$ 为单元 e 上的泛函，(5-57)式可近似地表示为

$$I(h) = \sum_e I(h)^e$$

类似于(5-8)式的推导过程，对(5-57)求极值，即 $I(h)$ 对 h_i 的偏导数为零，有

$$\sum_e \frac{\partial (I(h)^e)}{\partial h_i} = 0 \qquad i = 1,2,\cdots,N$$

类似于(5-12)式的 $[K]^e$ 的推求过程，亦可相应的求得 $[K]^e$ 中各元素为

$$K_{pq} = \frac{1}{2} \iiint_{\Omega_e} \sum_{i=1}^{3} \sum_{j=1}^{3} k_{ij} \left(\frac{\partial N_p}{\partial x_i} \frac{\partial N_q}{\partial x_j} + \frac{\partial N_p}{\partial x_j} \frac{\partial N_q}{\partial x_i} \right) \mathrm{d}\Omega \tag{5-58}$$

而对应于式(5-13)的 S 矩阵、式(5-14)的 D 矩阵、式(5-15)的 P 矩阵，推导过程类似，矩阵元素表示也类似，这里不一一列出。最后得出类似于式(5-28)的方程，再对方程中时间项应用隐式差分，得到类似于式(5-19)的线性代数方程组，求解之可得各向异性渗透张量的渗流场分布。

第二节 渗流量的计算

三维空间渗流的渗流量是指通过空间某给定过水断面的流量。若过水断面由一系列平面单元组成，则通过该过水断面的流量为

$$q = \sum \iint_{\Delta_e} k_s \frac{\partial h}{\partial n} \mathrm{d}S_n \tag{5-59}$$

式中：Δ_e 为平面单元；k_s 和 $\frac{\partial h}{\partial n}$ 为平面单元外法向渗透系数及水头坡降。

根据第二章中二维渗流量计算的中线法的概念，三维计算中采用中断面法来计算任意几何形状的过水断面的流量。实际计算表明，中断面法较侧断面法等的计算精度高。计算断面选在单元形态较好的区域为宜。

一、四面体单元的中断面法

对四面体元而言，中断面法将过水断面取在各四面体元的中断面，即通过四面体元三棱边的中点，必然通过单元形心。因此在四面体元水头函数求出后，即可很方便地求出通过中断面的流量。

如图 5-8 所示，任一四面体单元 $ijkm$ 的中断面 $\triangle PQN$ 的流速 q_e 用四面体单元形心的平均流速 V^e 来表示。据达西定律，通过中断面的流量等于中断面面积向量乘其法向流速，即

$$q^e = \frac{1}{2} \boldsymbol{V}^e \cdot (\boldsymbol{NP} \times \boldsymbol{NQ}) \tag{5-60}$$

式中 $$\boldsymbol{V}^e = V_x \boldsymbol{i} + V_y \boldsymbol{j} + V_z \boldsymbol{k}$$

$$\begin{Bmatrix} V_x \\ V_y \\ V_z \end{Bmatrix} = \frac{1}{6V} \begin{bmatrix} k_x & 0 & 0 \\ 0 & k_y & 0 \\ 0 & 0 & k_z \end{bmatrix} \begin{bmatrix} b_i & b_j & b_k & b_m \\ c_i & c_j & c_k & c_m \\ d_i & d_j & d_k & d_m \end{bmatrix} \begin{Bmatrix} h_i \\ h_j \\ h_k \\ h_m \end{Bmatrix}$$

$$NP = \frac{1}{2}[(x_j - x_i)\boldsymbol{i} + (y_j - y_i)\boldsymbol{j} + (z_j - z_i)\boldsymbol{k}]$$

$$NQ = \frac{1}{2}[(x_m - x_i)\boldsymbol{i} + (y_m - y_i)\boldsymbol{j} + (z_m - z_i)\boldsymbol{k}]$$

因此,通过△PQN 的渗流量为

$$q_e = \frac{1}{8}\begin{vmatrix} x_j - x_i & y_j - y_i & z_j - z_i \\ x_m - x_i & y_m - y_i & z_m - z_i \\ V_x & V_y & V_z \end{vmatrix} \qquad (5-61)$$

实际编程计算中,为使设计程序方便,取图 5-9 所示的三棱柱体准备数据。这样一个五面体将有 4 个三角形的过流中断面,因此,通过三棱柱体的渗流量为

$$Q^e = \sum_{i=1}^{4} q_i^e$$

但应注意,中断面是有方向性的,当五面体的正向已定时,相邻两五面体的方向相向,应在安排计算断面时使不同三棱柱体的中断面法线方向保持一致。

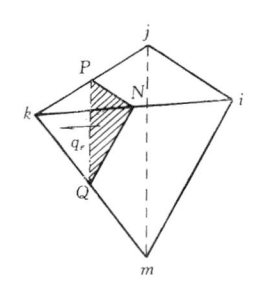

图 5-8 四面体单元的中断面   图 5-9 五面体单元的中断面

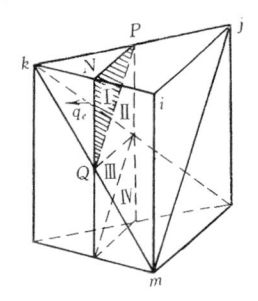

二、等参单元的中断面法

如图 5-10 所示,对等参单元计算流量时,将式(5-59)变换为对局部坐标的求导和积分。由坐标变换,得相应面积分为

$$dS_n = \sqrt{J_1^2 + J_2^2 + J_3^2}\,d\eta d\zeta$$

$$\cos(n,x) = \frac{J_1}{\sqrt{J_1^2 + J_2^2 + J_3^2}}$$

$$\cos(n,y) = \frac{J_2}{\sqrt{J_1^2 + J_2^2 + J_3^2}}$$

$$\cos(n,z) = \frac{J_3}{\sqrt{J_1^2 + J_2^2 + J_3^2}}$$

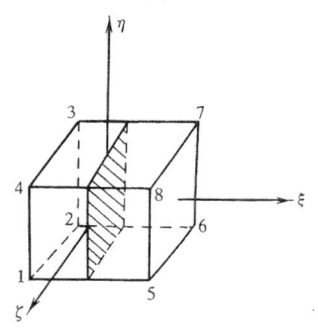

图 5-10 等参单元的中断面

其中:$J_1 = \begin{vmatrix} \frac{\partial y}{\partial \eta} & \frac{\partial z}{\partial \eta} \\ \frac{\partial y}{\partial \zeta} & \frac{\partial z}{\partial \zeta} \end{vmatrix}$;$J_2 = \begin{vmatrix} \frac{\partial z}{\partial \eta} & \frac{\partial x}{\partial \eta} \\ \frac{\partial z}{\partial \zeta} & \frac{\partial x}{\partial \zeta} \end{vmatrix}$;$J_3 = \begin{vmatrix} \frac{\partial x}{\partial \eta} & \frac{\partial y}{\partial \eta} \\ \frac{\partial x}{\partial \zeta} & \frac{\partial y}{\partial \zeta} \end{vmatrix}$。从而将式(5-59)化为

$$q_e = -\int_{-1}^{1}\int_{-1}^{1} q(\eta,\zeta)\mathrm{d}\eta\mathrm{d}\zeta = -\int_{-1}^{1}\int_{-1}^{1}[h_1\cdots h_m]\begin{bmatrix}\dfrac{\partial N_1}{\partial \xi} & \dfrac{\partial N_1}{\partial \eta} & \dfrac{\partial N_1}{\partial \zeta}\\[4pt] \dfrac{\partial N_2}{\partial \xi} & \dfrac{\partial N_2}{\partial \eta} & \dfrac{\partial N_2}{\partial \zeta}\\[2pt] \vdots & \vdots & \vdots\\[2pt] \dfrac{\partial N_m}{\partial \xi} & \dfrac{\partial N_m}{\partial \eta} & \dfrac{\partial N_m}{\partial \zeta}\end{bmatrix}[J^{-1}]^{\mathrm{T}}\begin{Bmatrix}k_x J_1\\ k_y J_2\\ k_z J_3\end{Bmatrix}\mathrm{d}\eta\mathrm{d}\zeta \tag{5-62}$$

利用高斯积分式进行数值积分,则上式变为

$$q_e = \sum_{i=1}^{n}\sum_{j=1}^{n} q(\eta_i,\zeta_j) H_i H_j \tag{5-63}$$

式中:$q(\eta_i,\zeta_j)$ 为被积函数;n 为积分点数;H_i 为加权系数。

三、各向异性渗透张量形式的渗流量计算式

由各向异性渗透张量描述的渗流场,其相应渗流量的计算仍采用中断面法。设单元 e 的中断面为 N,其外法向与轴 x_1、x_2、x_3 的夹角分别为 α_1、α_2、α_3,单元渗透张量阵为 $[k_e]$,则流经该单元 e 的中断面的渗流量为

$$q_e = -\iint_N (\cos\alpha_1,\cos\alpha_2,\cos\alpha_3)[k_e]\begin{Bmatrix}\dfrac{\partial h}{\partial x_1}\\[4pt] \dfrac{\partial h}{\partial x_2}\\[4pt] \dfrac{\partial h}{\partial x_3}\end{Bmatrix}\mathrm{d}A \tag{5-64}$$

第三节 有限单元技术

空间渗流较之平面渗流,无论从工作量还是从复杂程度上来比,都相距甚大,因此用有限元法模拟时一些技术的运用将起到事半功倍的作用。这些技术对模拟其他场的有限元法亦可借鉴。

一、渗流场的离散方法

三向空间渗流问题,其物理条件均较复杂,具有不规则的几何形状和非均质土层的各向异性介质,因此,虽然可以实现自动剖分单元和自动布置结点,但往往既麻烦又不经济。然而,由人工剖分逐个给出单元和结点信息,工作量很大,而且还要占用相当数量的内存容量。因此,采用半自动剖分方法形成离散网格是十分有利的。下面我们给出剖分单元的原则:

(1)剖分断面。对于土坝三向空间渗流问题,一般是沿平行坝轴线或垂直坝轴线方向将渗流场剖分成有限个互不相交的曲面,如图 5-11 所示,此曲面称为剖分断面。在某些情况下,按水平方向剖分断面也是可取的。

(2)对每一断面布置一定数目的三角形单元和四边形单元。单元数和结点数不受限制,但每个断面要相等,以保证相邻断面对应平面单元之间能形成一个五面体或六面体元,且该

空间元互不相交。当相邻断面的形状相差很大而不便布置相同数目平面单元时,可设置虚单元补齐。对所划分单元的内部,必须保持相同的渗透系数,非均质层界面和建筑物轮廓以及流场边界面均须为所划分单元的一个侧面,不能穿越单元。

从理论上来说,剖分断面及其上结点愈多,可以提高计算精度,但会增加工作量和计算时间。因此,根据渗流概念合理布置,是能够以少量断面和结点得到足够精度的成果的。同时实际计算表明,开始时可布置数量较少的断面,然后根据计算情况的需要再适当增加断面和结点。

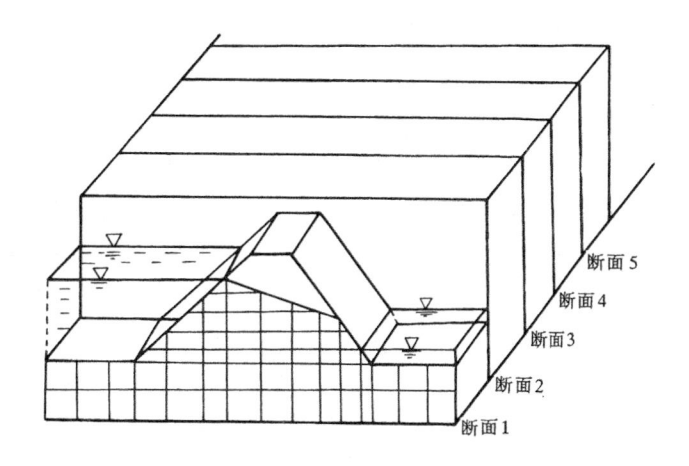

图 5-11 三维剖分断面示意图

(3)每一断面的单元剖分可以采用第四章叙述的平面渗流自动剖分单元方法,由人工给出少量数据,由计算程序自动形成断面单元、结点、边界及分区信息。与第四章平面二维渗流自动剖分方法有别的是,三维计算中若采用六面体计算单元,则自动剖分中最后单元为四边形;三维计算中人工分块时也必须保证相邻两断面间对应块的渗透系数相同,两块组成的空间六面体不能过于扭曲而致剖分后单元畸形。另外同样必须保证每个断面上块结点数目和块数相等,不足时亦可虚设块和结点予以补齐。这些虚拟块和点在渗流场计算中并不存在,因此其坐标和有关信息亦无任何意义。

(4)为了减少单元信息,规定结点编号的顺序为对一个断面上的结点连续编号后,紧接着对下一断面上的结点编号。这样,相邻断面间结点号均差一常数。如:每断面结点数为 nn（包括虚拟点）,则第 l 断面上点号为 i 的结点,相应在 $l-1$ 断面上 i 点编号为 $i-nn$,而 $l+1$ 断面上 i 结点编号则为 $i+nn$。这样,整个渗流场单元体的信息均可由一个断面的三角形单元来确定。每个断面上单元号均从 1 开始,而不像结点号一样连续。断面上同种渗透系数的单元,应尽量连续编号,以便计算非均质场。

为了保证单元体互不相交,在填写信息时,应对每一单元结点从小到大或从大到小连续编号。在填写单元信息时,应注意的是,对于修改调整自由面出现丢点的情况,单元结点应从可能丢点的点号开始编,否则丢点时将会出现不合理的现象。

(5)大量研究表明,空间渗流问题宜采用等参单元。但相对而言,等参元渗透矩阵计算工程量大,四面体元则较小,且较灵活。实例计算表明:一般情况下采用八结点等参元可满足实用精度要求;对于渗流密集区（如沟、井、帷幕、出逸等处）,设二次插值的等参元可保证模拟精度;为了适应复杂土层分类和边界轮廓,可采用六结点五面体元作为补充。实际计算中,这些元可用等参元计算公式直接进行等参元相应计算,亦可引用四面体元作基本元计算,先将六面体元剖分为两个五面体,五面体再剖分为 3 个四面体来计算,这两步均由计算机自动完成。因此,实际工程计算中一般只将渗流场剖为五面体元和六面体元两种。

二、稀疏矩阵带宽优化方法

空间渗流计算规模主要决定于空间结点的多少和对结点编号的方法。结点编号不同,直接影响到其形成的渗透矩阵中带宽的大小,从而关系到对计算速度和计算机内存容量的要求。对于复杂的空间渗流计算,优化结点带宽的方法一般很难在准备数据阶段时达到。从单元渗透矩阵组合成总体渗透矩阵的方法中可知,组成空间单元的结点号差值越大,渗透阵中带宽就越大。因此,带宽优化的目标就是使相邻结点点号差值达到最小。这一目标可以借助于图论中有关方法实现。这里介绍三维渗流计算中可采用的一种优化结点编号方法。其步骤如下:①对剖分网络中的未知水头结点分层处理,第一步选一个与相邻未知水头点相连总数最小的外结点 P_1 作为始点,即第一层;与 P_1 相连的所有相邻未知点记为第二层;与第二层相连的所有相邻未知点(但又不属于第一层)为第三层。依此类推,可知与第 $k-1$ 层相连而又不属于第 $k-2$ 层的所有未知邻点则为第 k 层。②从始层开始逐层往下编,直至末层。③对于同一层中的未知结点编号时,按与其相连的相邻未知结点总数的递增顺序逐个编号。④当同层中若干点各相连相邻未知点数目相同时,则遵循第 k 层编号大的结点与第 $k-1$ 层中编号大的结点相邻的原则。

采用这种结点编号优化方法,对于原剖分结点杂乱无章编号时尤为有效。若原剖分编号按一定方向(如垂向或水平向)时,则断面较少时优化效果显著。如图 5-12(a)所示,随着断面的增加,优化后总带宽 $G_后$ 与优化前的 $G_前$ 的相对比值($G_后/G_前$)逐渐增加;但正如图 5-12(b)所示,断面增加后总未知点数即方程组系数阵总阶数亦增加,优化后总带宽绝对变化亦较大,因此优化后与优化前的求解方程组所需时间之比值($t_后/t_前$)减少许多。因此,在形成渗透矩阵之前加上结点编号优化过程是十分必要的。

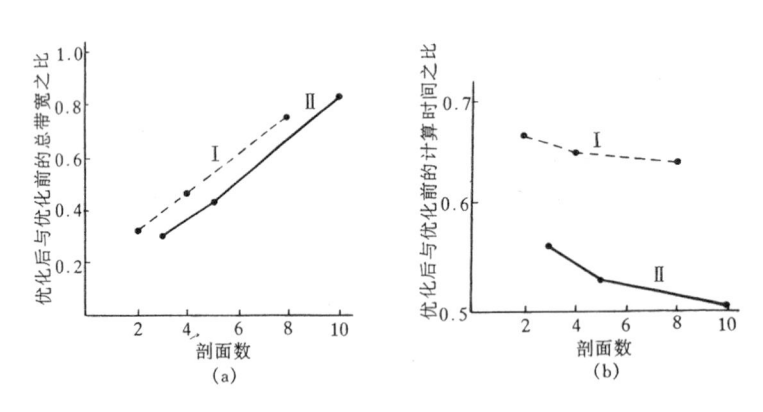

图 5-12 结点编号最优化前后带宽和计算时间比较

由于上述结点优化方法比较复杂,且编程中需占用相当多的内存,因此对结点不太多(20 000 点以下)的一般空间渗流问题可不对整体剖分结点采用上述优化编号方法,而采用下述的近似最小带宽编号方法:①在数据准备过程中,对第一剖分断面结点尽量按横向或纵向连续编号。兼顾到无压渗流自由面调整的方向性,断面结点一般按纵向连续编号,编程计算中对断面上结点可按前述最优化方法重新进行内部排序编号并以此作为新的结点编号。②如图 5-13(a)所示,分别按平行于断面的顺序依次将每一断面上未知结点连续编号,记录相应内部结点编号信息及最大半带宽、总带宽信息。③如图 5-13(b)所示,分别按垂直断面的顺序从第一个断面上结点原始序号起,依次对每一断面上的相应结点编号,并记录相应内部结点信息及总带宽信息。④编程计算时自动按总带宽多少选择②、③两种编号方法中较好的方法。显然,方法②在断面数较多而断面上未知结点不多时接近优化方法,方法③在断面上布置结点较多而断面数不多时接近优化方法。采用这种结点编号法,程序设计简单。

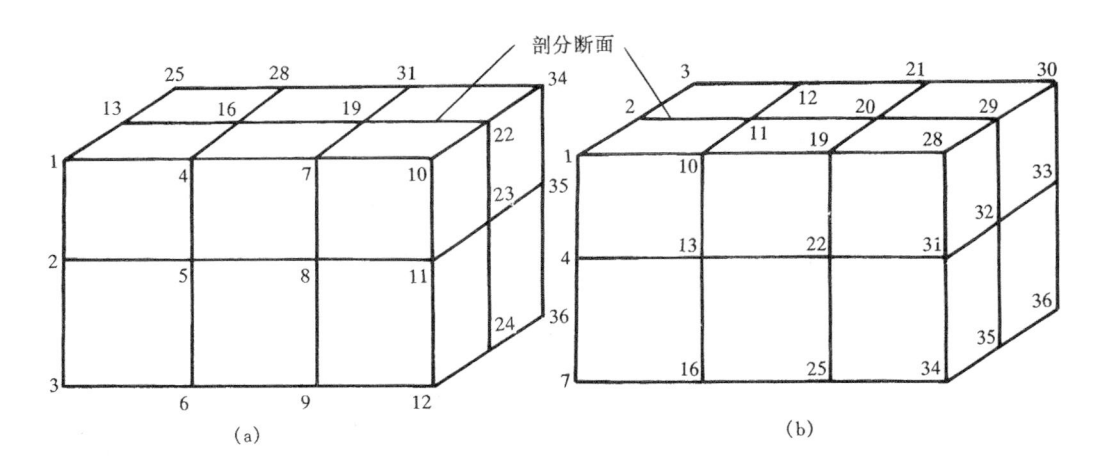

图 5-13 近似最优结点编号方法

三维空间渗流计算中,计算一次带宽所花机时甚少,主要机时花在形成渗透矩阵和求解线性代数方程组上。因此,缩小带宽是减少内存、提高计算速度的最佳途径。如表 5-1 所示,表中列出五组工程实例结点编号优化前后的计算结果,可知按近似最优编号法的两种计算法优化前后的总带宽差别较大。

表 5-1 结点编号优化结果比较

项 目	一 不优化	一 优化	二 不优化	二 优化	三 不优化	三 优化	四 不优化	四 优化	五 不优化	五 优化
未知结点数	135	135	567	567	425	425	93	93	5 402	5 402
最大半带宽	22	19	107	76	86	66	32	16	640	187
总 带 宽	2 493	1 947	41 129	27 602	17 704	17 497	2 100	864	1 272 166	902 061

三、线性代数方程组的分块求解方法

线性代数方程组的求解,仍采用第二章所介绍的改进平方根法。由于三维计算中剖分的结点数量很大,经常在 8 000 个点以上,因此所形成的渗透矩阵需非常大的内存。根据渗透矩阵的对称正定性及稀疏性,采用一维变带宽压缩存贮方式来存贮渗透矩阵,则一般只存原矩阵满阵的一半左右。即使这样,所需存的矩阵元素一般也在百万个以上。在大型计算机上,可由相应的操作系统实现虚拟存贮而解决大内存问题,但经常受多用户分时分容量的限制;而在微型计算机上运行时,内存限制也是经常遇到的一个问题。因此,这里介绍将矩阵分块存贮来求解大型线性代数方程组的方法。

(一)分块原理

对于改进平方根法,相应地系数矩阵元素的分解公式为第二章(2-111)。按此公式分解时,既可采用逐点分解法,即由此式直接对每个元素分解,一次完成运算,也可采用按行分解

法,即对每一行元素同时进行元素的分解运算。两种分解法中逐行分解法更能提高运算速度。如图 5-14 所示,对第 i 行与第 j 行之间元素进行分解时,若设 i 行到 j 行最左边出现的第一个非零元素所在列号的最小值为 i_0,则可看出,对 i 行与 j 行之间元素的分解,与 i_0 行到 $i-1$ 行之间的三角形区域内元素有关。因此,将 i 行到 j 行的非零元素组成的子矩阵作为顺代时分块子矩阵,而将 i_0 到 $i-1$ 行的三角形区域内元素组成的子矩阵作为分块矩阵的影响矩阵。故在实际分块矩阵元素分解时,只需将分块子矩阵及相应影响矩阵同时存放在内存中即可。另外分块矩阵在总渗透矩阵相应行号 i 与 j 之间的顺代计算可同时进行。回代过程中,要求解线性代数方程组 i 到 j 之间的未知变量值,若 i 列到 j 列之间的最大行号为 j_0,则回代计算仅与分解矩阵 L 阵的 i 行到 j 行组成的三角形区域内非零元素和由 $j+1$ 到 j_0 行的非零元素有关,如图 5-15 所示。因此称分解矩阵 L 阵第 i 行到 j 行组成的三角形区域为未知量 i 到 j 的依赖矩阵,而称 $j+1$ 行到 j_0 行的非零元素所组成的子矩阵为回代时分块子矩阵。从而取回代时的依赖矩阵为顺代时的影响矩阵,回代时的分块子矩阵为顺代时的分块子矩阵,就可对顺代和回代两过程统一分块,实现分解求解。

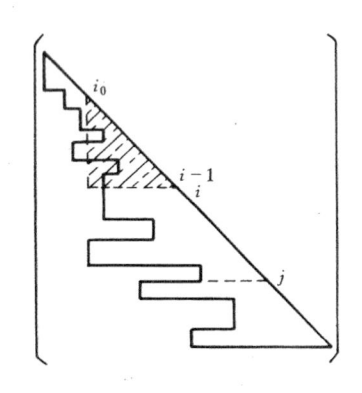

图 5-14 顺代时分块阵及影响矩阵 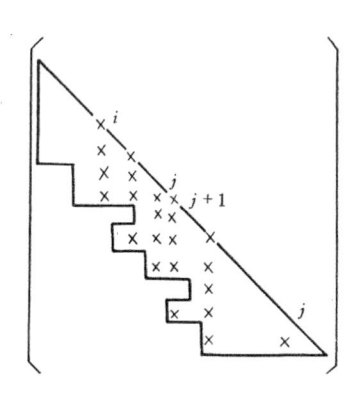　　图 5-15 回代时分块阵及依赖矩阵

(二)分块求解方法

分块求解的目的是为了能尽可能地解大型矩阵问题。现行的一些编译系统已经考虑将硬盘等外存贮器当作虚拟内存器来使用,可以解决有时内存不足的问题。但在缺少外存贮器或外存容量不足时,必须应用分块求解方法。分块求解中必须尽可能地扩大分块子矩阵的容量,减少分块数,以避免形成分块子矩阵和分解分块子矩阵时的大量重复计算,更大地提高运算速度。

在外存不考虑时,若求解问题所需的容量小于机器可供最大容量时,则无需分块;反之,进行矩阵分块。分块时采用从最后一个剖面开始倒退向前分块的原则,并使起始块的矩阵容量达到机器内存允许量,再往下依次存放一块分块阵和相应的影响矩阵(或依赖矩阵),最后至矩阵最上面一块分块矩阵由于分解时无影响矩阵,该分块矩阵容量可扩大为一块分块阵和相应影响矩阵容量之和。

实际编程计算中,可采用以剖面为基本单位控制分块数或给定内存允许量两种方式实现最大分块数。按剖面控制分块数,编程简便。

在形成渗透矩阵时,应在分块的同时确定每块子矩阵相应于总渗透阵的行号及该块所属剖面号的范围,与此块无关的不作计算,并排除块内含虚点的单元。在形成单元矩阵参数后,可直接将计算的单元渗透阵的系数值叠加至相应的子矩阵块中,而不必先形成单元的系数阵,再将该系数阵叠加于相应的子矩阵块中。

四、自由面及渗出点的求解方法——虚点法

三维无压渗流问题的自由面位置是待定的,其上结点属同一流面,为零压面。自由面边界应同时满足式(5-5)和式(5-7),其中$q=0$。非稳定渗流自由面还必须满足式(5-6)。目前饱和渗流中求解自由面的方法一般均为迭代法。①一类是直接以$h=z$条件为控制准则,试算出自由面位置,视其满足该条件的情况,不满足则调整自由面位置再迭代计算,直至满足为止。该类方法有移动网格法、压缩网格法、重剖网格法和虚点法等。其特点是:方法简便实用,适应性强。②另一类是以流量为零的边界条件为控制准则,每次迭代均设法使进出自由面的流量为零。该类方法有变单元渗透系数法、剩余流量法及其改进、变分不等式法和初流量法等。其特点是:将饱和渗流问题扩大到整个区域上,充分应用自由面流量为零这一条件,因而整个区域的剖分网格可保持不变,即所谓的固定网格。

第四章介绍二维渗流自由面求解方法时提及自由面的变化区域一般较大。为适应之,传统的移动网格法和压缩网格法在迭代计算中采用将自由面以下一排或数排单元结点同时压缩或伸展。该法在有限元法引入渗流分析的早期应用较广,取得不少成功经验,但方法本身有一些遗憾之处:①当初始假定自由面位置与终结位置相差较大时,该法会造成网格单元过度变形而致畸形,影响计算精度;②当自由面穿过非均质层时,网格的移动和压缩往往会破坏介质分区界线而导致模拟结果与原体不符;③与其他物理场(如应力场、温度场和边坡稳定等)耦合时需用同一剖分网格计算渗流场和其他场,移动或压缩网格就不能使两场直接统一计算,而必须采用内插法才能统一两者,无疑加大了工作量。至于重剖网格法,则是借助于渗流计算前处理方法中的自动剖分方法,调整解出的自由面位置作为自动剖分子块的边界线重新进行一次剖分,避免了自由面附近单元的畸形。但该法所增加的工作量,对于二维渗流计算来说,尚能接受,而对复杂的三维渗流分析而言,则无法接受。因此,该法一般与移动网格迭代法同时使用。

固定网格法来源于 S. P. Neuman 70年代提出的饱和－非饱和渗流问题数值解法中。近十多年来,不少渗流工作者分析研究固定网格法,取得了不少成果。但固定网格法由于对跨自由面单元的处理方法本身及引进非饱和区域的未知量而增大求解总未知量等因素,从而影响了计算精度和收敛速度。该法有时稳定性也差。例如:①剩余流量法[8]依据流量边界条件$k\left.\frac{\partial h}{\partial n}\right|_\Gamma=0$来计算自由面单元过自由表面的流量而修正各点的水头值,直至流量小于某一允许精度ε为止。但其全部调整均依赖于首次渗流场计算结果,精度显然较差。该法也不能应用于非稳定渗流,因非稳定渗流自由面边界流量非零。②变单元渗透系数法则是将跨自由面的单元按非均质单元处理,并不能真实反映这一区域的透水性,所产生的渗透矩阵主元往往不能占优而影响计算精度和稳定性。③初流量法实际上是将在扩大渗流域上计算引起的非饱和区流量慢慢修正而逐步逼近饱和区域渗流计算问题的一种近似方法。实际计算中,该法亦将跨自由面单元按非均质区分处理,自由面以下高斯点不计入初流量计算式,则造成自由面单元内透水性突变,且当单元划分不够密时求解出的自由面位置会上下摆动,收敛性差。其优点是,在扩大的渗流全域上一次形成和分解总体渗透矩阵;缺点是,方程组未知量总

数较仅计算饱和区的未知量总数明显增多,且每次迭代均要判别自由面以上区域以计算初流量,增加了工作量。该法也无法求解非稳定渗流。总之,固定网格法要么将非饱和区流量从总体上逐步扣除,要么将过自由面的流量修正,网格始终固定不变,便于考虑与其他场耦合求解。就渗流场计算本身而言,与移动网格法一样,每次亦需判别自由面的大概位置及自由面与附近单元的相交形态,有些方法在稳定性和收敛性方面带有一定缺陷,仍在完善之中。

实际上,应用有限元法分析时,区域不透水边界条件是自动满足的。因此,求解含自由面的饱和渗流问题时,只需在迭代过程中围绕 $h^* = z$ 这一条件进行。第四章中介绍的虚点法是我们在结合非稳定渗流分析、渗流场作用下的边坡稳定分析及渗流场与应力场耦合分析等问题研究时用来求解自由面位置的常用方法,避免了移动网格法的畸形缺陷,弥补了固定网格法的欠缺。实例计算表明,该法稳定性好、收敛速度快、精度亦较高,易于编程,兼具移动网格法和固定网格法的优点。第四章中介绍了二维情形的实现步骤,三维情形易于推广。下面说明三维渗流自由面虚点法求解的具体实现过程。

1. 根据需要对可能的渗流区域(应力场与边坡稳定计算时则是整个介质区域)进行各断面的有限元网格自动剖分,并提取相应的边界条件。

2. 依渗流概念和经验假定初始自由面边界。就饱和渗流计算而言,自由面以上结点对流场计算毫无贡献,称之为虚点,结点信息 $R(I)=0$,自由面及其以下区域内结点称为实点,相应信息 $R(I)=1$。该步亦可简单地令所划区域的顶部结点为自由面,即计算区域为剖分全域。域内所有点 $R(I)=1$。

3. 将自由面边界作为第二类边界,计算流场内各点水头值及自由面结点水头值 h^*。

4. 自由面结点 P 的处理,对于给定的精度 ε,若 h_p^* 满足 $|h_p^* - z| \leqslant \varepsilon$,则 P 点已是真实位置,无需处理;否则判别该点位置与上下区域内的各点的关系。①若自由面位置上升,即 $h_p^* - z > \varepsilon$,则取该点线链上部一点 T,将 T 恢复为自由面结点,将自由面信息数组中 P 点的原始坐标赋还,视 P 点为内部实点,并将 T 点原始坐标存入自由面信息数组中,T 点恢复为实点,$R(T)=1$,其位置依 h_p^* 在线链 PT 上调整而得。②若自由面位置下降,即 $h_p^* - z < \varepsilon$,则依次判别 h_p^* 与其线链下部第 i 点 $S_i(i=1,2,\cdots,n)$ 的位置高程 z_{S_i} 之差;若 $h_p^* - z_{S_k} \leqslant \varepsilon$ 且 $h_p^* - z_{S_{k+1}} > \varepsilon$,则丢弃 P 点及 $S_1,S_2,\cdots,S_{k-1}$ 为虚点,即 $R(P)=0,R(S_i)=0(i=1,2,\cdots,k-1)$,并将自由面信息数组中 P 点原始坐标赋还给 P 点,取 S_k 作为下一次迭代的自由面上的相应结点,将其原始坐标赋入当前的自由面信息数组,依 S_k 与 S_{k+1} 两点方向调整 S_k 的自由面位置,使 $h_p^* = z'_{S_k}$,z'_{S_k} 为 S_k 的位置高程。实例计算时,$h_p^* - z_{S_1} > \varepsilon$ 的情况较多。此时,依 P 与 S_1 连线方向调整 P 点位置可得到下一次迭代计算的自由面位置,而不需产生新的虚点。一般地,若剖分网格合理,除首次迭代因假设自由面过高或过低而会出现丢弃点或恢复点稍多的情况外,稳定渗流自由面调整范围则在相应结点线链上下一排结点内,非稳定渗流自由面调整范围则在相应结点链上下三排结点之内。因此三维程序实现中规定每条线链上每次迭代调整的恢复点或丢弃点的数目在 3 个以下。由于三维自由面是空间的一个光滑曲面,在透水介质内处处连续,因此在判别某一剖面自由面信息时必须同时判别其前后两剖面上自由面信息,简单地,可使相邻两剖面间自由面对应点在同一空间单元内。要做到这一点也较容易,在进行三维剖分时,自由面密集区域剖面数和剖分点数可稍多些。

5. 按步骤 4 逐点对自由面判别后就得到下一次迭代的自由面边界。

6. 逐次按3~5步骤调整自由面位置,直至满足$h^*=z$条件的最后位置为止。

渗出点的确定方法仍采用第四章介绍的沿坡面滑动法推广而得,调整过程类似于自由面结点的调整过程。预先定义自由面与坝坡交点为假定渗出点,渗出点作为未知水头处理,本身就是自由面结点,与自由面其他点不同的是,渗出点以下坡面上点均为已知水头点,其$h=z$。因此,按虚点法求解时,若迭代求解出的渗出点水头值低于其下一点位置高程,则将下一点作为渗出点,将其已知结点信息改变为未知结点信息,即$R(I)=1$,原渗出点则为虚点,即$R(I)=0$;若迭代求出的渗出点水头值高于本身位置高程,则将其上一虚点恢复为渗出点,并将原渗出点改变为已知水头结点。与自由面其他点处理过程类似,渗出点调整时产生虚点的过程中必须不断赋还原剖分坐标信息,以保持网格固定不变。

在虚点法求解过程中,以下几点应引起注意:①心墙、斜墙、灰坝、帷幕、防渗墙等墙体或坝体与下游坝壳的非均质渗透性相差较大时会出现墙体下部与下游坝壳自由面有一交点的情形。该点在调整过程中若出现丢弃点,仅需将墙后坡该点的下一点改变为自由面结点,但该点却不能丢弃为虚点,需改变其为已知水头边界即渗出段;若出现沿坡面向上恢复点现象,由于其上均为渗出段,所以只需将上一点改变为自由面结点,将原来渗出段已知信息改变为未知水头信息。②非稳定渗流中,由于库水位急剧下降,在上游坡会出现渗出现象,其渗出点及渗出段处理过程类同于下游坡的渗出点沿坡面滑动法过程。③渗流自由面变化仅对其附近相连的结点的矩阵元素造成影响。因此,当自由面结点信息不改变,而仅改变其坐标值时,不需对结点重新编号和计算带宽,仅计算与自由面结点相关单元的矩阵元素;当出现恢复点情况时,仅对与该恢复点的未知点进行矩阵元素计算;当出现虚点情况时,则将该虚点在渗透阵的主元赋1,其行列上均赋零,解线性代数方程组时此行并不参与分解。总之,总渗透矩阵及自由项的元素仅在局部小范围内改变,因此,对不改变部分无需重新形成。在求解方程组时,对改动过的系数矩阵元素的最小行号以前的元素不必进行分解和顺代计算。④自由面迭代中还需判别自由面上结点是否处于有压区,如建筑物底板、大坝后坡、平台等。

五、排水井列的模拟

有限元模拟排水井列的方法将在第八章专门介绍,这里仅简介三维空间排水井列的模拟方法的实现过程。

以一条无限窄沟代替相应位置的排水井,直接将沟代井列后的渗径差值以一空间单元形式补进流场计算中,使沟代井列后的渗阻相等。令流量相等,水位相等,阻力等效,则可导出沟代井后的渗径差值ΔL_{SW}的计算公式为[1]

$$\Delta L_{SW}=a\left(\frac{1}{2\pi}+0.085\left(\frac{T}{W+r_0(1-\frac{W}{T})}-1\right)\left(\frac{T}{a}+1\right)\right)\ln\frac{a}{2\pi r_0}-\frac{T}{\pi}\ln\frac{1}{\sin\frac{\pi S}{2T}} \quad (5-65)$$

在井列上布置一水平长为ΔL_{SW}的长方体单元,如图5-16所示,与普通单元类似,单元的一侧为已知水头边界,另一侧为待求井平均水头的实际井列断面,单元的高为布置井部分结点间长度。同样,依式(5-12)求出其单元渗透矩阵,并化为对井断面各点的贡献,耦合于整个渗流场中求解。实例计算表明,以沟代井列的渗流计算具有相当精度,基本上能满足工程精度要求。

另外排水孔一般有多层,大致分为两种:一种是上层的排水孔与下层排水廊道相通,排水孔本身相当于自由渗出段;另一种是各层排水廊道的排水孔互不相通,排水孔的效果相当于减压井。前者排水孔的有效部分为自由面以下的孔段；后者当排水廊道位置高于地下水面时，则该层廊道下的排水孔失效。程序设计时，先按排水孔有效进行，求得相当于排水孔所在位置的水位，以此值来判别排水孔是否有效。而对于作为渗出段处理的排水孔，则按自由水面位置直接比较判别其有效性。凡在可能出现承压区内的排水孔，还需与承压底板位置相比较来决定是否承压。对于已经失效的排水孔，则改变其结点信息，并送入自由面信息数组，参加下一次迭代调整。

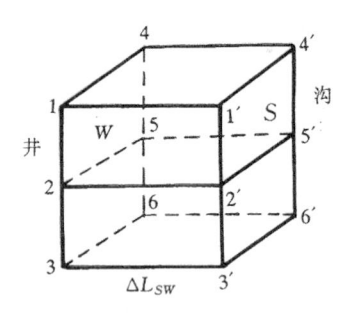

图 5-16 附加渗径单元示意图

六、薄层的模拟方法

复杂岩基渗流常存在薄断层、帷幕、裂缝等材料厚度较薄的介质，其模拟一般采用加密单元的方法来实现。但由于较薄，加密单元网格法使计算工作量增大，且易出现畸形单元形态。这里介绍以线单元（二维）、面单元（三维）模拟的方法。

工程上所遇薄层不外乎透水和隔水两类。断层有上两种情形。帷幕、防渗墙、板桩，可按隔水处理，考虑一定渗透性时亦可按透水处理；而裂缝则按透水处理。

（一）透水薄层

薄层透水性大于其周围介质的，则薄层内沿长度方向流速大，而法向流速相对很小，甚至可以忽略，因此薄层内沿法向水头值假定为相同，即 $\frac{\partial H}{\partial n}=0$。若以四结点的面单元来模拟此透水薄层，设其厚度为 δ，透水性为 k，则该薄层单元的泛函为

$$I^e[H] = \iiint_V \frac{k}{2}\left[\left(\frac{\partial H}{\partial x}\right)^2 + \left(\frac{\partial H}{\partial y}\right)^2 + \left(\frac{\partial H}{\partial z}\right)^2\right]dV = \frac{1}{2}\{H^e\}^T[K]^e\{H^e\} \quad (5\text{-}66)$$

式中：$\{H^e\}^T = \{H_1, H_2, H_3, H_4\}$；$[K]^e$ 为单元渗透矩阵，

$$[K]^e = k\iiint_V [B]^T[B]dV \quad (5\text{-}67)$$

式中：$[B]$ 的行向量为 $[B_i] = \left\{\dfrac{\partial N_i}{\partial x} \quad \dfrac{\partial N_i}{\partial y} \quad \dfrac{\partial N_i}{\partial z}\right\}$；$N_i(\xi, \eta) = \dfrac{1}{4}(1+\xi_i\xi)(1+\eta_i\eta) \quad i=1,2,3,4$

而

$$\begin{Bmatrix} \dfrac{\partial N_i}{\partial x} \\ \dfrac{\partial N_i}{\partial y} \\ \dfrac{\partial N_i}{\partial z} \end{Bmatrix} = J^{-1} \begin{Bmatrix} \dfrac{\partial N_i}{\partial \xi} \\ \dfrac{\partial N_i}{\partial \eta} \\ 0 \end{Bmatrix} \qquad J = \begin{vmatrix} \dfrac{\partial x}{\partial \xi} & \dfrac{\partial y}{\partial \xi} & \dfrac{\partial z}{\partial \xi} \\ \dfrac{\partial x}{\partial \eta} & \dfrac{\partial y}{\partial \eta} & \dfrac{\partial z}{\partial \eta} \\ J_1 & J_2 & J_3 \end{vmatrix}$$

$$J_1 = \begin{vmatrix} \dfrac{\partial y}{\partial \xi} & \dfrac{\partial z}{\partial \xi} \\ \dfrac{\partial y}{\partial \eta} & \dfrac{\partial z}{\partial \eta} \end{vmatrix} \qquad J_2 = \begin{vmatrix} \dfrac{\partial x}{\partial \eta} & \dfrac{\partial z}{\partial \eta} \\ \dfrac{\partial x}{\partial \xi} & \dfrac{\partial z}{\partial \xi} \end{vmatrix} \qquad J_3 = \begin{vmatrix} \dfrac{\partial x}{\partial \xi} & \dfrac{\partial y}{\partial \xi} \\ \dfrac{\partial x}{\partial \eta} & \dfrac{\partial y}{\partial \eta} \end{vmatrix}$$

得

$$|J'| = \sqrt{J_1^2 + J_2^2 + J_3^2}$$

因此，$dV = \delta|J'|d\xi d\eta$。

将$[K]^e$对流场中其余有关点的贡献计入总体渗透矩阵中，即考虑了透水薄层的影响。

(二)隔水薄层

隔水薄层的一般模拟方法是将其两边各剖分单元，而其本身并不剖分。而当该薄层透水性较小仍需模拟时，其内流向一般均为法向，假定其透水性为k，厚度为δ，则以八节点的六面体元来模拟该薄层。其单元泛函式为

$$I^e[H] = \iiint_V \frac{k}{2}(\frac{\partial H}{\partial n})^2 dV = \frac{1}{2}\{H^e\}^T[K]^e\{H^e\} \tag{5-68}$$

$[K]^e$为单元渗透矩阵，

$$[K]^e = \frac{kS}{4\delta}\begin{bmatrix} 1 & 0 & -1 & 0 & 0 & 0 & 0 & 0 \\ & 1 & 0 & -1 & 0 & 0 & 0 & 0 \\ & & 1 & 0 & 0 & 0 & 0 & 0 \\ & 对 & & 1 & 0 & 0 & 0 & 0 \\ & & & & 1 & 0 & -1 & 0 \\ & & & & & 1 & 0 & -1 \\ & & & 称 & & & 1 & 0 \\ & & & & & & & 1 \end{bmatrix} \tag{5-69}$$

式中：S为薄层单元面积。

将该单元矩阵耦合于整体渗透矩阵时利用第九章电阻网串并联原理，薄层单元结点对应的矩阵元素与同侧的其他单元矩阵元素进行并联，即$k_{ij} = k_{ij}^0 + k_{ij}^e$；薄层单元结点对应的矩阵元素与另一侧的其他单元矩阵元素进行串联，即$k_{ij} = \frac{k_{ij}^0 k_{ij}^e}{k_{ij}^0 + k_{ij}^e}$。对角线元亦为并联形式。

七、剖分网格显示及后处理

有限元法计算的繁琐大部分表现在数据的准备和成果的整理上，三维计算更是如此。随着计算机速度的提高和内存的增大，所能求解的三维问题也就越来越复杂，计算精度的要求也相应提高，计算区域也相应增大，前期计算数据的准备工作量更是大大增加，同样后期成果的整理工作量亦大大增加，这就需要应用快速发展的计算机来减轻人工工作量。前面介绍的三维自动剖分就是一个方面，而图形显示和成果后处理则是更直接的另一个方面。

(一)剖分图的显示

人工输入的单元信息和结点坐标难免有错，因此需对所剖单元网格进行图形检查和修改。图形显示亦可了解网格中单元与结点号的对应关系、位置及网格的疏密程度。

三维渗流计算中显示的网格图形包括如下两种：一种为剖面单元网格图，此为平面图形；另一种为空间单元网格图，可展现两剖面间单元形态，亦可展现整体单元形态。

1. 剖面单元网格图形处理方法

对所剖分的各剖面，按单元输出图形。据图论原理，剖面单元图可视为由剖面上一系列结点和相邻两结点连线组成的线段构成。而任何图形处理软件中最基本的绘图命令就是绘制两点间的直线，因此剖面图形的绘制就是直接绘制各单元的每条直线。

实际程序绘制图形时采用两种算法：①对剖面上每个单元进行循环，对单元上每条直线

段都绘制,并在线的两端标上结点号,且在单元的形心上标上单元编号。此法会重复显示网格图中的公共线段和公共点,便于检查单元信息或结点坐标的错误,缺点就是所需机时长。②建立剖面剖分网格邻接矩阵,若两点i和j相连,则邻接阵中a_{ij}为1,不连则为零。显然邻接矩阵为对称阵,只存一半即可。绘制网格图时,仅需按照该矩阵提取相连结点信息,绘制连接线段,提取信息后立即赋还$a_{ij}=0$。当整个邻接阵元素为零时,网格图亦就绘成。此时依结点坐标和单元信息标出点号和单元号。此法与第一种方法相比,时间大大节省,但查错不易。一般情况下,先用第一种方法查错,无误后再用第二种输出正确的有限元网格图。

用平面网格图还可检查水平面初始自由面曲面网格的正确性,此时只需提取各剖面相对应的顶表面结点组成平面网格即可绘制而成。

2. 空间有限元网格的图形绘制

空间网格的图形显示旨在检查剖面间对应点连接而成的空间单元的正确性,以及判别网格的疏密程度和合理性。三维空间网格仍可看作是由单元的各边组成的,其单元信息和结点坐标建立了各边的连接关系。但由于是将空间图形绘制于平面上,必须进行包括三维图形透视变换在内的多种处理,形成绘图所需的数据,输出经消隐处理过的立体网格图或含所有边线的立体图。

一般在检查单元正确性时不必进行消隐处理,仅在透视变换后直接进行输出检查,可依剖面逐渐增加显示单元数;但检查中须改变透视点的方位。检查正确后再进行消隐处理,输出正确的空间网格图。

(二)空间渗流计算的后处理

空间渗流计算的后处理指成果的整理和分析。这里主要介绍剖面等值线和平面等水位线及空间任意剖面上的等值线等图的自动绘制方法。

1. 剖面等值线图

剖面等值线图包括等水头线、等压线和流线等。这类图形显示的基础在于利用有限元法计算成果求出等值线的点轨迹,即搜索出等值点的集合。针对平面有限元法基本单元为三角形和四边形单元的特点,我们采用如下等值点追踪法。

(1)判别全部等值点。对剖面上所有单元进行循环,判别等值线$f(x,y)=z_0$与该单元各边的相交情况。如图5-17所示,单元某边两结点为i、j,等值线z_0与$\overline{ij}$边有三种相交形式,可按是否满足$z_j \leqslant z_0 \leqslant z_i$或$z_i \leqslant z_0 \leqslant z_j$而判别,判别时一般依$(z_0-z_j)(z_0-z_i)<0$来判别。若上式成立,则有一交点;否则当$(z_0-z_i)(z_0-z_j)=0$时,等值线与两端点之一相交;当$(z_0-z_i)(z_0-z_j)>0$时,则等值线与$\overline{ij}$边无交点。

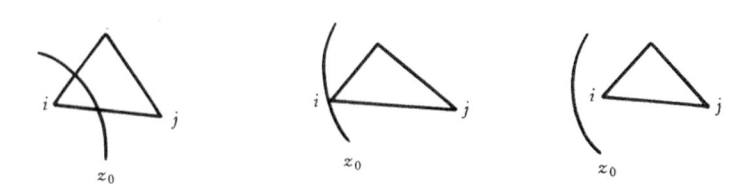

图5-17 等值点追踪判别示意图

建立等值点与单元号、单元边顺序号相对应的信息数组。对于三角形元而言,单元内等值点一般为2个;对于四边形元而言,单元内等值点则可能为4个或2个。因此数组设为二维,列数最大为5。第一列存放元号,第二~五列存放单元边号。

(2)判别等值线的走向,求等值点坐标。对等值点信息数组进行循环判别和修改。①首先确定起始单元和起始等值点。从任一只有两交点的单元号始,不妨从等值点信息数组中第一行开始,假定单元号为e_1,起始边为$S_1^{e_1}$,则依线性插值法求出该边上的等值点P_1的坐标值;然后判别该单元内另一条含等值点的边$S_2^{e_1}$,并求出等值点P_2的坐标,同时将信息数组中$S_2^{e_1}$对应位置赋零,表示已求过等值点。②在信息数组中搜寻含$S_2^{e_1}$边的另一单元e_2,判别该元中另一含等值点的边$S_2^{e_2}$的位置,求出相应等值点P_3的坐标,同时将信息数组中$S_2^{e_2}$对应位置的信息数据赋零。但对四边形元情形可能会出现4个等值点的情况,如图5-18所示。此时可依据$S_1^{e_1}$边和$S_2^{e_1}$边上相应结点的水头值大小来判别:如图中P_1和P_2这一枝的走向则是依两边有公共点1及2、4两点水头同时大于或小于z_0这一性质判别而得。③依次对信息数据组中数据循环搜索,直至某边$S_i^{e_n}$在信息数组中不可能再搜寻到下一点为止,得一等值点集合$\{P_1, P_2, \cdots, P_i\}$。④重新对$S_1^{e_1}$边在信息数组中搜寻下一点,循环下去,直至无下一点为止,又得一等值点集合$\{P_1, P'_2, \cdots, P'_j\}$。⑤合并$\{P_1, P_2, \cdots, P_i\}$和$\{P_1, P'_2, \cdots, P'_j\}$,就得一枝等值点集$\{P'_j, P'_{j-1}, \cdots, P_1, P_2, \cdots, P_i\}$,将$p_1$点对应的信息数组中边的信息赋零。⑥判别信息数组中是否还存在等值点踪迹信息,若有,则重复①~⑤步骤,搜寻另一枝等值线。

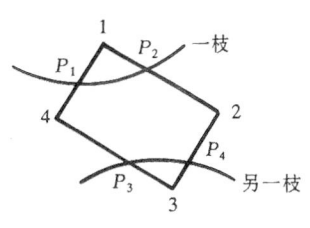

图5-18 双枝等值线示意图

(3)对有一定顺序的等值点集合连接成等值线时,可依直线相连,连成一折线图,亦可采用B样条曲线拟合,使等值线具有一定光滑性。三维计算中剖面等势线由于剖面结点布置合理,一般直接用直线连接;而平面等水位线则由于剖面的走势等原因,一般需用B样条曲线进行光滑处理。

2. 平面等水位线图

在进行平面等水位线图绘制前,先提取各剖面顶层对应结点组成空间曲面网格,然后用其投影于xOy平面的x、y坐标及相应各点的平面水头值,对此曲面投影后的平面网格进行类似于剖面等势线的绘制判别,就能得到一系列等水位线。

3. 空间任意剖面上的等值线图

渗流分析中经常需了解特殊层面、建筑物侧面及水平分层面的水头变化规律,较直观的方法就是展现流场中任意剖面上的等值线图。实现方法如下:

(1)给定空间坐标系中的平面方程$Ax+By+Cz+D=0$。

(2)形成平面与空间网格相交所切割后的平面网格。这一步是剖面等值线绘制的关键。假定空间单元一般为六面体和五面体单元,则任一平面与这两种单元相交的形式如图5-19和图5-20所示。分别对每种相交形式求出交点位置,并将交成的截面单元划分为一系列三角形单元。例如:将图5-19(e)中截面$N_iN_jN_kN_lN_m$划分为3个三角形单元。对划分的三角形编号,形成单元信息,记录各交点的位置坐标和线性插值后的水头值。这样,空间区域内任一空间单元被平面切割成的截面均形成了相应的三角形网格。

(3)应用剖面等值线图绘制算法判别该平面上任一等值线的走向和踪迹,就可绘制出空间任一平面上的等值线。

图 5-19 平面与六面体相交情形

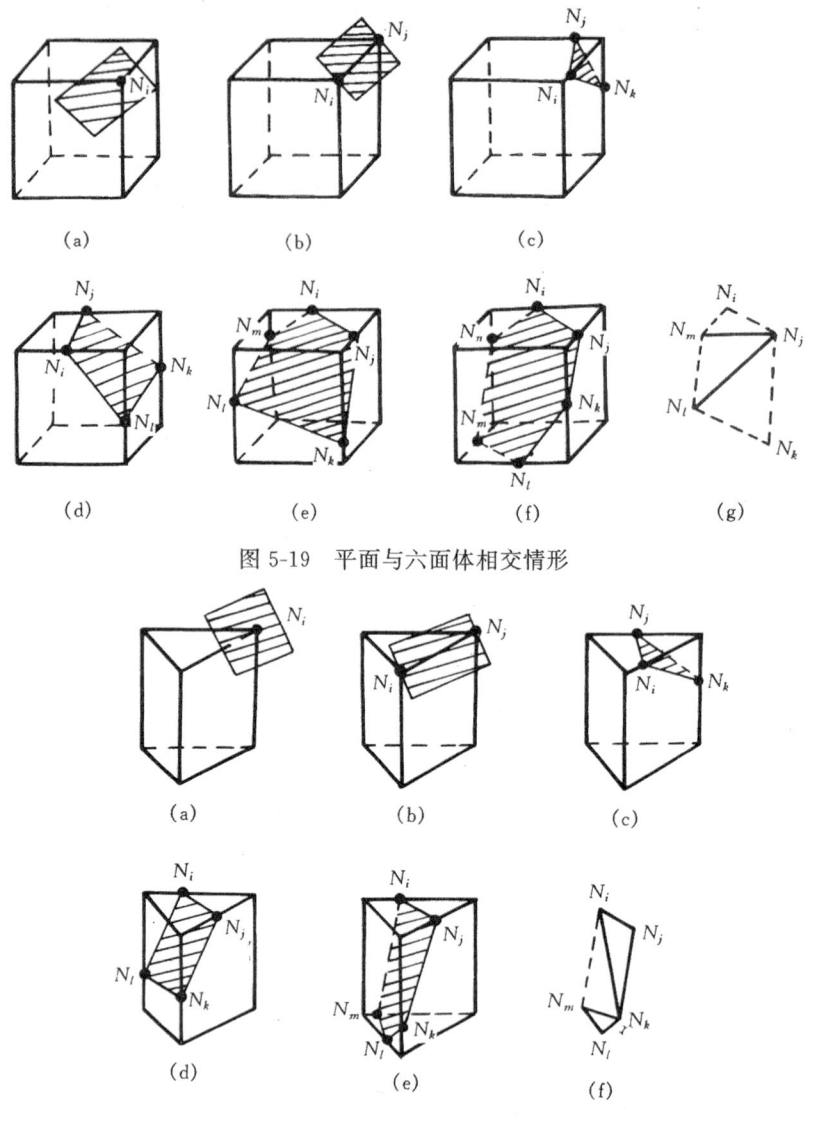

图 5-20 平面与五面体相交情形

第四节 三维渗流计算程序介绍

根据前述原理,编制了三维渗流有限单元法计算程序 UNSS3。该程序可用来求解三维非均质、各向异性渗透张量的承压和无压渗流问题及稳定和非稳定渗流问题。它是在总结南京水利科学研究院 70 年代以来编程工作的基础上逐步完善而成的。其程序语言为 FORTRAN,有 2 000 多条,已在 M340、IBM4341 等大型机和微机 286～586 及 P Ⅱ 等使用过。南京水利科学研究院应用其进行了升钟水库、龙羊峡水电站、小浪底水电站、瀑布沟水电站、新安江水电站、响洪甸水电站、李家峡水电站等一系列大中型水库、闸坝、灰坝和尾矿坝的三维渗流数值计算。

一、程序框图

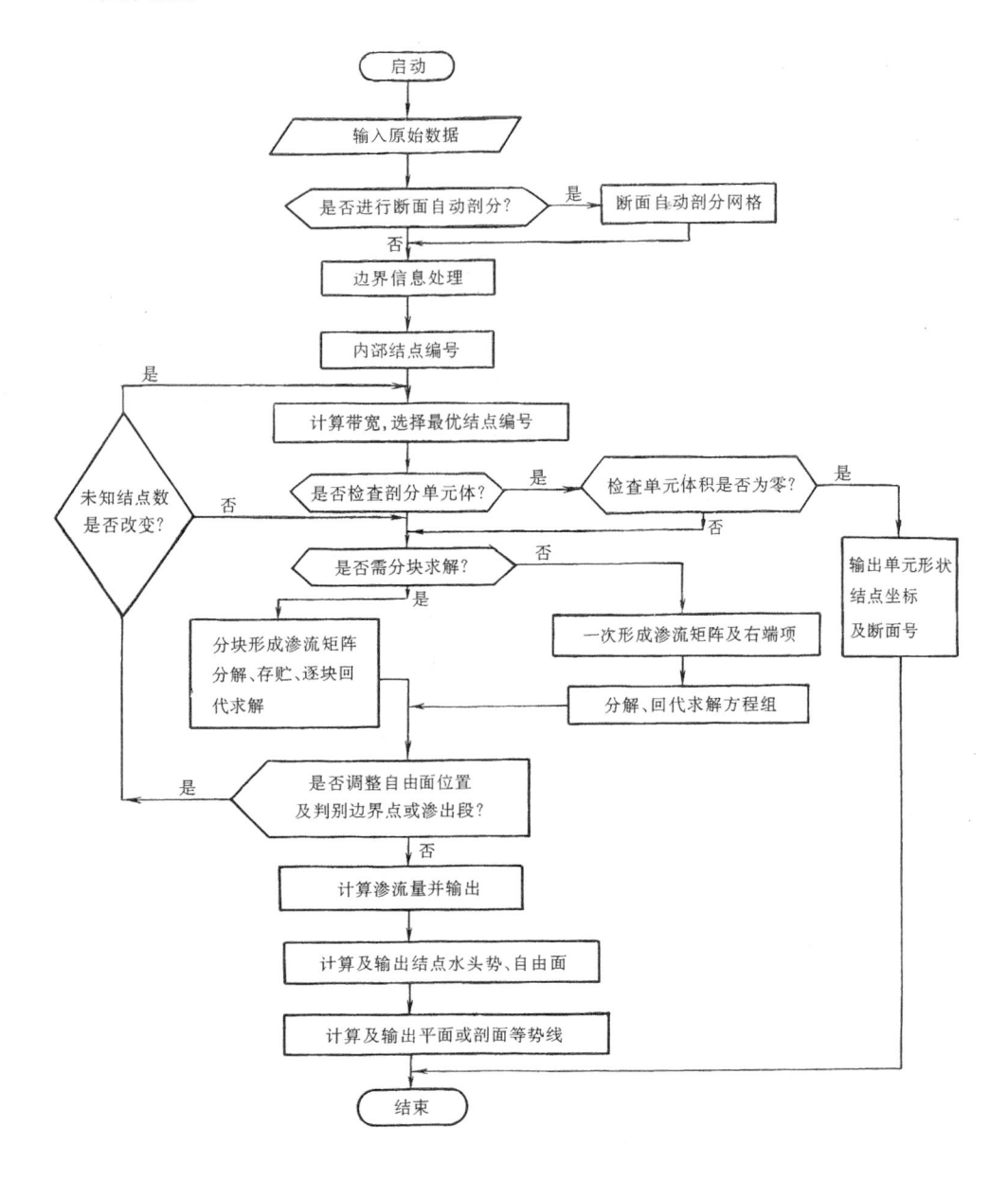

图 5-21 三维渗流计算程序流程图

二、程序特点

(一)菜单式程序

将源程序中的数据录入、程序计算、前后处理等设有专门子菜单集成于总执行程序菜单下。各部分可独立完成。尤其是前后处理，可更方便地进行图形检查和图形输出。程序计算中可选择分块和不分块、优化和不优化等子菜单功能进行计算，亦可选定由这些子菜单功能所汇成的自动功能菜单由程序自身来判别执行。

(二) 模块程序结构

充分运用 FORTRAN 语言的模块化语言特征,将子程序设为程序的基本块。每块均具有独立、明确的功能含义。子程序之间信息传递一般借助公共块。由各块拼装而成的程序则能计算相应的稳定、非稳定、各向异性、井列等一系列渗流问题。该种结构的程序既易于程序的不断更新和升级,又为增加新功能提供了方便。

(三) 程序中单元类型

用户可以在程序运行菜单中自由选择单元类型。程序中一般考虑了四面体元、五面体元和六面体元三种,单元结点数目从 6~20 个。各种单元之间可以设过渡形式单元。至于单元的次数,一般最大为 2 次。

(四) 前后处理

应用自动剖分网格、图形检查及数据检查做前处理,集成于系统运行菜单下独立运行,亦可与程序计算一起完成。程序中设有输入数据的逻辑判断检查功能,可报出错误位置及类型,对带宽大小和分块容量均作检查,便于计算人员快速修改错误。

后处理则设有剖面等势线、流速线和平面等水位线及任意剖面的等值线的绘制几大功能。可在程序运行结束后在集成环境下独立完成,也可在程序运行中自动形成、交互式自动绘制。

(五) 自由面、渗出段、排出井列及薄层的处理

采用虚点法来求解无压渗流自由面及渗出段,程序中可以使用大网格先解自由面位置,再应用全网格来解实际位置。

排水井列的处理应用以沟代井列的方法,薄层的处理则应用面单元形式。这些处理方法均设有相应的独立子程序来控制计算。

(六) 分块求解

程序可自动判别内存与带宽的兼容性。若不需要进行分块处理,则进行带宽优化处理。否则当带宽很大时,需进行分块求解,则不能再进行带宽优化过程。

第五节 计算实例

应用所编制的三维渗流有限元法计算程序 UNSS3,进行了各类土坝工程的三维渗流有限元法计算。有些实例还做了三向电拟模型试验,并与计算成果进行了对比。实例计算表明,该程序设计合理、计算精度较高、通用性强,可方便地计算复杂的渗流情况。下面分别简要介绍几个实例的计算结果。

一、四川升钟水库大坝三维渗流计算

升钟水库坝址区地质构造简单,岩层平缓,主要为砂岩和泥质砂岩,覆盖层较薄。如图 5-22 所示,粘土心墙土石混合坝布置于河流转弯处,左岸为开敞式溢洪道,土坝部分为无压渗流,溢洪道部分为有压渗流。粘土心墙土石混合坝如图 5-23 所示,最大坝高约 74 m,坝壳由砂岩或泥质砂岩石碴筑成,石碴风化严重。为了充分降低下游自由面,避免自由面位于风化石碴坝壳中而影响坝体的稳定性,设置了强透水的砂卵石透水带。透水带渗透参数与粘土心墙渗透系数之比高达 100 万倍以上。

升钟水库土坝二维渗流计算表明,在上游水位 427.4 m 和下游水位 360 m 的控制水位下,自由面位于强透水带中。故设计断面应是合理的。然而,在三向绕坝渗流的作用下,下游坝体中自由面是否会抬高到风化石渣坝壳中,必须通过三维渗流计算才能作出恰当的评价。

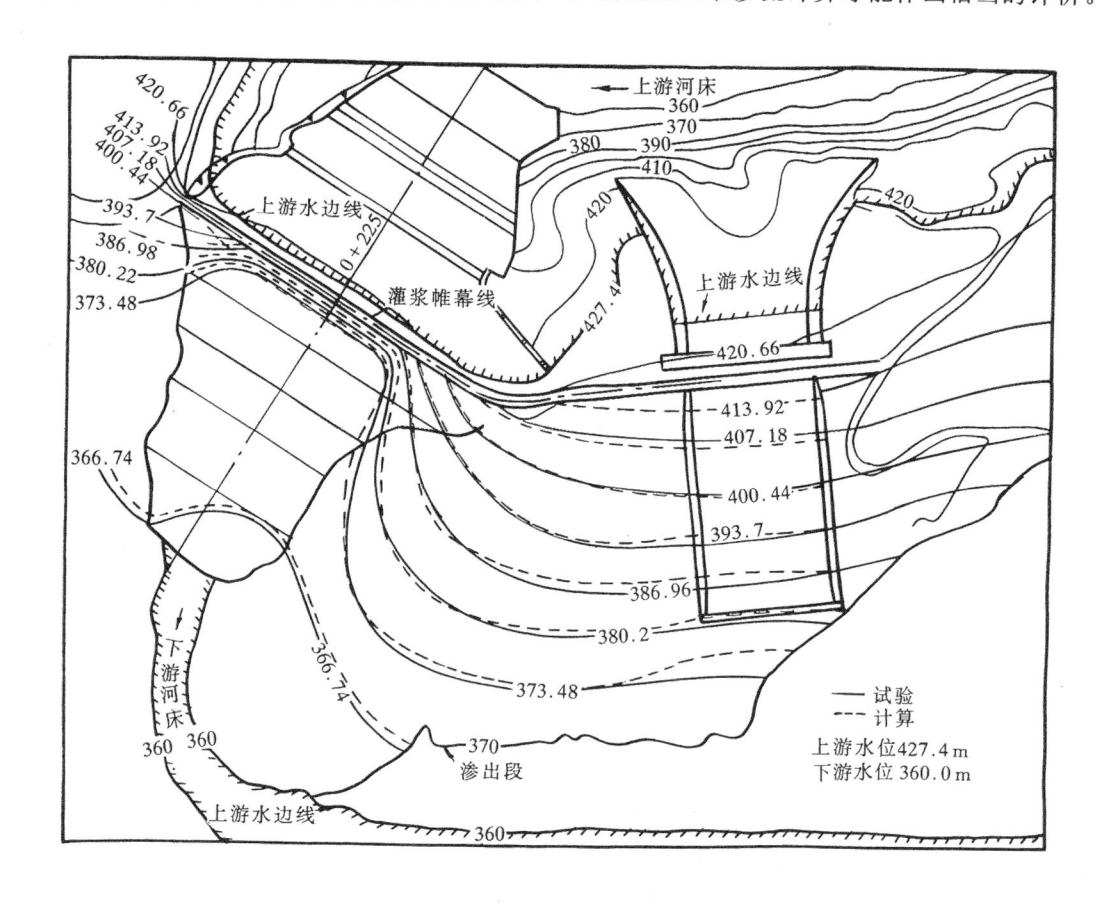

图 5-22 升钟水库土坝三维渗流计算结果

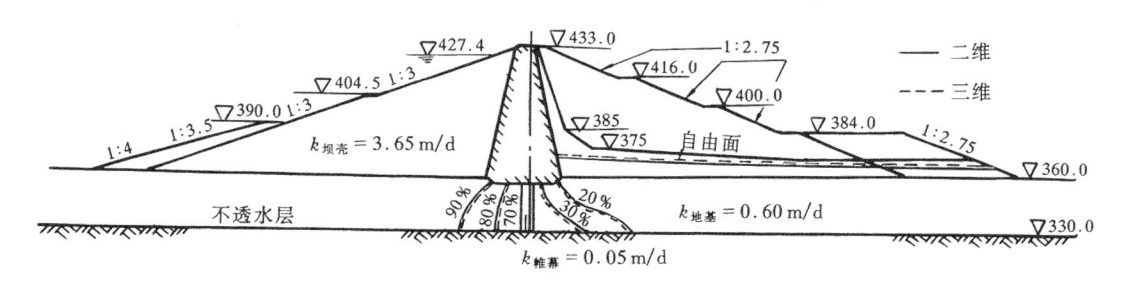

图 5-23 0+225 断面渗流计算结果

因为土坝粘土心墙透水性很小,所以进行了三向电拟试验。试验中视粘土心墙为不透水。试验结果如图 5-22 和 5-23 中实线所示。三维有限元计算采用的条件与试验条件相同。将图 5-22 所示的渗流场剖分为 17 个断面,每个断面布置 73 个结点,共布置了 1 241 个结点。计算结果如图 5-22 和图 5-23 虚线所示。由此可见,计算结果与电拟试验结果基本一致。从图 5-22 可明显看出,绕坝渗流集中流向强透水带,在强透水带的排水作用下,下游坝壳中渗流自由面基本在20%水头以下。另从图5-23所示的0+225断面自由面的三维计算结果与二维计算结果的自由面比较可看出，三向绕坝渗流抬高了自由面，较二维计算约高5 m左右。此时，渗流自由面虽然仍落于强透水带中，但已接近下游坝壳风化砂岩石渣。从安全角度来考虑，应加厚强透水带，或将透水带上风化砂岩石碴改为新鲜的砂岩石渣。

实例计算表明，利用有限元法计算三维渗流，由于程序中采用了丢结点（单元）及虚点方法，因而能够方便地改变方案进行多种组次的计算，较三向电拟试验改变方案要简便得多。

二、四川省瀑布沟大坝三维渗流计算*

瀑布沟水电站位于大渡河中游，装机容量3 300 MW。拦河大坝为土质心墙堆石坝，最大坝高186 m，正常蓄水位850 m。大坝座落在厚达75.4 m的砂砾石覆盖层上。地勘资料表明，两岸及河床下部基岩，按岩层的渗透性，可分为上部弱风化层、下部微风化层，再下为新鲜基岩。防渗布置见图5-24，大坝直心墙底部砂砾石层采用两道相距3 m的厚为1.4 m的混凝土防渗墙截断，两岸及坝基基岩均设帷幕灌浆，左岸地下厂房前设两道排水井，井径为140 mm，孔距为3 m。

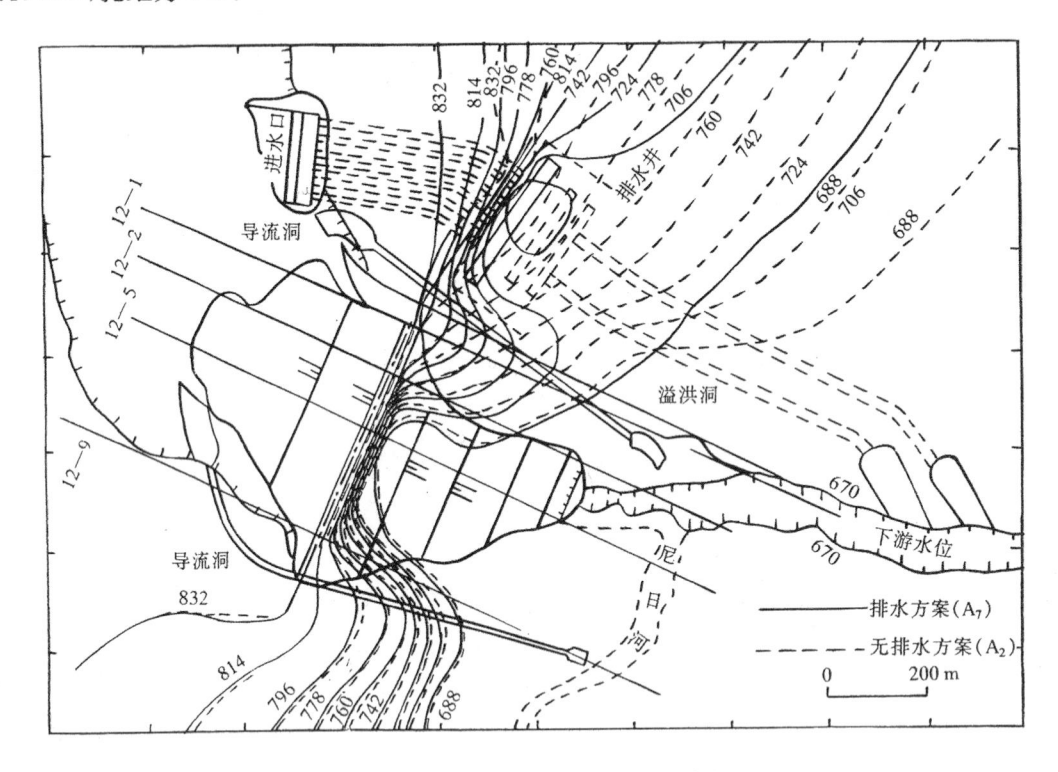

图5-24 防渗布置及平面等水位线分布

为研究防渗体效果及优化、混凝土防渗墙局部损坏后渗流影响、地下厂房区排渗效果及优化三个问题，分别进行了三向电拟试验和有限元计算。两者结果甚为一致。

计算模型，底部高程为450 m，上部为上游水位高程，顺河向长2 100 m，垂直河向左岸自12—5向外1 250 m，右岸自12—5向外880 m。

---

* 本内容是国家"八五"科技攻关课题(85-208—02—02—7)部分成果。

整个模型沿垂直于坝轴线向划分 28 个断面,每个断面划分了 287 个结点、513 个三角形单元。计算单元采用空间四面体单元,可适应复杂多变的地下结构与土层分布。由计算机自动将输入的三棱柱元剖为 3 个四面体元,总计结点 8 036 个,单元 41 553 个(右岸剖面 5 个,坝体断面 14 个,左岸剖面 9 个)。单元布置原则是,渗流急变区(如心墙、混凝土防渗墙帷幕、排水井等)附近单元密些,其他区相对疏些。计算三维混凝土防渗墙局部损坏时增加了一些剖面,以模拟局部损坏渗流变化情况,厂房模拟时考虑其外部轮廓及边壁渗水。

本例计算中,自由面求解方法为虚点法,厂房排水井列的计算方法为第八章叙述的附加渗径元法,混凝土防渗墙裂缝模拟时不考虑缝中充填。共进行了 11 组工况 49 组次计算。图 5-24、5-25 给出了该坝渗流特征。库水渗漏主渠道为坝基,其渗量占总渗量的 71.6%;心墙渗漏所占比例很小,为 3.71%;两岸绕渗占 24.7%。

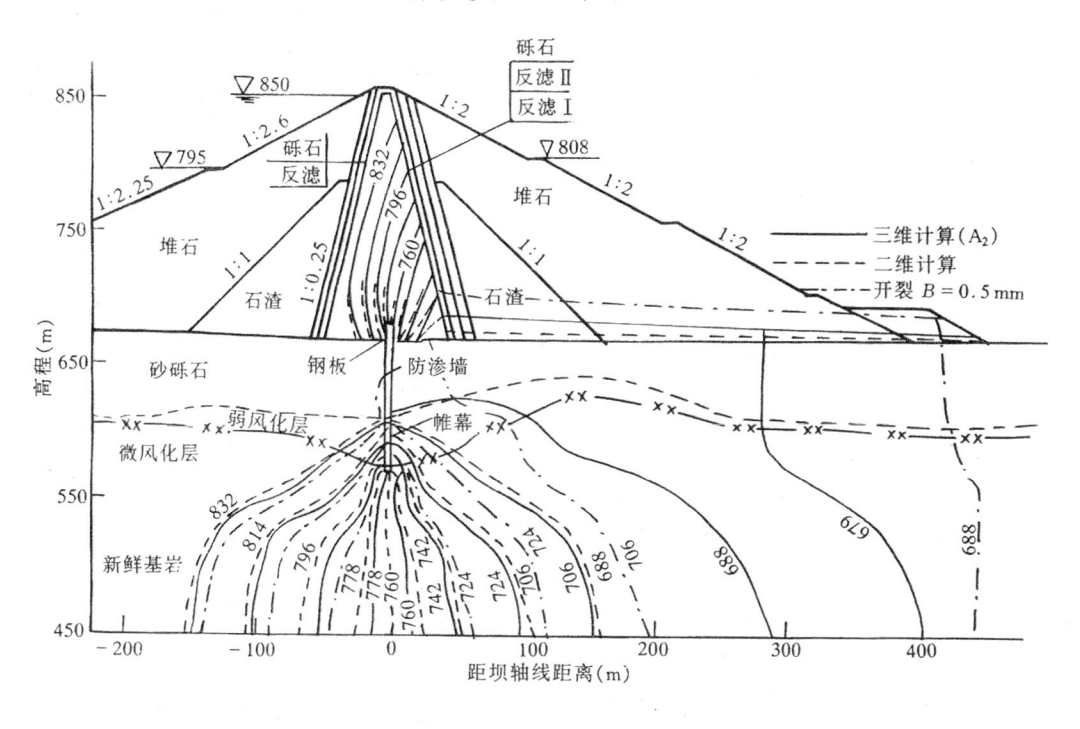

图 5-25 12—5 剖面渗流场分布

渗控措施效果为:①心墙防渗效果显著,坝体渗漏量为 270.6 m³/d,坝后剩余水头在 10% 以下,心墙最大坡降为 2.1,下游出渗坡降 1.83,在反滤保护下渗透稳定具有一定安全性。②心墙与混凝土防渗墙接头廊道接触面上坡降较大,12—5 剖面处为 6.17,而在廊道两侧各加 29 m 钢翼板后则降为 2.13。③帷幕灌浆伸入风化层可起到一定防渗作用。但在溢洪道底部和 12—2 坝基未能截断微风化层,地下水仍从该处向下游

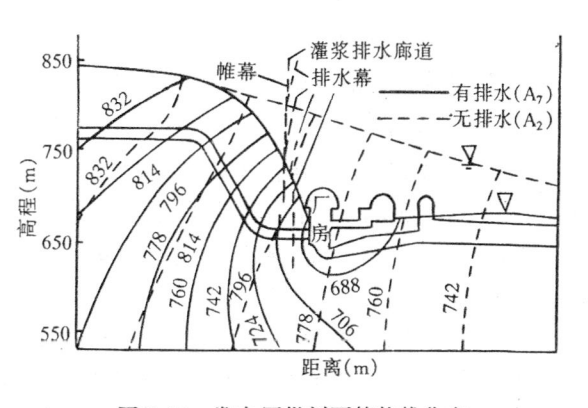

图 5-26 发电厂纵剖面等势线分布

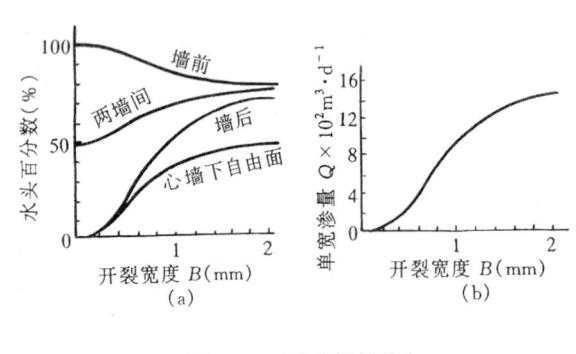

图 5-27 开裂宽度影响

渗漏。从图 5-24 可知，渗漏明显，需加深帷幕。而厂房区大部分在新鲜基岩中，帷幕所起作用不大。④排水幕优化后渗流状态明显改善。如图 5-26 所示，无排水幕时厂房处地下水位高出厂房顶部 100 m，电厂、变压室、调压室均处于不利工况，因此必须设置排水井排水降压。优化排水方案后，平行帷幕线后设两道排水，总长 360 m，顺河向厂房两边各设一道排水井，其中溢洪道与厂房之间排水井，往上游 90 m 内设 3 段排水幕，往下游 90 m 内设下部两段排水幕，厂房与过木道间的排水幕只设下部两段排水幕。厂房区渗流状态明显改善，厂房、洞室基本上在地下水位以上，排水井流量为 1 840.4 m²/d。计算结果与电模拟试验结果一致。

本例进行了三维计算与二维计算的比较。如图 5-25 所示，12—5 剖面渗流场中自由面由于三向绕渗的影响，比二维计算出的自由面相应抬高 8.16%，即 14 m。

混凝土防渗墙局部损坏计算结果表明，墙身开裂后流场改变很大。如图 5-25 所示，裂缝进出口流态急剧变化，下游水头增大，防渗墙效果明显降低。图示裂缝的缝宽为 0.5 mm，二维计算结果表明心墙底部水头较完好时增加 18.2%。而在三维计算中考虑缝长为 55 m 时，心墙底部水头较完好时增加了 5%。裂缝计算结果表明（图 5-27），0.5 mm 微裂缝对渗流场影响不大，且微裂缝会因荷载作用和缝中充填物而密实。开叉计算比较了开叉高度为墙高 1/4、1/6、1/8、…、1/60 及开叉宽度为 6、14、30、60 cm 等多组情况（图 5-28）。在开叉宽度≤6 cm 时，墙高 1/4～1/6 以下出现开叉，对渗控措施效果影响不大。

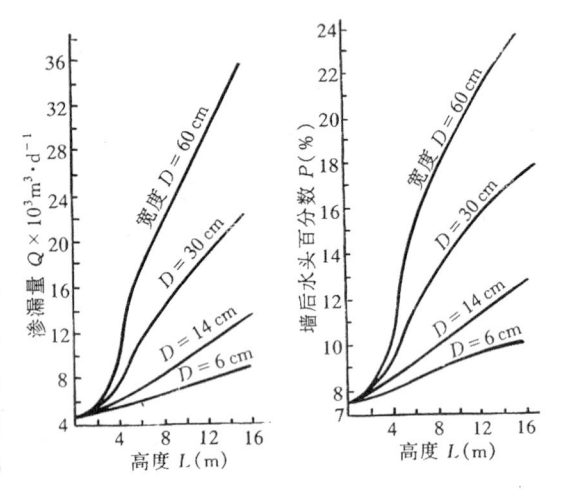

图 5-28 三维开叉计算结果

三、龙羊峡水电站坝基三维渗流计算[4]

龙羊峡水电站位于黄河上游，枢纽包括有混凝土重力拱坝、厂房及泄水建筑物，最大坝高 175 m。防渗、排水措施采用灌浆帷幕与排水幕。枢纽及排水系统布置见图 5-29。排水孔孔径为 15 cm，顺河向的排水孔孔距为 4 m，其余的排水孔孔距为 3 m。河床基础及厂房部分的 5 道排水孔，分别深入基岩 30 m 和 20 m。其余各排水孔幕部分别由设有 3 层或 4 层的排水廊道下钻孔组成。

坝址区基岩主要为花岗闪长岩，岩石坚硬、较完整。但在坝区内较大构造带有左岸坝肩的劈理带 G_4、河床部分的 F_{18}、右岸坝肩的 $F_{120}(A_2)$ 及下游 F_7 等数条断层，纵横交错。各构造带及基岩渗透系数如表 5-2 所示。对于这样复杂的地质条件，用导电液电模拟试验很难模拟,更难确切给出各断层构造带的渗透坡降,因这些部位需将模型分割或用某些固体导电材料模拟,常是误差较大的地段。而用有限元法计算,就能较方便地反映出各构造带的存在;对于断层内的坡降,改变各种边界条件不同组合情况的对比计算等都较易实现,且比模拟试验方便得多。

表 5-2 各构造带及基岩渗透系数

名 称	基 岩	帷 幕	F_{18}	$F_{120}(A_2)$	F_7	G_4
渗透系数(m/d)	0.0820	0.0137	0.0091	0.6115	0.2220	0.3120

计算面积为 1.05 km²。全区剖分为 31 个断面,每个断面布置 190 个结点,总结点数为 5 890。断面大致沿径向铅直剖分(图 5-29 中 18、21 等断面线)。对于右岸顺河向的断层 $F_{120}(A_2)$,则按其倾向剖分断面。

计算的地下水等水位线结果如图 5-29 所示,剖面等势线结果如图 5-30 所示。

四、贮灰坝三维渗流计算[5]

河南省姚孟电厂程寨沟灰场挡灰坝最终坝高 125 m,初期坝高 50 m。筑坝区基岩为砂岩夹泥层,岩性完整,视为不透水层;东山坡由基岩残积层构成;西山坡为冲积黄土类亚粘土覆盖,河床覆盖层厚约 10~30 m,由块石、碎石混粘性土组成。初期坝由黄土类亚粘土筑成,坝顶高程 224 m,坝轴长 847 m。初期坝排渗系统包括 3 道排渗体和 6 条 Ø250 的导水钢管(如图 5-31 所示,上游排渗体由堆石排渗棱体加短水平排渗层组成;下游排渗体由堆石组成)。各土层渗透系数见表 5-3。

表 5-3 各土层渗透系数

土 层	渗透系数(cm/s)
灰 土	1×10^{-4}(水平)
	5×10^{-5}(垂直)
坝基、黄土	5×10^{-5}
坝体	5×10^{-5}
排渗体	1×10^{-2}

采用三维稳定渗流模型对初期坝上游水位为 215 m、下游水位为 173.5 m 时的渗流进行计算[5]。将渗流场剖分为 33 个断面,各个断面上布置 243 个结点。计算结果如图 5-31 所示。等水位线分布反映了初期坝实际工作状态受排渗体、两岸绕渗及坝前冲灰水面的影响较大。初期坝渗流呈典型三维渗流状态:河床中心部位自由面低,而两岸较高。两横向排渗体因位置较高,对渗流场的影响仅在附近 20 余米范围内较大。由图 5-31 可知,上游排渗体水平排渗层过短,部分导水钢管失效而致 3#、4# 钢管负担过重。再因排渗层若淤堵会造成排渗效果降低等原因,灰坝在加高过程中必须增加新的排渗体,如图 5-32 所示,贮灰坝加高至 ▽300 处,在上游侧距初期坝轴线约 150 m、▽220 处,沿坝轴线方向全部铺设一个短排渗体,其长为 20 m、厚为 5 m,排渗体中集水由 Ø250 钢管导出。另外,在短排渗体内部沿坝轴线方向铺设 Ø250 的花管,以减小排渗体内部渗透阻力。

计算取 150 m 坝长,均匀剖分为 6 个剖面。初期坝上游排渗体中水位按 189 m 控制(原控制 NO.1 剖面),纵向排渗体中水位按 186 m 控制(只控制 NO.1 剖面),新增排渗体中水位按 221 m 控制(各剖面均控制)。上游水位按终期坝顶高程 300 m 控制。

考虑原排渗系统继续发挥作用,计算时按设与不设 3 排排水井两种情况计算,其结果如图 5-32 所示。由图可看出:有井、无井时灰土初期坝中自由面均较低,这对坝坡稳定有利;设置排水井对降低自由面效果并不明显,仅使进入初期坝排渗体的流量增大 17%;NO.6 剖面比 NO.1 剖面的自由面要高一些,反映了排渗体中沿坝轴线方向渗透阻力的影响。

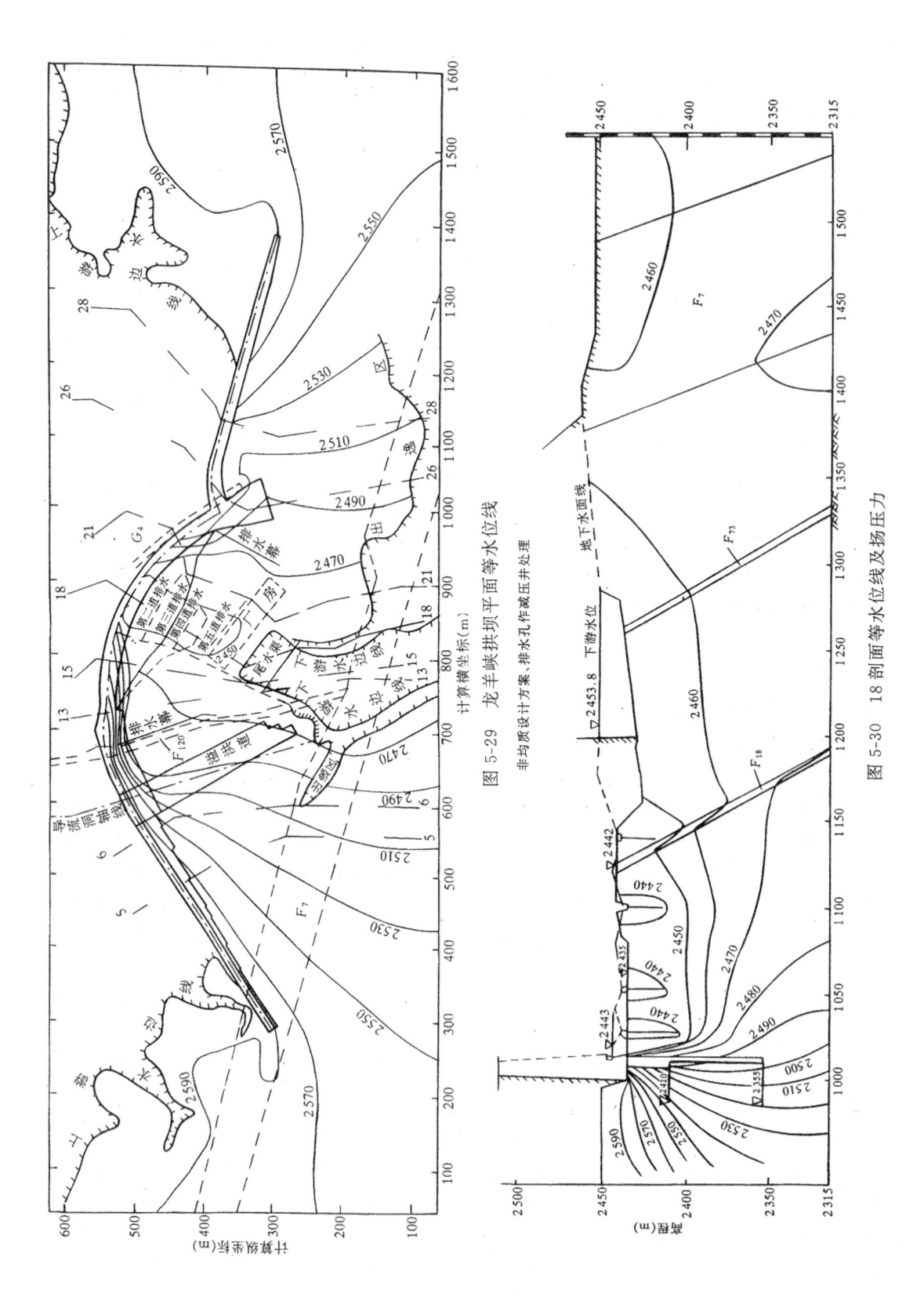

图 5-29 龙羊峡拱坝平面等水位线
非均质设计方案、排水孔作减压井处理

图 5-30 18 剖面等水位线及扬压力

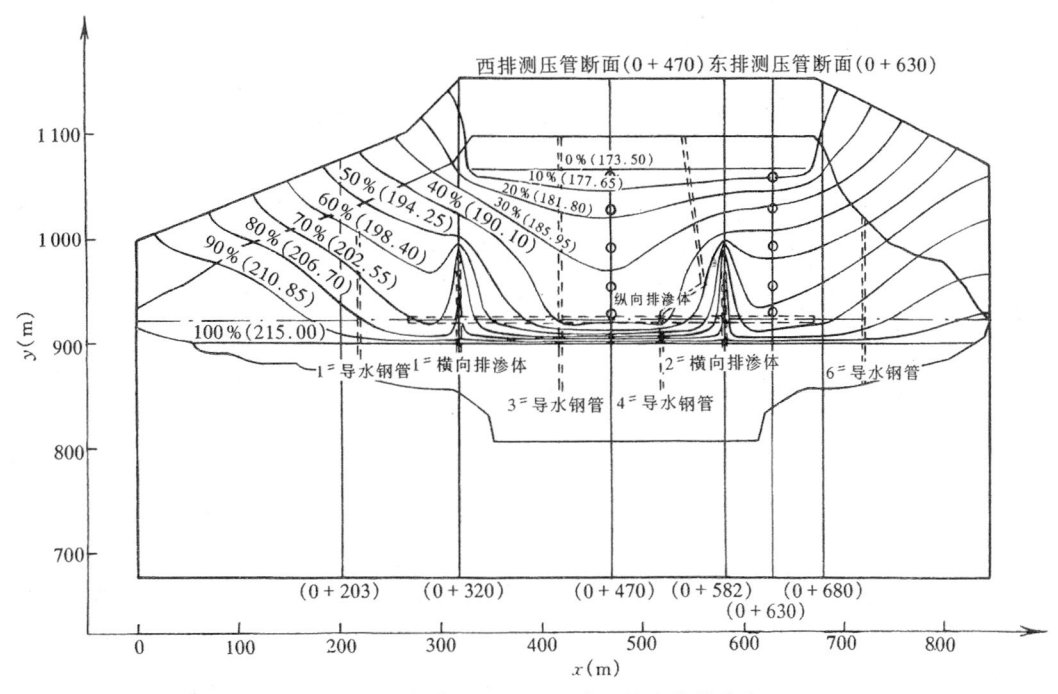

图 5-31 初期坝三维渗流计算等水位线分布

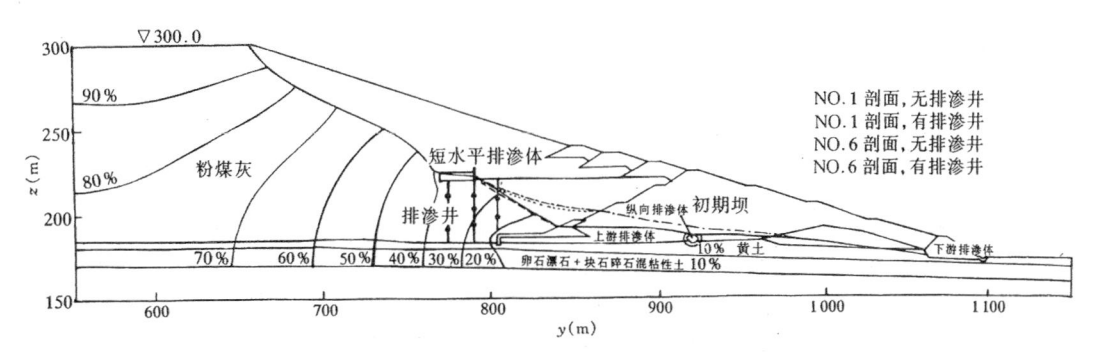

图 5-32 贮灰坝加高增设短排渗体等势线分布

参 考 文 献

1 毛昶熙主编.渗流计算分析与控制.北京:水利电力出版社,1990
2 李定方,李祖贻,陈平.土坝三向渗流计算.水利水运科学研究,1980(3)
3 段祥宝,李祖贻.瀑布沟水电站三维渗流数值模拟研究.水电站设计,1997(1)
4 刘嘉炘等.龙羊峡水电站终结方案坝基三向渗流有限单元法计算报告.南京:南京水利科学研究院,1986
5 杨静熙,汪自力.姚孟电厂程寨沟灰场渗流研究报告.郑州:黄河水利委员会水利科学研究院,1993
6 毛昶熙,段祥宝,李定方.三维网络程序化及其应用.水利水运科学研究,1994(3)
7 许国安,杜延龄.渗流分析的有限元法和电网络模型.北京:水利电力出版社,1990
8 Desai, C. S. and G. C. Li, A residual flow procedure and application for free surface flow in porous media, Advances in Water Resources, Vol 6, Mar. 1983

第六章 区域地下水及其污染问题的有限元法

为区别于前述各章的水工渗流,本章叙述地下水渗流问题。实质上,二者的渗流理论相同,只是解决的问题不同罢了。地下水问题分类有农业地下水、矿山地下水、水资源开发利用等。随着环境污染的日趋严重,降雨及地表水污染物入渗、海水倒灌等都已造成地下水污染,从而影响到农业高产和工业及生活用水。因此近年来不少水力学家转向环保研究。地下水污染问题方面的数值计算依据就是渗流方程和浓度弥散方程的耦合计算方法,本章最后两节介绍其有限元计算方法。

第一节 地下水流支配方程及有限元法计算公式

严格地说,大面积的区域地下水运动为三向空间渗流问题。但在一般情况下,地下水面变化比较平缓,因而通常将其简化为水平面的二向渗流问题。详细推导见第一章第六节。

对图 6-1 所示的有越流补给的水平面二向渗流问题,其支配方程为(见式(1-67))

$$\frac{\partial}{\partial x}(kT\frac{\partial h}{\partial x}) + \frac{\partial}{\partial y}(kT\frac{\partial h}{\partial y}) + \frac{k'}{T'}(H-h) + w = S\frac{\partial h}{\partial t} \tag{6-1}$$

定解条件为

$$h|_{t=0} = h(x,y)$$
$$h|_{\Gamma_1} = h(x,y,t)$$
$$kT\frac{\partial h}{\partial n}|_{\Gamma_2} = -q(x,y,t)$$

式中:kT 为导水系数,承压含水层为 kT,而无压含水层则为 kH(取隔水底板作为基准面时,H 为潜水位);k'、T' 为弱透水层的渗透系数和厚度;T 为承压含水层厚度;H 为弱透水夹层上的水头;S 为贮存系数;w 为单位面积上的入渗(蒸发)量。

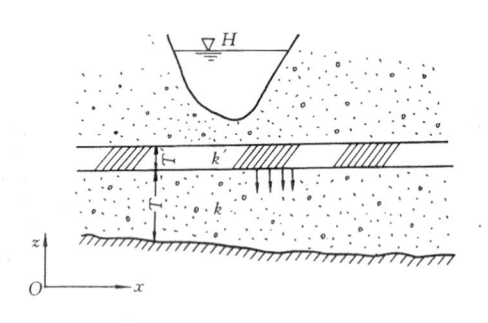

图 6-1 有越流补给的水平面渗流示意图

根据变分原理,可以证明式(6-1)的解等价于下述泛函求极小值。

$$I(h) = \iint_{\Omega} \{\frac{kT}{2}[(\frac{\partial h}{\partial x})^2 + (\frac{\partial h}{\partial y})^2] + (S\frac{\partial h}{\partial t} - w)h + \frac{k'}{T'}Hh + \frac{1}{2}\frac{k'}{T'}h^2\}\mathrm{d}x\mathrm{d}y$$
$$- \int_{\Gamma_2} qh\mathrm{d}\Gamma \tag{6-2}$$

当含水层为无压时,式(6-2)中 $\frac{kT}{2}$ 改为 $\frac{kH}{2}$,而 $\frac{k'}{T'}Hh$ 和 $\frac{1}{2}\frac{k'}{T'}h^2$ 项均为 0。

目前,区域地下水问题采用均衡法计算,即将渗流场 Ω 划分成许多小的子域,对每个子域建立水量平衡(均衡)关系。对含有公共结点 i 的所有三角形所构成的子域 D_i,当 D_i 适当小时,式(6-2)中的几个积分可作如下处理:

$$\iint_{D_i} S\frac{\partial h}{\partial t}h\mathrm{d}x\mathrm{d}y \approx (\frac{\partial h}{\partial t})_i \iint_{D_i} Sh\mathrm{d}x\mathrm{d}y$$

$$\approx (\frac{\partial h}{\partial t})_i \sum{}' S^e \iint_e (N_i h_i + N_j h_j + N_m h_m) \mathrm{d}x\mathrm{d}y \tag{6-3}$$

$$\iint_{D_i} wh \mathrm{d}x\mathrm{d}y \approx \sum{}' w^e \iint_e (N_i h_i + N_j h_j + N_m h_m) \mathrm{d}x\mathrm{d}y \tag{6-4}$$

$$\iint_{D_i} \frac{k'}{T'} Hh \mathrm{d}x\mathrm{d}y \approx \sum{}' \frac{k'^e}{T'^e}(H)_i \iint_e (N_i h_i + N_j h_j + N_m h_m) \mathrm{d}x\mathrm{d}y \tag{6-5}$$

$$\iint_{D_i} \frac{1}{2}\frac{k'}{T'} h^2 \mathrm{d}x\mathrm{d}y \approx \sum{}' \frac{1}{2}\frac{k'^e}{T'^e} \iint_e (N_i h_i^2 + N_j h_j^2 + N_m h_m^2) \mathrm{d}x\mathrm{d}y \tag{6-6}$$

式中：$\sum{}'$ 表示对 D_i 的所有单元求和；$(\frac{\partial h}{\partial t})_i$ 表示 $\frac{\partial h}{\partial t}$ 在 i 的值；T'^e、k'^e、w^e、S^e 表示单元 e 上的平均值。

用有限元法求解式(6-2)的极值函数，当采用三角形单元和插值法时，插值函数与第二章同，可得有限元法计算公式如下：

$$\sum{}' -\frac{k^e T^e}{4\Delta^e}[(b_i b_i + c_i c_i)h_i + (b_i b_j + c_i c_j)h_j + (b_i b_m + c_i c_m)h_m]$$
$$+ \sum{}^i w^e \frac{\Delta^e}{3} + \sum{}' \frac{k'^e}{3T'^e}(H_i - h_i) = \sum{}' S^e (\frac{\partial h}{\partial t})_i \frac{\Delta^e}{3} \tag{6-7}$$

由上述地下水渗流有限元法计算公式，应用二维渗流程序 UNSST2 计算的实例见下面两节。

第二节 施工基坑降水的水平面稳定渗流计算实例

研究并列的大小船坞施工基坑四周布置井点降低地下水位的水平面渗流，如图 6-2 所示[1]。靠近长江边的船坞进口设置了钢板桩和防渗墙。地基上层为砂质粘土层，下层为厚度约 20 m 的粉细砂层，渗透系数 $k=7$ m/d。此问题原属三向空间渗流问题，这里简化，忽略垂直向流动，近似地作为水平面渗流来求解。此时渗流的支配方程为

$$\frac{\partial}{\partial x}(kT\frac{\partial h}{\partial x}) + \frac{\partial}{\partial y}(kT\frac{\partial h}{\partial y}) = 0 \tag{6-8}$$

其有限单元法求解的线性方程组仍如式(2-30)或写为

$$\sum_e [K]^e \{h\}^e = 0 \tag{6-9}$$

单元渗透矩阵 $[K]^e$ 仍用式(2-22)计算，只需其中 k 改换为 kT 即可。

渗流场剖分为 1 227 个单元，646 个结点，其中 102 口井点的周围均用四个三角形布置。计算结果如图 6-3 所示的等水头线分布（虚线），与三向电模拟试验结果（实线）比较，降低水位偏低 20%，主要是简化为水平面二向渗流问题以及井点作为完整井所造成的。单元布置图中布置的外圈过水断面是计算井点总涌水量用的。计算涌水量为 13 623 m³/d，比电模拟试验大 8%。

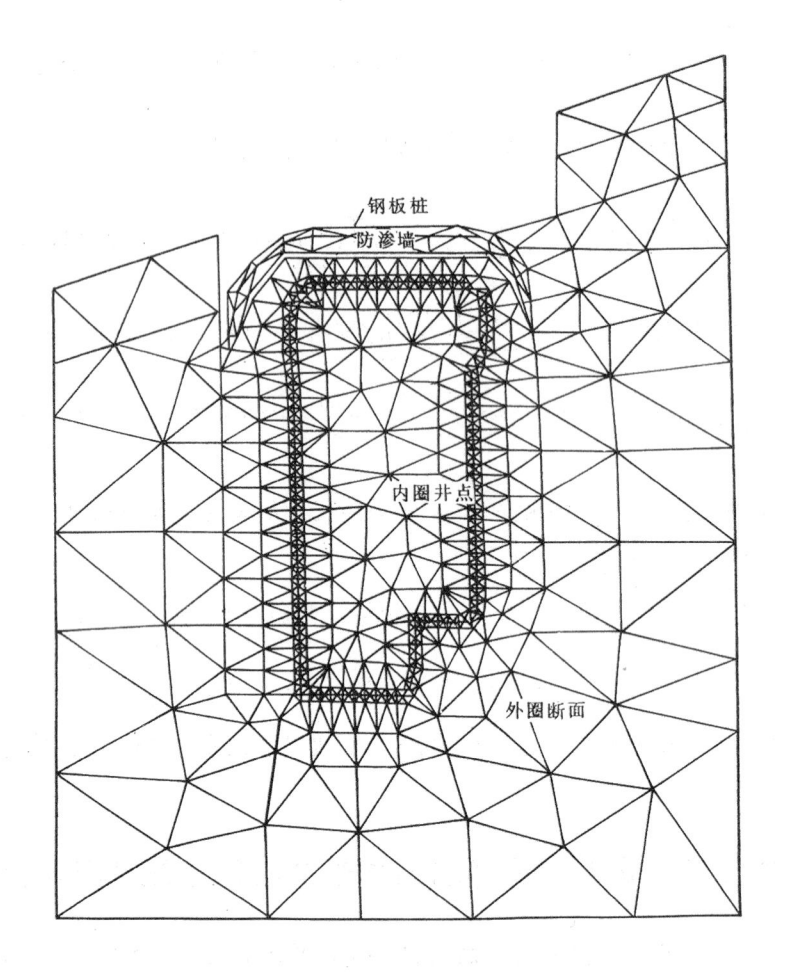

图 6-2 施工基坑井点降水的水平面渗流场单元划分

第三节 地下水开发利用的非稳定渗流计算实例

某电厂位于辽宁西部英金河和老哈河汇合处,地处干旱半干旱地带,两条河流的含砂量较大,枯水期长且有断流现象,设计时考虑兴建三个水源地作为电厂的供水水源。

第一水源地主要含水层为粗砂、砂砾和圆砾组成,含水层平均厚度为 35 m,平均宽度为 2 600 m。

第二水源地主要含水层为圆砾层,平均厚度为 40 m,平均宽度为 5 000 m,底部为将开采的含煤地层。

表 6-1 三个水源地的地下水坡降、渗透系数、给水度及降雨入渗系数

项　　目	第一水源地	第二水源地	第三水源地
地下水坡降 J	0.000 8	0.001	0.001
渗透系数 k(m/d)	105	370	235
给 水 度 μ	0.20	0.30	0.25
降雨入渗系数 α	0.40	0.40	0.40

第三水源地主要含水层为圆砾层,平均厚度为 45 m,平均宽度为 3 000 m。

三个水源地的地下水坡降、渗透系数、给水度及入渗系数列于表 6-1。河床淤积层的越

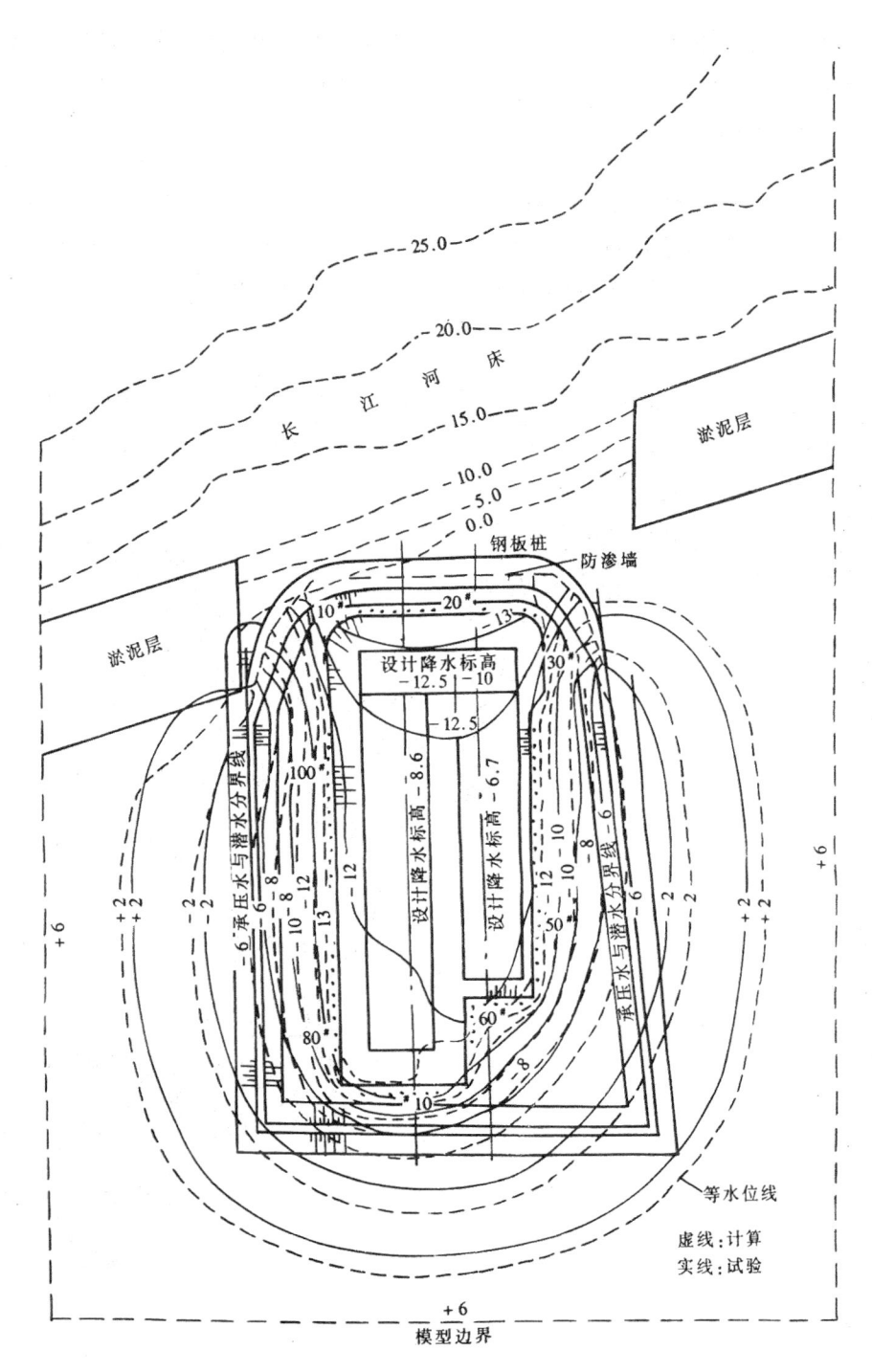

图 6-3 施工基坑降水的水平面渗流计算结果

流系数,计算时老哈河取10 l/d,英金河取2 l/d。

该水源地的特点有三:两条河流将整个地区分成三片,且两条河流的水文频率不相同;河水面宽度不断变化,且变化幅度较大;两条河流的河床底部都有一层厚度不大而渗透系数小的淤积层起着阻水作用。设计的三个水源地均采用井管取水,其中第一水源地沿老哈河布置一排完整井,每口井出水量为370 m³/h,要求满足90万 kW 的用水量;第二水源地沿开挖矿区四周布置一排完整井,也要求满足90万 kW 的用水量;第三水源地采用群井取水,要求满足60万 kW 的用水量。

计算分两阶段进行。第一阶段利用主厂房基坑抽水资料建立数学模型并确定有关水文地质参数,第二阶段根据已确定的数学模型和参数对三个水源地综合开采4年的情况进行计算,计算时共布置单元1884个,结点1085个。三个水源地共有62口井,第一水源地22口,第二、三水源地各20口,均为完整井,单井涌水量为370 m³/h。计算结果如图6-4所示[2]。

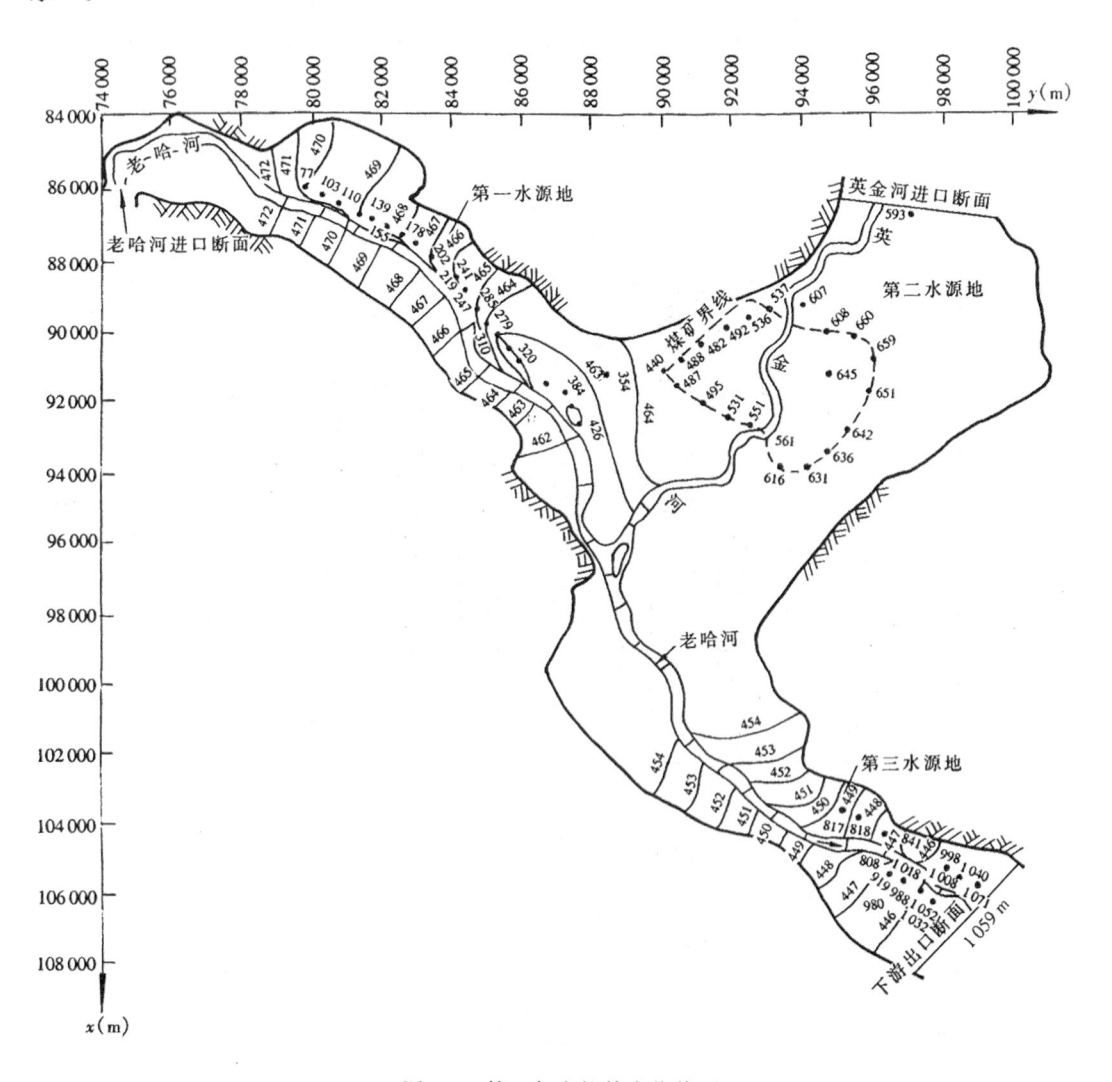

图6-4 第4年末的等水位线图

第四节 海水入侵地下水问题的有限元法

近年来,我国沿海地区工农业生产迅速发展,对地下水需求量日益增加。然而,我国对地下水的开采和管理没有一个合理的、系统的规化,因此在沿海地区海水倒灌(海水入侵)问题日趋严重。据山东省掖县的调查,由于近年来的干旱和大量开采地下水,使地下水水位大幅度下降,许多地区的地下水位低于海平面,引起海水倒灌。海水以每年 298.5 m 的平均速度向内陆侵染。现在受海水侵染的地区已达全县总面积的 9.3%。在受海水侵染的地区,土地易盐碱化,生活及工业用水也极为困难。因此,海水入侵地下水问题的研究也愈显重要。

早在上世纪末和本世纪初,Ghyben 和 Herzberg 就用静水压力分布来求解盐淡水界面问题。许多学者对海水入侵问题的数学模型的解析解也做了大量的研究工作,J. Bear 在其《地下水水力学》一书中列举了多种情况下的解析解。然而,由于计算机的普及和数值计算的巨大优越性,更多的人将注意力放在数值解法上,如 Pinder(1976)、Neuman(1977)等人都对这类问题的数值解法著文推荐。我国对这个问题的数值计算研究起步较晚[3,4,5]。

数值解法对盐-淡水界面的处理可分为两类:一类认为盐-淡水为不互溶的液体,其界面为一突变界面;另一类认为盐-淡水之间是可以互溶的,在盐水和淡水之间有一个浓度渐变区,也就是过渡带。

我们对考虑突变界面和有过渡带的情形进行了数值模拟;对一些防止入渗的措施进行了数值计算,并分析了流场对浓度分布的影响;还尝试了用粘滞流物理模型模拟突变界面的海水入侵问题[3,5]。

一、盐-淡水互溶的数值模型

在滨海含水层中,一般来讲,水力坡度的方向是朝向海洋的,即含水层中的淡水向海洋流动。由于海底含水层中赋存有海水,在流向海洋的较轻淡水和其下较重海水之间会形成一个接触地带。它是由于水动力弥散形成的过渡带。当含水层中淡水的开采量过大,淡水的压力减小时,过渡带就逐渐向陆地方向推移,从而发生海水入侵。图 6-5 为典型的海水入侵剖面图。

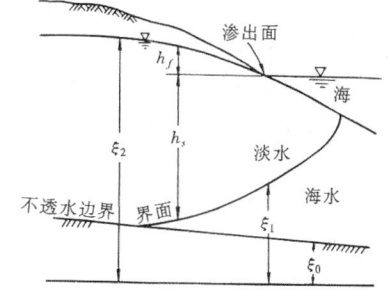

图 6-5 海水入侵地下水剖面图

(一) 基本方程

盐淡水互溶,即认为盐水中的盐分可以扩散到淡水中,使淡水的盐浓度增加。这样,盐水和淡水之间没有一个截然的分界线,而是一个盐浓度渐变的过渡带。盐浓度的分布可以通过对流-弥散方程来描述。

对流-弥散方程为

$$\frac{\partial}{\partial x_\alpha}(\varepsilon D_{\alpha\beta}\frac{\partial C}{\partial x_\beta}) - \frac{\partial(q_\alpha C)}{\partial x_\alpha} - \frac{\partial(C\varepsilon)}{\partial t} = 0 \qquad (6-10)$$

式中:$D_{\alpha\beta}$ 为动力弥散系数;ε 为孔隙度;q_α 为渗透速度;C 为浓度;x 为空间坐标;t 为时间坐标;下标 α、β 指坐标分量,在此取 1,2。

$D_{\alpha\beta}$可用下列公式求得：

$$D_{\alpha\alpha} = D_L \frac{v_\alpha v_\alpha}{v^2} + D_T \frac{v_\beta v_\beta}{v^2} \qquad \alpha \neq \beta$$

$$D_{\alpha\beta} = (D_L - D_T) \frac{v_\alpha v_\beta}{v^2} \qquad \alpha \neq \beta$$

$$v_\alpha = q_\alpha/\varepsilon \qquad v = v_\alpha + v_\beta \qquad D_L = d_1 v \qquad D_T = d_2 v$$

式中：D_L为纵向弥散系数；D_T为横向弥散系数；d_1、d_2为弥散率。

方程(6-10)中含有流速项q_α，因此必须求得流速后才能得出浓度的分布。用有限元法求解速度场有多种方法，本节采用联立求解压强p和流速q的方法。这种方法能够较好地解决速度不连续问题。方程(6-10)对流项占优时，速度的不连续会导致方程解的数值弥散。流速q和压强p可由连续性方程和达西定理表述如下：

连续性方程(假定水是不可压缩的)：

$$\frac{\partial}{\partial x_\alpha}(\rho q_\alpha) = 0 \tag{6-11}$$

达西定理：

$$q_\alpha = -\frac{k_{\alpha\beta}}{\rho g_\beta}\left(\frac{\partial p}{\partial x_\beta} + \rho g_\beta\right) \tag{6-12}$$

式中：ρ为密度；q_α为渗透速度；p为压强；$k_{\alpha\beta}$为渗透系数；g_β为重力加速度在x_β方向上的分量；x_α、x_β为坐标分量。

方程(6-11)、(6-12)中密度ρ是随浓度的变化而变化的。其关系可由如下经验公式表达：

$$\rho = \rho_w + (1-E)C \tag{6-13}$$

式中：ρ_w为淡水的密度；C为咸水的浓度；E为无量纲参数，取0.3。

计算开始时，以初始的浓度分布代入(6-13)式，求出ρ。将这个ρ值代入式(6-11)、(6-12)，即可求得初始的流速值将此流速值再代入(6-10)式中，就求得浓度分布。然后再将浓度值代入式(6-13)求ρ。这个迭代过程直至$|C_{m+1} - C_m|$小于给定的精度值为止。

(二)Galerkin有限元法的应用

对方程(6-10)、(6-11)、(6-12)均采用Galerkin法离散，并且令

$$p \approx \tilde{p} = \sum_{j=1}^{n} p_j(t) N_j(x_\beta)$$

$$v_1 \approx \tilde{v}_1 = \sum_{j=1}^{n} v_{1j}(t) \cdot N_j(x_\beta)$$

$$v_2 \approx \tilde{v}_2 = \sum_{j=1}^{n} v_{2j}(t) N_j(x_\beta)$$

$$C \approx \tilde{C} = \sum_{j=1}^{n} C_j(t) N_j(x_\beta)$$

其中N_j为形函数，表达式为(参见第二章)

$$N_j(x_1, x_2) = \frac{1}{2\Delta}(a_j + b_j x_1 + c_j x_2) \qquad (i, j, k)$$

p_j、v_{1j}、v_{2j}、c_j是各结点上相应的函数值。

将 p、v_1、v_2、C 的近似表达式代入(6-10)、(6-11)、(6-12)式中,并据 Galerkin 有限元法,有

$$\int_A \sum_j \left[\frac{\partial}{\partial x_\alpha}(D_{\alpha\beta}\frac{\partial N_j}{\partial x_\beta})N_i C_j - N_j N_i \frac{dC_j}{dt} - \frac{\partial}{\partial x_\alpha}(\widetilde{v}_\alpha N_j)N_i C_j\right]dA = 0$$

$$\int_A \sum_j (\varepsilon \frac{\partial}{\partial x_\alpha}(\rho N_j)N_i V_{\alpha j})dA = 0$$

$$\int_A \sum_j [N_j N_i v_{\alpha j} + \frac{k_{\alpha\beta}}{\rho g_\beta \varepsilon}(\frac{\partial N_j}{\partial x_\beta}p_j N_i + \rho g_\beta N_i)]dA = 0$$

利用格林公式变换上述三式,并将其写成矩阵形式:

$$[N]\{C\} + [M]\{dC/dt\} + \{R\} = 0 \tag{6-14}$$

$$[H]\{\pi\} + \{F\} = 0 \tag{6-15}$$

其中:

$$N_{ij} = \int_A (\varepsilon D_{\alpha\beta}\frac{\partial N_j}{\partial x_\alpha}\frac{\partial N_i}{\partial x_\beta} + \widetilde{v}_\alpha \varepsilon N_i \frac{\partial N_j}{\partial x_\alpha} + N_i N_j \varepsilon \frac{\partial \widetilde{v}_\alpha}{\partial x_\alpha})dA$$

$$M_{ij} = \int_A \varepsilon N_i N_j dA$$

$$\pi_i = \begin{Bmatrix} p_i \\ v_{1i} \\ v_{2i} \end{Bmatrix} \qquad F_i = \int_A \begin{Bmatrix} 0 \\ \frac{k_{11}}{\varepsilon \rho g_2}\rho g_1 N_i \\ \frac{k_{22}}{\varepsilon \rho g_2}\rho g_2 N_i \end{Bmatrix} dA$$

$$H_{ij} = \int_A \begin{bmatrix} 0 & \varepsilon\frac{\partial}{\partial x_1}(\rho N_j)N_i & \varepsilon\frac{\partial}{\partial x_2}(\rho N_j)N_i \\ \frac{k_{11}}{\rho g_2 \varepsilon}\frac{\partial N_j}{\partial x_1}N_i & N_i N_j & 0 \\ \frac{k_{22}}{\rho g_2 \varepsilon}\frac{\partial N_i}{\partial x_2}N_j & 0 & N_i N_j \end{bmatrix} dA$$

$$v_{1i} = q_{1i}/\varepsilon$$
$$v_{2i} = q_{2i}/\varepsilon$$
$$C_i = C_i(t)$$
$$R_i = -\int_l \varepsilon D_{\alpha\beta}N_i \frac{\partial}{\partial x_\beta}\sum_{m=1}^n (C_m N_m)l_\alpha dl$$

式中:l_α 为 l 的外法向余弦;g_1 为水平方向的重力加速度分量,为 0;g_2 为垂直方向的重力加速度分量,为 9.8 m/s²。

对于 $d\{C\}/dt$,采用差分格式表示如下:

$$d\{C\}/dt = (\{C\}_{t+\Delta t} - \{C\}_t)/\Delta t$$

(三)方程组的求解

计算区域选用 Kohout 研究过有一些资料参考的含水层垂直剖面[6]。对此含水层,他取为均质各向同性,给出的渗透系数为 1.35×10^{-2} m/s。然而,我们通过与其观测资料拟合,反求得渗透系数为 $k_{11}=0.4$ m/s,$k_{22}=0.1 \times 10^{-3}$ m/s。计算时均采用后者。该含水层的孔隙度 $\varepsilon=0.25$。因缺乏实测值,弥散率 d_1、d_2 通过试算求得,即 $d_1=10$ m,$d_2=3$ m。

淡水的密度取为 1 g/cm³，海水的密度取为 1.025 g/cm³。

计算区域长 660 m，高 31.5 m（参见图 6-6）。其一端（$x_1=180$ m 处）与海水相通，另一端（$x_1=-480$ m 处）与内陆淡水相通。底部为不透水底板（$x_2=-31.5$ m），上部为自由水面（$x_2=0$）。区域的离散采用三角形网格。共划分了 144 个单元，91 个结点。

边界条件可参考图 6-6。

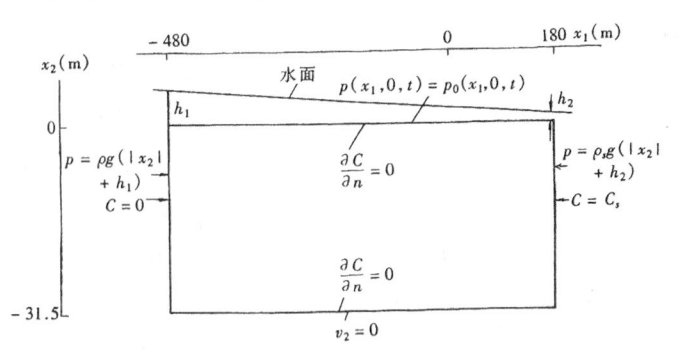

图 6-6 互溶模型计算区域的边界条件

图中 C_s 为海水的盐浓度，为 19 000ppm，相当于 0.019 g/L。

因为没有初始时刻的浓度观测值，因此初始值是通过令 $\partial(C\varepsilon)/\partial t=0$ 而得出的，即计算出稳定时刻的浓度值作为初始值。

图 6-7 为计算出的稳定时刻浓度分布与 Kouhout 的实测浓度分布。

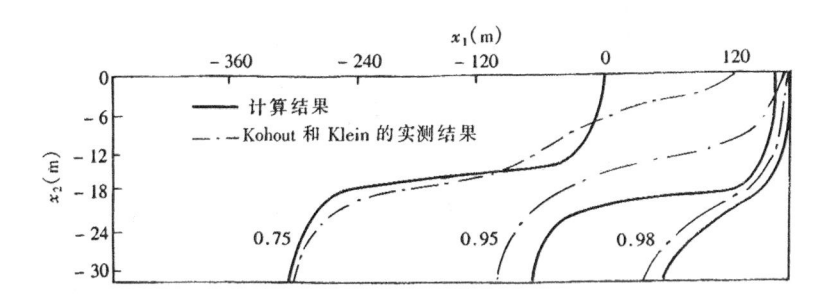

图 6-7 稳定状态下盐浓度为 0.75、0.95 和 0.98 的等浓度线

（四）防止海水入侵措施的数值模拟

对海水入侵地下水的研究，其目的在于防止和控制海水入侵。防止入侵的根本方法在于有效地使用地下水、节约用水，对井孔的布置、水源地的选取及取水量的多少都要从全局的、长远的观点出发，保证地下含水层的补给量与开采量相平衡。然而一些海水已经入侵并已较严重的地区，除了采取上述措施之外，还应实施一些有效的控制措施，以防止海水入侵的进一步加剧。

到目前为止，提出和使用的控制方法大致有三种：一是沿海岸线打一排井抽水，以色列曾使用过这种方法；二是沿海岸线打一排井孔，向里注水；三是向地下浇灌防渗帷幕，即防渗墙，以挡住向内陆运移的海水。

本节对这三种方法进行了数值模拟。

图 6-8 是在近海岸线附近浇灌防渗墙后的浓度分布情况，浇灌的防渗墙深度为 19.4 m。

图 6-9 为在靠近海洋一侧不设防渗墙，而在此处设一孔井以 1.4 m³/s 的流量向外抽水时的浓度分布曲线。井抽水时，在井附近将形成一个漏斗形的降深曲线。

图 6-10 是在抽水井处设立注水井时的浓度分布。注水时的水位与抽水的降深曲线成镜

面对称,井的位置及其他各参数均同于抽水井。注水的流量也同于抽水的流量。

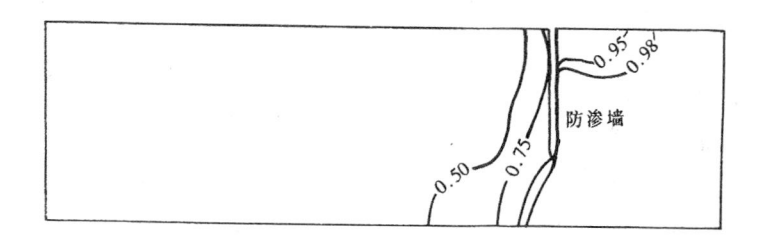

图 6-8　近海岸线有防渗墙时的浓度分布

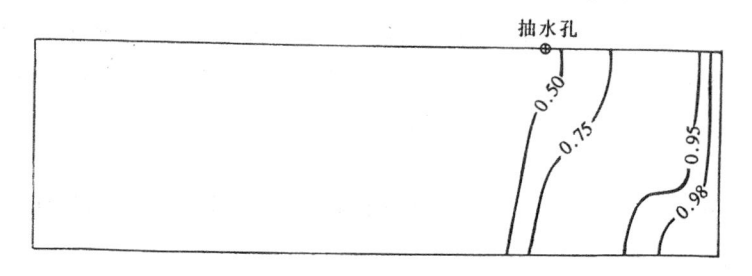

图 6-9　有抽水时的浓度分布

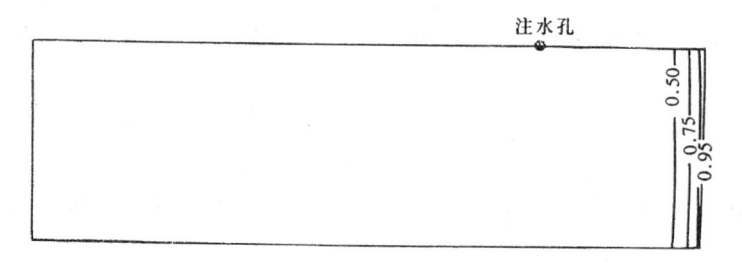

图 6-10　有注水时的浓度分布

以上三种防止海水入侵的措施各有利弊。浇灌防渗墙能较好地防止海水入侵,可以减少淡水向海洋的排泄,增加淡水的贮存量;不利的一面是工程造价较高,施工也有一定的困难。注水虽能产生理想的效果,但注水的水源一般为生活及工业废水。倘若对这些废水处理得不干净就注入地下含水层,那这种污染的后果也是不堪设想的。或是地表水注入地下后与地下水中的一些化学物质产生反应,形成沉淀、变质等。所以此法不可轻易实施。比较起来,在沿海岸线的地带打一排抽水井的设想是较为理想的方法。这种方法简单易行,能较好地拦住海水。抽水的影响使得淡水向海洋方向的流速加快、流量加大,使得沿海附近的淡水不易咸化。同时抽水时也吸引了向内陆运移的海水,减少了海水向内陆的流入。但是设立抽水井一定要在内陆方向有比较充分的水量补给,否则抽水也无法抵挡住海水向内陆的运移。

不管选择哪种方案,在具体实施以前,都要进行周密、细致的调查研究和科学的论证;对有可能产生的各种后果要有充分的估计;有可能的话,尽量事先做一些数值计算和物理模型试验,以便对问题有较全面的了解。

(五)速度场的分析

从对流－弥散方程中可以看出,流速直接影响到浓度的分布。因此,有必要对速度场进行一些分析。

图 6-11 是与图 6-7 相应的速度场分布。Kouhout 早在 1960 年就提出了海水入侵地下含水层时存在环流（cyclic flow）的问题[6]。他认为滨海含水层在有较充足补给时，淡水、海水及其间的弥散带都会向海洋方向移动。除了这种整体的运动以外，弥散带中一部分已稀释的海水还会向海洋回流。这种回流减缓了海水向内陆的运移。从图 6-11 中右端下部可以清楚地看出这种回流的存在。回流使得流速方向改变较大，尤其是在以水平方向运移为主的含水层中，往往使得速度不连续性表现得较为明显，这时就会带来一定的数值弥散。计算中也证明了这一点，在有回流的地带，一些结点的浓度值高于海水的浓度。

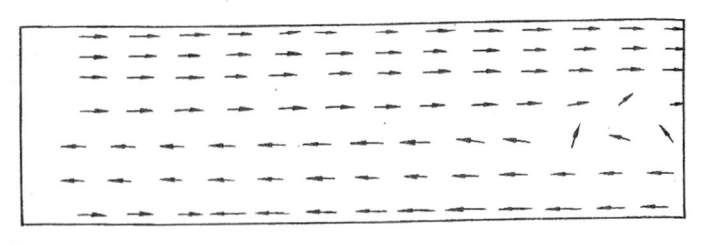

图 6-11 中还显示了一个异重流的物理现象，含水层上部的流动方向主要是朝向海洋的。这主要是由下式决定的：

$$\rho_f(h_1 + |x_2|) - \rho_s(h_2 + |x_2|)$$

在含水层上部，$|x_2|$ 的值小，影响就小，而 h_1 是大于 h_2 的，因此淡水侧压强高于海水侧压强，淡向就向海洋方向排泄。这与实际情况也是相符合的。浇灌防渗墙实际上也就是拦截这部分淡水。

而在含水层下部，$|x_2|$ 的值较大，h_1、h_2 的影响可以忽略。此时，由于 $\rho_s > \rho_f$，所以海水的压强高于淡水的，海水就向内陆运移。这也是海侵发生的原因。

淡水与海水之间的弥散带就是在这种双向运动中保持水动力平衡的。

二、盐-淡水不互溶模型的数值解

虽然依据对流—弥散方程能够详细地给出计算区域内的浓度分布，但求解互溶模型的数值解有其不利的一面。首先是计算量较大，既要求解流速场，又要求解浓度场，而且方程都是非对称的，需要的内存较大；其次是求解两个方程过程中的一些困难，如速度的不连续性问题，数值弥散等。若是求解大范围内的海水入侵问题，上述不足就更显得突出。若是采用不互溶模型，则这些问题可以很好地解决。

不互溶模型的建立是基于这样一个事实：在比较厚的含水层中，当盐—淡水之间的过渡带宽度与含水层的厚度相比较狭窄时，可以忽略过渡带的存在，即认为盐—淡水之间是一个突变界面。在某种意义上，这和在土壤水分分布中引入潜水面作为近似处理是相似的。沿以色列海岸的观测资料（J. Bear, 1972）表明，这种突变界面的假定确实是合理的。当然，据 Kouhout(1960) 描述的情况，其过渡带很宽，突变界面的假设就不再合适了[6]。

从 Ghyben(1898 年) 和 Herzberg(1901) 开始，对滨海含水层内突变界面的研究，目的就在于确定界面的形状和位置及其与各种水文要素之间的关系。

他们的假设是建立在静力平衡状态下的，即认为海水静止不动，淡水区按静水压力分布。图 6-5 为滨海潜水含水层中理想化的 Ghyben-Herzberg 界面模型。据图 6-5 中所示的符号和静力平衡条件，可有

$$h_s = (\rho_f/(\rho_s - \rho_f))h_f = \delta h_f \tag{6-16}$$

若取海水密度 $\rho_s=1.025 \text{ g/cm}^3$,淡水密度 $\rho_f=1.000 \text{ g/cm}^3$,则 $\delta=40, h_s=40h_f$,即在离海岸任何距离处,稳定界面在海平面以下的深度为在海平面以上的淡水高度的40倍。

但从图6-5可以看出,Ghyben-Herzberg假设淡水没有向海洋方向排泄的出口,是与实际情况不符的。

为了更准确地描述界面的形状和位置,需要用完备的平衡方程来求解这个问题。

(一)平面二维流方程的导出

Ghyben-Herzberg假设水体内压强按静水压强分布。我们也可以用动力平衡的假设代替静力平衡,即假设水流为稳定流动,淡水区内是水平流动。这样,等势线就是铅直线或铅直面。这也是著名的裘布衣假设。即用 $\mathrm{d}h/\mathrm{d}x$ 代替 $\mathrm{d}h/\mathrm{d}s$。

当潜水面坡度不大时,这些假定都是合理的。一般来讲,滨海含水层都是符合这个条件的。因此,我们利用裘布衣假定将三维的流动方程在垂直方向上加以平均,化为二维平面流动方程。从而消除了界面的边界条件。

对于淡水和海水,可以分别给出如下的流动方程(黑体字母代表向量):

$$\nabla \cdot \boldsymbol{q}_f + S_f \frac{\partial \varphi_f}{\partial t} = 0 \tag{6-17}$$

$$\nabla \cdot \boldsymbol{q}_s + S_s \frac{\partial \varphi_s}{\partial t} = 0 \tag{6-18}$$

式中:$\boldsymbol{q}_f = -k_f \cdot \nabla \varphi_f$;$\boldsymbol{q}_s = -k_s \cdot \nabla \varphi_s$;$k$ 为渗透系数张量;S 为贮水系数;q 为达西速度;φ 为测压水头;下标 s、f 分别表示海水和淡水。

借用图6-5中的符号,以 ξ_1 作为淡水区的下界面,ξ_2 作为潜水面;海水区的上面以界面 ξ_1 为边界,下面以不透水底板 ξ_0 为边界。

对(6-18)式沿垂直方向积分:

$$\int_{\xi_0}^{\xi_1} (\nabla \cdot \boldsymbol{q}_s + S_s \frac{\partial \varphi_s}{\partial t})\mathrm{d}z = 0$$

利用莱布尼兹公式对上式推导简化,可得

$$\nabla' \cdot (B_s \cdot \widetilde{\boldsymbol{q}}'_s) - \boldsymbol{q}'_s|_{\xi_1} \cdot \nabla'\xi_1 + \boldsymbol{q}'_s|_{\xi_0} \cdot \nabla'\xi_0 + q_{sz}|_{\xi_0} + S_s \cdot B_s \frac{\partial \widetilde{\varphi}_s}{\partial t} = 0 \tag{6-19}$$

式中:B_s 为相应于盐水区的含水层厚度;$B_s \cdot \widetilde{\boldsymbol{q}}'_s = \int_{\xi_0}^{\xi_1} \boldsymbol{q}'_s \mathrm{d}z$。

据界面平衡条件,有

$$\xi_1 = (1+\delta)\widetilde{\varphi}_s - \delta\widetilde{\varphi}_f$$

$$\delta = \rho_f/(\rho_s - \rho_f)$$

则交界面方程为

$$F = z - \xi_1 = z - (1+\delta)\widetilde{\varphi}_s + \delta\widetilde{\varphi}_f$$

又由于交界面方程满足

$$DF/Dt = 0$$

则有

$$\varepsilon \cdot \partial F/\partial t + \boldsymbol{q}_s \cdot \nabla F = 0 \qquad \varepsilon \text{ 为孔隙度}$$

即

$$\varepsilon(1+\delta)\frac{\partial \tilde{\varphi}_s}{\partial t} - \varepsilon\delta\frac{\partial \tilde{\varphi}_f}{\partial t} = \boldsymbol{q}_s|_{\varepsilon_1} \cdot \nabla(z-\xi_1) = q_{sz}|_{\varepsilon_1} - \boldsymbol{q}_s|_{\varepsilon_1} \cdot \Delta'\xi_1 \qquad (6\text{-}20)$$

将(6-20)式代入(6-19)式,并对 $\boldsymbol{q}_s$ 进行垂向积分简化,最后得

$$\nabla' \cdot (B_s K'_s \cdot \nabla'\tilde{\varphi}_s) - (S_s B_s + \varepsilon(1+\delta))\frac{\partial \tilde{\varphi}_s}{\partial t} + \varepsilon\delta\frac{\partial \tilde{\varphi}_f}{\partial t} = 0 \qquad (6\text{-}21)$$

同理,对淡水区(假定为非承压含水层)可得

$$\nabla' \cdot (B_f K'_f \cdot \nabla'\tilde{\varphi}_f) + \varepsilon(1+\delta)\frac{\partial \tilde{\varphi}_s}{\partial t} - [\varepsilon(1+\delta) + S_f B_f]\frac{\partial \tilde{\varphi}_f}{\partial t} = 0 \qquad (6\text{-}22)$$

(二)Galerkin 有限元法的应用

采用与前面相同的线性插值函数作为形函数,并令

$$\tilde{\varphi}_s \approx \hat{\varphi}_s = \sum_{j=1}^{n} \varphi_{sj}(t) N_j(x,y) \qquad (6\text{-}23)$$

$$\tilde{\varphi}_f \approx \hat{\varphi}_f = \sum_{j=1}^{n} \varphi_{fj}(t) N_j(x,y) \qquad (6\text{-}24)$$

将(6-23)、(6-24)式代入(6-21)、(6-22)式,并利用格林公式进行变换,可得如下方程组:

$$[A]\{\varphi\} + [B]\left\{\frac{\mathrm{d}\varphi}{\mathrm{d}t}\right\} + \{F\} = 0 \qquad (6\text{-}25)$$

其中:

$$a_{ij} = \begin{bmatrix} \int_A k'_s B_s \nabla'N_i \cdot \nabla'N_j \mathrm{d}A & 0 \\ 0 & \int_A k'_f B_f \cdot \nabla'N_i \nabla'N_j \mathrm{d}A \end{bmatrix}$$

$$b_{ij} = \begin{bmatrix} \int_A (\varepsilon(1+\delta) + S_s B_s) N_i N_j \mathrm{d}A & -\int_A \varepsilon\delta N_j N_i \mathrm{d}A \\ \int_A \varepsilon(1+\delta) N_j N_i \mathrm{d}A & \int_A (\varepsilon + \varepsilon\delta + S_f B_f) N_j N_i \mathrm{d}A \end{bmatrix}$$

$$f_i = -\begin{bmatrix} \int_\Gamma k'_s B_s \nabla'\hat{\varphi}_s \cdot \boldsymbol{n} N_i \mathrm{d}s \\ \int_\Gamma k'_f B_f \nabla'\varphi_f \cdot \boldsymbol{n} N_i \mathrm{d}s \end{bmatrix}$$

$$\varphi_i = \begin{Bmatrix} \varphi_{si} \\ \varphi_{fi} \end{Bmatrix} \qquad \frac{\mathrm{d}\varphi_i}{\mathrm{d}t} = \begin{Bmatrix} \mathrm{d}\varphi_{si}/\mathrm{d}t \\ \mathrm{d}\varphi_{fi}/\mathrm{d}t \end{Bmatrix} \qquad B_S = \xi_1 \qquad B_f = \hat{\varphi}_f - \xi_1$$

$\boldsymbol{n}$ 为边界 Γ 的外法向方向。

(三)方程的求解及边界条件

依然考虑上述含水层。取一长 660 m、宽 160 m 的平面为计算区域,即将上述的含水层断面沿水平方向上延伸 160 m。因为这里所述的方法是在水平面上求解的。边界条件也

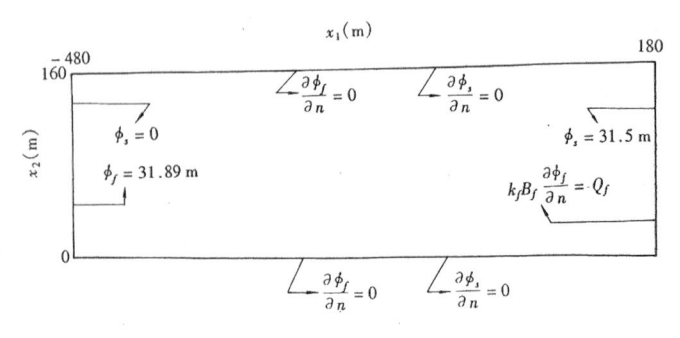

图 6-12 不互溶模型边界条件

是与原含水层断面相应的,沿水平方向延伸的两端取不透水边界。边界条件可参看图 6-12。各水文地质参数亦与前面的互溶模型相同。

在矩形的计算区域左端($x_1=-480$ m 处)为淡水,即此端与内陆淡水相通,并且认为海水未入侵到此处,含水层在此处的淡水位为 31.89 m,因此边界条件可定为:

$$\varphi_s|_{x_1=-480}=0 \qquad \varphi_f|_{x_1=-480}=31.89 \text{ m} \tag{6-26}$$

计算区域的右端($x_1=180$ m 处)与海洋相通,海水位为 31.5 m(相对于含水层底板高度)。此端淡水水位不易确定,可采用流量边界条件

$$-\int_\Gamma k'_f B_f \nabla' \hat{\varphi}_f \cdot \boldsymbol{n} N_i \mathrm{d}s = -\int_\Gamma k_{zf}(H_s-\hat{\varphi}_f) N_i \mathrm{d}s \tag{6-27}$$

这个边界条件实为第三类边界条件。其中 H_s 是海洋水位;k_{zf} 为垂向传输系数,是根据试算得来的。盐水在此处的边界条件可取等于海水位,即

$$\varphi_s|_{x_1=180}=31.5 \text{ m} \tag{6-28}$$

当然,若知道淡水流入海洋的单宽流量 Q_f,则(6-27)式可直接写为

$$-\int_\Gamma k'_f B_f \nabla' \hat{\varphi}_f \cdot \boldsymbol{n} N_i \mathrm{d}s = \int_\Gamma Q_f N_i \mathrm{d}s \tag{6-29}$$

在计算区域的上部($x_2=160$ m 处)和下部($x_2=0$ 处),均采用不透水边界条件,即

$$\begin{aligned}\partial\varphi_f/\partial n|_{x_2=0}&=0, \qquad \partial\varphi_s/\partial n|_{x_2=0}=0\\ \partial\varphi_f/\partial n|_{x_2=160}&=0, \qquad \partial\varphi_s/\partial n|_{x_2=160}=0\end{aligned} \tag{6-30}$$

这是因为在滨海含水层中,一般来讲,水流方向是朝向海洋并与海岸线垂直的。因此在 $x_2=0$ 和 $x_2=160$ m 处可看作一根流线,没有水流通过。

由互溶模型流场的计算中可近似求得淡水排向海洋的流量 $Q_f=0.0044$ m²/s(单宽流量)。将 Q_f 代入(6-29)式中,求解方程组(6-25)。

不互溶模型主要适应于大区域的海水入侵问题。它可以作为互溶模型研究的先导。通常,先采用不互溶模型进行大范围内的海水入侵地下水的研究,在平面上把握海水入侵的范围和深度,然后根据需要选择某一垂直断面用互溶模型进行更深入、细致的研究。

(四)潮汐对海水入侵地下水的影响

前面计算的是稳定状态下的交界面位置,这时取的海水位是一个平均值。事实上,海水位是随涨潮、落潮而变化的。海水位的变化必定影响到盐-淡水之间的交界面。以下我们对此作一些探讨。

图 6-13 所示为沿海潮位曲线。涨潮到落潮经历了 12.4 h。高潮位和低潮位相差 8 m。潮位曲线可以近似用正弦曲线来表示(在图 6-13 所示的坐标下)。若 y 表示潮位值(m),t 表示时间(h),则有下式:

$$y=4\sin(2\pi t/12.4-\pi/2)$$

我们依然采用图 6-12 所示的计算区域,则在 $x_2=0$ 和 $x_2=160$ m 处的边界条件依然是式(6-30)。在 $x_1=-480$ m 处,淡水位 $\varphi_f=35.1$ m,并令其不随时间而变化。该处的海水边界条件为

$$\partial\varphi_s/\partial n|_{x_1=-480}=0$$

在 $x_2=180$ m 处,淡水和海水均采用(6-27)式给出的第三类边界条件,即

$$-\int_\Gamma k'_f B_f \nabla' \hat{\varphi}_f \cdot \boldsymbol{n} N_i \mathrm{d}s = -\int_\Gamma k_{zf}(H_s - \hat{\varphi}_f) N_i \mathrm{d}s$$

$$-\int_\Gamma k'_s B_s \nabla' \hat{\varphi}_s \cdot \boldsymbol{n} N_i \mathrm{d}s = -\int_\Gamma k_{zs}(\hat{\varphi}_s - H_s) N_i \mathrm{d}s$$

其中 H_s 为海水位,由下式给出。

$$H_s = 31 + 4\sin(2\pi t/12.4 - \pi/2)$$

上式中的 31(m) 为假定的平均海平面高度（相对于含水层底板）。离散方程及形函数均如前所述。计算时的时间段均为 0.516 h。共划分了 24 个时间段。以 $t=0$、$H_s=27$ m 算出的稳定状态下的解为初始值。

各参数的取值为: $k_s=k_f=0.6$ m/s; $k_{zs}=1$ m/s; $k_{zf}=20.5$ m/s; $S_s=0.2$ m/s。

图 6-14 是计算出的几个时刻的交界面位置。线 1 是稳定状态下 $H_s=27$ m 时的交界面位置。线 2 是 $t=3.1$ h,线 3 是 $t=6.2$ h(最高潮位时)。线 4 是 $t=9.3$ h。线 5 是 $t=12.4$ h(最低潮位)。线 6 是以平均海水位为边界条件算出的稳定状态下的交界面位置。

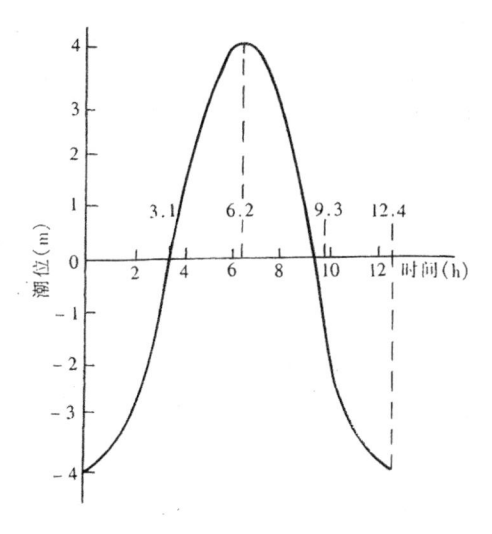

图 6-13 潮位曲线

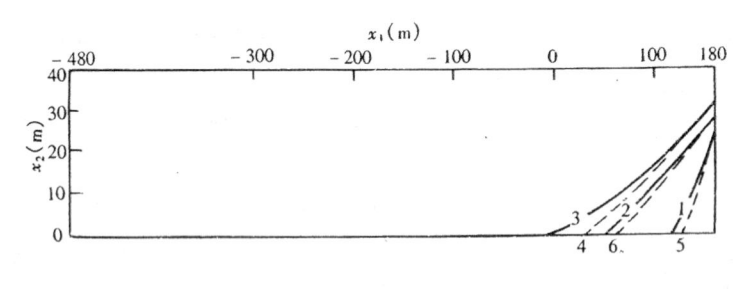

图 6-14 涨落潮时的盐、淡水交界面(实线 1、2、3 为涨潮)

从图 6-14 可以看出,落潮到某高度时的界面位置与涨潮到同样高度时的界面位置是不吻合的。刚开始落潮时,界面向海洋方向的后退有些迟后,如线 4 和线 2 所示。随着落潮的继续,这种迟后现象减弱,甚至消失。

从图中还可以看出:在我们所给的水文地质条件下,以平均潮位为边界条件求得的稳定状态下的交界面位置(线 6)可以近似表示潮位随时间变化(指涨潮到落潮)的交界面平均位置。这个考虑潮位涨落过程中海水—淡水间交界面的计算结果,其平均位置较之采用平均潮位作稳定流计算出的交界面位置稍差的原因,可能是采用最低潮位作为起始条件以及只计算一次潮位涨落过程所致。

为了验证盐、淡水交界面位置的计算可靠性,还进行了狭缝槽物理模型(粘性流动模型)试验[6]。两块直立平行的有机玻璃板形成缝宽为 1 mm。两平行板的板长为 1.31 m,板高为 0.9 m。两端分别接一个正方形柱体的有机玻璃容器,以作为平行板间的供水器。该容器分别由两个足够补给的水箱供水,通过调节水箱的高度即可控制平行板两端的水位。两个水箱中分别放置淡水和盐水。盐水按一般海水的密度 1.025 g/cm³ 配制。为了区别盐水和淡水,在盐水中放了化学试剂罗丹明—B,使其呈红色。两组试验的结果见图 6-15。图中虚线为相应边界条件下的数值计算结果。粘滞流物理模型试验结果与计算结果基本一致。

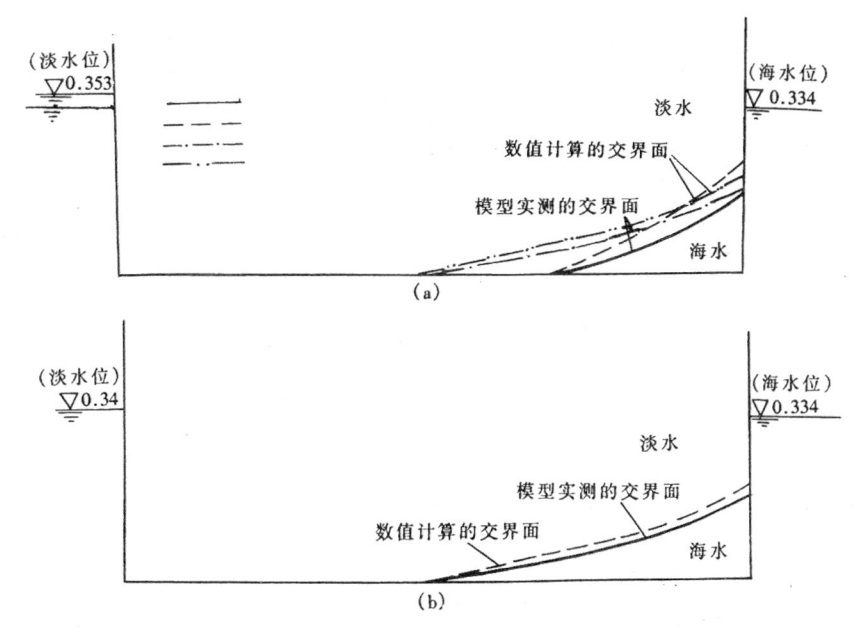

图 6-15 粘滞流模型试验的淡、盐水交界面

第五节 地下水污染运移问题的有限元法

地下水污染问题是地下水流问题与污染运移问题的耦合问题。人们在长期的实践中已积累了许多经验,并建立了多种数学模型,在特定条件下提出了一些解析解。由于地下水污染问题的复杂性,很多情况下只能借助于数值法。前面几章介绍了求解地下水流问题的有限元法,直接应用来求解污染运移问题有一定困难,比如可能出现数值弥散和伪振荡现象,尤其对流占优的弥散问题,这种现象更为突出。G. Pinder 等提出的特征法及其改进法(如随机特征法和沿流线追踪特征法等)能较好地消除上述现象;但其程序实现较复杂,且只适用于某些特定问题。近十年来,剖开算子法得到广泛应用,它按方程特性将分解为对流方程、弥散方程及其他的组合方程,对每个方程可按最适宜的解法求解。其结果与直接求解原方程的差值属高阶微量。本节介绍在该法的基础上求解耦合地下水流方程和污染运移方程问题的有限元法。该法主要特点是,求解对流-弥散方程时采用剖开算子法将对流-弥散方程分为对流、弥散两个方程,用改进特征法处理对流分步,用 Galerkin 有限元法解弥散方程和地下水渗流方程。地下水流方程用压力作为因变量,而不采用常用的水头函数。本节还介绍使污染运移过程随机性数值模拟时模型参数、初边值条件等导致模型本身的误差及野外观测过程的量测误差的综合影响达到最小的 Kalman 滤波技术。

一、数值计算方法

描述地下水渗流问题的数学表达式为

$$S_s \frac{\partial p}{\partial t} = \frac{\partial}{\partial x}(k_{xx}\frac{\partial p}{\partial x}) + \frac{\partial}{\partial z}(k_{zz}(\frac{\partial p}{\partial z} + \rho g)) + f \qquad (6-31)$$

$$\left.\begin{array}{l}p(x,z,0)=p_0(x,z) \qquad (x,z)\in\Omega\\p(x,z,t)|_{\Gamma_1}=\widetilde{p}(x,z,t);\dfrac{\partial p}{\partial n}(x,z,t)|_{\Gamma_2}=p_1(x,z,t)\\(x,z)\in\Gamma \qquad \Gamma_1\bigcap\Gamma_2=\Phi,\Gamma_1\bigcup\Gamma_2=\partial\Omega\end{array}\right\} \quad (6\text{-}32)$$

式中：p 为压强；ρ 为流体密度；k_{xx}、k_{zz} 为渗透系数；f 为源汇项。

描述地下水污染运移的数学表达式为

$$\dfrac{\partial C}{\partial t}=\dfrac{\partial}{\partial x}(D_{xx}\dfrac{\partial C}{\partial x}+D_{xz}\dfrac{\partial C}{\partial z})+\dfrac{\partial}{\partial x}(D_{xz}\dfrac{\partial C}{\partial x}+D_{zz}\dfrac{\partial C}{\partial z})-(\dfrac{\partial}{\partial x}(CV_x)+\dfrac{\partial}{\partial z}(CV_z))+R$$
(6-33)

$$\left.\begin{array}{l}C(x,z,0)=C_0(x,z) \qquad (x,z)\in\Omega\\C(x,z,t)|_{\Gamma_1}=\widetilde{C}(x,z,t) \qquad \dfrac{\partial C}{\partial n}(x,z,t)|_{\Gamma_2}=C_1(x,z,t)\\(x,z)\in\Gamma \qquad \Gamma_1\bigcap\Gamma_2=\Phi,\Gamma_1\bigcup\Gamma_2=\partial\Omega\end{array}\right\} \quad (6\text{-}34)$$

式中：V 为孔隙流速；C 为污染物浓度；R 为源汇项；D 为弥散系数张量，$D=\begin{bmatrix}D_{xx}&D_{xz}\\D_{xz}&D_{zz}\end{bmatrix}$。

(6-31)式，土体不可压时($S_s=0$)为椭圆型，一般情况下为抛物型；(6-33)式右端第一项为弥散项，第二项为对流项。因此耦合求解这两个方程较复杂。下面应用剖开算子法对(6-33)式进行分步，从而构造经济简单的计算格式。

在 $[n\Delta t,(n+1)\Delta t]$ 内，对流分步为

$$\begin{cases}\dfrac{1}{2}\dfrac{\partial C^{(1)}}{\partial t}+V_x\dfrac{\partial C^{(1)}}{\partial x}+V_z\dfrac{\partial C^{(1)}}{\partial z}=0\\C^{(1)}(x,z,n\Delta t)=C(x,z,n\Delta t) \qquad t\in[n\Delta t,(n+\dfrac{1}{2})\Delta t]\end{cases} \quad (6\text{-}35)$$

弥散分步为

$$\begin{cases}\dfrac{1}{2}\dfrac{\partial C^{(2)}}{\partial t}=\dfrac{\partial}{\partial x}(D_{xx}\dfrac{\partial C^{(2)}}{\partial x}+D_{xz}\dfrac{\partial C^{(2)}}{\partial z})+\dfrac{\partial}{\partial x}(D_{xz}\dfrac{\partial C^{(2)}}{\partial x}+D_{zz}\dfrac{\partial C^{(2)}}{\partial z})+R\\C^{(2)}(x,z,(n+\dfrac{1}{2})\Delta t)=C^{(1)}(x,z,(n+\dfrac{1}{2})\Delta t) \qquad t\in[(n+\dfrac{1}{2})\Delta t,(n+1)\Delta t]\end{cases} \quad (6\text{-}36)$$

最后得到

$$C[x,z,(n+1)\Delta t]=C^{(2)}[x,z,(n+1)\Delta t] \quad (6\text{-}37)$$

将计算区域进行三角元离散，构造插值基函数 $N_i(x,z)$，则有

$$\begin{cases}p(x,z,t)=\sum\limits_{i=1}^{3}N_i(x,z)p_i;\overline{V}=\sum\limits_{i=1}^{3}N_i(x,z)\overline{V}_i\\C=\sum\limits_{i=1}^{3}N_i(x,z)C_i\end{cases} \quad (6\text{-}38)$$

(一)计算对流分步的改进特征法

在区间 $t\in[n\Delta t,(n+\dfrac{1}{2})\Delta t]$，考虑结点 $p_1(x_1,z_1)$ 在 $(n+\dfrac{1}{2})\Delta t$ 时位置为 B 点。设此时刻由 $n\Delta t$ 时质点 A 流向 B 点，则 $C_A=C_B$(图 6-16)。从而沿特征线 $\widehat{AB}$ 积分(6-35)式，有

$$\begin{cases}x_B-x_A=V_{x_A}^n\Delta t\\z_B-z_A=V_{z_A}^n\Delta t\end{cases} \quad (6\text{-}39)$$

应用面积坐标系,则

$$\begin{cases} x_A = \sum_{k=1}^{3} L_{kA} x_k \\ z_A = \sum_{k=1}^{3} L_{kA} z_k \end{cases} \quad \begin{cases} V_{x_A}^n = \sum_{k=1}^{3} L_{kA} V_{x_k}^n \\ V_{z_A}^n = \sum_{k=1}^{3} L_{kA} V_{z_k}^n \end{cases} \quad (6-40)$$

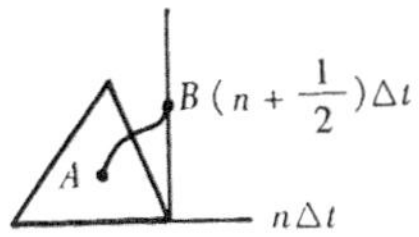

图 6-16

以式(6-40)代入式(6-39)中,利用 $\sum_{K=1}^{3} L_{kA}=1$,则可解得 $L_{kA}, k=1,2,3$,从而求得 x_A、z_B 则 $(n+\frac{1}{2})\Delta t$ 时 B 点浓度为

$$C_i^{(n+\frac{1}{2})} = C_B = C_A = \sum_{k=1}^{3} L_{kA} C_k^n \tag{6-41}$$

(二)计算弥散分步的 Galerkin 有限元法

对(6-36)式应用 Galerkin 有限元法,有

$$\iint_\Omega N_i \frac{1}{2} \frac{\partial C}{\partial t} d\Omega = \iint_\Omega \left[\frac{\partial}{\partial x}(D_{xx}\frac{\partial C}{\partial x} + D_{xz}\frac{\partial C}{\partial z}) + \frac{x}{\partial z}(D_{xz}\frac{\partial C}{\partial x} + D_{zz}\frac{\partial C}{\partial z}) + R \right] N_i d\Omega \tag{6-42}$$

应用格式公式,将(6-38)式代入上式,对时间项隐式差分,则得线性代数方程组

$$[a_{ij}]\{C_j^{n+1}\} = [b_{ij}]\{C_j^n\} + \{f_j\} \tag{6-43}$$

其中:

$$a_{ij} = \iint_\Omega \Delta t (D_{xx}\frac{\partial N_i}{\partial x}\frac{\partial N_j}{\partial x} + D_{xx}\frac{\partial N_i}{\partial x}\frac{\partial N_j}{\partial z} + D_{xz}\frac{\partial N_i}{\partial z}\frac{\partial N_j}{\partial x} + D_{xx}\frac{\partial N_i}{\partial z}\frac{\partial N_j}{\partial z}) d\Omega + \iint_\Omega N_i N_j d\Omega$$

$$b_{ij} = \iint_\Omega N_i N_j d\Omega$$

$$f_j = \Delta t \left\{ \iint_\Omega R N_i d\Omega + \int_\Gamma N_i \left[(D_{xx}\frac{\partial N_j}{\partial x} + D_{xz}\frac{\partial N_j}{\partial z}) dz - (D_{xz}\frac{\partial N_j}{\partial x} + D_{zz}\frac{\partial N_j}{\partial z}) dx \right] \right\}$$

其中 N^* 为边界插值函数,由初边值条件求解(6-44)式,得 $\{C_j^{n+1}\}$。

(三)地下水流方程 Galerkin 有限元法

对式(6-31)用 Galerkin 有限元法求解,有

$$\iint_\Omega S_s \frac{\partial p}{\partial t} N_i d\Omega = \iint_\Omega \left[\frac{\partial}{\partial x}(k_{xx}\frac{\partial p}{\partial x}) + \frac{\partial}{\partial z}(k_{zz}\frac{\partial p_i}{\partial z} + \rho g) + f \right] N_i d\Omega \tag{6-44}$$

应用格林公式降阶处理,并以式(6-38)代入,则得线性代数方程组

$$[d_{ij}]\{p_j^{n+1}\} = [e_{ij}]\{p_j^n\} + \{g_j\} \tag{6-45}$$

其中:$d_{ij} = \iint_\Omega \Delta t (k_{xx}\frac{\partial N_i}{\partial x}\frac{\partial N_j}{\partial x} + k_{zz}\frac{\partial N_i}{\partial z}\frac{\partial N_j}{\partial z}) d\Omega + \iint_\Omega N_i N_j d\Omega$

$e_{ij} = \iint_\Omega N_i N_j d\Omega$

$g_j = \iint_\Omega \Delta t f N_i d\Omega + \Delta t \int_\Gamma N_i^* (k_{xx}\frac{\partial N_j}{\partial x} dz - k_{zz}\frac{\partial N_j}{\partial z} dx)$

由初边值条件,求解式(6-45)即得水压力场 $\{p_j^{n+1}\}$,依达西定律求得速度场 $\overline{V}(x,z,(n+1)\Delta t)$。代入(6-33)式,得到 $(n+1)\Delta t$ 时刻的浓度场分布。

(四)Kalman 滤波技术在地下水污染运移模拟中的应用

该法在水力学、水文学等领域应用较广,主要是能使模拟误差和量测误差的综合影响达到最小。我们应用 Galerkin 有限元法离散弥散方程和地下水流方程后,均能得到如下方程:

$$[A]\{C_j^{n+1}\} = [B]\{C_j^n\} + \{f_j\} \tag{6-46}$$

略去$\{C_j^{n+1}\}$中已知点,有

$$[A_2]C^{n+1} = [B_2]C^n + F \tag{6-47}$$

从而 $C^{n+1} = AC^n + D$。其中:$A = [A_2]^{-1}[B_2]$,称为转移矩阵;$D = [A_2]^{-1}F$。

将(6-47)式写为离散空间状态变量形式

$$C(n+1) = AC(n) + D \tag{6-48}$$

再加上随机误差项 $W(n)$,即得到 Kalman 滤波的系统状态方程

$$C(n+1) = AC(n) + D + W(n) \tag{6-49}$$

和量测方程

$$Z(n) = H(n)C(n) + V(n) \tag{6-50}$$

其中:$Z(n)$为各结点观测值;$H(n)$为量测矩阵;$V(n)$为量测误差。一般地,$W(n)$和$V(n)$相互独立。由于式(6-49)、(6-50)都是线性的,故 Kalman 滤波可由前一时段的观测值求得一个无偏方差的最小估计值。滤波递推过程如下:

$$C(n/n-1) = A(n-1)C(n-1/n-1) + D$$
$$P(n/n-1) = A(n-1)P(n-1/n-1)A^T(n-1) + Q(n-1)$$
$$K(n) = P(n/n-1)H^T(n)[H(n)P(n/n-1)H^T(n) + R(n)]^{-1}$$
$$C(n/n) = C(n/n-1) + K(n)[Z(n) - H(n)C(n/n-1)]$$
$$P(n/n) = [I - K(n)H(n)]P(n/n-1)$$

其中:$C(n/n-1)$表示 $n-1$ 时刻观测条件下估计 n 时刻的状态预测值;$P(n-1/n-1)$表示$n-1$时刻校正$C(n-1/n-1)$的误差协方差矩阵;$Q(n-1)$为模型误差协方差阵;$R(n)$为量测误差系列协方差阵;$C(n/n)$和 $P(n/n)$表示更新状态。

由于 Kalman 滤波技术中 A 矩阵在耦合求解地下水流方程和污染方程中为已知项,故而不需耗费多少机时,且精度较原有限元法大大提高。

二、计算实例

我们考虑

$$\frac{\partial V_x}{\partial x} + \frac{\partial V_y}{\partial y} = 0 \quad\quad \frac{\partial C}{\partial t} = D_{xx}\frac{\partial^2 C}{\partial x^2} + D_{yy}\frac{\partial^2 C}{\partial y^2} - (V_x\frac{\partial C}{\partial x} + V_y\frac{\partial C}{\partial y})$$

$$C(x,y,0) = 0 \quad\quad 0 \leqslant x, y \leqslant L$$

$$C(0,y,t) = \exp[-(y-121.92)^2]130^2$$

$$C(366,y,t) = 0 \quad\quad (D_{xx}\frac{\partial C}{\partial x} + D_{yy}\frac{\partial C}{\partial y}) \cdot n|_{y=0} = 0$$

Clery(1978)给出了该问题的解析解。取 $V_x = 1.22$ m/d,$V_y = 0.305$ m/d,D_{xx}、D_{yy}分别为 3.716 m²/d 和 0.465 m²/d 及 0.0744 m²/d 和 0.0093 m²/d 两组。Gureghian(1980)用迎风有限元法得出数值解。

将边长为 366 m 和 274 m 的四边形域分为 441 结点,$\Delta x = 18.3$ m,$\Delta y = 13.7$ m,$\Delta t =$

5d,总模拟时间为 175 d。采用本节介绍的剖开算子有限元法计算,计算结果见图 6-17。还尝试应用了 Kalman 滤波过程进行最优估算,滤波过程用 Clery 解析解作量测值,从而第 175 d 污染运移结果如图 6-17 所示。从图中可知,提出的基于剖开算子法的有限元法较一般有限元法精度有所提高,而 Kalman 滤波技术的应用使数值解更接近于解析解。

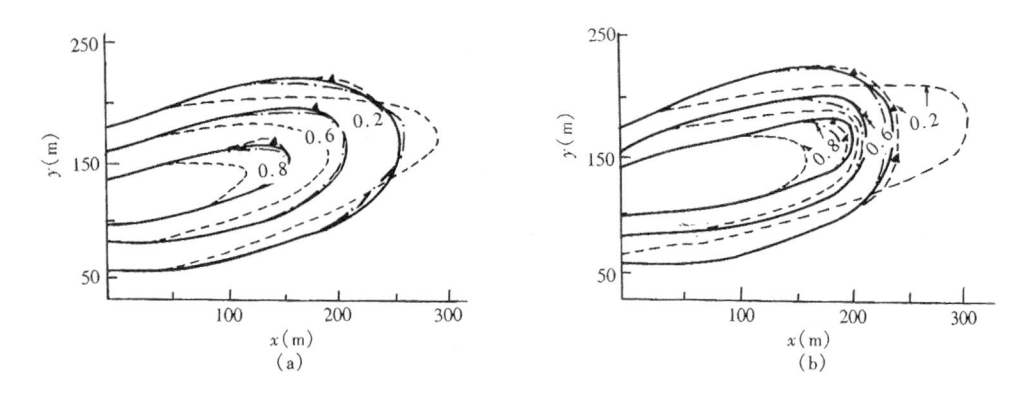

图 6-17 175 d 时的无量纲浓度分布
——Clery-解析解;-·-·-剖开算子法;
— — —Gureghian;—▲—剖开算子法及 Kalman 滤波

参 考 文 献

1 丁家平等.澄西船坞井点降水有限单元法计算.南京:南京水利科学研究所研究报告汇编,1979
2 毛昶熙主编.渗流计算分析与控制.北京:水利电力出版社,1990
3 李白玲.海水入侵地下水的研究.南京:南京水利科学研究院研究生论文,1989
4 薛禹群,谢春红等.海水入侵、咸淡水界面运移规律研究.南京:南京大学出版社,1991
5 Li Bailing and Mao Changxi. Research on saltwater intrusion into freshwater. Proc., 7th Congress APD-IAHR,1990, Vol. Ⅲ, P.317
6 Kohout, F. A. Cyclic flow of saltwater in the biscayne aquifer of Southeastern Florida. J. Geophysical Res., 1960(7)
7 Kohout, F. A. Flucturation of groundwater levels caused by disperison of salts. J. Geophy. Res., 1961, 66(8)
8 段祥宝等.地下水污染运移数值模拟及最优估计.水动力学研究与进展.1996(5)
9 Duan Xiangbao. Numerical modeling and optimal estimation of the transport of the groundwater pollution. Modeling in Groundwater Resources, 1991. 273~279

第七章 饱和-非饱和渗流计算程序 UNSAT2 应用说明

纽曼（S. P. Neuman）首先提出饱和－非饱和渗流有限元法计算方法及其计算程序 UNSAT2。这份程序是 1983 年最后完善的，在他当选美国科学院院士后于 1993 年来南京讲学时友好赠送的，并希望加以推广。本章就介绍该程序及其使用方法。

UNSAT2 程序是针对非饱和、部分饱和或饱和多孔介质编制的，用于不规则边界流动区域和具有任意程度局部各向异性的非均匀土。流动可发生在垂直平面、水平面或具垂直轴的径向对称三维区域中。除通常的水头边界、流量边界外，还能处理出渗面、入渗和蒸发面等大气控制的边界。边界条件的类型及其值，采用独特的再启动方法使其方便地随时间变化，不必再对这些数列表。对任意抽水速率的向有限半径完全或非完全井流动，在分析中以独特的措施充分考虑井孔的贮存量。

第一节 基本方程和定解条件

下述方程（Neuman 等，1974）可描述可变饱和多孔介质中的水流动：

$$L(h) = \sum_{i=1}^{3}\sum_{j=1}^{3}\underbrace{\left[k_r(h)k_{ij}\frac{\partial h}{\partial x_i}\right]}_{\text{对流}} + \underbrace{\sum_{i=1}^{3}\frac{\partial}{\partial x_i}k_r(h)k_{i3}}_{\text{排水}} - \underbrace{[C(h)+\beta S_s]\frac{\partial h}{\partial t}}_{\text{贮存}} - \underbrace{S}_{\text{源汇}} = 0 \quad (7\text{-}1)$$

式中：L 为域内定义的拟线性微分算子；k_r 为相对水力传导系数（$0 \leqslant k_r \leqslant 1$）；$k_{ij}$ 为饱和水力传导性张量；h 为压力水头（或用 h_p 表示，见第一章）；C 为比容水度，$C = \dfrac{d\theta}{dh}$；θ 为体积含水量；β 为非饱和区等于 0，饱和区 $\beta = 1$；S_s 为单位贮存量；t 为时间；S 为源汇项。

UNSAT2 程序中，源汇项 S 是由植物蒸发单位时间从单位土体移去的水体积。单位贮存量 S_s 定义为单位压力水头 h_p 减小时从单位饱和土体贮存量中释放的水体积，在饱和区假定为常数，非饱和区为零（注意式(7-1)的 β 值），因在这些区内贮存量受含水量的控制较受压缩性控制为甚。在许多情况下，即使饱和区后者影响也很小，故 S_s 可令其为零。饱和水力传导系数 k_{ij} 和 S_s 仅在空间变化而不随时间变化。

习惯做法是：饱和区压力水头 h_p 为正；而非饱和区为负（浸润面上 $h_p = 0$）。

初始条件：

未考虑迟后，h 是 θ 的单值函数，故初始条件由压力水头描述：

$$h(x_i, 0) = h_0(x_i) \quad i = 1, 2, 3 \quad (7\text{-}2)$$

式中 h_0 是 x_i 的给定函数。

边界条件：

给定的压力水头边界由下式描述：

$$h(x_i, t) = h_c(x_i, t) \quad i = 1, 2, 3 \quad (7\text{-}3)$$

式中 h_c 是给定的 x_i 和 t 的函数。垂直于边界的水流通量的数学表达式为

$$k_r \sum_{i=1}^{3}\left[\sum_{j=1}^{3} k_{ij}\frac{\partial h}{\partial x_j} + k_{i3}\right] n_i = -v(x_i, t) \quad (7\text{-}4)$$

式中：n_i 是垂直于边界单位长度矢量的第 i 个分量,指向外；v 是 x_i 和 t 的给定函数。

除这些类型边界外,部分饱和区受两种大气条件制约。在土－气交界面上,水可能通过蒸发入渗离开进入系统。虽蒸发的势速率受大气条件控制,但从土中蒸发也取决于土的含水量,即真正的蒸发速率可能受土向上传输水的能力限制。类似,入渗势速力可较土向下输送水能力大。即降雨速率可超过入渗能力而积水或漫溢。这两种情况,边界上势流量受外部条件制约,真正流量取决土前期潮湿条件。

对上述条件,事先详尽叙述其确定精确边界条件是不可能的。UNSAT2 程序采用使水流通量绝对值为最大的方法获得解,以满足下述要求：

$$\left| k_r \sum_{i=1}^{3} \left[\sum_{j=1}^{3} k_{ij} \frac{\partial h}{\partial x_j} + k_{i3} \right] n_i \right| \leqslant \left| E_s^* \right| \tag{7-5}$$

$$k_L \leqslant h \leqslant 0 \tag{7-6}$$

式中：E_s^* 为给定的势表面通量；h_L 为土表面最小允许压力水头。这两个量都是时间的函数。注意,势表面通量可以是正的(入渗)或负的(蒸发)。E_s^* 和 h_c 的计算方法 Feddes 等(1974)已给出。

出渗面代表另一类大气边界。沿出渗面水从饱和区进入大气,其压力水头等于零。出渗面长度在一定程度上随时间变化,是可以预测的。这就是为何出渗面不是通常给定的压力水头边界的原因。

第二节 数值方法

一、伽辽金方法的应用

应用伽辽金有限元法求解式(7-1)。流动区域划分成三角形单元网格,一组三个局部坐标函数把单元互相联系起来。这些函数在单元内呈线性变化,并要求满足

$$\xi_n^e(x_i^m) = \delta_{mn} \tag{7-7}$$

式中：ξ_n^e 是单元 e 内与结点 n 相联系的局部坐标函数；x_i^m 是结点 m 的空间坐标；若 $n=m$,$\delta_{mn}=1$；若 $n \neq m$,$\delta_{mn}=0$。

流动区域任一点上,式(7-1)的近似解为

$$h_p^N(x_i,t) = \sum_{n=1}^{N} h_{pn}(t) \bigcup_e \xi_n^e(x_i) \tag{7-8}$$

式中：N 为结点总数；$h_{pn}(t)$ 为结点 n 的 h_p 值；$\bigcup_e$ 为结点 n 附近所有单元的和集。

式(7-8)中,h_{pn} 首先应满足初始和边界条件,同时也要满足下述正交性：

$$\sum_e \int_{R^e} L(h_p^N) \xi_n^e \mathrm{d}R = 0 \quad n=1,2,\cdots,N \tag{7-9}$$

这里,R^e 是指 e 的内部,求和是指与结点 n 相接的四周单元。

因伽辽金方法仅应用于给定瞬时,故式(7-9)的时间导数须独立于正交过程来获得。此由定义结点值的时间导数加权平均来实现。

$$\frac{\partial h_{pn}}{\partial t} = \frac{\sum_e \int_{R^e} (C + \beta S_s) \frac{\partial h_p}{\partial t} \xi_n^e dR}{\sum_e \int_{R^e} (C + \beta S_s) \xi_n^e dR} \tag{7-10}$$

这对数值方法的收敛性来说是必需的。单元内当相对传导系数 k_r 和容水度 C 假定按下式呈线性变化时,饱和传导系数张量 k_{ij} 可假定为常数。

$$k_r = \sum_p k_{rp} \xi_p^e \qquad C = \sum_p C_p \xi_p^e \tag{7-11}$$

式中 p 表示三角形的角点。

合并式(7-8)、式(7-9)、式(7-10)、式(7-11),利用格林第一公式导出一组拟线性一阶微分方程

$$\sum_{m=1}^N A_{nm} h_{pm} + \sum_{m=1}^N F_{nm} \frac{dh_{pm}}{dt} = Q_n - B_n - D_n \qquad n = 1, 2, \cdots, N \tag{7-12}$$

对于由 x_1 和 x_3 描述的垂直断面,

$$A_{nm} = \sum_e \frac{\alpha}{4\Delta} \bar{k}_r [k_{11} b_n b_m + k_{13} (b_n c_m + b_m c_n) + k_{33} c_n c_m] \tag{7-13a}$$

$$\left.\begin{array}{l} F_{nm} = \sum_e \dfrac{\alpha \Delta}{12} [(2C_n + C_p + C_q) + 4\beta S_s] \quad n = m \\ F_{nm} = 0 \qquad\qquad\qquad\qquad\qquad\qquad\qquad\; n \neq m \end{array}\right\} \tag{7-13b}$$

$$Q_n = -\sum_e \frac{(LV)_n}{2} \tag{7-13c}$$

$$B_n = \sum_e \frac{\alpha}{2} \bar{k}_r (k_{13} b_n + k_{33} c_n) \tag{7-13d}$$

$$D_n = \sum_e \int_{R^e} S \xi_n^e dR \tag{7-13e}$$

式中:Δ 为三角形面积;α 为平行流为 1,轴对称流为 $2\pi \bar{x}_1$;$\bar{x}_i$ 为水平(径向)坐标均值 $=(x_1^n + x_1^p + x_1^q)/3$;$\bar{k}_r$ 为平均相对传导性,$\bar{k}_r = (k_{rn} + k_{rp} + k_{rq})/3$;$(LV)_n$ 为通过与 n 结点相连的三角形任一侧,长度为 L 的流量率。

从上述矩阵计算式可知:(1)矩阵 A_{nm} 是稀疏对称的;(2)矩阵 F_{nm} 是对角的;(3)非源汇结点时,$Q_n = 0$;(4)矢量 B_n 说明重力作用,水平面二维流动其单元需置为零;(5)植物根的吸水作用由矢量 D_n 表示。

式(7-12)积分是将时间域离散为连续的有限间距和以有限差代时间微分来得到的。在整个模拟期流动域各部分均保持非饱和时,采用时间中心格式可得较好结果。

$$\begin{aligned} \sum_{m=1}^N [A_{nm}^{k+1/2} + \frac{2}{\Delta t^k} F_{nm}^{k+1/2}] h_{pm}^{k+1} &= 2Q_m^{k+1/2} - 2B_n^{k+1/2} - 2D_n^{k+1/2} \\ &\quad - \sum_{m=1}^N [A_{nm}^{k+1/2} + \frac{2}{\Delta t^k} F_{nm}^{k+1/2}] h_{pm}^k \qquad n = 1, 2, \cdots, n \end{aligned} \tag{7-14}$$

式中 k 表示时间段数目,此时 $t = t^k$ 和 $\Delta t^k = t^{k+1} - t^k$。

上述方法仅适用于整个时间内流动系统保持非饱和,或饱和区比贮存到处大于零的情况。若系统部分饱和且比贮存为零,此区域内容水度 C 为零,饱和区内相应结点 F_{nm} 值变为零。此时的支配方程是椭圆型的,表示饱和区四周边界条件改变,对此区中压力水头 h_p 有瞬

时影响，h_p 不再是连续函数，于是式(7-14)右端为未知，方程不能求解。

求解此问题，可在 h_p 项中采用全隐式向后差分方法：

$$[A_{nm}^{k+1/2} + \frac{1}{\Delta t^k}F_{nm}^{k+1/2}]h_{pm}^{k+1/2} = Q_n^{k+1/2} - B_n^{k+1/2} - D_n^{k+1/2} + \frac{1}{\Delta t^k}F_{nm}^{k+1/2}h_{pm}^k \qquad (7-15)$$

为减缓 h_p 在极限值附近的波动，式(7-15)中系数仍在半时间步长 $(k+1/2)\Delta t$ 内计算。此格式允许时间步长开始时饱和区内压力水头未知时获得解。但在时间步长中，从饱和过渡到非饱和状态的结点上可能会出现意外。在这些结点上相应的 F_{nm} 可能不是零，而式(7-15)由于在时间步长开始时压力水头为未知，该式不能被求解。但 F_{nm} 仅表示含水量变化的贮存，这种变化仅出现在饱和区 C 为零时的非饱和区中（负的 h_p 值）。因此，边界条件突然变化时饱和区中压力水头未知，则在时间步长开始时以零代之。

二、边界条件的处理

给定水头结点的有限元方程原则上可排除，从程序编制角度出发，宜用虚拟表示式代替：

$$A_{pp}h_{pp}^{k+1} = h_{pp} \qquad (7-16)$$

式中：$A_{pp}=1$；h_{pp} 是结点 P 的压力水头 h_p 的给定值。另外，所有方程中 h_p^{k+1} 值，简单地令其等于 h_{pp}，以使压力矩阵对称而移至方程右端。解得压力水头后，Q_p 可从结点 P 原有限元方程直接计算。

沿给定流量边界结点，Q_n 是按式(7-3)和式(7-13c)计算的。非源汇的内部结点，Q_n 为零。用来作为源汇的内部结点，Q_n 等于流体产生和取出速率。蒸发入渗边界被模拟为给定水头或给定流量边界，取决于式(7-4)是否被满足。在任一时间步长的第一次迭代期间，这样的结点是作为流量等于给定势流量的一部分的给定流量边界的。若计算的压力水头值满足式(7-5)，结点上流量绝对值按下式计算的值被增大。

$$\left|\frac{h_{pL}}{h_{pn}}\right| \qquad \text{蒸发边界情况}$$

$$\frac{|h_{pL}|}{|h_{pL}-h_{pn}|} \qquad \text{入渗边界情况}$$

若不满足式(7-5)，结点 n 在随后迭代中变成给定水头边界：

$$h_p = h_{pL} \qquad \text{蒸发边界}$$
$$h_p = 0 \qquad \text{入渗边界}$$

任何计算阶段式(7-4)不满足，即计算流量超过给定势流量，结点流量被给定，等于势值，并再作给定流量边界。上述迭代过程继续至单元网格上全部结点达到收敛为止。

沿给定边界段，有可能在任何计算阶段产生出渗面。每次迭代，此段饱和部分作为给定压力水头边界 $h=0$，而非饱和部分作为 $Q=0$ 的给定流量边界。迭代中连续调整每一部分的长度，直到沿饱和部分所有的计算值和沿非饱和部分所有 h 计算值为负值。此表示水只通过边界饱和部分离开多孔介质。

三、植物根的吸水模拟

根区须由平行于坐标轴的长方形单元组成，如图 7-1 所示。根区内全部垂直结点和单元列从左到右顺序编号。第 i 列土面下第一个结点编为 NT_i，而列底部结点编为 NB_i。土面结点只影响蒸发不影响植物叶面蒸腾，故不作为根区部分。每一单元列分成两个相等部分，如图 7-1 所示。同一垂直结点列相邻两部分吸取率设在水平方向上保持不变。但相邻结点列间吸取率可以水平地变化。

根吸收可近似按下式计算：

$$D_n = \frac{(W_{i-1}+W_i)}{2} \sum_L L \left(\frac{S_n}{3}+\frac{S_{n+1}}{6}\right) \tag{7-17}$$

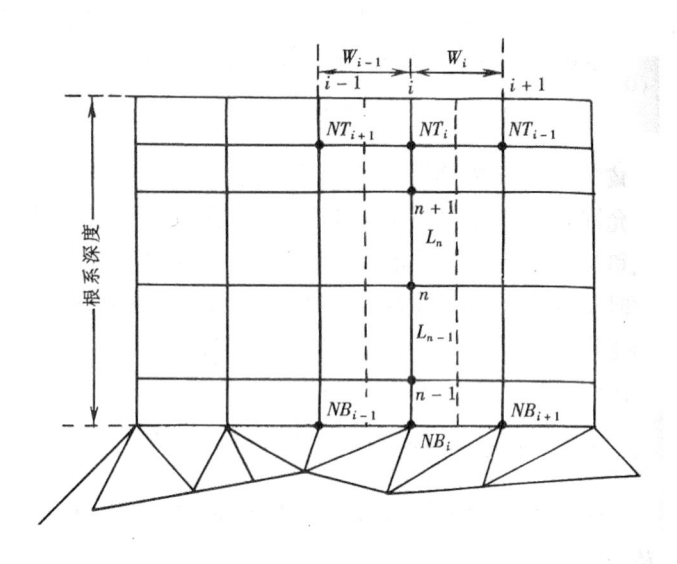

图 7-1 根区长方形结点示意图

式中：W_i 为 i 和 $i+1$ 列结点间距离；S_n 为结点 n 的根吸收；L 表示对一列上所有垂直分段的两相邻点的垂直距离求总和。由下式近似求 S：

$$S = k_r k_{11}(h_p - h_{pr})b' \tag{7-18}$$

这里：h_{pr} 为根中压力水头；b' 为根的有效性函数。将式(7-18)代入式(7-17)，有

$$D_n = \frac{(W_{i-1}+W_i)}{2} \sum_L L k_{11}\left[\frac{[k_r b'(h_p-h_{pr})]_n}{3}+\frac{[k_r b'(h_p-h_{pr})]_{n+1}}{6}\right] \tag{7-19}$$

这里 h_{pr} 假定随深度保持不变。

单位表面总吸取率为

$$E_{p1} = \frac{2}{W_{i-1}+W_i} \sum_{n=NB_i}^{NT_i} D_n \qquad D_n < 0 \tag{7-20}$$

因为不允许水从根向土中流动，即 D_n 不允许为正值，所以根的真正吸取率则由式(7-20)取最大值，以使

$$|E_{p1}| \leqslant |E_{p1}^*| \text{ 和 } h_{pr} \geqslant h_{pw} \tag{7-21}$$

这里 h_{pw} 是枯萎点压力水头。

此约束取最大的过程简述如下：

1. 使 h_{pr} 等于 h_{pw}；
2. 利用早先的 $h_p^{k+1/2}$ 和 $k_r^{k+1/2}$ 值，由式(7-19)对列上结点计算 $D_n^{k+1/2}$；
3. 将 D_n 正值赋 0，由式(7-20)计算 E_{p1}；
4. 若 $|E_{p1}| \leqslant |E_{p1}^*|$，上述 2 中计算的 D_n 用于式(7-14)或式(7-15)求解中；
5. 若 $|E_{p1}| > |E_{p1}^*|$，上述 2 中计算的全部 D_n 乘以 $|E_{p1}^*|/|E_{p1}|$，使其和等于 $|E_{p1}^*|$。

在迭代 5 次以上时，即水不是限制在根区内部，相当于蒸腾蒸发最大速率的根中压力水头可按下式计算：

$$E_{p1}^* = \sum_{n=NB_i}^{NT_i} \sum_L L k_{11}\left[\frac{[k_r b'(h_p-h_{pr})]_n}{3}+\frac{[k_r b'(h_p-h_{pr})]_{n+1}}{6}\right] \tag{7-22}$$

上述过程对根区每一垂直结点列进行。全部 D_n 分量已知后,可获式(7-14)或式(7-15)的解。

四、井的轴对称流模拟

无压含水层中井抽水,水不通过非饱和部分流入井,仅通过饱和部分流入井。井水位下降时,若井无套管将产生出渗面。抽水流量是由含水层流入井的流量和井的贮存两部分组成的。这样的井如图 7-2 所示。时间步长中井水位变化可由下式近似确定:

$$\Delta L = \frac{\Delta t}{n(r_w^2 - r_t^2)}[Q_P^{k+1/2} - Q_A^{k+1/2}] \tag{7-23}$$

式中:ΔL 是井水位高度变化值;Δt 是时间步长;r_w 是井的有效半径;r_t 是井管半径。Q_p 是抽水速率;Q_A 是从含水层流入井的流量。

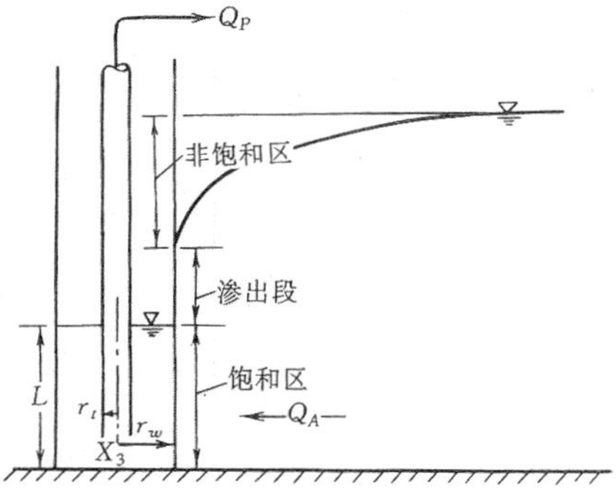

因为式(7-23)含两个未知数,所以须迭代求解:

1. 从每一时间步长开始,由式(7-23)用 $Q_A^{k-1/2}$ 代 $Q_A^{k+1/2}$ 估算 ΔL,前者为沿井管的 Q_n 值总和;

2. 由下式计算该时间步长中的新水位。

$$L_{\text{New}}^{k+1/2} = \lambda L_{old}^{k+1/2} + (1-\lambda)(L^k + \Delta L)$$
$$0.5 \leqslant \lambda \leqslant 1 \tag{7-24}$$

这里 λ 是超松弛因子,

3. 据新水位修改井管的边界条件;

4. 求解式(7-14)或式(7-15);

5. 据新得的 $Q_A^{k+1/2}$ 值,由式(7-23)计算该时间步长的新的 ΔL;

6. 重复 2、3、4、5 步,直到 h_p 达满意的精度为止;

7. 时间步长末,L^{k+1} 值按 $L_{\text{New}}^{k+1/2} + \Delta L/2$ 计算。

图 7-2 无压含水层中井示意图

尽管上述过程要求在个别时间步长内,Q_p 是常数,但抽水量随时间变化的总体分析可用各 Δt 时间内 Q_p 值的变化来实现。经验表明,式(7-24)的 λ 值当 Q_A 趋近 Q_p 时会增大,通常超过 0.7。

第三节 程序 UNSAT2 的应用

一、单元划分和编号

正确的单元网格设计对精确性和收敛性是很重要的。图 7-3 是两种材料组成的垂直剖面。网格由四边形或三角形单元组成,单元尺寸在平行于可能出现最大水力坡降方向一般应小些,反之可大些。虽可以使用任意四边形,但用等尺寸的单元可得较好结果,畸形单元导致较大数值误差。计算时四边形单元由程序自动剖成三角形。

首先将模型旋转,使最短尺寸是垂直的,沿垂直方向向顶部画横截线。这些线必须连续且不相交,但也不必是直线。从左侧底部结点沿每横截线向上,然后向右顺序从 1 到 NUM-NP(结点总编号)编号。以同样方法对单元编号。任一横截线上结点最大数 IJ 用以确定单元矩阵的有效尺寸(即带宽)。为使内存最小,IJ 应尽可能小。此就是上述编号规则的理由。

根区内单元必须是平行和垂直坐轴标的矩形。要能研究不同深度和不同种类植物的根区,根区深度须大于或等于模拟期根实际达到的最大深度。

轴对称三维流动,垂直轴必须与网格最左边边界相一致。分析井轴对称流,井必须置于系统左边界上。

图7-3举例说明了一水流系流单元网格图。网格由131个单元和133个结点组成。

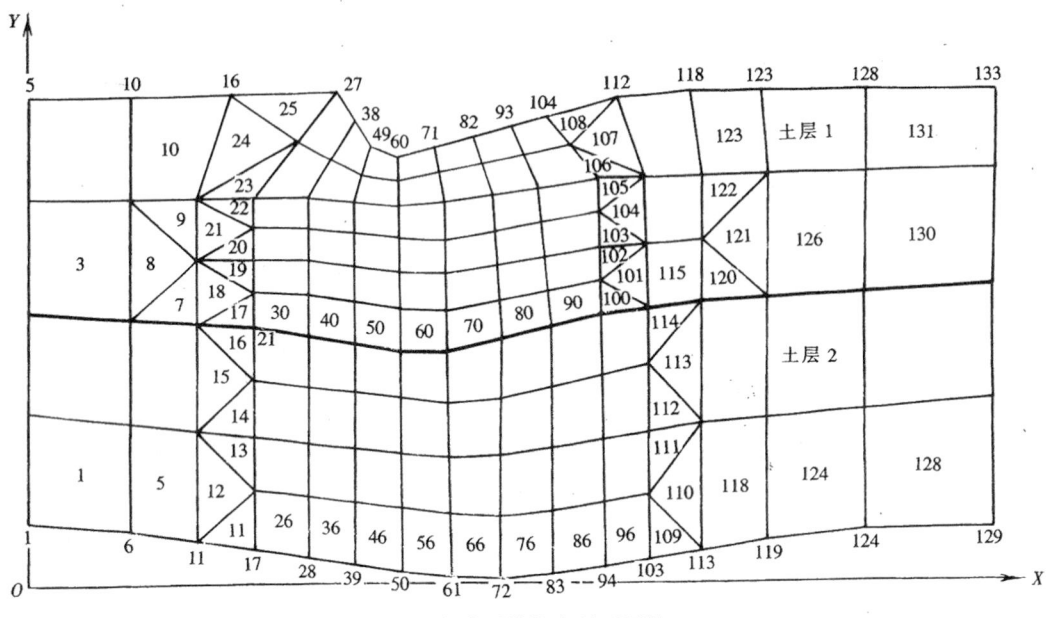

图7-3 流动区域的有限元网格

二、材料编号

流动区域内不同特性材料总数为NUMMAT对每一单元赋予相应的材料编号。如图7-3所示,上部土层指定为材料编号1,此层所有单元将具有此材料性质。余下的单元具有材料编号2的特性。

对每种材料须给出饱和水力传导性、比贮存、孔隙率、以含水量为函数的相对传导性和压力水头。相对传导函数和压力水头函数必须是单值和单调的。在分析具有非零大气进口压力的流动系统时可能会造成困难,因为在含水量达饱和时压力水头和相对传导性变为不连续。此时可对压力水头和相对传导性曲线进行人工光滑,使其单调来缓解此问题,所造成的误差一般较小。

三、结点编号

对每一结点N,须提供空间坐标$X(N)$、$Y(N)$及初始压力水头$P1(N)$,进出土的流动速率$Q(N)$和边界编码$KODE(N)$。在某一时间步长末,若结点N有给定的压力水头,则在该时间步长中,$KODE(N)$必须给1。给定的压力水头等于$P1(N)$,$Q(N)$可不特别给定。

在时间步长中,通过结点N进出系统的流量值已定,$KODE(N)$须等于零。因此对给定流量边界的结点$KODE(N)$等于零,而$Q(N)$等于相邻单元边界面的流动速率。边界是不透水的,$KODE(N)$和$Q(N)$都等于零。是源汇的内部结点$KODE=0$,而$Q(N)$表示结点代表的土体的加权部分进出的流率。不是源汇的内部结点$KODE(N)$、$Q(N)$赋0,因为水虽可通过这些结点流动,但不能流入或流出系统。在根区内,由植物造成的水从系统移动的速率,是由有限元方程 D 项由程序计算的,故此区所有结点 $KODE(N)$、$Q(N)$ 须给 0。

沿受大气或其他外部条件决定的最大入渗或蒸发速率的土表结点 $KODE(N)$ 赋 -4。在这些结点上,$Q(N)$ 赋零,而蒸发或入渗速率由程序自动确定。

出渗面不必与横截线相重合。在任何计算阶段最初置于有望变成非饱和出渗面上的所有结点必须 $KODE(N)=2$。在这样的结点上,$P1(N)$ 和 $Q(N)$ 赋 0。位于随后阶段可能变为出流面的边界非饱和部分上的结点 $KODE(N)=-2$。在这些结点上,$P1(N)$ 赋予初始压力水头,而 $Q(N)=0$。最初位于给定压力水头边界上结点可赋 $KODE(N)=1$,它可通过下述的再启动最后变为 ± 2。同时为出渗面和给定水头边界的结点不作为出渗面结点,其 $KODE(N)=1$。从无压含水层抽水的井,井管和滤层部分可能成为出渗面,其沿此边界的结点 $KODE(N)=2$。井的套管部分应作为不透水边界,相应结点 $KODE(N)$ 和 $P1(N)$ 等于零。

表 7-1 $KODE(N)$、$Q(N)$、$P1(N)$ 的用法

结点类型	$KODE(N)$	$Q(N)$	$P1(N)$
内部(非源汇)	0	0	初值
内部(源汇)	0	总渗量	初值
不透水边界	0	0	初值
水头边界	1	0	初值
流量边界	0	总流量	初值
根区	0	0	初值
蒸发	-4	0	初值
入渗	-4	0	初值
出渗面(最初饱和)	2	0	初始压力水头必为 0
出渗面(最初非饱和)	-2	0	初值

不同类型结点的 $KODE(N)$、$Q(N)$、$P1(N)$ 的用法汇总如表 7-1 所示。

四、可变的边界条件

UNSAT2 提供的再启动在分析边界条件随时间变化的流动系统时是有用的。结点的 $KODE(N)$ 的值在任何计算阶段可变为 $0,1,\pm 2$,除能改变边界条件类型外,还能改变赋给每一边界结点的值;既能从给定流量条件变为给定压力水头条件,也能随时逐步改变给定的流量或压力水头,控制土蒸发入渗速率的大气或其他外部条件也能通过再启动来改变。

五、积分格式

有限元方程中的时间积分,或选用时间中心差格式,或选用后差格式。在计算期间,流动域保持非饱和时两种格式均可用。若计算时系统饱和且比贮存大于零,同样两种格式均可用。计算中系统发生饱和且饱和区中比贮存为 0 则必须用后差格式。

六、存贮和文件需求

UNSAT2 程序可对全部子程序分别编译,且作为目标编码存贮于永久文件上。如此,若改变问题的容量可不必对整个程序再编译。设子程序均已编译存贮,只需改变主程序中 BS 和 BD 数组的大小,重新编译主程序并连接上述已编译存贮的子程序,即可研究不同问题。

数组 BD 的最小长度可由下式计算:

$$L_{BD} = NUMNP * (IJ + 3)$$

式中:L_{BD} 为数组 BD 长度;$NUMNP$ 为有限单元网格中结点总数;IJ 为沿任一横向线结点

最大个数。

数组 BS 的最小长度可由下式计算：
$$L_{BS}=10*NUMNP+7*NUMEL+NUMMAT*(2*MK+4*MP)+NDIM*(2+MAXSP)+2*NUMDP+NDIMP*(4+4*MXCOL+2*MXNOD)+2*MXNOD$$

式中：L_{BS} 为数组 BS 的最小长度；NUMNP 为有限元网格结点数；NUMEL 为有限元网格四边形和三角形单元数；NUMMAT 为具不同水力特性的材料数；MK 为 max(NUMK(M)),M=1,…,NUMMAT；NUMK(M) 为第 M 种材料传导性与含水量表中成对登录数；MP 为 max(NUMP(M)),M=1,…,NUMMAT；NUMP(M) 为第 M 种材料压力水头对含水量表中成对登录数；NDIM 为 max(1,NSEEP)；NSEEP 为渗流面数；MAXSP 为 max(1,NSP(I)),I=1,…,NSEEP；NSP(I) 为第 I 个渗流面上结点数（即 KODE(N)=±2 的结点）；NUMDP 为 max(1,NUMEP)；NUMEP 为 KODE(N)=−4 的蒸发入渗边界结点数；NDIMP 为 max(1,NPLNT)；NPLNT 为不同植物种类数；MXCOL 为 max(1,NCOL(J)),J=1,…,NPLNT；NCOL(J) 为第 J 类植物根区中垂直结点列数；MXNOD 为 max(1,NSOUR(J)),J=1,…,NPLNT；NSOUR(J) 为第 J 种植物根区每一垂直结点列的结点数。

程序中所应用的具有不同水力特性的材料数，是建立在 COMMON/MAT/中数组 C_1、C_2、SS、POR、NUMK、NUMP 和 NUMC 所赋值的大小之上的。在程序中，这些变量的大小是 5，虽然对许多问题它已足够，但对较多材料的流动系统，可能要改变相关子程序中这些变量容量的大小。显然，这时这些子程序须再编译。

对于给定抽水速率的轴对称流情况，沿井孔底部的结点的最大数由 COMMON/WEL/中数组 NB 的长度来确定。沿井孔表面可能发展的渗流面数，若不发生不同渗透性横截层式样，则由 COMMON/WEL/中数组 BE 的长度确定，至少为 1。这些数组当前为 3，必要时可自行改变。

UNSAT2 利用了三个存贮文件，一个为再启动的永久性文件，命名为 TAPE1，两个临时工作文件 TAPE2、TAPE3。全部数据用无格式写入这些文件。须注意，在程序计算结束时要确保 TAPE1 文件是永久性文件，以使能利用再启动。

第四节　数据输入和结果输出

一、原始数据输入

为便于数据登录，程序输入被分为 A—S 共 19 组，必须严格按顺序输入。下面顺序介绍每一组要求的数据表及其格式。再启动将单独介绍。程序格式语句规定整型数为 I5，实型数为 E10.3，实型数一般可由任一 F 或 E 格式提供。

A　问题的名称
对所有问题都需要。

格式	符号	说明
20A4	HED	在每个时间步长首部打印

B 一般控制数据

所有问题必须提供此数据。

格式	符号	说明
I5	NUMNP	结点数
I5	IJ	任一横向线上结点最大个数
I5	NUMEL	单元数
I5	KAT	水流系统模型类型值。水平面流为0,轴对称流为1;垂直平面流为2。
I5	NUMMAT	材料分类数
I5	INIT	初始条件数据判别符。若在压力水头(h)项则为0;若在总水头(H)项,则为1。$H=h+y$。
I5	MAXIT	时间步长中最大允许迭代次数。超过此数,计算终止,数据转到 $TAPE1$。再启动期间,此值可能改变。建议值为10。
I5	INTEG	选择时间积分格式。1为向后差分格式;2为时间中心格式(若 $S_s=0$,INTEG 必为1)。
I5	NSEEP	有望发展成渗流面的数目,沿其 $KODE(N)=\pm 2$
I5	MAXS	任一渗流面上 $KODE(N)=\pm 2$ 的结点最大数

C 特殊控制数据

对所有问题,均须提供此组数据。此组数据是选用专用程序,如井分析,蒸发或入渗边界,植物输送等。若不须选用,可插入空格记录。

格式	符号	说明
I5	NBW	井底水平部分结点数。完全井应为1。
I5	NPB	井底任一结点最大顺序号
I5	NPT	井顶部结点顺序号
I5	NEP	沿井孔有望发展成的渗流面数,见 K 组说明。
I5	LW	井初始水位或井初始水位下面结点顺序号
I5	NUMEP	蒸发或入渗边界结点数($KODE(N)=-4$ 的结点数)
I5	NPLNT	不同植物种类数
I5	MXCOL	植物根区垂直结点列的最大号
I5	MXNOD	植物生长任何阶段根区垂直结点列(包括土表结点)的结点最大号

D 材料控制数据

对所有问题,均须提供此组数据。按从1到 NUMMAT 顺序记入成对的数组。

格式	符号	说明
I5	NUMK(I)	材料 I 的以含水量 θ'_i 为函数的相对传导性 k^{r1} 表中成对数 (θ'_i, k_i^{r1}),一定大于或等于2。
I5	MUMP(I)	材料 I 的以含水量 θ'_i 为函数的压力水头 h(绝对值)表中成对数,一定大于或等于2。

E 出渗面数据

若 B 组中 NSEEP=0,则省略此组。出渗面按 I 从1到 NSEEP 顺序记数。出渗面 I 上

229

$KODE(N)=\pm 2$ 结点，开始从出渗面饱和侧由 $J=1$ 到 $J=NSP(I)$ 顺序记数，这样出渗面上每一结点由局部数 J 和综合数 $NP(I,J)$ 来识别。

E—1 组

格式	符号	说明
I5	NSP(I)	第 I 条出渗面结点数（$KODE(N)=\pm 2$ 的结点，或再启动最后可能给定 $KODE(N)=\pm 2$ 的结点）
I5	KODES(I)	此变量等于—1

对每一出渗面 I 在 E—1 组后紧接 E—2 组。

E—2 组

格式	符号	说明
I5	NP(I,1)	第 I 条出渗面上第 1 个结点的整体顺序号
⋮	⋮	⋮
I5	NP(I,16)	第 I 条出渗面上第 16 个结点的整体顺序号

F 大气控制数据

若 C 组中 $NUMEP=0$，则省略此组。此数据提供土表最大蒸发量（或入渗量）。程序自动计算流入或流出土的真实量。注意：若 $KODE(N)=-4$ 的结点是 1 个或更多个，才必须此组数据。

格式	符号	说明
F10.3	EI	单位表面积垂直于土表的最大允许蒸发（负值）或入渗（正值）速率。再启动过程，此值可能变化。
F10.3	PL	土表最小允许压力水头 h_L
F10.3	BTPI	第一次迭代 EI 施加的部分（通常为 0.1，$0<BTPI \leqslant 1$）。

G 土表面几何图形数据

若 C 组 $NUMEP=0$，则此组可省略。G 组所必须的记录数是 $KODE(E)=-4$ 结点号的函数。由 F 组 EI 给定的最大流率的土表结点，其真实流率是未知的，它是从 $I=1$ 到 $I=NUMEP$ 自左到右局部编号的。如此，$KODE(N)=-4$ 的结点是由局部 I 和全程 N 确定的。此组数据用于 I 结点所代表的土表条带宽度程序。由结点 I 代表的土表条件宽度 $WIDTH(I)$，包括结点紧邻单元表面长度的一半。

格式	符号	说明
E10.3	WIDTH(I)	第 I 个结点代表的土表宽度（即 $KODE(N)=-4$ 的结点）

对 $I=1$ 到 $I=NUMEP$ 的全部结点提供。

H 根区网格数据

若 C 组 $NPLNT=0$，则省略此组。此组数据，每种植物设定垂直结点列数和每垂直结点列的结点数。

格式	符号	说明
I5	NCOL(J)	第 J 种植物根区垂直结点列数
I5	NSOUR(J)	对应于第 J 种植物根区垂直结点列结点数，不包括土表结点。

对于 $J=1,2,\cdots,NPLNT$，提供 $NCOL(J)$ 和 $NSOUR(J)$。

I 植物种类数据

若C组 $NPLNT=0$，则省略 I 组。此组数据用于给定每种植物的枯萎压力水头和最大允许植物蒸腾速率。

格式	符号	说明
E10.3	$PW(J)$	第 J 种植物的枯萎压力水头，一定为负值。
E10.3	$TPOT(J)$	第 J 种植物单位土表面积的最大蒸腾速率（即可能的蒸腾速率）。再启动后此值可能改变。

对 $J=1,2,\cdots,NPLNT$，提供全部 $PW(J)$ 和 $TPOT(J)$。

J 根区数据

若C组 $NPLNT=0$，则省略此组。有4个组次，必须对 $J=1,2,\cdots,NPLNT$ 每种植物按下述顺序提供。

J—1组

此组用于输入每种植物的每垂直结点列代表的根区宽度。每种植物根区垂直结点列是从左到右由 $I=1$ 到 $I=NCOL(J)$ 记数。结点列所代表的宽度 $W(I,J)$ 是 $I-1$ 和 I 垂直结点列水平距离的一半加 I 和 $I+1$ 垂直结点列水平距离的一半。

格式	符号	说明
E10.3	$W(I,J)$	第 J 种植物根区第 I 条垂直结点列代表的水平宽度

对 $I=1,2,\cdots,NCOL(J)$，提供全部 $W(I,J)$。

J—2组

用于输入每条结点列顶部和底部结点编号 N。

格式	符号	说明
I5	$NRB(I,J)$	第 J 种植物根区第 I 条垂直结点列底部结点顺序号 N
I5	$NRT(I,J)$	第 J 种植物根区第 I 条垂直结点列顶部结点顺序号 N，即紧接土表下的结点。

对 $I=1,2,\cdots,NCOL(J)$，提供全部 $NRB(I,J)$、$NRT(I,J)$。

J—3组

用以提供每种植物根的有效性函数。根区内结点是从底部向顶部编号，从底部结点 $K=1$ 开始结束于土表上结点 $K=NSOUR(J)+1$，根区内结点由两个数来认定，一个是局部数 K，一个是全程数 N。植物生长是利用再启动随时间进展逐渐增大根的有效性来模拟的。

格式	符号	说明
E10.3	$RDF(K,J)$	第 J 种植物根区底排结点根有效性函数。再启动时，此值可能变化。

对 $K=1,2,\cdots,NSOUR(J)+1$，提供全部 $RDF(K,J)$。相应于 $K=NSOUR(J)+1$ 的值，程序要读入和抛弃，虽实际无用，但必须提供（或以空白代之）。

J—4组

用于给定第 J 种植物根区结点的土材料。根区可以是均质的或由不同土层组成的。K 和 $K+1$ 行之间的材料 $MTR(K,J)$ 必须与相应的材料顺序号相对应。

格式	符号	说明
I5	$MTR(K,J)$	相当于 $K=1$ 和 $K=2$ 结点行之间水平层的材料顺序号

对 $K=1,2,\cdots,NSOUR(J)$,提供全部 $MTR(K,J)$。对第 J 种植物,最后的 $MTR(K,J)$ 将相应于 $K=NSOUR(J)$ 和 $K=NSOUR(J+1)$ 间的水平层,即顶层恰在土表之下。

最后注意:对 $J=1,2,\cdots,NPLNT$,所有各种植物必须按顺序提供 J 组中全部组次数据。

K 井描述数据

若 C 组中 $NBW=0$,则省略此组。只有在 B 组中 $KAT=2$ 和井布置在有限元网格左边界时才能对井进行轴对称流分析。井的水平底部的结点要从左到右连续编号,从 $L=1$ 到 $L=NBW$(若系完全井,NBW 必等于1)。如此,井底结点由局部号 L 和全程号 N 来识别。此组数据用于设定井底结点局部编号 $NB(L)$,以及抽水期间有望形成出渗面的序列。贯入不同透水性土层的无套管井和水位降至套管底部以下时,可能出现多个出渗面。故须提供每个可能出渗面上的饱和结点编号 $NE(I),I=1,2,\cdots,NEP$。

格式	符号	说明
I5	$NB(L)$	井底第 L 个结点的连续编号 $N,L=1,2,\cdots,NBW$。
I5	$NE(I)$	$I=1$ 时 $NE(1)=NB(NBW)$,$I=2,3,\cdots,NEP$ 是井管第 I 条可能出渗面上紧邻的饱和结点顺序编号 N。

L 井控制数据

若 C 组 $NBW=0$,则可省略此组。此组数据提供井管数据。在任一时间步长,井的抽水速率是常数。利用再启动,在分段方式下可模拟可变抽水速率。

格式	符号	说明
E10.3	RW	井有效半径(即沿井周结点的径向坐标)
E10.3	RT	生产管半径
E10.3	QT	井抽水速率(负值)
E10.3	AL	井中初始水位
E10.3	$ALFA$	迭代处理时的松弛因子。如未给定,则取 0.8。

M 时间步长数据

对所有问题,必须提供此组数据。

格式	符号	说明
E10.3	DT	计算采用的初始时间间距
E10.3	$DTMAX$	DT 的最大允许尺寸
E10.3	$DMUL$	在每一时间步长,由 $DMUL$ 增加 DT,DT 的值不许超过 $DTMAX$,通常 $DMUL\leqslant1.3$。
E10.3	$TMAX$	计算结束前达到的最长时间,为再启动结果转存于 TAPE1 上,无论 DT 多少,计算的最后时间恰等于 $TMAX$。
E10.3	TOL	在给定时间步长中任两次迭代之间压力水头 h 值的最大变化的绝对值。若 B 组中 $MAXIT>0$,迭代持续到全部误差小于或等于 TOL,或直到 MAX-IT 被超过。若 $MAXIT=0$,TOL 被忽略。若 TOL 被超过而 $MAXIT$ 达到,结果被转存于 TAPE1 上而计算结束。

N 单位换算因子

对所有问题,必须提供此数据。二向平面域,$CONS1=CONS2=1.0$;轴对称流区域,$CONS1=1.0,CONS2=1/(2\pi)$。

格式	符号	说明
E10.3	CONS1	常数,取决于所用单位。
E10.3	CONS2	常数,取决于所用单位。

UNSAT2 程序提供了一种方便,即能在非一致单位下设定输入或输出。故须确定单位换算因子,以使输入数据能换算成相一致的单位进行计算,而输出时又被换算成用户给定的单位。

总水头 H、压力水头 h 和长度 L 的单位是相同的,对垂直平面的二向流程序,则采用如下尺度关系:

$$K_c L_c^3 + L_c^3 T^{-1} = Q_c$$

式中:K 表示水力传导性,LT^{-1};Q 表示流量,L^3T^{-1};T 表示时间;L 表示长度;下标 C 表示一致单位。

首先选一致单位长度为 ft(呎),时间为 min。若用非一致单位,则 Q 为 gal/d(加仑/日),K 为 cm/s,须计算两个常数去换算 Q 和 K 成一致单位,以使

$$[Q_c \text{ 的单位}] = C_q [Q \text{ 的单位}]$$

和

$$[K_c \text{ 的单位}] = C_k [K \text{ 的单位}]$$

这里 C_q 是 Q 的换算常数;C_k 是 K 的换算常数。于是单位换算因子由下式计算:

$$CONS1 = 1/C_K \text{ 和 } CONS2 = C_q/C_k$$

O 材料常数特性

对所有问题,必须提供此组数据。此组数据提供各种材料的常数特性。

格式	符号	说明
E10.3	$C_1(M)$	第 M 种材料的第一主水力传导性(k_{11}^s)
E10.3	$C_2(M)$	第 M 种材料的第二主水力传导性(k_{22}^s)
E10.3	$POR(M)$	第 M 种材料的孔隙率(θ_s)(即饱和含水量)
E10.3	$SS(M)$	第 M 种材料的单位贮存量,(S_s,量纲 L^{-1}),对不可压缩的薄层土,通常取为零。

从 $M=1,\cdots,NUMMAT$,对各种性质不同的材料全部提供。

P 非饱和材料特性

对所有问题,必须提供组数据。此组数据输入相对水力传导性和压力水头。分两个组次,都必须对每种材料从 $M=1,2,\cdots,NUMMAT$ 按顺序重复提供。制表时注意程序计算函数中间值是利用表列数据作线性插值的。

P—1 组

本组提供以含水量为函数的相对传导系数。函数是从 $I=1,2,\cdots,NUMK(M)$ 列表值读入的。$I=1$ 时必须相应于最小含水量,I 增大时含水量单值地增加,I 最大时一定对应于饱和含水量而等于 O 组中的 $POR(M)$。

$$\theta_1 < \theta_2 < \cdots < \theta_{NUMK(M)} - 1 < \theta_{NUMK(M)} = POR(M)$$

格式	符号	说明
E10.3	$XK(I,M)$	θ_i^M,从$K^r(\theta)$表中查得。
E10.3	$YK(I,M)$	K_{ri}^M,从$K^r(\theta)$表中查得。

对每种材料,$P-2$组必须紧随$P-1$组。

$P-2$组

此组提供以含水量为函数的压力水头,从$I=1,2,\cdots,NUMP(M)$列表读入。表中的压力水头h是绝对值(正值),程序将其转换成负值。$I=1$必相应于最小含水量,随I增大含水量必须单值地增大,最大的I值一定相应于$POR(M)$。

格式	符号	说明
E10.3	$XP(I,M)$	$h(\theta)$表中的θ_i^M
E10.3	$YP(I,M)$	$h(\theta)$表中的$|h_i^M|$

Q 结点数据

对所有问题,必须提供此组数据。此组数据给出单元网格中结点空间坐标、边界代码、初始压力水头、边界压力水头、边界流量和源汇项。一般每个结点要求1个记录,但有时程序能自动生成一些结点的数据。如N_1、N_2两结点,沿剖分线N_2较N_1+1大,于是只对N_1、N_2结点提供数据,但在提供时要符合下述条件:

1. N_1、N_2结点剖分线上的结点等间距相隔;
2. N_1、N_2结点间压力水头呈线性变化;
3. 对$N=N_1,N_1+1,\cdots,N_2-1$的$KODE(N)$是相同的;
4. 对$N=N_1,N_1+1,\cdots,N_2-1$的$Q(N)$是相同的。

格式	符号	说明
I5	N	结点号
I5	$KODE(N)$	结点边界条件类型代码,规定值为-4、-2、0、1、2。利用再启动时会改变。
E10.3	$X(N)$	结点的X坐标。垂直、水平或轴对称流动时,应是水平坐标。轴对称时,X是距垂直对称轴的径向距离。
E10.3	$Y(N)$	结点的Y坐标。垂直、水平、或轴对称流动时,应是垂直坐标。轴对称时,Y应与垂直对称轴重合。
E10.3	$P1(N)$	B组$INIT=0$,$P1(N)$表示结点N的压力水头h。若$INIT=1$,$P1(N)$表示结点N的总水头。若$KODE(N)=-4,-2,0$,$P1(N)$表示初值;若$KODE(N)=1,2$,$P1(N)$表示时间步长末的边界值。
E10.3	$Q(N)$	当$KODE(N)=-2$、0时为结点上流入或流出系统的流量,否则空白不填。在给定$KODE(N)=-2$、0时,$Q(N)$是通过结点N代表的边界段流量的总和,该流量是邻近同一结点上内源所产生的。若N在根区,$Q(N)$应为0。

R 单元数据

对所有问题,均须提供此组数据。此组数据提供每个单元角点、单元内的材料和单元内主水力传导性方向。通常必须从1到$NUMEL$连续逐个单元提供。和结点同,E_1、E_2两个单元位于两横向之间,且E_2较E_1大,在满足下述条件下仅须给定E_1的数据。

1. E_1、E_2间单元(包括E_1、E_2)是四边形的;

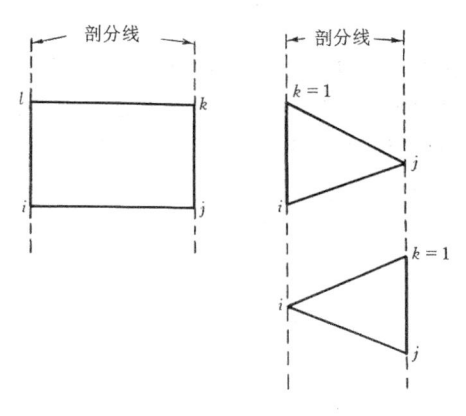

图 7-4 单元角点的习惯编号

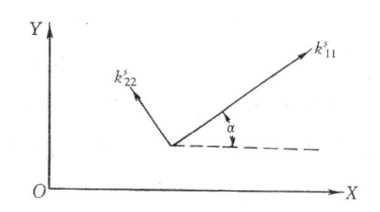

图 7-5 主传导性与 x 坐标间的夹角 α

2. $E_1,\cdots,E_2$ 所有单元为同一材料 M;

3. 在 $E_1,\cdots,E_2$ 所有单元中,主水力传导性方向相同;

如图 7-3,仅须提供已写出单元号的单元数据,程序将对所有余下的单元生成数据。三角形单元必须提供,两横向线间至少第一个单元须提供。习惯上单元角点的编号如图 7-4 所示。图 7-5 表示如何用 α 角来设定主水力传导性的方向。

格式	符 号	说 明
I5	NUM	单元的顺序编号
5I5	$KX(NUM,J)$	角点 i,j,k,l 的顺序编号(N)和单元水力特性的材料顺序编号(M)
E10.3	$SANG(NUM)$	单元中采用的 k_{11}^s 和 X 坐标间夹角

S 计算结束

若计算超过给定数据 $TMAX$,则可忽略此组数据。若想给定新的边界条件则用再启动数据代替此组数据。

格式	符 号	说 明
A4	HED	当 $TMAX$ 达到计算终止值时进入 END

二、再启动过程数据输入

每当程序计算正常终止(即不因错误输入数据或其他错误)时,计算结果和全部必须的输入信息写在 TAPE1 输入、输出文件上。若 TAPE1 作为永久性文件保存,则计算能在初始时间等于 $TMAX$ 和早先运行计算的 $TMAX$ 时的初始条件等于压力水头的最后数据上重新开始。当在此状态下再启动时,初始数据(A—S 组)须用下表所示的 7 组数据(RA—RG 组)代替。

再启动最大的优点是在计算中不用暂停而能改变边界条件或另外的控制数据。这样从初始数据中省略 S 组,在初始输入数据 R 组之后加选定的 RA—RG 组。若 RG 组也省略,另外的 RA—RG 组可放在数据的末端继续计算。这可重复所要的计算次数,以使输入数据能有下述形式的任一种。

A—S

A—R,RA—RG

A—R,RA—RF,RA—RG

A—R,RA—RF,RA—RF,…,RA—RG

RA—RG

RA—RF,RA—RF,…,RA—RG

注意,通常必须用 S 或 RG 组来结束输入数据。除允许边界条件和另外数据及时改变外,再启动也能在求解过程的不同时刻检查输出数据。这在消耗大量机时之前,在问题建立开始和计算期间发现数据输入错误或公式化逻辑错误是很有用的。因为再启动可使求解过程继续下去,不会在中间时间步长检查输出而处于不利地位。

RA 问题名称

对所有问题,每次使用再启动时都必须提供。

格式	符号	说明
2A4	HED	再启动必须在此进入
18A4	HED	每一时间步长打印要求的标题

RB TAPE1 文件控制数据

NTAPE 的目的,即在最后结束或在早先运行期结束计算能再开始计算。TAPE1 再细分成两个相等的部分,各自存贮再启动的所有信息。文件的第一部分含有从下次末端到最后运行准备的信息,第二部都含有从最后运行末端准备的信息。为了用修正的输入数据重复运行,NTAPE 赋值1。在此情况下,计算结果转存在文件的第二部分,而第一部分的信息的原封不动地保留着。为了从最后结束处继续计算,NTAPE 赋值2。在这种情况下,贮存在文件第二部分的全部信息转存到第一部分。若计算正常结束,为了下次再启动,则计算结果贮存在文件第二部分。

格式	符号	说明
I5	NTAPE	再启动期间从 TAPE1 读入数据的 TAPE1 的选择部位:读第一部分是1,第二部分是2。
I5	NUMRES	不读 RA—RB 组,读 RC—RF 组的次数。推荐 NUMRES 赋值0。

RC 新的时间和井控制数据

对再启动必须提供此组数据。此组数据用于改变所给的原始输入数据 B、L、M 中的某些变量。

格式	符号	说明
I5	MAXIT	新的 MAXIT 值(见 B 组)。保留 MAXIT 的原值,须在此引入。
I5	DD	新的 DT 值(见 M 组)。保留原 DT 值,置0或空白。
E10.3	DTMAX	DTMAX 的新值(见 M 组)。保留 DTMAX 的原值,须在此引入。
E10.3	DMUL	DMUL 的新值(见 M 组)。保留 DMUL 的原值,须在此引入。
E10.3	TMAX	TMAX 的新值(见 M 组),若 NTAPE=1,TMAX 值可同原值;若 NTAPE1=2,TMAX 值必须大于原值。
E10.3	TOL	TOL 的新值(见 M 组)。保留 TOL 原值,须在此引入。
E10.3	QP	QP 的新值(见 L 组)。保留 QP 原值,须在此引入。
E10.3	ALFA	ALFA 的新值(见 L 组)。保留 ALFA 的值,须在此引入。若给的值小于或等于0,ALFA 则等于0.8。
I5	NC	打印间时间步长。

RD 新的大气控制数组

若 C 组中 NUMEP＝0,则省略此组。此组可以改变 F 组最初给定的变量。

格式	符号	说明
E10.3	EI	新的 EI 值(见 F 组)。若 EI 值保留,它必须给定。
E10.3	PL	新的 PL 值(见 F 组)。若 PI 值被保留,它必须给定。
E10.3	BTPI	计算重新开始前,BTPI 早先值被倍增的因子(见 F 组)。在此推荐用 1,因计算期间 BTPI 会变化。若给定大于 1 的值,程序将使其等于 1。

RE 新的根有效性函数数据

若 C 组中 NPLNT＝0,则省略此组数据。此组数据可改变 I 组设定的最大允许蒸发量 $TPOL(J)$,也可设定新的根有效性函数 $RDF(K,J)$($J-3$ 组次)。当有 J 组时,必须对每种植物从 $J=1,2,\cdots,NPLNT$ 依次重复提供 RE 组。NCJ 的设定是对给定种类的植物有选择地改变根有效性函数。RE 组分两个组次。

RE－1 组

格式	符号	说明
I5	NCJ	若 $RDF(K,J)$ 保留不变,则输入 0;若在下面给定新的值,则输入 1。
E10.3	$TPOT(J)$	$TPOT(J)$ 的新值。若 $TPOT(J)$ 值保留不变,则给定原值不动。

若 NCJ＝1,一定要提供 RE－2 组,否则省略 RE－2 组。

RE－2 组

格式	符号	说明
E10.3	$RDF(K,J)$	$RDF(K,J)$ 的新值(见 J－3 组)。若 $RDF(K,J)$ 值保留不变,必须提供原值。

对 $K=1,2,\cdots,NSOUR(J)+1$ 提供,然后重复下一个 J 值的 RE 值。

RF 新的边界条件数据

对再启动必须提供此组数据。通常对须改变边界条件的结点提供,设定的结点顺序是无关紧要的。此组最后必须为空白记录。若全部边界条件保留不变,此组须提供空白记录。

格式	符号	说明
I5	N	边界条件改变的结点。
I5	NEWKOD	新的 $KODE(N)$ 值。NEWKOD 值必定是 0、1 或 ±2。若 $KODE(N)$ 值保留不变,应给定原值。仅当 N 已预先在 E 组中指明属于渗流面时才允许改变为 ±2。
E10.3	VALUE	若 $KODE(N)=0$ 或 -2,则 VALUE 表示结点 N 的 $Q(N)$ 新值;若 $KODE(N)=1$ 或 -2,则 VALUE 表示结点 N 的 $P1(N)$ 新值。

RG 计算结束

此组与 S 组相同。若此组省略,无论是 RA－RG 组还是 RC－RF 组,一定要添加于数据文件中,添加次数则取决于 RB 组中 NUMRES 给定的值。

格式	符号	说明
A4	HED	进入 END,停止计算,结果转存于 TAPE1。

三、程序输出

程序输出包括有限元网格的完整描述、结点的边界代码以及材料特性。

每时间步长在每次迭代完后打印信息,随后第二次迭代开始,预告压力变化最大的结点和此变化值。若进行井分析,每次迭代则打印出含水层流量和井水位。

在每时间步长末,进入系统的累加入流与每个结点总水头值、压力水头、流入或流出系统的流量一并被打印出。对每种材料,打印非饱和结点的含水量(两种或更多种材料交界面上的结点可以与两个或更多含水量相关联,因为它不须在交界面上连续)。

第五节 计算实例

本节提供 4 个计算实例。例 1 和例 2 是计算机计算结果与室内试验的比较,这两个例子较简单,输入数据文件的建立相对简单明了。后两个例子比较复杂,代表 UNSAT2 程序求解的典型物理问题。

一、实例 1——土样试验

此例根据 Skaggs 等(1970)提出的求非饱和土水力传导系数函数 $K(h)$ 的试验资料模拟的。试验中所有土压力饱和函数在用常水头法测得饱和水力传导性的同时用标准压力盒测得,流入长 61 cm、直径 8.75 cm 土柱的池水深 0.75 m。用计算机程序优选水力传导系数函数,以使计算入渗速率尽量与测量资料相符。模拟的目的是:由实验室数据获得附加入渗和入渗率曲线;与室内试验结果比较。

实验采用的土柱图形和有限元网格如图 7-6 所示。所用干砂掺合料的压力-饱和及相对传导性-饱和度曲线如图 7-7 所示。开始假定干砂含水量为 0.045,均质各向同性、饱和水力传导性为 0.000 722 cm/s。土柱底部敞开,侧边不透水。土柱模拟的输入控制数据和数组大小见表 7-2。

表 7-2 实例 1 程序容量输入数据

含义	变量名	数据
结点数	NUMNP	112
单元数	NUMEL	55
剖分线上结点最大数	IJ	2
数组大小	BD	560
	BS	1567

表 7-3 是原始数据。结点 1 和 2 位于土表面,$KODE(N)$ 赋值 1,表示二结点有给定压力水头,等于土表面上水深。土柱底部结点 111 和 112 给定 $KODE(N)=-2$,表示位于边界非饱和部分,在计算最后阶段有可能成为出渗面。余下结点的 $KODE(N)$ 和 $Q(N)$ 赋 0。对应于初始含水量 0.045 的初始压力水头为 -150.0 cm,将该值赋予除结点 1 和 2 外的全部结点上,而结点 1 和 2 则赋予土表面水深 0.75 cm 值。

表 7-3 实例 1 原始输入数据

A			SKAGGS	COLUMN	TEST		4			
B	112	2	55	2	1	0	20	1	1	2
C	0	0	0	0	0	0	0	0	0	0
D	13	8								
E—1	2	−1								

续表 7-3

E-2	111	112						
M	1.0	10.0	1.1	60.0	0.01			
N	1.0	1.0						
O	0.000722	0.000722	0.35	0.0				
P-1	0.028	0.000001	0.062	0.0001	0.10	0.001	0.15	0.01
	0.175	0.03	0.2	0.082	0.225	0.225	0.25	0.55
	0.275	0.886	0.2875	0.963	0.30	0.992	0.306	0.997
	0.35	1.0						
P-2	0.028	200.0	0.062	100.0	0.085	80.0	0.116	60.0
	0.178	40.0	0.265	20.0	0.306	10.0	0.35	0.0
Q	1	1	0.0	61.00	0.75	0.0		
	⋮	⋮	⋮	⋮	⋮	⋮		
	112	-2	1.0	0.00	-150.0	0.0		
R	1	1	3	4	2	1	0.0	
	⋮	⋮	⋮	⋮	⋮	⋮		
	51	101	103	104	102	2	0.0	
	55	109	111	112	110	1	0.0	
S	END							

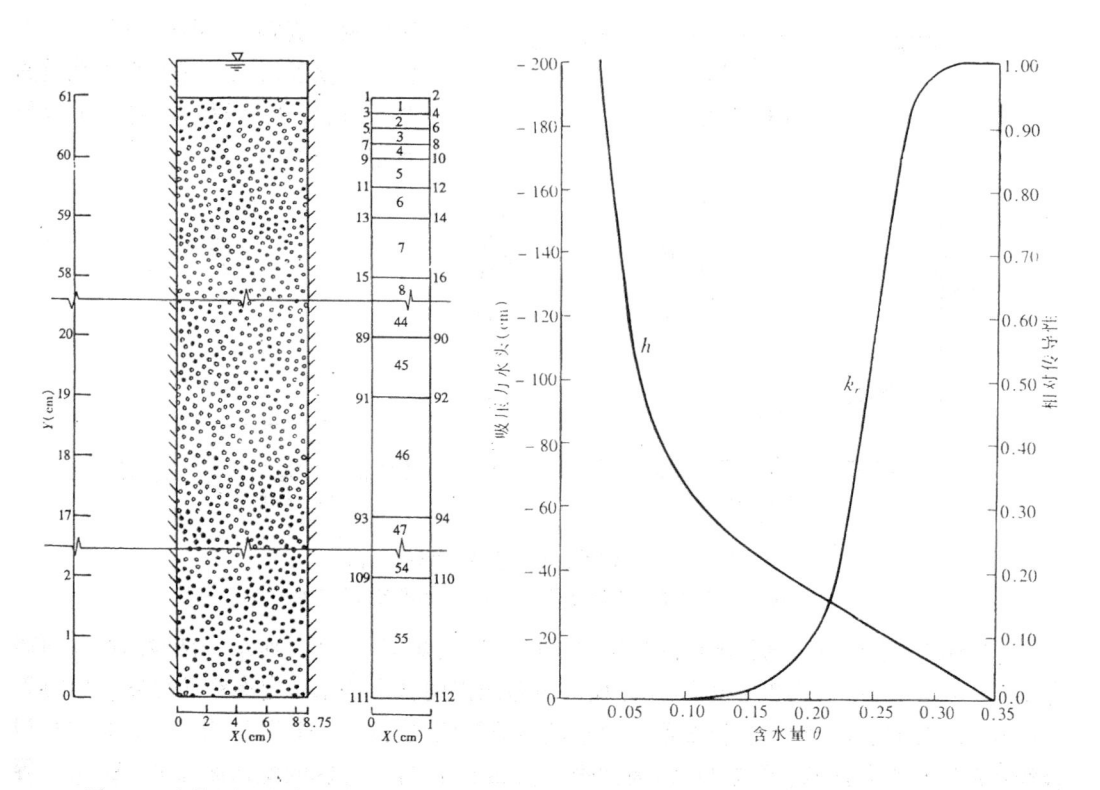

图 7-6 土柱图示和有限单元网络

图 7-7 砂掺合料压力-饱和度及相对传导性-饱和度曲线

239

如表 7-3 中 M 组输入数据所示,开始进行 60 s 的模拟,按顺序迭代,直至最后时间5400 s 起用再启动。表 7-4 为每次再启动用的时间数据。在时间步长中,连续两次迭代间压力水头值的最大绝对变化 TOL 为 0.01 cm。

从土柱模拟产生的作为时间的函数累积入流深度如图 7-8 所示,UNSAT2 程序模拟结果与 Skaggs 等人的实测数据甚为一致,只是在较长时间的模拟结果较实测大些。此微小差异可能是整个土柱的含水量分布不一致所造成的。

表 7-4　实例 1 时间步长数据

	DD(s)	$DTMAX$(s)	$DMUL$	$TMAX$(s)
开始	1.0	10.0	1.1	60
再启动	30.0	30.0	1.0	300
再启动	30.0	30.0	1.0	900
再启动	30.0	30.0	1.0	1800
再启动	30.0	30.0	1.0	2700
再启动	30.0	30.0	1.0	3600
再启动	60.0	60.0	1.0	5400

UNSAT2 模拟入渗速率与 Skaggs 等人(1970)报告的比较如图 7-9(a)所示,二者很一致。实测入渗速率和 Skaggs 等人计算的比较如图 7-9(b)所示。虽然当对两个计算入渗速率方法作比较时可发现有微小差别,但不可能确定更为精密的测量资料。由于实验室误差、设备灵敏度以及土柱材料水力性质的变化,所以上述两者间的微小差异是很可信的。

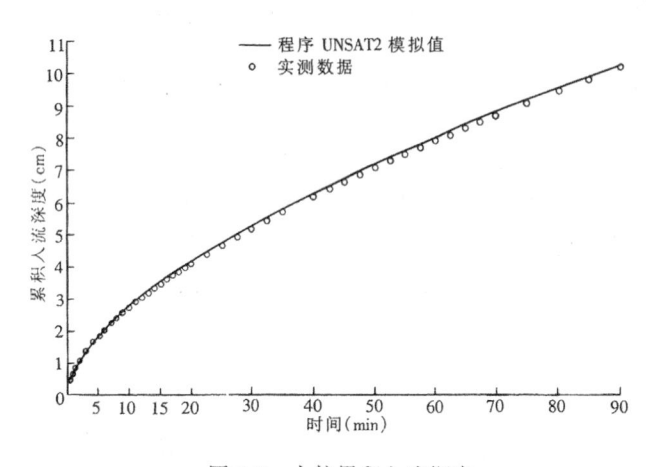

图 7-8　土柱累积入流深度

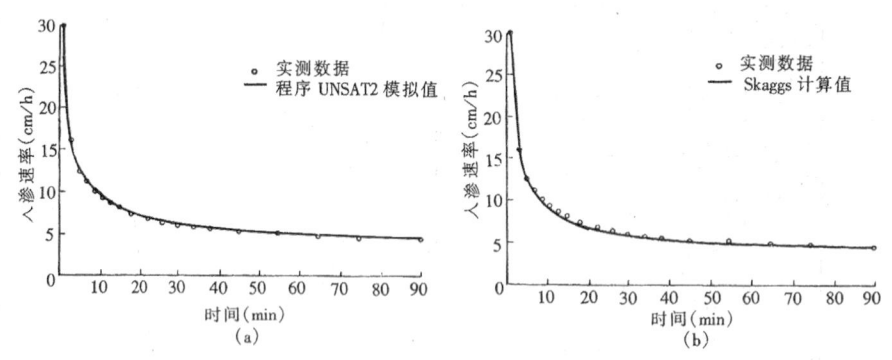

图 7-9　入渗速率实测值的计算值比较
(a)UNSAT2 模拟的入渗速率;(b)Skaggs 等确定的入渗速率

UNSAT2 模拟的与试验确定的湿锋面深度的比较如图 7-10(a)所示。试验的湿锋面深度由肉眼确定。UNSAT2 模拟中,通过比较单独结点的含水量来确定湿锋面深度。如图 7-10(a)所示,在较长的时间内,模拟湿锋面较试验湿锋面低。此不一致可认为是土体含水量和容积密度微小变化所致。图 7-11(b)为试验的和 Skaggs 等人计算的湿锋面深度。Skaggs 等人用以计算湿锋面深度的一维模型中允许测量的容积密度作为深度的函数。图 7-11 为模拟得到的选定时间间距的含水量分布。

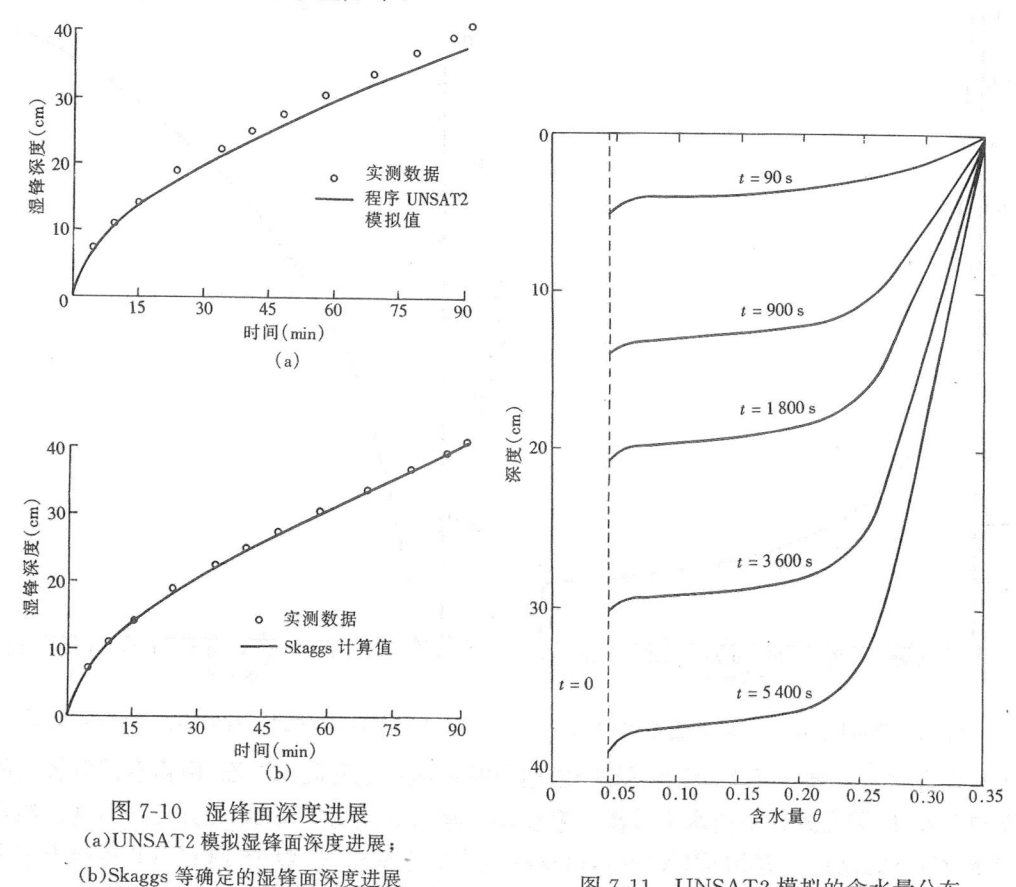

图 7-10 湿锋面深度进展
(a)UNSAT2 模拟湿锋面深度进展；
(b)Skaggs 等确定的湿锋面深度进展

图 7-11 UNSAT2 模拟的含水量分布

二、实例 2——排水试验

实例 2 基于 Duke(1973)和 Hedstrom(1971)等室内试验；研究农业土壤排水，开发一个较好的地下排水系统设计方法。试验室模拟时此例在长 1 220 cm、深 122 cm、宽 5.1 cm 的槽中装填 Poudre 砂。Poudre 砂很均匀且水力特性已知。以含水量为函数的毛管压力和相对传导性如图 7-12、7-13 所示。Poudre 砂的饱和水力传导性为 556.4 cm/d，而有效孔隙率为 0.348。砂为各向同性，其比贮存设为 0。

在槽的末端完全排水沟中保持常水位，以模拟土表面常速率入渗。虽然对不同的出流水位和各种入渗速率进行这一试验，当槽的不透水边界较低，试验中对出流水位保持同样高程，而入渗速率为 10.35 cm/d。这些试验的目的是为了获取浸润面稳定状态位置，以能与解析法和数值法的位置作比较。

图 7-14 为所考虑垂直剖面。应用 UNSAT2 模拟时设系统开始为静平衡，常入渗速率为 10.35 cm/d。模拟持续到稳定状态，即出流速率等于入流速率模拟终止。

有限元网格如图 7-15 所示。土表附近取小的垂直单元尺寸，因这些部位开始水力坡降很大。排水沟附近

表 7-5 实例 2 程序容量数据

含 义	变量名	数 据
结点数	NUMNP	226
单元数	NUMEL	200
剖分线上最大结点数	IJ	15
数组大小	BD	4068
	BS	3754

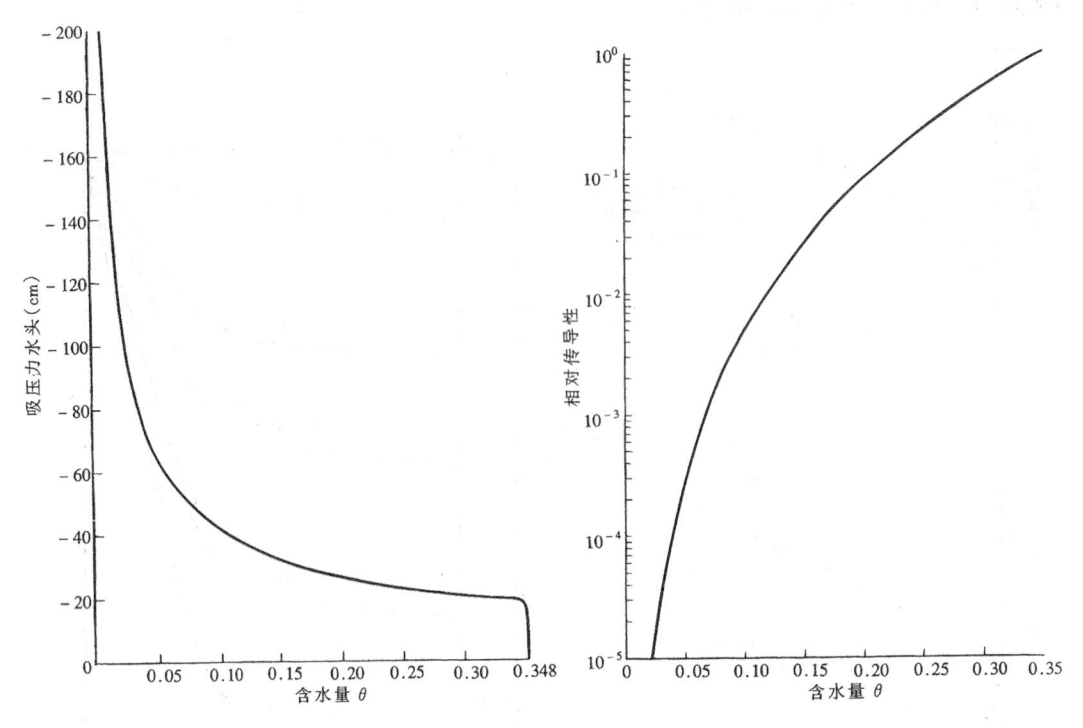

图 7-12 Poudre 砂压力水头-含水量曲线　　图 7-13 Poudre 砂相对传导性-含水量曲线

取小的垂直和水平单元尺寸,系统下部变成饱和时可逼真地发展出渗面。网格右部取较大的水平单元尺寸,因在此范围内水力坡降一般较小。除沿最左的横向线上的结点外,其余结点 $KODE(N)=0$。结点 1, $KODE(N)=1$,以反映其为常水头边界。整个模拟中,此点压力水头

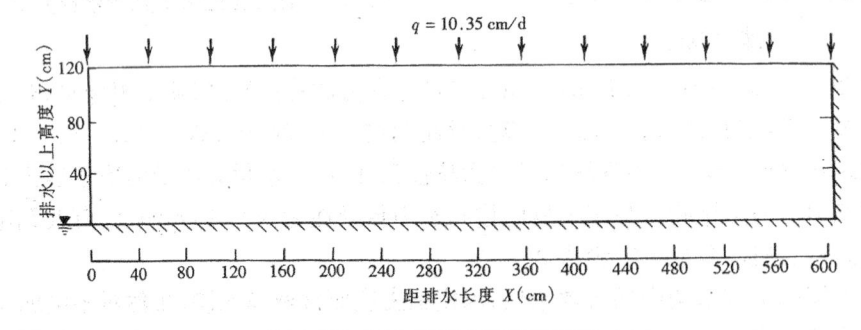

图 7-14 实例 2 的流动系统

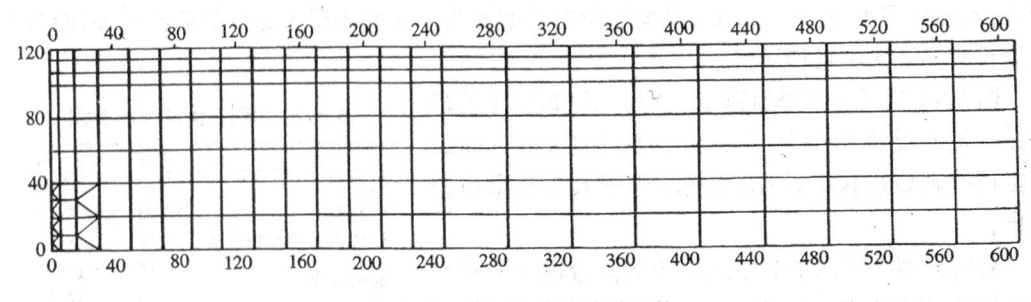

图 7-15 实例 2 的有限元网格

均为零。结点 2~10,$KODE(N)=-2$,因随入渗形成饱和区,所以将形成出渗面。采用的主要控制数据和程序容量如表 7-5 所示,而输入数据如表 7-6 所示。

表 7-6 实例 2 的输入数据

A		DRAIN		TEST		NO.1				
B	226	15	200	2	1	0	20	1	1	9
C	0	0	0	0	0	0	0	0	0	0
D	11	10								
E-1	9	-1								
E-2	2	3	4	5	6	7	8	9	10	
M	0.005		0.01		1.0		0.01		1.0	
N	1.0		1.0							
O	556.4		556.4		0.348		0.0			
P-1	0.0	0.0	0.0348	0.000562	0.0696	0.00107	0.1044	0.00599		
	0.1392	0.0204	0.1740	0.0526	0.2088	0.114	0.2436	0.220		
	0.2784	0.387	0.3132	0.639	0.3480	1.0				
P-2	0.0010	1425.0	0.0070	219.0	0.0209	110.0	0.0348	80.1		
	0.0696	5.0	0.1044	40.3	0.1392	33.7	0.1740	29.3		
	0.3470	19.01	0.3480	0.0						
Q	1	1	0.0	0.0	0.0	0				
	2	-2	0.0	4.0	-4.0	0				
	⋮	⋮	⋮	⋮	⋮	⋮				
	15	0	0.0	122.0	-122.0	25.87				
	⋮	⋮	⋮	⋮	⋮	⋮				
	118	0	190.0	122.0	-122.0	206.98				
	⋮	⋮	⋮	⋮	⋮	⋮				
	225	0	610.0	116.0	-116.0	0				
	226	0	610.0	122.0	-122.0	206.98				
R	1	1	16	2	2	1	0.0			
	⋮	⋮	⋮	⋮	⋮	⋮	⋮			
	200	216	225	226	217	1	0.0			
S	END									

为确保收敛,最初在计算中采用小时间步长,因为靠近土表的水力坡降大。随着计算的进展和系统内水力坡降的变小,时间步长将延长。利用了 4 次再启动。时间步长数据如表 7-7 所示。整个模拟期,TOL 取 1。

表 7-7 实例 2 的时间步长数据

	DD(d)	DTMAX(d)	DMUL	TMAX(d)
开始	0.005	0.005	1.0	0.010
再启动	0.005	0.100	1.1	1.000
再启动	0.100	0.500	1.1	4.000
再启动	0.500	0.500	1.0	8.000

如图 7-16 所示,UNSAT2 计算出的出流速率在开始 0.5 d 基本为零,以后快速增加,第 4 天的出流速率几乎接近入流速率。虽然此时已接近稳定状态条件,但仍将计算时间延长至 8 d,以核查水流系统内其他变化情况。UNSAT2 预测 8 d 的浸润面位置和 Duke(1973)实测的浸润面位置如图 7-17 所示。可知两值很相近。其差异可能是由于实验室测量误差和砂装填得不均匀所致。压力水头和不透水下边界上高度曲线如图 7-18 所示。

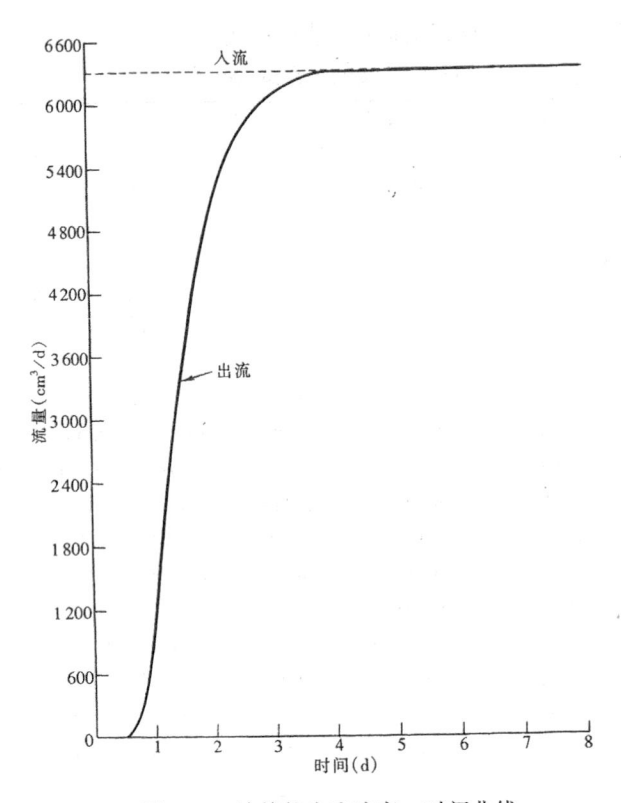

图 7-16 计算的出流速率—时间曲线

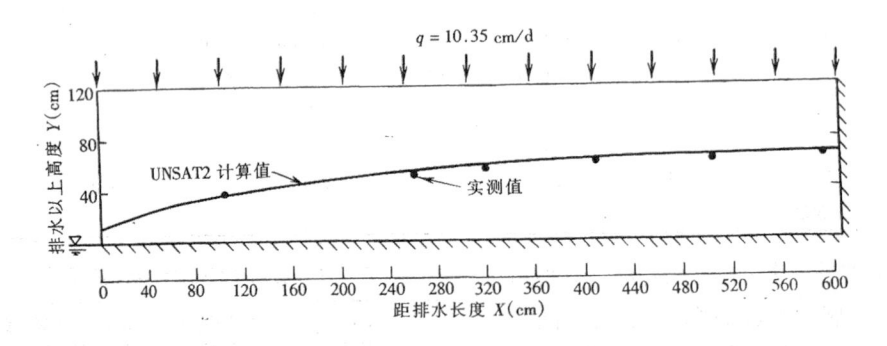

图 7-17 稳定状态下实测与计算的浸润面

三、实例 3——坝

此例是由 Neuman 等(1974)给出的,可说明如何模拟非均质各向异性材料的实际问题。坝的横断面如图 7-19 所示。坝壳由砂筑成而心墙则由粘土筑成。砂料和排水褥垫间边界作为出渗面。因为排水褥垫假定是自由排水,坝底可作为不透水边界。砂和粘土的非饱和性质如图 7-20 所示。砂壳材料饱和水力传导系数,水平方向为 0.005 m/h,垂直方向为 0.001 m/h;而心墙粘土饱和水力传导系数,水平方向为 0.000 001 m/h,垂直方向为 0.000 01 m/h。坝的有限元网格如图 7-21 所示。

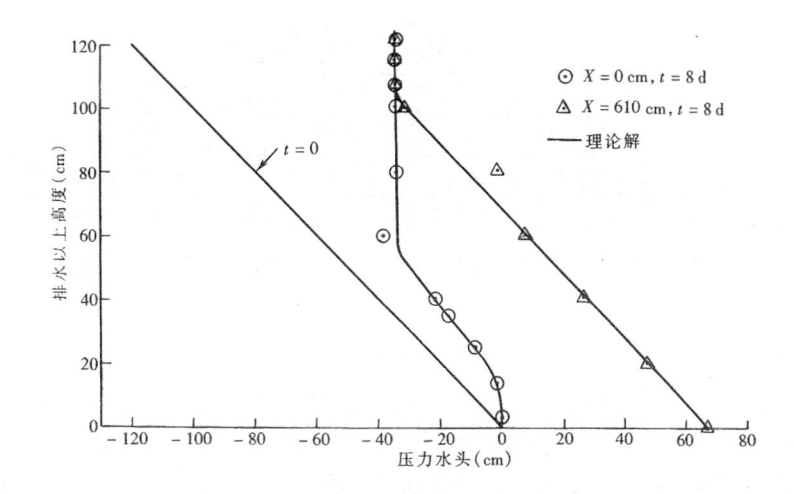

图 7-18 排水面上高度与压力水头曲线

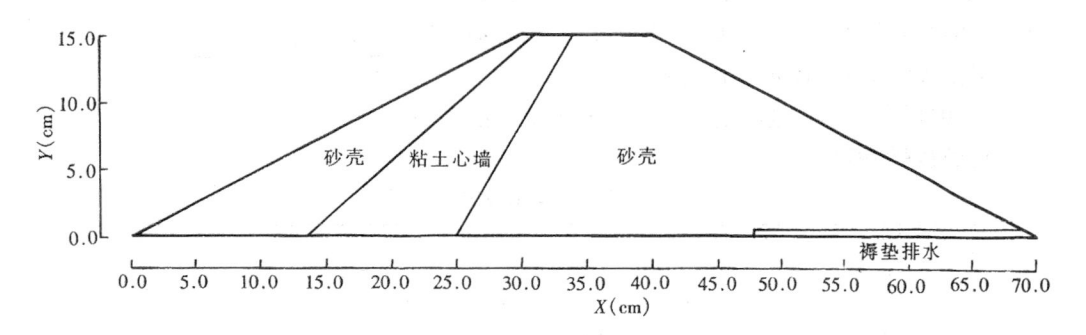

图 7-19 土坝横断面

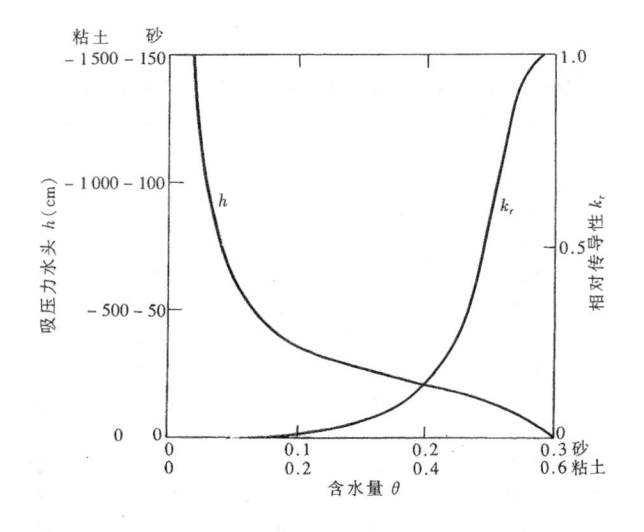

图 7-20 砂和粘土的非饱和性质

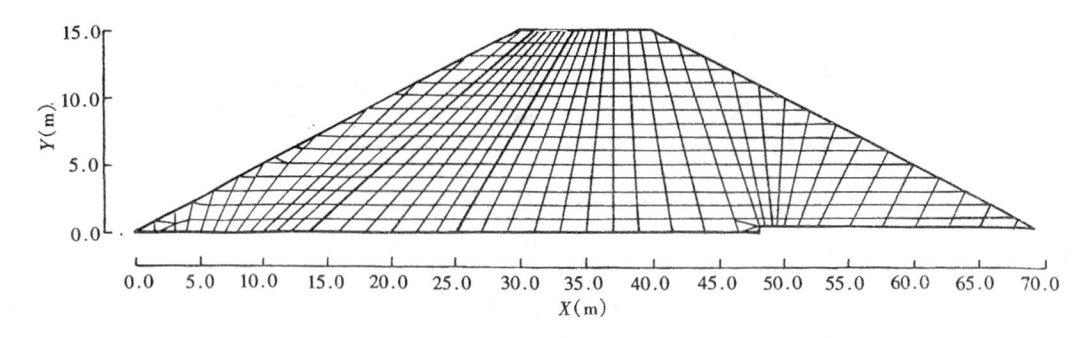

图 7-21 土坝的有限元网格

因土坝通常在接近饱和含水量下压实,故初始含水量砂壳取 0.255,心墙取 0.598。这些含水量相当于压力水头,在砂壳中近似为 −0.14 m,在粘土心墙中近似为 −0.05 m。有效孔隙率,砂为 0.3,粘土为 0.6。坝面既无蒸发也无入渗水比贮存。

零时刻坝后水位瞬时上升 4 m。在 $t=182$ h 时水位开始以常速度上升,直到 $t=374$ h 水位达到在 12 m。在以后模拟中,此水位保持不变。

影响程序计算容量的变量如表 7-8 所示。该实例的原始数据如表 7-9 所示。

表 7-8 实例 3 程序容量数据

含 义	变量名	数 据
结点数	NUMNP	467
单元数	NUMEL	436
剖分线上结点最大数	IJ	16
	BD	8873
数组大小	BS	7926

表 7-9 实例 3 输入数据

A	DAM	TEST	NO.1							
B	467	16	436	2	2	0	20	1	14	2
C	0	0	0	0	0	0	0	0	0	0
D	11	13	11	13						
E−1	2	−1								
E−2	362	363								
E−1	1	−1								
E−2	377									
…	…	…分别对 390、402、413、423、440、447、453、458、462、465、467 输入								
M	1.0	1.0	1.0	5.0	0.001					
N	1.0	1.0								
O	0.005	0.001	0.3							
	0.000001	0.00001	0.6							
P−1	0.09	0	0.17	0.07	0.19	0.11	0.20	0.14		
	0.21	0.18	0.22	0.23	0.23	0.32	0.24	0.40		
	0.27	0.88	0.28	0.96	0.29	1.0				
P−2	0.0	2.6	0.02	1.3	0.03	0.94	0.04	0.75		
	0.05	0.62	0.07	0.46	0.08	0.41	0.09	0.38		
	0.1	0.35	0.12	0.32	0.26	0.13	0.28	0.08		
	0.3	0.0								
P−1	0.18	0.0	0.34	0.07	0.38	0.11	0.40	0.14		
	0.42	0.18	0.44	0.23	0.46	0.32	0.48	0.40		
	0.54	0.88	0.56	0.96	0.58	1.0				
P−2	0.0	26.0	0.04	13.0	0.06	9.4	0.08	7.5		
	0.1	6.2	0.14	4.6	0.16	4.1	0.18	3.8		

续表 7-9

		0.2	3.5	0.24	3.2	0.52| 1.3	0.56| 0.8
		0.6	0.0					
Q	1	1	0.0	0.0	4.0			
	2	0	1.5	0.7	−0.14			
	3	1	1.5	0.0	3.3			
	⋮	⋮	⋮	⋮	⋮			
	234	0	35.0	15.0	−0.14			
	⋮	⋮	⋮	⋮	⋮			
	466	0	68.0	1.0	−0.14			
	467	−2	69.0	0.5	−0.14			
R	1	1	2	3	3	1		
	⋮	⋮	⋮	⋮	⋮	⋮		
	436	465	467	466	466	1		
S	END							

坝壳和排褥垫间交界面是作为出渗面处理的。如图 7-21 所示，14 条剖分线与排水褥垫相交，因此用了 14 个出渗面。在第一条竖斜剖分线上有两个出渗面结点，而其余剖分线上的出渗面仅由一个结点组成。这种设定出渗面的方法可确保砂壳能在任何位置向褥垫排水。在表 7-9 中，E 组数据显示组成每个出渗面的结点。

在 $t=0$ 时，坝后水位瞬时上升达 4 m，是由表 7-9 中 Q 组的 $KODE(N)=1$ 和给定结点 1、3、6、9、13、18 的压力水头来表示。$KODE(N)=-2$ 表示出渗面结点最初是位于非饱和边界上。

最初，程序是以步长为 1 h，总时间为 5 h 时执行的。接着重复，直到最后 $t=452$ h 时开始用再启动。在 0~182 h 之间，再启动数据只由改变的时间数据组成。在 182~374 h 之间，时间数据和沿上游面水位上和水位下结点的 $KODE(N)$、$P1(N)$ 将改变，可借助再启动数组表示，在此期间，水位每 24 h 时上升 1 m。表 7-10 是模拟中采用的时间数据。

表 7-10 模拟中采用的时间数据

	DD(h)	$DTMAX$(h)	$DMUL$	$TMAX$(h)
初始	1	1	1	5
再启动	1	2	2	20
再启动	2	5	1.2	81
再启动	5	10	1.2	182
再启动	2	2	1	206
再启动	4	4	1	230
再启动	4	4	1	254
再启动	4	4	1	278
再启动	4	4	1	302
再启动	4	4	1	326
再启动	4	4	1	350
再启动	4	4	1	374
再启动	10	10	1	452

在选定的时段上零压力面或自由面的进展如图 7-22 所示。粘土心墙上游面水的积累和早期下游砂壳底部形成的饱和丘堆，是非饱和区排水所造成的。排水速率随时间减小。在经典方法中，自由面被处理为可移动的边界；而在目前工作中，它只不过是隔开饱和及非饱和区的内部等压线。看来，此面可以有一个反向形状，是不能用经典"自由面"方法来处理的。此外，零压力面的推进速率是不能用忽略非饱和区早期含水量条件的方法来预测的。在 $t=452$ h 时，瞬变条件继续在非饱和区占优势。

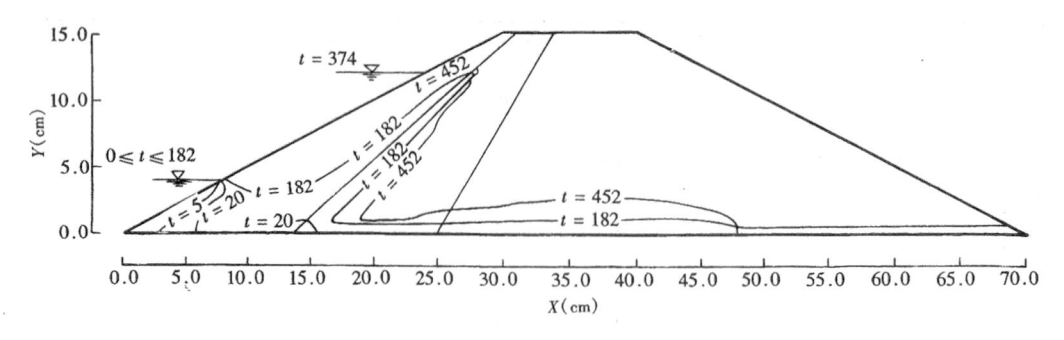

图 7-22 土坝中零压力面的进展

四、实例 4——马铃薯田问题

此例是 Neuman 等(1974)研究荷兰马铃薯田地下灌溉的效用问题的。举此例旨在说明多层系统的二向水流和如何利用 UNSAT2 程序所提供的土的蒸发和植物蒸腾的计算功能。田是由面积为 16 hm², 厚为 1.4 m 的泥炭土,以及下卧 10 m 深的砂土所组成的。砂由 2 m 低渗透性沉积物与下卧含水层隔开。另外下卧含水层被间歇从含水层排水的井贯穿。数条无衬护的沟横越农田,沟水位控制为定值。

因为沟是相互平行的,流动对两沟间中心线和一条沟中心线是对称的,故只考虑两沟间流动系统的一半。横剖面如图 7-23 所示。沟水深保持在地表下 70 cm,田中水位也位于此高程。如图 7-23 所示,泥炭土分成 B_1、B_2、B_3 三层。三个泥炭层、砂层、粘土层的持水曲线如图 7-24 所示。这些材料的以土水容量为函数的相对传导系数如图 7-25 所示。泥炭和砂层假定是各向异性的,其水平传导系数较垂直传导系数大 10 倍。泥炭 B_1、B_2 垂直水力传导系数为 1.4 cm/h,B_3 为 0.2 cm/h,而砂饱和垂直水力传导系数为 0.27 cm/h。底部限制层各向同性,饱和传导系数为 0.044 cm/h。五种土层有效孔隙率按从上向下顺序分别为 0.73、0.93、0.93、0.36、0.52。全部土的比贮存都为 0。

田里仅生长马铃薯。马铃薯根区深度取 40 cm,顶部在深度 5 cm 处。根有效函数 b' 随深度和时间变化,如图 7-26 所示。系统底部的压力水头由于下含水层抽水的影响而随时间变化如图 7-27 所示。植物蒸腾和土的蒸发最大速率随时间的变化如图 7-27 所示。

图 7-28 所示为马铃薯田的有限单元网格。图 7-29 上的大黑点为根区内结点。模拟的程序尺寸如表 7-11 所示。表 7-12 为原始输入数据。沿低传导性层底部和沿沟的饱和部分 $KODE(N)=1$ 的结点上赋予定压力水头。沿沟饱和部分结点的总水头在整个模拟期间保持常数,为 1126 cm;而沿系统底部结点的压力水头如图 7-28 所示,随时间变化(借助再启动)。排除沟顶部结点的土的表层结点,$KODE(N)=-4$,如图 7-28,则赋予土蒸发的最大允许速率。其余结点 $KODE(N)=0$。

表 7-11 实例 4 程序容量数据

含 义	变量名	数 据
结点数	NUMNP	416
单元数	NUMEL	375
剖分线上结点最大个数	IJ	26
数组大小	BD	12 064
	BS	7 266

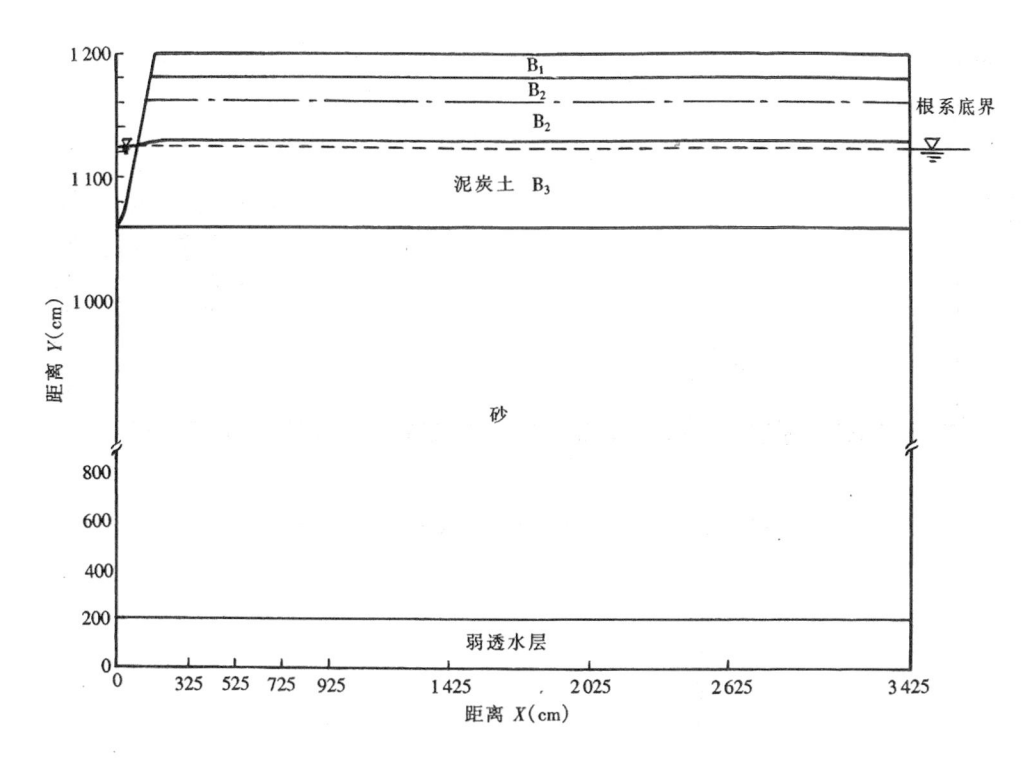

图 7-23 马铃薯田的垂直剖面

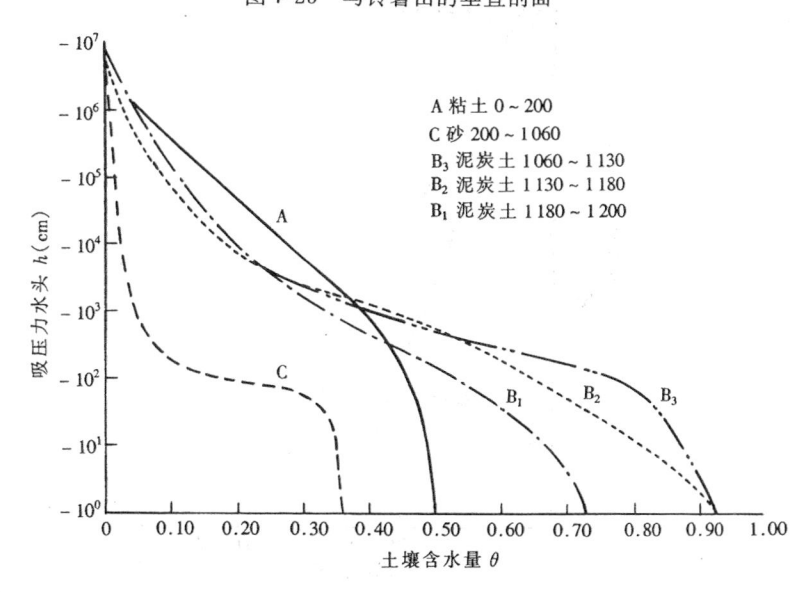

A 粘土 0~200
C 砂 200~1060
B_3 泥炭土 1060~1130
B_2 泥炭土 1130~1180
B_1 泥炭土 1180~1200

图 7-24 土层压力水头～含水量曲线

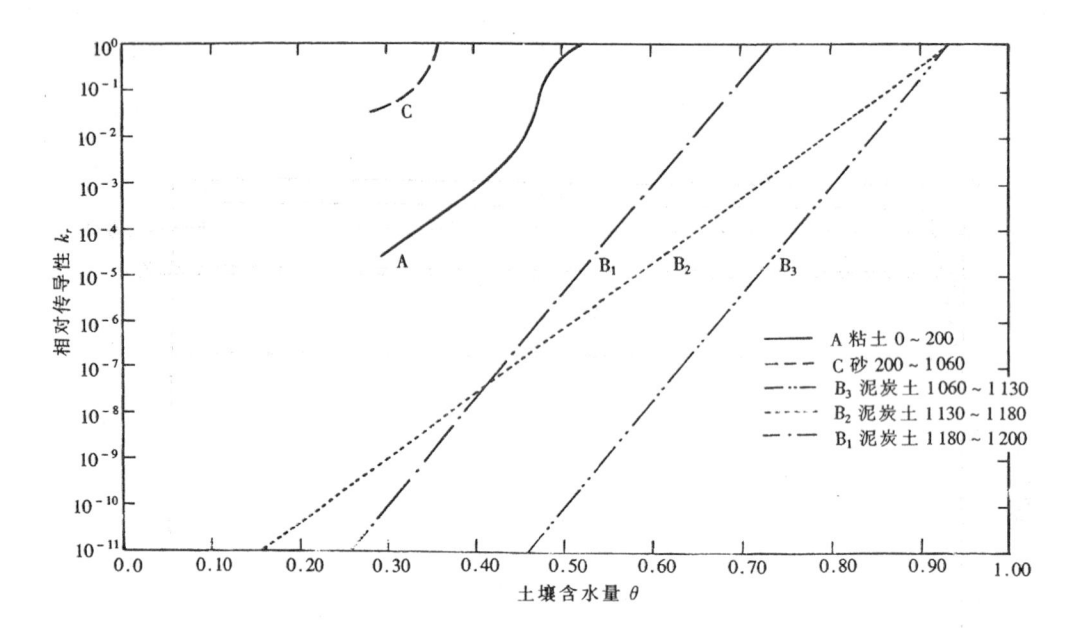

图 7-25 土层相对水力传导系数～含水量曲线

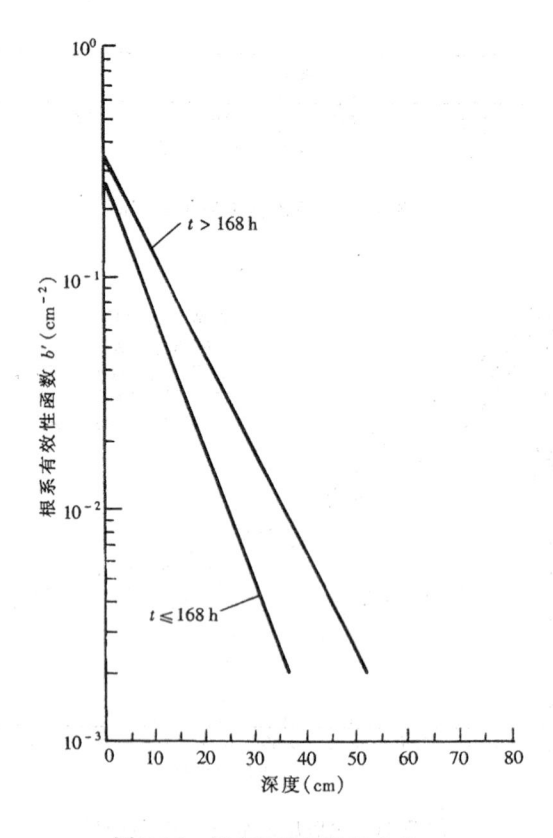

图 7-26 根有效性函数的变化

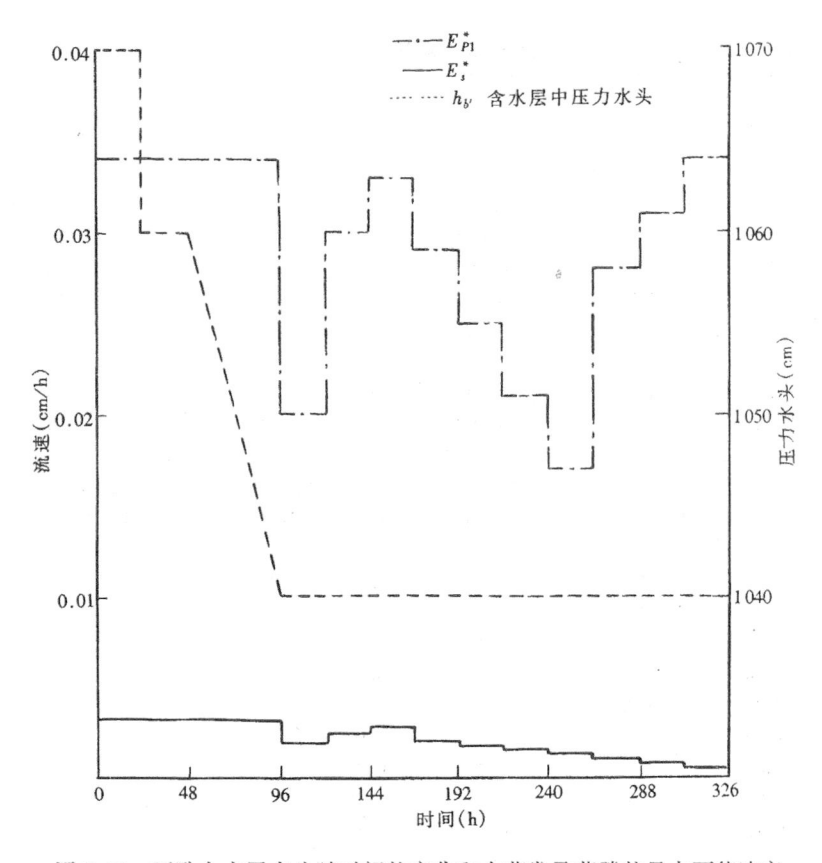

图 7-27 下卧含水层水头随时间的变化和土蒸发及蒸腾的最大可能速率

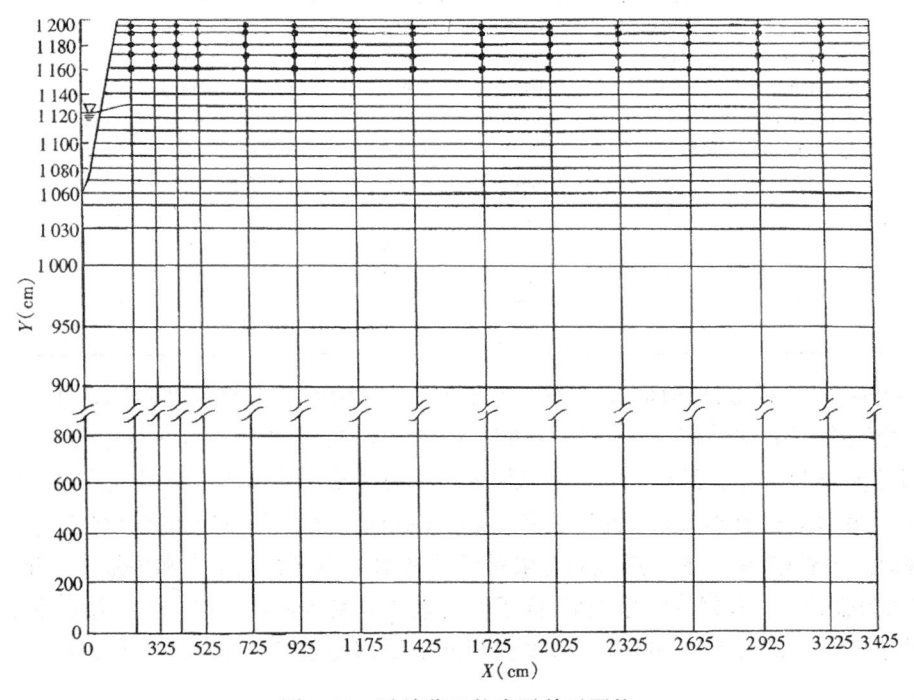

图 7-28 马铃薯田的有限单元网格

表 7-12　实例 4 输入数据

A	POTATO FIELD PROBLEM								
B	416	26	375	2	5	1	10	1	0	0
C	0	0	0	0	0	15	1	15	6
D	4	3	8	6	12	12	12	12	12	12
F	−0.00325		−1000.0	0.1					
G	75.5	100.0	100.0	150.0	200.0	225.0	250.0	275.0
	300.0	300.0	300.0	300.0	300.0	250.0	100.0	
H	15	5						
I	−15000.0	−0.034						
J−1	75.5	100.0	100.0	150.0	200.0	225.0	250.0	275.0
	300.0	300.0	300.0	300.0	300.0	250.0	100.0	
J−2	47 51 73 77 99 103 125 129 151 155 177 181 203 207 229 233
	255 259 281 285 307 311 333 337 359 363 385 389 411 415
J−3	1.274E−03	4.753E−03	1.760E−02	6.542E−02	0.126 1	0.243 2
J−4	4	4	5	5	5			
M	1.0	6.0	1.2	24.0	1.0			
N	1.0	1.0						
O	0.044	0.044	0.52	0.0				
	2.70	0.27	0.36	0.0				
	2.0	0.20	0.93	0.0				
	14.0	1.4	0.93	0.0				
	14.0	1.4	0.73	0.0				
P−1	0.46	0.01	0.47	0.02	0.48	0.23	0.52	1.0
P−2	0.45	200.0	0.48	20.0	0.52	0.0		
⋮	⋮	⋮	⋮	⋮	⋮	⋮	⋮	⋮
P−1	0.0	0.0	0.30	8.74E−11	0.35	1.29E−09	0.40	1.91E−08
	0.45	2.82E−07	0.50	4.17E−06	0.51	7.14E−06	0.55	6.16E−05
	0.60	9.10E−04	0.64	0.008	0.67	0.039	0.93	1.0
P−2	0.0	10000000.0	0.20	10000.0	0.31	1400.0	0.33	1000.0
	0.35	800.0	0.40	500.0	0.45	300.0	0.49	200.0
	0.555	100.0	0.605	50.0	0.655	20.0	0.73	0.0
Q	1	1	0.0	0.0	1070.0	0.0		
	2	0	0.0	200.0	1126.0	0.0		
	⋮	⋮	⋮	⋮	⋮	⋮		
R	1	1	27	28	2	1	0.0	
	⋮	⋮	⋮	⋮	⋮	⋮	⋮	
	375	389	415	416	390	5	0.0	
S	END							

在开始 24 h 模拟期,时间步长 DT 允许从 1 h 初始值逐渐增大,$DMUL=1.2$。下一个 24 h 时模拟期 DT 初始值为 6 h,而 $DMUL$ 仍等于 1.2。从 48~96 h 期间,DT 为 12 h。余下的计算步长为 24 h。最初 24 h 模拟后,余下的模拟是在再启动中通过变量 $NUMRES$ 来完成的。最后运行的再启动卡片是由每 24 h 模拟期改变适当的边界条件的全部数据所组成。在时间步长中,两次连续迭代间有限单元网格中全部结点上压力水头最大变化不超过 1 cm 即认为收敛了。蒸发水量累积值、向下卧含水层的漏水量以及水从沟入渗进系统的入流量累积值如图 7-29 所示。由于蒸发、蒸腾和向下漏水超过从沟的入流,所以使水位下降约 27 cm。

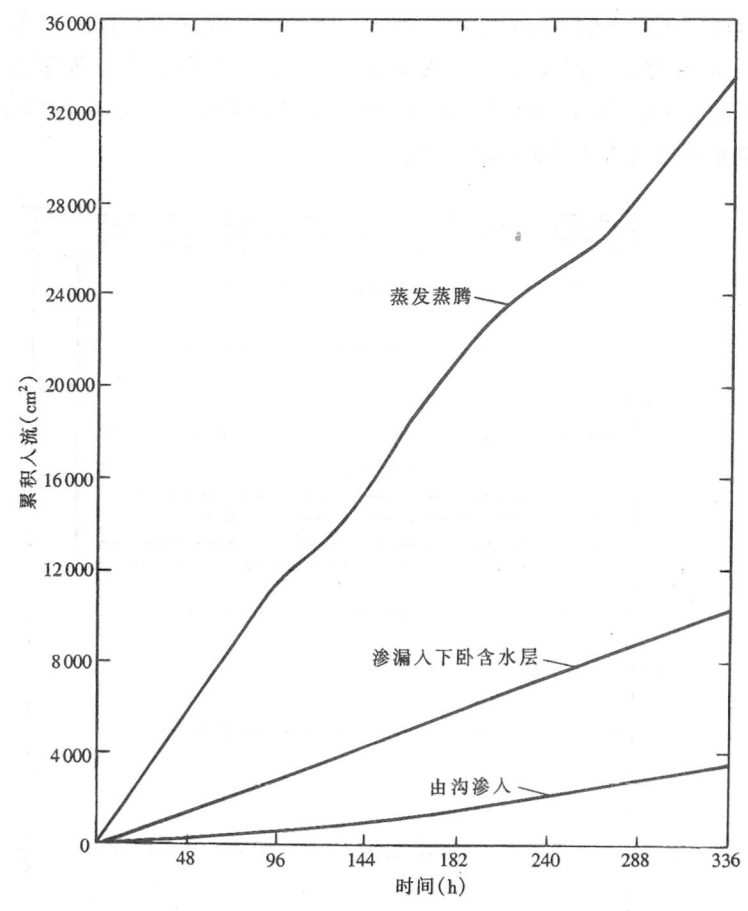

图 7-29 蒸发蒸腾、从沟的入渗及向下卧含水层漏水的累积值

系统底部以上的等水头线(以 cm 计)和最后时刻 336 h 的水面位置如图 7-30 所示。

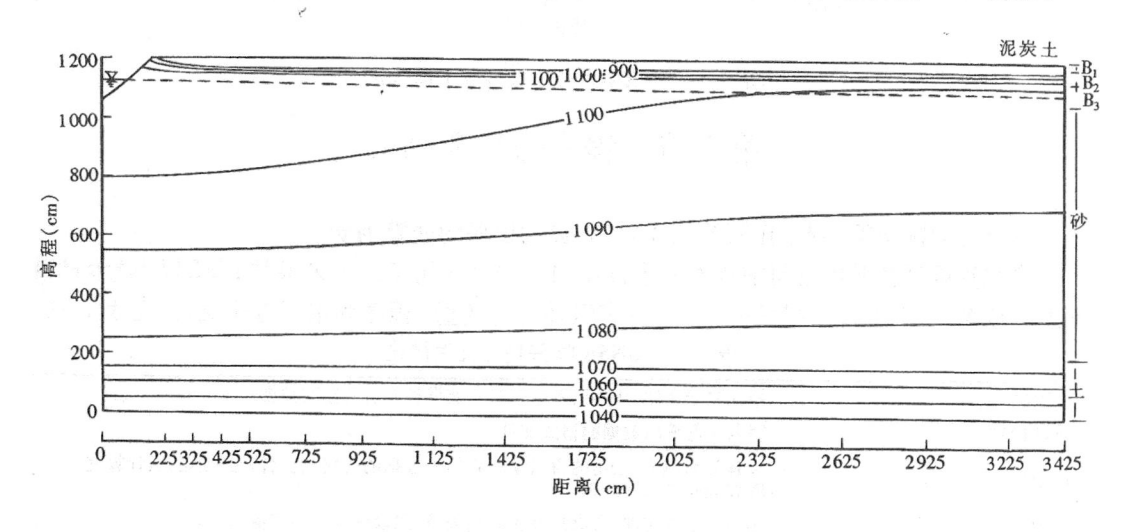

图 7-30 等水头线和 $t=336$ h 水面位置

253

图 7-31 表示在水平距离 1 425 cm 和 2 025 cm 的剖分线之间流动区域上部 80 cm 的放大图。此图表明：存在三个坡降分区；泥炭中分为 4 个不同流动区。泥炭 B1 接近土壤表层的区域和泥炭 B2 顶部接近土壤表层的区域，其内水流向上的，反映了土表蒸发。根区上部水流基本向下流动，而根区下部水流向上流动。此种水流现象的产生是由于根的取水集中于其一特殊高度，在此高度上根取水的速率最大。

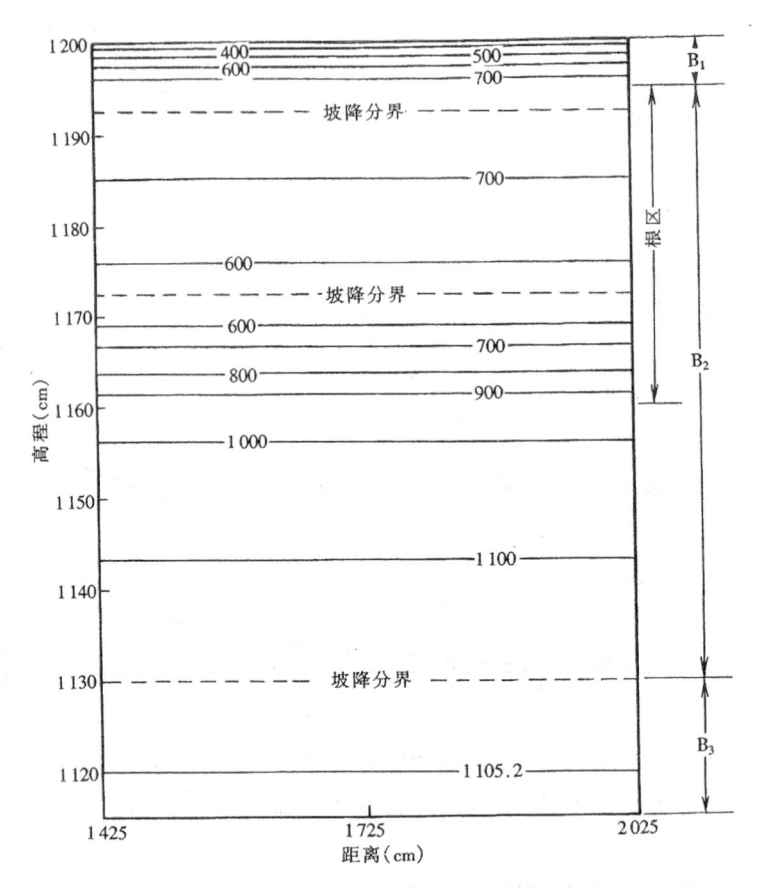

图 7-31　土表附近等水头线和坡降分区

第六节　程序信息和列表

本节对 UNSAT2 程序作简短叙述，最后提供程序的完整列表。

多数变量是在调用语句中传递到子程序的。程序只用了三个公共块：/MAT/ 表示材料性质，/FIX/ 表示重要控制变量，/WEL/ 表示井分析变量。程序利用了五个文件，见表 7-14。

表 7-14　UNSAT2 采用的文件描述

INPUT	格式数据文件，从其读入原始输入数据和再启动修改数据。
OUTPUT	写入全部输出数据的格式文件
TAPE1	含有 UNSAT2 采用的再启动所必须的数据的无格式文件。必须记住，计算完成后做此永久性文件。
TAPE2	无格式临时文件，含有矩阵和右端矢量，用以计算边界水流通量。
TAPE3	无格式临时文件，含有前次迭代结束的压力水头，用以检查收敛情况。

1. 主程序

主程序从 INPUT 文件读第一批数据和读再启动数据。若不须再启动,则从 INPUT 文件读重要控制数据。若要求再启动,则从 TAPE1 文件读控制数据。计算数组地址和调用主要执行子程序。

2. 子程序 FEM

此子程序是 UNSAT2 程序的主执行单元。它含有确定特殊应用所需选择的子程序的逻辑值。在进入此子程序时是从 INPUT 文件(最初的问题运转)或 TAPE1 文件(再启动)读数据。FEM 核查 UNSAT2 所要求的输入数据,调用适宜的子程序,控制矩阵的形成,并能检查收敛状况。在从此子程序出口前,对下一次再启动修改 TAPE1(再启动数据文件)。被调用的子程序有 MATEIN,NPIN,MAFILL,RESET,CONSTP,FIXQ,MOIST,WELBOR,PRINTO,SOLVE,TRANSP。

3. 子程序 MATIN

此子程序仅在问题初始执行运行期被调用。在再启动期间,用 MATIN 读数据是从文件 TAPE1 读的。单位转换因子和材料性质是在 MATIN 中从文件 INPUT 读的。单位含水量也是在此子程序中计算的。为了核查,读的全部数据和计算的全部数据被传到输出文件。从 FEM 中调用。

4. 子程序 NPIN

结点信息是在 NPIN 子程序中从 INPUT 文件中读的。像 MATIN 一样,再启动期间不调用此子程序。读入结点数据时 NPIN 确保按结点顺序编号进行。若不,两结点间数据将产生不在顺序之中。在此子程序出口之前全部结点数据写入输出文件,便于核查计算机形成的结点数据。

5. 子程序 MAFILL

对特定问题,开始实施运行期间是在 MAFILL 中从 INPUT 文件读单元信息。再启动期间,此数据是从 TAPE1 文件中读的,而不调用 MAFILL。从输入文件中丢失单元数据是 MAFILL 造成的。此程序也从度到弧度转换水力传导性方向,计算这些角度的正弦和余弦,以备程序以后使用。在完成上计算机程序出口之前,全部单元数据写入输出文件。

6. 子程序 RESET

此子程序恢复分解矩阵,并从上述迭代中外推压力水头值。它也构造右端矢量和有效矩阵。被调用的子程序有 ELEM。

7. 子程序 ELEM

ELEM 对每一单元计算传导性张量,对每一单元结点确定非饱和变量。单元贡献加到有效矩阵上。被调用的子程序有 INTERP。

8. 子程序 CONSTP

此子程序调整有效矩阵和右端矢量,以适当地计及常水头结点。

9. 子程序 FIXQ

根据在有效矩阵上贮存的值和右端矢量 FIXQ 对全部结点计算边界通量。利用在分解前存在的矩阵值获得解后被调用。这些值在子程序 RESET 中存贮于 TAPE2 上,并被 FIXQ 读回内存。

10. 子程序 MOIST

此子程序计算和写流动区域中非饱和结点的含水量。被调用的子程序有 INTERP。

11. 子程序 WELBOR

WELBOR 只用于研究井的轴对称流动问题。它计算从含水层入井的流量和当前步长末的新水位，调整计算水位上下结点的边界条件以反映新水位的位置。

12. 子程序 PRINTO

此子程序将总水头、压力水头和流量数据编排成适宜的打印形式，在每步长末打印成果于文件 OUTPUT 上。

13. 子程序 INTERP

该程序为从土的水力特性表中求中间值的线性插值子程序。从 ELEM、MOIST、TRANSP 中调用。

14. 子程序 SOLVE

该程序为用高斯消去法求解有效矩阵的子程序。

15. 子程序 TRANSP

根据蒸发蒸腾量，TRANSP 计算从土到植物根的水流量。计算根内的压力水时，不允许流动速率超过可能的蒸发蒸腾量，在每次迭代中，对每一种植物只调用 1 次。被调用的子程序有 INTERP。

第八章 井的渗流有限元法

第一节 井点处存在的问题

用有限元法计算井的渗流,井可以很方便地布置在结点上作为点井来处理。这样处理,忽略了井径大小的影响。实际上,该点在渗流场内是不连续的。因此,只有在井径与单元网络间距相比甚小时才可以这样做。当单元网络间距远大于井径时,若不加以修正,必将得出偏离实际的结果。

如图 8-1 所示的单元划分,井布置在结点 0 上,结点 0、1、2、3、4 的水头为 h_0、h_1、h_2、h_3、h_4,用中线法计算井的流量,当 $k=k_x=k_y$ 时,有

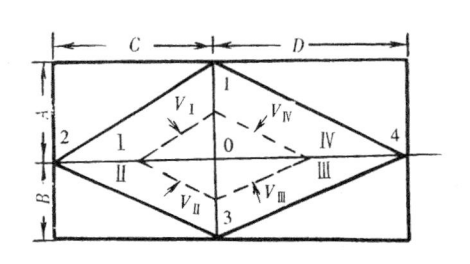

图 8-1 井的渗流计算单元划分

$$q_A = \frac{k}{2}\left[\frac{C+D}{A}h_1 + \frac{A+B}{C}h_2 + \frac{C+D}{B}h_3 + \frac{A+B}{D}h_4 \right.$$
$$\left. - \left(\frac{C+D}{A} + \frac{A+B}{C} + \frac{C+D}{B} + \frac{A+B}{D}\right)h_0\right] \tag{8-1}$$

当 $A=B=C=D=a$ 时,即单元网络为正方形时,上式为

$$q_A = k(h_1 + h_2 + h_3 + h_4 - 4h_0) \tag{8-2}$$

而一般承压井计算流量的解析公式为

$$\frac{Q_D}{2\pi kT} = \frac{q_D}{2\pi k} = \frac{h_a - h_0}{\ln a/r_w} \tag{8-3}$$

式中:T 为含水层厚度;h_a 为距井点一个网络间距 a 处的平均水头。令 $q_A=q_D$,将式(8-3)中的 r_w 用 r_0 代替,且设 $h_a=(h_1+h_2+h_3+h_4)/4$,有

$$\frac{2\pi k(h_a - h_0)}{\ln a/r_0} = 4k(h_a - h_0) \tag{8-4}$$

得

$$r_0 = \frac{a}{e^{\pi/2}} = \frac{a}{4.81} \tag{8-5}$$

式中,r_0 称为等效半径,它表示当井布置在结点上时,该点代表了半径为 r_0 的一口虚拟井,而不是实际井径为 r_w 的井。由上可知,等效半径与渗流场的几何形状和边界条件无关,只与单元网络间距 a 有关。等效半径 r_0 是具有决定性意义的,如图 8-2 所示,网络间距 a 一定则等效半径 r_0 即已定。当井中水位一定时,等效半径 r_0 处的水头就等于井水位。该水位与实际井径 r_w 处的水头相差一个 Δh,故须对此 Δh 进行修正补偿才能得出反映实际的水流情况。

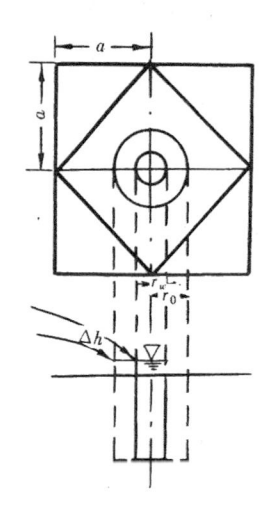

图 8-2 井的水流情况

257

第二节　井的修正补偿计算方法

用有限元法计算井的渗流,对井的修正补偿的途径有:修正井的初始水位;修正井周单元渗透系数。前者称为修正井水位法,后者称为修正井周单元渗透系数法。

一、完整井

设完整井附近的等水头面为圆柱面,据达西定律,流入完整井的流量为

$$Q = 2\pi k T r \frac{\mathrm{d}h}{\mathrm{d}r} \tag{8-6}$$

令井半径 r_w 处水头为 h_w,等效半径 r_0 处水头为 h_0,在 r_w 和 r_0 之间积分,得

$$\Delta h = h_0 - h_w = \frac{Q}{2\pi kT}\left(\ln\frac{a}{r_w} - \frac{\pi}{2}\right) = \frac{q}{2\pi k}\left(\ln\frac{a}{r_w} - \frac{\pi}{2}\right) \tag{8-7}$$

则修正后的井水位为

$$H_w = h_w + \Delta h \tag{8-8}$$

对平面井,q 按中线法计算;对图8-3所示的三向井,Q 按中断面法计算。同时,布置井的结点均须按上式修正。

根据渗流阻力概念,r_0 处产生的水头差 Δh 是由 r_0 和 r_w 为半径的两同心圆之间的单位地层厚度的渗流附加阻力所造成的。此渗流附加阻力为

$$F_w = \frac{1}{2\pi k}\int_{r_w}^{r_0}\frac{\mathrm{d}r}{r} = \frac{1}{2\pi k}\left(\ln\frac{a}{r_w} - \frac{\pi}{2}\right) \tag{8-9}$$

可知式(8-7)的井水位修正值 Δh 是井流量和渗流附加阻力 F_w 的乘积。

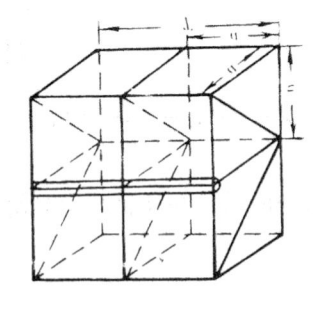

图 8-3　三向井单元布置

由图8-1和图8-3知,等效半径 r_0 的虚拟井的四周有4个三角形单元或五面体单元。修正此4个单元的渗透系数,同样可以起到修正井的初始水位的作用。据式(8-2)和式(8-3),设 k_c 为修正渗透系数,将式(8-2)中的 k 用 k_c 代替后令 $q_A=q_D$,得单元修正渗透系数为

$$k_c = \frac{\pi k}{2\ln a/r_w} \tag{8-10}$$

就辐射流来说,井周三角形单元面积代表 $\frac{\pi}{2}$ 弧度的扇形面积。此扇形面积的渗流阻力为

$$F = \frac{2}{\pi k}\int_{r_w}^{a}\frac{\mathrm{d}r}{r} = \frac{2}{\pi k}\ln\frac{a}{r_w} \tag{8-11}$$

表明单元修正渗透系数等于 $\frac{\pi}{2}$ 弧度扇形面积渗流阻力的倒数。另外,半径为 r_0 和 r_w 两同心圆之间的渗流附加阻力可由式(8-7)求出,则单元附加修正渗透系数为

$$k_w = \frac{\pi k}{2\left(\ln a/r_w - \frac{\pi}{2}\right)} \tag{8-12}$$

那么单元的修正渗透系数则为

$$k_c = \frac{k k_w}{k + k_w} \tag{8-13}$$

式中 k 为单元原有渗透系数。式(8-10)和式(8-13)是相同的，因为把式(8-12)代入式(8-13)即得式(8-10)。

二、不完整井

在对完整井修正计算的基础上进行不完整井的修正计算。

对平面井，单井承压完整井的解析式为

$$\frac{Q}{HT} = \frac{2\pi k}{\ln R/r_w}$$

令 $F = HT/Q$，表示完整井的渗流阻力，则上式改写为

$$\frac{1}{F} = \frac{2\pi k}{\ln R/r_w} \tag{8-14}$$

其不完整井经验公式为

$$\frac{Q}{HT} = \frac{2\pi k}{\ln R/r_w + f}$$

式中 $f = \frac{1}{2}\left[\dfrac{T}{W + r_w\left(1 - \dfrac{W}{T}\right)} - 1\right]\ln\dfrac{R}{r_w}$。令 F_p 表示不完整性附加渗流阻力，上式改写为

$$\frac{1}{F + F_p} = \frac{2\pi k}{\ln \dfrac{R}{r_w} + f} \tag{8-15}$$

联立求解式(8-14)、式(8-15)，得单井不完整性附加渗流阻力为

$$F_p = \frac{\left[\dfrac{T}{W + r_w\left(1 - \dfrac{W}{T}\right)} - 1\right]}{4\pi k}\ln\dfrac{R}{r_w} \tag{8-16}$$

等间距长列完整井的解析式为

$$\frac{Q}{HT} = \frac{k}{\dfrac{L}{l} + \dfrac{1}{2\pi}\ln\dfrac{l}{2\pi r_w}}$$

其不完整井经验公式为

$$\frac{Q}{HT} = \frac{k}{\dfrac{L}{l} + \dfrac{1}{2\pi}\ln\dfrac{l}{2\pi r_w} + f}$$

式中 $f = 0.085\left[\dfrac{T}{W + r_w\left(1 - \dfrac{W}{T}\right)} - 1\right]\left(\dfrac{T}{l} + 1\right)\ln\dfrac{l}{2\pi r_w}$。与单井同，可得

$$F_p = \frac{0.085\left[\dfrac{T}{W+r_w\left(1-\dfrac{W}{T}\right)}-1\right]\left(\dfrac{T}{l}+1\right)\ln\dfrac{l}{2\pi r_w}}{k} \tag{8-17}$$

式(8-17)表示井底不封闭情况下的渗透阻力值,井底不透水时式中的 $r_w\left(1-\dfrac{W}{T}\right)=0$。以上各式中:$R$ 为影响半径;T 为含水层深度;W 为井贯入含水层深度;l 为等间距长列井的井间距;L 为井列线到渗源进口的距离。

据前述,井的不完整性附加修正水位等于井流量和井不完整性附加渗流阻力的乘积,即:

单井
$$\Delta h_p = \frac{q\left[\dfrac{T}{W+r_w\left(1-\dfrac{W}{T}\right)}-1\right]\ln\dfrac{R}{r_w}}{4\pi k} \tag{8-18}$$

等间距长列井

$$\Delta h_p = \frac{0.085\left[\dfrac{T}{W+r_w\left(1-\dfrac{W}{T}\right)}-1\right]\left(\dfrac{T}{l}+1\right)\ln\dfrac{l}{2\pi r_w}}{k} \tag{8-19}$$

这样,不完整井的井水位的修正应在式(8-8)右端加上 Δh_p,即

$$H_w = h_w + \Delta h + \Delta h_p \tag{8-20}$$

井的不完整性附加修正系数等于井不完整性附加渗流阻力的倒数,则井周单元不完整性附加修正渗透系数为:

$$k_p = \frac{\pi k}{\left[\dfrac{T}{W+r_w\left(1-\dfrac{W}{T}\right)}-1\right]\ln\dfrac{R}{r_w}} \tag{8-21}$$

等间距长列井

$$k_p = \frac{k}{0.34\left[\dfrac{T}{W+r_w\left(1-\dfrac{W}{T}\right)}-1\right]\left(\dfrac{T}{l}+1\right)\ln\dfrac{l}{2\pi r_w}} \tag{8-22}$$

这样,不完整井井周单元渗透系数应修正为

$$k_{wp} = \frac{k_c k_p}{k_c + k_p} \tag{8-23}$$

三向不完整井的不完整性在离散化渗流场中已得到反映,但当井底透水时,渗流将从井底流入井内。透水井底透水时,透水井底附近的等水头面可近似的假定为半球面。如图8-4所示,据达西定律,流入三向不完井的流量为

$$Q = 2\pi k(W\,r + r^2)\dfrac{\mathrm{d}h}{\mathrm{d}r}$$

在 r_0 和 r_w 之间积分上式,得

$$\Delta h = h_0 - h_w = \frac{Q}{2\pi kW}\ln\frac{a(W+r_w)}{4.81r_w(W+ar_w)} \quad (8\text{-}24)$$

在三向不完整井所在结点的初始水位应修正为

$$H_w = h_w + \Delta h \quad (8\text{-}25)$$

用有限元法计算三向不完整井,井周单元划分和井布置如图 8-5 所示。设流入不完整井的流量由两部分组成。以透水井底为分界面,其上水流呈辐射状流入井内,其下水流呈放射状流入井内。如此,分界面以上井周单元渗透系数按式(8-10)或式(8-13)修正,即按完整井那样修正。

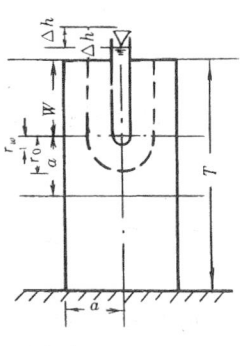

图 8-4 不完整井示意图

分界面以下可用中断面法对图 8-6 所示的围绕井底的中断面计算流入井中的流量 Q。

$$Q = \frac{ka}{4}(h_1 + h_2 + h_3 + h_4 + 2h_5 - 6h_0) \quad (8\text{-}26)$$

透水井底附近等水头面假定为半球面(图 8-7),据达西定律,通过透水井底流入井的流量为

$$Q = 2\pi kr^2\frac{\mathrm{d}h}{\mathrm{d}r} = 2\pi k\frac{h_a - h_0}{\dfrac{1}{r_w} - \dfrac{1}{a}} \quad (8\text{-}27)$$

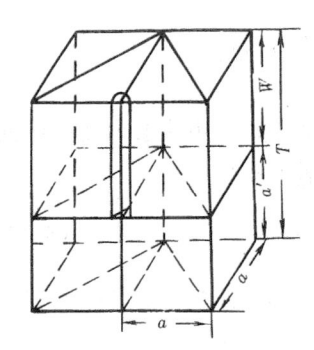

图 8-5 三向不完整井单元划分

式中,h_a 为井底四周结点的水头平均值。令式(8-26)等于式(8-27),且用 r_c 代表 r_w,同时令 $h_a = (h_1 + h_2 + h_3 + h_4 + 2h_5)/6$,则得

$$r_c = \frac{3a}{4\pi + 3} \quad (8\text{-}28)$$

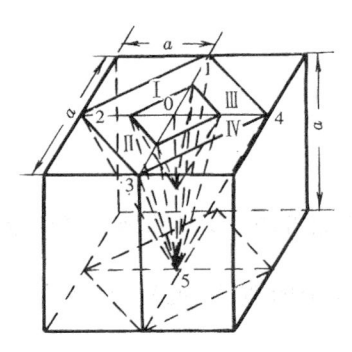

图 8-6 三向不完整井井底中断面

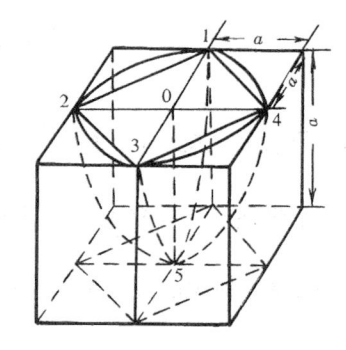

图 8-7 透水井底计算示意图

上式表示,透水井底布置在结点上就相当于半径为 r_c 的半球面。r_c 称为透水井底的等效半径。令式(8-26)和式(8-27)的流量相等,用井底修正渗透系数 k_c 代替式(8-26)中的 k 后,得井底单元的修正渗透系数为

$$k_c = \frac{4\pi k}{3a\left(\dfrac{1}{r_w} - \dfrac{1}{a}\right)} \quad (8\text{-}29)$$

另外,由图 8-7 可知,透水井底代表了三向冒水孔,故三向冒水孔是三向不完整井的特例。用有限元法计算三向冒水孔渗流,孔周单元按式(8-29)修正其渗透系数。再据达西定律,

261

冒水孔流量为

$$Q = 2\pi k r^3 \frac{\mathrm{d}h}{\mathrm{d}r}$$

在 r_w 和 r_c 之间积分上式,得

$$\Delta h = h_0 - h_w = \frac{Q}{2\pi k}\left(\frac{1}{r_w} - \frac{4\pi+3}{3a}\right) \tag{8-30}$$

则冒水孔的初始水位应修正为

$$H_w = h_w + \Delta h \tag{8-31}$$

最后指出,采用修正井水位法时,因为井水位修正值 Δh 与井流量有关,因此须反复迭代计算才能得到确切的井水位修正值 Δh。

第三节　完整井附近渗流对数插值方法

文献[7]对完整井提出采用对数插值的方法考虑井径大小和径向。井的水平面渗流问题,其支配方程和定解条件与第一章所述相同外,在井附近尚须满足条件

$$kH\frac{\partial h}{\partial n}\Big|_{\Gamma_{w_j}} = \frac{Q_j}{2\pi r_{w_j}} \qquad j=1,2,3,\cdots,m_1 \tag{8-32}$$

式中: m_1 为井数; Γ_{w_j} 为第 j 口井的井壁周界; Q_j 为第 j 口井的流量; r_{w_j} 为第 j 口井的井半径。

上述定解问题等价于下述泛函求极值:

$$\begin{aligned}
I(h) = &\iint_\Omega \left\{\frac{kH}{2}\left[\left(\frac{\partial h}{\partial x}\right)^2 + \left(\frac{\partial h}{\partial y}\right)^2\right] + \mu h\frac{\partial h}{\partial t} - wh\right\}\mathrm{d}x\mathrm{d}y \\
& - \int_{\Gamma_2} qh\mathrm{d}\Gamma + \sum_{j=1}^{m_1}\int_{\Gamma_{w_j}}\frac{Q_j h}{2\pi r_{w_j}}\mathrm{d}s
\end{aligned} \tag{8-33}$$

若井壁的水头已知,则上式中 $\sum_{j=1}^{m_1}\int_{\Gamma_{w_j}}\frac{Q_j h}{2\pi r_{w_j}}\mathrm{d}s$ 一项消失。

为了将井点的径向构造为对数曲线插值函数,在井点附近进行圆环分割。整个渗流场划分成如图 8-8 所示的三个子域。第一个子域为由各井所组成的圆环,记为 $D_1 = \sum_{j=1}^{m_1} D_{1j}$, m_1 为井数,第二个子域为圆环与外部相毗邻的过渡曲边三角形,记为 $D_2 = \sum_{j=1}^{m_2} D_{2j}$, m_2 为曲边三角形个数,第三个子域为其余三角形单元,记为 $D_3 = \sum_{j=1}^{m_3} D_{3j}$, m_3 为普通三角形个数,于是 $\Omega = D_1 + D_2 + D_3$。泛函式(8-33)在一般三角形上的积分如前所述。在每一个圆环内及曲边三角形上的积分,分别通过变量变换将 D_{1j}、D_{2j} 变为图 8-8 所示的矩形,把式(8-33)化为在相应矩形上的积分。

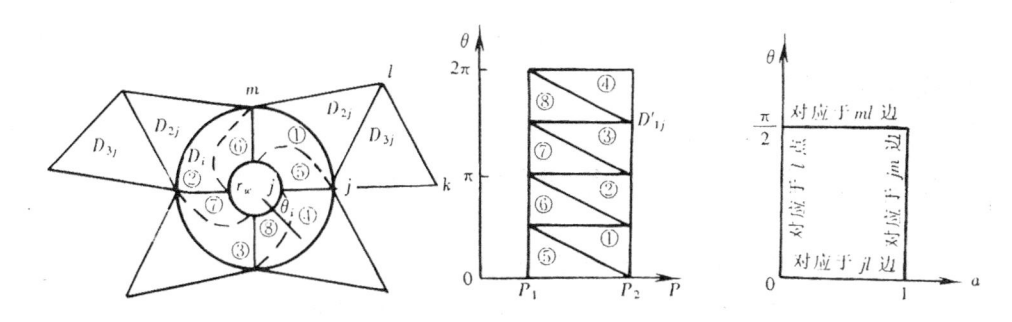

图 8-8 井附近单元划分示意和转换后的单元形状

第四节 以沟代井列的计算方法

堤坝下游常采用排水减压井来消减透水地基渗透压力,降低堤坝浸润线以求工程安全。同样,岩基上高坝也常布置长列排水孔作为排水帷幕,降低坝基扬压力或坝肩绕渗压力。这些井孔排水的数值计算或模拟试验,特别是离散化数学模型,都是比较麻烦的问题,不仅井点布局不易妥善安排,而且井点本身是奇点,给计算造成较大误差。许多科技工作者曾先后研究过这一问题[2,3,4]但还不能满意地解决实际生产问题,特别是复杂透水地基的井孔,本节将介绍如何以沟代井列把三向渗流(稳定或非稳定)问题简化为二向渗流问题而取得满意解答。

一、以沟代井列的构思

以沟代井列计算的构思主要为:(1)借助附加阻力概念表示的沟、井列基本计算式,找出其间相互等效关系,用等效无限窄沟作为计算模型;(2)窄沟下端点是计算模型中的奇点,对这种点进行修正以避免造成较大误差;(3)对各种布局的减压井列的计算结果,利用导电液连续介质模型验证,再应用到复杂成层透水地基的渗流问题中。

借用过去研究的成果,以附加阻力概念表示的不完整窄沟和井列的计算式如下式所示。式中符号见图 8-9,脚标 S 代表沟,W 代表井。

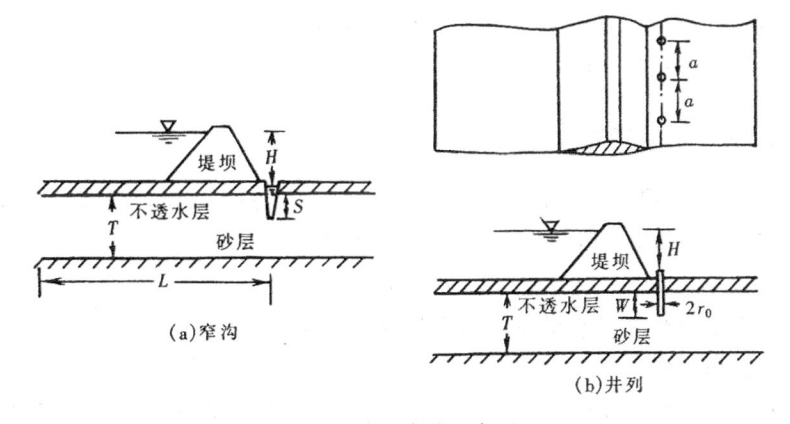

图 8-9 减压沟井示意图

沟的单宽流量为
$$q_s = k_S T H_S/(L+\Delta L) \tag{8-34}$$

井列的单宽流量为
$$q_w = Q/a = k_w T H_w/(L+aF) \tag{8-35}$$

式(8-34)中沟的附加渗径长度 ΔL 采用吴世余的无限窄沟理论公式[6]
$$\Delta L = T/\pi \ln[1/\sin(\pi S/2T)] \tag{8-36}$$

式(8-35)中井列的附加阻力因子 F 采用经验公式：
$$F = \{1/(2\pi) + 0.085[(T-W)/W][(T+a)/a]\}\ln[a/(2\pi r_0)]$$
（封井底） $\tag{8-37}$

$$F = \{1/(2\pi) + 0.085[T-W+r_0(1-W/T)]/[W+r_0(1-W/T)][(T+a)/a]\}\ln[a/(2\pi r_0)]$$
（不封井底） $\tag{8-38}$

离散化计算模型中的奇点，如井点、窄缝排水端点、水平排水层上的浸润线交汇点以及拐角点等，为局部位势变化急剧的点，如对其不加修正处理，将给计算结果带来较大误差而歪曲实际流态。把这些点形象化地在网格上表示出其扩大的影响，则如图 8-10 所示。

利用有限差分法计算或在电阻网上试验，对这些奇点的处理是较为成功的（见文献[1]第 195 页）。若将此法引用到透水层中窄沟下端点时，该点周围格点间阻力应增大。端点附近网格取正方形时，阻力增大 1.51 倍。其原理是根据奇点周围急变区位势呈抛物线变化引证得出。经这样处理，与理论值相比，误差为 0.5%；而不处理，其误差超过 5%。

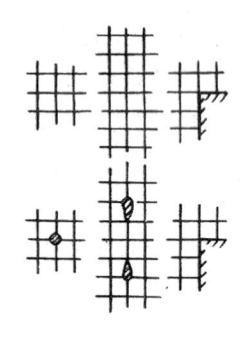

图 8-10 奇点附近的歪曲

用有限元法计算，如奇点周围的正方形网格按图 8-11 所示剖分三角形单元，可证明有限差分法和有限单元法是等同的。因此，在有限单元法中可近似地引用有限差分法中把沟下端奇点周围阻力增大 1.51 倍的方法，将沟下端点周围单元渗透系数减小 1/1.51 倍。如图 8-11 所示，沟下端点 E 周围虚线单元，其渗透系数应修正为
$$k' = 0.662k \tag{8-39}$$

据理论推导，奇点更外一层 $ABCD$ 范围内单元，最好也按正方形网格剖分，但不对其渗透系数进行修正。

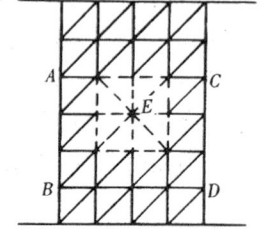

图 8-11 沟端奇点的处理

二、以沟代井列的计算方法

据上节所列沟、井列的基本计算式，令其流量计算式相等，保留其间的相同因素，可得欲修正的因素间的关系。如此，可得到四种计算方法：(1)修正沟水位法；(2)修正沟边单元渗透系数法；(3)等效沟深法；(4)渗透阻力附加单元法。

下面按垂直剖面和水平面模型具体介绍这些计算方法。

（一）垂直剖面模型

垂直剖面模型的含水层厚度、沟和井贯入含水层深度均可在模型中体现，故以沟代井列计算的实质是以同等深度的无限窄沟代替井列，找出相应的修正因素，最后进行渗流场计

算。

令式(8-34)和式(8-35)的单宽渗流量相等,得
$$k_w H_w / k_s H_s = (L + aF)/(L + \Delta L) \tag{8-40}$$

1. 修正沟水位法

设以沟代井列后,渗流场渗透系数保持不变,即 $k_s = k_w$,由式(8-40)可得
$$H_w / H_s = (L + aF)/(L + \Delta L) \tag{8-41}$$

如仅考虑沟和井列附近的急变区,将其控制在一个正方形网格或一个单元距离范围以内(图 8-12),式(8-41)中 $L = l$,H 代表该距离的水头损失,即 $H_s = h_s - h_{os}$,$H_w = h_w - h_{ow}$。h_s 是距沟 l 距离处 A 点的水头,它与相应的井列附近的水头相等,即 $h_s = h_w$;h_{ow} 是减压井中水头或水位,为已知值。将这些关系代入式(8-41),整理后得修正的无限窄沟中水头

$$h_{os} = [(aF - \Delta L)h_s + (l + \Delta L)h_{ow}]/(l + aF) \tag{8-42}$$

上式井水位 h_{ow}、井间距 a、划分单元布局 l,以及由式(8-36)、式(8-37)、式(8-38)计算的 ΔL、F 均为已知值,仅距沟边 l 距离处水头 h_s 为未知值,需在计算中求得,故沟的修正水位 h_{os} 要通过试算求出。沟水位修正值 h_{os} 可以理解为井列线剖面上的平均水位。

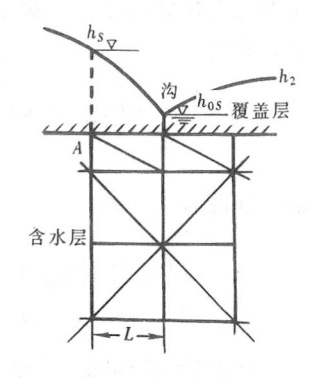

图 8-12 修正水沟水位法示意图

2. 修正沟边单元渗透系数法

该法是以同等深度的无限窄沟代换井列,按求得的沟边急变区(控制在一排网格距离 l 内)的修正渗透系数布置模型,进行渗流场计算。

令式(8-40)中的 $H_s = H_w$,而 $L = l$,得
$$k_w / k_s = (l + aF)/(l + \Delta L) \tag{8-43}$$

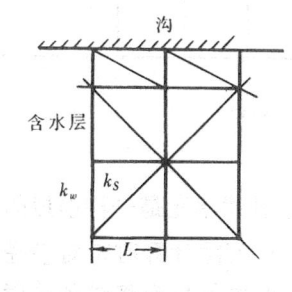

上式右端项均为已知值,以式(8-43)算得的 k_s 作为沟边一排网格距离 l 内单元的渗透系数(包括沟底下面一排单元在内,)渗流场内其余单元仍保持原井列情况的渗透系数 k_w(图 8-13)。

3. 等效沟深法

保持以沟代井列后的沟水位、渗透系数均与井列原有情况相同,求出等效沟深布置模型进行计算。

令式(8-40)中 $k_s = k_w$、$H_s = H_w$、$L = l$,得
$$\Delta L = aF \tag{8-44}$$

应用式(8-36)无限窄沟附加渗径长度 ΔL,得等效沟深为
$$S = 2T/[\pi \sin^{-1}(e^{-\pi aF/T})] \tag{8-45}$$

图 8-13 修正沟边单元渗透系数法示意图

4. 渗流阻力附加单元法

渗流阻力附加单元法是在以沟代井列基本构思的基础上,充分利用了有限元法的特点而建立起来的一种计算方法。从式(8-34)和式(8-35)可以看出,欲使两式相当,即使 $q_w = q_s$,则必需使井列和无限窄沟的附加渗径长度相等。实际上两者是不可能相等的,而且井列的附加渗径长度 aF 总是大于无限窄沟的附加渗径长度 ΔL。若能利用有限元法的特点在计算中

将二者的差值弥补出来,则问题可迎刃而解。

设 ΔL_{SW} 为无限窄沟和井列的附加渗径长度的差值,这里暂时称为补偿渗径长度。据此有

$$aF = \Delta L + \Delta L_{SW} \tag{8-46a}$$

或

$$\Delta L_{SW} = aF - \Delta L \tag{8-46b}$$

式中:ΔL 按式(8-36)计算;F 按式(8-37)或式(8-38)计算。如此则有:

封井底时

$$\Delta L_{SW} = a\left[\frac{1}{2\pi} + 0.085(T/W - 1)(T/a + 1)\right]\ln\frac{a}{2\pi r_0} - \frac{T}{\pi}\ln 1/\sin[\pi s/(2T)] \tag{8-47a}$$

不封井底时

$$\Delta L_{SW} = a\left[\frac{1}{2\pi} + 0.085\left(\frac{T}{W + r_0(1 - W/T)}\right)(T/a + 1)\right]\ln[a/(2\pi r_0)] \tag{8-47b}$$
$$- T/\pi\ln\{1/\sin[\pi s/(2T)]\}$$

从式(8-47)可知,补偿渗径长度 ΔL_{SW} 的值与渗流场无关,仅与沟、井布局参数有关。一旦排水减压井的布局和无限窄沟模型被确定,沟、井的布局参数均为已知,故补偿渗径长度 ΔL_{SW} 可以很容易地直接算出。

用有限元法对井列渗流进行计算时,在以无限窄沟代替井列并算得补偿渗径长度 ΔL_{SW} 后,可通过单元来对补偿渗径长度 ΔL_{SW} 进行补偿。此单元可称为渗径补偿单元。如图 8-14 所示,实际井列线和无限窄沟线位于渗径补偿单元的两侧边,两者之间的距离为

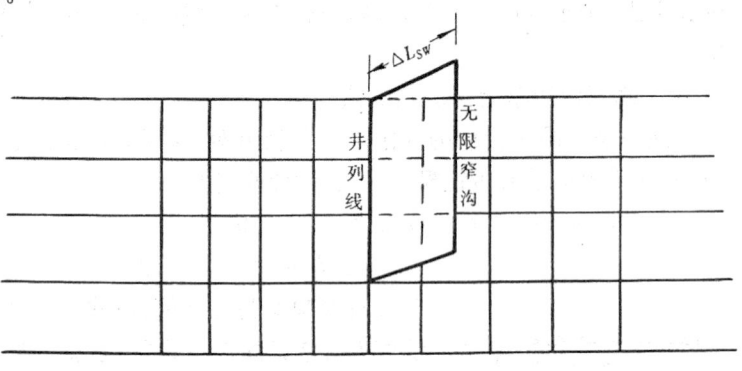

图 8-14 渗径补偿单元示意图

ΔL_{SW}。渗径补偿单元仅以井列线与原渗流场剖分单元边相连。渗径补偿单元是一种虚拟的单元,它在渗流场的单元剖分中并不存在,故没有增加单元结点数目,实际计算时是对渗径补偿单元求其单元渗透矩阵,再将该阵引化为对井列线上各剖分点的贡献从而将渗径补偿单元的求解耦合于整个渗流场的求解过程中。

显然,渗透阻力附加单元法与修正沟水位等方法实质上是一致的,但渗透阻力附加单元法可据排水减压井列和无限窄沟的布局参数直接算出补偿渗径长度 ΔL_{SW},采用渗径补偿单元而直接耦合于整个渗流场的求解过程中,不似其他方法由于 l 取值的不确定性而带来的较大误差,故具有不需进行迭代计算、收敛速度快、计算精度高等优点。

最后指出,垂直剖面模型沟下端点周围单元,应按奇点修正要求 将渗透系数减小 1/1.51倍。对贯穿含水层的完整井代换成无限窄沟后,不存在奇点问题,故沟下端点周围单

元渗透系数不需修正。

（二）水平面模型

用水平面模型研究井列，无法体现井的贯入深度，用完整沟来代换井列，故不存在的奇点问题。应用完整沟的流量计算式(即式(8-34)中 $\Delta L=0$)与井列流量计算式(8-35)，令 $q_S=q_W$，得

$$k_w H_w/(k_s H_s) = 1 + aF/L \tag{8-48}$$

与垂直剖面模型同，令 $L=l$、$k_s=k_w$，得修正沟水位计算式为

$$h_{os} = (aF/l + h_{ow})/(1 + aF/l) \tag{8-49}$$

若令 $H_s=H_w$、$L=l$，则由式(8-48)得修正沟边单元渗透系数计算式为

$$k_w/k_s = 1 + aF/l \tag{8-50}$$

但需指出的是，如图 8-15 所示的井列在平面模型上是有限长的，以无限窄沟代换时，沟两端仍存在奇点问题，故应将端点 A、B 周围虚线单元渗透系数减小 1/1.51。

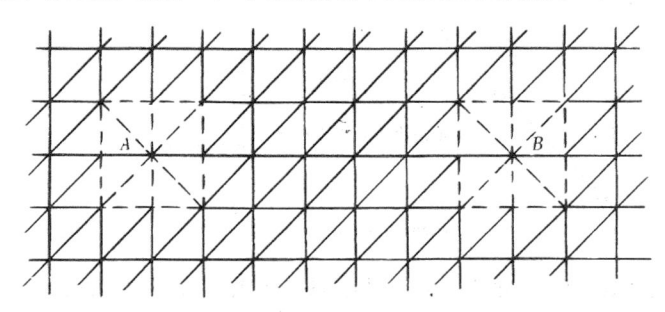

图 8-15　水平面模型上沟端奇点的处理

三、各种方法计算结果与试验资料的比较

为验证上述以沟代井列的各种方法的有效性，对不同布局的减压井列进行了计算。由于不完整井列无理论公式可作依据，故与导电液模型试验结果相比较。为便于比较，将流量计算和试验结果绘成图 8-16、图 8-17。由此可见，二者基本一致，最大误差在±3%以内，可满足工程精度要求。

垂直剖面模型以沟代井列计算可得出井后的回升水头，现将一组计算结果列于表 8-1。由表 8-1 可知，修正沟水位法计算的回升水头与试验的基本相近，而修正沟边单元渗透系数法与试验的则相差较大。将修正水位法计算的井后回升水头与试验所得的井后回升水头绘于图 8-18，可知计算的井后回升水头小于试验的。

水平面模型采用完整窄沟代换井后，沟后回升水头等于沟水位，即修正沟边单元渗透系数法的沟后水头等于井水位，修正沟水位法的沟后水头等于修正后的沟水位。以修正的沟水位作为井后回升水头，绘得与试验结果的比较图 8-19。由图 8-19 可知，二者基本一致。故可将修正沟水位作为井后回升水头。

从上述比较知，垂直剖面和水平面模型的修正沟水位法是比较可取的。但修正沟水位法需迭代计算，所需机时较多。

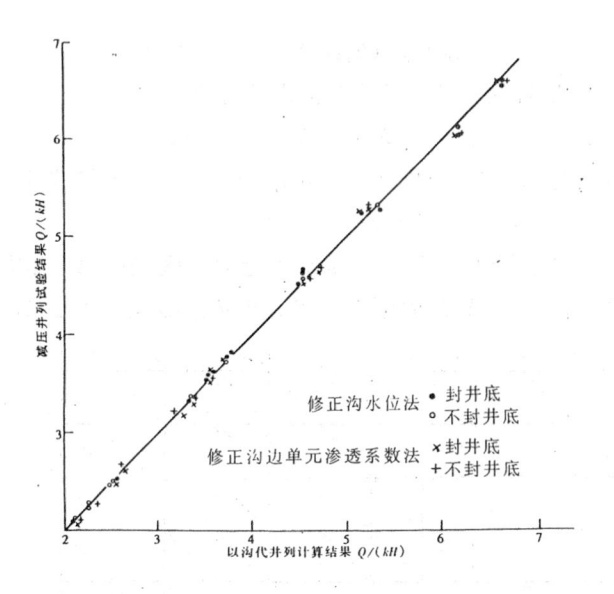

图 8-16 垂直剖面模型渗流量 $Q/(kH)$ 计算与试验结果比较

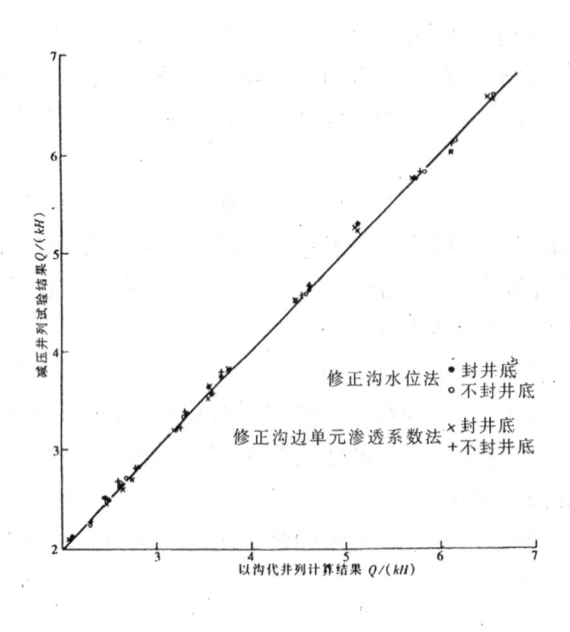

图 8-17 水平面模型渗流量 Q/kH 计算与试验结果比较

表 8-1　垂直剖面井后回升水头

井列至水源线距离 L(m)	井间距 a(m)	含水层厚度 T(m)	井贯入深度 W(m)	井半径 r_0(m)	井后回升水头 h_2/H(%) 计算 修正沟水位法	井后回升水头 h_2/H(%) 计算 修正沟边单元渗透系数法	试验
70	10	20	15	0.1	7.8	2.2	7.8
70	10	20	10	0.1	10.6	7.3	13.4
70	10	20	5	0.1	25.7	19.6	25.1

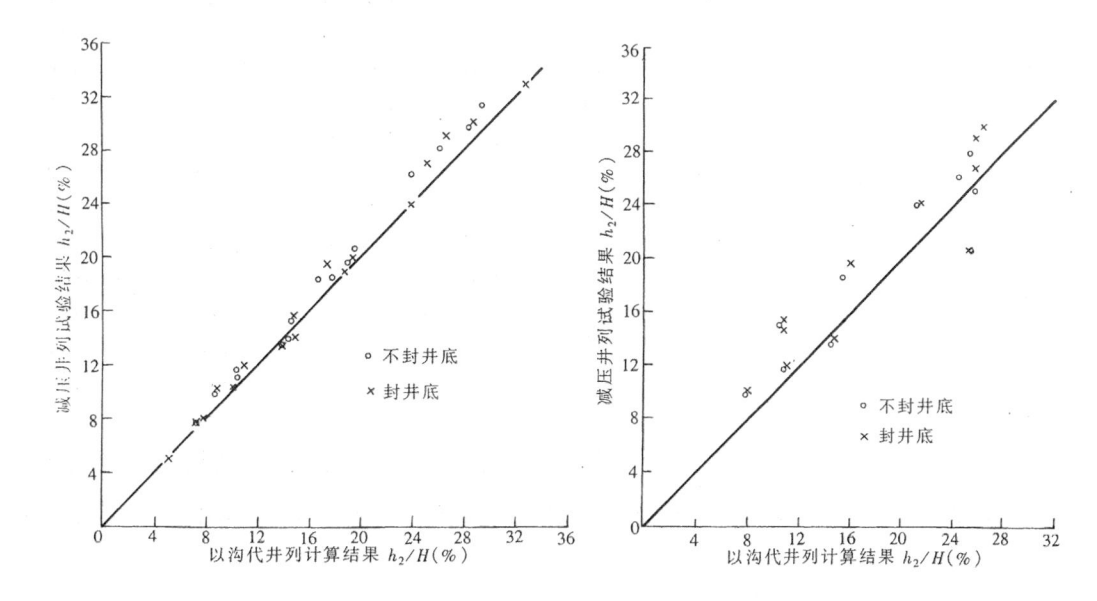

图 8-18　垂直剖面模型井后回升水头 h_2/H 计算与试验结果比较

图 8-19　水平面模型井列后回升水头 h_2/H 计算与试验结果比较

对下游有补给或排泄的情况下用垂直剖面模型作了近似计算。井列距线源距离 $L=70$ m，井间距 $d=20$ m，含水层厚度 $T=10$ m，井贯入深度 $W=5$ m，井半径 $r_0=0.5$ m，流量计算结果与文献[1]所列结果同列于表 8-2 中，二者甚为一致。

表 8-2　垂直剖面 Q/kH 的各种方法结果比较

计算方法	Q/kH 下游边界封闭或无限远	下游边界位势 0%	下游边界位势 20%	下游边界位势 40%
修正沟水位法	2.51	2.12	2.83	3.57
三向电阻网	2.47	1.87	2.72	3.57
公式计算[1]	2.47	1.92	2.82	3.72

最后，将渗透阻力附加单元法的计算结果与试验等手段的结果的比较列于表 8-3。

表 8-3　渗透阻力附加单元法计算结果与其他结果的比较

L	a	T	W	r_0	Q/kH 试验	Q/kH 公式计算	Q/kH 修正沟水位法	Q/kH 渗透阻力附加单元法
70	20	10	10	0.5	2.63	2.639 33	2.636	2.635 24
70	20	10	5	0.5	2.49	2.494 93	2.510	2.495 65
70	20	20	20	0.25	5.22	5.121 75	5.134	5.121 53
70	20	20	10	0.25	4.65	4.622 42	4.541	4.614 79
70	10	20	15	0.10	2.67	2.606 17	2.623	2.602 83
70	10	20	10	0.10	2.51	2.457 28	2.547	2.452 30
70	10	20	5	0.10	2.12	2.101 79	2.100	2.104 95
70	10	20	10	0.25	2.27	2.294 21	2.253	2.290 58
70	40	15	10	0.5	6.56	6.532 32	6.620	6.546 09
70	40	15	10	0.25	6.10	6.123 15	6.185	6.122 37
50	20	15	10	0.5	5.28	5.127 34	5.323	5.120 42
50	20	15	5	0.5	4.56	4.554 23	4.533	4.557 38
50	20	10	10	0.5	3.63	3.578 33	3.584	3.578 17
50	20	10	5	0.5	3.36	3.324 33	3.350	3.325 61
100	20	20	10	0.5	3.57	3.575 31	3.535	3.570 18
100	20	20	5	0.5	3.22	3.251 61	3.244	3.255 12
100	20	20	20	0.5	3.8	3.777 44	3.778	3.777 34

由表 8-3 可以看出，渗流阻力附加单元法计算结果与公式计算值之间的误差在 1% 以内，甚为一致。

四、计算方法在复杂地基中的应用

上述以沟代井列的计算方法是以单一含水层为基础的，将其应用于复杂成层地基时，可近似地将计算公式中的 T，以及井、沟的贯入深度 W、S 转换成均质透水层的等效值进行计算，而且最好是转换成相当于强透水层 k_{max} 的等效深度。如图 8-20 所示，减压井或沟所贯穿的地基含水层有 m 层，而含水层有 n 层，则转换成强透水层 k_{max} 那一种土层的等效值应为

$$T_e = 1/k_{max} \sum_1^m k_i T_i \quad (8-51)$$

$$S_e = W_e = 1/k_{max} \sum_1^m k_i T_i \quad (8-52)$$

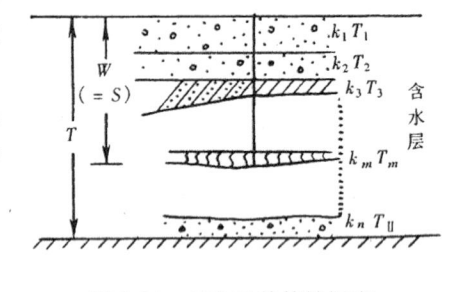

图 8-20　复杂地基等效深度

上式的等效深度只是用来计算公式中的沟附加渗径长度 ΔL 和井附加阻力因子 F 的，实际计算模型仍按原地基各种土层剖分单元进行计算。

参 考 文 献

1 毛昶熙.电模拟试验与渗流研究.北京:水利出版社,1981
2 毛昶熙主编.渗流分析计算与控制.北京:水利电力出版社,1990
3 李祖贻,陈平.以沟代井列的渗流计算方法.水利学报,1990(3)
4 刘嘉炘,关锦荷.用排水沟代替排水井列的有限元法分析.水利学报,1984(3)
5 李祖贻,陈平.有限元法计算井的渗流中奇异点的处理.水利学报,1984(3)
6 吴世余.多层地基和减压沟井的渗流计算理论.北京:水利电力出版社,1983
7 谢春红等.反映井附近为对数流态的新的有限元插值方法.勘测技术,1979(5)

第九章 网络模型算法及程序 NETW 应用

把连续场(体)离散为网络或单元进行模型试验或在计算机上进行数值计算,是科学研究领域中的一大跃进。例如渗流研究的发展过程,就是由连续介质模型或电模拟试验到电阻网模型和水力网模型,(或称之为电力积分仪和水力积分仪)[1],有了计算机后编制成模型试验程序就可更方便地在计算机上进行操作。我们从 80 年代初期为开展岩体裂隙渗流研究编制了网络程序[2],经过十几年的不断补充完善,即成程序 NETW(Networks)。体会到运用该程序计算渗流问题的优点,即不仅能完全取代电阻网和水力网的模型试验操作求得精确的结果,而且对于非达西流、岩体裂隙渗流、城市自来水管网流量分配、下水道及农田河网化等问题均可引用计算,还可作为与有限元法数值计算的验证手段。网络模型计算原理与有限元法相比,应用的数学知识较简单,只要有水力学管网计算和电阻网模型的基本知识,就很容易理解和应用这个计算方法。

第一节 水管网计算模型

根据水管网计算原理,可知各段管路的水头损失与流量的关系为

$$\Delta h = rQ^n \tag{9-1}$$

式中的指数 $n=1$ 为层流,$n=2$ 为紊流,n 也可取层流到紊流之间的任意流态指数值($n=1\sim 2$)。阻力因数 r,对于管道水流,按公式 $h=\lambda \frac{L}{D}\frac{V^2}{2g}$ 计算,则

$$r = \frac{8\lambda L}{\pi^2 g D^5} \tag{9-2}$$

式中 λ 为摩阻系数。对其他水道断面,同样可求得 r 是糙率的函数。在渗流研究中,r 则相当于电模拟试验中的电阻系数 ρ 或电阻网模型中的结点间的电阻 R。按照水管网中任一交叉点 i 或结点的进出流量相等的原则,有

$$\sum Q_i = \sum_{1}^{p}\left(\frac{\Delta h}{r}\right)_i^{1/n} = 0 \tag{9-3}$$

式中 $i=1,2,\cdots,N$。有 N 个结点,任一结点 i 的周围有 p 个管路(图 9-1)。则汇总有 N 个方程。求解第一次按线性方程组($n=1$)计算。其方程组写成矩阵式为

$$[A]\{h\} = \{f\} \tag{9-4}$$

求出初次的各未知结点水头 h_{i0} 后,再以下式代换,使其仍为线性方程组。

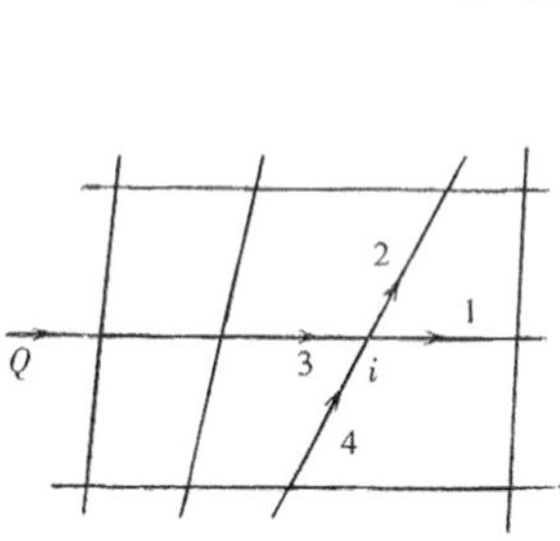

图 9-1 任意网络

$$\left(\frac{\Delta h_i}{r_i}\right)^{1/n} = \left(\frac{\Delta h_{i0}}{r_i}\right)^{\frac{1}{n}-1}\left(\frac{\Delta h_{i0}}{r_i}\right)^{1-\frac{1}{n}}\left(\frac{h_{i0}}{r_i}\right)^{1/n}$$

$$\approx \left(\frac{\Delta h_i}{r_i}\right)^{\frac{1}{n}-1}\frac{\Delta h_i}{r_i} \tag{9-5}$$

代入方程组(9-4)求解第一次各结点水头 h_{i1}。如此迭代逼近求解非线性问题,收敛性较好。

现举一例说明上述解法。图 9-2 的田字形水管网[2],已知进出口水头 $h_6=100$、$h_7=0$,各等长管段的阻力相同,可取相对阻力因数。若为紊流,则 $h=rQ^2$,按式(9-3),各未知结点的方程应为

$$\left.\begin{array}{l}\sqrt{\dfrac{h_1-100}{r_{16}}}+\sqrt{\dfrac{h_1-h_3}{r_{13}}}+\sqrt{\dfrac{h_1-h_4}{r_{14}}}=0\\[2mm]\sqrt{\dfrac{h_2-100}{r_{26}}}+\sqrt{\dfrac{h_2-h_3}{r_{23}}}+\sqrt{\dfrac{h_2-h_5}{r_{25}}}=0\\[2mm]\sqrt{\dfrac{h_3-h_1}{r_{31}}}+\sqrt{\dfrac{h_3-h_2}{r_{32}}}+\sqrt{\dfrac{h_3-h_4}{r_{34}}}+\sqrt{\dfrac{h_3-h_5}{r_{35}}}=0\\[2mm]\sqrt{\dfrac{h_4-h_1}{r_{41}}}+\sqrt{\dfrac{h_4-h_3}{r_{43}}}+\sqrt{\dfrac{h_4-0}{r_{47}}}=0\\[2mm]\sqrt{\dfrac{h_5-h_2}{r_{52}}}+\sqrt{\dfrac{h_5-h_3}{r_{53}}}+\sqrt{\dfrac{h_5-0}{r_{57}}}=0\end{array}\right\} \quad (9\text{-}6)$$

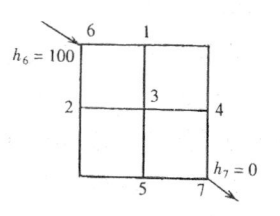

图 9-2 田字形水管网

首先不考虑上式中的根号,而按线性($\Delta h=rQ$)代数方程组求解,即

$$\begin{bmatrix}\dfrac{1}{r_{11}}&0&-\dfrac{1}{r_{13}}&-\dfrac{1}{r_{14}}&0\\[2mm]0&\dfrac{1}{r_{22}}&-\dfrac{1}{r_{23}}&0&-\dfrac{1}{r_{25}}\\[2mm]-\dfrac{1}{r_{31}}&-\dfrac{1}{r_{32}}&\dfrac{1}{r_{33}}&-\dfrac{1}{r_{34}}&-\dfrac{1}{r_{35}}\\[2mm]-\dfrac{1}{r_{41}}&0&-\dfrac{1}{r_{43}}&\dfrac{1}{r_{44}}&0\\[2mm]0&-\dfrac{1}{r_{52}}&-\dfrac{1}{r_{53}}&0&\dfrac{1}{r_{55}}\end{bmatrix}\begin{Bmatrix}h_1\\h_2\\h_3\\h_4\\h_5\end{Bmatrix}=\begin{Bmatrix}\dfrac{100}{r_{16}}\\[2mm]\dfrac{100}{r_{26}}\\0\\0\\0\end{Bmatrix} \quad (9\text{-}7)$$

系数矩阵对称,$r_{ij}=r_{ji}$,其中阻力因数相对值与管路长度成正比,除 $r_{14}=r_{25}=2$ 外,其他均为 1,矩阵对角线上的元素

$$\frac{1}{r_{11}}=\frac{1}{r_{16}}+\frac{1}{r_{13}}+\frac{1}{r_{14}}=2\frac{1}{2}$$

$$\frac{1}{r_{22}}=\frac{1}{r_{26}}+\frac{1}{r_{23}}+\frac{1}{r_{25}}=2\frac{1}{2}$$

$$\frac{1}{r_{33}}=\frac{1}{r_{31}}+\frac{1}{r_{32}}+\frac{1}{r_{34}}+\frac{1}{r_{35}}=4$$

$$\frac{1}{r_{44}}=\frac{1}{r_{41}}+\frac{1}{r_{43}}+\frac{1}{r_{47}}=3\frac{1}{2}$$

$$\frac{1}{r_{55}}=\frac{1}{r_{52}}+\frac{1}{r_{53}}+\frac{1}{r_{57}}=2\frac{1}{2}$$

解式(9-7),得层流时的结点水头为

$$h_1=66.66,\quad h_2=66.66,\quad h_3=50,\quad h_4=33.33,\quad h_5=33.33$$

将上述各值作为第一次近似值 h_{i0}，按照式(9-5)的线性化方法用 $\sqrt{\dfrac{\Delta h_{i0}}{r_i}}r_i$ 代换式(9-7)系数矩阵的阻力因素 r_i，迭代 4～7 次，求得紊流时的未知结点水头为

$h_1=60$, $h_2=60$, $h_3=50$, $h_4=40$, $h_5=40$

下面再举两典型管网实例[4]。

图 9-3 是以水头为边界条件的多进出口管网，除四角点出流外，中部两处高水头入流，可理解为水泵站加压，也可理解为井点注水。各管段的阻力相同，设 $r=20.40$，则由已知条件代入式(9-3)解方程组，可得各未知结点的水头值为

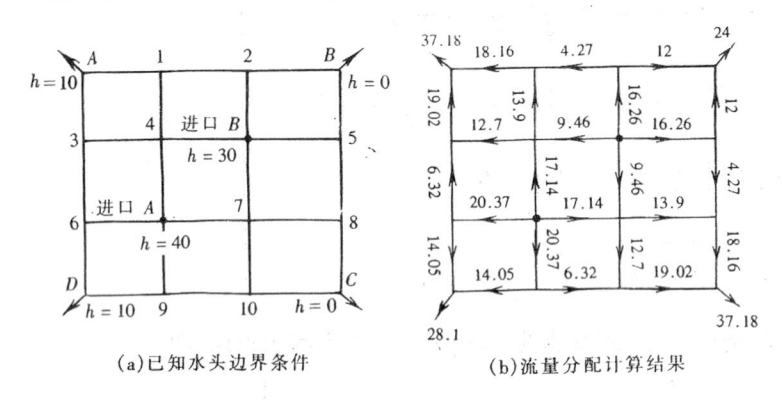

图 9-3 多进出口管网（水头边界条件）

(a) 已知水头边界条件　　(b) 流量分配计算结果

层流时($n=1$)

$h_1=h_8=14.38, h_2=h_5=18.12, h_3=h_{10}=15.62, h_4=h_7=25.00, h_5=h_9=21.88$

紊流时($n=2$)

$h_1=h_8=16.16, h_2=h_5=17.05, h_3=h_{10}=17.72, h_4=h_7=25.62, h_5=h_9=19.67$

按照紊流计算的流量分配绘入图 9-3(b)中。出口流量，A、B、C、D 依次为 37.18,24.00, 37.18,28.10；进口流量，A、B 为 75.02,51.44。总的进出口流量相等，为 126.46。

图 9-4 是以流量补给为边界条件的三维空间的管网。三层平面管网的各段管路阻力因数，设第一层 $r=1$，第二层 $r=2$，第三层 $r=3$；上升管路的 r 值均见图 9-4。已知底层进口供水量 $Q=120$，且三层平面网中各有 4 个出水口，Q 都等于 10。计算时仍写各结点的方程组代入式(9-3)，只是对已知流量进出的结点则直接用已知流量代入方程。算出各管段水头差，求出各结点水头。为了计算方便，可设进口处水头 $h=100(100\%)$来计算各结点的相对水头值（管线交点上数字），以适应流量分配的计算。若有某结点的水头为已知，则可按相对水头值求得结点的真值。至于连结上下层的上升管路，有的上下结点间没有管路，则可赋给它的阻力 $r=\infty$。层流和紊流的流量分配（管线上数字），与已有的水力学近似计算结果相近[3][11]。

由以上水管网算例可知，引用编好的程序计算各种复杂管网的水头分布和流量分配极为方便。当管网中有泵站和蓄水池时，可把它们作为已知水头或流量边界条件的结点来考虑，因此，本模型可供自来水管网设计时参考。同时，依此模型原理将对比取代电阻网模型。

(a)层流 (b)紊流

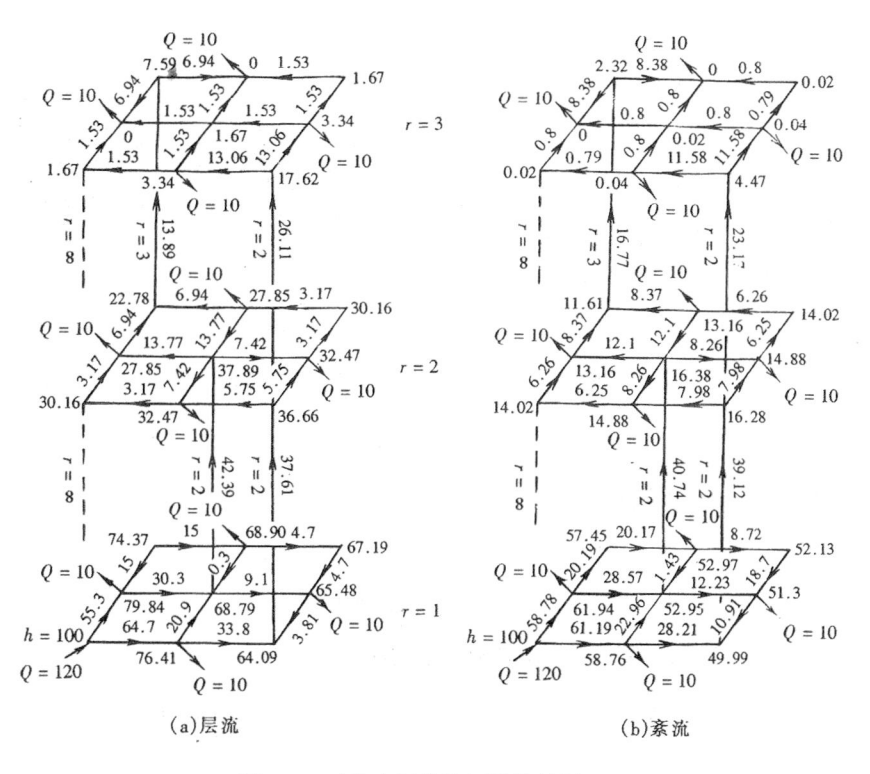

图 9-4 三维空间的管网计算结果

第二节 电阻网模型简介

为了说明基于水管网计算原理所编制的网络程序能取代电阻网模型解决地下水渗流问题,尚须简介电阻网的布置原理[1]。

因为电场与渗流场符合同一数学微分方程式,两物理场相似,故可互相模拟。其对应量为：

水头 $h \cdots u$ 电位
渗流量 $Q \cdots I$ 电流
渗透系数 $k \cdots 1/\rho$ 电阻系数的倒数

一、正交网络模型

当连续场被离散为单元形成正交网络时,取差分形式计算可以证明二维平面问题划分的矩形网络,在相邻两结点间的电阻值可用其所代表的矩形面积单元的长宽比值来表示。例如,稳定渗流微分方程式

$$\frac{\partial}{\partial x}\left(k_x \frac{\partial h}{\partial x}\right) + \frac{\partial}{\partial y}\left(k_y \frac{\partial h}{\partial y}\right) = 0 \tag{9-8}$$

写成有限差分形式为(图 9-5)

$$\frac{2k_x}{\Delta x_1 + \Delta x_2}\left(\frac{h_1 - h_0}{\Delta x_1} + \frac{h_2 - h_0}{\Delta x_2}\right) + \frac{2k_y}{\Delta y_3 + \Delta y_4}\left(\frac{h_3 - h_0}{\Delta y_3} + \frac{h_4 - h_0}{\Delta y_4}\right) = 0 \tag{9-9}$$

同样,对于该结点的相应电阻网络,从欧姆定律 $I=U/R$ 和克希贺夫定律 $\sum I_0 = 0$,则得

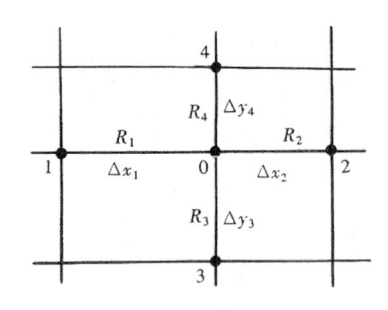

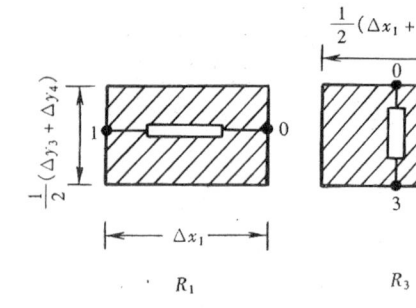

图 9-5　正交网络内部结点间电阻示意

$$\frac{u_1-u_0}{R_1}+\frac{u_2-u_0}{R_2}+\frac{u_3-u_0}{R_3}+\frac{u_4-u_0}{R_4}=0 \tag{9-10}$$

对比上二式,选择两个比例常数

$$\lambda = h/u \tag{9-11}$$

$$\lambda_k = k/\frac{1}{\rho} = k\rho \tag{9-12}$$

并设 $k_x=k_y$ 时,就可求得矩形网络围绕任一结点的 4 个电阻值为

$$\left.\begin{array}{l}R_1=\dfrac{2\Delta x_1}{\Delta y_3+\Delta y_4}R_0,\quad R_2=\dfrac{2\Delta x_2}{\Delta y_3+\Delta y_4}R_0\\ R_3=\dfrac{2\Delta y_3}{\Delta x_1+\Delta x_2}R_0,\quad R_4=\dfrac{2\Delta y_4}{\Delta x_1+\Delta x_2}R_0\end{array}\right\} \tag{9-13}$$

式中 R_0 为任选的一个常数,可称为参考电阻或基本电阻。这样,上式涵义就相当于两相邻结点间的电阻可用其所代表连续场的矩形面积单元的长宽比值来表示,其长度 l（即两相邻结点的间距）及宽度 b 则为左右网眼各半宽之和,如图 9-5 中的影线面积。因此二维平面矩形网络的电阻应为

$$R = \rho\frac{l}{b} \tag{9-14}$$

均匀矩形网络的内部各电阻应为（图 9-6(a)）

$$R_x = \rho\frac{\Delta x}{\Delta y},\ R_y = \rho\frac{\Delta y}{\Delta x} \tag{9-15}$$

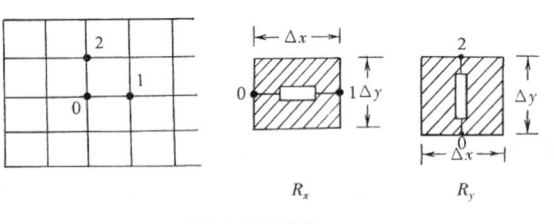

(a)均匀矩形网络

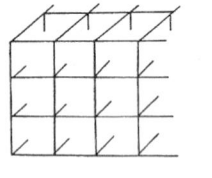

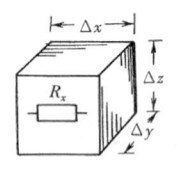

(b)空间长方体网络

图 9-6　均匀正交网络模型内部电阻示意

式中 ρ 为模拟连续场的电阻系数。为选用方便的电阻,则可将上式各同乘一因数 R_0/ρ,求得适宜的参考电阻值 R_0。若 $\Delta x=\Delta y$,则 $R_0=\rho$,所有内部电阻值相同,R_0 也就等于正方形面积单元两边之间的电阻值。

三维正交网络各电阻所代表的是体积单元,式(9-15)中的分母应为单元体的横截面积,则各方向的电阻值应为（图 9-6(b)）

$$R_x = \rho \frac{\Delta x}{\Delta y \Delta z}, R_y = \rho \frac{\Delta y}{\Delta x \Delta z}, R_z = \frac{\Delta z}{\Delta x \Delta y}$$
(9-16)

同样,任选一适宜的参考电阻 R_0,将上式各乘以共同因数 R_0/ρ,就能达到选用方便的各电阻值的目的。若 $\Delta x = \Delta y = \Delta z$,则 $R_0 = \rho$,场内各内部电阻相同。

以上是模型内部的电阻值计算式。对于边界电阻,由于研究场域边界不规则,靠边界处多半是不能划分形成完整的网眼,例如,矩形平面网络,边上不能划分为矩形。但此时仍可按照矩形单元长宽比值关系,近似求出其等效矩形,即两结点间长度不变,求其平均宽度。图 9-7 所示为常碰到的不规则边界网络电阻,它所代表的影线面积及其近似计算值示于图中[12]。其中 R_0 表示正方形 $\Delta x = \Delta y$ 的电阻值。图中斜线边界所代表的电阻,一是垂直 R_{6a},一是水平 R_{6b},二者互不相连,可认为电阻无限大,可以略去。其他不规则边界电阻计算方法还可参考文献[1]。

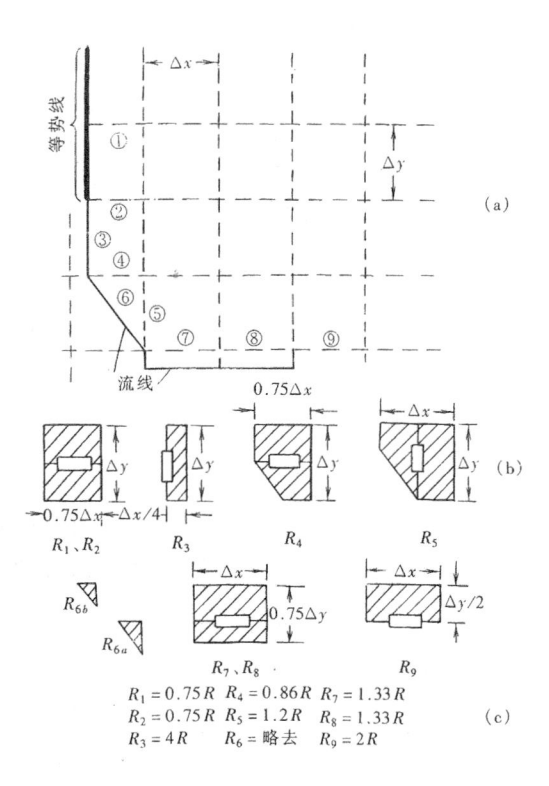

图 9-7 矩形网络不规则边界电阻值

$R_1 = 0.75R \quad R_4 = 0.86R \quad R_7 = 1.33R$
$R_2 = 0.75R \quad R_5 = 1.2R \quad R_8 = 1.33R$
$R_3 = 4R \quad R_6 = $略去 $\quad R_9 = 2R$

同样,三维正交网络的边界电阻也可通过求两结点间所代表的单元体的横截面平均值来近似计算。

二、三角形网络模型

模拟不规则边界、自由面、土层分界线及大网眼向小网眼过渡等情形时,自然是三角形网络较为方便精确。70 年代德国 Dreston 科技大学首先制造了三角形电阻网络模型(如图 9-8 示其部分[13]),并已证明了网络线上的电阻值仍可类似矩形网络所代表的面积单元考虑。其等效矩形如图 9-9 所示,可按照各边长 l 与其垂直平分线到垂心距离为宽度 b 的矩形面积单元长宽比计算其电阻值为

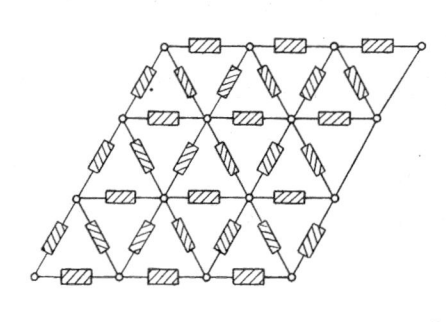

图 9-8 三角形电阻网模型

$$\left. \begin{array}{l} R_1 = \dfrac{2\rho}{\operatorname{ctg}\theta_1} \\ R_2 = \dfrac{2\rho}{\operatorname{ctg}\theta_2} \\ R_3 = \dfrac{2\rho}{\operatorname{ctg}\theta_3} \end{array} \right\} \quad (9-17)$$

式中 θ 是边所对的内角,都应是锐角。

对于内部的三角形单元 ijm,如图 9-10 所示,具有公共边 jm,它的电阻值自然是由左右两单元矩形面积之和代表,就是公共边在单元 1 与单元 2 两电阻的并联值,即

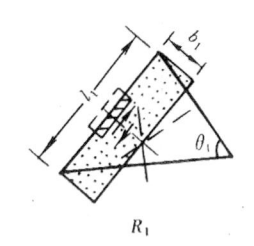

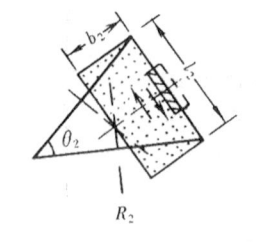

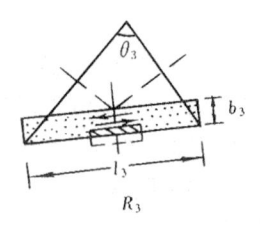

图 9-9 三角形网络各边电阻值所代表的等效面积单元

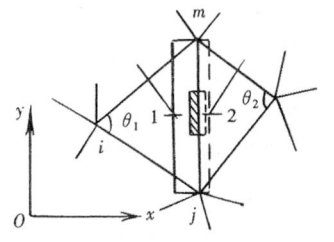

$$\frac{1}{R_{jm}} = \frac{1}{R_{jm}^{(1)}} + \frac{1}{R_{jm}^{(2)}} \tag{9-18}$$

则得
$$R_{jm} = \frac{2\rho}{\operatorname{ctg}\theta_1 + \operatorname{ctg}\theta_2} \tag{9-19}$$

三角形网络除适用于不规则边界布局外,还可应用于非正交的各向异性场;而矩形网络只适用于正交各向异性场。如图 9-10 所示,对于单元 1,其渗透张量为 $\begin{bmatrix} k_{xx} & k_{xy} \\ k_{yx} & k_{yy} \end{bmatrix}$, $\overline{jm}$ 边上的电阻为

图 9-10 三角形网络内部电阻并联示意图

$$R_{jm}^{(1)} = \frac{-4\Delta}{(k_{xx}b_m + k_{xy}c_m)b_j + (k_{yx}b_m + k_{yy}c_m)c_j} \tag{9-19a}$$

若 x, y 轴与渗透主轴方向一致,则有

$$R_{jm}^{(1)} = \frac{-4\Delta\rho_x\rho_y}{\rho_y b_j b_m + \rho_x c_j c_m} \tag{9-19b}$$

式中 Δ 为单元面积;ρ_x、ρ_y 为 $1/k_x$、$1/k_y$;且

$$b_j = y_m - y_i, \quad b_m = y_i - y_j$$
$$c_j = x_i - x_m, \quad c_m = x_j - x_i$$

例如有规律斜交裂隙组的岩体渗流问题,就可把斜交网再剖分成三角形布置各边电阻进行试验或计算。

三维计算中则采用三棱柱单元电阻或四面体单元电阻来适用于不规则边界及各向异性场。具体计算式见第十节算例中式(9-70)和式(9-71)。

以上介绍的模拟渗流场的电阻网络,虽然模拟的是均匀渗流场,但仍适用于非均匀土层。即分区土层各为均匀场,各不同土层区的电阻值可按照下式关系计算。

$$\rho_1 k_1 = \rho_2 k_2 = \cdots = 常数 \tag{9-20}$$

当选定一种土层的代表电阻 R_1 时,其他土层即固定为上式关系,只需要乘一个渗透系数比值即可。

第三节 网络程序取代电阻网模型试验

对比上述水管网和电阻网的计算原理可知,在渗流场离散网格划分单元后,各结点间的电阻完全与水管相当,即水管网中管路的阻力因数 r 与电阻 R 相当,因此两者完全可以代换计算,即阻力因数为:

278

二维
$$r_x = R_x = \rho \frac{\Delta x}{\Delta y}, \quad r_y = R_y = \rho \frac{\Delta y}{\Delta x} \tag{9-21}$$

三维
$$r_x = R_x = \rho \frac{\Delta x}{\Delta y \Delta z}, \quad r_y = R_y = \rho \frac{\Delta y}{\Delta x \Delta z}, \quad r_z = R_z = \rho \frac{\Delta z}{\Delta x \Delta y} \tag{9-22}$$

因此,直接把电阻网络的电阻数据输入程序进行计算,可以得到与模型试验同样的结果。因为 ρ 相当于 $1/k$,所以可将式中的 ρ 改换为 $1/k$,直接按照不同土层分区的渗透系数 k 的比值计算相对的阻力因数 r。

至于渗流量的计算,则更为方便,只要计算出结点水头 h,就可取进口或任何两排结点间的断面上各管路所通过的流量,叠加即可。例如,层流时流量为

$$Q = \sum_{1}^{p} \left(\frac{\Delta h}{r} \right)_i \tag{9-23}$$

式中 $i=1,2,\cdots,p$,为所截取断面上的管路数目。

根据上述计算方法编制的网络程序 NETW(Networks)所计算的各种渗流问题,其结果与有限元法计算结果和电阻网试验结果都很一致。下面将分节择要举例说明。

在验算各题时,为了直接引用文献[1]中电阻网模型剖分网络及各结点间的电阻值 R,按照式(9-11)、式(9-12)的关系式对比计算渗流量的关系式求得阻力因数与电阻之间的关系为:

二维问题
$$r = \frac{R}{R_0 k} \tag{9-24}$$

三维问题
$$r = \frac{R}{R_0 k \Delta l} \tag{9-25}$$

式中:R_0 为任选的参考电阻(二维问题,$R_0 = \rho$,为正方形网络单元的电阻值;三维问题,$R_0 = \rho/\Delta l$,为正方体网络结点间的电阻值);Δl 为正方体的边长,即其结点间距。

其实,直接从水流阻力概念引证阻力系数值或者直接以电阻值代入方程组计算阻力系数值也能得到同样的结果,因为彼此相对阻力值未变。

第四节　闸坝渗流计算

作为网络程序取代电阻网试验的算例,举几个闸坝渗流问题实例如下:

一、船坞渗水

如图 9-11 所示,取船坞对称的一半[1],电阻网模型布局为 350 个结点的矩形网络,选用的相当正方形网络结点间的电阻 $R_0 = \rho = 500\ \Omega$,由此可算出模型的内部及边界上各结点间的电阻 R,参见图 9-11 所示剖分网格各电阻值,代入式(9-24),算出网络各结点间的 r 值。当然,也可直接按式(9-21)算出 r,再应用式(9-3)即可算出流场分布及结点水头。

图 9-12 中计算的等势线(虚线)与电阻网模型试验结果(实线)相近,误差约 2%。

渗流量的计算,由式(9-23)算得坞底(一半)渗水的单宽流量 $q=0.3975kH$。电阻网试验,$q=0.4065kH$。k 为渗透系数,H 为水头。二者相差 2%。当船坞长 200 m、水头 $H=3.5-(-5.0)=8.5$ m、$k=0.005$ m/d 时,全坞底渗水量为 $Q=6.76\ \text{m}^3/\text{d}$。

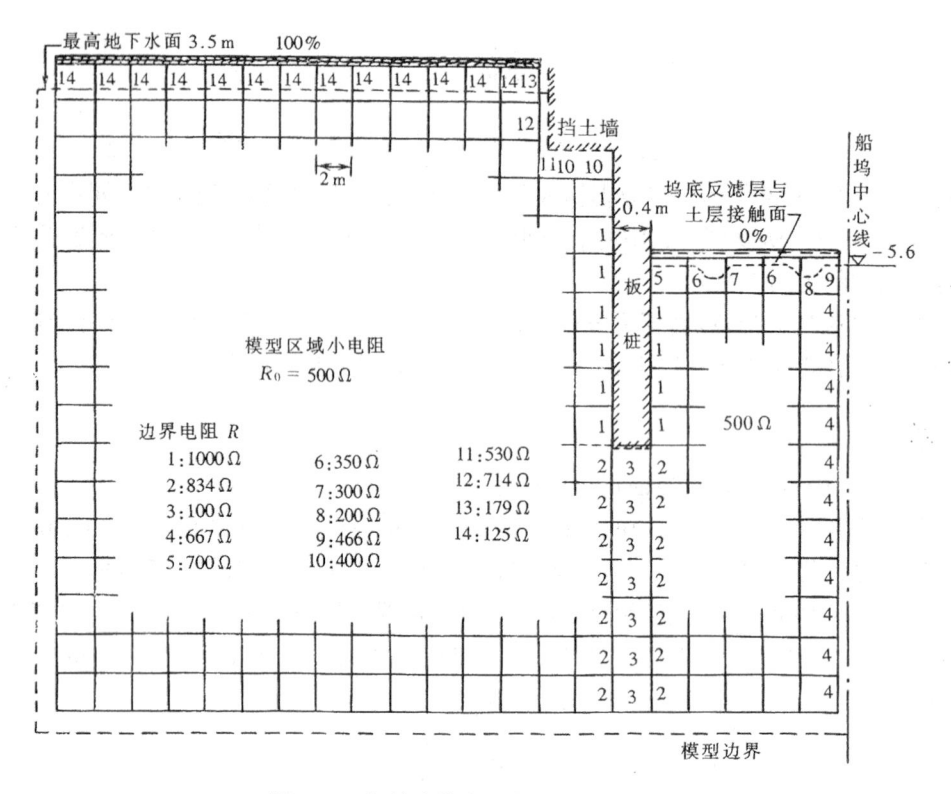

图 9-11　船坞地基渗流电阻网布置

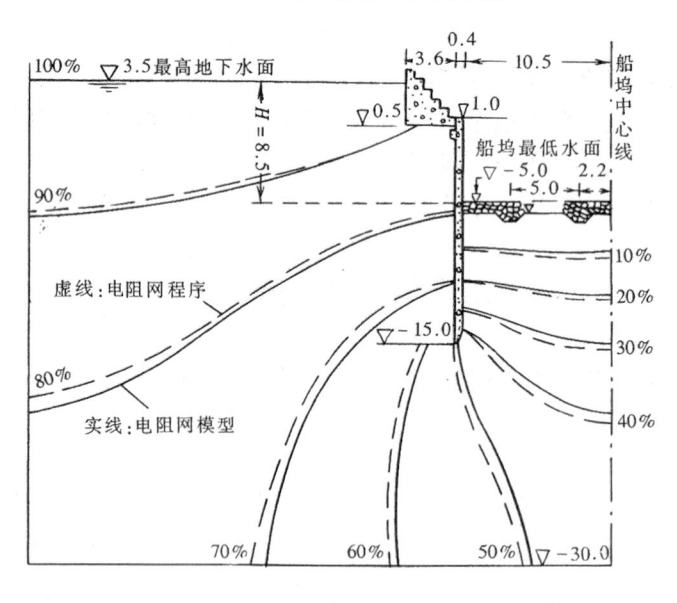

图 9-12　船坞地基渗流计算结果比较

二、堤坝下游减压井

(一) 三维网络模型

由于上层覆盖土渗透性很弱,可只研究强透水砂基的有压渗流。一般情况下,等间距的

280

井列,其井深不贯穿砂层到底,相应的渗流问题属三维渗流问题。图 9-13 所示井半径 $r_w=0.5$ m,井间距 $a=20$ m,砂层厚度 $T=10$ m,井深 $W=5$ m。按照电阻网模型,切取对称的一块进行研究,即通过井的和井距中点的两个纵剖面间的块体,并沿上下游分成 13 个剖面布置结点。图示剖分各结点间的阻力数字是由单元体算出的相对阻值,各乘以 1 000 Ω 为实际的网络电阻。电阻网模型中选用的正方体电阻 $R_0=2 000$ Ω,每边长 $l=5$ m,由式(9-25)即可算出各结点的阻力因数 r 值,或按体积单元直接由式(9-22)计算。

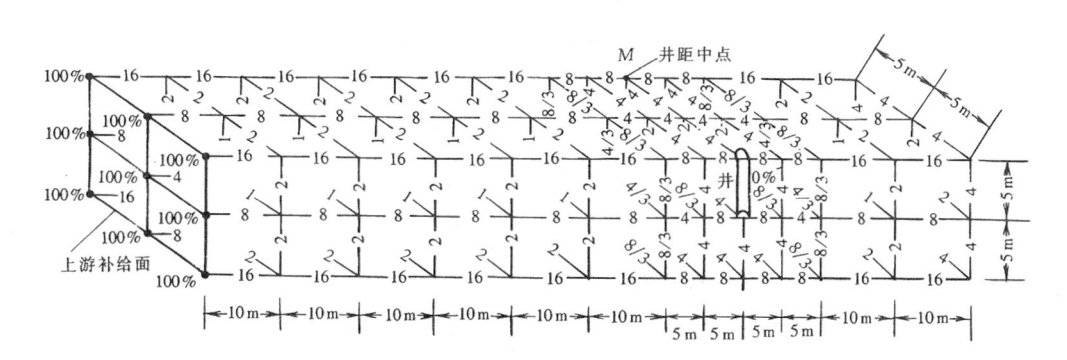

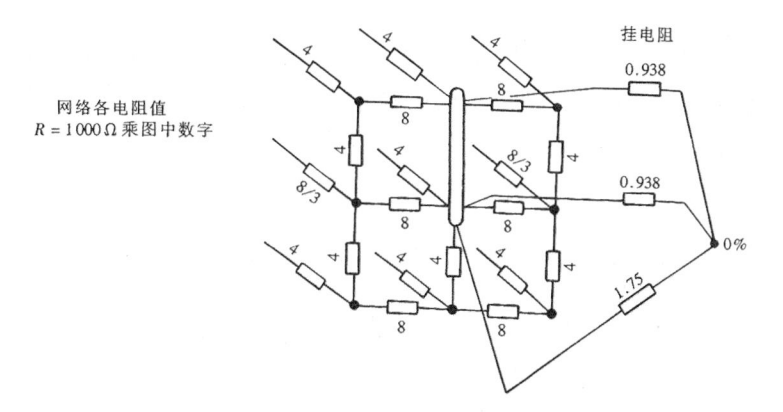

图 9-13 减压井三维电阻网络布置

不完全井的附加电阻如图 9-13 所示,考虑到井四周辐射流与正交网络间的差异,则在正交网络上应按下式挂一附加电阻来修正补偿[1]。

$$R_w = \frac{R}{2\pi} \ln \frac{\Delta l}{4.81 r_w} \tag{9-26}$$

式中:R 为井周的原有电阻,为 8000 Ω;结点间距 $\Delta l=5$ m;井半径 $r_w=0.5$ m。将其代入上式,得所挂电阻值为 938 Ω。

考虑井底透水为半球体放射状流动,则应按下式挂附加电阻修正[1]。

$$R_w = \frac{R\Delta l}{2\pi}\left(\frac{1}{r_w} - \frac{2\pi+1}{\Delta l}\right) \tag{9-27}$$

井底原有电阻 $R=4 000$ Ω,$\Delta l=5$ m,$r_w=0.5$ m,代入上式,求得井底附加电阻 $R_w=1 750$ Ω。

井周两结点及井底结点挂电阻如图 9-13 所示。同样,也按比例关系计算此电阻 r 值,显得比模型中挂电阻更为方便;再引用式(9-3)计算各结点水头。计算的等势线如图 9-14 所示,与试验结果一致,井间压力位势为 14.9%(电阻网试验为 15.8%);一个井的渗流量由围绕井的管路用式(9-23)算得 $Q=2.49kH$(试验结果为 $2.47kH$)。

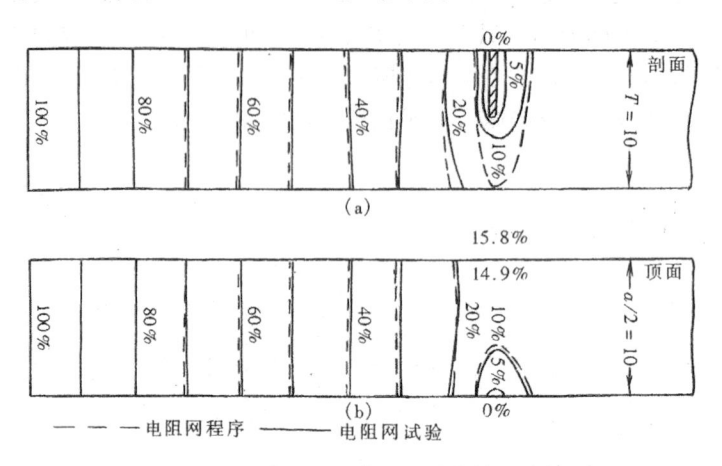

图 9-14　减压井三维渗流计算结果比较

(二)二维平面网络模型

采用挂电阻补偿修正网络模型上的奇异点(如井、沟、窄缝、角点等)所产生的误差,体现了差分网络的优越性,往往剖分少数结点的网络就能取得较精确的结果。现仍采用上例减压井列的问题并取其对称的条块,采用二维平面网络进行计算。如图 9-15 所示,矩形网络由长宽比值算出的电阻值均为相对数,将它们各乘以 2 500 Ω 即为实际电阻网模型的电阻。

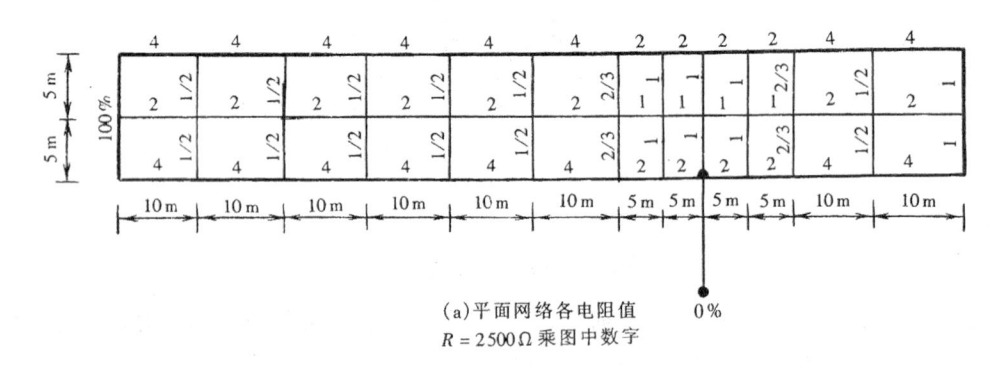

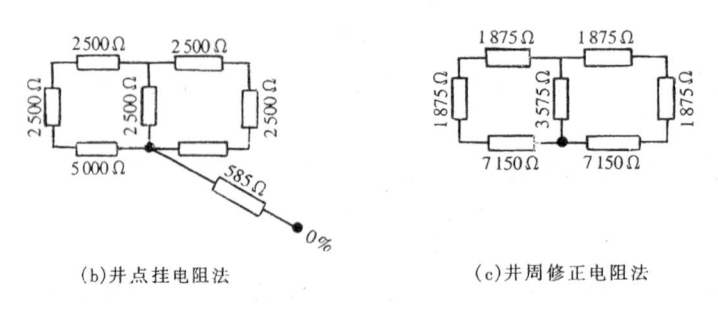

图 9-15　减压井平面网络布置

对于井周辐射流,按照挂电阻修正该井点的方法,则应挂电阻(图 9-15)为

$$R_w = \frac{R}{2\pi} \ln \frac{\Delta l}{4.81 r_w} \tag{9-28}$$

以此半个井周原有电阻 $R=5000\ \Omega$、结点间距 $\Delta l=5\ \text{m}$,井半径 $r_w=0.5\ \text{m}$ 代入上式,算得 $R_w=585\ \Omega$。

若按照修正井周边的电阻值来弥补正方形网络上井点的误差,则不直接连通结点上井的周边电阻和直接连通井点的电阻应分别修正为(图 9-15)

$$R_2 = 0.75R$$

$$R_1 = \ln\left(\frac{\Delta l}{r_w}\right)\left(\frac{1.61}{R}\right)^{-1} \tag{9-29}$$

以原有电阻 $R=2\,500\ \Omega$、$\Delta l=5\ \text{m}$、$r_w=0.5\ \text{m}$ 代入上式,得 $R_2=1\,875\ \Omega$;$R_1=3\,575\ \Omega$。连通井的边界电阻则为 $2R_1$,即 $7\,150\ \Omega$。

井点挂电阻方法和井周修正电阻方法,两个网络模型试验结果极为一致,见文献[1]。

至于不完全井深的问题,如上例的三维网络图,二维平面网络仍可利用挂电阻附加阻力方法求解,即在修正井点挂电阻外端再串联上一个修正不完全井的挂电阻 R_p。其值为(图 9-16(a))

$$R_p = Rf \tag{9-30}$$

式中:R 为原有网络结点间电阻;f 为不完全井附加阻力项,对于井间距为 a 时的长列减压井,井底不透水时可采用下式:

$$f = 0.085\left(\frac{T}{W} - 1\right)\left(\frac{T}{a} + 1\right)\ln\frac{a}{2\pi r_w} \tag{9-31}$$

井底透水时,式中的井深 W 再加上 $r_w\left(1 - \frac{W}{T}\right)$。对于影响半径为 R^* 时的单井,其不完全井的附加阻力项 f,当井底不透水时,则为

$$f = 0.5\left(\frac{T}{W} - 1\right)\ln\frac{R^*}{r_w} \tag{9-32}$$

当井底透水时,式中的 W 项同样应加上 $r_w\left(1 - \frac{W}{T}\right)$。

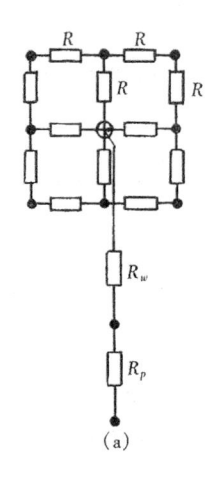

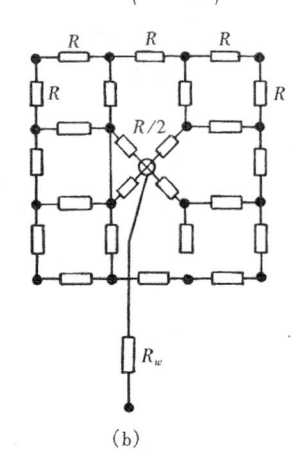

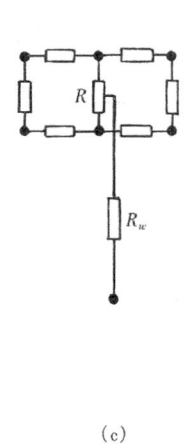

图 9-16 井的挂电阻布置

同理,如果井周围填砾石滤层并需考虑其水头损失时,也可引用附加阻力概念再挂电阻 R_g 串联 R_p 的外端。其值为

$$R_g = \frac{RkT}{2\pi k_g L} \ln \frac{r_g}{r_w} \tag{9-33}$$

式中:k_g 和 r_g 为井管外砾石滤层的渗透系数及外半径;T 和 k 为含水层厚度及含水层渗透系数;L 为砾石滤层包围井管的长度;R 为原有网络结点间的电阻。

如果继续考虑井管本身(滤管或花管)的损失水头以及井管内水流损失和流速水头时,同样可求得附加挂电阻值。例如,应用水力学中紊流损失水头公式 $\Delta h = CQ^2$,C 为井管内水流量 Q 时的损失系数,相当于阻力因数,则可求得模拟此种水头损失的附加挂电阻 R_s。其值为

$$R_s = CQkTR \tag{9-34}$$

考虑上述这些水头损失的修正挂电阻 R_w、R_p、R_g、R_s,只要外接在井的结点上串联或累加起来,并控制最外端代表井口溢水面的位势,即可进行试验或计算,甚为方便。

若有数口井时,常不能使所有的井都位于网络结点上。如图 9-16(b)所示,井布置在边长 Δl 的正方形网眼中间,此时的完全井需要挂的附加电阻应为

$$R_w = \frac{R}{2\pi} \ln \frac{\Delta l}{3.12 r_w} \tag{9-35}$$

同样,当把井布置在网络线间距的中点上时,如图 9-16(c)所示,也可近似地推导出所挂的附加电阻,即

$$R_w = \frac{R}{2\pi} \ln \frac{\Delta l}{9.62 r_w}$$

以上对井点布置在正方形差分网络上以挂附加电阻修正井点这个奇异点的方法,其实就是与辐射流相比所需补偿水流阻力的方法,同样可以应用到网络程序计算中去。至于矩形网络时的补偿修正阻力值,必要时可参考文献[1],这里不赘述。

二维平面网络在附加电阻 R_w 及 R_p 的情况下与三维网络的试验和程序计算结果比较如表 9-1 所示,可知甚为一致。

表 9-1 减压井计算结果与其他模型试验结果的比较

模 型 类 别	下游边界封闭或无限远		下游边界位势 0%		下游边界位势 20%	
	h_m/H (%)	$Q/(kH)$	h_m/H (%)	$Q/(kH)$	h_m/H (%)	$Q/(kH)$
三维网络模型	15.8	2.47	12.2	1.87	17.9	2.72
网络程序计算	14.9	2.49				
平面网络模型	15.2	2.28	11.9	1.60	17.3	2.34
导电液模型	15.9	2.46	11.9	1.92	17.4	2.82
公式计算	15.4	2.49				

表 9-1 中公式计算是文献[1]第 370 页的半经验公式,即井间压力水头 h_m 和每个井的流量 Q 为(图 9-17)

$$h_m = \frac{\overline{H}(F+0.11)}{\frac{\overline{L}}{a}+F} \quad (9\text{-}36)$$

$$Q = \frac{kTH}{\frac{\overline{L}}{a}+F} \quad (9\text{-}37)$$

$$\overline{H} = \frac{H_1 L_2 + H_2 L_1}{L_1 + L_2}, \qquad \overline{L} = \frac{L_1 L_2}{L_1 + L_2}$$

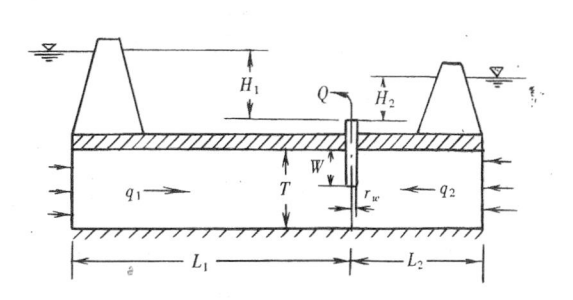

图 9-17 两端补给条件下的减压井

式中：L_1、L_2 为减压井列到上下游水边线的距离；H_1、H_2 为其上下游水头，（均以井水面为基面计算）；计算水头 $\overline{H}$ 相当于没有井系工作时井列线处的水头；计算长度 $\overline{L}$ 相当于通向井列前后两段阻力长度的并联组合（当只有一端补给水源时，公式中的 $\overline{H}$ 及 $\overline{L}$ 就自然变为井列前段的 $\overline{H}$ 及 $\overline{L}$ 了）；式中 a 为井列线上的井间距；F 为不完全井的附加阻力因素，只取决于井系内部条件，若井底不透水，其值为

$$F = \left[\frac{1}{2\pi} + 0.085\left(\frac{T}{W}-1\right)\left(\frac{T}{a}+1\right)\right]\ln\frac{a}{2\pi r_w} \quad (9\text{-}38)$$

当井底透水时，式中的 W 改为 $W+r_w\left(1-\dfrac{W}{T}\right)$ 即可。

三、土坝渗流

对于有自由面的土坝渗流，同样采用与电阻网或有限元法的虚点法程序处理渗流自由面。图 9-18 所示为石梁河水库土坝用网络程序计算的等势线分布（实线），与试验结果相当吻合，与有限元计算结果也甚为一致（虚线）。

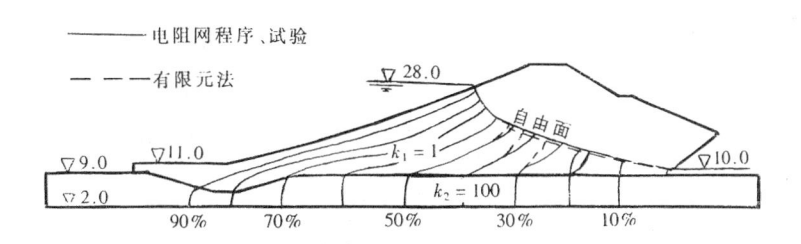

图 9-18 土坝渗流计算结果比较

第五节 各向异性岩体裂隙渗流计算

一、各向异性岩体渗流

裂隙岩体有各向异性特征，可借助钻孔压水试验或裂隙调查统计找出岩体各向异性的渗透系数，其渗流场作为连续体渗流场考虑。现用三角形网络计算台湾大甲溪达见水库左坝岸碧潭山脊裂隙岩体渗流。该山脊岩体有相互近似正交的两组裂隙系统 K_1、K_2。两组裂隙的缝宽及缝间距分别为：$b_1=1$ mm，$B_1=0.4$ m；$b_1=0.2$ mm，$B_2=1$ m。若将第二组裂隙系统每 25 个裂隙合并为 1 个，按照第一章式(1-112)计算，合并后的虚构裂隙宽应为 $b_{2f}=(25)^{1/3}$

×0.2=0.585 mm,虚构缝间距为 $B_{2f}=25$ m。因为文献[14]考虑到裂隙几何特性的不确切性和缝中充填物的复杂性,并由钻孔压水试验等资料分析已经确定出两组裂隙主渗透性比值为 $k_1/k_2=2$,因此可据以计算第一组虚构裂隙的缝宽和间距。若选取 $B_{1f}=26$ m,则岩体的关系 $\left(\dfrac{b_{1f}}{b_{2f}}\right)^3 \div \left(\dfrac{B_{1f}}{B_{2f}}\right)=2$,可算得 $b_{1f}=0.747$ mm。这样就简化确定了计算模型的裂隙布局,两个主渗透方向的每个虚构缝间距就分别包括 65(=26/0.4)个和 25(=25/1)个天然裂隙。但必须指出,如果仍按天然裂隙几何特性计算第一组虚构缝宽,则第一组虚构缝宽应为 4 mm。这里为了与文献[14]比较,仍采用两组裂隙渗透性比值 $k_1/k_2=2$ 的概化模型进行各种计算方法的比较(参见第一章图 1-19)。

两组裂隙互相正交的各种方法计算结果如图 9-19 所示,两组裂隙斜交情况的计算结果如图 9-20 所示。图中有限元法(参考第一章岩体渗流计算一节)和三角形网络法计算是将裂隙岩体作为连续体考虑的,岩体裂隙网络法是只考虑两组裂隙按照下面即将讨论的算法进行计算的。该实例计算的正交两组裂隙 $b_{1f}=0.747$ mm, $B_{1f}=26$ m, $b_{2f}=0.585$ mm, $B_{2f}=25$ m 按式(9-21)计算的阻力因数的相对值为 $r_1=130, r_2=60$。

正交裂隙有试验结果验证,经过各种方法计算比较,结果基本一致,以用连续体等效渗透张量有限元法计算的自由面稍高。斜交裂隙组,分别与 x 轴交角 $\alpha_2=-30°$, $\alpha_1=50°$、$70°$ 等情况。经过各种方法计算结果的比较看出,α_1 逐渐向下游偏时自由面逐渐抬高,这是由于主渗透性 k_1 大的裂隙仰角逐渐减少,呈倾向下游方向,使得水平向渗透性逐渐增强从而抬高了自由面。与正交裂隙情形一致,仍是连续体张量模型计算的自由面较岩体裂隙离散网络模型的稍高。

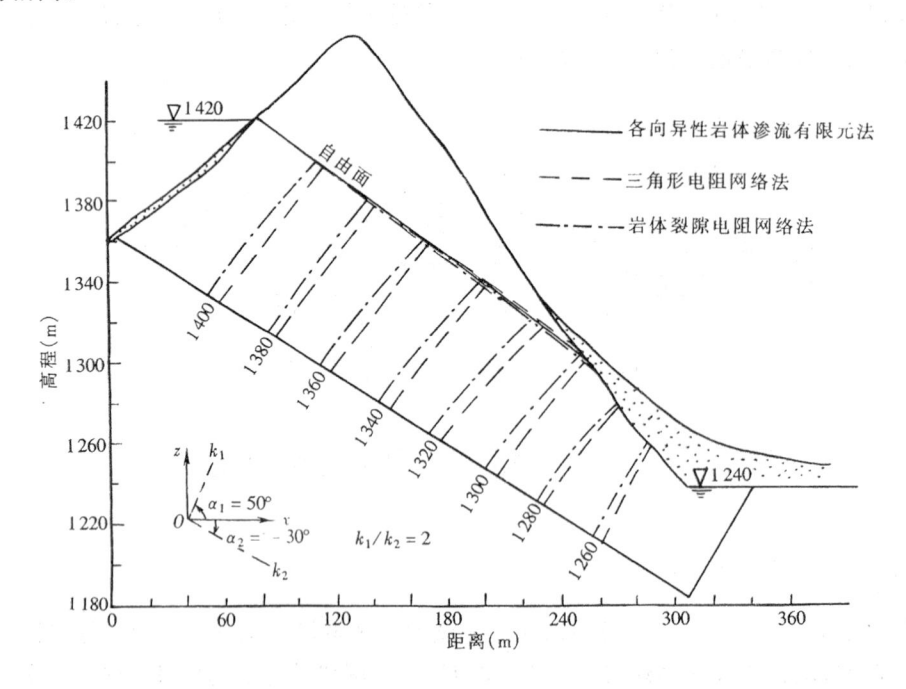

图 9-19 两组正交裂隙渗流的各种方法结果比较

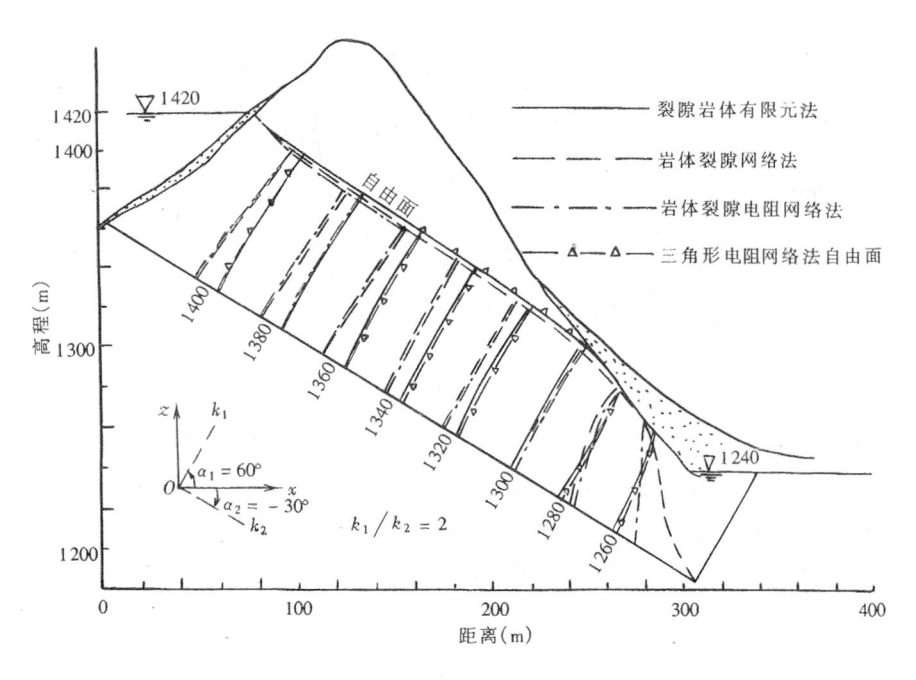

图 9-20 两组斜交裂隙渗流的各种方法结果比较

二、岩体裂隙渗流

上面讨论了将裂隙岩体作为各向异性连续体均匀介质场情况考虑的计算方法,现在讨论将岩体裂隙渗流作为不连续体的任意裂隙网状渗流的计算方法。不管岩体裂隙系统是正交、斜交还是不规则的裂隙网,都可应用这种算法求解渗流场。平面裂隙网络中任意一点 i,围绕着 p 个裂隙(参见图 9-1),则可利用进出流量均衡原理逐点计算,得式(9-3)形式。式中 Q 用单宽流量 q 表示,张开度为 b 的裂隙中的层流定律为 $q=bv=gb^3J/(12\nu)$,相当裂隙渗透系数 $k=gb^2/(12\nu)$,水力坡降 $J=\Delta h/l$,l 为缝长。在单宽流量条件下,对应于(9-1)式中的阻力因数为

$$r = \frac{\Delta h}{q} = \frac{12\nu}{g} \frac{l}{b^3} = \frac{1}{k} \frac{l}{b} \tag{9-39}$$

以上述关系代入式(9-3),逐点写方程就可得线性代数方程组 $[A]\{h\}=\{f\}$。解之,即可得渗流场各裂隙交叉点处的水头值 h。

对于岩体裂隙渗流,可以将裂隙系统视为电阻网络或水管网进行计算求解。其主要参数,如缝宽 b、缝中充填物的渗透系数 k 及阻力因数 r 等,均依实际调查研究等手段事先确定。现以文献[7]中的 Kraghammer Sattel 山脊斜交裂隙组为例进行了计算。其中斜立的裂隙组透水性远大于水平的。计算结果表明,等水头线与斜立裂隙平行,帷幕消减水头为 19.2 m,与 Karlsruhe 大学的水力模型试验结果相符(图 9-21)。

岩体裂隙三维渗流计算举例见图 9-22。一长方体区域中有 9 条裂隙渗流通道,左右端面为进口、出口面,位势分别为 0 与 100%,四侧面为不透水。按照所交各点的坐标确定各裂隙面的位置形状,然后计算各裂隙面相互切割的交线和位置,并优化编号,再逐个对各裂隙

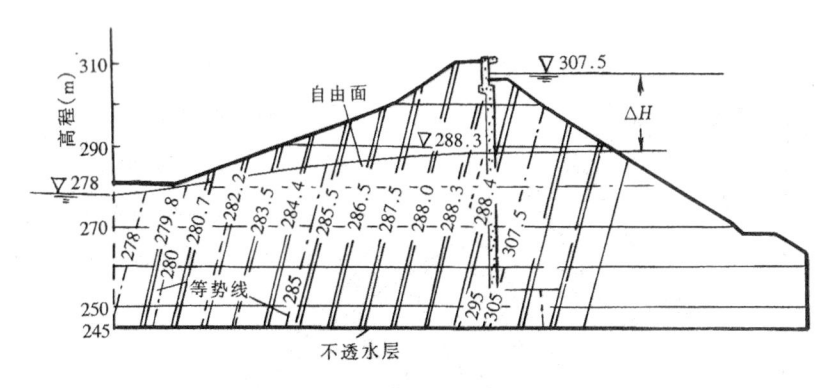

图 9-21 Sattel 山脊裂隙网络渗流计算结果

面按交线和交点进行锐角三角形网络的划分,计算网络的边界电阻和内部电阻 R,或按照等效矩形面积单元计算阻力因数 r,最后由边界条件算出网络结点的水头值。应该说明的是,处于裂隙面交线上的三角形单元的边阻力因数 r,是与之有关的各裂隙面上的该边阻力因数 r_i 的并联。计算结果与文献[8]中的有限单元法结果一致。

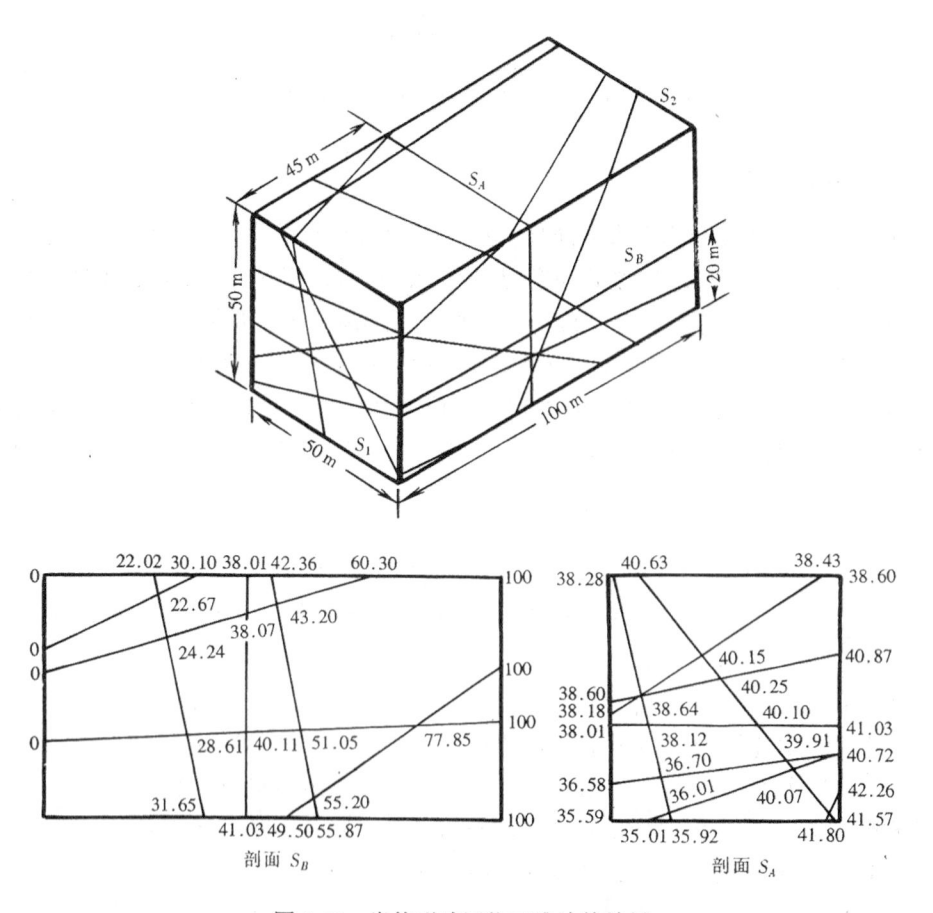

图 9-22 岩体裂隙网络三维计算结果

总之,不管岩体裂隙面是多边形还是圆盘形,用网络程序计算,都可方便地得出可靠的结果。至于岩块体亦有透水性的渗流场,即所谓裂隙与孔隙双重介质渗流场,应用网络程序计算较应用有限元法等更方便。只需布置与岩体透水性相同的网络与裂隙面相衔接,将其相应电阻值与裂隙交线电阻并联,即可依前述原理进行计算。

第六节 非达西渗流计算

非达西渗流问题在电阻网模型试验中是无法模拟的,但用网络程序却很容易模拟,只要将已知的阻力关系式(9-1)中的指数 n 和阻力因数 r,代入式(9-3)就可得到结果。

一、矩形堆石坝

水工模型坝由直径为 1.660 m 的碎石组成。碎石料非线性流计算式中的渗流参数 $C=0.01605$ s/cm,指数 $n=1.808$。达西流计算式中相应的渗透系数平均值 $k=11.6$ cm/s。用网络程序计算的达西流和非达西流结果见图 9-23。按非达西流计算的自由面高于按达西流计算的自由面,且更接近堆石坝水工模型试验的结果[10]。按非达西流计算的渗流量为 447.5 cm³/(s·cm),比试验值 454.0 cm³/(s·cm)仅小 1.4%。按达西流渗透系数 $k=11.6$ cm/s 计算渗流量为 371cm³/(s·cm)。另外,网络程序计算结果与有限元法计算结果[9]也较为一致,渗流量也较接近(有限元法,非达西流为 446cm³/(s·cm),达西流为 359cm³/(s·cm))。

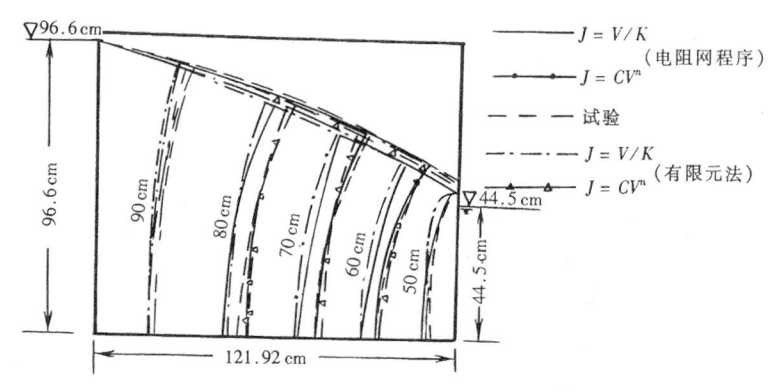

图 9-23 矩形堆石坝非达西流计算结果比较

二、梯形堆石坝

梯形坝的 $H_1=50$ m,$H_2=10$ m,边坡为 1∶1.5。用网络程序计算的达西流和非达西流($C=1.0, n=1.85$)的结果与有限元法计算的结果[9]一致,如图 9-24 所示。

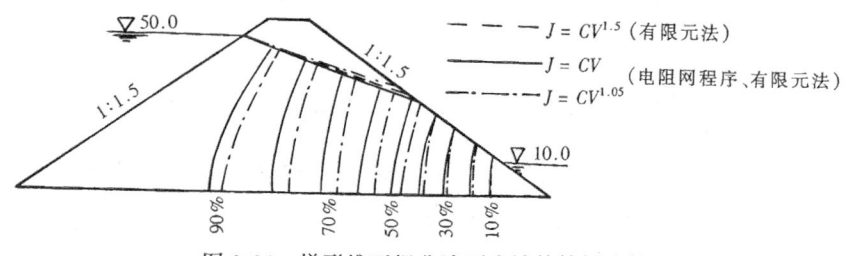

图 9-24 梯形堆石坝非达西流计算结果比较

第七节 大区地下水缓变渗流计算

大区地下水问题,例如广大地区农田灌溉排水布局以及在恒定降雨入渗或蒸发情况下的地下水缓变渗流,可以作为水平面流场二维问题来考虑。其微分方程为

$$\frac{\partial}{\partial x}\left(K_x \frac{\partial h}{\partial x}\right) + \frac{\partial}{\partial y}\left(K_y \frac{\partial h}{\partial y}\right) = -q \tag{9-40}$$

式中导水度 K_x、K_y 及 q 均为坐标 x、y 的已知函数。当 $K_x = K_y$ 时,上式就是熟知的波松方程 $\nabla^2 h = -q/K$。其中 q 为渗流场中的注水量或抽水量,或单位面积上的降雨入渗量,取正号时为蒸发量;导水度定义为渗透系数与渗流水深或含水层厚度的乘积,即

$$K = kH \tag{9-41}$$

当沿深度方向土质不同时,可累积求出剖分网格各单元结点的导水度 $K = \int k \mathrm{d}y$。例如有 n 层土,则 $K = \sum_{i=1}^{n} k_i H_i$。写式(9-40)的差分方程(图 9-25(a)),整理后可得

$$\frac{K_1(\Delta y_3 + \Delta y_4)}{2\Delta x_1}(h_1 - h_0) + \frac{K_2(\Delta y_3 + \Delta y_4)}{2\Delta x_2}(h_2 - h_0)$$
$$+ \frac{K_3(\Delta x_1 + \Delta x_2)}{2\Delta y_3}(h_3 - h_0) + \frac{K_4(\Delta x_1 + \Delta x_2)}{2\Delta y_4}(h_4 - h_0)$$
$$= \frac{-q(\Delta x_1 + \Delta x_2)(\Delta y_3 + \Delta y_4)}{4} \tag{9-42}$$

式中右端降雨入渗的结点代表的单元面积如图中的影线面积所示。

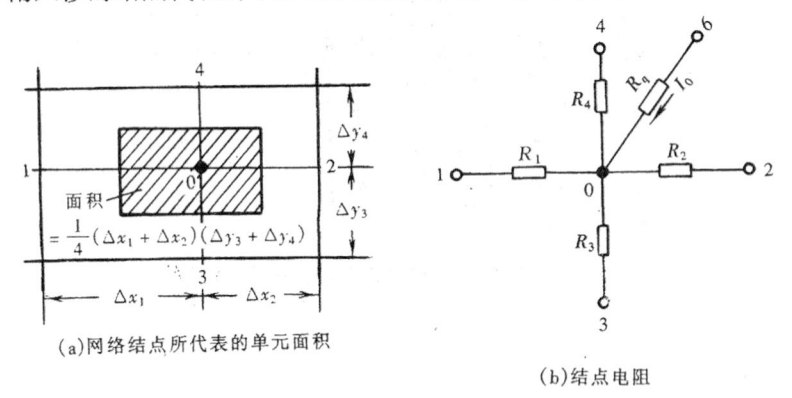

(a) 网络结点所代表的单元面积

(b) 结点电阻

图 9-25 地下水缓变渗流电阻网典型结点

模拟上式的电阻网内部结点布置如图 9-25(b)所示,围绕中间结点的电流代数和应为 $\sum I_0 = 0$,则得

$$\frac{u_1 - u_0}{R_1} + \frac{u_2 - u_0}{R_2} + \frac{u_3 - u_0}{R_3} + \frac{u_4 - u_0}{R_4} = -\frac{u_6 - u_0}{R_q} \tag{9-43}$$

对比式(9-42)和式(9-43)可知,电位 u 与水头 h 相当。其相似比尺 $\lambda_h = h/u$,是一个常数,则利用其他各对应项关系,整理可得各电阻值为

$$R_1 = \frac{2\Delta x_1}{K_1(\Delta y_3 + \Delta y_4)}R_0 \quad R_2 = \frac{2\Delta x_2}{K_2(\Delta y_3 + \Delta y_4)}R_0$$
$$R_3 = \frac{2\Delta y_3}{K_3(\Delta x_1 + \Delta x_2)}R_0 \quad R_4 = \frac{2\Delta y_4}{K_4(\Delta x_1 + \Delta x_2)}R_0 \Bigg\} \quad (9\text{-}44)$$

$$R_q = \frac{4(u_6 - u_0)\lambda_h}{q(\Delta x_1 + \Delta x_2)(\Delta y_3 + \Delta y_4)}R_0 \quad (9\text{-}45)$$

式中 R_0 是任选的一个参考电阻值(常数),代表正方形网络电阻,$R_0 = \rho$。对于水平面二维问题,不同土层分区 R_0 应保持如下关系:$R_0 K = \rho K = \rho kH =$ 常数。模拟降雨入渗量的结点上外加电阻 R_q 时需要与外结点电位 u_6 相匹配,以满足输入结点的电流要求。在试验或计算过程中,结点 u_0 不断地变化,所以 u_6 也需不断改变,以适应输入电流的关系。根据模拟相似三个比尺常数的关系式,右边相似比尺 $\lambda_q = \lambda_h \lambda_k, \lambda_h = h/u, \lambda_k = \rho k$ 一旦选定,比尺 $\lambda_q = q/I$ 就被决定了,电压降和电阻的关系也就固定了。

有了网络各结点间的电阻值,则可应用式(9-24)算出阻力因数而采用网络程序计算各点水头。

现举黑龙江省北部引嫩工程总干渠从渠道起 18 km 渗漏渠段对两侧地下水抬高影响的研究为例。该渠段右濒嫩江,左邻阶地,全部位于嫩江左岸的漫滩地带。漫滩宽 2~5 km,表层亚粘土和亚砂土厚 0.5~3.0 m;中层为砂砾和粗砂,夹有细砂淤泥,厚 8~16 m,其渗透系数 $k = 11\sim360$ m/d;底部砂岩、泥岩可认为相对不透水层。含水层的渗透系数分布,靠江边上游地带大,靠阶台地小。根据钻孔资料划分 6 个不同的平均 k 值分区,结合钻孔地下水深即可算出各渗透区的导水度 $K = kH$。研究区域的网络模型共有结点 1 300 余,内部正方形网络边长 250 m。

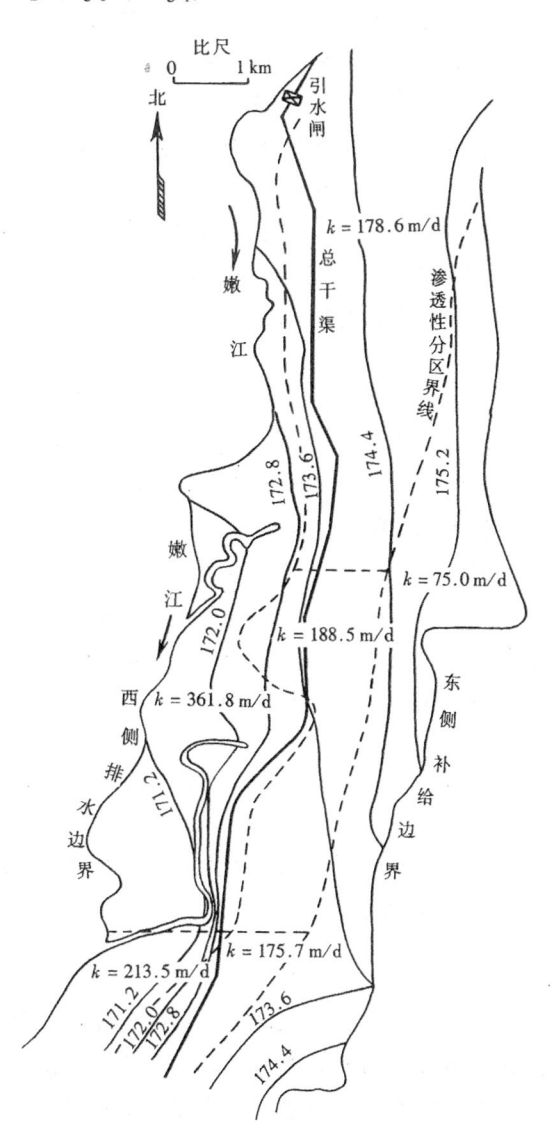

图 9-26 渠道渗漏电阻网模型试验成果

边界条件,按照江面河水位分段控制其平均值,沿渠道桩号 0+000 至 19+000 每公里分段控制渠道水位,左侧阶台地按已知地下水位控制,上下游两端边界平行地下水流向,作为流面处理。研究问题是,渠道引水流量 30 m³/s、50 m³/s、70 m³/s 时两侧地区地下水位变化及其漏水量。相应流量的渠道水位依次为 174.20 m、174.70 m、175.15 m；嫩江相应水位在引水口分别为 174.25 m、174.75 m、174.20 m。渠道在 11 km 处设节制闸 1 座，水头差 0.3 m。渠底宽 22~28 m，边坡 1∶3，渠内水深 2 m，渠道直接座落在强透水砂砾石层上。电阻网模型试验结果为引水 30 m³/s 时的一组地下水等水位线分布，如图 9-26 所示。相应渠道流量 30 m³/s、50 m³/s 和 70 m³/s 的 18 km 渠段渗漏水量依次为 2.071 m³/s、2.143 m³/s、2.208 m³/s。因此，必须考虑渠道防渗措施。

网络模型试验或计算过程中，由于地下水位是变化的，$K=kH$ 也需要作相应的调整。因为地下水位变化不大，两次调整已能满足地下水位基本不变的要求。关于渠道的网络模拟，开始认为是通穿含水层的，其漏水量必然大于实际的不完整沟。因此，电阻网模拟仍应采用挂附加电阻的修正方法。

不切穿含水层全深度的渠道河流，在平面网络模型上挂电阻修正的方法与不完全井相同。对此河底集中流动急变区引证的附加阻力，需要在划分区段的河流所经过或靠近的网络结点上挂附加电阻值 R_r。

$$R_r = \frac{R}{\pi l}\ln\left(1+\frac{\sqrt{b^2+T^2/4}}{r_0}\right) \qquad (9\text{-}46)$$

式中：R 为河流旁边原有的网络电阻；l 为控制同一位势所划分的河流或渠道的区段长度；r_0 为河流或渠道横剖面的等效半圆半径；T 为含水层厚度；b 为河段距最近网络结点的水平距离。此附加电阻接在最近结点上，其外端点水位控制为该段河流水面的位势。若河底有淤泥弱透水层，则可再串联挂相应的附加电阻，可参考文献[1]。

对本例引用嫩江工程电阻网试验结果，经过比较得知，在渠道结点上挂附加电阻修正的漏水量约减小 9%。对该例运用网络程序 NETW 来计算时，只要按照式(9-24)把电阻改换成阻力因数输入计算机计算即可。

第八节 非稳定渗流计算

按照 Liebmann 电阻网络的模拟原理，只要是可以化成下面扩散方程类型的偏微分方程式，都可以差分网络求解。

$$\text{div}(K\,\text{grad}h)+q=\mu\frac{\partial h}{\partial t} \qquad (9\text{-}47)$$

式中：$h(x,y,z,t)$ 是空间坐标和时间的函数；参数 K 和 μ 是空间坐标的函数，也可以是时间以及 h 的函数；q 可以是一个常数，也可以是空间坐标和时间的函数。由此可以看出，前面所述拉普拉斯方程和波松方程都是此方程的特例。在渗流场中，上式所求的 h 代表测压管水头；$K=kH$（或 kT），称为导水度，是渗透系数与渗流深度或承压含水层厚度的乘积；μ 是给水度或排水有效孔隙率；q 是渗流场内产生源或汇的单位水量，相当于地下水面上的入渗或蒸发以及注水或抽水等。对于缓变渗流（例如研究大区地下水运动和它的自由面变化以及水源开发利用等），采用方程式与上式很相似，并可简化为水平面问题（参考上节及第一章第六节所述）。至于具有自由面变化较缓的垂直剖面上的二维渗流问题，也可近似利用上式求解。另外，研究弹性释放过程的渗流状态或可压缩土体中孔隙压力消散过程的固结方程等，均属于此种抛物型微分方程的类型。

一、二维平面问题

若以水平面二维问题为对象，则可把上式写成一般描述非均质各向异性场的非稳定渗流基本方程式

$$\frac{\partial}{\partial x}\left(K_x \frac{\partial h}{\partial x}\right) + \frac{\partial}{\partial y}\left(K_y \frac{\partial h}{\partial t}\right) = \mu \frac{\partial h}{\partial t} \tag{9-48}$$

写式(9-48)的差分方程(图 9-25(a))，整理后可得

$$\frac{K_1(\Delta y_3 + \Delta y_4)}{2\Delta x_1}(h_1 - h_0) + \frac{K_2(\Delta y_3 + \Delta y_4)}{2\Delta x_2}(h_2 - h_0) + \frac{K_3(\Delta x_1 + \Delta x_2)}{2\Delta y_3}(h_3 - h_0)$$

$$+ \frac{K_4(\Delta x_1 + \Delta x_2)}{2\Delta y_4}(h_4 - h_0) = \frac{\mu(\Delta x_1 + \Delta x_2)(\Delta y_3 + \Delta y_4)}{4} \frac{h_0 - (h_0)_{t-\Delta t}}{\Delta t} \tag{9-49}$$

式中$(h_0)_{t-\Delta t}$为所研究的内部结点在前一时段$(t-\Delta t)$的水头值，未注明下标的为t时间的。上式所取差分为空间变量的隐式中心差分和时间的后向差分，其解算过程是稳定收敛的。模拟上式的电阻网内部结点布置如图 9-27 所示，$\sum I_0 = 0$，可得

$$\frac{u_1 - u_0}{R_1} + \frac{u_2 - u_0}{R_2} + \frac{u_3 - u_0}{R_3}$$

$$+ \frac{u_4 - u_0}{R_4} = \frac{u_0 - (u_0)_{t-\Delta t}}{R_t} \tag{9-50}$$

对比上两式，可求得各电阻值为(文献[1]第218页)：

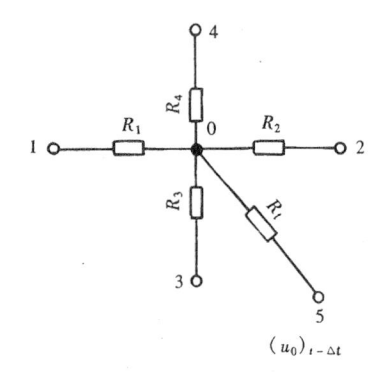

图 9-27 非稳定渗流网络结点

$$\left. \begin{array}{l} R_1 = \dfrac{2\Delta x_1}{K_1(\Delta y_3 + \Delta y_4)} R_0 \\[6pt] R_2 = \dfrac{2\Delta x_2}{K_2(\Delta y_3 + \Delta y_4)} R_0 \\[6pt] R_3 = \dfrac{2\Delta y_3}{K_3(\Delta x_1 + \Delta x_2)} R_0 \\[6pt] R_4 = \dfrac{2\Delta y_4}{K_4(\Delta x_1 + \Delta x_2)} R_0 \end{array} \right\} \tag{9-51}$$

$$R_t = \frac{4\Delta t}{\mu(\Delta x_1 + \Delta x_2)(\Delta y_3 + \Delta y_4)} R_0 \tag{9-52}$$

式中参考电阻R_0仍为任选的适宜常数值，二维问题时R_0代表正方形网络的电阻值，$R_0 = \rho$。不过这里已简化为水平面二维问题，R_0在不同土层区域的关系应为

$$R_0 K = \rho K = \rho k H = 常数 \tag{9-53}$$

只要选定了基本土层区$R_{01}K_1$的值，其他土层$R_{02}K_2$、$R_{03}K_3$等就已固定，从而确定了各土层区网络的电阻值。

将网络电阻R代入式(9-24)，取换k为K就可以计算各结点间的阻力因数r，即

$$r = \frac{R}{R_0 K} \tag{9-54}$$

然后应用网络程序NETW即可求解各结点水头值。

其实，式(9-51)网络电阻R中的坐标关系，即其矩形单元长度与平均宽度的比值；式(9-52)时间电阻R_t与上节所述式(9-45)源汇电阻值R_q类同，其坐标关系都是围绕结点的

矩形面积,如图 9-25 (a)所示。至于图 9-28 所示模型边界上的结点的 R_t 值,同样可以用它所代表的单元面积与内部结点代表的完整面积相比关系来计算。这样,上述各电阻值式就可写成平均宽度 $(\Delta x)_m = (\Delta x_1 + \Delta x_2)/2$,$(\Delta y)_m = (\Delta y_3 + \Delta y_4)/2$ 的形式更加简明实用。即各电阻值为

$$R_x = \frac{\Delta x}{K_x (\Delta y)_m} R_0 \\ R_y = \frac{\Delta y}{K_y (\Delta x)_m} R_0 \Bigg\} \quad (9\text{-}55)$$

$$R_t = \frac{\Delta t}{\mu (\Delta x)_m (\Delta y)_m} R_0 \quad (9\text{-}56)$$

如果在方程式(9-48)中有源汇项 q,则可在结点上再外加一个电阻 R_q,如图 9-25 所示。其值同式(9-45),为

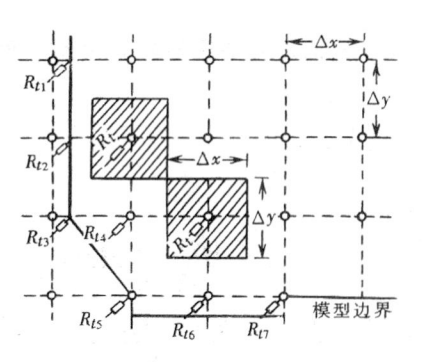

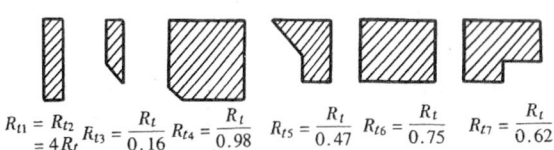

图 9-28 模型边界结点的时间电阻

$$R_q = \frac{(u_6 - u_0)\lambda_h}{q(\Delta x)_m (\Delta y)_m} \quad (9\text{-}57)$$

二、垂直剖面二维问题

对于垂直剖面非稳定渗流问题,则应把上列各式中的 y 坐标看成是垂直坐标 z,而且导水度 $K = kH$ 中的 k 与 H 可分开考虑。此时可利用自由面变化中的平均渗流深度 $\overline{H}$ 的概念,以简化问题。当然也可取各时段各结点沿铅垂线的不同渗流深度作为非线性微分方程来考虑。这样把平均值 $\overline{H}$ 移到时间项中就能从式(9-48)得到下式:

$$\frac{\partial^2 h}{\partial x^2} + \frac{\partial^2 h}{\partial y^2} = \frac{\mu}{k \overline{H}} \frac{\partial h}{\partial t} \quad (9\text{-}58)$$

进行差分计算时,相应于式(9-55)和式(9-56)的电阻值应为

$$R_x = \frac{\Delta x}{(\Delta y)_m} R_0 \qquad R_y = \frac{\Delta y}{(\Delta x)_m} R_0 \quad (9\text{-}59)$$

$$R_t = \frac{k \overline{H} \Delta t}{\mu (\Delta x)_m (\Delta y)_m} R_0 \quad (9\text{-}60)$$

如有补给流量(降雨入渗或蒸发)时,可不必再计算电阻 R_q,只需在自由表面上边界结点设置第二类的流量边界条件即可。至于垂直剖面渗流问题,各式中的参考电阻 $R_0 = \rho$,各不同土层应保持 $R_0 K = $ 常数的关系。

关于轴对称问题,如井周辐射流的垂直剖面上的渗流,其非稳定流支配方程为

$$\frac{\partial^2 h}{\partial x^2} + \frac{1}{x} \frac{\partial h}{\partial x} + \frac{\partial^2 h}{\partial y^2} = \frac{\mu}{k \overline{H}} \frac{\partial h}{\partial t} \quad (9\text{-}61)$$

式中:x 代表沿半径方向的距离;y 为垂直方向上距离。根据以上差分方程的推导方法,可得电阻计算式为

$$R_x = \frac{R_0}{\Delta y} \frac{2\Delta x}{2x + \Delta x} R_0 \qquad R_y = \frac{R_0}{\Delta y} \frac{\Delta y}{\Delta x} R_0 \quad (9\text{-}62)$$

$$R_t = \frac{k\overline{H}\Delta t}{\mu x \Delta x \Delta y} R_0 \qquad (9\text{-}63)$$

如果网络不等距,则上式中的 Δx 和 Δy 各取平均值。

将网络各相邻结点间的电阻值代入式(9-22),就可求出各阻力因数 $r = \frac{R}{R_0 k}$。应用网络程序 NETW 即可求出各结点的水头值。

划分网格时,最好沿土层分界线分区,并在分界线上布置结点,便于按照 $R_0 k = $ 常数的关系确定电阻值或阻力因数。只要选定基本土层区的阻力因数,其他土层区的阻力因数按阻力的相对比值考虑即可求得。

三、实例

从上述电阻网模拟非稳定渗流计算过程可知,时间电阻 R_t 的外端供给前一时刻的电位后,就立即在其另一端的网络结点上产生下一时刻的电位。如果再以结点上的电位输给时间电阻的外端,则在网络结点上就可产生再下一时刻的电位。依此追踪进行,可以求得各结点上的任意时刻($t = n\Delta t$)的电位分布。这种步骤在编制计算程序是很容易实现的,并可直接求解出网络各结点任意时刻的水头分布。

下面举几个例子,以说明这类问题的计算方法。应用 NETW 程序将网络各结点间电阻值或阻力因数输入计算机,就可得到与电阻网试验相同的结果。电阻网试验结果取自文[1]。

(一)排水沟间地下水面的升降过程

结合江苏省苏昆一带河网化地区的实际情况,即在降雨之后,沟间地块已完全浸水饱和(初始条件)来研究沟水位由地面骤降 2 m 时沟间地块的地下水面降落过程。已知 $k = 0.87$ m/d,$\mu = 0.07$,透水土层厚 4 m。由于对称,取沟间地块的一半布置模型结点,如图 9-29(a)

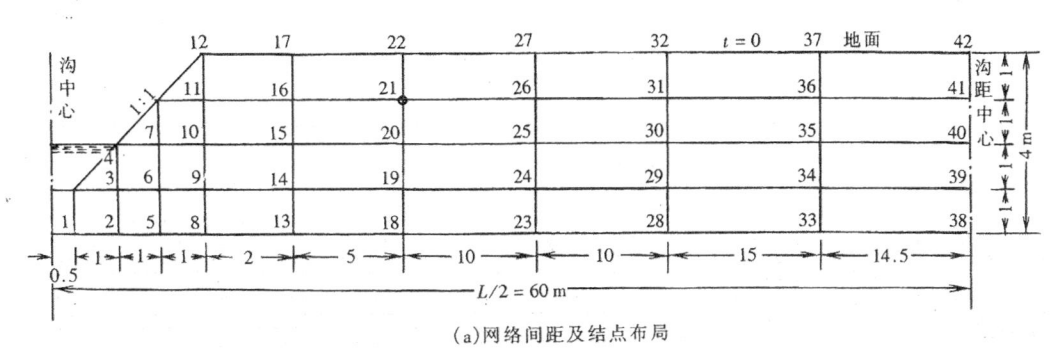

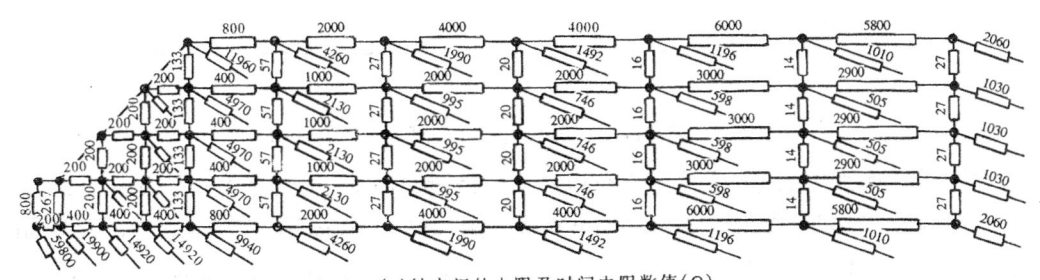

(a)网络间距及结点布局

(b)结点间的电阻及时间电阻数值(Ω)
(未注数字的时间电阻,沟边上 1 个点为 14 920,其下的 3 个点为 7 460)

图 9-29 排水沟间地下水面降落问题的电阻网布置

所示。取 $H=3\text{ m}, R_0=200\text{ }\Omega, t=1\text{ d}$，代入式(9-59)、式(9-60)算出的电阻值如图 9-29(b)所示。例如编号 21 的结点，$R_{16-21}=\frac{5}{1}\times 200=1000\text{ }\Omega, R_t=\frac{0.87\times 3\times 1}{0.07(5+10)(1+1)/4}\times 200\times 200=995\text{ }\Omega$。由式(9-24)可换算为阻力因数，即 $r_{16-21}=\frac{1\,000}{200\times 0.87}=5.747, r_t=\frac{995}{200\times 0.87}=5.178$。控制调整好已知边界结点的水头位势后，即可进行试验或应用 NETW 程序进行计算。结果两者相同。其实，直接引用电阻值 R 作为阻力因数 r 进行计算也可得同样结果，因为其相对比值未变。在电阻网模型中，为了选用适当电阻而乘以 R_0 值，在应用程序计算时已无必要。计算结果如图 9-30(a)所示。由计算结果可知，雨后经历 40 d，地下水面只能降深约 1 m。因此，此沟距不能满足小麦生长期的要求，应减小。

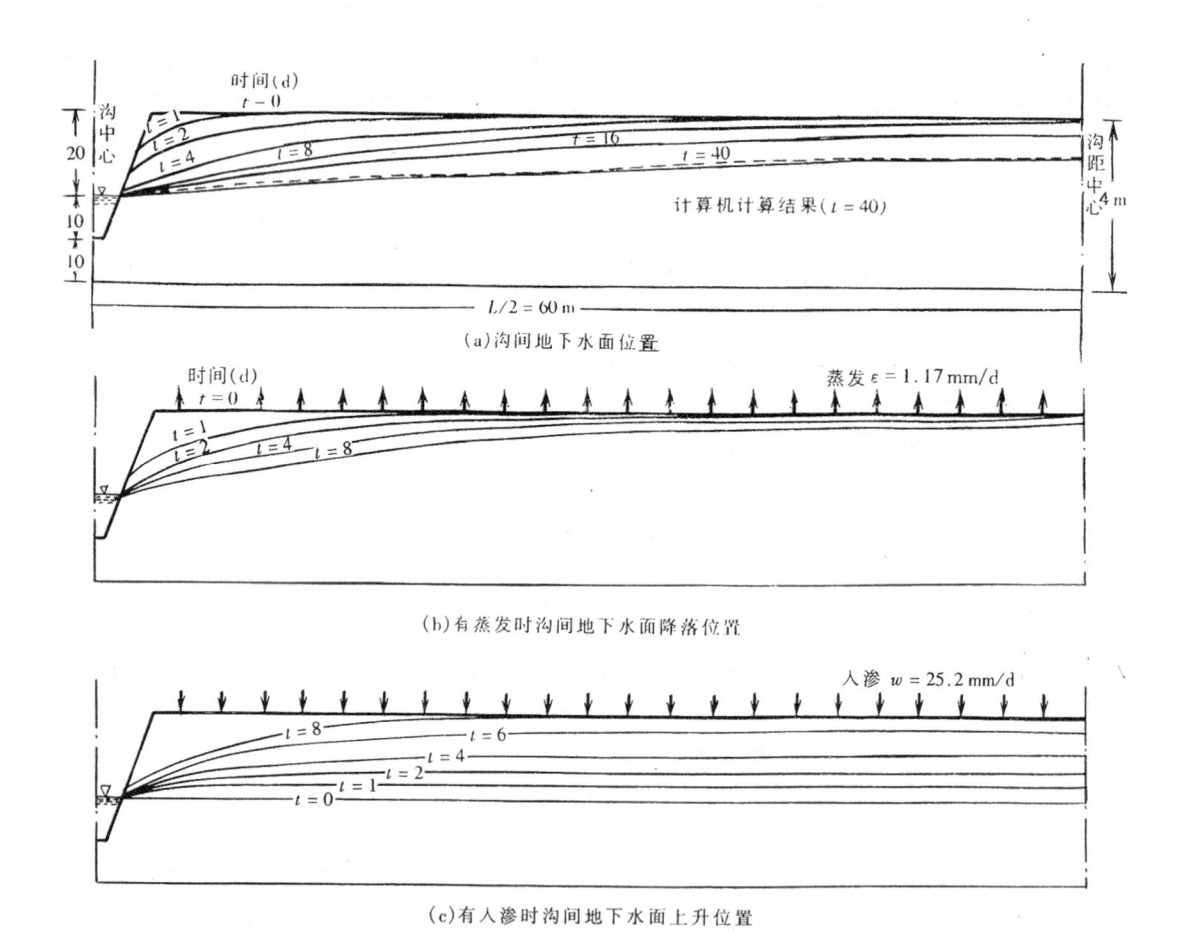

图 9-30 排水沟间地下水面变动的试验及计算结果

如果考虑地面蒸发或入渗的第二类边界条件问题，在电阻网模型上则可补给地面各结点的相应电流。例如地面蒸发 $\varepsilon=1.17\text{ mm/d}$，在图 9-29(a)中编号 22 的结点所代表范围的蒸发量应为 $q_{22}=\frac{5+10}{2}\times\frac{1.17}{1\,000}=0.008\,78\text{ m}^3/\text{d}$。试验时，选取模型电压 2 V 代表水头 2 m，

即 $\lambda_h=1$；选取 $R_0=200$，相应于 $k=0.87$，则 $\lambda_k=\dfrac{0.87}{\frac{1}{200}}=174$。由相似比尺关系 $\lambda_q=\lambda_k\lambda_h$ 求得 $\lambda_q=174\times1=174$。因此，应从该结点输出电流 $I=q/\lambda_q=0.00878/174=50.4\ \mu A$。同样，对有降雨入渗速率 $w=25.2\ mm/d$ 的地下水面上升过程也可进行试验测定。试验结果如图9-30(b)、(c)所示。

应用网络程序 NETW 计算时，第二类边界条件可以直接输入流量。例如编号 22 的结点，按照降雨入渗，该点代表范围输入流量应为 $q_{22}=\dfrac{5+10}{2}\times\dfrac{25.2}{1\,000}=0.189\ m^3/d$。以此流量代入方程式(9-3)的相应结点，即可计算出相应结点的水头。计算结果与试验值一致，如图9-30(c)中的虚线所示。由此可以更加说明程序取代电阻网试验操作的优越性。

系统分析上述电阻网和电模拟试验资料，曾得出明沟排水的沟间地块地下水位下降的下列公式：

地下水面降深 Δh 所需时间 $\qquad t=\dfrac{\mu\Delta h}{\dfrac{5kh_1H}{\beta L^2}+\varepsilon-\omega}$

要求沟距 $\qquad L=\sqrt{\dfrac{5kh_1Ht}{\beta(\mu\Delta h-\varepsilon t+\omega t)}}$

地下水面降深 $\qquad \Delta h=h_1-h_2=\left[\dfrac{5kh_1H}{\beta L^2\mu}+\dfrac{\varepsilon-\omega}{\mu}\right]t$

修正系数 $\qquad \beta=0.9+\left[\left(\dfrac{H_1}{h'+0.5b}\right)^{1/4}-1\right]\dfrac{T}{H_1}$

式中的为地下水蒸发量（潜水蒸发），ω 为入渗量，一般均以每天若干毫米(mm)水量的强度表示。计算时可按照潜水蒸发曲线的规律采用 Δh 处的蒸发值。k 为农田土壤渗透系数；μ 为土壤给水度。上式尺度和谐，计算时取单位一致即可。经过在电阻网络上做验证试验，降落曲线大致靠近，只是在开始一段用上面公式计算潜水面下降偏快。

现举一例说明引用上式计算的方法及式中符号如下：

沟距 $L=120\ m$，昆山地区农田含水层厚 $T=4\ m$，沟深 $H_1=3\ m$，沟水深 $h'=1\ m$，沟底宽 $b=1\ m$，$\mu=0.07$，$k=0.87\ m/d$，地面蒸发 $\varepsilon=1.17\ mm/d$，$1\ m$ 深处 $\varepsilon=0.18\ mm/d$ 降雨使地面饱和，问：雨停后若干天地下水面下降 $0.6\ m$？下降 $1\ m$？如果要求 7 天内下降 $1\ m$，最大沟距多少？

注意，公式中的 h_1 为开始下降时的水深，$h_1=4\ m$，H 为计算时段的平均水头，例如计算地下水面由地面下降 $\Delta h=0.6\ m$ 时，$H=(2+1.4)/2=1.7\ m$，而计算下降 $\Delta h=1\ m$ 时，则 $h=(2+1)/2=1.5\ m$；ε 为降至某一深度处的潜水蒸发，例如 $0.6\ m$ 处，按直线变化则 $\varepsilon=0.000\,576\ m/d$，将已知量代入上式，先算得 $\beta=1.02$，然后由公式计算为

$\Delta h=0.6\ m,\ t=\dfrac{0.07\times6}{\dfrac{5\times0.87\times4\times1.7}{1.02(120)^2}+0.000\,576}=16.4\ d$（试验值为 19 d）

$\Delta h=1.0\ m,\ t=\dfrac{0.07\times1}{\dfrac{5\times0.87\times4\times1.5}{1.02(120)^2}+0.000\,18}=35.8\ d$（试验值为 35.5 d）

要求 7 天下降 1 m 的沟距 $L=\sqrt{\dfrac{5\times0.87\times4\times1.5\times7}{1.02(0.07\times1-0.00018\times7)}}=50$ m

注意,上式修正系数 β 中的分母项 $h'+0.5b$ 近似等于沟边界湿周之半,因此上面公式应用于暗管排水时,该项就可改换为暗管周界之半;沟深就是暗管埋深。

明沟暗管排水的理论计算公式,多是由 Boussinesq 方程取用平均水深线性化之后近似积分求解,带有局限性,而且没有考虑沟边渗出段、沟深和沟水深的因素,所以误差较大。上面经验分析的计算公式所依据的试验资料及流网图则都能把那些影响因素反映出来。

(二)渠道渗漏的过程

结合黑龙江省北部引嫩工程渠道 18 km 渗漏渠段,取一个横断面研究引水渠道两侧地下水位逐渐上升的过程。根据砂砾石河滩水文地质条件将含水土层剖面划分为 3 个不同渗透性区段,如图 9-31 所示,地下水位边界及初始条件也示于图中,并设土层给水度均为 $\mu=0.28$。划分的网络布局如图 9-32 所示,共 172 个结点。计算电阻时,选用参考电阻 $R_0=200$ Ω,$\Delta t=0.5$ d。计算 3 种土层分区(k_1,k_2,k_3)的内部电阻值时,先对作为基本参数的土层区用

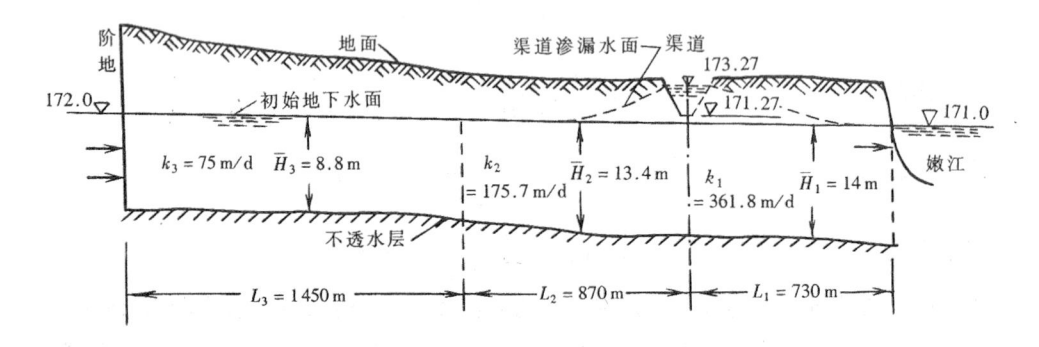

图 9-31 渠道渗漏的含水层剖面

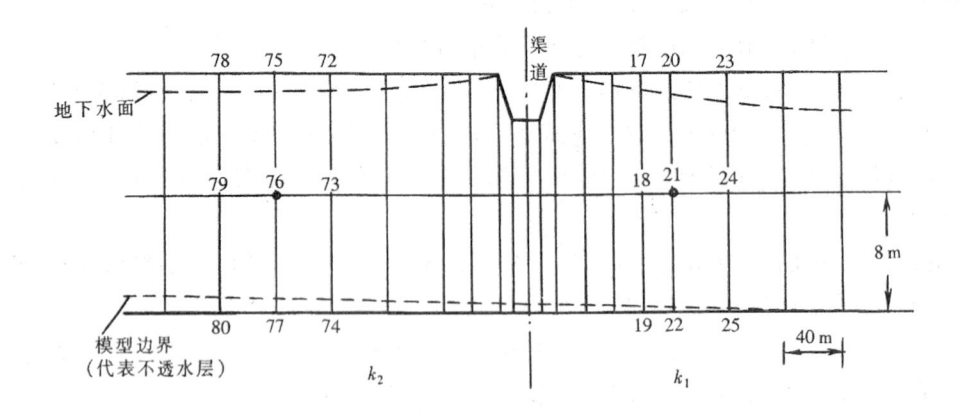

图 9-32 渠道渗漏含水层剖面网络结点布局

式(9-59)和式(9-60)进行计算,例如第一种土层($k_1=361.81$ m/d)编号 21 的结点,$R_{18-21}=\dfrac{\Delta x}{\Delta y}R_0=\dfrac{20}{8}\times200=500$ Ω,$R_{21-24}=\dfrac{\Delta x}{\Delta y}R_0=\dfrac{40}{8}\times200=1\,000$ Ω,$R_{20-21}=\dfrac{6.6}{30}\times200=44$ Ω,

$R_{21-22}=\dfrac{7.6}{30}\times 200=51\ \Omega, R_t=\dfrac{4\times 361.8\times 14\times 0.5}{0.28(20+40)(6.6+7.6)}\times 200=8\ 493\ \Omega$;然后计算其他土层的,如对于渠道左侧第二种土层($k_2=175.7$ m/d)编号 76 的结点,则应为 $R_{73-76}=R_{76-79}=\dfrac{40}{8}\times\dfrac{361.8}{175.7}\times 200=2059\ \Omega$,$R_{75-76}=R_{76-77}=\dfrac{7}{40}\times\dfrac{361.8}{175.7}\times 200=72\ \Omega$,$R_t=\dfrac{4\times 361.8\times 13.4\times 0.5}{0.28(40+40)(7+7)}\times 200=6\ 184\ \Omega$。

控制边界条件为嫩江边的水头位势 0%,渠道 100%,左端阶台地 44.1%;初始条件为渠道骤然引水后渗漏开始抵达地下水面的瞬时情况。试验结果如图 9-33 中实线所示的地下水面上升过程。每米长渠道的初始渗漏量高达 45 l/s,两天后漏水量锐减为 0.8 l/s。

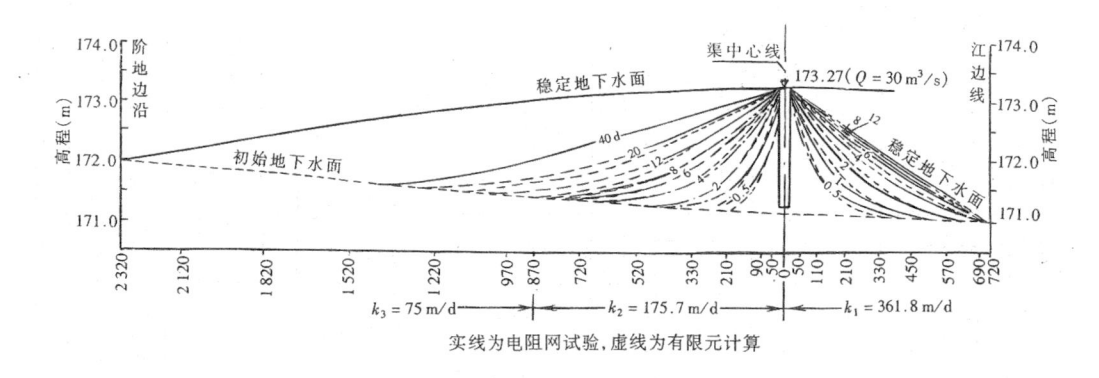

图 9-33 渠道渗漏抬高地下水面过程的试验及计算结果

有了结点周围的各电阻,就可代入式(9-24)算出阻力因数;再应用方程式(9-3),结合已知边界水位和初始地下水位就可求解任意时刻的各结点水头值。

(三)库水位骤降时土坝浸润线的变化

放空水库时,坝体浸润线下降很慢,会影响坝坡稳定性。以图 9-34 所示的透水地基上的均质土坝为例,分析库水位由 149.0 m 骤降至 116.0 m 时,自由面的下降过程。选取参考电阻 $R_0=200\ \Omega$,按照式(9-59)和式(9-60)计算纵横网络电阻和时间电阻。左右网格不等距距离为 7~20 m;平均渗流深度 H 沿各铅垂网络线取不同数值,相当于解非线性方程式(9-40);渗透系数 $k=2\times 10^{-6}$ cm/s;给水度 $\mu=0.047$;采用时段 Δt 由小渐大。电阻网试验结果如图 9-34 所示。虽然地基有薄砂层,但因坝底部有隔水粘土层,自由面的下降速度只有 3 cm/d。应用网络程序的计算结果与试验结果较为一致。

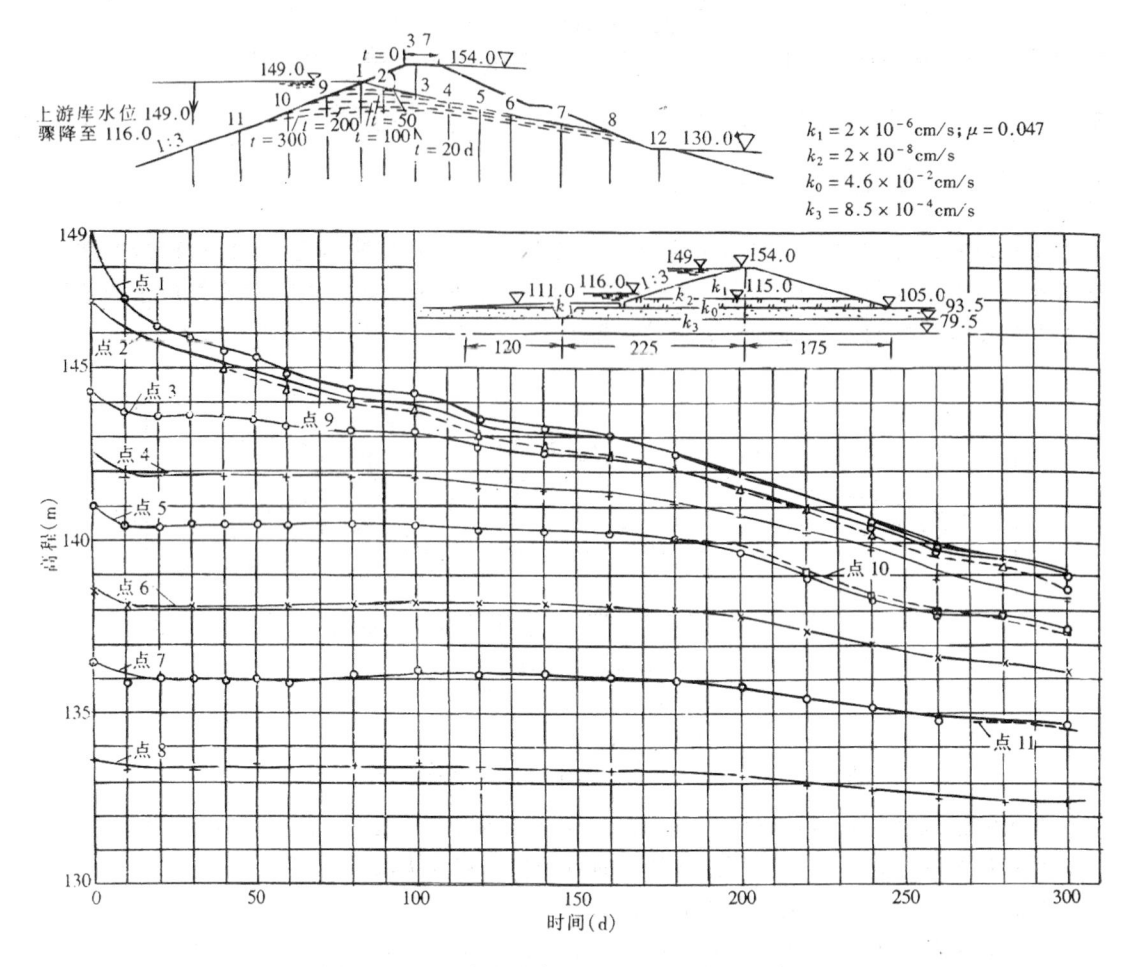

图 9-34　岳城水库放空时土坝渗流自由面下降过程

第九节　渗流自由面变动的求解方法

无压渗流的自由面的求解方法，无论是在稳定渗流试找确定自由面位置过程中，还是在非稳定渗流自由面随时间不断变化时确定其位置的过程中，都是比较关键性的方法问题。例如研究土坝在水库放空时的自由面(浸润线)下降过程，如图 9-35 所示为时段 t 和 $t+\Delta t$ 的自由面位置，取外法向为正时，则沿法线方向自由面水质点运动的真实速度为 $v'_n = v_n/\mu = -\dfrac{k}{\mu}\dfrac{\partial h}{\partial n}$。$\mu$ 和 k 为土体的给水度和渗透系数。利用直角坐标差分网络的特点，把法向水质点运动的距离换算为铅垂方向的距离，并因自由面上的水头 $h=z$，故可采用下式关系：

$$\Delta z = -\frac{\partial h}{\partial n}\frac{k}{\mu}\Delta t(\cos\theta)^{-1} \tag{9-64}$$

因为自由面下降，其单位流量 $q=v_n=-k\dfrac{\partial h}{\partial n}=-k\dfrac{\partial h}{\partial z}\cos\theta$，故上式实即表示自由面为流量的边界条件，即

$$q = \mu \frac{\partial h}{\partial t}\cos\theta \tag{9-65}$$

若考虑渗流自由面上有降雨入渗 w 时,则上式可写为

$$q = \mu \frac{\partial h}{\partial t}\cos\theta - w \tag{9-66}$$

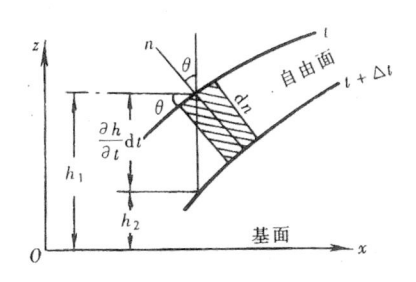

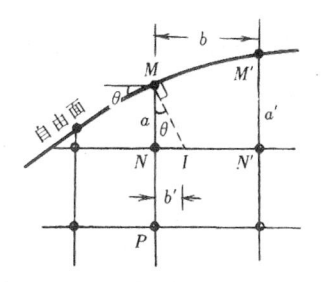

图 9-35 变动的渗流自由面示意图　　图 9-36 网络上的自由截距位置

自由面作为流量补给边界的处理在泛函中是以边界积分项考虑的,而在差分网格上处理自由面的变动更为明确方便。将式(9-64)的差分形式在网格上实现,如图 9-36 所示,自由面结点 M 沿法线方向交于其下的横网络线上 I 点,则有

$$-\frac{\partial h}{\partial n} = \frac{h_M - h_I}{MI}, \qquad \cos\theta = \frac{a}{MI}$$

代入式(9-64),得

$$\frac{\Delta z}{\Delta t} = \frac{h_M - h_I}{a}\frac{k}{\mu}$$

又因

$$h_I = \frac{b'}{b}(h_{N'} - h_N) + h_N, \qquad b' = \frac{a(a' - a)}{b}$$

故可得

$$\Delta z = \left[\frac{h_M - h_N}{a} - \frac{(h_{N'} - h_N)(a' - a)}{b^2}\right]\frac{k}{\mu}\Delta t \tag{9-67}$$

因此,只要已知网络上某结点 M 及其邻近结点 N 和 N' 的水头,就可用上式计算 M 点的铅垂下降距离。渗流场内这些已知结点水头是在开始的稳定渗流初始条件下算出的,可控制自由面上算出的应有位势($h=z$),以作为下一时段的初始边界条件。这样即可求得,Δt,$2\Delta t$,$3\Delta t$……所欲时段的自由面位置。

式(9-67)方括号中实即 $-\frac{\partial h}{\partial z} - \frac{\partial h}{\partial x}\frac{\partial z}{\partial x}$ 的差分,因此式(9-67)还可写成

$$\frac{\partial z}{\partial t} = -\left(\frac{\partial h}{\partial z} - \frac{\partial h}{\partial x}\frac{\partial z}{\partial x}\right)\frac{k}{\mu} \tag{9-68}$$

上式即为描述自由面位置变动的微分方程。其中有两个函数,自由面位置高程 z 和测压管水头 h。若自由面是稳定的,即 $\frac{\partial z}{\partial t}=0$,则上式变成稳定的边界条件 $\frac{\partial h}{\partial n}=0$;但仍须满足 $h=z$ 的条件。

为了便于实际应用,还可把式(9-68)写成

$$\Delta z = v'_z \Delta t - v'_x \Delta t \cdot \text{tg}\theta \tag{9-69}$$

式中 $v'_z(=v_z/\mu)$ 和 $v'_x(=v_x/\mu)$ 为水质点流速沿铅垂方向和水平方向的分量。只要知道网络上相邻两结点(如 M 和 N)的水头差,即可由导数 $\frac{\partial h}{\partial z}$ 求得 Δz。采用连续三点差分确定导数时,相当于二项多项式的位势变化,精度更高。除非是坡降急变区,一般用三点差分与用二点差分的区别很小。

求解自由面位置的方法网络程序计算中与有限元法计算中相同,都是应用虚点法,即在自由面与铅垂网络线的交点上建立新结点(图 9-37),高出自由面的结点被抛掉。这对于矩形网络十分方便,不会产生畸形单元而使精度受损。如果计算需要,在自由面边界上再剖分成三角形单元也是可以的。

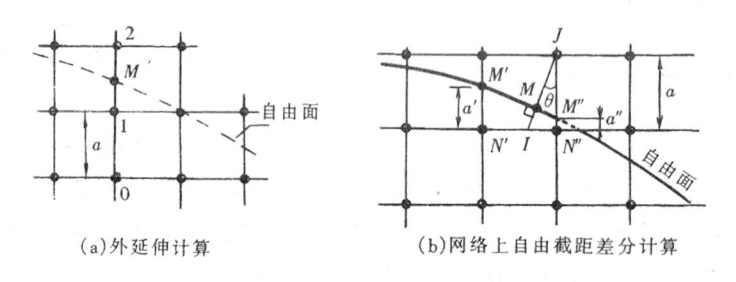

图 9-37 保留完整网格确定自由面方法示意图

点 I 的位置由下式确定:
$$N''I = N'M' - N''M'' = a' - a''$$
点 I 的水头由相邻两点 N' 和 N'' 插值确定。

若有必要,在自由面上仍保留原有的完整网格不变,如图 9-37(a)所示,则可认为结点 2 是越过自由面 M 点形成的上延伸点,按比例由 $h_M=z$ 定出结点水头 h_2,不致影响网络结点上的水头分布。或者按照式(9-64)直接计算,如图 9-37(b)所示,写差分格式 $\frac{\partial h}{\partial n}=\frac{h_I-h_J}{IJ}$,$\cos\theta=\frac{N''J}{IJ}=\frac{a}{IJ}$,即得

$$\Delta z = \left(\frac{h_I - h_J}{a}\right)\frac{k}{\mu}\Delta t$$

总之,由这些确定自由面的方法也能说明差分网格计算法的优点。

以拉普拉斯方程为依据,采用自由面作为流量边界条件确定自由面变化的方法,对图 9-34 所示的均质土坝由库水位 149.0 m 骤降至 116.0 m 的渗流场进行了计算,浸润线下降的计算结果与上节以扩散方程为依据的计算结果相比较,下降稍慢。此种原因在第一章中和文献[1]都曾作分析,并认为是合理的。因此建议,已固结的土坝非稳定渗流,应用拉氏方程结合自由面作为流量补给边界条件进行计算。

第十节 网络程序编写及应用说明

根据前述计算原理和方法,可以把水管网和电阻网两种计算方法融为一体,利用水管网结点流量平衡方程和电阻网结点间的等效矩形计算阻力因数的方法,适用性较广:可以用来将连续介质场分割成管元作为任何结构形状的管网求解;可用来把裂隙岩体转换为各向异

性的连续介质场再剖分网格求解;可用来求解岩体裂隙网络或其他水力网的缝隙水流问题;可直接用来求解自来水管网和下水道及河网化等水力学问题。网络程序不管是稳定流或非稳定流还是达西流还是非达西流,均可求解。基于上述功能的要求,编制了通用网络程序NETW,见附录。

一、程序编写

程序编制过程中参考了电阻网试验方法和有限元法中的处理方法。对于二维问题,把已经模型化的各向异性水管网概化为平行于 x 方向和 y 方向的网络图,得与差分网络类似的矩形网络图。根据模型的布局,网络图上结点分为实点和虚点。实点为流场结点,是模型水管网的交叉点和边界点。计算程序由各实点坐标及相应缝宽求出水管网各段的阻力因数,然后对每一未知水头结点建立流量平衡方程式。对于紊流($n=2$)或过渡区($1 \leqslant n \leqslant 2$,如 $n=1.5$)按公式(9-5)线性化,这样最终可建立一个对称正定线性代数方程组,按 RTDR 法可直接求出各未知水头结点的水头值。

需要说明的是,水管网计算时可依公式(9-2)计算与长度成正比的 r;矩形电阻网中可按式(9-24)或(9-25)计算 r_x、r_y 电阻;三角形网络则按式(9-19)计算该边上阻力因数 r_{jm}。对于多孔介质各向异性渗流,可依矩形网络或三角形网络求电阻公式计算,对于裂隙网络,则二维情形可按水管网公式和裂隙渗透性求出各裂隙的阻力因数,三维情形则由裂隙面的渗透性按三角形电阻网计算公式计算裂隙面交叉边上的阻力因数。

NETW 中自由面的调整是依据自由表面结点计算出的水头值和自由面结点垂直向(y向)邻点的位置高程,参照电阻网试验和第四章有限元法的自由面调整方法进行的。应当指出,在水管网中和裂隙网模型中,网络流动是沿管线或裂隙面流动的,自由面结点的移动需注意与前、后管线或裂隙面的联系。具体地说,当该点不在原横向管线交叉点位置向下移动时,原横向管线应为虚线;反之,若上移至上一横线交叉点位置,则将上一横线纳入计算网络中。当然在多孔介质连续场的电阻网络中可不必考虑上述步骤,但结点位置也不能任意移动,当自由面结点水头值低于垂向邻点位置高程时,则应将原自由面结点抛弃作为虚点,重新组织电阻网络进行计算。

至于渗出点的处理,则与有限元法程序处理办法类同。程序流程图见图 9-38。

二、应用说明

NETW 程序输入标识符信息说明:

(一)简单变量

NY——y 向最大剖分点数;(二维计算,NY=1);

NX——x 向最大剖分点数;

NZ——z 向最大剖分点数;

NNU——已知上游水头结点数;

NND——已知下游水头结点数;

NNF——自由面结点数;

NNP——丢弃点数;

NNM——渗出段点数;

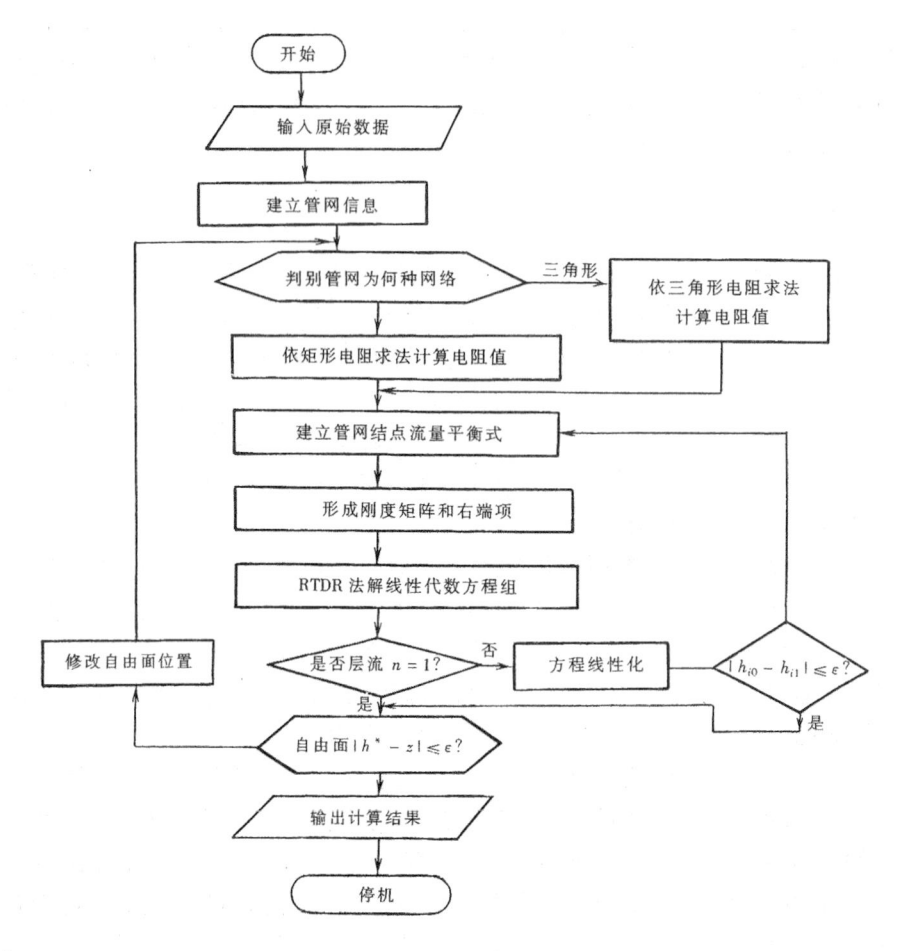

图 9-38 网络程序流程图

BU——通用流态值($B_u=1$ 为层流，$B_u=2$ 为紊流)；

BXO——x 向特殊流态的个数；

BYO——y 向特殊流态的个数(二维计算，填 1)；

BZO——z 向特殊流态的个数；

NN——总点数(一般地，NN＝NX·NY·NZ)；

H1——上游水位值；

H2——下游水位值；

EPS——迭代精度；

NK——渗透函数分类；

NEL——单元剖分类别(NEL＝3，三角形网络；NEL＝4，矩形网络)。

(二)数组信息

H(1：NN,1：3)——每点的 x、y、z 坐标(二维时则输 x、z)；

NU(1：NNU)——上游结点号；

ND(1：NND)——下游结点号；

NM(1：NNM)——渗出段结点号；

NF(1：NNF)——自由面结点号；
NP(1：NNP)——抛弃点号；
NARX(1：3)——计算 x 向阻力因数的标准长度的二点点号及缝宽值；
NARY(1：3)——计算 y 向阻力因数的标准长度的二点点号及缝宽值；
NARZ(1：3)——计算 z 向阻力因素的标准长度的二点点号及缝宽值；
BX(1：BXO,1：3)——x 向特殊流态的行、列号及缝宽值；
BY(1：BYO,1：3)——y 向特殊流态的行、列号及缝宽值；
BZ(1：BZO,1：3)——z 向特殊流态的行、列号及缝宽值；
KS(1：NK,1：4)——渗透系数(k_X、k_Y、k_Z、μ)。

在使用 NETW 时，首先区分是否连续介质或裂隙网络，然后确定计算电阻的方法。连续介质则依矩形或三角形电阻公式求出阻力因数，而离散的管网和裂隙网则需依管、裂隙的阻力计算阻力因数。下面举例说明 NETW 的应用。

三、NETW 应用实例

(一)闸坝渗流计算

南京秦淮河闸断面布置及平面轮廓见图 9-39，其粉细砂地基深为 8.1 m，砂基下为粘土层，可简化为相对不透水层。闸基采用板桩围封底板的设计方案，闸宽 62 m，取半宽 31 m 进行电阻网模型计算分析。该闸既经过电模拟试验论证[1]，也经过三维渗流有限元法计算。总的结论是，闸底板上游和侧边采用板桩围封，下游采用排水措施围封的较优布局，只要在排水滤层的前沿和两端筑一道短板桩即可防止出渗坡降大的危害。

选用悬挂式板桩，$S_1 = 4$ m，$S_2 = 3$ m，$S_3 = 4$ m，板桩作不透水考虑，则在图 9-39 所示的渗流区域上布置电阻网，即将该区沿 x、y、z 方向剖分，x 方向剖分面数为 30，y 方向剖分面数为 20，z 方向(垂直向)剖分面数为 10。垂向层面的布置顾及底板轮廓和土层的分界，x 向剖面的布置注意河床、板桩、底板、排水滤层等建筑物轮廓，y 向剖面则顾及侧板桩及翼墙接头位置。

在三个方向剖面的交线上布置电阻，电阻值计算式为(9-

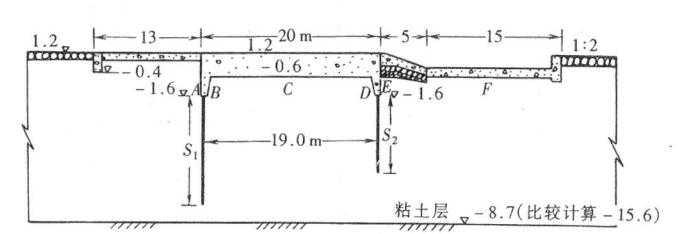

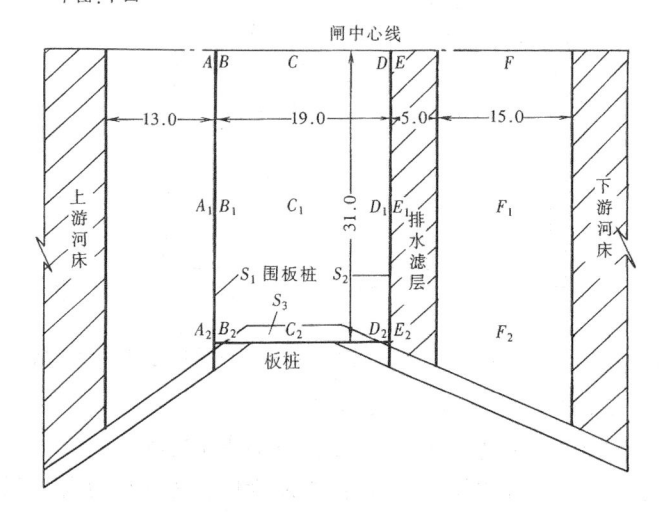

图 9-39 粉细砂地基建闸围板桩方案设计图例

16),由输入的剖面交线两点的坐标自动求得。由于翼墙附近的特殊变化,也采用了四面体单元网络电阻,如图 9-40 所示,各边上的网络电阻可按下式计算:

$$R_{ij} = \frac{-36V\rho_x\rho_y\rho_z}{\rho_y\rho_z b_i b_j + \rho_x\rho_z c_i c_j + \rho_x\rho_y d_i d_j}$$
$$(i,j = 1,2,3,4; i \neq j) \qquad (9\text{-}70)$$

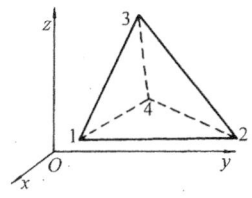

图 9-40 四面体单元网络电阻

式中 b_i、b_j、c_i、c_j、d_i、d_j 的计算同第五章(5-25)式,ρ_x、ρ_y、ρ_z 分别为 x、y、z 向的电阻系数,可取 $1/k_x$、$1/k_y$、$1/k_z$。对于本例各向同性,(9-70)式可写为

$$R_{ij} = \frac{-36V\rho}{b_i b_j + c_i c_j + d_i d_j} \qquad (i,j, = 1,2,3,4; i \neq j) \qquad (9\text{-}71)$$

图 9-41 所示是上游水位为 9.2 m(设计水位)、下游水位最低为 1.2 m 时的渗流场分布。实线为电阻网络程序结果,虚线为有限元法程序结果。两者计算甚为一致。在侧岸线渗区域,两者误差最大为 1%。

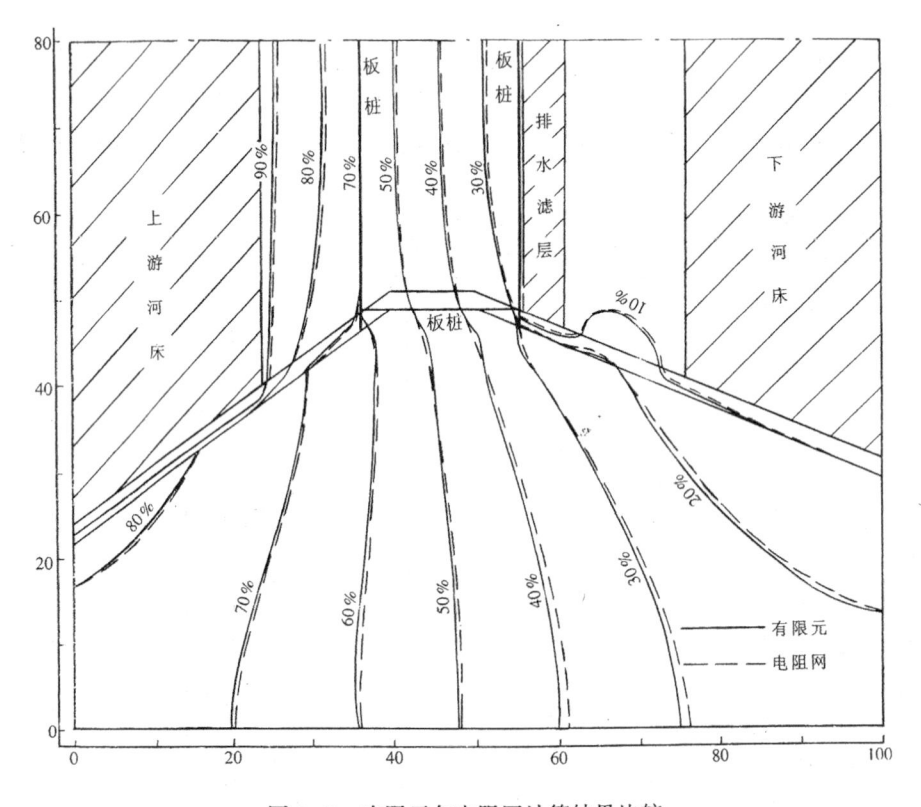

图 9-41 有限元与电阻网计算结果比较

(二)小山水电站大坝渗流计算

吉林省小山水电站,拦河大坝为面板堆石坝,坝顶高程 686.2 m,坝顶长 295.3 m,最大坝高 86.2 m,死水位 664 m。该水库为峡谷型水库,河曲明显。库岸主要由玄武岩组成,玄武岩下为侏罗系安山岩,安山岩大部分为弱风化至微风化状态。河床及两岸由坚硬的安山岩组成岩体中无较大断层通过,相对隔水层埋深 22～80 m,玄武岩 $\omega \leqslant 0.2 \mathrm{l/min \cdot m \cdot m}$。大坝

主要是坝基和绕坝渗漏,因此,采用帷幕灌浆截断较严重透水的玄武岩和安山岩表层风化带及局部存在F1,F2,F7断层。帷幕深20～55 m,左岸向外延伸82.5 m,右岸至溢洪道下。帷幕厚1.8 m(坝基)和1.5 m(两岸)。

表9-2 各分区渗透系数(cm/s)

垫　　层	8×10^{-4}	次堆石区	1×10^{-1}	微风化	1×10^{-5}
过渡层	1×10^{-2}	强风化	5×10^{-4}	极微风化	1×10^{-6}
主堆石	5×10^{-1}	弱风化	5×10^{-5}	帷　　幕	1×10^{-5}

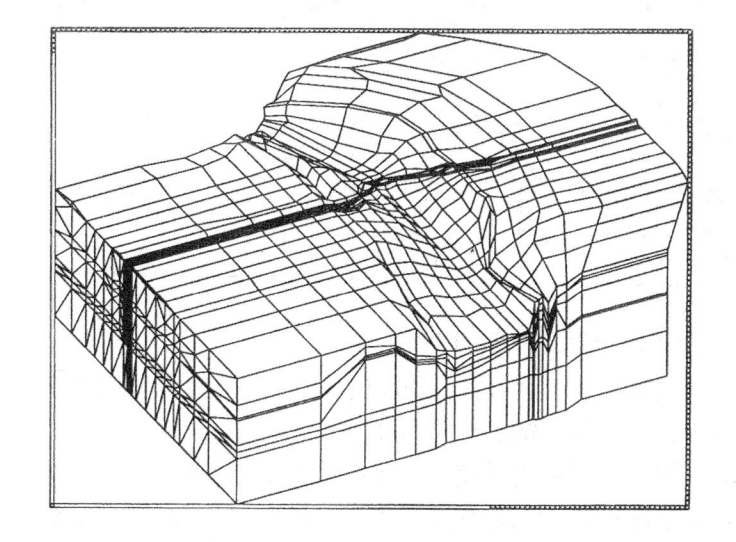

钢筋混凝土防渗面板顶厚0.3 m,底厚0.7 m,外坡1∶1.405,垫层及过渡层水平厚度均为3 m,坡比1∶1.4。垫层$D_{max}<80\sim100$ mm,过渡层$D_{max}<200\sim300$ mm。对蓄水后大坝渗流场进行了三维电网络模拟。空间电阻网络如图9-42所示。模型电阻计算采用三棱柱电阻计算公式[5],如图9-43所示,各线上电阻值见式(9-72)和(9-73)。

图9-42 空间电阻网络图

$$R_{ij} = \frac{4\rho}{\Delta y \operatorname{ctg}\theta_{ij}} \quad (i=1,2,3;j=1,2,3;i\neq j)$$
$$\text{或}(i=4,5,6;j=4,5,6;i\neq j) \quad (9\text{-}72)$$
$$R_{i,i+3} = \frac{3\rho}{\Delta} \quad (i=1,2,3) \quad (9\text{-}73)$$

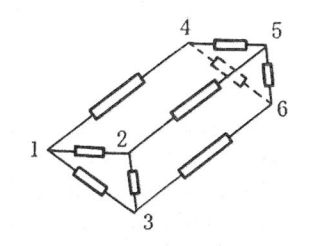

式中 ρ 为电阻系数,可取为$1/k$;θ_{ij}为i、j两点连线所对的角;Δ为三角形面积;Δy为棱柱的高。

图9-43 三棱柱电阻网

模型底部高程为400 m,上部为上游水位高程,左岸自4#剖面沿坝轴线向外500 m,右岸自4#剖面沿坝轴线向外700 m,见图9-44。模型沿坝轴线方向划分22个断面,每个断面设网络结点221个。

由计算成果可知,该水库具有强烈的三维渗流特征,大坝蓄水后,水库不仅通过坝基向下游河床渗漏,还绕过左右坝肩向下游渗漏,到坝后两岸时,等水位线几乎垂直于坝轴线,见图9-44。与最大剖面4#的二维计算成果相比,三维渗流场由于绕渗影响,面板下垫层内自由面相应抬高10.5%,即7.9 m。二维渗流为1.21%,三维渗流绕渗为11.7%。库水渗漏主渠道为坝基,其渗流量占总渗流量的84.9%,左岸绕渗占9.2%,右岸绕渗占5.9%。两岸绕渗不均匀。

面板及防渗帷幕的防渗作用达到一定效果。面板后的渗水基本上在安山岩层向河床和

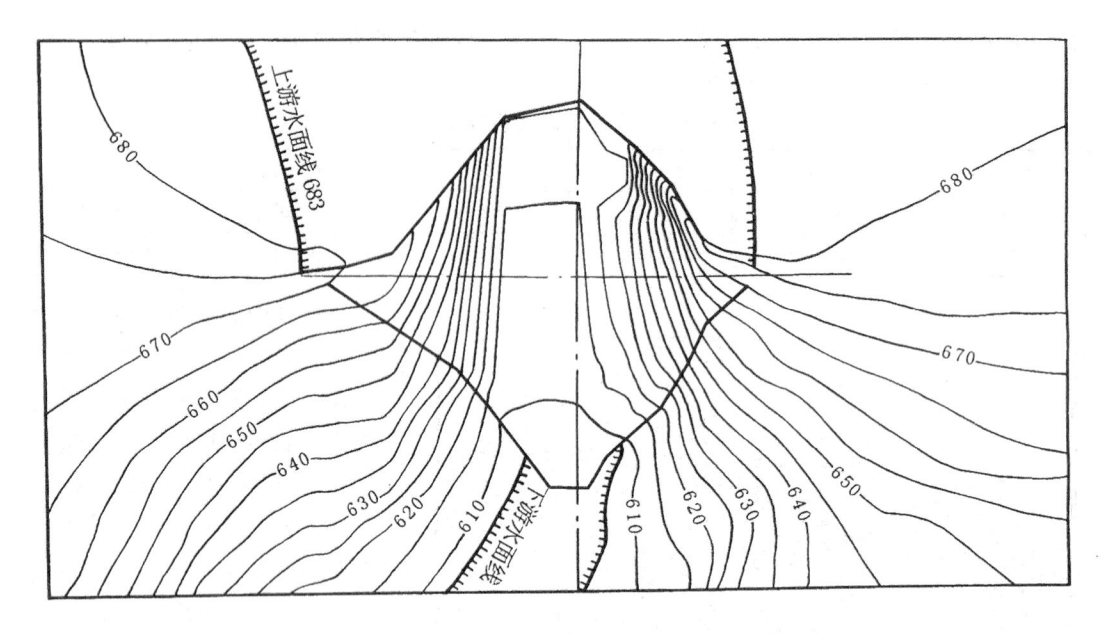

图 9-44 等水位线平面图

下游渗漏,在安山岩面逸出高程大约为 618 m,安山岩内沿断面向下游的最大水平坡降为 1.23。防渗帷幕以最大断面 4# 处承受的渗透坡降最大为 30.7。

左岸帷幕延伸 82.5 m,达到一定防渗效果,但深度依然未能截断较透水的玄武岩强风化带(高程 660),若实际截断玄武岩与安山岩交界面,防渗效果会更理想些。右岸 玄武岩较严重透水带埋深 25~30 m,低于正常蓄水位 20~25 m。计算结果表明,自溢洪道右侧起玄武岸内沿坝轴线绕渗长度为 250 m。另外,微风化层透水性为 7×10^{-5}cm/s~1.6×10^{-5}cm/s,具有一定的渗透能力。若帷幕向外延伸一定长度,效果会好些。

参 考 文 献

1 毛昶熙.电模拟试验与渗流研究.北京:水利出版社,1981
2 毛昶熙等.岩石裂隙渗流的计算与试验.水利水运科学研究,1984(3)
3 毛昶熙.水管网设计.工程建设,1952(22)
4 毛昶熙,段祥宝,李定方.网络模型程序化及其应用.水利水运科学研究,1994(3)
5 杜延龄,许国安.渗流分析的有限单元法和电阻网法.北京:水利电力出版社,1992
6 毛昶熙等.岩体裂隙渗流计算方法研究.岩土工程学报,1991(6)
7 米勒 L 著.岩石力学.李世平等译.北京:煤炭工业出版社,1981
8 万力,李定方,李吉庆.三维裂隙网络的多边形单元渗流模型,水利水运科学研究,1993(4)
9 丁留谦.堆石体中非线性渗流的有限单元法.水利水电科学研究院,1988
10 McCorguodale,J.A.变分法解达西流.水利水运科技情报,1973(增刊 1)
11 Cross,H.,Analysis of Flow in Networks of Conduits or Conductors,Bulletin No.286,University of Illinois,1936
12 Karplus,W.J.Analog Simulation,1958
13 Luckner,L. und Schestakow,W.M. Simulation der Geofiltration,1975
14 Louis,C. et Wittke,W,Etude experimentale des ecoulements d'eau dans un massif rocheux fissure,Geotechnique,1971,21(1)
15 李佩成.地下水渗流研究中的网络模拟法(地下水动力学第十六章).北京:农业出版社,1993

附录 计算程序

附录一 程序 UNSST2

```
C  本程序是应用有限元法计算土石坝、闸坝、堤防、
C  渠道、贮灰场、尾矿坝、基坑矿坑排水等各种工
C  程类型的二维达西流、饱和稳定和非稳定渗流场
C  分布以及土坝岸坡的稳定性
   PROGRAM UNSST2-Unsteady Seepage and Stability, 2D
   INTEGER CE, R, AA, BB, BB1, EE, SLOPE, AA1, AA2, bd
   REAL KS, LT, JXY, LX, LY, LR
   CHARACTER*10 DQB1, DQBS, DQB2
   DIMENSION G(9000), F(300), ZT(300), M(300), Z0(300)
   COMMON /S1/NE, NN/S2/HH1, HH, H0, H1, H2, H3, H4
  */S3/AA, AA1, AA2, BB, BB1, IG/S4/DT, NT/S5/N, NR, NAX
  */S6/TT, LT, L0, LU, LD/A1/CE(500, 3) /A2/H(300, 2)
  */B1/NF(100), NM3(80)/B2/NU(100)/D1/HN(200, 2)
  */D2/HN1(100, 2)/F/HNP(400)/G/NP(50)
  */H/HHT(70), HTT(70)/I/MQ0(5), MQ1(40)
  */J/QQ(20, 5)/B3/ND(50), NM1(30), NM2(30)
  */C/R(300)/TW/XP1, YP1, XP2, YP2, RL0, M00
  */E/KCE(20), KS(20, 3)/II/NBD, FR(50, 6), BD(100)
  */M/WA, TAQ, WAQ, WL, NBB, NBB1, EE/W/CI, CJ
  */N/NS, HOW, HOS1, HOS, DL, RW, FW/SL/SLOPE(40)
  */L/NK1, MO, MX, MY, LX, LY, LR, CX, CY, CR, XM, DDR
  */K/JXY(500, 3), XYE(500, 2)
   OPEN(5, FILE='G.DAT', STATUS='OLD')
   READ(5,*) DQB1, DQB2, DQBS, nlj
   IF(DQB1.EQ.'Y') OPEN(8, FILE='GS.PLOT')
   CALL INP(NNU, NND, NNM1, NNM2, NNF, NK, EPS, NNP,
  *NQ, NW, EPS1, NG, NNM3, DQBS, DQB2, BATAX, BATAZ)
   IF(DQB1.EQ.'Y') CALL BOUND
   IF(NW.GT.0) CALL WELL(NK)
   CALL BD1(ZT, Z0, NN, NNU, NND, NNM1, NNM2, NNF, NNP, H1)
   LJ=1
 5 HOS1=0.0
10 CALL BD2(Z0, ZT, NN, LJ)
   CALL MS(NE, N, M)
   CALL MAX8(NK, N, NN, NR, G, F, M, ZT)
   IF(TT.GT.0.0)
  *CALL MU1(NN, N, NR, Z0, ZT, F, G, M, NNF)
   CALL RTDR(N, NAX, M, G, F)
     IF(TT.GT.0.00001) GOTO 30
     DO 20 I=1, NN
     J=R(I)
     IF(J.GT.0) Z0(I)=F(J)
     IF(J.GT.0) ZT(I)=F(J)
20 CONTINUE
30   IF(NW.GT.0) CALL HWV(NN, ZT)
     CALL SUR(N, NN, ZT, Z0, F, EPS, NNF, NNM3, LJ)
     IF(IG.NE.0.OR.ABS(HOS-HOS1).GT.EPS1) THEN
       IF(LJ.LE.nlj) THEN
         IF(NW.GT.0) THEN
         HOS1=HOS
         H3=HOS
         ENDIF
       GOTO 10
       ENDIF
     ENDIF
   IF(NT.GT.0) CALL MU2(NK, NNF)
   DO 40 I=1, NN
   J=R(I)
   IF(J.GT.0) ZT(I)=F(J)
40 CONTINUE
   IF(NQ.GT.0) CALL DIQ(NQ, ZT, NN, NK, DQB2)
   IF(NG.GT.0) CALL OUT(NN, ZT, NNF, NW, DQB1)
   IF(NG.GT.0) CALL XYCO(NE, NN, ZT, NG, DQB1)
   IF(DQBS.EQ.'Y'.AND.SLOPE(L0+1).GT.0) THEN
   DO 401 I=1, NN
     IF(XM.GT.0) THEN
     H(I, 1)=XM-H(I, 1)
     ELSE
     H(I, 1)=H(I, 1)-XM
     ENDIF
401 CONTINUE
   CALL JXYE(NE, ZT, NN)
   CALL SLID(NK, NNF, BATAX, BATAZ)
   DO 402 I=1, NN
     IF(XM.GT.0) THEN
     H(I, 1)=XM-H(I, 1)
     ELSE
     H(I, 1)=H(I, 1)+XM
     ENDIF
402 CONTINUE
   ENDIF
   DO 50 I=1, NN
50 Z0(I)=ZT(I)
   IF(TT.GE.DT.OR.L0.GE.NT) GOTO 60
   CALL BUT2(NN, Z0, NNU, NNF, LJ)
   IF(TT.LE.DT) GOTO 5
60 IF(DQB1.EQ.'Y') THEN
   WRITE(8,'(13H999999, 999999)')
   ENDIF
   CLOSE(8)
   STOP
   END
   SUBROUTINE INP(NNU, NND, NNM1, NNM2, NNF, NK, EPS,
  *NNP, NQ, NW, EPS1, NG, NNM3, DQBS, DQB2, BATAX, BATAZ)
   INTEGER CE, AA, BB, BB1, EE, SLOPE, AA1, AA2, bd
   REAL KS, LT, JXY, LX, LY, LR
   CHARACTER*10 DQBS, DQB2
   COMMON /S1/NE, NN/TW/XP1, YP1, XP2, YP2, RL0, M00
  */S2/HH1, HH, H0, H1, H2, H3, H4/S3/AA, AA1, AA2, BB,
  *BB1, IG/S4/DT, NT/S6/TT, LT, L0, LU, LD/A1/CE(500,
```

```fortran
     *3)/A2/H(300,2)/B1/NF(100),NM3(80)/B2/NU(100)
     */H/HHT(70),HTT(70)/I/MQ0(5),MQ1(40)/J/QQ(20,
     *5)/B3/ND(50),NM1(30),NM2(30)/E/KCE(20),
     *KS(20,3)/G/NP(50)/M/WA,TAQ,WAQ,WL,NBB,NBB1,
     *EE/N/NS,HOW,HOS1,HOS,DL,RW,FW/W/CI,CJ/L/NK1,
     *MO,MX,MY,LX,LY,LR,CX,CY,CR,XM,DDR
     */SL/SLOPE(40)/II/NBD,FR(50,6),BD(100)
     */K/JXY(500,3),XYE(500,2)
      WRITE(*,1331)
 1331 FORMAT(6X,58('*')/6X,'*',25(' '),'UNSST2',
     *25(' '),'*'/6x,58('*')/6X,'D.Q.B. 4.1998'),
      WRITE(*,110)
  110 FORMAT(/19X,45('*')/19X,'*',2X,'SEEPAGE
     *COMPUTATION OF EARTH EMBANKMENT',2X,'*',
     */19X,'*',12X,14X,'*'/19X,45('*')//30X,
     * 'ORIGINAL INFORMATION'/28X,24('=')/)
      READ(5,*) NE,NN,NNU,NND,NNM1,NNM2,NNF,NK,AA,
     *AA1,AA2,BB,BB1,NNP,NQ,NT,NW,NG,NNM3,LU,LD
      WRITE(*,201) NE,NN,NNU,NND,NNM1,NNM2,NNF,NK,
     *AA,AA1,AA2,BB,BB1,NNP,NQ,NT,NW,NG,NNM3,LU,LD
  201 FORMAT(' NE=',I5,' NN=',I5,2X,'NNU=',I4,2X
     *,'NND=',I3,' NNM1=',I4,2X,'NNM2=',I4,2X,
     *'NNF=',I4/2X,'NK=',I4,2X,'AA=',I4,2X,'AA1=',
     *I4,2X,'AA2=',I4,2X,'BB=',I4,2X,'BB1=',I4,2X,
     *' NNP=',I4,2X,'NQ=',I2/2X,'NT=',I2,' NW=',I2,
     *' NG=',I2,' NNM3=',I2,' LU=',I2,' LD=',I2)
      READ(5,*) HH,H1,H2,H3,EPS,EPS1,DT,CI,CJ
      WRITE(*,202) HH,H1,H2,H3,EPS,EPS1,DT,CI,CJ
  202 FORMAT(1X,'HH=',F8.3,' H1=',F8.3,' H2=',F8.3,
     *' H3=',F8.3/' EPS=',F8.3,' EPS1=',F8.3,' DT='
     *,F8.3,' CI=',F8.3,' CJ=',F8.3)
      READ(5,*) (KCE(I),I=1,NK)
      WRITE(*,400) (KCE(I),I=1,NK)
      READ(5,*) ((CE(I,J),J=1,3),I=1,NE)
      WRITE(*,400) ((CE(I,J),J=1,3),I=1,NE)
      IF(NNF.GT.0) THEN
      READ(5,*) (NF(I),I=1,NNF)
      WRITE(*,400) (NF(I),I=1,NNF)
      ENDIF
      READ(5,*) (NU(I),I=1,NNU)
      WRITE(*,400) (NU(I),I=1,NNU)
      IF(NND.GT.0) THEN
      READ(5,*) (ND(I),I=1,NND)
      WRITE(*,400) (ND(I),I=1,NND)
      ENDIF
      IF(NNM1.GT.0) THEN
      READ(5,*) (NM1(I),I=1,NNM1)
      WRITE(*,400) (NM1(I),I=1,NNM1)
      ENDIF
      IF(NNM2.GT.0) THEN
      READ(5,*) (NM2(I),I=1,NNM2)
      WRITE(*,400) (NM2(I),I=1,NNM2)
      ENDIF
      IF(NNM3.GT.0) THEN
      READ(5,*) (NM3(I),I=1,NNM3)
      WRITE(*,400) (NM3(I),I=1,NNM3)
      ENDIF
      IF(NNP.GT.0) THEN
      READ(5,*) (NP(I),I=1,NNP)
      WRITE(*,400) (NP(I),I=1,NNP)
      ENDIF
      READ(5,*) ((H(I,J),J=1,2),I=1,NN)
      WRITE(*,500) ((H(I,J),J=1,2),I=1,NN)
      IF(NT.GT.0) THEN
      READ(5,*) (HHT(I),I=1,NT)
      WRITE(*,500) (HHT(I),I=1,NT)
      READ(5,*) (HTT(I),I=1,NT)
      WRITE(*,500) (HTT(I),I=1,NT)
      ENDIF
      READ(5,*) ((KS(I,J),J=1,3),I=1,NK)
      WRITE(*,501) ((KS(I,J),J=1,3),I=1,NK)
      IF(NQ.GT.0) THEN
      READ(5,*) (MQ0(I),I=1,NQ)
      WRITE(*,400) (MQ0(I),I=1,NQ)
      J=MQ0(NQ)
      IF(DQB2.EQ.'Y') J=J*4
      READ(5,*) (MQ1(I),I=1,J)
      WRITE(*,400) (MQ1(I),I=1,J)
      ENDIF
      IF(NW.GT.0) THEN
      READ(5,*) WA,TAQ,WAQ,RW,WL
      WRITE(*,500) WA,TAQ,WAQ,RW,WL
      READ(5,*) EE,NS,NBB,NBB1
      WRITE(*,400) EE,NS,NBB,NBB1
      ENDIF
      IF(DQBS.EQ.'Y') THEN
      READ(5,*) (SLOPE(I),I=1,NT+1)
      WRITE(*,400) (SLOPE(I),I=1,NT+1)
      READ(5,*) XM
      WRITE(*,401) XM
      READ(5,*) NK1,MX,MY,MO,LX,LY,LR,CX,CY,
     * CR,BATAX,BATAZ,DDR
      READ(5,*) XP1,YP1,XP2,YP2,MOO,RL0
      WRITE(*,302) NK1,MX,MY,MO,LX,LY,LR,CX,CY,
     * CR,BATAX,BATAZ,DDR
      IF(XM.GT.0) THEN
      CX=XM-CX
      ELSE
      CX=CX-XM
      ENDIF
      READ(5,*) ((FR(I,J),J=1,6),I=1,NK)
      WRITE(*,700) ((FR(I,J),J=1,6),I=1,NK)
      READ(5,*) NBD
      READ(5,*) (BD(I),I=1,NBD)
      WRITE(*,400) (bd(i),i=1,nbd)
      ENDIF
      LU=1-LU
      LD=1-LD
      L0=0
      H0=0.0
```

```
            TT=0.0
            LT=0.0
            HOW=H3
            HOS1=0.0
            HOS=0.0
302     FORMAT(/2X,'NK1=',I4,5X,'MX=',I4,5X,'MY=',
       *I4,5X,'MO=',I4/2X,'LX=',F6.2,5X,'LY=',F6.2,
       *5X,'LR=',F6.2,5X,'CX=',F9.3,5X,'CY=',F9.3/2X,
       *'CR=',F9.3,5X,'BATAX=',F8.3,5X,'BATAZ=',
       *F8.3,5X,'DDR=',F8.3)
400     FORMAT(15I5/15I5)
401     FORMAT(2X,'XM=',F10.4)
500     FORMAT(10F8.3/10F8.3)
501     FORMAT(3F20.6/3F20.6)
700     FORMAT(6F13.4/6F13.4)
600     FORMAT(8F10.5/8F10.5)
            RETURN
            END
            SUBROUTINE BD1(ZT,Z0,NN,NNU,NND,NNM1,NNM2,
       *NNF,NNP,H1)
            INTEGER R,AA,BB,BB1,AA1,AA2
            DIMENSION ZT(NN),Z0(NN)
            COMMON /A2/H(300,2)/B1/NF(100),NM3(80)
       */B2/NU(100)/D1/HN(200,2)/D2/HN1(100,2)
       */B3/ND(50),NM1(30),NM2(30)/C/R(300)/G/NP(50)
       */S3/AA,AA1,AA2,BB,BB1,IG
            DO 10 I=1,NN
            ZT(I)=0.0
            Z0(I)=0.0
10          R(I)=1
            IF(NNM1.GT.0) THEN
            DO 13 I=1,NNM1
            J=NM1(I)
13          R(J)=-3
            ENDIF
            IF(NNM2.GT.0) THEN
            DO 25 I=1,NNM2
            J=NM2(I)
25          R(J)=-4
            ENDIF
            IF(NNP.GT.0) THEN
            DO 14 I=1,NNP
            J=NP(I)
14          R(J)=0
            ENDIF
            DO 11 I=1,NNU
            J=NU(I)
            HN1(I,1)=H(J,1)
            HN1(I,2)=H(J,2)
            IF(HN1(I,2).LE.H1) R(J)=-1
11          CONTINUE
            DO 7 I=2,NNU
            IF(H1.le.HN1(I,2).AND.H1.gT.HN1(I-1,2))THEN
            IJJ=NU(I)
            IU=I
            GOTO 8
            ENDIF
7       CONTINUE
8       if(h(ijj,2).eq.h1) goto 999
            IJU=NU(IU-1)
            IJK=NU(IU+1)
            H(IJJ,1)=H(IJU,1)+(H1-H(IJU,2))*(H(IJJ,1)-
           *H(IJU,1))/(H(IJJ,2)-H(IJU,2))
            H(IJJ,2)=H1
999     R(IJJ)=-1
            DO 12 I=1,NND
            J=ND(I)
12          R(J)=-2
            M2=NNU
            DO 15 I=1,NNU
            M1=NU(I)
            IF(R(M1).EQ.0.OR.H(M1,2).GT.H1) M2=M2-1
15      CONTINUE
            NNU=M2
            DO 16 I=1,NNF
            J=NF(I)
            HN(I,1)=H(J,1)
16          HN(I,2)=H(J,2)
            RETURN
            END
            SUBROUTINE BD2(Z0,ZT,NN,LJ)
            INTEGER R
            DIMENSION ZT(NN),Z0(NN)
            COMMON /S2/HH1,HH,H0,H1,H2,H3,H4
       */S5/N,NR,NAX/A2/H(300,2)/C/R(300)
            N=0
            DO 10 I=1,NN
            J=R(I)
            IF(J.GT.0) GO TO 50
            IF(J.EQ.0) ZT(I)=0.0
            IF(J.EQ.0) Z0(I)=0.0
            IF(J.EQ.(-1)) ZT(I)=H1
            IF(J.EQ.(-1).AND.LJ.EQ.1) Z0(I)=H1
            IF(J.EQ.(-2)) ZT(I)=H2
            IF(J.EQ.(-2).AND.LJ.EQ.1) Z0(I)=H2
            IF(J.EQ.(-3)) ZT(I)=H(I,2)
            IF(J.EQ.(-3).AND.LJ.EQ.1) Z0(I)=H(I,2)
            IF(J.EQ.(-4)) ZT(I)=H3
            IF(J.EQ.(-4).AND.LJ.EQ.1) Z0(I)=H3
            GO TO 10
50          N=N+1
            R(I)=N
10      CONTINUE
            RETURN
            END
            SUBROUTINE MS(N1,NJ,M)
            INTEGER CN(3),CE,R,P,S,T
            DIMENSION M(NJ)
            COMMON /S1/NE,NN/S5/N,NR,NAX/A1/CE(500,3)
       *           /C/R(300)
```

```fortran
      DO 10 I=1,NJ
   10 M(I)=1
      NAX=0
      DO 20 I=1,N1
      DO 30 J=1,3
      P=CE(I,J)
      CN(J)=R(P)
      S=CN(J)
      IF(S.EQ.0) GO TO 20
   30 CONTINUE
      DO 40 J=1,3
      S=CN(J)
      IF(S.LT.0) GO TO 40
      I1=J+1
      DO 50 P=I1,3
      T=CN(P)
      IF(T.LE.0) GO TO 50
      IF(T.GT.S) GO TO 60
      MR=S-T+1
      IF(MR.GT.M(S)) M(S)=MR
      GO TO 50
   60 MR=T-S+1
      IF(MR.GT.M(T)) M(T)=MR
   50 CONTINUE
   40 CONTINUE
   20 CONTINUE
      J=M(1)
      DO 70 I=2,NJ
      MR=M(I)
      IF(MR.GT.NAX) NAX=MR
      M(I)=MR+J
      J=M(I)
   70 CONTINUE
      NR=M(N)
      if(nr.gt.9000) then
      write(*,*) 'NR is overflow!'
      stop
      endif
      RETURN
      END
      SUBROUTINE MAX8(N4,NJ,NP,NR1,G,F,M,ZT)
      REAL KS,K1,K2,KX,KY
      INTEGER CE,R,P,Q,S,A1,A2,A3,CN(3),T
      DIMENSION M(NJ),ZT(NP),G(NR1),F(NJ)
      COMMON /S1/NE,NN/S5/N,NR,NAX/A1/CE(500,3)
     */A2/H(300,2)/C/R(300)/E/KCE(20),KS(20,3)
      DO 5 I=1,NR1
    5 G(I)=0.0
      DO 10 I=1,N
   10 F(I)=0.0
      IA=1
      DO 140 II=1,N4
      IB=KCE(II)
      KX=KS(II,1)
      KY=KS(II,2)
      DO 130 I=IA,IB
      DO 40 J=1,3
      P=CE(I,J)
      CN(J)=R(P)
      IF(R(P).EQ.0.OR.P.EQ.0) GO TO 130
      IF(J.EQ.1) A1=P
      IF(J.EQ.2) A2=P
      IF(J.EQ.3) A3=P
   40 CONTINUE
      CALL COXY(A1,A2,A3,X1,X2,X3,Y1,Y2,Y3)
      CALL BC(B1,B2,B3,C1,C2,C3,X1,X2,X3,Y1,Y2,Y3)
      AR=ABS(C3*B2-C2*B3)/2
      IF(AR.LT.0.0001)
     * WRITE(*,50) I,A1,X1,Y1,A2,X2,Y2,A3,X3,Y3
   50 FORMAT(5X,'ELEMENT—COORDINATE'/5X,2HI=,
     * I5/('NO=',I5,5X,2F8.3))
      K1=KX/(4.0*AR)
      K2=KY/(4.0*AR)
      DO 120 P=1,3
      S=CN(P)
      IF(P-2) 60,70,80
   60 X1=B1
      Y1=C1
      GO TO 90
   70 X1=B2
      Y1=C2
      GO TO 90
   80 X1=B3
      Y1=C3
   90 IF(S.LT.0) GO TO 82
      IF(S.GT.0) MR=M(S)
      G(MR)=G(MR)+K1*X1*X1+K2*Y1*Y1
   82 I4=P+1
      IF(I4.GT.3) GO TO 120
      DO 110 Q=I4,3
      T=CN(Q)
      IF(Q-3) 91,92,92
   91 X2=B2
      Y2=C2
      GO TO 95
   92 X2=B3
      Y2=C3
   95 IF(T) 105,110,96
   96 IF(S) 101,110,97
   97 IF(T.LE.S) GO TO 98
      IF(T.GT.S) GO TO 99
   98 J=MR-S+T
      GO TO 100
   99 J=M(T)-T+S
  100 G(J)=G(J)+(K1*X1*X2+K2*Y1*Y2)
      GO TO 110
  101 IF(P.EQ.1) X3=ZT(A1)
      IF(P.EQ.2) X3=ZT(A2)
      IF(P.EQ.3) X3=ZT(A3)
      F(T)=F(T)-X3*(K1*X1*X2+K2*Y1*Y2)
```

```
            GO TO 110
105     IF(S) 110,110,106
106     IF(Q.EQ.2) X3=ZT(A2)
        IF(Q.EQ.3) X3=ZT(A3)
        F(S)=F(S)-X3*(K1*X1*X2+K2*Y1*Y2)
110     CONTINUE
120     CONTINUE
130     CONTINUE
        IA=IB+1
140     CONTINUE
        RETURN
        END
        SUBROUTINE BC(B1,B2,B3,C1,C2,C3,X1,X2,
     *  X3,Y1,Y2,Y3)
        B1=Y2-Y3
        B2=Y3-Y1
        B3=Y1-Y2
        C1=X3-X2
        C2=X1-X3
        C3=X2-X1
        RETURN
        END
        SUBROUTINE COXY(N1,N2,N3,X1,X2,X3,Y1,Y2,Y3)
        INTEGER CE
        COMMON /A1/CE(500,3)/A2/H(300,2)
        X1=H(N1,1)
        X2=H(N2,1)
        X3=H(N3,1)
        Y1=H(N1,2)
        Y2=H(N2,2)
        Y3=H(N3,2)
        RETURN
        END
        SUBROUTINE MU1(NI,NJ,NL,Z0,ZT,F,G,M,NNF)
        INTEGER R,P,Q,S,T
        REAL LT
        DIMENSION Z0(NI),ZT(NI),F(NJ),M(NJ),G(NL)
        COMMON /A2/H(300,2)/B1/NF(100),NM3(80)
     */C/R(300)/F/HNP(400)/S6/TT,LT,L0,LU,LD
        DO 10 I=1,NNF
        P=NF(I)
        S=R(P)
        IF(I.EQ.NNF) RETURN
        IF(S.EQ.0) GOTO 10
        Q=NF(I+1)
        IF(R(Q).EQ.0) THEN
        Q=NF(I+2)
        IF(R(Q).EQ.0) THEN
        Q=NF(I+3)
        IF(R(Q).EQ.0) THEN
        Q=NF(I+4)
        ENDIF
        ENDIF
        ENDIF
        T=R(Q)
        IF(S.LE.0.AND.T.LE.0) GO TO 10
        X1=HNP(I)
        AR=ABS(H(P,1)-H(Q,1))*X1/6/LT
        X1=Z0(P)
        Y1=Z0(Q)
        IF(.NOT.(S.GT.0.AND.T.GT.0)) GO TO 30
        F(S)=F(S)+AR*(2*X1+Y1)
        F(T)=F(T)+AR*(2*Y1+X1)
        J=M(S)
        G(J)=G(J)+2*AR
        J=M(T)
        G(J)=G(J)+2*AR
        IF(.NOT.(S.LE.T)) GO TO 20
        J=J-T+S
        G(J)=G(J)+AR
        GO TO 10
20      J=M(S)-S+T
        G(J)=G(J)+AR
        GO TO 10
30      IF(.NOT.(T.GT.0)) GO TO 40
        J=M(T)
        G(J)=G(J)+2*AR
        F(T)=F(T)+AR*(2*Y1+X1-ZT(P))
40      IF(.NOT.(S.GT.0)) GO TO 10
        J=M(S)
        G(J)=G(J)+2*AR
        F(S)=F(S)+AR*(2*X1+Y1-ZT(Q))
10      CONTINUE
        RETURN
        END
        SUBROUTINE MU2(NK,NNF)
        INTEGER CE,R,P,Q,U,V
        REAL KS
        COMMON /S1/NE,NN/A1/CE(500,3)
     */B1/NF(100),NM3(80)/F/HNP(400)/C/R(300)
     */E/KCE(20),KS(20,3)
        DO 10 I=1,400
10      HNP(I)=0.0
        Q=NF(1)
        DO 20 I=2,NNF
        P=NF(I)
        DO 30 II=1,NE
        U=0
        DO 40 J=1,3
        V=CE(II,J)
        IF(P.EQ.V.OR.Q.EQ.V) U=U+1
40      CONTINUE
        IF(U.EQ.2) GO TO 50
30      CONTINUE
50      J=0
        DO 60 U=1,NK
        V=KCE(U)
        IF(.NOT.(II.LE.V.AND.II.GT.J)) GO TO 65
        HNP(I-1)=KS(U,3)
        GO TO 70
```

```
      65  J=V
      60  CONTINUE
      70  Q=P
      20  CONTINUE
          RETURN
          END
          SUBROUTINE RTDR(IN,NR2,M,G,Z)
          DIMENSION M(IN),Z(IN),G(NR2)
          INTEGER U,B4,V,P,W
          Z(1)=Z(1)/G(1)
          DO 10 I=2,IN
            Q=0.0
            U=M(I)-I
            IF((M(I)-M(I-1)).EQ.1) GO TO 20
            B4=M(I-1)-U+1
            NB4=B4+1
            DO 30 J=NB4,I
            NU=U+J
            Q=Q+G(NU-1)*Z(J-1)
            V=M(J)-J
            J1=J-1
            JB4=J-B4
            DO 40 II=1,JB4
            P=J1-(II-1)
            W=M(P)
            IF((J-P+1).GT.(M(J)-M(J-1))) GO TO 30
            JU=U+J
            JP=U+P
            JV=V+P
            G(JU)=G(JU)-G(JP)*G(JV)/G(W)
      40    CONTINUE
      30    CONTINUE
      20    IU=U+I
            Z(I)=(Z(I)-Q)/G(IU)
      10  CONTINUE
          N1=IN-1
          DO 50 II=1,N1
          I=N1-(II-1)
          Q=0.0
          U=M(I)
          K=I+1
          DO 60 J=K,IN
          V=M(J)-J
          IF((J-I).LT.(M(J)-M(J-1))) GO TO 70
          GO TO 60
      70  KV=V+I
          Q=Q+G(KV)*Z(J)/G(U)
      60  CONTINUE
          Z(I)=Z(I)-Q
      50  CONTINUE
          RETURN
          END
          SUBROUTINE SUR(NJ,NI,ZT,Z0,F,EPS,NNF,NNM3,LJ)
          INTEGER BB,BB1,P,Q,R,CE,AA,Q1,P1,AA1,AA2
          REAL LT
```

```
          DIMENSION ZT(NI),F(NJ),Z0(NI)
          COMMON /S1/NE,NN/S2/HH1,HH,H0,H1,H2,H3,H4
         */S3/AA,AA1,AA2,BB,BB1,IG/A1/CE(500,3)
         */A2/H(300,2)/B1/NF(100),NM3(80)/D1/HN(200,2)
         */D2/HN1(100,2)/C/R(300)/S6/TT,LT,L0,LU,LD
          IG=0
          iaa=0
          DO 10 I=1,NNF
          P=NF(I)
          Q=R(P)
          U1=H(P,2)
          V1=H(P,1)
          S1=H(P-1,2)
          W1=H(P-1,1)
          S2=H(P+1,2)
          W2=H(P+1,1)
          IF(Q.GT.0) T1=F(Q)
          IF(Q.LE.0) T1=ZT(P)
          WRITE(*,589) P,Q,V1,U1,T1
      589 FORMAT(1X,'P=',I4,2X,'Q=',I4,2X,'X= ',F9.3,
         * 3X,'Y= ',F9.3,2X,'H=',F9.3)
          IF(Q.LE.0) GOTO 10
          IF(ABS(T1-U1).GT.EPS) IG=IG+1
          IF(ABS(T1-U1).LT.EPS) GO TO 10
          IF(I.GT.1.AND.P.EQ.NF(I-1)) GOTO 10
            IF(T1.GT.HH) THEN
            LPP=R(NF(I+1))
            t1=(F(LPP)+t1)/2
            H(P,1)=W1+(t1-S1)/(h(p,2)-S1)*(V1-W1)
            h(p,2)=t1
            IF(IG.EQ.1) IG=0
            GOTO 10
            ENDIF
          IF(P.EQ.BB1)  THEN
          IF(P.EQ.BB1.AND.T1.LT.(S2+EPS)) THEN
          R(BB1)=-3
          CALL PP(P,I)
          H(BB1,1)=HN(I,1)
          H(BB1,2)=HN(I,2)
          BB1=BB1+1
          HN(I,1)=H(BB1,1)
          HN(I,2)=H(BB1,2)
          NF(I)=BB1
          Z0(BB1)=Z0(BB1-1)
          GOTO 10
          ELSE IF(P.EQ.BB1.AND.T1.GT.(S1+EPS)) THEN
          R(BB1)=1
          H(BB1,1)=HN(I,1)
          H(BB1,2)=HN(I,2)
          IF(R(P-1).LE.0) R(P-1)=1
          BB1=BB1-1
          HN(I,1)=H(BB1,1)
          HN(I,2)=H(BB1,2)
          NF(I)=BB1
          Z0(BB1)=Z0(BB1+1)
```

```
         GOTO 10
       ELSE
         GOTO 50
       ENDIF
     ENDIF
   DO 12 I1=1,NNM3
     P1=NM3(I1)
     Q1=R(P1)
     IF(Q1.EQ.0) GOTO 12
     IF(Q1.EQ.-3) THEN
       IF(ZT(NF(I-1)).LT.HN(I,2)) THEN
         R(P)=1
       ENDIF
       GOTO 12
     ENDIF
     IF(T1.GT.(HN(I,2)-0.01).AND.P.EQ.P1) THEN
       R(P)=-3
       ZO(P)=HN(I,2)
       H(P,2)=HN(I,2)
       H(P,1)=HN(I,1)
       IF(P.EQ.BB1) THEN
         IF(R(BB1).EQ.-3) THEN
           R(BB)=1
           NF(I)=BB
           HN(I,1)=H(BB,1)
           HN(I,2)=H(BB,2)
           ZO(BB)=ZO(BB1)
           BB1=0
           GOTO 10
         ENDIF
       ENDIF
       GOTO 10
     ENDIF
12 CONTINUE
     if(10.gt.0.and.p.eq.aa1.and.iaa.eq.1) goto 10
   IF(P.EQ.AA2.AND.AA1.EQ.AA2.AND.(eps+H(AA2
  *  +1,2)).GE.zt(NF(I-1))) THEN
     AA2=AA1+1
     ZO(AA2)=(z0(aa1)+z0(aa2))/2
     H(AA1,1)=HN(I,1)
     H(AA1,2)=HN(I,2)
     HN(I,1)=H(AA2,1)
     HN(I,2)=H(AA2,2)
     NF(I)=AA2
     iaa=1
     GOTO 10
   ENDIF
     IF(L0.GT.0.AND.P.EQ.AA1) THEN
   IF(T1.GT.(S1+EPS).AND.P.EQ.AA1.
  * AND.S1.GT.U1) THEN
       R(AA1)=-3
       H(AA1,1)=HN(I,1)
       H(AA1,2)=HN(I,2)
       AA1=AA1-1
       HN(I,1)=H(AA1,1)
       HN(I,2)=H(AA1,2)
       NF(I)=AA1
       R(AA1)=1
       ZO(AA1)=ZO(AA1+1)
       GOTO 10
     ELSE IF(T1.LT.(S2+EPS).AND.P.EQ.AA1)THEN
        if(aa1.ne.aa2) then
       R(AA1)=0
       CALL PP(P,I)
       H(AA1,1)=HN(I,1)
       H(AA1,2)=HN(I,2)
       AA1=AA1+1
       HN(I,1)=H(AA1,1)
       HN(I,2)=H(AA1,2)
       NF(I)=AA1
       R(AA1)=1
       ZO(AA1)=ZO(AA1-1)
       GOTO 10
        endif
     ELSE
       GOTO 50
     ENDIF
   ENDIF
   IF(L0.GT.0.AND.P.EQ.AA2.and.aa1.ne.aa2) THEN
   IF(P.EQ.AA2.AND.T1.GT.(S1+EPS).
  *AND.S1.GT.U1) THEN
       H(AA2,1)=HN(I,1)
       H(AA2,2)=HN(I,2)
       R(AA2)=1
       AA2=AA2-1
       HN(I,1)=H(AA2,1)
       HN(I,2)=H(AA2,2)
       R(AA2)=1
       NF(I)=AA2
       ZO(AA2)=ZO(AA2+1)
       GOTO 10
     ELSE IF(P.EQ.AA2.AND.T1.LT.(S2+EPS)) THEN
       R(AA2)=-3
       CALL PP(P,I)
       WRITE(*,*) HN(I,2)
       H(AA2,1)=HN(I,1)
       H(AA2,2)=HN(I,2)
       AA2=AA2+1
       HN(I,1)=H(AA2,1)
       HN(I,2)=H(AA2,2)
       R(AA2)=1
       NF(I)=AA2
       ZO(AA2)=ZO(AA2-1)
       GOTO 10
     ELSE IF(P.EQ.AA2.AND.h(NF(i-1),2).LT.
  *(S2+EPS)) THEN
       R(AA2)=-3
       H(AA2,1)=HN(I,1)
       H(AA2,2)=HN(I,2)
       AA2=AA2+1
```

```
       HN(I, 1)=H(AA2, 1)
       HN(I, 2)=H(AA2, 2)
       R(AA2)=1
       NF(I)=AA2
        ZO(AA2)=ZO(AA2-1)
        GOTO 10
       ELSE
        GOTO 50
       ENDIF
       ENDIF
      IF(P.EQ.AA) THEN
       M1=NF(I-1)
       M2=NF(I+1)
        IF(H(M1, 2).EQ.U1) THEN
        IF(T1.GT.U1) THEN
        IF(H(M2, 2).GT.U1) THEN
        S2=H(M2, 2)
        W2=H(M2, 1)
        GOTO 50
        ELSE
        H(P, 1)=(V1+H(M1, 1))/2
        H(P, 2)=(U1+H(M1, 2))/2
        GOTO 10
        ENDIF
        ELSE
        H(P, 1)=HN(I, 1)
        H(P, 2)=HN(I, 2)
        AA=M1
        IF(R(AA).NE.-1) R(AA)=1
        GOTO 10
        ENDIF
        ENDIF
       IF(LU.EQ.0) THEN
       M1=NF(I-1)
       IF(T1.LE.H(M1, 2)+EPS) THEN
       IF(H(P+1, 2).GT.H(M1, 2)) THEN
       R(AA)=0
       CALL PP(P, I)
       NF(I)=P+1
       ZO(P+1)=ZO(P)
       HN(I, 1)=H(P+1, 1)
       HN(I, 2)=H(P+1, 2)
         ENDIF
       H(P, 1)=HN(I, 1)
       H(P, 2)=HN(I, 2)
       AA=M1
       IF(R(AA).NE.(-1)) R(AA)=1
       GOTO 10
       ENDIF
       S2=H(M1, 2)
       W2=H(M1, 1)
       ENDIF
       IF(LU.EQ.1) THEN
        IF(T1.LE.H(AA+1, 2)+EPS) THEN
        R(AA)=0

       CALL PP(P, I)
       H(P, 1)=HN(I, 1)
       H(P, 2)=HN(I, 2)
       ZO(AA+1)=ZO(AA)
       AA=AA+1
       HN(I, 1)=H(AA, 1)
       HN(I, 2)=H(AA, 2)
       IF(R(AA).NE.(-1)) R(AA)=1
       NF(I)=AA
       GOTO 10
       ENDIF
       ENDIF
       H(P, 1)=W2+(T1-S2)/(U1-S2)*(V1-W2)
       H(P, 2)=T1
       GOTO 10
       ENDIF
       IF(S1.GT.U1) THEN
        IF((S1-T1).LE.EPS.AND.P.NE.BB) THEN
        NF(I)=P-1
        ZO(P-1)=ZO(P)
        R(P-1)=1
        H(P, 2)=HN(I, 2)
        H(P, 1)=HN(I, 1)
        HN(I, 1)=H(P-1, 1)
        HN(I, 2)=H(P-1, 2)
        GOTO 10
        ENDIF
       ENDIF
       IF(T1-S2.LT.EPS.AND.P.NE.BB) THEN
       IF(LU.EQ.1.AND.NF(I-1).EQ.AA.AND.
     * R(AA).GT.0) THEN
        R(AA)=0
        H(AA, 1)=HN(I-1, 1)
        H(AA, 2)=HN(I-1, 2)
        AA=AA+1
        R(AA)=1
        NF(I-1)=AA
        HN(I-1, 1)=H(AA, 1)
        HN(I-1, 2)=H(AA, 2)
        ZO(AA)=ZO(AA-1)
       ENDIF
       ZO(P+1)=ZO(P)
      IF(R(P-1).EQ.-3.AND.H(P-1, 2).GT.H(P, 2)) THEN
       R(P)=-3
        ELSE
        R(P)=0
       IF(NF(I+1).NE.AA2) CALL PP(P, I)
        ENDIF
       H(P, 1)=HN(I, 1)
       H(P, 2)=HN(I, 2)
       NF(I)=P+1
       HN(I, 1)=H(P+1, 1)
       HN(I, 2)=H(P+1, 2)
       GOTO 10
       ENDIF
```

```fortran
      IF(P.EQ.BB) THEN
      IF(LD.EQ.1) THEN
      IF(T1.GE.H(BB-1,2)-EPS.AND.H(BB-1,2).GT.
     H(BB,2)) THEN
      H(BB,1)=HN(I,1)
      H(BB,2)=HN(I,2)
      R(BB)=-3
      BB=BB-1
      ZO(BB)=ZO(P)
      HN(I,1)=H(BB,1)
      HN(I,2)=H(BB,2)
      R(BB)=1
      NF(I)=BB
      GOTO 10
      ENDIF
      IF(T1.LE.H(BB+1,2)+EPS) THEN
      H(BB,1)=HN(I,1)
      H(BB,2)=HN(I,2)
      IF(R(BB-1).EQ.-3.AND.H(BB-1,2).GT.H(BB,2)) THEN
      R(BB)=-3
      ELSE
      R(BB)=0
      CALL PP(P,I)
      ENDIF
      BB=BB+1
      ZO(BB)=ZO(P)
      HN(I,1)=H(BB,1)
      HN(I,2)=H(BB,2)
      IF(R(BB).EQ.(-3)) R(BB)=1
      NF(I)=BB
      GOTO 10
      ENDIF
      ENDIF
      IF(LD.EQ.0) THEN
      LLL=0
      M3=NF(I-1)-1
      M4=NF(I-1)
      M5=NF(I+1)
      S2=H(M5,2)
      W2=H(M5,1)
      IF(H(M3,2).GT.H(BB,2).AND.T1.GE.H(M3,2)) THEN
      R(BB)=-3
      H(BB,1)=HN(I,1)
      H(BB,2)=HN(I,2)
      ZO(M3)=ZO(BB)
      BB=M3
      HN(I,1)=H(BB,1)
      HN(I,2)=H(BB,2)
      R(BB)=1
      NF(I)=BB
      GOTO 10
      ENDIF
      IF(T1.LE.H(M5,2)+EPS) THEN
      LLL=LLL+1
      H(BB,1)=HN(I,1)
      H(BB,2)=HN(I,2)
      R(P)=0
      CALL PP(P,I)
      NF(I)=P+1
      ZO(P+1)=ZO(P)
      HN(I,1)=H(P+1,1)
      HN(I,2)=H(P+1,2)
      BB=NF(I+1)
      ZO(BB)=ZO(P)
      HN(I+1,1)=H(BB,1)
      HN(I+1,2)=H(BB,2)
      R(BB)=1
      GOTO 10
      ENDIF
      ENDIF
      ENDIF
50    H(P,1)=W2+(T1-S2)/(U1-S2)*(V1-W2)
      H(P,2)=T1
10    CONTINUE
      LJ=LJ+1
      RETURN
      END
      SUBROUTINE DIQ(N1,ZT,NI,NK,DQB2)
      INTEGER CN(3),P,Q,A1,A2,A3,CE,R
      REAL KS,LT
      CHARACTER*10 DQB2
      DIMENSION ZT(NI)
      COMMON /A1/CE(500,3)/S6/TT,LT,L0,LU,LD
     */A2/H(300,2)/I/MQ0(5),MQ1(40)/J/QQ(20,5)
     */C/R(300)/E/KCE(20),KS(20,3)
      WRITE(*,5)
5     FORMAT(32X,'SEEPAGE DISCHARGE'/29X,23('='))
      N2=1
      DO 120 I0=1,N1
      J0=MQ0(I0)
      QQ1=0.0
      DO 100 I=N2,J0
      IF(DQB2.EQ.'Y') THEN
      A1=MQ1((I-1)*4+1)
      A2=MQ1((I-1)*4+2)
      A3=MQ1((I-1)*4+3)
      P=KCE(MQ1(I*4))
      ELSE
      P=MQ1(I)
      DO 70 K=1,3
      Q=CE(P,K)
      IF(K.EQ.1) A1=Q
      IF(K.EQ.2) A2=Q
      IF(K.EQ.3) A3=Q
70    CONTINUE
      ENDIF
      CALL COXY(A1,A2,A3,X1,X2,X3,Y1,Y2,Y3)
      IF(R(A1).EQ.0.OR.R(A2).EQ.0.OR.R(A3).EQ.0)
     * GO TO 100
      CN(1)=A1
```

```
              CN(2)=A2
              CN(3)=A3
150     QQ1=PQ(P,CN,ZT,NN,NK)+QQ1
100     CONTINUE
              QQ(L0+1,I0)=QQ1
              WRITE(*,110) I0,QQ1
110     FORMAT(25X,'NO=',I5,5X,'QQ1=',F14.6)
              N2=1+J0
120     CONTINUE
              RETURN
              END
        REAL FUNCTION PQ(P,AS,Z,NI,NK)
        REAL KS,KX,KY
        INTEGER A1,A2,A3,P,Q,S1,U1,R,AS(3)
        DIMENSION Z(NI)
        COMMON /A2/H(300,2)/C/R(300)/E/KCE(20),KS(20,3)
        DO 40 K=1,3
         Q=AS(K)
         IF(K.EQ.1) A1=Q
         IF(K.EQ.2) A2=Q
         IF(K.EQ.3) A3=Q
40      CONTINUE
        CALL COXY(A1,A2,A3,X1,X2,X3,Y1,Y2,Y3)
        CALL BC(B1,B2,B3,C1,C2,C3,X1,X2,X3,Y1,Y2,Y3)
        AR=ABS(C3*B2-C2*B3)
        D1=Z(A1)
        D2=Z(A2)
        D3=Z(A3)
        PX=(B1*D1+B2*D2+B3*D3)/AR
        PY=(C1*D1+C2*D2+C3*D3)/AR
10      U1=0
        DO 60 II=1,NK
          S1=KCE(II)
          IF(P.GT.U1.AND.P.LE.S1) GO TO 50
          U1=S1
60      CONTINUE
50      KX=KS(II,1)
        KY=KS(II,2)
70      SG=ABS(B1*KX*PX+C1*KY*PY)/2
90      PQ=SG
        WRITE(*,80) A1,A2,A3,PQ
80      FORMAT(10X,'CN=',3I10,10X,'PQ=',F14.6)
        RETURN
        END
        SUBROUTINE OUT(NI,ZT,NNF,NW,DQB1)
        INTEGER CE,R
        CHARACTER*10 DQB1
        REAL LT
        DIMENSION ZT(NI),X(100),Y(100),U(300),
      * V(300),MB(100)
        COMMON /S1/NE,NN/S2/HH1,HH,H0,H1,H2,H3,H4
      */S6/TT,LT,L0,LU,LD/A1/CE(500,3)/A2/H(300,2)
      */C/R(300)/B1/NF(100),NM3(80)
      */N/NS,HOW,HOS1,HOS,DL,RW,FW
        IF(NW.GT.0) H3=HOW
        IF(H2.GT.H3) THEN
          HH1=H3
        ELSE
          HH1=H2
        ENDIF
        IF(H2.GT.HH) HH=H2
        IF(H2.GT.H1) THEN
          WRITE(*,10) TT,L0,H1
10      FORMAT(20X,53('*')/20X,'**',5X,'TT=',F8.3,
      *3X,'HHT(',I2,')=',F10.4,9X,'***'/20X,53('*'))
        IF(NNF.EQ.0) GO TO 50
20      WRITE(*,30)
30      FORMAT(/30X,'FREE SURFACE SEAT'/27X,25('*'))
        DO 40 I=1,NNF
        J=NF(I)
        MB(I)=J
        X(I)=H(J,1)
        Y(I)=H(J,2)
        U(I)=ZT(J)
        IF(H1.LT.H2) THEN
          V(I)=(ZT(J)-HH1)/(HH-HH1)*100
        ELSE
          V(I)=(ZT(J)-HH1)/(HH-HH1)*100
        ENDIF
40      CONTINUE
        WRITE(*,110)
        IF(DQB1.EQ.'Y') THEN
        WRITE(8,'(1X,4(F8.3,1X,F8.3,1X))') (X(I),
      *Y(I),I=1,NNF)
        WRITE(8,'(13H222222,000000)')
        ENDIF
50      WRITE(*,60)
60      FORMAT(/25X,'WATER HEAD AND PERCENTAGE')
        WRITE(*,110)
        DO 70 I=1,NN
        IF(R(I).EQ.0) THEN
          U(I)=0.0
          V(I)=555555.55
        ELSE IF(R(I).EQ.-4) THEN
          U(I)=H3
          V(I)=(U(I)-HH1)/(HH-HH1)*100
          ZT(I)=H3
        ELSE
          U(I)=ZT(I)
          V(I)=(U(I)-HH1)/(HH-HH1)*100
        ENDIF
70      CONTINUE
        WRITE(*,120) (I,H(I,1),H(I,2),U(I),
      *V(I),I=1,NN)
110     FORMAT(2(5X,'NO',5X,'X',7X,'Y',7X,'H',6X,
      *'0/0',1X))
120     FORMAT(2(I7,4F8.3))
        RETURN
        END
        SUBROUTINE BUT2(NI,Z0,NNU,NNF,LJ)
```

```
      INTEGER R, P, CE, AA, BB, BB1, AA1, AA2
      REAL LT
      DIMENSION ZO(NI)
      COMMON /S1/NE, NN/S2/HH1, HH, H0, H1, H2, H3, H4
     */S3/AA, AA1, AA2, BB, BB1, IG/S6/TT, LT, L0, LU, LD
     */S5/N, NR, NAX/A1/CE(500, 3)/A2/H(300, 2)
     */B1/NF(100), NM3(80)/B2/NU(100)//C/R(300)
     */B3/ND(50), NM1(30), NM2(30)/D1/HN(200, 2)
     */D2/HN1(100, 2)/W/CI, CJ/H/HHT(70), HTT(70)
      H0=H1
      L0=L0+1
      H1=HHT(L0)
      LT=HTT(L0)
      IF(L0.GE.1.AND.AA1.NE.0.AND.AA1.EQ.AA2) THEN
      DO 11 I=1,NNF
      II=NF(I)
      IF(II.EQ.AA2.AND.(eps+H(AA2+1,2)).GE.
     *H(NF(I-1),2)) THEN
      AA2=AA1+1
      ZO(AA2)=z0(nf(i-1))
      HN(I,1)=H(AA2,1)
      HN(I,2)=H(AA2,2)
      NF(I)=AA2
      GOTO 1911
      ENDIF
   11 CONTINUE
      ENDIF
      WRITE(*,5) H0,H1,LT,AA,AA1,AA2
    5 FORMAT(5X,'H0=',F8.3,3X,'H1=',F8.3,3X,'LT=',
     *F8.3,3X,'AA=',I5,2X,'AA1=',I3,2X,'AA2=',I3)
      IJ=NU(NNU)
      DO 7 I=2,100
      IF(H1.le.HN1(I,2).AND.H1.gT.HN1(I-1,2)) THEN
         IJJ=NU(I)
         IU=I
         GOTO 8
         ENDIF
    7 CONTINUE
    8 IJU=NU(IU-1)
      if(h(ijj,2).eq.h1) goto 993
      IJK=NU(IU+1)
      H(IJJ,1)=H(IJU,1)+(H1-H(IJU,2))*(H(IJJ,1)-
     *H(IJU,1))/(H(IJJ,2)-H(IJU,2))
  993 H(IJJ,2)=H1
      NN1=0
      DO 30 I1=1,100
      J1=NU(I1)
      IF(J1.EQ.0) GOTO 30
      H10=HN1(I1,2)
        IF(H10.GT.H1) GOTO 30
        NN1=NN1+1
   30 CONTINUE
      NNU=NN1
    4 IF(.NOT.(H1.GE.H0)) GOTO 20
      DO 31 I=1,NNF
      P=NF(I)
      IF(R(P).EQ.(-3).AND.H(P-1,2).GT.H(P,2)) THEN
      NF(I)=P-1
      ZO(P-1)=ZO(P)
      R(P-1)=1
      HN(I,1)=H(P-1,1)
      HN(I,2)=H(P-1,2)
      ENDIF
   31 CONTINUE
      DO 10 I=1,NNU
      J=NU(I)
      IF(HN1(I,2).LE.H1.AND.J.EQ.AA) THEN
      AA=NU(NNU)
      IF(LU.EQ.1) THEN
      DO 232 JJ=1,NNF
      P=NF(JJ)
      IF(P.EQ.J.OR.(P-1).EQ.J.OR.(P-2).EQ.J.OR.
     *(P-3).EQ.J.OR.P-4).EQ.J) THEN
      ZO(NU(NNU))=ZO(P)
      NF(JJ)=NU(NNU)
      ENDIF
  232 CONTINUE
      ENDIF
      ENDIF
      IF(.NOT.(HN1(I,2).LE.H1)) GOTO 10
      R(J)=-1
      H(J,1)=HN1(I,1)
      H(J,2)=HN1(I,2)
      DO 22 JJ=1,NNF
      P=NF(JJ)
      IF(LU.EQ.0) THEN
      IF(J+1.EQ.P.AND.H(P,2).LT.H(J,2)) THEN
      NF(JJ)=P-1
      ZO(P-1)=ZO(P)
      R(P)=1
      H(P,2)=HN(JJ,2)
      H(P,1)=HN(JJ,1)
      HN(JJ,2)=H(P-1,2)
      HN(JJ,1)=H(P-1,1)
      ELSE IF(J+2.EQ.P.AND.H(P,2).LT.H(J+1,2)) THEN
      NF(JJ)=P-2
      R(P-1)=1
      R(P)=1
      ZO(P-1)=ZO(P)
      ZO(P-2)=ZO(P)
      H(P,1)=HN(JJ,1)
      H(P,2)=HN(JJ,2)
      HN(JJ,2)=H(P-2,2)
      HN(JJ,1)=H(P-2,1)
      ELSE IF(J+3.EQ.P.AND.H(P,2).LT.H(J+2,2)) THEN
      NF(JJ)=J
      H(P,2)=HN(JJ,2)
      H(P,1)=HN(JJ,1)
      HN(JJ,2)=H(J,2)
      HN(JJ,1)=H(J,1)
```

```
        ZO(J)=ZO(P)
        R(P)=1
        R(P-1)=1
        R(P-2)=1
        ELSE IF(J+4.EQ.P.AND.H(P,2).LT.H(J+3,2)) THEN
        NF(JJ)=J
        H(P,2)=HN(JJ,2)
        H(P,1)=HN(JJ,1)
        HN(JJ,2)=H(J,2)
        HN(JJ,1)=H(J,1)
        ZO(J)=ZO(P)
        R(P)=1
        R(P-1)=1
        R(P-2)=1
        R(P-3)=1
        ENDIF
        ENDIF
22      CONTINUE
10      CONTINUE
        J=NU(NNU)
        DO 44 IJ=1,NNF
        J1=NF(IJ)
        IF(J.EQ.J1) GOTO 55
44      CONTINUE
55      DO 99 I=IJ+1,NNF
        J2=NF(I)
        IF(R(J2).LE.0) GOTO 90
        KL=0
88      DO 66 II=1,NE
        L1=CE(II,1)
        L2=CE(II,2)
        L3=CE(II,3)
        IF((J.EQ.L1.OR.J.EQ.L2.OR.J.EQ.L3).AND.(J2.
       *EQ.L1.OR.J2.EQ.L2.OR.J2.EQ.L3)) GOTO 77
66      CONTINUE
        KL=KL+1
        NF(I)=J2-1
        ZO(J2-1)=ZO(J2)
        R(J2-1)=1
        H(J2,2)=HN(I,2)
        H(J2,1)=HN(I,1)
        HN(I,2)=H(J2-1,2)
        HN(I,1)=H(J2-1,1)
        J2=J2-1
        GOTO 88
77      IF(KL.EQ.0) GOTO 90
        J=J2
99      CONTINUE
20      DO 12 I=1,100
        J=NU(I)
        IF(R(J).EQ.0) GOTO 12
        IF(J.EQ.AA.AND.H(J,2).GT.H1) THEN
        R(J)=1
        ELSE IF(J.NE.AA.AND.HN1(I,2).GT.H1.AND.HN1(I,2)
       *.LE.H(AA,2).AND.HN1(I,1).LT.H(AA,1)) THEN
        R(J)=-3
        ENDIF
12      CONTINUE
90      TT=TT+LT
        LJ=1
        RETURN
        END
        SUBROUTINE WELL(NK)
        INTEGER EE
        REAL KS
        COMMON /E/KCE(20),KS(20,3)/M/WA,TAQ,WAQ,WL,
       *NBB,NBB1,EE/N/NS,HOW,HOS1,HOS,DL,RW,FW
        PI=3.1415926
        PII=0.159154343
        A1=(PI*WAQ)/(2*TAQ)
        A1=SIN(A1)
        A1=1/A1
        A1=ALOG(A1)
        DL=TAQ*A1/PI
        B=2*PI*RW
        B=WA/B
        C=ALOG(B)
        IF(ABS(TAQ-WAQ).EQ.0) THEN
        FW=PII*C
        ELSE
        IF(EE.EQ.0) THEN
        FW=(PII+0.085*(TAQ/WAQ-1)*(TAQ/WA+1))*C
        ELSE
        FW=(PII+0.085*(TAQ/(WAQ+RW*(1-WAQ/TAQ))-1)
       * *(TAQ/WA+1))*C
        ENDIF
        ENDIF
        DO 500 I=1,NK
        J=KCE(I)
        IF(J.EQ.NBB.OR.J.EQ.NBB1) THEN
        KS(I,1)=KS(I,1)/1.51
        KS(I,2)=KS(I,2)/1.51
        ENDIF
500     CONTINUE
        RETURN
        END
        SUBROUTINE HWV(NN,ZT)
        INTEGER EE
        DIMENSION ZT(NN)
        COMMON /M/WA,TAQ,WAQ,WL,NBB,NBB1,EE
       *        /N/NS,HOW,HOS1,HOS,DL,RW,FW
        HOS=(ZT(NS)*(WA*FW-
       * DL)+HOW*(WL+DL))/(WL+(WA*FW))
        WRITE(*,10) HOS,HOS1
10      FORMAT(10X,'HOS=',F14.6,10X,'HOS1=',F14.6)
        RETURN
        END
        SUBROUTINE XY(B1,C1,B2,C2,B3,C3,D,IG,E1,E2)
        DIMENSION E1(200),E2(200)
        IG=IG+1
```

```fortran
      E1(IG)=B1+((B3-D)*(B2-B1)/(B3-C3))
      E2(IG)=C1+((B3-D)*(C2-C1)/(B3-C3))
      RETURN
      END
      SUBROUTINE PP(P,I)
      INTEGER P,CE
      COMMON /S1/NE,NN/A1/CE(500,3)/C/R(300)
     */B1/NF(100),NM3(80)/S3/AA,AA1,AA2,BB,BB1,IG
      J=0
      K1=NF(I-1)
  20  DO 10 II=1,NE
      J1=CE(II,1)
      J2=CE(II,2)
      J3=CE(II,3)
      IF((K1.EQ.J1.OR.K1.EQ.J2.OR.K1.EQ.J3).AND.
     *((P+1).EQ.J1.OR.(P+1).EQ.J2.OR.(P+1).EQ.J3))
     *  THEN
        IF(J.EQ.0) GOTO 30
        IF(J.EQ.1) GOTO 40
      ENDIF
  10  CONTINUE
      CALL GF(K1,P)
      IF(J.EQ.1) GOTO 40
  30  K1=NF(I+1)
      IF(P.EQ.AA2.AND.K1.EQ.AA1.AND.AA1.NE.AA2)
     * GOTO 40
      J=1
      GOTO 20
  40  RETURN
      END
      SUBROUTINE GF(K1,P)
      INTEGER P,CE
      COMMON /S1/NE,NN/A1/CE(500,3)
      DO 10 II=1,NE
      J4=CE(II,1)
      J5=CE(II,2)
      J6=CE(II,3)
      IF((K1.EQ.J4.OR.K1.EQ.J5.OR.K1.EQ.J6).AND.((
     *K1+1).EQ.J4.OR.(K1+1).EQ.J5.OR.(K1+1).EQ.J6).
     *AND.(P.EQ.J4.OR.P.EQ.J5.OR.P.EQ.J6)) THEN
        IF(P.EQ.J4) CE(II,1)=P+1
        IF(P.EQ.J5) CE(II,2)=P+1
        IF(P.EQ.J6) CE(II,3)=P+1
        WRITE(*,20) II,CE(II,1),CE(II,2),CE(II,3)
      ENDIF
      IF(((K1+1).EQ.J4.OR.(K1+1).EQ.J5.OR.(K1+1).
     *EQ.J6).AND.(P.EQ.J4.OR.P.EQ.J5.OR.P.EQ.J6)
     *.AND.((P+1).EQ.J4.OR.(P+1).EQ.J5.OR.(P+1).
     *EQ.J6))THEN
        IF((K1+1).EQ.J4) CE(II,1)=K1
        IF((K1+1).EQ.J5) CE(II,2)=K1
        IF((K1+1).EQ.J6) CE(II,3)=K1
      ENDIF
  10  CONTINUE
  20  FORMAT(5X,'I=',I5,5X,'CE=',3I8)
      RETURN
      END
      SUBROUTINE BOUND
      DIMENSION X(200,2)
      READ(5,*) IBOUN
      IF(IBOUN.GT.0)
     * READ(5,*) ((X(I,J),J=1,2),I=1,IBOUN)
      RETURN
      END
      SUBROUTINE GR1(IA,IB,C1,C2,PP1,X,Y,IG,J,JJ,IK)
      DIMENSION X(200),Y(200)
      COMMON /A2/H(300,2)
      IG=IG+1
      X1=H(IA,1)
      Y1=H(IA,2)
      X2=H(IB,1)
      Y2=H(IB,2)
      IF(IA.EQ.IB) THEN
        X(IG)=X1
        Y(IG)=Y1
      ELSE
        X3=(PP1-C1)/(C2-C1)
        X(IG)=X1+X3*(X2-X1)
        Y(IG)=Y1+X3*(Y2-Y1)
      ENDIF
      JJ=J
      IK=IK-1
      RETURN
      END
      SUBROUTINE GR2(NI,ZT,IA1,IA2,IA3,D1,D2,D3)
      DIMENSION ZT(NI)
      D1=ZT(IA1)
      D2=ZT(IA2)
      D3=ZT(IA3)
      RETURN
      END
      SUBROUTINE XYCO(NI,NJ,ZT,NG,DQB1)
      INTEGER P,CE,R,A1,A2,A3
      REAL LT
      CHARACTER*10 DQB1
      DIMENSION ZT(NJ),X(500),Y(500),L(800)
      COMMON /S1/NE,NN/S2/HH1,HH,H0,H1,H2,H3,H4
     */S4/DT,NT/A1/CE(500,3)/A2/H(300,2)/C/R(300)
     */B1/NF(100),NM3(80)/S6/TT,LT,L0,LU,LD
      WRITE(*,10)
  10  FORMAT(23X,'HEAD——PERCENTAGE——COORDINATE'
     */11X,50('*'))
      P=100
      NG1=NG
      IF(P.EQ.100) GOTO 190
  15  IG=0
      PP=FLOAT(P)
      PP1=HH1+PP/100*(HH-HH1)
      IKK=1
      I2=NI
```

321

```
211 II=0
    IG=0
    JJ=0
    IA=0
    IK1=0
    III1=0
    IB=0
    IC=0
    IK=0
 22 DO 28 J1=1, I2
    IF(IKK.EQ.1) J=J1
    IF(IKK.NE.1) J=L(J1)
    IF (J.EQ.JJ) GOTO 28
    A1=CE(J,1)
    A2=CE(J,2)
    A3=CE(J,3)
    IF(R(A1).EQ.0.OR.R(A2).EQ.0.OR.R(A3).EQ.0)
   * GOTO 28
    CALL GR2(NI,ZT,A1,A2,A3,D1,D2,D3)
    IF(IKK.EQ.1) THEN
    IF(.NOT.(AMAX1(D1,D2,D3).GE.PP1.AND.AMIN1
   *(D1,D2,D3).LE.PP1)) GOTO 28
     ENDIF
    IF(IG.GT.0.OR.IK.GT.0) GOTO 24
 23 CALL GR2(NI,ZT,A1,A2,A3,D1,D2,D3)
    IF(D1.EQ.PP1) THEN
    IA=A1
    IB=A1
    ELSE
    IF(D1.GT.PP1.AND.D2.LT.PP1) THEN
    IA=A1
    IB=A2
    ELSE IF(D1.LT.PP1.AND.D2.GT.PP1) THEN
    IA=A2
    IB=A1
    ENDIF
    ENDIF
    IF(IA.EQ.0.AND.IB.EQ.0) THEN
    U=A1
    A1=A2
    A2=A3
    A3=U
    GOTO 23
    ENDIF
    CALL GR2(NI,ZT,IA,IB,IA,C1,C2,C1)
    CALL GR1(IA,IB,C1,C2,PP1,X,Y,IG,0,JJ,0)
    IA1=IA
    IB1=IB
 24 IK=IK+1
    L(IK)=J
    IF(A1.NE.IA.AND.A2.NE.IA.AND.A3.NE.IA) GOTO 28
    IDQB=1
    IF(IA.EQ.IB) THEN
    IF (A1.EQ.IC.OR.A2.EQ.IC.OR.A3.EQ.IC) THEN
    IC=0
    IK=IK-1
    GOTO 28
    ENDIF
 25 IF(A1.EQ.IA) THEN
    CALL GR2(NI,ZT,A1,A2,A3,D1,D2,D3)
    IF(D2.GT.PP1.AND.D3.GT.PP1.OR.D2.LT.PP1.AND.
   *D3.LT.PP1) THEN
    IK=IK-1
    GOTO 28
    ENDIF
    IF(D2.GT.PP1.AND.D3.NE.PP1 ) THEN
    IA=A2
    IB=A3
    ELSE IF (D3.GT.PP1.AND.D2.NE.PP1) THEN
    IA=A3
    IB=A2
    ELSE IF (D2.EQ.PP1) THEN
    IC=IA
    IA=A2
    IB=A2
    ELSE IF (D3.EQ.PP1) THEN
    IC=IA
    IA=A3
    IB=A3
    ENDIF
    CALL GR2(NI,ZT,IA,IB,IA,C1,C2,C1)
    CALL GR1(IA,IB,C1,C2,PP1,X,Y,IG,J,JJ,IK)
    IDQB=3
    ENDIF
    IF(IDQB.LT.3) THEN
    U=A1
    A1=A2
    A2=A3
    A3=U
    IDQB=IDQB+1
    GOTO 25
    ENDIF
    ELSE
    IF(A1.NE.IB.AND.A2.NE.IB.AND.A3.NE.IB) GOTO 28
 27 IF(A1.EQ.IA.AND.A2.EQ.IB.OR.A2.EQ.IA.AND.
   *A1.EQ.IB) THEN
    CALL GR2(NI,ZT,A1,A2,A3,D1,D2,D3)
    IF(D3.GT.PP1) THEN
    IF(D1.GT.PP1) THEN
    IA=A3
    IB=A2
    ELSE IF(D1.LT.PP1) THEN
    IA=A3
    IB=A1
     ENDIF
    ELSE IF(D3.LT.PP1) THEN
    IF(D1.GT.PP1) THEN
    IA=A1
    IB=A3
    ELSE IF(D1.LT.PP1) THEN
```

```
              IA=A2
              IB=A3
            ENDIF
          ELSE IF(D3.EQ.PP1) THEN
              IA=A3
              IB=A3
            ENDIF
          CALL GR2(NI,ZT,IA,IB,IA,C1,C2,C1)
          CALL GR1(IA,IB,C1,C2,PP1,X,Y,IG,J,JJ,IK)
            IDQB=3
          ENDIF
          IF(IDQB.LT.3) THEN
            U=A1
            A1=A2
            A2=A3
            A3=U
            IDQB=IDQB+1
            GOTO 27
          ENDIF
        ENDIF
   28   CONTINUE
        IF(IG.EQ.II.AND.IK.EQ.0) GOTO 29
        IF (IG.EQ.II) THEN
        IF(IK1.GT.0) GOTO 29
          IA=IA1
          IB=IB1
          II1=IG
          IK1=IK1+1
        ENDIF
          II=IG
          I2=IK
          IK=0
          IKK=IKK+1
          GOTO 22
   29   IF(IG.EQ.0) GOTO 190
        IF(IG.GT.II1.AND.II1.GT.0) THEN
        II2=II1/2
          DO 31 ID=1,II2
          U=X(ID)
          V=Y(ID)
          X(ID)=X(II1+1-ID)
          Y(ID)=Y(II1+1-ID)
          X(II1+1-ID)=U
   31   Y(II1+1-ID)=V
        ENDIF
        WRITE(*,1431) PP
        WRITE(*,1432)
 1431   FORMAT(20X,F8.3,3X,3H0/0,17X,20('='))
 1432   FORMAT(3(3X,'NO',6X,1HX,8X,1HY,3X))
        WRITE(*,1433)  (JJ,X(JJ),Y(JJ),JJ=1,IG)
 1433   FORMAT(3(I4,2F9.2,2X))
        IF(DQB1.EQ.'Y') THEN
        WRITE(8,380)  (X(JJ),Y(JJ),JJ=1,IG)
        IF(INT(PP).GE.10) WRITE(8,390) INT(PP)
        IF(INT(PP).LT.10) WRITE(8,399) INT(PP)
  380   FORMAT(8(F8.3,1X))
  399   FORMAT(1X,' 222222 ',I3)
  390   FORMAT(1X,' 222222 ',I3)
        ENDIF
  250   FORMAT(1X,4(I3,2F8.2,1X))
        IF(IK.NE.0) THEN
          I2=IK
          IA1=0
          IB1=0
          GOTO 211
        ENDIF
  190   P=P-NG
        IF(H1.LT.H2) THEN
        IF(PP.GT.(H1-HH1)/(HH-HH1)*100) GOTO 15
        ELSE
        IF (P.GT.0) GOTO 15
        ENDIF
        RETURN
        END
        SUBROUTINE JXYE(NE,ZT,NN)
        INTEGER    CE
        REAL  JXY
        DIMENSION ZT(NN)
        COMMON /A1/CE(500,3)/K/JXY(500,3),XYE(500,2)
       */A2/H(300,2)/L/NK1,MO,MX,MY,LX,LY,LR,
       *CX,CY,CR,XM,DDR
        DO 10 I=1,NE
        J=CE(I,1)
        X1=H(J,1)
        Y1=H(J,2)
        Z1=ZT(J)
        J=CE(I,2)
        X2=H(J,1)
        Y2=H(J,2)
        Z2=ZT(J)
        J=CE(I,3)
        X3=H(J,1)
        Y3=H(J,2)
        Z3=ZT(J)
        CALL BC(B1,B2,B3,C1,C2,C3,X1,X2,X3,Y1,Y2,Y3)
        AR=C3*B2-C2*B3
        IF(AR.LT.0.AND.XM.LE.0)
       *WRITE(*,' (1X,3HAR=,F10.3)') AR
        IF(ABS(AR).LE.1.0E-6) THEN
        JXY(I,1)=0.0
        JXY(I,2)=0.0
        GOTO 111
        ENDIF
        JXY(I,1)=(B1*Z1+B2*Z2+B3*Z3)/AR
        JXY(I,2)=(C1*Z1+C2*Z2+C3*Z3)/AR
  111   JXY(I,3)=ABS(AR/2.0)
        XYE(I,1)=(X1+X2+X3)/3.0
        XYE(I,2)=(Y1+Y2+Y3)/3.0
   10   CONTINUE
        RETURN
```

```
      END
      SUBROUTINE SLID(NK,NNF,BATAX,BATAZ)
      INTEGER CE,R,P,Q,S,T,BD
      REAL KS,L,L1,L2,L3,L4,LX,LY,LR,JXY
      DIMENSION AT(0:20,0:20,0:20,0:20),HAX(0:20),
     *an(1000,5),anb(200,6),CO(3,4),HAY(0:20),
     *CE1(3),HAR(0:20,0:20,0:20,0:20,2),CEH(3,2),
     *  CE2(3)
      COMMON /A1/CE(500,3)/A2/H(300,2)/B1/NF(100),
     *NM3(80)/C/R(300)/II/NBD,FR(50,6),BD(100)
     */K/JXY(500,3),XYE(500,2)/E/KCE(20),KS(20,3)
     */L/NK1,MO,MX,MY,LX,LY,LR,CX,CY,CR,XM,DDR
     */TW/XP1,YP1,XP2,YP2,RL0,MOO
      DIS(XX1,YY1,XX2,YY2,XX3,YY3)=ABS(XX2*YY3+XX3*
     *YY1+XX1*YY2-XX3*YY2-XX2*YY1-XX1*YY3)/2.0
      IF(BATAX.EQ.0.0.AND.BATAZ.EQ.0.0) NL=1
      IF(BATAX.NE.0.0.OR.BATAZ.NE.0.0)  NL=2
      DO 10 II=1,NL
      DO 20 JA1=0,MX
      X11=CX+JA1*LX
      HAX(JA1)=X11
      DO 30 JA2=0,MY
      Y11=CY+JA2*LY
      HAY(JA2)=Y11
        IF(XM.GT.0) THEN
      X10=XM-X11
      ELSE
      X10=X11-XM
      ENDIF
      X2=H(BD(1),1)
      Y2=H(BD(1),2)
      DO 40 JA3=2,NBD
      X3=H(BD(JA3),1)
      Y3=H(BD(JA3),2)
      IF(X11.GE.X2.AND.X11.LE.X3) GOTO 34
      IF(X11.LE.X2.AND.X11.GE.X3) GOTO 34
      GOTO 39
 34   IF(X11.NE.X3) THEN
      IF(ABS(Y3-Y2).LT.0.001) THEN
      RR=CR+Y11-Y2
      ELSE IF(ABS(X2-X3).LT.0.001) THEN
      RR=CR+Y11-Y3
      ELSE
      RR=CR+Y11-(Y2+(X11-X2)/(X3-X2)*(Y3-Y2))
      ENDIF
      GOTO 41
      ENDIF
 39   X2=X3
      Y2=Y3
 40   CONTINUE
 41   DO 50 JA3=0,MO
      IF(JA3.GT.0)  RR=RR+LR
      IF(RR.GE.(Y11-H(BD(1),2))) GOTO 50
      CALL DC(XB,YB,XY71,XY81,XP1,YP1,XP2,YP2,
     *RR,X11,Y11,P)
      IF(P.GT.1)  THEN
      IF(XB.LT.XY71) THEN
      XY1=XY71
      XY71=XB
      XB=XY1
      XY1=YB
      YB=XY81
      XY81=XY1
      ENDIF
      ENDIF
      MO1=MOO
      IF(P.EQ.0) MO1=0
      DO 56 JA4=0,MOO
 8    AT(JA1,JA2,JA3,JA4)=9999.99
      HAR(JA1,JA2,JA3,JA4,1)=RR
 56   HAR(JA1,JA2,JA3,JA4,2)=0
      DO 55 JA4=0,MO1
      RRO=RR+JA4*RL0
      HAR(JA1,JA2,JA3,JA4,2)=RRO
      X10=XB+RRO/RR*(X11-XB)
      Y10=YB+RRO/RR*(Y11-YB)
      IF(RRO.GE.(Y10-H(BD(1),2))) GOTO 55
      IA=1
      ATA=0.
      ATA1=0.
       ATA2=0.
      NA=0
      NB=0
      DO 60 I=1,NK
      B1=FR(I,1)
      B2=FR(I,2)
      BBR=FR(I,5)
      B4=FR(I,6)
      IB=KCE(I)
      DO 70 J=IA,IB
      XY00=0.0
      IF(XYE(J,1).GE.XB.AND.XYE(J,2).GT.YB) THEN
      XX11=X11
      YY11=Y11
      RRR=RR
      ELSE
      XX11=X10
      YY11=Y10
      RRR=RRO
      ENDIF
      DO 80 P=1,3
      I1=CE(J,P)
      CEH(P,1)=H(I1,1)
      XY1=CEH(P,1)
      CEH(P,2)=H(I1,2)
      XY2=CEH(P,2)
      CE1(P)=SQRT((XY1-XX11)*(XY1-XX11)
     *   +(XY2-YY11)*(XY2-YY11))
      XY3=CE1(P)
      IF(XY3.LE.RRR) THEN
```

```
              CE2(P)=1.0
              XY4=CE2(P)
              ELSE
              CE2(P)=0.0
              XY4=CE2(P)
              ENDIF
              XY00=XY00+XY4
       80  CONTINUE
              IF(XY00.EQ.0.0) THEN
              DO 81 IJ=1,3
              XY1=CEH(IJ,1)
              XY2=CEH(IJ,2)
              IF(IJ.EQ.3) THEN
              XY3=CEH(1,1)
              XY4=CEH(1,2)
              ELSE
              XY3=CEH(IJ+1,1)
              XY4=CEH(IJ+1,2)
              ENDIF
              CALL DC(CO(IJ,1),CO(IJ,2),CO(IJ,3),CO(IJ,4),
            * XY1,XY2,XY3,XY4,RRR,XX11,YY11,IPP)
              CE2(IJ)=IPP
       81  CONTINUE
              ICE=CE2(1)+CE2(2)+CE2(3)
              IF(ICE.EQ.0) GOTO 70
              IF(ICE.EQ.2) THEN
              DO 82 IJ=1,3
              IF(CE2(IJ).EQ.2) THEN
              W01=PVV(CO(IJ,1),CO(IJ,2),CO(IJ,3),
            * CO(IJ,4),RRR,XX11,YY11)
              NB=NB+1
              ANB(NB,1)=CO(IJ,1)
              ANB(NB,2)=CO(IJ,2)
              ANB(NB,3)=CO(IJ,3)
              ANB(NB,4)=CO(IJ,4)
              ANB(NB,5)=I
              ANB(NB,6)=RRR
              XY3=(CO(IJ,1)+CO(IJ,3))/2
              XY4=(CO(IJ,2)+CO(IJ,4))/2
              XXX=SQRT(RRR)/SQRT((XX11-XY3)**2+
            * (YY11-XY4)**2)
              XY1=2*XY3/3+(XX11+XXX*(XY3-XX11))/3
              XY2=2*XY4/3+(YY11-XXX*(YY11-XY4))/3
              GOTO 155
              ENDIF
       82  CONTINUE
              ENDIF
              ENDIF
              IF(XY00.EQ.1.OR.XY00.EQ.2.) THEN
              IF(XY00.EQ.1.0) THEN
              W00=1.0
                ELSE
                 W00=0.0
                ENDIF
              DO 90 P=1,3
              IF(CE2(P).EQ.W00) THEN
              IF(XY00.EQ.1.0.AND.CE1(P).EQ.RRR) GOTO 70
              XY1=CEH(1,1)
              XY2=CEH(1,2)
                CEH(1,1)=CEH(P,1)
                CEH(1,2)=CEH(P,2)
                CEH(P,1)=XY1
                CEH(P,2)=XY2
              XY1=CE1(1)
              CE1(1)=CE1(P)
              CE1(P)=XY1
              XY2=CE2(1)
              CE2(1)=CE2(P)
              CE2(P)=XY2
              GOTO 100
              ENDIF
       90  CONTINUE
      100  XY1=CEH(1,1)
              XY2=CEH(1,2)
              XY3=CEH(2,1)
              XY4=CEH(2,2)
              XY5=CEH(3,1)
              XY6=CEH(3,2)
              CALL DC(XY7,XY8,XY71,XY81,XY1,XY2,XY3,XY4,
            * RRR,XX11,YY11,IP1)
              CALL DC(XY9,XY0,XY91,XY01,XY1,XY2,XY5,XY6,
            * RRR,XX11,YY11,IP2)
              CALL DC(XX9,XX0,XX91,XX01,XY3,XY4,XY5,XY6,
            * RRR,XX11,YY11,IP3)
              W00=DIS(XY1,XY2,XY7,XY8,XY9,XY0)
              W01=PVV(XY7,XY8,XY9,XY0,RRR,XX11,YY11)
              IF(XY00.EQ.2.0) THEN
              W02=DIS(XY1,XY2,XY3,XY4,XY5,XY6)
              W00=W02-W00
              XY1=(XY3+XY5+XY7+XY9)/4.0
              XY2=(XY4+XY6+XY8+XY0)/4.0
              ELSE
              if(ip3.eq.2) then
              W00=DIS(XY1,XY2,XY3,XY4,XY5,XY6)
              W00=w00-DIS(XY7,XY8,XY3,XY4,Xx9,Xx0)+PVV(XY7,
            *XY8,Xx9,Xx0,RRR,XX11,YY11)
              W00=w00-DIS(XY5,XY6,XY9,XY0,Xx91,xx01)+
            * PVV(XY9,XY0,Xx91,Xx01,RRR,XX11,YY11)
              xy1=(xy1+xy7+xx9+xx91+xy9)/5
              xy2=(xy2+xy8+xx0+xx01+xy0)/5
              NB=NB+1
              ANB(NB,1)=XY7
              ANB(NB,2)=XY8
              ANB(NB,3)=Xx9
              ANB(NB,4)=Xx0
              ANB(NB,5)=I
              ANB(NB,6)=RRR
              NB=NB+1
              ANB(NB,1)=Xx91
              ANB(NB,2)=Xx01
```

```
          ANB(NB,3)=Xy9                              ENDIF
          ANB(NB,4)=Xy0                    70  CONTINUE
          ANB(NB,5)=I                          IA=IB+1
          ANB(NB,6)=RRR                    60  CONTINUE
          goto 155                             L=0
          endif                                DO 180 J=1,NB
          XY1=(XY1+XY7+XY9)/3.0                XY1=ANB(J,1)
          XY2=(XY2+XY8+XY0)/3.0                XY2=ANB(J,2)
          ENDIF                                XY3=ANB(J,3)
          W00=W00+W01                          XY4=ANB(J,4)
          NB=NB+1                              K=INT(ANB(J,5)+0.1)
          ANB(NB,1)=XY7                        CALL COHA(L1,XY1,XY2,XY3,XY4,ANB(J,6))
          ANB(NB,2)=XY8                        L=L+L1*FR(K,6)*ANB(J,6)*ANB(J,6)
          ANB(NB,3)=XY9                   180  continue
          ANB(NB,4)=XY0                        ATA1=0
          ANB(NB,5)=I                          ATA1=ATA1+L
          ANB(NB,6)=RRR                        ATA2=0
          ENDIF                                DO 190 I=1,NA
          IF(XY00.EQ.3.0) THEN                 X0=AN(I,3)
          XY1=XYE(J,1)                         Y0=AN(I,4)
          XY2=XYE(J,2)                         U1=FR(1,4)
          W00=JXY(J,3)                         IDQ=0
          ENDIF                                DO 185 J=1,NB
     155  X3=XY1-XX11                          XY1=ANB(J,1)
          Y3=XY2-YY11                          XY2=ANB(J,2)
          R00=SQRT(X3*X3+Y3*Y3)                XY3=ANB(J,3)
          IF(R00.LE.RRR) THEN                  XY4=ANB(J,4)
          Z1=ASIN(X3/R00)                      K=INT(ANB(J,5)+0.1)
          X2=XY1                               IF((X0.LE.XY1.AND.X0.GT.XY3).OR.(X0.GT.XY1.
          Y2=YY11-SQRT(RRR*RRR-X3*X3)          *  AND.X0.LE.XY3)) THEN
          Z8=ASIN(X3/RRR)                      IDQ=IDQ+1
          B3=JXY(J,1)                          IF(XY2.GE.(Y0-1E-6).OR.XY4.GE.(Y0-1E-6))THEN
          C3=JXY(J,2)                          IDQ=IDQ+1
          Z2=W00                               IF(AN(I,5).EQ.1) THEN
          Z3=B1                                U1=FR(K,4)
          Z9=BBR*BATAZ                         ELSE
          Z10=BBR*BATAX                        U1=FR(K,3)
          NA=NA+1                              ENDIF
          AN(NA,3)=X2                          JJ=J
          AN(NA,4)=Y2                          GOTO 195
          AN(NA,5)=1                           ENDIF
          DO 160 P=1,3                         ENDIF
          Q=CE(J,P)                       185  continue
          IF(R(Q).EQ.0) THEN              195  C2=TAN(U1*0.017453292)
          Z3=B2                                RR1=ANB(JJ,6)
          B3=0.0                               ATA1=ATA1+RR1*AN(I,1)*C2
          C3=0.0                               ATA2=ATA2+AN(I,2)
          AN(NA,5)=0                      190  CONTINUE
          GOTO 170                             IF(ABS(ATA2).LT.0.00001) THEN
          ENDIF                                ATA=99999.99
     160  CONTINUE                             GOTO 250
     170  AN(NA,1)=((Z3+Z9+C3)*COS(Z8)-(B3+Z10)*   ELSE
          *  SIN(Z8))*Z2                       ATA=ATA1/ATA2
          AN(NA,2)=((Z3+Z9+C3)*SIN(Z1)+(B3+Z10)*COS   ENDIF
          *(Z1))*Z2*R00-B3*Z2*(RRR*COS(Z8)-R00*COS(Z1))  250  AT(JA1,JA2,JA3,JA4)=ATA
```

```fortran
 55   CONTINUE
 50   CONTINUE
 30   CONTINUE
 20   CONTINUE
      AMN1=1000.
      DO 210 JA1=0,MX
      X11=HAX(JA1)
      DO 220 JA2=0,MY
      Y11=HAY(JA2)
      IF(XM.GT.0) THEN
      X10=XM-X11
      ELSE
      X10=X11-XM
        ENDIF
        AMN=100.
        DO 240 JA3=0,MO
        DO 245 JA4=0,MOO
        RR=HAR(JA1,JA2,JA3,JA4,1)
        RR1=HAR(JA1,JA2,JA3,JA4,2)
        ATA=AT(JA1,JA2,JA3,JA4)
        IF(XM.GT.0) THEN
        X10=XM-X11
        ELSE
        X10=X11-XM
        ENDIF
 245  CONTINUE
 240  CONTINUE
        DO 241 JA3=0,MO
        DO 242 JA4=0,MOO
        RR=HAR(JA1,JA2,JA3,JA4,1)
        RR1=HAR(JA1,JA2,JA3,JA4,2)
        ATA=AT(JA1,JA2,JA3,JA4)
        IF(RR.GE.(Y11-H(BD(1),2))) GOTO 241
           IF(ATA.GE.AMN.OR.ATA.LT.0) GOTO 242
           IF(RR1.EQ.0) GOTO 242
        AMN=ATA
        RMN=RR
        RMIN=RR1
 242  CONTINUE
 241  CONTINUE
        IF(XM.GT.0) THEN
        X10=XM-X11
        ELSE
        X10=X11-XM
        ENDIF
        WRITE(*,601) X10,Y11,RMN,RMIN,AMN
 601  FORMAT(1X,'X=',F10.4,2X,'Y=',F10.4,2X,'Rmin='
     *,F10.4,2X,'Rmin1=',F10.4,2X,'ATAmin=',F10.4)
        IF(AMN.GE.AMN1) GOTO 220
        AMN1=AMN
        X111=X11
        Y111=Y11
        RMN1=RMN
        RMIN1=RMIN
 220  CONTINUE
 210  CONTINUE
      WRITE(*,'(3X,17HThe min ATA are :)')
      IF(XM.GT.0) THEN
      X10=XM-X111
      ELSE
      X10=X111-XM
      ENDIF
      WRITE(*,600) X10,Y111,RMN1,RMIN1,AMN1
 10   CONTINUE
      RETURN
      END
      SUBROUTINE DC(X,Y,X0,Y0,X2,Y2,X3,Y3,RR,
     * X11,Y11,IP)
      REAL*8 A,B,C,D,D1,RR1
      IP=0
      X0=-99999
      X=-99999
      Y0=-99999
      Y=-99999
      eps=0.00001
      IF(ABS(Y2-Y3).le.eps) THEN
      IF(ABS(Y2-Y11).LE.RR) THEN
      Y=Y2
      C=SQRT(RR*RR-(Y-Y11)*(Y-Y11))
      A=X11+C
      B=X11-C
      IF((A.LE.(X2+eps).AND.A.GE.(X3-eps)).OR.
     *(A.GE.(X2-eps).AND.A.LE.(X3+eps))) THEN
       X=A
       IP=IP+1
         ENDIF
      IF((B.LE.(X2+eps).AND.B.GE.(X3-eps)).OR.
     * (B.GE.(X2-eps).AND.B.LE.(X3+eps))) THEN
       IF(C.eq.0) RETURN
       IF(IP.EQ.0) THEN
          IP=IP+1
          X=B
       ELSE
          IP=IP+1
          X0=B
          Y0=Y2
       ENDIF
      ENDIF
      ENDIF
      ELSE
      A=(X3-X2)/(Y3-Y2)
      B=X2-X11-A*(Y2-Y11)
      RR1=RR
      C=B*B-RR1*RR1
      D1=A*A*B*B-(A*A+1)*C
      d2=d1
      IF(D1.LT.0)   RETURN
      D=SQRT(D1)
      D1=(D-A*B)/(A*A+1)
      E=Y11+D1
```

```
      D1=(D+A*B)/(A*A+1)
      F=Y11-D1
      IF(((E-y2).LE.eps.AND.(E-y3).GE.(-eps)).OR.
     *((E-y2).GE.(-eps).AND.(E-y3).LE.eps)) THEN
        IP=IP+1
        Y=E
        X=X2+A*(Y-Y2)
      ENDIF
      IF(((F-y2).LE.eps.AND.(F-y3).GE.(-eps)).OR.
     *((F-y2).GE.(-eps).AND.(F-y3).LE.eps)) THEN
      IF(ABS(D2).eq.0) RETURN
      IF(IP.EQ.0) THEN
      IP=IP+1
      Y=F
      X=X2+A*(Y-Y2)
      ELSE
      IP=IP+1
      Y0=F
      X0=X2+A*(Y0-Y2)
      ENDIF
      ENDIF
      ENDIF
      RETURN
      END
      FUNCTION PVV(X2, Y2, X3, Y3, RR, X11, Y11)
      PA=3.1415926
      C=X2-X11
      D=Y2-Y11
      IF(ABS(C).GT.0.00001) THEN
        E=ATAN(ABS(D/C))
        IF(ABS(D).LT.0.00001) THEN
          IF(C.GT.0) THEN
            A=0.0
          ELSE
            A=PA
          ENDIF
        ELSE IF(C*D.GT.0.0) THEN
          IF(C.GT.0.0) THEN
            A=E
          ELSE
            A=E+PA
          ENDIF
        ELSE
          IF(C.GT.0) THEN
            A=2*PA-E
          ELSE
            A=PA-E
          ENDIF
        ENDIF
      ELSE
        IF(D.GT.0) THEN
          A=PA/2.0
        ELSE
          A=PA*3/2.0
        ENDIF
      ENDIF
      C=X3-X11
      D=Y3-Y11
      IF(ABS(C).GT.0.00001) THEN
        E=ABS(D/C)
        E=ATAN(E)
        IF(ABS(D).LT.0.00001) THEN
          IF(C.GT.0) THEN
            B=0
          ELSE
            B=PA
          ENDIF
        ELSE IF(C*D.GT.0.0) THEN
          IF(C.GT.0) THEN
            B=E
          ELSE
            B=E+PA
          ENDIF
        ELSE
          IF(C.GT.0) THEN
            B=2*PA-E
          ELSE
            B=PA-E
          ENDIF
        ENDIF
      ELSE
        IF(D.GT.0) THEN
          B=PA/2.0
        ELSE
          B=PA*3.0/2.0
        ENDIF
      ENDIF
      C=ABS(A-B)
      IF(C.GT.PA) THEN
        C=2*PA-C
      ELSE
        C=C
      ENDIF
      D=PA*RR*RR
      E=ABS(X2*Y3+X3*Y11+X11*Y2-X3*Y2-X2*Y11
     * -X11*Y3)/2.0
      PVV=C/2.0/PA*D-E
      RETURN
      END
      SUBROUTINE COHA(L, X2, Y2, X3, Y3, RR)
      REAL L
      E1=X2-X3
      E1=E1*E1
      E2=Y2-Y3
      E2=E2*E2
      E3=SQRT(E1+E2)/2.0
      IF(E3.GT.RR) L=0.
      IF(E3.LE.RR) L=2.0*ASIN(E3/RR)
      RETURN
      END
```

附录二 程序 UNSAT2

```fortran
C    程序 UNSAT2(Unsaturated-saturated Seepage, 2D)
C    用有限元法计算饱和-非饱和渗流场，包括土石坝、
C    堤防、渠道及农业地下水的二维渗流问题
     PROGRAM UNSAT2
     CHARACTER INFILE*60, HED*4, END*4, RESTAR*4
     DIMENSION BD(200000), BS(17000)
     INTEGER*4 IHR, IMIN, ISEC, I100, IHRE, IMINE,
    * ISECE, I100E
     COMMON /MAT/CONS1, CONS2, C1(6), C2(6), SS(6)
    *, POR(6), ALPHA(6), BETA(6), WCR(6), IDM(6)
     COMMON /FIX/HED(20), INIT, MAXIT, KAT, IJ,
    *INTEG, NSEEP/WEL/NB(3), NE(3), NBW, NPT, NPT1,
    *NPB, NPB1, LW, NEP, NSW, AL, AL1, QP, QA, RW, RT,
    *ALFA
     DATA END/' END '/, RESTAR/' REST' /
     OPEN(1, FILE=' UNS1. DAT', STATUS=' UNKNOWN')
     OPEN(2, FILE=' OUT', STATUS=' UNKNOWN',
    * FORM=' UNFORMATTED')
     OPEN(5, FILE=' UNSAT. OUT', STATUS=' UNKNOWN')
     OPEN(8, FILE=' UNS8. DAT', STATUS=' UNKNOWN')
     OPEN(10, FILE=' UNS10. DAT',
    *STATUS=' UNKNOWN')
     OPEN(15, FILE=' INPUT. DAT', STATUS=' OLD')
     NERR=0
  10 READ(15,'(20A4)') HED
     IF (HED(1) .EQ. END) THEN
     STOP
     ENDIF
     IF (HED(1) .EQ. RESTAR) GO TO 100
     READ(15,30)NUMNP, IJ, NUMEL, KAT, NUMMAT,
    &INIT, MAXIT, INTEG, NSEEP, MAXS, IGG
     READ(15,30)NBW, NPB, NPT, NEP, LW, NUMEP,
    &NPLNT, MXCOL, MXNOD
  30 FORMAT (16I5)
     NUMDP=NUMEP
     IF (NUMDP .LT. 1) NUMDP=1
     NDIMP=NPLNT
     IF (NPLNT .GT. 0) GO TO 40
     NDIMP=1
     MXCOL=1
     MXNOD=1
  40 NTAPE=0
     NUMRES=0
     MAXSP=1
     NDIM=1
     IF (NSEEP .LT. 1) GO TO 50
     NDIM=NSEEP
     MAXSP=MAXS
  50 MBAND=IJ+2
  80 M2=1+MBAND*NUMNP
     N2=1+NUMNP
     N3=N2+NUMNP
     N4=N3+NUMNP
     N5=N4+NUMNP
     N6=N5+NUMNP
     N7=N6+NUMNP
     N8=N7+NUMNP
     N9=N8+NUMNP
     N10=N9+NUMNP
     N11=N10+NUMNP
     N12=N11+5*NUMEL
     N13=N12+NUMEL
     N14=N13+NUMEL
     N21=N14+MAXSP*NDIM
     N22=N21+NDIM
     N23=N22+NDIM
     N24=N23+NUMDP
     N25=N24+NUMDP
     N26=N25+NDIMP
     N27=N26+NDIMP
     N28=N27+NDIMP
     N29=N28+NDIMP
     N30=N29+MXCOL*NDIMP
     N31=N30+MXCOL*NDIMP
     N32=N31+MXCOL*NDIMP
     N33=N32+MXCOL*NDIMP
     N34=N33+MXNOD*NDIMP
     N35=N34+MXNOD*NDIMP
     N36=N35+NUMNP
     If(HED(1). ne. RESTAR) then
     TP1=8*(100+6*NUMNP+7*NUMEL+NDIM*(2+MAXSP)
    &+2*NUMDP+NDIMP*(4+4*MXCOL+2*MXNOD)
    &+2*MXNOD)
     TP2 = 4*(IJ+3)*NUMNP
     WRITE(5, 1) M2, N36+NUMNP
   1 FORMAT(' STORAGE CHECK'/' THE DIMENSION OF BD
    &SHOULD BE',' GREATER THAN', I10/' THE
    &DIMENSION OF BS SHOULD BE GREATER',
    &' THAN', I10/)
     WRITE(5, 2) TP1/1000, TP2/1000
   2 FORMAT(5X,'UNS1. DAT REQUIRES: ', F7. 1,' Kb'
    &/5X,'UNS2. DAT REQUIRES: ', F7. 1,' Kb',/)
     ENDIF
  90 CALL FEM(BD(1), BD(M2), BS(1), BS(N2), BS(N3),
    &BS(N4), BS(N5), BS(N6), BS(N7), BS(N8), BS(N9),
    &, BS(N10), BS(N11), BS(N12), BS(N13), BS(N14),
    &BS(N21), BS(N22), BS(N23), BS(N24), BS(N25),
    &BS(N26), BS(N27), BS(N28), BS(N29), BS(N30),
    &BS(N31), BS(N32), BS(N33), BS(N34), BS(N35),
    &BS(N36), NUMNP, MBAND, NUMEL, NUMMAT, MK, MP,
    &NERR, NDIM, MAXSP, NTAPE, NUMRES, NUMDP, NUMEP
    &, NPLNT, NDIMP, MXCOL, MXNOD, IGG)
     IF (NERR .GT. 0)THEN
     STOP
     ENDIF
     GO TO 10
```

```
C------RESTART PROCEDURE
  100 REWIND 1
      READ(1,*) NUMNP, MBAND, NUMEL, NUMMAT, MAXSP,
     &NDIM, NSEEP, NUMDP, NUMEP, NPLNT, NDIMP, MXCOL,
     &MXNOD
      GO TO 80
      END
      SUBROUTINE FEM(A, B, KODE, Q, P, P1, T, D, CR, C,
     &X, Y, KX, SANG, CANG, NP, NSP, KODES, WIDTH, BTP,
     &NCOL, NSOUR, PW, TPOT, NRB, NRT, W, PR, RDF, MTR,
     &SAVE, CC, NUMNP, MBAND, NUMEL, NUMMAT, MK, MP,
     &NERR, NDIM, MAXSP, NTAPE, NUMRES, NUMDP, NUMEP
     &, NPLNT, NDIMP, MXCOL, MXNOD, IGG)
      DIMENSION A(MBAND, NUMNP), B(NUMNP), KODE
     &(NUMNP), Q(NUMNP), P(NUMNP), P1(NUMNP),
     &T(NUMNP), D(NUMNP), CR(NUMNP), C(NUMNP),
     &X(NUMNP), Y(NUMNP), KX(NUMEL, 5), SANG(NUMEL)
     &, CANG(NUMEL), NP(NDIM, MAXSP), NSP(NDIM),
     &KODES(NDIM), WIDTH(NUMDP), BTP(NUMDP),
     &NCOL(NDIMP), NSOUR(NDIMP), PW(NDIMP), TPOT
     &(NDIMP), NRB(MXCOL, NDIMP), NRT(MXCOL,
     &NDIMP), RDF(MXNOD, NDIMP), MTR(MXNOD, NDIMP),
     &W(MXCOL, NDIMP), PR(MXCOL, NDIMP), SAVE(2,
     &MXNOD), CC(NUMNP)
      COMMON /MAT/CONS1, CONS2, C1(6), C2(6), SS(6)
     &, POR(6), ALPHA(6), BETA(6), WCR(6), IDM(6)
     &/FIX/HED(20), INIT, MAXIT, KAT, IJ, INTEG,
     &NSEEP/WEL/NB(3), NE(3), NBW, NPT, NPT1, NPB,
     &NPB1, LW, NEP, NSW, AL, AL1, QP, QA, RW, RT, ALFA
      DATA RESTAR/4HREST/
      EPSLON=0.
      IF (HED(1).EQ. RESTAR) GO TO 580
      IF (NSEEP.LT. 1) GO TO 30
      IF (MAXIT.LT. 4) MAXIT=4
      DO 20 I=1, NSEEP
      READ (15, 10) NSP(I), KODES(I)
   10 FORMAT (16I5)
      NS=NSP(I)
      READ (15, 10) (NP(I, J), J=1, NS)
   20 CONTINUE
   30 IF (NUMEP.LT. 1) GO TO 50
      READ (15, 91) EI, PL, BTPI
      READ (15, 91) (WIDTH(I), I=1, NUMEP)
      DO 40 I=1, NUMEP
      BTP(I)=BTPI
   40 CONTINUE
   50 IF (NPLNT.LT. 1) GO TO 70
      READ(15, 10) (NCOL(J), NSOUR(J), J=1, NPLNT)
      READ(15, 91) (PW(J), TPOT(J), J=1, NPLNT)
      DO 60 J=1, NPLNT
      NCJ=NCOL(J)
      NSJ=NSOUR(J)
      READ(15, 91) (W(I, J), I=1, NCJ)
      READ(15, 10) (NRB(I, J), NRT(I, J), I=1, NCJ)
      NSJ1=NSJ+1
      READ(15, 91) (RDF(N, J), N=1, NSJ1)
      READ(15, 10) (MTR(N, J), N=1, NSJ)
   60 CONTINUE
   70 AL=0.
      QA=0.
      IF (NBW.LT. 1) GO TO 80
      NSW=NPT-NPB
      NPB1=NPB+1
      NPT1=NPT-1
      READ(15, 10)   (NB(I), I=1, NBW), (NE(I),
     &I=1, NEP)
      READ(15, 91) RW, RT, QP, AL, ALFA
      IF (ALFA.LE. 0.) ALFA=.8
      AL1=AL
   80 READ(15, 90) DT, DTMAX, DTMIN, DMUL, TMAX,
     &TOL, INPR
   90 FORMAT (6E10. 3, I5)
      WRITE(5, 92) DT, DTMAX, DTMIN, DMUL, TMAX,
     &TOL, INPR
   92 FORMAT (15X, 'INITIAL TIME INTERVAL=',
     &E12. 5/15X, 'MAXIMUM TIME INTERVAL=',
     &E15. 5/15X, 'MINIMUM TIME INTERVAL=',
     &E15. 5/15X, 'TIME MULTIPLIER-=', E15. 5
     &/15X, 'MAXIMUM SIMULATION TIME=', E15. 5
     &/15X, 'MAXIMUM ITERATION ERROR=', E15. 5
     &/15X, 'PRINT OUT EVERY', I5, 'TIME STEPS')
      IF (KAT.EQ. 0) WRITE(5, 100)
      IF (KAT.EQ. 1) WRITE(5, 110)
      IF (KAT.EQ. 2) WRITE(5, 120)
      IF (KAT.EQ. 3) WRITE(5, 130)
      IF (KAT.EQ. 3) KAT=1
  100 FORMAT (15X, 22H HORIZONTAL PLANE FLOW)
  110 FORMAT (15X, 18H AXISYMMETRIC FLOW)
  120 FORMAT (15X, 20H VERTICAL PLANE FLOW)
  130 FORMAT (15X, 54H AXISYMMETRIC FLOW TO
     & A WELL WITH PRESCRIBED DISCHARGE)
      IF (INTEG.EQ. 1) WRITE(5, 131)
      IF (INTEG.EQ. 2) WRITE(5, 132)
  131 FORMAT(15X, 'BACKWARD DIFFERENCE SCHEME')
  132 FORMAT(15X, 'TIME CENTERED SCHEME '/)
      WRITE(5, 140) HED, NUMNP, IJ, NUMEL,
     & NUMMAT, MAXIT
  140 FORMAT (5X, 20A4, /14X, 30H NUMBER OF NODAL
     & POINTS------, I4/14X, 30H MAX NODES IN A
     &TRNSVRS LINE, I4/14X, 30H NUMBER OF
     &ELEMENTS------------, I4/14X, 30H NUMBER OF
     &MATERIALS------------, I4/14X, 30H MAX NUMBER
     & OF ITERATIONS----, I4///)
      IF (NBW.LT. 1) GO TO 160
      WRITE(5, 150) NPB, NPT, RW, RT, AL
  150 FORMAT ('BOTTOM NODE OF WELL =', I4/' TOP
     & NODE OF WELL---- =', I4/' RADIUS OF WELL
     &------ =', E11. 3/' RADIUS OF TUBING---- =',
     &E11. 3/' INITIAL WATER LEVEL =', E11. 3)
      AA=.5*(RW*RW-RT*RT)
```

```
      RW=AA
   60 IF (NPLNT .LT. 1) GO TO 200
      DO 190 J=1, NPLNT
      NCJ=NCOL(J)
      NSJ=NSOUR(J)
      NSJ1=NSJ+1
        WRITE (5, 170) J, PW(J), (NRB(I, J), NRT(I, J),
     &I=1, NCJ)
  170 FORMAT(' INPUT DATA FOR PLANT', I3/' WILTING
     &PRESSURE HEAD=', E13.5/' LIST OF BOTTOM AND
     &TOP NODES IN ROOT ZONE -'/2I0(2I5, 3X))
        WRITE (5, 180) (RDF(N, J), N=1, NSJ1)
  180 FORMAT(/' ROOT DISTRIBUTION FUNCTION AT
     &EACH NODE IN ROOT ZONE, STARTING AT
     &BOTTOM NODE -'/2I0(E13.5))
  190 CONTINUE
  200 CALL MATIN (NUMMAT)
      CALL NPIN(KODE, Q, P, P1, X, Y, WIDTH, NUMDP,
     & NUMNP, INIT, NERR, BTPI, EI)
      IF(NERR .GT. 0) RETURN
      IF(NPLNT .LT. 1) GO TO 220
      DO 210 J=1, NPLNT
        CALL TRANSP (Q, P, P1, T, CR, Y, NCOL, NSOUR,
     &PW, TPOT, NRB, NRT, W, PR, RDF, MTR, SAVE, NUMNP,
     &NUMMAT, NPLNT, NDIMP, MXCOL, MXNOD, J)
  210 CONTINUE
  220 IF(IGG.EQ.0) CALL MAFILL(KX, SANG, CANG,
     & NUMEL)
      LA=1
      TIME=DT
      QTOT=0.
      ITER=0
      ITIT=0
      INDP = 0
  230 WRITE (6, 240) HED, TIME, LA, DT
  240 FORMAT(15X, 20A4/10X, ' TIME=', E13.5, 3X,
     &' TIME STEP=', I4, 2X, 4HDT =, E13.5//)
      EPSLN1=1.0E28
      EPSLN2=1.0E28
      EPSLON=1.0E28
      IF (NBW .LT. 1) GO TO 250
      CALL WELBOR (KODE, Q, P, Y, NUMNP, DT)
  250 CALL RESET(KODE, A, B, Q, P, P1, T, D, CR, C, X, Y,
     &KX, SANG, CANG, NUMNP, MBAND, NUMEL, NUMMAT, M,
     &KAT, LA, DT, DT1, ITER, INTEG)
      CALL CONSTP(A, B, KODE, P, NUMNP, MBAND)
      CALL SOLVE (A, B, NUMNP, MBAND)
      DO 260 I=1, NUMNP
      P(I)=B(I)
  260 CONTINUE
      CALL FIXQ(A, B, KODE, Q, P, P1, D, NUMNP,
     &MBAND, DT, LA, INTEG)
  270 IF (MAXIT.LT.1) GO TO 460
      ITER=ITER+1
      IF(NBW.GT.0) CALL

     & WELBOR(KODE, Q, P, Y, NUMNP, DT)
      IF (NSEEP .EQ. 0) GO TO 320
      DO 310 I=1, NSEEP
      ICHECK=0
      NS=NSP(I)
      DO 300 J=1, NS
      N=NP(I, J)
      IF (KODE(N) .NE. -2) GO TO 280
      IF (P(N) .LT. 0.) ICHECK=1
      IF (ICHECK .GT. 0) GO TO 300
      KODE(N)=2
      P(N)=0.
      GO TO 300
  280 IF (KODE(N) .NE. 2) GO TO 300
      IF (ICHECK .GT. 0) GO TO 290
        IF((Q(N).LT.0. AND. KODES(I).LT.0). OR.
     &(Q(N).GT.0. AND. KODES(I).GT.0)) GO TO 300
  290 KODE(N)=-2
      Q(N)=0.
      ICHECK=1
  300 CONTINUE
  310 CONTINUE
  320 IF(NUMEP.LT.1) GO TO 390
      I=0
      DO 380 N=1, NUMNP
      IF (KODE(N) .NE. 4) GO TO 330
      I=I+1
        IF((EI.LT.0. AND. Q(N).GE. EI*WIDTH(I)). OR.
     &(EI.GE.0. AND. Q(N).LE. EI*WIDTH(I)))
     & GO TO 380
      KODE(N)=-4
      Q(N)=EI*WIDTH(I)
      GO TO 380
  330 IF (KODE(N) .NE. -4) GO TO 380
      I=I+1
      IF (EI .GE. 0.) GO TO 350
      IF (P(N) .GT. PL) GO TO 340
      KODE(N)=4
      P(N)=PL
      GO TO 380
  340 IF(ABS(P(N)).GT.-.001*PL)
     &BTP(I)=BTP(I)*ABS(PL/P(N))
      IF (ABS(P(N)) .LE. -.001*PL) BTP(I)=1.
      GO TO 370
  350 IF (P(N) .LT. 0.) GO TO 360
      KODE(N)=4
      P(N)=0.
      GO TO 380
  360 IF(ABS(P(N)-PL).GT.-.001*PL)
     & BTP(I)=BTP(I)*ABS(PL/(P(N)-PL))
      IF(ABS(P(N)-PL).LE.-.001*PL) BTP(I)=1.
      IF(P(N) .LT. PL) BTP(I)=1.
  370 IF (BTP(I) .GT. 1.) BTP(I)=1.
      Q(N)=BTP(I)*EI*WIDTH(I)
  380 CONTINUE
```

```
      390 IF (NPLNT .LT. 1) GO TO 410
          DO 400 J=1, NPLNT
          CALL TRANSP(Q, P, P1, T, CR, Y, NCOL, NSOUR, PW,
         &TPOT, NRB, NRT, W, PR, RDF, MTR, SAVE, NUMNP,
         &NUMMAT, NPLNT, NDIMP, MXCOL, MXNOD, J)
      400 CONTINUE
      410 IF (ITER .EQ. 1) GO TO 450
          EPSLON=0.
          DO 420 I=1, NUMNP
          AA = ABS(P(I)-CC(I))
          IF (AA .LT. EPSLON) GO TO 420
          EPSLON=AA
          NMAX=I
      420 CONTINUE
          WRITE (6, 431) ITER, EPSLON, NMAX
      431 FORMAT(13X,'MAX ERROR DURING ITERATION',
         &I2,' WAS',E13.5,' AT NODE',I4)
          IF (NBW .GT. 0) WRITE(5, 440) AL, QA
      440 FORMAT(24H WATER LEVEL IN WELL WAS, E13.5,
         &29H.  DISCHARGE FROM AQUIFER WAS, E13.
          IF(EPSLON. LE. TOL. OR. ITER. GE. MAXIT. OR.
         &EPSLN2 . LE. EPSLON) GO TO 460
      450 DO 455 I=1, NUMNP
      455    CC(I)=P(I)
          EPSLN2=EPSLN1
          EPSLN1=EPSLON
          GO TO 250
      460 IF(EPSLON. LE. TOL. OR. (ITER. LT. MAXIT. AND.
         & EPSLON. LT. EPSLN2)) THEN
          DO 470 N=1, NUMNP
          QTOT=QTOT+Q(N)*DT
      470 CONTINUE
          WRITE(8, 485) TIME, QTOT
      485 FORMAT(5X, 2F12.5)
          ENDIF
          IF(NBW .GT. 0) WRITE(5, 490) QP, AL
      490 FORMAT(/' DISCHARGE FROM WELL =', E13.5/
         &        'WATER LEVEL IN WELL =', E13.5/)
          IF(NUMEP .GT. 0) WRITE(5, 500) EI, PL
      500 FORMAT(' POTENTIAL SURFACE FLUX=', E13.5/
         &' MINIMUM SURFACE PRESSURE HEAD=', E13.5/)
          IF (NPLNT .LT. 1) GO TO 530
          DO 520 J=1, NPLNT
          NCJ=NCOL(J)
          WRITE(5, 510) J, TPOT(J), (PR(I, J), I=1, NCJ)
      510 FORMAT(' POTENTIAL TRANSPIRATION RATE FOR
         & PLANT', I3, 2H =, E13.5/' PRESSURE HEADS IN
         &ROOTS, FROM LEFT TO RIGHT, ARE-'/10(E13.5))
      520 CONTINUE
      530 CONTINUE
          INDP = INDP + 1
          IF(INDP. EQ. INPR. OR. LA. EQ. 1. OR. ABS(TIME-
         &TMAX). LE. 0.001*DT) THEN
          WRITE(5, 240) HED, TIME, LA, DT
          WRITE(5, 430) ITER, EPSLON, NMAX
      430 FORMAT(' MAXIMUM CHANGE IN PRESSURE HEAD
         &DURING ITERATION', I3, 'WAS', E13.5,
         &' AT NODE', I5)
          WRITE(5, 480) QTOT
      480 FORMAT(' CUMULATIVE INFLOW INTO SYSTEM
         &IS', E13.5)
          CALL PRINTO (Q, P, Y, NUMNP, KAT)
          CALL MOIST(P, P1, T, CR, KX, NUMNP, NUMEL, NUMMAT)
          INDP = 0
          ENDIF
          LA=LA+1
          IF(EPSLON. LE. TOL. OR. (ITER. LT. MAXIT. AND.
         &EPSLON. LT. EPSLN2)) GO TO 540
          DT = DT/2.0
          IF(DT. GT. DTMIN) THEN
          WRITE(5, 534) LA-1
      534 FORMAT(/20X,'***TIME STEP', I3,'NON
         &CONVERGENT*****'/20X,'DT HAS BEEN
         &DIVIDED BY TWO ')
          WRITE(6, 535)
      535 FORMAT(/20X,'***NON CONVERGENT TIME STEP
         &***'/20X,'LAST TIME STEP HAS BEEN DIVIDED
         &BY TWO ')
          AL1=ALLCI
          TIME=TLCI
          DO 536 I =1, NUMNP
          P(I)=P1(I)
      536 CONTINUE
          GOTO 555
          ELSE
          DT = DT*2.0
          ENDIF
          NUMRES=0
          NERR=1
          WRITE(6, 538)
          WRITE(5, 538)
      538 FORMAT(9X,'**SOLUTION DOES NOT CONVERGE**')
          ITIT=ITIT+ITER
          GO TO 560
      540 TLCI=TIME
          ALLCI=AL
          DT1=DT
          AL1=AL
          IF(ABS(TIME-TMAX). LE. .001*DT) GO TO 560
          IF(DT. LT. DTMAX. AND. ITER. LT. 7) DT=DMUL*DT
      550 IF(DT .GT. DTMAX) DT=DTMAX
          IF((TIME+DT). GT. TMAX. OR. ABS(TMAX-TIME-DT)
         &. LT. .2*DT) DT=TMAX-TIME
      555 TIME=TIME+DT
          ITIT=ITIT+ITER
          ITER=0
          GO TO 230
      560 NUMRES=NUMRES-1
          WRITE(5, 561) ITIT
          WRITE(6, 561) ITIT
```

```
561 FORMAT(' TOTAL NUMBER OF ITERATIONS=',I5)
    IF(NUMRES .GE. 0) GO TO 590
    IF(NTAPE .GT. 0) GO TO 570
    REWIND 1
    WRITE(1,*)NUMNP,MBAND,NUMEL,NUMMAT,MAXSP,
   &NDIM,NSEEP,NUMDP,NUMEP,NPLNT,NDIMP,MXCOL,
   &MXNOD
570 WRITE(1,*) KODE,Q,P,P1,X,Y,KX,SANG,CANG,
   &NP,NSP,KODES,WIDTH,BTP,NCOL,NSOUR,PW,TPOT
   &,NRB,NRT,W,RDF,MTR,CONS1,CONS2,C1,C2,SS,
   &POR,LA,ITER,DT,TIME,DT1,KAT,INTEG,NE,NB,
   &NPT,NPT1,NPB,NPB1,NBW,LW,NEP,NSW,AL,AL1,
   &QP,QA,RW,QTOT,PR,WCR,ALPHA,BETA,IDM
    LAG = LA -1
    WRITE(10,571)LAG, TIME, DT, QTOT
571 FORMAT(2X,'TIME STEP NO.=',I5/12X,'TOTAL
   &TIME=',E10.5/22X,'TIME INTERVAL=',E10.5/
   &32X,'CUMULATIVE INFLOW INTO THE SYSTEM=',
   &E12.5/)
    WRITE(10,574)
574 FORMAT(5X,'    X      Y     PRESS. HEAD  N
   & TOTAL HEAD')
    DO 573 I = 1,NUMNP
    DUM = Y(I) + P(I)
    WRITE(10,572) X(I),Y(I),P(I),I,DUM
572 FORMAT(5X,2F10.2,F12.5,I5,F12.5)
573 CONTINUE
    IF (NTAPE .GT. 0) RETURN
    NTAPE=1
    GO TO 570
580 READ(15,*) NTAPE,NUMRES
    READ(1,*) KODE,Q,P,P1,X,Y,KX,SANG,CANG,
   &NP,NSP,KODES,WIDTH,BTP,NCOL,NSOUR,PW,
   &TPOT,NRB,NRT,W,RDF,MTR,CONS1,CONS2,C1,C2,
   &SS,POR,LA,ITER,DT,TIME,DT1,KAT,INTEG,NE,
   &NB,NPT,NPT1,NPB,NPB1,NBW,LW,NEP,NSW,AL,
   &AL1,QP,QA,RW,QTOT,PR,WCR,ALPHA,BETA,IDM
    IF(NTAPE.EQ.1) GO TO 590
    READ(1,*) KODE,Q,P,P1,X,Y,KX,SANG,CANG,
   &NP,NSP,KODES,WIDTH,BTP,NCOL,NSOUR,PW,TPOT
   &,NRB,NRT,W,RDF,MTR,CONS1,CONS2,C1,C2,SS,
   &POR,LA,ITER,DT,TIME,DT1,KAT,INTEG,NE,NB,
   &NPT,NPT1,NPB,NPB1,NBW,LW,NEP,NSW,AL,AL1,
   &QP,QA,RW,QTOT,PR,WCR,ALPHA,BETA,IDM
    REWIND 1
    WRITE(1,*) NUMNP,MBAND,NUMEL,NUMMAT,
   &MAXSP,NDIM,NSEEP,NUMDP,
   &NUMEP,NPLNT,NDIMP,MXCOL,MXNOD
    WRITE(1,*) KODE,Q,P,P1,X,Y,KX,SANG,CANG,
   &NP,NSP,KODES,WIDTH,BTP,NCOL,NSOUR,PW,TPOT
   &,NRB,NRT,W,RDF,MTR,CONS1,CONS2,C1,C2,SS,
   &POR,LA,ITER,DT,TIME,DT1,KAT,INTEG,NE,NB,
   &NPT,NPT1,NPB,NPB1,NBW,LW,NEP,NSW,AL,AL1,
   &QP,QA,RW,QTOT,PR,WCR,ALPHA,BETA,IDM
590 READ(15,*) MAXIT,DD,DTMAX,DTMIN,DMUL,
   &TMAX,TOL,QP,ALFA,INPR
    LAG = LA -1
    WRITE(10,571)LAG, TIME, DT, QTOT
    WRITE(10,574)
    DO 591 I = 1,NUMNP
    DUM = Y(I) + P(I)
    WRITE(10,572) X(I),Y(I),P(I),I,DUM
591 CONTINUE
    IF (ALFA .LE. 0.) ALFA=.8
600 FORMAT (I5,8E10.3,I5)
    IF (DD .GT. 0.) DT=DD
    IF (DD .LE. 0.) DT=DMUL*DT
    IF (NUMEP .LT. 1) GO TO 620
    READ (15,91) EI,PL,BTPI
    I=0
    DO 610 N=1,NUMNP
    IF (KODE(N) .EQ. 4) KODE(N)=-4
    IF (KODE(N) .NE. -4) GO TO 610
    I=I+1
    BTP(I)=BTP(I)*BTPI
    IF (BTP(I) .GT. 1.) BTP(I)=1.
    Q(N)=BTP(I)*EI*WIDTH(I)
610 CONTINUE
620 IF (NPLNT .LT. 1) GO TO 670
    DO 660 J=1,NPLNT
    NSJ=NSOUR(J)
    NSJ1=NSJ+1
    VALUE=TPOT(J)
    READ (15,630) NCJ,TPOT(J)
630 FORMAT (I5,E10.3)
    IF (NCJ .LT. 1) GO TO 650
    READ (15,91) (RDF(N,J), N=1,NSJ1)
 91 FORMAT (8E10.3)
    WRITE(5,640) J, (RDF(N,J),N=1,NSJ1)
640 FORMAT(' NEW ROOT DISTRIBUTION FUNCTION FOR
   &PLANT',I3,' STARTING AT BOTTOM NODE'
   &/10(E13.5))
650 IF(ABS(VALUE-TPOT(J)).LE.1E-15) GOTO 660
    CALL TRANSP(Q,P,P1,T,CR,Y,NCOL,NSOUR,PW,
   &TPOT,NRB,NRT,W,PR,RDF,MTR,SAVE,NUMNP,
   &NUMMAT,NPLNT,NDIMP,MXCOL,MXNOD,J)
660 CONTINUE
670 IF(NSEEP .LT. 1) GO TO 680
    IF(MAXIT .LT. 4) MAXIT=4
680 READ (15,*) N,NEWKOD,VALUE
690 FORMAT (2I5,E10.3)
    IF (N .LT. 1) GO TO 550
    KODE(N)=NEWKOD
    IF (KODE(N) .LT. 1) GO TO 700
    P(N)=VALUE
    P1(N)=VALUE
    GO TO 680
700 Q(N)=VALUE
    GO TO 680
    END
```

```
      SUBROUTINE ELEM(CMUL, KODE, A, B, P, P1, T, D,
     &CR, C, X, Y, KX, SANG, CANG, NUMNP, MBAND, NUMEL,
     &NUMMAT, M, KAT, N)
      DIMENSION E(3, 3), S(4, 4), A(MBAND, NUMNP),
     &B(NUMNP), P(NUMNP), T(NUMNP), D(NUMNP),
     &CR(NUMNP), C(NUMNP), X(NUMNP), Y(NUMNP),
     &KX(NUMEL, 5), P1(NUMNP), SANG(NUMEL),
     &CANG(NUMEL), LM(4), IX(3), KODE(NUMNP)
      COMMON /MAT/CONS1, CONS2, C1(6), C2(6), SS(6)
     &, POR(6), ALPHA(6), BETA(6), WCR(6), IDM(6)
      SIN2=SANG(N)*SANG(N)
      COS2=CANG(N)*CANG(N)
      CONDI=C1(M)*COS2+C2(M)*SIN2
      CONDJ=C1(M)*SIN2+C2(M)*COS2
      CONDK=(C1(M)-C2(M))*SANG(N)*CANG(N)
      DO 20 I=1, 4
      DO 20 J=1, 4
      S(I, J)=0.
   20 CONTINUE
      DO 30 I=1, 4
      LM(I)=KX(N, I)
   30 CONTINUE
      NUS=4
      IF (LM(3) .EQ. LM(4)) NUS=3
      IWET=0
      DO 60 K=1, NUS
      I=LM(K)
      IF (CR(I) .GE. 0.) GO TO 50
      IF (P(I) .GE. 0.0)THEN
        CR(I) = 1.0
        T(I) = POR(M)
        C(I) = 0.0
      ELSE
   40   IF (KODE(I) .LT. 1) CM=P(I)
        IF (KODE(I) .GE. 1) CM=.5*(P(I)+P1(I))
        CR(I)=XK(CM, M)
        C(I)=XCM(CM, M)
      ENDIF
   50 IF (P(I) .LT. 0.) IWET=1
   60 CONTINUE
      QSTORE=0.
      KK=2
      IF(NUS .LT. 4) KK=1
      DO 120 K=1, KK
      I=LM(1)
      J=LM(K+1)
      L=LM(K+2)
   70 CI=X(L)-X(J)
      CJ=X(I)-X(L)
      CK=X(J)-X(I)
      BI=Y(J)-Y(L)
      BJ=Y(L)-Y(I)
      BK=Y(I)-Y(J)
      XMUL=1.
      IF (KAT .NE. 1) GO TO 80
      XMUL = (X(I)+X(J)+X(L))/3.
   80 DEL2=CK*BJ-CJ*BK
      CM=(CR(I)+CR(J)+CR(L))/3.
      COMM=.5*XMUL*CM/DEL2
      QSTORE=.5*DEL2*XMUL
      IF (KAT .GE. 1) THEN
        AA=.5*CM*XMUL
        B(I)=B(I)+AA*(CONDK*BI+CONDJ*CI)
        B(J)=B(J)+AA*(CONDK*BJ+CONDJ*CJ)
        B(L)=B(L)+AA*(CONDK*BK+CONDJ*CK)
      ENDIF
      E(1, 1)=CONDI*BI*BI+2.*CONDK*BI*CI+
     *CONDJ*CI*CI
      E(1, 2)=CONDI*BI*BJ+CONDK*(BI*CJ+CI*BJ)
     *+CONDJ*CI*CJ
      E(1, 3)=CONDI*BI*BK+CONDK*(BI*CK+CI*BK)
     *+CONDJ*CI*CK
      E(2, 1)=E(1, 2)
      E(2, 2)=CONDI*BJ*BJ+2.*CONDK*BJ*CJ+
     *CONDJ*CJ*CJ
      E(2, 3)=CONDI*BJ*BK+CONDK*(BJ*CK+BK*CJ)
     *+CONDJ*CJ*CK
      E(3, 1)=E(1, 3)
      E(3, 2)=E(2, 3)
      E(3, 3)=CONDI*BK*BK+2.*CONDK*BK*CK+
     *CONDJ*CK*CK
      IX(1)=1
      IX(2)=K+1
      IX(3)=K+2
      DO 110 I=1, 3
      II=IX(I)
      IJ=LM(II)
      BB=0.
      IF (IWET .EQ. 0) BB=T(IJ)*CMUL
      AA=C(IJ)+BB
      DO 100 J=1, 3
        JJ=IX(J)
        JI=LM(JJ)
        BB=0.
        IF (IWET .EQ. 0) BB=T(JI)*CMUL
        AA=AA+C(JI)+BB
        S(II, JJ)=S(II, JJ)+E(I, J)*COMM
  100 CONTINUE
      D(IJ)=D(IJ)+AA*QSTORE/12.
  110 CONTINUE
  120 CONTINUE
      DO 140 L=1, 4
      I=LM(L)
      DO 130 K=1, 4
      J=LM(K)-I+1
      IF (J .LT. 1) GO TO 130
      A(J, I)=A(J, I)+S(L, K)
  130 CONTINUE
  140 CONTINUE
      RETURN
```

```
      END
      SUBROUTINE RESET(KODE, A, B, Q, P, P1, T, D, CR,
     &C, X, Y, KX, SANG, CANG, NUMNP, MBAND, NUMEL,
     &NUMMAT, M, KAT, LA, DT, DT1, ITER, INTEG)
      DIMENSION A(MBAND, NUMNP), B(NUMNP),
     &Q(NUMNP), P(NUMNP), P1(NUMNP), T(NUMNP),
     &D(NUMNP), CR(NUMNP), C(NUMNP), X(NUMNP),
     &Y(NUMNP), KX(NUMEL, 5), SANG(NUMEL),
     &CANG(NUMEL), KODE(NUMNP)
      COMMON /MAT/ CONS1, CONS2, C1(6), C2(6), SS(6)
     &, POR(6), ALPHA(6), BETA(6), WCR(6), IDM(6)
      IF (LA .GT. 1) DTT=.5*DT/DT1
      DO 40 I=1, NUMNP
      B(I)=0.
      D(I)=0.
      IF(ITER.GT.0) GO TO 10
      IF (LA .LE. 1) PP =P1(I)
      IF(LA .GT. 1) PP=P(I)+DTT*(P(I)-P1(I))
      P1(I)=P(I)
      IF (KODE(I) .LT. 1) P(I)=PP
      GO TO 20
   10 PP=.5*(P(I)+P1(I))
      IF (KODE(I) .LT. 1) P(I)=PP
   20 DO 30 J=1, MBAND
      A(J, I)=0.
   30 CONTINUE
   40 CONTINUE
      DO 70 M=1, NUMMAT
      CMUL=CONS1*SS(M)/POR(M)
      DO 50 I=1, NUMNP
      CR(I)=-1.
   50 CONTINUE
      DO 60 N=1, NUMEL
      IF (KX(N, 5) .NE. M) GO TO 60
      CALL ELEM(CMUL, KODE, A, B, P, P1, T, D, CR, C, X,
     & Y, KX, SANG, CANG, NUMNP, MBAND, NUMEL, NUMMAT
     &, M, KAT, N)
   60 CONTINUE
   70 CONTINUE
      REWIND 2
      WRITE (2)A, B
      PP=2.
      IF (LA .EQ. 1 .OR. INTEG .EQ. 1) PP=1.
      DO 110 I=1, NUMNP
      B(I)=PP*(CONS2*Q(I)-B(I)+D(I)*P1(I)/DT)
      IF (PP .EQ. 1.) GO TO 100
      DO 90 J=1, MBAND
      K=I+J-1
      IF (K .GT. NUMNP) GO TO 80
      B(I)=B(I)-A(J, I)*P1(K)
   80 K=I-J+1
      IF (J .EQ. 1 .OR. K .LT. 1) GO TO 90
      B(I)=B(I)-A(J, K)*P1(K)
   90 CONTINUE
  100 A(1, I)=A(1, I)+PP*D(I)/DT
  110 CONTINUE
      RETURN
      END
      SUBROUTINE MATIN(NUMMAT)
      COMMON /MAT/CONS1, CONS2, C1(6), C2(6), SS(6)
     &, POR(6), ALPHA(6), BETA(6), WCR(6), IDM(6)
      CHARACTER*13 MDL(10)
      DATA MDL/'van Genuchten ',' Exponential '
     &,'Gardner-Russo',' User-sup. ',
     &6*'             '/
      READ (15, 10) CONS1, CONS2
   10 FORMAT (2E10. 3)
      WRITE(5, 20) CONS1, CONS2
   20 FORMAT(' UNITS ARE CONTROLED BY THE
     &FOLLOWING CONSTANTS -'/'CONS1 =, E12. 3, 3X,
     &' CONS2 =', E12. 3//' MATERIAL', 7X,' K1', 13X,
     &' K2', 10X,' POROSITY', 10X, 2HSS, 12X, 3HRWC,
     &12X, 5HALPHA, 11X, 4HBETA, 11X, 6HMODEL)
      DO 50 M=1, NUMMAT
      READ(15, 30)C1(M), C2(M), POR(M), SS(M),
     &WCR(M), ALPHA(M), BETA(M), IDM(M)
   30 FORMAT (7E10. 3, I5)
      WRITE(5, 40)M, C1(M), C2(M), POR(M), SS(M),
     &WCR(M), ALPHA(M), BETA(M), MDL(IDM(M))
   40 FORMAT (I6, E17. 5, 6E15. 5, 4X, A13)
   50 CONTINUE
      RETURN
      END
      SUBROUTINE NPIN (KODE, Q, P, P1, X, Y, WIDTH,
     &NUMDP, NUMNP, INIT, NERR, BTPI, EI)
      DIMENSION KODE(NUMNP), Q(NUMNP), P1(NUMNP),
     &X(NUMNP), Y(NUMNP), P(NUMNP), WIDTH(NUMDP)
      NERR=0
      WRITE(5, 10)
   10 FORMAT (/' NODAL POINT INFORMATION'
     &/' NODE NO. ', 6X, 4HKODE, 7X, 3HX, R, 12X, 3HY, Z,
     &11X, 5H. PSI., 12X, 1HQ/)
      NPR=0
      L=0
   20 L=L+1
   30 READ(15, 40)N, KODE(N), X(N), Y(N), P1(N), Q(N)
   40 FORMAT (2I5, 4E10. 3)
      P1(N)=P1(N)-INIT*Y(N)
      IF (N-L) 50, 90, 70
   50 WRITE(5, 60) N
   60 FORMAT (20H ERROR IN NPIN AT N=, I5)
      NERR=1
      RETURN
   70 DENO=N-L+1
      DX=(X(N)-X(NPR))/DENO
      DY=(Y(N)-Y(NPR))/DENO
      DP=(P1(N)-P1(NPR))/DENO
   80 X(L)=X(L-1)+DX
      Y(L)=Y(L-1)+DY
      P1(L)=P1(L-1)+DP
```

```
      KODE(L)=KODE(L-1)
      Q(L)=Q(L-1)
      L=L+1
      IF (L .LT. N) GO TO 80
   90 NPR=N
      IF (L .LT. NUMNP) GO TO 20
      I=0
      DO 110 N=1,NUMNP
      WRITE(5,100) N,KODE(N),X(N),Y(N),
     &P1(N),Q(N)
  100 FORMAT (2I10,4E15.6)
      P(N)=P1(N)
      IF (KODE(N) .NE. -4) GO TO 110
      I=I+1
      Q(N)=BTPI*EI*WIDTH(I)
  110 CONTINUE
      RETURN
      END
      SUBROUTINE MAFILL (KX,SANG,CANG,NUMEL)
      DIMENSION KX(NUMEL,5),SANG(NUMEL),
     &CANG(NUMEL)
      NUM=0
      WRITE(5,10)
   10 FORMAT (/20H ELEMENT INFORMATION//55H
     &ELEMENT   C O R N E R   N O D E S
     &MATERIAL   ANGLE/)
      DO 60 N=1,NUMEL
      IF (NUM-N) 20,60,40
   20 READ(15,30) NUM,(KX(NUM,I),I=1,5),
     & SANG(NUM)
   30 FORMAT(6I5,E10.3)
      IF (KX(NUM,4) .EQ. 0) KX(NUM,4)=KX(NUM,3)
      IF (NUM .EQ. N) GO TO 60
   40 DO 50 I=1,4
      KX(N,I)=KX(N-1,I)+1
   50 CONTINUE
      KX(N,5)=KX(N-1,5)
      SANG(N)=SANG(N-1)
   60 CONTINUE
      AA=3.141592654/180.
      DO 80 N=1,NUMEL
      BB=AA*SANG(N)
      WRITE(5,70) N,KX(N,1),KX(N,2),KX(N,3),
     &KX(N,4),KX(N,5),SANG(N)
   70 FORMAT (I6,I9,3I6,I10,E14.3)
   71 FORMAT (' ',6I5,E10.3)
      CC= SIN(BB)
      SANG(N)=CC
      CC= COS(BB)
      CANG(N)=CC
   80 CONTINUE
      RETURN
      END
      SUBROUTINE CONSTP(A,B,KODE,P,NUMNP,MBAND)
      DIMENSION A(MBAND,NUMNP),B(NUMNP),
     &KODE(NUMNP),P(NUMNP)
      DO 70 N=1,NUMNP
      IF (KODE(N) .LT. 1) GO TO 70
   10 DO 60 M=2,MBAND
      K=N-M+1
      IF (K) 30,30,20
   20 B(K)=B(K)-A(M,K)*P(N)
      A(M,K)=0.
   30 L=N+M-1
      IF (NUMNP-L) 50,40,40
   40 B(L)=B(L)-A(M,N)*P(N)
   50 A(M,N)=0.
   60 CONTINUE
      A(1,N)=1.
      B(N)=P(N)
   70 CONTINUE
      RETURN
      END
      SUBROUTINE FIXQ (A,B,KODE,Q,P,P1,D,NUMNP,
     &MBAND,DT,LA,INTEG)
      DIMENSION A(MBAND,NUMNP),B(NUMNP),KODE(NU
     &MNP),Q(NUMNP),P(NUMNP),P1(NUMNP),D(NUMNP)
      COMMON /MAT/CONS1,CONS2,C1(6),C2(6),SS(6)
     &,POR(6),ALPHA(6),BETA(6),WCR(6),IDM(6)
      REWIND 2
      READ (2)A,B
      PPP=1.
      PP=2.
      IF(LA.NE.1.AND.INTEG.NE.1) GO TO 10
      PPP=0.
      PP=1.
   10 DO 40 N=1,NUMNP
      IF (KODE(N) .LT.1) GO TO 40
      QN=PP*(B(N)+D(N)*(P(N)-P1(N))/DT)+A(1,N)
     &*(P(N)+P1(N)*PPP)
      DO 30 J = 2,MBAND
      K=N-J+1
      IF (K .LT. 1) GO TO 20
      QN=QN+A(J,K)*(P(K)+P1(K)*PPP)
   20 K=N+J-1
      IF (K .GT. NUMNP) GO TO 30
      QN=QN+A(J,N)*(P(K)+P1(K)*PPP)
   30 CONTINUE
      QN=QN/(CONS2*PP)
      Q(N)=QN
   40 CONTINUE
      RETURN
      END
      SUBROUTINE MOIST (P,P1,T,T1,KX,NUMNP,
     &NUMEL,NUMMAT)
      DIMENSION P(NUMNP),P1(NUMNP),T(NUMNP),
     &T1(NUMNP),KX(NUMEL,5),NN(8),TT(8)
      COMMON /MAT/CONS1,CONS2,C1(6),C2(6),SS(6)
     &,POR(6),ALPHA(6),BETA(6),WCR(6),IDM(6)
      DO 130 M=1,NUMMAT
```

```fortran
          DO 10 I=1,NUMNP
          T(I)=-1.
   10     CONTINUE
          AWC=POR(M)-WCR(M)
          DO 60 N=1,NUMEL
          IF (KX(N,5) .NE. M) GO TO 60
          NUS=4
          IF (KX(N,3) .EQ. KX(N,4)) NUS=3
          DO 50 J=1,NUS
          I=KX(N,J)
          IF (T(I) .GT. 0.) GO TO 50
          IF (P1(I) .LT. 0.) GO TO 20
          T1(I)=POR(M)
          GO TO 30
   20     T1(I)=WCR(M)+AWC*SE(P1(I),M)
   30     IF (P(I) .LT. 0.0) GO TO 40
          T(I)=POR(M)
          GO TO 50
   40     T(I)=WCR(M)+AWC*SE(P(I),M)
   50     CONTINUE
   60     CONTINUE
          WRITE(5,70) M
   70     FORMAT(/' MOISTURE CONTENT AT UNSATURATED
         &NODES CORRESPONDING TO MATERIAL',I3/)
          J=0
          N=0
   80     DO 90 K=1,6
          NN(K)=0
          TT(K)=0.
   90     CONTINUE
  100     N=N+1
          IF(N.GT.NUMNP) GO TO 110
          IF(T(N).EQ.POR(M).OR.T(N).LT.0.)
         & GO TO 100
          J=J+1
          NN(J)=N
          TT(J)=T(N)
          IF (J .LT. 6) GO TO 100
  110     WRITE(5,120) (NN(K),TT(K),K=1,6)
  120     FORMAT (6(I7,E13.5))
          J=0
          IF (N .LT. NUMNP)GO TO 80
  130     CONTINUE
          RETURN
          END
          SUBROUTINE WELBOR (KODE,Q,P,Y,NUMNP,DT)
          DIMENSION KODE(NUMNP),Q(NUMNP),P(NUMNP),
         &Y(NUMNP)
          COMMON /MAT/CONS1,CONS2,C1(6),C2(6),SS(6)
         &,POR(6),ALPHA(6),BETA(6),WCR(6),IDM(6)
          COMMON /WEL/NB(3),NE(3),NBW,NPT,NPT1,NPB,
         &NPB1,LW,NEP,NSW,AL,AL1,QP,QA,RW,RT,ALFA
          QA1=QA
          QA=0.
          DO 10 I=1,NBW
          N=NB(I)
          QA=QA-Q(N)
   10     CONTINUE
          DO 20 N=NPB1,NPT
          QA=QA-Q(N)
   20     CONTINUE
          QA=.5*(QA+QA1)
   30     AA=DT*(QP-QA)/RW*CONS2/CONS1
          AL=ALFA*AL+(1.-ALFA)*(AL1-AA)
          DO 50 N=NPB,NPT1
          IF (AL .GT. Y(N)) GO TO 50
          IF (N .GT. NPB) GO TO 40
          LW=-1
          GO TO 60
   40     LW=N-1
          GO TO 60
   50     CONTINUE
   60     DO 70 I=1,NBW
          N=NB(I)
          IF (KODE(N) .EQ. 0) GO TO 70
          IF (LW .LT. 0) GO TO 65
          P(N)=AL-Y(NPB)
          GO TO 70
   65     P(N)=0.
   70     CONTINUE
          IF (LW .LT. 0) GO TO 90
          DO 80 N=NPB1,LW
          IF (KODE(N) .EQ. 0) GO TO 80
          KODE(N)=2
          P(N)=AL-Y(N)
   80     CONTINUE
   90     IF (LW .LT. 0) LW=NPB
          DO 130 J=1,NEP
          NF=NE(J)
          NL=NPT
          IF (J .LT. NEP) NL=NE(J+1)-1
          ICHECK=0
          DO 120 N=NF,NL
          IF (N .LE. LW) GO TO 120
          IF (KODE(N) .NE. -2) GO TO 100
          IF (P(N) .LT. 0.) ICHECK=1
          IF (ICHECK .GT. 0) GO TO 120
          KODE(N)=2
   95     P(N)=0.
          GO TO 120
  100     IF (KODE(N) .NE. 2) GO TO 120
          IF (ICHECK .GT. 0) GO TO 110
          IF (Q(N) .GE. 0.) GO TO 110
          GO TO 95
  110     KODE(N)=-2
          Q(N)=0.
          ICHECK=1
  120     CONTINUE
  130     CONTINUE
  140     RETURN
```

```fortran
      END
      SUBROUTINE PRINTO (Q, P, Y, NUMNP, KAT)
      DIMENSION Q(NUMNP), P(NUMNP), Y(NUMNP),
     &NN(3), PP(3), HH(3), QQ(3)
      WRITE(5, 10)
   10 FORMAT(//1H0, 3(43H NODE    HEAD    PRESS
     &HEAD    DISCHARGE )/)
      J=0
      N=0
   20 N=N+1
      J=J+1
      IF (N .GT. NUMNP) GO TO 30
      NN(J)=N
      PP(J)=P(N)
      HH(J)=PP(J)
      IF (KAT .GT. 0) HH(J)=HH(J)+Y(N)
      QQ(J)=Q(N)
      GO TO 40
   30 NN(J)=0
      PP(J)=0.
      HH(J)=0.
      QQ(J)=0.
   40 IF (J .LT. 3) GO TO 20
      WRITE(5, 50)
     &(NN(J), HH(J), PP(J), QQ(J), J=1, 3)
   50 FORMAT (1X, 3(I4, 3E13.5))
      J=0
      IF (N. LT. NUMNP) GO TO 20
      RETURN
      END
      SUBROUTINE SOLVE (A, B, NUMNP, MBAND)
      DIMENSION A(MBAND, NUMNP), B(NUMNP)
      DO 30 N = 1, NUMNP
      DO 20 M=2, MBAND
      IF (A(M, N) .EQ. 0.) GO TO 20
      C = A(M, N)/A(1, N)
      I = N + M - 1
      IF (I .GT. NUMNP) GO TO 20
      J = 0
      DO 10 K = M, MBAND
      J = J + 1
   10 IF(A(K, N).NE. 0.) A(J, I)=A(J, I)-C*A(K, N)
      A(M, N) = C
      B(I) = B(I) - A(M, N)*B(N)
   20 CONTINUE
      B(N) = B(N)/A(1, N)
   30 CONTINUE
      N = NUMNP
   40 DO 50 K = 2, MBAND
      L = N + K - 1
      IF (L .GT. NUMNP) GO TO 60
   50 IF (A(K, N) .NE. 0.) B(N)=B(N)-A(K, N)*B(L)
   60 N = N - 1
      IF (N .GT. 0) GO TO 40
      RETURN
      END
      SUBROUTINE TRANSP(Q, P, P1, T, CR, Y, NCOL,
     &NSOUR, PW, TPOT, NRB, NRT, W, PR, RDF, MTR, SAVE,
     &NUMNP, NUMMAT, NPLNT, NDIMP, MXCOL, MXNOD, J)
      DIMENSION Q(NUMNP), P(NUMNP), P1(NUMNP),
     &T(NUMNP), CR(NUMNP), Y(NUMNP), NCOL(NDIMP),
     &NSOUR(NDIMP), PW(NDIMP), TPOT(NDIMP),
     &NRB(MXCOL, NDIMP), NRT(MXCOL, NDIMP),
     &RDF(MXNOD, NDIMP), W(MXCOL, NDIMP), PR(MXCOL,
     &NDIMP), MTR(MXNOD, NDIMP), SAVE(2, MXNOD)
      COMMON /MAT/CONS1, CONS2, C1(6), C2(6), SS(6)
     &, POR(6), ALPHA(6), BETA(6), WCR(6), IDM(6)
      NCJ=NCOL(J)
      NSJ=NSOUR(J)
      NSJ1=NSJ-1
      DO 90 I=1, NCJ
      PR(I, J)=PW(J)
      IF(TPOT(J) .GE. 0.) PR(I, J)=0.
      NB=NRB(I, J)
      NT=NRT(I, J)
      ND=(NT-NB)/(NSJ-1)
      NC=0
      Q(NB)=0.
      PNN=.5*(P(NB)+P1(NB))
      DO 30 NK=1, NSJ1
      N=NB+(NK-1)*ND
      N1=N+ND
      Q(N1)=0.
      IF (TPOT(J) .GE. 0.) GO TO 30
      PN=PNN
      PNN=.5*(P(N1)+P1(N1))
      NC=NC+1
      M=MTR(NC, J)
      IF(NC.EQ. 1) GO TO 10
      IF(NC. GT. 1. AND. M. EQ. MTR(NC-1, J))
     & GO TO 20
   10 CR(N)=XK(PN, M)
   20 CR(N1)=XK(PNN, M)
      CC = (Y(N1)-Y(N))*C1(M)
      CM = CC*RDF(NC, J)*CR(N)
      SAVE(1, NC)=CM
      CM=CC*RDF(NC+1, J)*CR(N1)
      SAVE(2, NC)=CM
   30 CONTINUE
      IF (TPOT(J) .GE. 0.0) GO TO 90
      NC=0
      PNN=0.5*(P(NB)+P1(NB))
      DO 40 NK=1, NSJ1
      N=NB+(NK-1)*ND
      N1=N+ND
      PN=PNN
      PNN=0.5*(P(N1)+P1(N1))
      NC=NC+1
      CM=Q(N)+W(I, J)*(SAVE(1, NC)*(PR(I, J)-PN)
     &/3. +SAVE(2, NC)*(PR(I, J)-PNN)/6.)
```

```fortran
       Q(N)=CM
       CM=W(I,J)*(SAVE(1,NC)*(PR(I,J)-PN)/6.+
      &SAVE(2,NC)*(PR(I,J)-PNN)/3.)
       Q(N1)=CM
40     CONTINUE
       QCUM=0.
       DO 50 NK=1,NSJ
       N=NB+(NK-1)*ND
       IF (Q(N) .GT. 0.) Q(N)=0.
       QCUM=QCUM+Q(N)
50     CONTINUE
       WT=W(I,J)*TPOT(J)
       WT=WT/QCUM
       IF(WT .GE. 1.) GO TO 90
       DO 60 NK=1,NSJ
       N=NB+(NK-1)*ND
       IF (Q(N) .LT. 0.) Q(N)=WT*Q(N)
60     CONTINUE
       QCUM=WT*QCUM
       NC=0
       AA=0.
       BB=0.
       PNN=.5*(P(NB)+P1(NB))
       DO 80 NK=1,NSJ1
       N=NB+(NK-1)*ND
       N1=N+ND
       PN=PNN
       PNN=.5*(P(N1)+P1(N1))
       NC=NC+1
       IF(Q(N) .GE. 0.) GO TO 70
       AA=AA+SAVE(1,NC)/3.+SAVE(2,NC)/6.
       BB=BB+SAVE(1,NC)*PN/3.+SAVE(2,NC)*PNN/6.
70     IF(Q(N1) .GE. 0.) GO TO 80
       AA=AA+SAVE(1,NC)/6.+SAVE(2,NC)/3.
       BB=BB+SAVE(1,NC)*PN/6.+SAVE(2,NC)*PNN/3.
80     CONTINUE
       PR(I,J)=(QCUM/W(I,J)+BB)/AA
       IF(PR(I,J) .LT. PW(J)) PR(I,J)=PW(J)
90     CONTINUE
       RETURN
       END
       FUNCTION SE(H,M)
       COMMON /MAT/CONS1,CONS2,C1(6),C2(6),SS(6)
      &,POR(6),ALPHA(6),BETA(6),WCR(6),IDM(6)
       SE=1.0
       IF(H.GE.0.0) RETURN
       IF(IDM(M).EQ.1) THEN
       SE=(1.0+ABS(ALPHA(M)*H)**BETA(M))**(-
      &(1.0-1.0/BETA(M)))
       ELSE IF(IDM(M).EQ.2) THEN
       SE=EXP(ALPHA(M)*H)
       ELSE IF(IDM(M).EQ.3) THEN
       EE=0.5*ALPHA(M)*H
       SE=EXP(EE)*(1.0+ABS(EE))**(2.0/(BETA(M)
      &+2.0))
       ELSE IF(IDM(M).EQ.4) THEN
       SE=1.0/(1.0+(ALPHA(M)*H)**2.0)
       ENDIF
       RETURN
       END
       FUNCTION XCM(H,M)
       COMMON /MAT/CONS1,CONS2,C1(6),C2(6),SS(6)
      &,POR(6),ALPHA(6),BETA(6),WCR(6),IDM(6)
       XCM=0.0
       IF(H.GE.0.0) RETURN
       IF(IDM(M).EQ.1) THEN
       GAMMAT=1.0-1.0/BETA(M)
       S=(1.0+ABS(ALPHA(M)*H)**BETA(M))**
      &(-GAMMAT)
       GAMMA1=1.0/GAMMAT
       XCM=ALPHA(M)*(BETA(M)-1)*(POR(M)-WCR(M))
      &*S**GAMMA1*(1.0-S**GAMMA1)**GAMMAT
       ELSE IF(IDM(M).EQ.2) THEN
       XCM=(POR(M)-WCR(M))*ALPHA(M)
      &*EXP(ALPHA(M)*H)
       ELSE IF(IDM(M).EQ.3) THEN
       HA=0.5*ALPHA(M)
       XCM=SE(H,M)*HA*(POR(M)-WCR(M))*(2.0/(
      &(BETA(M)+2.0)*(1.0+HA*H))-1.0)
       ELSE IF(IDM(M).EQ.4) THEN
       XCM=-2.0*H*(POR(M)-WCR(M))*(ALPHA(M)*
      &SE(H,M))**2.0
       ENDIF
       RETURN
       END
       FUNCTION XK(H,M)
       COMMON /MAT/ CONS1,CONS2,C1(6),C2(6),SS(6)
      &,POR(6),ALPHA(6),BETA(6),WCR(6),IDM(6)
       XK=1.0
       IF(H.GE.0.) RETURN
       IF(IDM(M).EQ.1) THEN
       GAMMAK=1.0-1.0/BETA(M)
       GAMMA1=1.0/GAMMAK
       S=(1.0+ABS(ALPHA(M)*H)**BETA(M))**
      &(-GAMMAK)
       XK=SQRT(S)*(1.0-(1.0-S**(GAMMA1))**
      &GAMMAK)**2
       ELSE IF(IDM(M).EQ.2.OR.IDM(M).EQ.3) THEN
       XK=EXP(ALPHA(M)*H)
       ELSE IF(IDM(M).EQ.4) THEN
       XK=SE(H,M)**4.0
       ENDIF
       RETURN
       END
```

附录三　程序 NETW

```
C    本程序是应用电阻网和水管网原理计算各种工程类
C    型的饱和渗流场和水管网及排水网路的流量分配。
C    包括二维和三维达西流、非达西流、各向异性岩体
C    裂隙渗流等
     PROGRAM NETW—NETWORK
     INTEGER YE, CE, R, T, W
     REAL KS
     PARAMETER (IP=3000, IQ=60000)
     DIMENSION M(IP), Z(IP), G1(IQ)
     COMMON /A/H1, H2, NY, NEL, NE, NN, EPS, NR, N, NAX, BU
    */B/H(3000, 3)/C/CE(520, 3)/J/NB, NHB(100, 3)
    */E/NNU, NU(500)/K/R(3000)/I/YE, NNF, NF(600)
    */D/NK1, NK(24), KCE(24, 65), KS(24, 65, 4)
    */Z/Z0(3000), ZT(3000)/G/NNM, NM(100), HN3(100)
    */H/NNCP, NCP(2500)/F/NND, ND(200), HND(200)
    */N/X(8), Y(8), ZZ(8), A(8), B(8), C(8)
     OPEN(4, FILE='RESULT')
     NNN=0
     CALL INPUT(K1, NRE)
     CALL BD(K1, M)
10   CALL MS
     BU1=1
     CALL NWS(1, N, M, IQ)
20   CALL GMAX(N, M, Z, G1, NR, BU1)
     CALL RTDR(N, NR, M, G1, Z)
     DO 25 I=1, NY*NN
     IF(R(I).GT.0) ZT(I)=Z(R(I))
     IF(R(I).EQ.-1) ZT(I)=H1
     IF(R(I).EQ.-2) ZT(I)=H2
     IF(R(I).EQ.-3) ZT(I)=H(I, 3)
25   CONTINUE
     IF(BU.GT.1) THEN
     IF(BU1.EQ.1) THEN
     BU1=BU
     DO 26 I=1, NN*NY
26   Z0(I)=ZT(I)
     GOTO 20
     ELSE
     DO 27 I=1, NY*NN
     DLTA=ABS(ZT(I)-Z0(I))
     IF(DLTA.GT.1E-5) GOTO 20
27   CONTINUE
     ENDIF
     IF(NNF.GT.0) CALL FS(Z, N, T, W, L)
     NNN=NNN+1
     IF(NNN.EQ.NRE) GOTO 40
     IF(L.NE.0) THEN
     IF(T.EQ.0.AND.W.EQ.0) GOTO 20
     IF(T.NE.0.OR.W.NE.0) GOTO 10
     ENDIF
40   CALL OUTPUT(Z, N)
     STOP
     END

     SUBROUTINE INCPUT(K1, NRE)
     CHARACTER*20 DQ1
     INTEGER YE, CE, BX0, BY0, BZ0
     REAL KS, NARX, NARY, NARZ
     DIMENSION ADQB(20, 2), KS1(50), SK(20, 3)
     COMMON /A/H1, H2, NY, NEL, NE, NN, EPS, NR, N, NAX, BU
    */B/H(3000, 3)/C/CE(520, 3)/H/NNCP, NCP(2500)
    */D/NK1, NK(24), KCE(24, 65), KS(24, 65, 4)/N2/NX, NZ
    */I/YE, NNF, NF(600)/G/NNM, NM(100), HN3(100)
    */E/NNU, NU(500)/F/NND, ND(200), HND(200)
    */J/NB, NHB(100, 3)/N3/NARX(3), NARY(3), NARZ(3)
    */N4/BX0, BX(10, 3), BY0, BY(10, 3), BZ0, BZ(10, 3)
     WRITE(*, 10)
10   FORMAT(30X, 'ORIGINAL INFORMATION'/80('='))
     READ(5, *) NY, NEL, BU
     WRITE(*, ' (1X, 3HNY=, I5, 2X, 4HNEL=, I5, 2X,
    *3HBU=, I5)') NY, NEL, BU
     READ(5, *) H1, H2, H3
     IF(NEL.EQ.2.AND.NEL.EQ.4) READ(5, *) NX,
    *NZ, NNU, NND, NNM, NNCP, NNF, YE, NB, NRE
     IF(NEL.EQ.2) THEN
     NN=NX*NZ
     READ(5, *) (NARX(I), I=1, 3)
     IF(NY.GT.1) READ(5, *) (NARY(I), I=1, 3)
     READ(5, *) (NARZ(I), I=1, 3)
     READ(5, *) BX0, BY0, BZ0
     READ(5, *) ((BX(I, J), J=1, 3), I=1, BX0)
     IF(NY.GT.1) READ(5, *) ((BY(I, J), J=1, 3), I=1, BY0)
     READ(5, *) ((BZ(I, J), J=1, 3), I=1, BZ0)
     ELSE
     IF(NEL.EQ.3) THEN
     READ(5, *) NE, NN, NK1, NNU, NND, NNM, NNCP, NNF,
    * YE, NB, NRE
     WRITE(*, 20) NE, NN, NK1, NNU, NND, NNM, NNCP, NNF,
    * YE, NB, NRE
20   FORMAT(3X, 'NE=', I7, 3X, 'NN=', I7, 3X, 'NK=', I7, 3X
    *, 'NNU=', I6, 3X, 'NND=', I6/3X, 'NNM=', I6, 3X,
    *'NNCP=', I5, 3X, 'NNF=', I6, 3X, 'YE=', I7, 3X, 'NB=',
    * I7, 3X, 'NQ=', I7/3X, 'NRE=', I7)
     K1=NY*NN
     READ(5, *) ((CE(I, J), J=1, NEL), I=1, NE)
     ELSE IF(NEL.EQ.4) THEN
     II=0
     DO 30 I=1, NX-1
     DO 30 J=1, NZ-1
     II=II+1
     CE(II, 1)=(I-1)*NZ+J
     CE(II, 2)=I*NZ+J
     CE(II, 3)=I*NZ+J+1
30   CE(II, 4)=(I-1)*NZ+J+1
     NE=II
     ENDIF
     ENDIF
```

```fortran
      DO 40 I1=1,NY
      IF(NY.GT.1) READ(5,*) DQ1,((H(I,J),J=1,3),
     *I=(I1-1)*NN+1,I1*NN)
      IF(NY.EQ.1) THEN
      READ(5,*) DQ1,(H(I,1),H(I,3),I=1,NN)
      DO 35 I=1,NN
   35 H(I,2)=1.
      ENDIF
   40 CONTINUE
      IF(NEL.GT.2) THEN
      READ(5,*) ((SK(I,J),J=1,4),I=1,NK1)
      DO 50 II=1,NY
      IF(NY.GT.1.AND.I.EQ.NY) GOTO 50
      READ(5,*) DQ1
      READ(5,*) NK(II),(KCE(II,I),I=1,NK(II))
      READ(5,*) (KS1(I),I=1,NK(II))
      DO 45 I=1,NK(II)
      KS(II,I,4)=SK(KS1(I),4)
      DO 45 J=1,3
   45 KS(II,I,J)=SK(KS1(I),J)*864
   50 CONTINUE
      ENDIF
      IF(NNU.NE.0) THEN
      READ(5,*) (NU(I),I=1,NNU)
      ENDIF
      IF(NND.NE.0) THEN
      READ(5,*) (ND(I),I=1,NND)
      ENDIF
      IF(NNF.NE.0) THEN
      READ(5,*) (NF(I),I=1,NNF)
      ENDIF
      IF(NNM.NE.0) THEN
      READ(5,*) (NM(I),I=1,NNM)
      DO 60 I=1,NNM
   60 HN3(I)=H(NM(I),3)
      ENDIF
      IF(NB.NE.0) THEN
      READ(5,*) ((NHB(I,J),J=1,3),I=1,NB)
      ENDIF
      IF(NNCP.NE.0) THEN
      READ(5,*) (NCP(I),I=1,NNCP)
      ENDIF
      IF(NNF.GT.0) THEN
      EPS=(H1-H2)/200
      EPS1=(H1-H2)/200
      ENDIF
      N=K1-NNU-NND-NNM-NNCP
      WRITE(*,400) N,EPS
  400 FORMAT(5X,'N=',I9,9X,'EPS=',F14.6,9X,
     *'EPS1=',F14.6)
  100 FORMAT(14I5)
  200 FORMAT(14F9.3/14F9.3)
  300 FORMAT(21F6.3)
      RETURN
      END

      SUBROUTINE BD(K1,M)
      INTEGER R
      DIMENSION M(K1)
      COMMON /A/H1,H2,NY,NEL,NE,NN,EPS,NR,N,NAX,BU
     */E/NNU,NU(500)/F/NND,ND(200),HND(200)
     */G/NNM,NM(100),HN3(100)/H/NNCP,NCP(2500)
     */K/R(3000)/B/H(3000,3)
      DO 10 I=1,K1
   10 R(I)=1
      DO 20 I=N+1,K1
   20 M(I)=0
      DO 30 I=1,NNU
      J=NU(I)
      if(h(j,3).le.h1) THEN
      r(J)=-1
      ELSE
      r(J)=1
      ENDIF
   30 continue
      DO 40 I=1,NND
      J=ND(I)
   40 R(J)=-2
      DO 50 I=1,NNM
      J=NM(I)
   50 R(J)=-3
      DO 60 I=1,NNCP
      J=NCP(I)
   60 R(J)=0
      RETURN
      END

      SUBROUTINE MS
      INTEGER R,P
      COMMON /A/H1,H2,NY,NEL,NE,NN,EPS,NR,N,NAX,BU
     */K/R(3000)
      N=0
      DO 10 I=1,NY
      II=I-1
      MX=II*NN
      DO 20 J=1,NN
      P=MX+J
      IF(R(P).LE.0) GOTO 20
      N=N+1
      R(P)=N
   20 CONTINUE
   10 CONTINUE
      RETURN
      END

      SUBROUTINE NWS(N2,M,IQ)
      INTEGER AS,R,CE,P,Q,S,T,BX0,BY0,BZ0
      REAL NARX,NARY,NARZ
      DIMENSION AS(8),M(N2)
      COMMON /A/H1,H2,NY,NEL,NE,NN,EPS,NR,N,NAX,BU
     */C/CE(520,3)/K/R(3000)/B/H(3000,3)/RR/RR(520)
     */N2/NX,NZ,N3/NARX(3),NARY(3),NARZ(3)
     */N4/BX0,BX(10,3),BY0,BY(10,3),BZ0,BZ(10,3)
```

```
      DIS(I,J)=SQRT((H(I,1)-H(J,1))**2+(H(I,2)-
     *H(J,2))**2+(H(I,3)-H(J,3))**2)
        IF(NEL.EQ.2) THEN
        II=0
        DO 10 K=1,NY
        DO 10 I=1,NX
        DO 10 J=1,NZ
        IF(I.LT.NX) THEN
        II=II+1
        CE(II,1)=(I-1)*NZ+J+(K-1)*NX*NZ
        CE(II,2)=I*NZ+J+(K-1)*NX*NZ
        RR(II)=NARX(3)*DIS(CE(II,1),CE(II,2))
        ENDIF
        IF(J.LT.NZ) THEN
        II=II+1
        CE(II,1)=(I-1)*NZ+J+(K-1)*NX*NZ
        CE(II,2)=(I-1)*NZ+J+1+(K-1)*NX*NZ
        RR(II)=NARZ(3)*DIS(CE(II,1),CE(II,2))
        ENDIF
        IF(K.LT.NY) THEN
        II=II+1
        CE(II,1)=(I-1)*NZ+J+(K-1)*NX*NZ
        CE(II,2)=(I-1)*NZ+J+K*NX*NZ
        RR(II)=NARY(3)*DIS(CE(II,1),CE(II,2))
        ENDIF
  10    CONTINUE
        NE=II
        DO 20 II=1,NE
        I1=CE(II,1)
        I2=CE(II,2)
        DO 12 IX=1,BX0
        IF((I1.EQ.BX(IX,1).AND.I2.EQ.BX(IX,2)).OR.
     *(I1.EQ.BX(IX,2).AND.I2.EQ.BX(IX,1)) THEN
        RR(II)=RR(II)/NARX(3)*BX(IX,3)
        GOTO 20
        ENDIF
  12    CONTINUE
        DO 14 IY=1,BY0
        IF((I1.EQ.BY(IY,1).AND.I2.EQ.BY(IY,2)).OR.
     *(I1.EQ.BY(IY,2).AND.I2.EQ.BY(IY,1)) THEN
        RR(II)=RR(II)/NARY(3)*BY(IY,3)
        GOTO 20
        ENDIF
  14    CONTINUE
        DO 16 IZ=1,BZ0
        IF((I1.EQ.BZ(IZ,1).AND.I2.EQ.BZ(IZ,2)).OR.
     *(I1.EQ.BZ(IZ,2).AND.I2.EQ.BZ(IZ,1)) THEN
        RR(II)=RR(II)/NARZ(3)*BZ(IZ,3)
        GOTO 20
        ENDIF
  16    CONTINUE
  20    CONTINUE
        ENDIF
        DO 30 II=1,N2
  30    M(II)=0
        DO 40 T=1,NY
        IF(NY.GT.1.AND.T.EQ.NY) GOTO 40
        DO 40 IO=1,NE
        DO 50 JO=1,NEL
        Q=CE(IO,JO)+T*NN
        AS(JO+NEL)=R(Q)
        AS(JO)=R(Q-NN)
  50    CONTINUE
        DO 40 P=1,NEL
        IF(P.GT.1.AND.(NEL.NE.3.OR.NY.EQ.1)) GOTO 40
        IP=2**(NEL-1)
        IF(NY.EQ.1) IP=NEL
        DO 40 JO=P,IP
        Q=AS(JO)
        DO 60 S=P,IP
        IF(NEL.EQ.4) THEN
        IF(JO.EQ.1.AND.(S.EQ.3.OR.S.GT.5)) GOTO 60
        IF(JO.EQ.2.AND.(S.GT.3.AND.S.NE.6)) GOTO 60
        IF(JO.EQ.3.AND.(S.EQ.1.OR.(S.GT.4.AND.
     *S.NE.7))) GOTO 60
        IF(JO.EQ.4.AND.(S.EQ.2.OR.(S.GT.4.AND.
     *S.NE.8))) GOTO 60
        IF(JO.EQ.5.AND.((S.LT.5.AND.S.NE.1).OR.
     *S.EQ.7)) GOTO 60
        IF(JO.EQ.6.AND.((S.LT.5.AND.S.NE.2).OR.
     *S.EQ.8)) GOTO 60
        IF(JO.EQ.7.AND.(S.LT.6.AND.S.NE.3)) GOTO 60
        IF(JO.EQ.8.AND.(S.LT.4.OR.S.EQ.6)) GOTO 60
        ENDIF
        IF(AS(S).GT.0.AND.AS(S).LE.Q) THEN
        MR=Q-AS(S)+1
        IF(MR.GT.M(Q)) M(Q)=MR
        ENDIF
  60    CONTINUE
  40    CONTINUE
        IO=M(N2)
        NAX=0
        J1=M(1)
        DO 70 JJ=2,N2
        MR=M(JJ)
        IF(MR.GT.NAX) NAX=MR
        J1=MR+J1
        M(JJ)=J1
  70    CONTINUE
        NR=M(N)
        IF(NR.GT.IQ)THEN
        WRITE(*,'(19HMERORY IS OVERFLOW!,
     *3HNR=,I15)') NR
        STOP
        ENDIF
        RETURN
        END
        SUBROUTINE GMAX(N2,M,Z,G1,N1,BU1)
        INTEGER P,P0,Q,Q0,S,CE,R,AB,CN,AS
        REAL K,KS
```

```fortran
      DIMENSION M(N2),Z(N2),G1(N1),AB(8),CN(8),AS(8)
      COMMON /A/H1,H2,NY,NEL,NE,NN,EPS,NR,N,NAX,BU
     */D/NK1,NK(24),KCE(24,65),KS(24,65,4)
     */K/R(3000)/G/NNM,NM(100),HN3(100)/C/CE(520,3)
     */RR/RR(520)/B/H(3000,3)/Z/Z0(3000),ZT(3000)
     */N/X(8),Y(8),ZZ(8),A(8),B(8),C(8)/N2/NX,NZ
     */N4/BX0,BX(10,3),BY0,BY(10,3),BZ0,BZ(10,3)
      DIS(I,J)=SQRT((X(I)-X(J))**2+(Y(I)-Y(J))**2
     *+(ZZ(I)-ZZ(J))**2)
      IDQB=1
      DO 1 II=1,N
1     Z(II)=0.0
      DO 2 II=1,NR
2     G1(II)=0.0
      DO 5 P0=1,NY
      IF(P0.EQ.NY.AND.NY.GT.1) GOTO 5
      DO 10 I0=1,NE
      DO 20 J1=1,NEL
      Q=CE(I0,J1)+(P0-1)*NN
      AS(J1)=Q
      AS(J1+NEL)=Q+NN
20    CONTINUE
      IF(NEL.EQ.2) GOTO 90
      DO 30 J1=1,NK(P0)
      II=KCE(P0,J1)
      IF(I0.LE.II) THEN
      KX=KS(P0,J1,1)
      KY=KS(P0,J1,2)
      KZ=KS(P0,J1,3)
      GOTO 90
      ENDIF
30    CONTINUE
90    DO 100 Q0=1,NEL
      IF(Q0.GT.1.AND.(NEL.NE.3.OR.NY.EQ.1)) GOTO 100
      IP=2**(NEL-1)
      IF(NY.EQ.1) IP=NEL
      DO 110 J1=1,IP
      I1=AS(Q0+J1-1)
      AB(J1)=I1
      Q=R(I1)
      CN(J1)=Q
      IF(Q.EQ.0) GOTO 100
      X(J1)=H(I1,1)
      Y(J1)=H(I1,2)
      ZZ(J1)=H(I1,3)
110   CONTINUE
      IF(NEL.EQ.3) THEN
        IF(NY.EQ.1) THEN
      CALL BCD(1,2,3,1)
      CALL BCD(2,3,1,1)
      CALL BCD(3,1,2,1)
      V=ABS(A(2)*C(3)-A(3)*C(2))*2
        ELSE
      CALL BCD(1,2,3,4)
      CALL BCD(2,4,3,1)
      CALL BCD(3,1,2,4)
      CALL BCD(4,3,2,1)
      V=X(4)*Y(3)*ZZ(2)+X(2)*Y(4)*ZZ(3)+
     *X(3)*Y(2)*ZZ(4)-X(2)*Y(3)*ZZ(4)-
     *X(3)*Y(4)*ZZ(2)-X(4)*Y(2)*ZZ(3)
      V=(X(1)*A(1)+Y(1)*B(1)+ZZ(1)*C(1)+V)
        ENDIF
        IF(V.LE.0.0000001) THEN
      WRITE(*,'(1X,2HI=,I10,1X,2HI=,I10)') P0,P0+1
      WRITE(*,120) I0,(AB(I01),X(I01),Y(I01),
     *ZZ(I01),I01=1,IP)
120   FORMAT(2X,'I',I5/(2X,'NY',I5,2X,
     *'X',G14.6,2X,'Y',G14.6,2X,'Z',G14.6))
      IDQB=-1
      GOTO 100
        ENDIF
      ELSE IF(NEL.EQ.4) THEN
      CALL BCD(1,2,3,4)
      ENDIF
      DO 130 P=1,IP
      I1=CN(P)
      IF(I1.LE.0) GOTO 130
      DO 140 Q=1,IP
      J1=CN(Q)
      IF(NEL.EQ.4) THEN
      IF(P.EQ.Q) GOTO 140
      IF(P.EQ.1.AND.(Q.EQ.3.OR.Q.GT.5)) GOTO 140
      IF(P.EQ.2.AND.(Q.GT.3.AND.Q.NE.6)) GOTO 140
      IF(P.EQ.3.AND.(Q.EQ.1.OR.(Q.GT.4.AND.
     *Q.NE.7))) GOTO 140
      IF(P.EQ.4.AND.(Q.EQ.2.OR.(Q.GT.4.AND.
     *Q.NE.8))) GOTO 140
      IF(P.EQ.5.AND.((Q.NE.1.AND.Q.LT.5).OR.
     *Q.EQ.7)) GOTO 140
      IF(P.EQ.6.AND.((Q.NE.2.AND.Q.LT.5).OR.
     *Q.EQ.8)) GOTO 140
      IF(P.EQ.7.AND.(Q.LT.6.AND.Q.NE.3)) GOTO 140
      IF(P.EQ.8.AND.(Q.LT.4.OR.Q.EQ.6)) GOTO 140
      D1=DIS(P,Q)
      RPQ=-A(1)/2*(KX*ABS(X(P)-X(Q))+KY*ABS(Y(P)
     *-Y(Q))+KZ*ABS(ZZ(P)-ZZ(Q))/D1/D1/D1
      ELSE IF(NEL.EQ.3)
      RPQ=(KX*A(P)*A(Q)+KY*B(P)*B(Q)
     *+KZ*C(P)*C(Q))/V
      ELSE IF(NEL.EQ.2) THEN
      IF(BU1.EQ1) THEN
      RPQ=-1/RR(I0)
      ELSE
      B1=1/BU1
      DH=ABS(ZT(CE(I0,1))-ZT(CE(I0,2)))
      IF(DH.LE.1E-6) DH=1E-6
      DR=ALOG(RR(I0))/BU1
      DR=EXP(DR)
      DH=ALOG(DH)*(1-1/BU1)
```

```fortran
      DH=EXP(DH)
      RPQ=-1/DH/DR
      ENDIF
      ENDIF
      IF(NEL.EQ.4) THEN
      IR=M(I1)
      G1(IR)=G1(IR)-RPQ
      ENDIF
      IF(J1.GT.0.AND.J1.LE.I1) THEN
      IR=M(I1)+J1-I1
      IF(NEL.EQ.2.AND.J1.EQ.I1) THEN
      G1(IR)=G1(IR)-RPQ
      ELSE
      G1(IR)=G1(IR)+RPQ
      ENDIF
      ENDIF
      IF(J1.LT.0) THEN
      IF(J1.EQ.-1) THEN
      VR=H1
      ELSE
      IF(J1.EQ.-2) THEN
      VR=H2
      ELSE
      S=AB(Q)
      DO 150 J0=1,NNM
      IF(S.EQ.NM(J0)) THEN
      VR=HN3(J0)
      GOTO 160
      ENDIF
  150 CONTINUE
      ENDIF
      ENDIF
  160 Z(I1)=Z(I1)-VR*RPQ
      ENDIF
  140 CONTINUE
  130 CONTINUE
  100 CONTINUE
   10 CONTINUE
    5 CONTINUE
      IF(IDQB.EQ.-1) STOP
      DO 1111 I=1,NY
      DO 1111 J=1,NN
      II=(I-1)*NN+J
      I1=R(II)
      IF(I1.LE.0) GOTO 1111
      I2=M(I1)
      IF(ABS(G1(I2)).LE.1E-9) THEN
      WRITE(*,1112) I,J
      STOP
      ENDIF
 1111 CONTINUE
 1112 FORMAT(1X,'NY=',I10,2X,'NN=',I10)
      RETURN
      END
      SUBROUTINE RTDR(IN,NR,M,G,Z)
      DIMENSION M(IN),Z(IN),G(NR)
      INTEGER U,B4,V,P,W
      Z(1)=Z(1)/G(1)
      DO 10 I=2,IN
      Q=0.0
      U=M(I)-I
      IF((M(I)-M(I-1)).EQ.1) GO TO 20
      B4=M(I-1)-U+1
      NB4=B4+1
      DO 30 J=NB4,I
      NU=U+J
      Q=Q+G(NU-1)*Z(J-1)
      V=M(J)-J
      J1=J-1
      JB4=J-B4
      DO 40 II=1,JB4
      P=J1-(II-1)
      W=M(P)
      IF((J-P+1).GT.(M(J)-M(J-1))) GO TO 30
      JU=U+J
      JP=U+P
      JV=V+P
      G(JU)=G(JU)-G(JP)*G(JV)/G(W)
   40 CONTINUE
   30 CONTINUE
   20 IU=U+I
      Z(I)=(Z(I)-Q)/G(IU)
   10 CONTINUE
      N1=IN-1
      DO 50 II=1,N1
      I=N1-(II-1)
      Q=0.0
      U=M(I)
      K=I+1
      DO 60 J=K,IN
      V=M(J)-J
      IF((J-I).LT.(M(J)-M(J-1))) GO TO 70
      GO TO 60
   70 KV=V+I
      Q=Q+G(KV)*Z(J)/G(U)
   60 CONTINUE
      Z(I)=Z(I)-Q
   50 CONTINUE
      RETURN
      END
      SUBROUTINE FS(Z,N1,T,W,L)
      INTEGER T,W,P,S,YE,HN,R
      DIMENSION Z(N1)
      COMMON /A/H1,H2,NY,NEL,NE,NN,EPS,NR,N,NAX,BU
     */B/H(3000,3)/G/NNM,NM(100),HN3(100)
     */J/NB,NHB(100,3)/I/YE,NNF,NF(600)/K/R(3000)
     */Z/Z0(3000),ZT(3000)
      W=0
      T=0
      L=0
```

```
      DO 10 I=1,NNF
      J=NF(I)
      P=R(J)
      IF(P.LE.0) GOTO 10
      Q=Z(P)
      U=H(J,YE)
      JD=INT(J/NN)+1
      JN=J-(JD-1)*NN
      IF(Q.GT.H1) Z(P)=H1
      WRITE(*,5) JD,JN,P,Z(P),Q,U
    5 FORMAT(2X,' ',I5,2X,' ',I5,
     * 2X,' ',F20.3,2X,' ',F10.3,' ',F7.3)
      IF(ABS(Q-U).LE.EPS) GOTO 10
      SITA=1.0
      L=L+1
      S=NF(I)+1
      IF(S.EQ.0) THEN
      GOTO 10
      ENDIF
      V=H(S,YE)
      IF(Q.LT.(V+EPS1)) THEN
      R(J)=0
      WRITE(4,3000) J,R(J)
 3000 FORMAT(5X,'J',I5,5X,'R',I10)
      IF(NB.EQ.0) GOTO 50
      DO 30 S=1,NB
      IX1=NHB(S,1)
      IF(IX1.EQ.J) THEN
      IY1=NHB(S,2)
      NHB(S,1)=IY1
      IX2=NHB(S,3)
      NHB(S,2)=IX2
      NHB(S,3)=0
      IF(IX2.EQ.0) THEN
      WRITE(4,40) J
   40 FORMAT(5X,'J=',I3,5X,'NHB3=0')
      ENDIF
      NF(I)=NF(I)+1
      W=W+1
      IF(R(IY1).LE.0) THEN
      R(IY1)=1
      GOTO 10
      ELSE
      R(J)=-3
      NNM=NNM+1
      NM(NNM)=J
      HN3(NNM)=H(J,YE)
      GOTO 10
      ENDIF
      GOTO 50
      ENDIF
   30 CONTINUE
   50 T=T+1
      NF(I)=NF(I)+1
      GOTO 10
      ENDIF
      X1=H(J,1)
      Y1=H(J,2)
      Z1=H(J,3)
      X2=H(S,1)
      Y2=H(S,2)
      Z2=H(S,3)
      IF(YE.EQ.1) THEN
      S1=(Q-X1)/(X2-X1)
      H(J,1)=Q
      H(J,2)=Y1+S1*(Y2-Y1)
      H(J,3)=Z1+S1*(Z2-Z1)
      GOTO 10
      ELSE IF(YE.EQ.2) THEN
      S1=(Q-Y1)/(Y2-Y1)
      H(J,1)=X1+S1*(X2-X1)
      H(J,2)=Q
      H(J,3)=Z1+S1*(Z2-Z1)
      GOTO 10
      ELSE
      S1=(Q-Z1)/(Z2-Z1)
      H(J,1)=X1+S1*(X2-X1)
      H(J,2)=Y1+S1*(Y2-Y1)
      H(J,3)=Q*SITA+(1-SITA)*Z1
      ENDIF
   10 CONTINUE
      WRITE(*,2000) (NF(I),I=1,NNF)
 2000 FORMAT(5X,'NF',14I5)
      RETURN
      END
      SUBROUTINE OUTPUT(Z,N1)
      INTEGER P,R,T,G,YE,Q
      PARAMETER (IP=287)
      DIMENSION Z(N1),K(IP),FH(IP),U(IP),V(IP),S(IP),
     * A1(IP),T(IP),NPI(50),HNI(50)
      COMMON /A/H1,H2,NY,NEL,NE,NN,EPS,NR,N,NAX,BU
     */B/H(3000,3)/K/R(3000)/G/NNM,NM(100),HN3(100)
     */I/YE,NNF,NF(600)/Z/Z0(3000),ZT(3000)
      WRITE(4,5)
    5 FORMAT(/58X,'COMPUTED RESULT'/110('*'))
      DO 20 I=1,NN
      P=P+1
      T(I)=P
      G=R(P)
      K(I)=I
      IF(G.GT.0) THEN
      FH(I)=Z(G)
      ELSE IF(G.EQ.-1) THEN
      FH(I)=H1
      ELSE IF(G.EQ.-2) THEN
      FH(I)=H2
      ELSE
      FH(I)=H(P,YE)
      ENDIF
      U(I)=H(P,1)
```

```
      V(I)=H(P,2)
      S(I)=H(P,3)
      IF(G.EQ.0) THEN
      U(I)=0.0
      V(I)=0.0
      S(I)=0.0
      FH(I)=0.0
      ENDIF
      IF(G.EQ.0) THEN
      A1(I)=0.0
      ELSE
      A1(I)=(FH(I)-H2)/A2*100
      ENDIF
   20 CONTINUE
      WRITE(4,70) J
      WRITE(*,70) J
   70 FORMAT(60X,'  ',I3)
      WRITE(4,50)
   50 FORMAT(8X,'1',9X,'X',10X,'Y',
     * 10X,'Z',10X,'H',10X,'O/O')
      WRITE(*,60) (T(I),K(I),U(I),V(I),S(I),
     * FH(I),A1(I),I=1,NN)
      WRITE(4,60) (K(I),U(I),V(I),S(I),FH(I),
     * A1(I),I=1,NN)
   60 FORMAT(3(1X,I3,4F7.2,F5.1))
   10 CONTINUE
      CLOSE(4)
      OPEN(4,FILE='SUF.INT')
      WRITE(4,*) NNF
      WRITE(4,'(1X,26I4)') (NF(I),I=1,NNF)
      CLOSE(4)
      RETURN
      END
      SUBROUTINE BCD(L,I,J,K)
      COMMON /N/X(8),Y(8),ZZ(8),A(8),B(8),C(8)
     */A/H1,H2,NY,NEL,NE,NN,EPS,NR,N,NAX,BU
      DIS(I,J)=SQRT((X(I)-X(J))**2+(Y(I)-Y(J))**2
     * +(ZZ(I)-ZZ(J))**2)
      IF(NEL.EQ.3) THEN
      IF(NY.GT.1) THEN
      A(L)=Y(I)*ZZ(J)+Y(K)*ZZ(I)+Y(J)*ZZ(K)
     * -Y(K)*ZZ(J)-Y(J)*ZZ(I)-Y(I)*ZZ(K)
      B(L)=-X(I)*ZZ(J)-X(K)*ZZ(I)-X(J)*ZZ(K)
     * +X(K)*ZZ(J)+X(J)*ZZ(I)+X(I)*ZZ(K)
      C(L)=X(I)*Y(J)+X(K)*Y(I)+X(J)*Y(K)
     * -X(K)*Y(J)-X(J)*Y(I)-X(I)*Y(K)
      ELSE
      A(L)=ZZ(I)-ZZ(J)
      B(L)=0.
      C(L)=X(J)-X(I)
      ENDIF
      ELSE IF(NEL.EQ.4) THEN
      A1=(DIS(I,J)+DIS(L,K))/2*DIS(J,K)
      IF(NY.GT.1) THEN
      A2=(DIS(I+4,J+4)+DIS(L+4,K+4))/2*DIS(J+4,K+4)
      A(L)=(A1+A2)/2*DIS(K,K+1)/2
      ELSE
      A(L)=A1
      ENDIF
      ENDIF
      RETURN
      END
```